国外电子与通信教材系列

数 字 设 计
——Verilog HDL、VHDL 和 SystemVerilog 实现
（第六版）

Digital Design: With an Introduction to the Verilog HDL,
VHDL, and SystemVerilog
Sixth Edition

[美] M. Morris Mano
Michael D. Ciletti

著

尹廷辉 薛 红 倪 雪 译

电子工业出版社
Publishing House of Electronics Industry
北京·BEIJING

内 容 简 介

本书是一本系统介绍数字电路设计的优秀教材，旨在教会读者关于数字设计的基本概念和基本方法，并在其前一版的基础上进行了全面的修订与更新。全书共 10 章，内容涉及数字逻辑的基本理论，组合逻辑电路，时序逻辑电路，寄存器和计数器，存储器和可编程逻辑器件，寄存器传输级设计，半导体和 CMOS 集成电路，标准 IC 和 FPGA 实验，标准图形符号，Verilog HDL、VHDL、SystemVerilog 与数字系统设计等。全书结构严谨，选材新颖，内容深入浅出，紧密联系实际，教辅资料齐全。

本书可作为电气工程、电子工程、通信工程、计算机工程和计算机科学与技术等相关专业的教材，也可作为电子设计工程师的参考书。

版权贸易合同登记号　图字：01-2018-8682

图书在版编目（CIP）数据

数字设计：Verilog HDL、VHDL 和 SystemVerilog 实现：第六版 /（美）M. 莫里斯·马诺（M. Morris Mano），（美）迈克尔·D. 奇莱蒂（Michael D. Ciletti）著；尹廷辉，薛红，倪雪译. — 北京：电子工业出版社，2022.7
（国外电子与通信教材系列）

书名原文：Digital Design: With an Introduction to the Verilog HDL, VHDL, and SystemVerilog, Sixth Edition

ISBN 978-7-121-43907-0

Ⅰ．①数… Ⅱ．①M… ②迈… ③尹… ④薛… ⑤倪… Ⅲ．①数字电路—电路设计—高等学校—教材 Ⅳ．①TN79

中国版本图书馆 CIP 数据核字（2022）第 118218 号

责任编辑：冯小贝

印　　刷：三河市鑫金马印装有限公司
装　　订：三河市鑫金马印装有限公司
出版发行：电子工业出版社
　　　　　北京市海淀区万寿路 173 信箱　　　邮编：100036
开　　本：787×1092　1/16　　印张：32.75　　字数：922 千字
版　　次：2007 年 1 月第 1 版（原著第 3 版）
　　　　　2022 年 7 月第 4 版（原著第 6 版）
印　　次：2022 年 7 月第 1 次印刷
定　　价：119.00 元

凡所购买电子工业出版社图书有缺损问题，请向购买书店调换。若书店售缺，请与本社发行部联系，联系及邮购电话：(010)88254888，88258888。

质量投诉请发邮件至 zlts@phei.com.cn，盗版侵权举报请发邮件至 dbqq@phei.com.cn。

本书咨询联系方式：fengxiaobei@phei.com.cn。

前　言[1]

今天，数字设备的处理速度、密度和复杂度，在很大程度上得益于物理处理工艺和数字设计方法的发展。除半导体工艺外，前沿设备的设计极大地依赖于硬件描述语言(HDL)和综合工具。有三种主流语言在数字设计流程中发挥了很大作用，它们是 Verilog HDL(以下简称 Verilog)、VHDL 和 SystemVerilog。掌握 HDL 和数字逻辑电路的基础知识，已成为计算机科学、计算机工程和电气工程等专业的学生进入数字设计世界的必备技能。

过去，电子工程专业毕业的学生必须要学会使用示波器；现在，则要求毕业生至少熟悉一门 HDL。作为一名学生，掌握 HDL 将使他们在毕业后能更好地成为设计团队的一员。

鉴于设计领域中存在三种 HDL，本书重点介绍 Verilog 和 VHDL，而对 SystemVerilog 只做简要介绍。我们不要求学生同时掌握这三种语言，甚至是其中的两种。当教师讲授系统设计方法时，可以选择 Verilog 或 VHDL 中的一种，也可以选择 SystemVerilog。当然，Verilog 和 VHDL 现已被广泛应用，在电路设计领域占有主导地位。它们都以组合逻辑设计和时序逻辑设计这两个概念为基础,这对于高密度集成电路的综合是必不可少的。我们的教材同时提供了这两种语言的描述方式,学生选择其中的一种即可。在处理 Verilog 和 VHDL 时，没有强调某一种语言优于另一种语言，而是围绕它们在数字设计中的语言特征为主线加以介绍。每一章的最后都有大量习题，可以用 Verilog 或 VHDL 来实现求解过程。

本教材的重点是数字设计，HDL 只是一个工具。因此，本书只提供支持数字设计入门所需的 Verilog、VHDL 和 SystemVerilog 的知识。另外，书中对每一种语言都给出了一些示例，并对示例的主题进行了标注，以便教师任选 Verilog 或 VHDL 中的一种进行教学。如果先强调 Verilog，后介绍 SystemVerilog，则并不影响我们的教学目标。SystemVerilog 是可选教学部分，我们将其作为 Verilog 的扩展，在书中仅提供了一些示例，同样符合教学目标。我们不提倡同时教授多种语言，教师可以选择 Verilog/SystemVerilog 或 VHDL 作为数字设计介绍性课程的核心语言。但是，不管是哪种语言，我们的重点都是数字设计。

对基于 HDL 的示例，本书不仅尽量描述清楚，而且还重点说明了数字电路的建模和验证过程。书中对于 Verilog 和 VHDL 都没有进行完整介绍，这与所选择的语言无关，相关的示例讲解的是基于数字系统的计算机辅助建模概念的设计方法，该方法使用了主流的 IEEE 标准化硬件描述语言。

本书第六版的每章开头都列出学习目标，并在章末提供习题，此外还给出了大量的示例和练习。所有这些安排有助于学生完成学习目标，掌握数字设计的一些技巧。此外，书末给出了部分习题解答。教师可以在课堂上就某个问题的解决方法进行教学。

---

[1] 中文翻译版的一些字体、正斜体、图示沿用英文原版的写作风格。

多模式学习

与以前的版本类似，本书第六版也支持多模式学习。所谓的 VARK 模式[1,2]确定了我们学习的 4 种主要方式：视(V)、听(A)、读(R)、动(K)。教材中相对高层次的讲解和插图涉及 VARK 的视(V)，基础的讨论和大量的示例涉及读(R)。利用免费的 Verilog、VHDL 和 SystemVerilog 仿真器与综合工具，学生可以完成课后作业。通过动手获得学习体验，可以使学生感受到实际设计数字电路的乐趣。这时，VARK 中剩余的是听(A)的体验，这取决于教师和学生的注意力。我们提供了大量的资料和示例来支持课堂教学。因此，使用本书作为教材的课程，在强调 VARK 模式的基础上，可以给学生带来丰富、均衡的学习体验。

在数字设计的第一节课上，需要对仍然质疑使用 HDL 的那些人说，我们强调的是工业上不使用基于原理图的设计方法。原理图可以描述电路的结构和布局，但是没有对功能结构进行说明，或者没有在附加文档中说明设计意图，任何人都很难在短时间内确定逻辑电路原理图所表示的功能。因此，当今工业上几乎完全依赖 HDL 来描述设计功能，HDL 也是在基于标准单元的 ASIC 或 FPGA 中实现设计、仿真、测试和综合的。原理图的实用性在于描述的结果非常详细，设计单元的层次化结构都被细致地描绘出来。过去，设计师要依靠多年经验来设计原理图，从而实现相应功能。如今，设计师使用 HDL 可以直接、清楚地表达功能，使用综合工具自动生成原理图。工业上采用基于 HDL 的设计流程，而不是使用原理图，因为使用原理图会使我们在理解和设计大型、复杂的集成电路时效率低下。

我们在数字设计的第一节课中引入 HDL 的目的，并不是为了取代利用电路基本单元进行模块化的设计方法，也不是不需要人来参与设计。对学生来说，理解硬件的工作原理仍然很重要。因此，本书第六版保留了对组合和时序逻辑设计及布尔代数基础的完整描述。书中仍旧介绍了手工设计方法，并与通过 HDL 得到的结果进行了比较。尽管如此，我们要强调的是目前的硬件如何设计，以便学生对将来的职业生涯有所准备，毕竟在这个行业中，基于 HDL 的设计实践是占主导地位的。

灵活性

书中包含了手工设计和基于 HDL 的设计这两类示例。每章章末的习题是可以相互参考的，即使用手工设计方法得出的结果与使用 HDL 完成的指定任务可以相互对照。在书末的部分习题解答和(教师用)解答手册中，通过在程序中注释仿真结果，我们将手工设计方法和基于 HDL 的设计方法结合在一起。

第六版更新内容

本书第六版使用 IEEE 标准 1364 的最新特性，但仅限于对教学目标的支持。本书所做的

---

[1] Kolb, David A. (2015) [1984]. Experiential learning: Experience as the source of learning and development (2nd ed.). Upper Saddle River, NJ: Pearson Education. ISBN 9780133892406. OCLC 909815841.

[2] Fleming, Neil D. (2014). "The VARK modalities". *vark-learn.com*.

修改和更新包括：

- 删除了前面课程中的逻辑电路和数字设计使用的特殊门电路内容（如 RTL、DTL 和 ECL 电路）。
- 在大部分章的章末增加"网络搜索主题"部分，让学生了解网络上的相关内容。
- 修订了三分之一左右的习题。
- 对整本书的手工设计示例都给出了答案，包括所有的新问题。
- 精简了卡诺图的讨论内容。
- 综合了基本 CMOS 集成工艺和逻辑门。
- 附录部分介绍了半导体工艺。
- 使用 VHDL 和 SystemVerilog 进行数字设计。

设计方法论

本书系统描述了设计状态机来控制数字系统数据路径的方法，并给出了考虑实际情况的框架化结构。其中，从数据路径出来的信号被控制器使用，这就是所谓的系统反馈（响应）。因此，该方法为设计复杂且交互式的数字设计提供了基础，尽管它强调基于 HDL 的设计，但是这种方法既可以用于手工设计，也可以用于基于 HDL 的设计。

适量的 HDL

书中只提供了 Verilog、VHDL 和 SystemVerilog 的基本语法元素，以满足基本的应用需求。另外，正确的语法并不能保证模型满足功能指标或者能被综合到物理硬件中。因此，我们向学生介绍基于工业实践的 HDL 模型编写规则，确保行为描述能够被综合到物理硬件中，并且综合后的电路功能和行为描述一致。如果不遵循规则，就会导致状态机的 HDL 模型中出现软竞争情形，用于验证模型的测试平台中也将出现竞争情形，并且仿真行为模型的结果和被综合的物理硬件之间出现不匹配。类似地，如果不遵守 HDL 工业规则，也许设计的仿真结果是正确的，但会引入硬件锁存器，原因就在于设计者使用的建模风格。书中介绍的基于工业的设计方法可以使设计中不会出现竞争和不需要的锁存器。所以，无论是否能获得综合工具，对学生来说，学习和遵循使用 HDL 模型的工业实践要求非常重要。

验证

工业上，一个重要步骤是验证电路是否能够正常工作，如此可以排除很多的失误。然而，现在对数字设计的验证环节没有足够的重视，而仅仅关注设计本身，验证通常被认为是次要的。我们凭借经验，往往会过早地主观认为"这个电路工作得很好"。类似地，通过确保投资的 HDL 模型是可靠的、可移植的和可重复使用的，工厂才能获得源源不断的投资收益。为了保证可重复使用和可移植性，需要对命名规则和参数使用进行规范。同时，我们提供了相关的解决方案和练习的测试平台，目的在于：

（1）验证电路功能。

（2）强调测试的重要性。

(3)向学生介绍重要概念，如测试平台中的自检。

提倡开发测试计划来指导开发测试平台，我们会在书中介绍测试方案，并且在书末的部分习题解答中进一步加以说明。

HDL 内容

我们已经确认过书中所有的示例解决方案都符合数字硬件建模的工业实践。与上一版一样，HDL 材料被放在一个单独的部分，这样可以按照教学需要进行删减。本书没有减少关于手工设计的论述，也没有指定授课的顺序。书中的描述适合同时需要学习数字电路和 HDL 的初学者。本书帮助学生自主设计项目，如此可以在后面的计算机体系结构和高级数字设计课程中有所收获。

教师可用资源①

教师可以从出版商处获得相关的资源，包括：
- 所有测试用的 Verilog 示例的源代码。
- 插图和表格形式的 PowerPoint 文件。
- 解答手册。

HDL 仿真器

学生可以从相关网站上下载两个仿真器。第一个仿真器是 VeriLogger Pro，这是一个传统的仿真器，可以用于仿真本书中的 HDL 示例和验证 HDL 习题答案。此仿真器可以兼容 IEEE-1995 标准语法，因此对一些以前建立的模型非常有用。另一个仿真器 VeriLogger Extreme 是一种交互式的仿真器，兼容 IEEE-1995 和 IEEE-2001 标准语法，允许设计者在建立可用的完整仿真模型或原理图之前，对设计思路进行仿真和分析。这对学生十分有用，因为他们可以快速输入布尔方程和 D 触发器或锁存器方程，与用 D 触发器和锁存器的设计结果进行比较。学生还可以在网上下载支持 FPGA 设计、仿真和综合的设计工具。

每章内容摘要

下面是每章内容摘要。

第 1 章：介绍了几种数字系统中的信息表示方法，阐述了二进制数制系统和二进制代码，举例说明了二进制-十进制编码（BCD）的带符号二进制数和十进制数的加减法。

第 2 章：介绍了布尔代数的基本定理和布尔表达式与电路逻辑图之间的相关性，研究了两个变量所有可能的逻辑运算和数字电路系统设计中最有用的逻辑门，还介绍了基本 CMOS 逻辑门。

---

① 教辅申请方式请参见目录后的教辅申请表。

第 3 章：介绍了化简布尔表达式的卡诺图，可以用来化简与或门、与非门、或非门构成的数字电路。本章还介绍了其他所有二级门电路的简化方法和实现方法，并用 Verilog 和 VHDL 硬件描述语言描述了几个简单的门级模型。

第 4 章：介绍了分析和设计组合电路的基本步骤，还介绍了数字系统设计中需要用到的基本部件，如加法器和代码转换器等。对于经常使用的数字逻辑部件，如并行加法器和减法器、编码器和译码器、数据选择器及它们在数字电路中的应用，本章也给予了说明。Verilog 示例采用了门级、数据流等形式，可以用 Verilog 和 VHDL 描述组合电路。本章还给出了一个简单的测试平台，可用于对硬件描述语言设计结果进行测试。

第 5 章：概述了分析和设计钟控(同步)时序电路的基本步骤，描述了几类触发器的门电路结构及电平触发和边沿触发的区别。时序电路的分析示例使用了状态表和状态图，时序电路的设计示例则使用了 D 触发器。本章还说明了 Verilog 和 VHDL 中时序电路的行为模型。相关的 HDL 示例用来说明 Mealy 型和 Moore 型时序电路模型。

第 6 章：介绍了多种时序电路部件，如寄存器、移位寄存器和计数器。这些数字部件是构成其他复杂数字电路的基本单元。本章还使用 HDL 对移位寄存器和计数器进行了描述。

第 7 章：介绍了随机存取存储器(RAM)和可编程逻辑器件，讨论了存储器的译码和纠错方法，介绍了 ROM、PLA、CPLD 和 FPGA 等组合和时序可编程逻辑器件。

第 8 章：介绍了数字系统的寄存器传输级表示方法，介绍了算法状态机(ASM)流程图，举例说明了数字系统设计中如何使用 ASM 流程图、ASMD 流程图、RTL 描述和 HDL 描述，详细介绍了使用有限状态机如何控制数据路径，以及如何利用状态机从数据路径中获取信号并控制它。本章是本书最重要的一章，将教会学生如何使用系统方法处理更高级的项目。

第 9 章：介绍了可以在实验室中用商业硬件平台进行的实验。实验中使用的集成电路功能可以参考前面章节中介绍的内容。对于本章介绍的每一个实验，我们都希望学生自己去设计电路，并总结在实验室验证其功能的步骤。实验也可以通过传统的方法完成，学生可以使用实验板和 TTL 电路，也可以使用基于 FPGA 的 HDL/综合方法。现在，FPGA 制造商可以免费提供用于综合的 HDL 模型和实现 FPGA 电路的软件，这使得学生在实验室使用原型开发板和其他资源之前，能够自己完成大量的设计工作。带有 FPGA 的速成型电路板价格低廉，其电路通常包括按钮、开关、七段数码管显示器、LCD、键盘和其他 I/O 设备。有了这些资源，学生可以按照规定进行练习或完成自己的项目，并立即得到结果。

第 10 章：介绍了使用 ANSI/IEEE 标准的逻辑函数图形符号，这些图形符号是为 SSI 和 MSI 的部件而开发的，因此用户可以从特殊的图形符号中识别出逻辑功能。本章还介绍了实验用的集成电路标准图形符号。

致谢

感谢本书第六版的审稿人，他们的专业意见与建议完善了本书的内容。他们是

Vijay Madisetti，Georgia Tech

Dmitri Donetski，SUNY Stony Brook

David Potter，Northeastern

Xiaolong Wu，California State-Long Beach

Avinash Kodi，Ohio University

Lee Belfore，Old Dominion University

感谢 Pearson Education 的编辑小组负责这本书的出版工作。同时，要感谢我们的家人 Sandra 和 Jerilynn 对我们工作的支持。

M. Morris Mano

加利福尼亚州立大学计算机工程名誉教授

Michael D. Ciletti

科罗拉多州立大学电子与计算机工程名誉教授

目　　录

Pearson

尊敬的老师：

您好！

为了确保您及时有效地申请培生整体教学资源，请您务必完整填写如下表格，加盖学院的公章后传真给我们，我们将会在 2～3 个工作日内为您处理。

请填写所需教辅的开课信息：

采用教材			□中文版 □英文版 □双语版
作　者		出版社	
版　次		**ISBN**	
课程时间	始于　年 月 日	学生人数	
	止于　年 月 日	学生年级	□专 科　　□本科 1/2 年级 □研究生　□本科 3/4 年级

请填写您的个人信息：

学　校			
院系/专业			
姓　名		职　称	□助教 □讲师 □副教授 □教授
通信地址/邮编			
手　机		电　话	
传　真			
official email(必填) **(eg:XXX@ruc.edu.cn)**		**email** **(eg:XXX@163.com)**	
是否愿意接收我们定期的新书讯息通知：　　□是　　□否			

系 / 院主任：＿＿＿＿＿＿＿（签字）

（系 / 院办公室章）

＿＿年＿＿月＿＿日

资源介绍：

—教材、常规教辅（PPT、教师手册、题库等）资源：请访问。

（免费）

—MyLabs/Mastering 系列在线平台：适合老师和学生共同使用；访问需要 Access Code。

（付费）

100013　北京市东城区北三环东路 36 号环球贸易中心 D 座 1208 室

电话：（8610）57355003　　传真：（8610）58257961

Please send this form to:

第1章 数字系统与二进制数

本章目标

1. 了解二进制系统。
2. 掌握二进制数、八进制数、十进制数和十六进制数之间的转换。
3. 掌握数的补码和反码的计算。
4. 掌握数字编码的形成。
5. 掌握字的奇偶校验位的形成。

1.1 数字系统

人类已经进入数字时代，数字系统在我们日常生活中起着越来越重要的作用，并广泛应用于通信、交通控制、航天器制导、医疗、天气监测、因特网等领域，以及其他许多商业、工业和科研部门。各类数字产品比比皆是：数字电话、数字电视、数字通用光盘(DVD)、数字相机、手持(便携式)设备，当然也包括数字计算机等。有的人喜欢将音乐下载到便携式媒体播放器(例如，iPod Touch)和其他高分辨率显示的手持设备中。这些设备具有图形用户界面(GUI，Graphical User Interface)。通过 GUI 可以让设备执行命令，这种方式对用户来说简便易用，但实际上这些命令涉及一系列复杂内部指令的精确执行问题。大多数这样的设备内部均嵌入了特殊用途的数字计算机。数字计算机具有很强的通用性，它可以执行一系列的指令(也称为程序)，对给定数据进行操作和处理。用户可以根据特定的要求对程序或数据进行修改。正因为有这种灵活性，通用数字计算机才可以完成各种各样的信息处理任务，对大量信息和媒体存储库提供数据服务，从而得到非常广泛的应用。

数字系统的另一个特性是它具有描述和处理离散信息的能力。我们知道，任何一个取值数目有限的元素集都包含着离散信息，如十进制数的各个数、字母表中的 26 个字母、扑克牌中的 52 张牌及国际象棋棋盘中的 64 个方格等。早期的数字计算机主要用于数值计算，它处理的离散信息是各种各样的数字，因此就出现了"数字计算机"这个术语。

数字系统中的离散信息元素可以用一类称为"信号"的物理量表示，而最常见的信号就是电压和电流，它们一般由晶体管构成的电路产生。目前，在各种数字电子系统中的电信号只有两个离散值，因而也称为二进制形式。一个二进制数又称为一个比特(bit)，它有两个基本的数值：0 和 1。离散信息单元可以用一组比特表示，称为二进制码。例如在数字系统中，十进制数 0 到 9 可以用一个 4 位码组表示(例如，0111 表示十进制数 7)。一组码字对应的数值取决于它的编码系统。为了便于说明，我们将二进制系统中的 0111 写成 $(0111)_2$，将十进制系统中的 0111 写成 $(0111)_{10}$，显然 $0111_2 = 7_{10}$，它并不等于 0111_{10} 或 110。这里，下标只是表示码字的进制数。通过应用多种技术，用一组比特表示各种离散符号(不仅是数字)，就可以用数字的方式研究系统。因此，数字系统就是处理二进制离散信息单元的系统。在当今的技术领域中，正如我们所看到的，二进制系统是最实用的，它们可以采用电子元器件来实现。

离散信息量或者来自被处理数据的本质，或者可能来自连续过程的量化。比如，工资表就是一个自然的离散信息处理系统，它包含了雇员姓名、社会保险号码、周薪和所得税等。员工工资单可以用字母(姓名)、数字(薪水)及一些特殊符号(如$)等离散数值来处理。再比如，进行研究的科学家在观察连续过程时，一般都是以表格形式记录特定时刻的数值。科学家就是以这种方式对连续数据进行量化，并将表中的每一个数赋予离散量。在很多情况下，量化处理可以由模数转换器自动完成，通过模数转换器将模拟(连续)量转换为数字(离散)量。数码相机就是依靠这项技术对图像捕获的曝光量进行量化的。

通用数字计算机就是典型的数字系统，主要由存储单元、中央处理单元及输入/输出单元组成。存储单元用于存储程序、输入/输出数据及中间数据。中央处理单元依照特定的程序执行算术运算和其他数据处理的操作。用户通过键盘这种输入设备将程序和数据输送到存储器中。输出设备(如打印机)主要用于接收计算结果，并把结果打印出来提供给用户。数字计算机可以有多个输入/输出设备。通信单元是非常有用的设备，它可以通过因特网与其他用户实现互连。数字计算机的功能非常强大，不仅能执行算术运算，也能执行逻辑操作。另外，用户还可以对其进行编程，以便计算机根据内部和外部条件做出决策。

商用产品采用数字电路实现有其根本原因。与数字计算机一样，大多数数字设备都是可编程的。通过改变可编程设备中的程序，相同的硬件条件可以实现多种不同的用途。硬件开发成本也会随着客户群的增多而降低。由于数字集成电路技术的进步，数字设备成本得以大幅度下降。因为单个硅片上集成的晶体管数目不断增加，数字电路的功能越来越复杂，每片的成本不断下降，价格越来越便宜。由数字集成电路构成的设备每秒钟可以进行数百万次操作。通过纠错编码，数字系统的工作非常可靠。一个典型例子就是数字通用光盘(DVD)，它可以将表示视频、音频的数字信息及其他的一些数据无损地记录并保存下来。DVD 中以此方式记录的数字信息在播放前，通过检查数字采样中的码元，可以自动检测并纠正其中的错误。

数字系统由各种数字模块构成。为便于理解每个数字模块的功能，有必要介绍数字电路与逻辑功能的基础知识。本书前 7 章主要介绍数字设计的基本知识，如逻辑门结构，组合电路、时序电路及可编程逻辑器件等；第 8 章介绍如何使用现代硬件描述语言(HDL，Hardware Description Language)在寄存器传输级(RTL，Register Transfer Level)描述数字设计；第 9 章是使用数字电路进行的实验。

制造技术和基于计算机的设计方法的融合，使得当今的数字设备价格低廉。数字设计方法发展的主要趋势是采用硬件描述语言(HDL)描述和模拟数字电路的功能。HDL 类似于一种编程语言，非常适合于以文本形式描述数字电路。利用 HDL 可以在硬件电路建立之前模拟和验证数字系统的功能。HDL 也可以和逻辑综合工具一起，用于数字系统的自动设计过程。因此，熟悉和掌握基于 HDL 的设计方法对于学生而言是非常重要的。数字电路的 HDL 描述将贯穿全书，书中这些例子不仅有助于描述 HDL 的特性，也是描述 HDL 工业应用的最好实践。有些情况要提醒读者不能轻视，例如，HDL 模型可以模拟一种现象，但不能被设计工具综合；建立的 HDL 模型将会造成芯片资源的浪费，综合到硬件后不能正确工作等。

如前所述，数字系统处理二进制形式表示的离散信息值。用来计算的操作数可以表示成二进制数的形式。其他离散元素，包括十进制数和字母表中的字母，也可以用二进制码来表示。数字电路(又称为逻辑电路)中的数据处理主要通过二进制逻辑单元(逻辑门)来实现，而数字量则存储在二进制(两个数值)存储单元(触发器)中。本章主要介绍各种二进制概念,为后续章节的进一步学习提供基本参考。

1.2　二进制数

十进制数 7392 代表一个数值,该值等于 7 个千加上 3 个百加上 9 个十加上 2 个一。千、百等分别是 10 的不同幂次,幂次由各个系数所在位置确定。更确切地讲,7392 可以写成

$$7 \times 10^3 + 3 \times 10^2 + 9 \times 10^1 + 2 \times 10^0$$

然而,按照惯例一般只写系数,幂次从右到左递增,系数的位置决定对应 10 的幂次。总之,带小数点的十进制数可以表示成一串系数形式:

$$a_5\, a_4\, a_3\, a_2\, a_1\, a_0.a_{-1}\, a_{-2}\, a_{-3}$$

系数 a_j 是十个数字 $(0, 1, 2, \cdots, 9)$ 中的某个数,下标值 j 给出了位置值,系数必须要和 10 的幂次相乘。因此,上式可以展开成

$$10^5 a_5 + 10^4 a_4 + 10^3 a_3 + 10^2 a_2 + 10^1 a_1 + 10^0 a_0 + 10^{-1} a_{-1} + 10^{-2} a_{-2} + 10^{-3} a_{-3}$$

这里,$a_3 = 7$,$a_2 = 3$,$a_1 = 9$,$a_0 = 2$,其他系数为 0。

基数用来表示数制系统中不同数值的总个数。由于只使用 10 个数字,每个系数均要与 10 的幂次相乘。因此,十进制的基数(radix 或 base)为 10。二进制是与十进制不同的数制,其系数只有两种取值(0 或 1),每个系数 a_j 都要乘以基数的幂 2^j,结果相加后就可以得到等效的十进制数。小数点(如十进制小数点)用来区分 10 的正幂次和 10 的负幂次。例如,与二进制数 11010.11 相对应的十进制数是 26.75,系数和 2 的幂次相乘后再展开,结果如下:

$$1 \times 2^4 + 1 \times 2^3 + 0 \times 2^2 + 1 \times 2^1 + 0 \times 2^0 + 1 \times 2^{-1} + 1 \times 2^{-2} = 26.75$$

数字系统的种类很多,由此可以推广到以 r 为基数的任何进制,即

$$a_n \cdot r^n + a_{n-1} \cdot r^{n-1} + \cdots + a_2 \cdot r^2 + a_1 \cdot r^1 + a_0 \cdot r^0 + a_{-1} \cdot r^{-1} + a_{-2} \cdot r^{-2} + \cdots + a_{-m} \cdot r^{-m}$$

系数 a_j 的取值范围是 0 到 $r - 1$。为区分不同进制数,一般将按位置记数法所表示的数用括号括起来,并在其右下角标注该进制的下标(十进制数在明显可以看出其进制时可省略下标)。例如,某个五进制数为

$$(4021.2)_5 = 4 \times 5^3 + 0 \times 5^2 + 2 \times 5^1 + 1 \times 5^0 + 2 \times 5^{-1} = (511.4)_{10}$$

由于基数为 5,各系数的取值只可能为 0、1、2、3、4。八进制数的基数为 8,有 8 个数字符号 0、1、2、3、4、5、6、7。如某个八进制数为 127.4,为了得到与其相等的十进制数,将其按 8 的幂次展开:

$$(127.4)_8 = 1 \times 8^2 + 2 \times 8^1 + 7 \times 8^0 + 4 \times 8^{-1} = (87.5)_{10}$$

注意:8 和 9 这两个数字不能出现在八进制中。

当基数小于 10 时,通常是从十进制系统中借用需要的 r 个数字作为系数。而当基数大于 10 时,就用字母表中的字母作为 10 个十进制数的补充。例如,在十六进制(基数为 16)系统中,前 10 个数字(0~9)来自十进制系统,而字母 A、B、C、D、E 和 F 分别用来表示

10、11、12、13、14 和 15 这 6 个数字。例如，某个十六进制数为

$$(B65F)_{16} = 11 \times 16^3 + 6 \times 16^2 + 5 \times 16^1 + 15 \times 16^0 = (46\ 687)_{10}$$

十六进制系统常被开发人员用于表示数字系统中长比特串的地址、指令和数据。例如，B65F 表示 1011011001011111。

如前所述，二进制的数字又称为比特。当某个比特等于 0 时，它对转换结果是没有影响的。因此，将二进制数转换为十进制数，就是把比特为 1 的那些位置所对应的 2 的幂次相加。例如：

$$(110101)_2 = 32 + 16 + 4 + 1 = (53)_{10}$$

该二进制数中有 4 个 1，其对应的十进制数是 4 个以 2 为底的幂次之和。表 1.1 中列出了 2 的不同幂次表示的数。在计算机系统中，2^{10} 用 K(kilo，千)来表示，2^{20} 用 M(mega，兆)表示，2^{30} 用 G(giga，吉)表示，2^{40} 用 T(tera，梯)表示。因此，4 K = 2^{12} = 4096，16 M = 2^{24} = 16 777 216。计算机的存储容量通常用字节数来表示。一个字节等于 8 个比特，可以表示键盘上的一个字符。4 G 硬盘能够容纳 4 G = 2^{32} 字节的数据(大约 40 亿个字节)。一个 T 等于 1024 个 G，大约为一万亿个字节。

表 1.1　2 的幂次

n	2^n	n	2^n	n	2^n
0	1	8	256	16	65 536
1	2	9	512	17	131 072
2	4	10	1024 (1 K)	18	262 144
3	8	11	2048	19	524 288
4	16	12	4096 (4 K)	20	1 048 576 (1 M)
5	32	13	8192	21	2 097 152
6	64	14	16 384	22	4 194 304
7	128	15	32 768	23	8 388 608

r 进制数的算术运算规则与十进制数的相同。当采用非十进制数时，使用 r 个允许的数字要非常小心。对两个二进制数进行加法、减法和乘法运算的例子如下：

被加数:	101101	被减数:	101101	被乘数:	1011
加数:	+100111	减数:	−100111	乘数:	× 101
和:	1010100	差:	000110		1011
					0000
				部分积:	1011
				积:	110111

两个二进制数求和的计算法则与十进制数的相同，只是和数中任意有效位置上的数字只可为 0 或 1，给定有效位上的任意进位可以被更高一级有效位上的一对数字使用。减法要稍微复杂一些，但法则仍然和十进制数的相同，只是给定有效位上的借位相当于给被减数加 2(十进制中的借位相当于给被减数加 10)。乘法非常简单，乘数不是 1 就是 0，因此部分积要么等于移位后的被乘数，要么等于 0。

练习 1.1　$1 \times 2^4 + 0 \times 2^3 + 1 \times 2^2 + 0 \times 2^1 + 1 \times 2^0$ 表示的十进制数是多少？

答案：21

1.3　数制的转换

不同基数的数如果对应相同的十进制数，则认为它们是相等的。例如，$(0011)_8$ 和 $(1001)_2$ 均等于十进制数 9。基数为 r 的数转换为十进制数比较简单，通常是将该数按幂次展开再求和，这一点前面已经进行了介绍。现在，我们来介绍将十进制数转换为 r 进制数的一般操作步骤。如果这个数是带小数点的，那么必须将整数部分和小数部分分别进行转换，然后将它们的转换结果合并起来。整数部分的转换方法是：把待转换的十进制整数除以 r，取其余数，所得之商再除以 r，再取其余数，如此反复。下面的例子可以很好地说明这些步骤。

例 1.1　将十进制数 41 转换为二进制数。

首先，把 41 除以 2 得到整数商 20 和余数 1，将这个商再继续除以 2，得到新的商和余数，如此重复，直到最后的整数商变为 0，从余数中可以得到想要的二进制数的系数，具体步骤如下：

	整数商		余数		系数
$41 / 2 =$	20	+	1		$a_0 = 1$
$20 / 2 =$	10	+	0		$a_1 = 0$
$10 / 2 =$	5	+	0		$a_2 = 0$
$5 / 2 =$	2	+	1		$a_3 = 1$
$2 / 2 =$	1	+	0		$a_4 = 0$
$1 / 2 =$	0	+	1		$a_5 = 1$

因此，最后的结果为：$(41)_{10} = (a_5 a_4 a_3 a_2 a_1 a_0)_2 = (101001)_2$。

其算术过程可以更方便地表述如下：

整数	余数
41	
20	1
10	0
5	0
2	1
1	0
0	1　　101001 = 结果

从十进制数到任意 r 进制数的转换与上例类似，只需将除数 2 用 r 来代替就可以了。

例 1.2　将十进制数 153 转换为八进制数。

八进制数的基数 r 为 8。首先，将 153 除以 8 得到整数商 19 和余数 1；然后，将 19 再除以 8 得到整数商 2 和余数 3；最后，将 2 除以 8 得到的商为 0，余数为 2。具体步骤操作如下：

$$
\begin{array}{c|c}
153 & \\
19 & 1 \\
2 & 3 \\
0 & 2 = (231)_8
\end{array}
$$

十进制小数转换为二进制数的方法与整数部分的转换是类似的。不过,在进行转换时用的是乘法而不是除法,每次取的是整数部分而不是余数。具体方法最好还是通过下面的实例来说明。

例 1.3   将 $(0.6875)_{10}$ 转换为二进制数。

首先,将 0.6875 乘以 2,得到一个整数和一个小数,这个新的小数再乘以 2,又得到一个新的整数和一个新的小数。如此重复这个过程,直到小数部分变为 0 或者数值达到了足够的精度。最终的二进制数的系数可以由这些整数得出:

	整数		小数	系数
$0.6875 \times 2 =$	1	+	0.3750	$a_{-1} = 1$
$0.3750 \times 2 =$	0	+	0.7500	$a_{-2} = 0$
$0.7500 \times 2 =$	1	+	0.5000	$a_{-3} = 1$
$0.5000 \times 2 =$	1	+	0.0000	$a_{-4} = 1$

因此,答案是 $(0.6875)_{10} = (0.a_{-1}a_{-2}a_{-3}a_{-4})_2 = (0.1011)_2$。

将一个十进制小数转换为 r 进制数的方法与上面方法类似,乘数 2 用 r 来代替,并且整数中的系数值范围由 0 和 1 变为 0 到 $r-1$。

例 1.4   将 $(0.513)_{10}$ 转换为八进制数。

$$
\begin{aligned}
0.513 \times 8 &= 4.104 \\
0.104 \times 8 &= 0.832 \\
0.832 \times 8 &= 6.656 \\
0.656 \times 8 &= 5.248 \\
0.248 \times 8 &= 1.984 \\
0.984 \times 8 &= 7.872
\end{aligned}
$$

转换后的 7 个有效数字可从上面这些乘积的整数部分得到:

$$(0.513)_{10} = (0.406517\cdots)_8$$

既有整数部分也有小数部分的十进制数的转换方法是先将整数和小数分别进行转换,再把两部分的转换结果合并在一起,利用例 1.1 和例 1.3 的结果可得

$$(41.6875)_{10} = (101001.1011)_2$$

根据例 1.2 和例 1.4 的结果有

$$(153.513)_{10} = (231.406517)_8$$

练习 1.2   将 $(117.23)_{10}$ 转换为八进制数。
答案: $(117.23)_{10} = (165.1656)_8$

1.4　八进制数和十六进制数

十进制数、二进制数和十六进制数之间的转换在数字计算机中有着十分重要的作用，因为较短的十六进制字符要比长串的 1 和 0 更容易识别。由于 $2^3 = 8$，$2^4 = 16$，因此每个八进制数对应 3 位二进制数，而每个十六进制数则对应 4 位二进制数。十进制、二进制、八进制和十六进制中前 16 个数的表示见表 1.2。

表 1.2　不同进制的数

十进制数(基 10)	二进制数(基 2)	八进制数(基 8)	十六进制数(基 16)
00	0000	00	0
01	0001	01	1
02	0010	02	2
03	0011	03	3
04	0100	04	4
05	0101	05	5
06	0110	06	6
07	0111	07	7
08	1000	10	8
09	1001	11	9
10	1010	12	A
11	1011	13	B
12	1100	14	C
13	1101	15	D
14	1110	16	E
15	1111	17	F

从二进制数到八进制数的转换实现起来比较简单，只要将每 3 位二进制数分为一组，从小数点开始，分别向左、向右进行，然后给每一组分配相应的八进制数。下面的例子描述了这个转换方法：

$$(\underset{2}{10}\ \underset{6}{110}\ \underset{1}{001}\ \underset{5}{101}\ \underset{3}{011}\ .\ \underset{7}{111}\ \underset{4}{100}\ \underset{0}{000}\ \underset{6}{110})_2 = (26153.7406)_8$$

二进制数到十六进制数的转换与此类似，不同的只是将每 4 位二进制数分成一组：

$$(\underset{2}{10}\ \underset{C}{1100}\ \underset{6}{0110}\ \underset{B}{1011}\ .\ \underset{F}{1111}\ \underset{2}{0010})_2 = (2C6B.F2)_{16}$$

研究表 1.2 中所列数值，应该很容易记住每组二进制数对应的十六进制(或八进制)数。

八进制数或十六进制数转换成二进制数的步骤与上面所介绍方法刚好相反。每个八进制数转换成相等的 3 位二进制数，每个十六进制数转换成相等的 4 位二进制数。可以通过下面的例子来说明：

$$(673.124)_8 = (\underset{6}{110}\ \underset{7}{111}\ \underset{3}{011}\ .\ \underset{1}{001}\ \underset{2}{010}\ \underset{4}{100})_2$$

和

$$(306.D)_{16} = (\underset{3}{0011} \quad \underset{0}{0000} \quad \underset{6}{0110} \quad . \quad \underset{D}{1101})_2$$

二进制数使用起来不太方便，与十进制数相比，二进制数的有效数字是十进制数的3～4倍。例如，二进制数111111111111等于十进制数4095。不过，数字计算机用的却是二进制数，并且有时操作员或用户需要用二进制数直接和机器进行通信。尽管计算机里配置的是二进制系统，但人们应考虑减少数字的个数[①]，可以尽量使用八进制和十六进制，需要和机器直接进行通信时再进行相应的二进制转换。如二进制数111111111111有12个数字，表示成八进制数是7777(4个数字)，表示成十六进制数是FFF(3个数字)。人与人之间的通信(关于计算机中的二进制数)用八进制或十六进制表示更好一些，这样表达起来更简洁，相同情况下只有二进制有效数字个数的三分之一到四分之一。因此，大多数计算机手册一般用八进制数或十六进制数来说明二进制数。尽管在八进制和十六进制之间可以任意选择，但一般选择的是十六进制，用两个十六进制数就可以表示一个字节。

练习 1.3　将 $(135)_{10}$ 转换为二进制数。

答案： $(135)_{10} = (1000\,0111)_2$

练习 1.4　将 $(135)_{10}$ 转换为八进制数。

答案： $(135)_{10} = (207)_8$

1.5　补码

补码在数字计算机中用于简化减法运算和逻辑操作，从而使电路更加简单、价格更加便宜。每个 r 进制系统都有两种类型的补码：补码(radix complement)和反码(diminished radix complement)。第一种可看作 r 的补码，第二种为 $(r-1)$ 的补码。r 进制数的这两种补码可以参考二进制中 2 的补码和 1 的补码及十进制中 10 的补码和 9 的补码。

反码

给定一个有 n 个数字的 r 进制数 N，其 $(r-1)$ 的补码定义为 $(r^n-1)-N$，即反码。对于十进制数来说，$r=10$ 和 $r-1=9$，所以 N 的反码(9 的补码)是 $(10^n-1)-N$。在这个例子中，10^n 代表一个由 1 后面加上 n 个 0 组成的数。10^n-1 是一个由 n 个 9 表示的数。例如，如果 $n=4$，则有 $10^4=10000$ 和 $10^4-1=9999$。因此，十进制数的反码是用 9 减去其每一个数字。例如：

$$546700 \text{ 的反码为 } 999999 - 546700 = 453299$$
$$012398 \text{ 的反码为 } 999999 - 012398 = 987601$$

对于二进制数，$r=2$ 和 $r-1=1$，所以 N 的反码是 $(2^n-1)-N$。同样，2^n 是一个由 1 后面加上 n 个 0 组成的二进制数，2^n-1 是一个用 n 个 1 表示的二进制数。例如，如果 $n=4$，则有 $2^4=(10000)_2$ 和 $2^4-1=(1111)_2$。因此，二进制数的反码是用 1 减去其每个数字而得到的。

[①] 字长为 64 位的机器很常见。

然而，当用 1 去减二进制数时，有 $1-0=1$ 或 $1-1=0$，从而将一位从 0 变为 1 或者从 1 变成 0。因此，二进制数的反码在形式上就是将 1 改为 0 或将 0 改成 1。例如：

$$1011000 \text{ 的反码是 } 0100111$$
$$0101101 \text{ 的反码是 } 1010010$$

同样，八进制数或者十六进制数的反码是用 7 或 F（十六进制数 15）分别减去该数的每一位数字而得到的。

补码

一个有 n 个数字的 r 进制数 N，其 r 的补码定义为 r^n-N（分 $N \neq 0$ 和 $N=0$ 两种情况）。与前面的反码相比，r 的补码实质就是反码加 1，即 $r^n-N=[(r^n-1)-N]+1$。因此，十进制数 2389 的补码是 $7610+1=7611$，就是由其反码的值加上 1 得到的。二进制数 101100 的补码是 $010011+1=010100$，就是将其反码的值加 1 得到的。

10^n 是用一个 1 后面加上 n 个 0 表示的数。因此，十进制数 N 的补码 10^n-N 也可以这样来构成：保留最低有效位上的 0 不变，再用 10 减去第一个非零有效数字，再用 9 减去所有更高位上的有效数字。例如：

$$012398 \text{ 的补码是 } 987602$$
$$246700 \text{ 的补码是 } 753300$$

第一个十进制数的补码 2 是将 10 减去最低有效位上的 8 而得到的，再用 9 减去所有其他数字。第二个十进制数的补码的获得方法是保持两个最低有效位的 0 不变，用 10 减去 7，再用 9 减去其他 3 个数字。

类似地，二进制数的补码是不改变两个低位的 0 和第一个 1，再将其他更高位的有效数字用相反数字代替，即用 0 代替 1，用 1 代替 0。例如：

$$1101100 \text{ 的补码是 } 0010100$$
$$0110111 \text{ 的补码是 } 1001001$$

第一个数的补码通过不改变低两位的 0 及第一个 1，再将其他 4 个高位有效数字取反（即用 0 代替 1，用 1 代替 0）而得到。第二个数的补码通过不改变最低有效位的 1，再将所有其他位取反而得到。

在前面的定义中，都是假设那些数没有小数点。如果原始数 N 包含小数点，则应该将小数点临时去掉以计算补码或反码，然后再在相同的位置上将小数点恢复。同样值得强调的是，补码的补码又重新等于它的原码，N 的补码是 r^n-N，其补码的补码是 $r^n-(r^n-N)=N$，刚好等于原码。

练习 1.5　求 (a) $(135)_{10}$ 的补码；　(b) $(135)_{10}$ 的反码。

答案：(a) 补码：$(864)_{10}$

(b) 反码：$(865)_{10}$

补码的减法

利用借位概念的直接减法在小学就学过了。这种方法是当被减数比减数小时就从高位借 1。

人们用纸笔进行减法运算时,这种方法确实很好,而要用硬件实现减法运算时,这种方法的效率就不如使用补码方法了。

两个有 n 个数字的 r 进制无符号数的减法运算 $M - N$ 可以按以下的步骤进行:

1. 将被减数 M 加上减数 N 的补码,即

$$M + (r^n - N) = M - N + r^n$$

2. 如果 $M \geq N$,结果的和将产生可以被丢弃的进位 r^n,剩下的就是 $M - N$ 的结果。

3. 如果 $M < N$,那么和就不会产生进位,等于 $r^n - (N - M)$,也就是 $(N - M)$ 的补码。常见的计算结果是取和的补码并在其前面加上一个负号。

下面的例子说明了这些步骤。

例 1.5　使用补码,实现十进制数减法运算 $72532 - 3250$。

$$
\begin{aligned}
M = &\ 72532 \\
N\text{的补码} = +&\underline{96750} \\
\text{和} = &\ 169282 \\
\text{丢弃末端进位}10^5 = -&\underline{100000} \\
\text{最终结果} = &\ 69282
\end{aligned}
$$

注意 M 是 5 位数,而 N 是 4 位数,进行减法运算的两个数必须具有相同的位数。因此,我们把 N 写成 03250,其补码将在最高有效位上产生一个 9,出现的末端进位就表示 $M \geq N$,结果为正数。

例 1.6　使用补码,实现十进制减法运算 $3250 - 72532$。

$$
\begin{aligned}
M = &\ 03250 \\
N\text{的补码} = +&27468 \\
\text{和} = &\ 30718
\end{aligned}
$$

这里没有末端进位。因此,答案为 $-(30718\ \text{的补码}) = -69282$。

注意,因为 $3250 < 72532$,其结果为负。由于处理的是无符号数,这种情况下确实无法得到一个无符号结果。当利用补码进行减法运算时,负的结果一般通过末端进位的出现和补码的结果来识别。当用纸笔进行计算时,可以将结果转换成一个带符号的负数,这是常见的表示形式。

利用补码进行二进制数减法运算,其方法和步骤与前面相同。

例 1.7　给定两个二进制数 $X = 1010100$ 和 $Y = 1000011$,用补码来实现:(a)$X - Y$,(b)$Y - X$。

(a)

$$
\begin{aligned}
X = &\ 1010100 \\
Y\text{的补码} = +&\underline{0111101} \\
\text{和} = &\ 10010001 \\
\text{丢弃末端进位}2^7 = -&10000000 \\
\text{结果}: X - Y = &\ 0010001
\end{aligned}
$$

(b)

$$
\begin{aligned}
Y = &\ 1000011 \\
X\text{的补码} = +&\underline{0101100} \\
\text{和} = &\ 1101111
\end{aligned}
$$

没有末端进位。因此,答案是 $X - Y = -(1101111\ \text{的补码}) = -0010001$。

无符号数的减法运算也可以利用反码进行。我们知道反码只比补码少 1，将被减数和减数的反码相加的结果产生一个和数，当有末端进位时，该和数将比正确结果少 1。丢弃该末端进位，并将和数加 1，这被称为末端循环进位（end-around carry）。

例 1.8　用反码重做例 1.7。

(a) $X - Y = 1010100 - 1000011$

$$
\begin{array}{rr}
X = & 1010100 \\
Y\ 的反码 = + & \underline{0111100} \\
和 = & 10010000 \\
末端循环进位 = + & \underline{\hspace{3em}1} \\
结果：X - Y = & 0010001
\end{array}
$$

(b) $Y - X = 1000011 - 1010100$

$$
\begin{array}{rr}
Y = & 1000011 \\
X\ 的反码 = + & \underline{0101011} \\
和 = & 1101110
\end{array}
$$

没有末端进位。因此答案是 $X - Y = -$（1101110 的反码）$= -0010001$。

注意，此负数是通过求反码得到的，这也是反码的一种应用。具有末端循环进位的运算过程同样适用于十进制无符号数的减法。

练习 1.6　已知 $X = (1101010)_2$ 和 $Y = (0101011)_2$，采用二进制补码，求 (a) $X - Y$；(b) $Y - X$。

答案：　(a) $X = (1101010)_2 = 106_{10}$，$Y = (0101011)_2 = (43)_{10}$

　　　　$X - Y = (106)_{10} - (43)_{10} = (63)_{10}$

　　　　Y 的补码：$(1010101)_2$

　　　　$X - Y = (1101010)_2 + (1010101)_2 = (0111111)_2 = (63)_{10}$

　　　　(b) $Y - X = (43)_{10} - (106)_{10} = -(63)_{10}$

　　　　X 的补码：$(10010110)_2$

　　　　$Y - X = (0101011)_2 + (0010110)_2 = (1000001)_2$ 无末端进位

　　　　$Y - X = -(1000001)_2$ 的补码

　　　　$Y - X = -(0111111)_2 = -(63)_{10}$

练习 1.7　采用二进制反码，重新计算练习 1.5。

答案：　(a) $X = (1101010)_2 = (106)_{10}$，$Y = (0101011)_2 = (43)_{10}$

　　　　$X - Y = (106)_{10} - (43)_{10} = (63)_{10}$

　　　　Y 的反码：$(1010100)_2$

　　　　$X - Y = (1101010)_2$

　　　　$\underline{\quad + (1010101)_2}$

　　　　$(10111110)_2$　　末端循环进位

　　　　$X - Y = (0111110)_2 + (0000001)_2 = (0111111)_2 = (63)_{10}$

　　　　(b) $X = (1101010)_2 = (106)_{10}$，$Y = (0101011)_2 = (43)_{10}$

　　　　$Y - X = (43)_{10} - (106)_{10} = -(63)_{10}$

X 的反码：$(0010101)_2$

$Y - X = (0100011)_2$

$+ \underline{(0010110)_2}$

$(0111000)_2$ 无末端循环进位

$Y - X = -((0111000)_2 + (0000001)_2)$ 的反码

$Y - X = -(1000001)_2$ 的反码 $= (0111110)_2 = -(63)_{10}$

1.6 带符号二进制数

正整数(包括零)可以表示成无符号数。然而，为了表示负整数，需要表示符号。在普通算术里，一般用"−"号表示负数，用"+"号表示正数。由于硬件限制，计算机必须用二进制数表示任何项。通常，二进制数最左边的那个位表示其符号，按惯例 0 表示正号，1 表示负号。

要注意，不论是带符号二进制数还是无符号二进制数，在计算机中都是用一组比特来表示的，这一点很重要。究竟为无符号数还是带符号数由用户来确定。若二进制数是带符号的，则其最左边的位表示符号，其余位表示数值；而若二进制数被假定是无符号数，则最左边的位是该数的最高有效位。例如，01001 可以被认为是 9(无符号数)或是+9(带符号数)，最左边的那位为 0。11001 作为无符号数时等于 25，而作为带符号数时是−9，因为此时其最左边位置上的 1 表示负号，而其余的 4 位表示二进制数 9。如果预先知道数的类型，一般就不会混淆。

练习 1.8 带符号二进制数中哪一位代表符号位？

答案：最左边的比特位。

练习 1.9 求字符串 11001 表示的无符号二进制数。

答案：$(25)_{10}$

上一个例子中，那些带符号数的表示方式被称为"符号-数值"表示法。在该表示法中，数由数值和符号(+或−)或表示符号的位(0 或 1)两部分组成，这就是普通算术中带符号数的表示方式。当算术运算在计算机中实现时，使用"符号−补码"系统表示负数是比较方便的。在这个系统中，负数用它的补码表示。"符号−数值"系统通过改变数的符号对其取反，而"符号−补码"系统则是通过求补码将其取反。因为正数最左边位总是以 0 开始，所以负数的补码总以 1 打头。"符号−补码"系统可以采用反码或补码，但最常用的是补码。

例如，我们用 8 位表示二进制数 9。+9 表示为 0001001，即最左边是符号位 0，跟在后面的是等于 9 的二进制序列。注意，所有 8 位都必须有一个值。因此，在符号位和第一个 1 之间要插入一些 0。尽管只有一种方法表示+9，但是用 8 位表示−9 却有三种不同的方法：

原码(符号−数值)表示法：　　　　　　　10001001

反码(符号−反码)表示法：　　　　　　　11110110

补码(符号−补码)表示法：　　　　　　　11110111

练习 1.10　带符号二进制数 $N = 10011$ 表示的十进制数是多少？

答案：$N = -(3)_{10}$

练习 1.11　将带符号二进制数 $N = 01100$ 转换为相同数值的负值。

答案：$N = 11100$

在"符号–数值"表示中，–9 是通过把 +9 最左边位的 0 改为 1 得到的。在"符号–反码"表示中，–9 是通过把 +9 的所有位取反得到的，包括符号位。"符号–补码"表示的 –9 是通过取 +9 的二进制补码得到的，也包括符号位。

表 1.3 列出了所有可能的 4 位带符号二进制数的三种表示法，与此相对应的十进制数也列在其中作为参考。注意，三种表示法中所有正数是完全相同的，且最左边位（最高有效位）为 0。"符号–补码"表示中的 0 只有一种表示，且为正数，而其他两种表示法中既有正 0 也有负 0，这在普通算术中是不会遇到的。所有负数的最高有效位都是 1，据此我们将其与正数区分开来。4 位可以表示 16 个二进制数，在"符号–数值"和"符号–反码"表示中，有 8 个正数和 8 个负数，包括两个 0。在"符号–补码"表示中，有 8 个正数（其中包括一个 0）和 8 个负数。

"符号–数值"表示一般用于普通算术运算中，将其用于计算机运算会很麻烦，要分开处理符号和数值。因此，计算机通常采用的是"符号–补码"表示。反码存在着一些难点，在算术运算中很少使用。因为将 0 和 1 互换相当于逻辑求反操作，这一点在逻辑运算中很有用，可参见第 2 章的内容。下面讨论带符号二进制数时只用"符号–补码"来表示负数，相同的步骤可应用于"符号–反码"表示，只要如同处理无符号数一样包含末端进位就行了。

表 1.3　带符号二进制数

十 进 制 数	补　码	反　码	原　码
+7	0111	0111	0111
+6	0110	0110	0110
+5	0101	0101	0101
+4	0100	0100	0100
+3	0011	0011	0011
+2	0010	0010	0010
+1	0001	0001	0001
+0	0000	0000	0000
–0	—	1111	1000
–1	1111	1110	1001
–2	1110	1101	1010
–3	1101	1100	1011
–4	1100	1011	1100
–5	1011	1010	1101
–6	1010	1001	1110
–7	1001	1000	1111
–8	1000	—	—

练习 1.12   用 8 位二进制数表示–5:(a)带符号原码; (b)带符号反码; (c)带符号补码。
答案:(a)10000101, (b)11111010, (c)11111011。

练习 1.13   用 8 位二进制数的带符号补码表示–$(7)_{10}$。
答案: $N = (0000\ 0111)_2$
        反码 $= (1111\ 1000)_2$
        补码 $= (1111\ 1001)_2$

算术加法

两个数的加法运算在"符号–数值"表示中遵循普通算术规则。如果两个数的符号相同,则可以将两个数值相加,而相加之和的符号保持不变。如果两个数的符号不同,就用绝对值大的数减去绝对值小的数,并将绝对值大的那个数的符号赋给运算结果。例如,$(+25)+(-37) = -(37-25) = -12$,就是用绝对值大的数 37 减去绝对值小的数 25,运算结果使用数 37 的符号。上述步骤需要比较符号和绝对值,然后再进行加或减。该步骤同样也适用于"符号–数值"形式表示的二进制数。不同的是,对于用"符号–补码"形式表示的二进制数,在进行两个数相加时,并不需要比较符号或减法运算,而只有加法运算。该步骤非常简单,对于二进制数的加法运算将在下面说明。

两个以"符号–补码"形式表示的带符号二进制数的加法运算,就是把这两个数相加,包括它们的符号位。符号位上所产生的进位要丢弃。

数的加法举例如下:

+ 6	00000110		–6	11111010
+13	00001101		+13	00001101
+19	00010011		+ 7	00000111
+ 6	00000110		–6	11111010
–13	11110011		–13	11110011
– 7	11111001		–19	11101101

注意,负数必须首先转换为补码形式。如果相加后得到的和是负数,则给出的结果也是补码形式。例如,–7 表示为 11111001,也是+7 的二进制补码。

上述 4 个例子的每一个所进行的运算都是包括符号位的加法运算。符号位上所产生的进位都要被丢弃,最后得到的负数结果自动就是补码形式的。

为了得到正确结果,我们必须保证要有足够的位数表示和数。如果两个 n 位的数相加,得到的结果却是 $n+1$ 位的和数,则称产生了溢出。当人们用纸笔进行加法运算时,溢出并不是问题,因为我们没有对纸的宽度做出限制,我们只要再添一个 0 到正数或再添一个 1 到负数作为它们的最高有效位,从而将其扩展成为 $n+1$ 位,然后再进行相加。溢出在计算机中之所以成为问题,是因为计算机保存数的位数(字长)是有限的,结果哪怕超过限定位数 1 位都不行。

用补码形式表示的负数与"符号–数值"形式表示的负数是不同的。为了确定以"符号–补码"形式表示的负数的值,有必要将其转换为正数,这样的形式我们更为熟悉。例如,带符号二进制数 11111001 是个负数,因为其最左边位上是 1。该二进制负数的补码是 00000111,等于二进制数+7, 因此原负数等于–7。

算术减法

当以补码形式表示负数时, 两个带符号二进制数的减法运算是非常简单的, 具体步骤如下:取减数的补码(包括符号位), 将其与被减数(包括符号位)相加, 丢弃符号位上所产生的进位。

产生这种方法是因为在算术运算中, 如果改变减数的符号, 就可以用加法代替减法运算。下面的关系式可以用于说明:

$$(\pm A)-(+B)=(\pm A)+(-B)$$
$$(\pm A)-(-B)=(\pm A)+(+B)$$

把一个正数变为负数是很容易的, 只要取它的补码就行了。反过来也很容易, 因为负数补码的补码可产生等值的正数。我们来看减法$(-6)-(-13)=+7$, 用 8 位二进制数可将其写成$(11111010-11110011)$。通过取减数(-13)的补码, 可以得到$(+13)$, 减法变成了加法。在二进制数的算术运算中, 就是 11111010 + 00001101 = 100000111, 丢弃末端进位, 我们得到正确的答案是 00000111$(+7)$。

对于用"符号-补码"形式表示的二进制数, 如果按照无符号数的基本运算规则进行相同的加法和减法运算, 则是没有意义的。因此, 计算机只需要普通的硬件电路来处理这两种类型的算术运算。鉴于此, 计算机系统中几乎所有的算术单元都采用了"符号-补码"系统。用户或程序员必须要了解的是, 加法或减法运算结果的差异, 将取决于这些数究竟是带符号数还是无符号数。

练习 1.14 采用二进制补码形式, 求下列数的和。

(a) +4	(b) +4	(c) –4	(d) –4
+11	–11	+11	–11

答案:

(a)	+4	0000 0100	(b)	+4	0000 0100
	+11	0000 1011		–11	1111 0101
	+15	0000 1111		–7	1111 1001
(c)	–4	1111 1100	(d)	–4	1111 1100
	+11	0000 1011		–11	1111 0101
	+7	0000 0111		–15	1111 0001

1.7 二进制码

数字系统中使用的信号有两个不同的值, 并且电路元件有两个稳定状态。二进制信号、二进制电路元件及二进制数字之间有直接的对应关系。例如, 具有 n 个数字的二进制数可以用 n 个电路元件来表示, 并且每个元件都有一个取值为 0 或 1 的输出信号。数字系统不仅能表示和处理二进制数, 而且还能够表示和处理其他的离散信息元素。在一组数值中, 任何不同的离散信息元素都可以用二进制码(即一种 0 和 1 的组合模式)来表示。码元必须是二进制形式,因为根据当今的技术,只有那些运行 0 和 1 二值逻辑的电路才能够用于计算机。不过,还必须认识到二进制码只是改变了记号,并不能改变其所代表的信息元素的含义。如果任意检查一台计算机的数据流,将会发现绝大多数时候它们都代表某种类型的编码信息,而不是二进制数。

一个 n 位二进制码就是一个 n 位的比特组合,它有 2^n 种不同的 0、1 组合,每种组合都代表一个编码。一个 4 元素集可以用两个比特来编码,每个元素被赋予 4 种比特组合中的一种:00、01、10、11。8 元素集需要 3 个比特,而 16 元素集则需要 4 个比特。一个 n 位码所表示的二进制数为 0 到 2^n-1。每个元素必需分配唯一的比特组合,两个元素不能有相同的编码值,否则码的分配就会产生混乱。

尽管给 2^n 个不同的值编码需要的最小位数是 n,但对于一个二进制码来说,所用的位数却没有最大值。例如,10 个十进制数可以用 10 个比特来编码,且每个数都可以分配一个由 9 个 0 和一个 1 组成的码组。在这个特别的二进制编码中,数 6 被分配的码组是 0001000000。

BCD 码

尽管计算机采用的是最普通的二进制系统,且在现代电子技术中很容易表示,但大多数人还是更习惯于使用十进制。解决此差异的途径是将十进制数转换为二进制数,用二进制实现所有的算术运算,然后再把二进制运算结果变回十进制数。这种方法需要将十进制数存储在计算机中,以便将它们转换为二进制数。因为计算机只能接受二进制数,因此我们必须用由 0 和 1 组成的编码表示十进制数。只有当十进制数以编码形式存储在计算机里时,才能直接对其进行算术运算。

如果要编码的元素个数不是 2 的幂次,则二进制编码会有一些码组无处分配,10 个十进制数的集合就是这种情况。区分 10 个元素的二进制码至少要有 4 位,而 4 位二进制码可以有 16 种不同的组合。因此,其中有 6 种编码没有被分配。将 4 位排列为 10 种不同的组合就能得到不同的二进制码。表 1.4 列出了十进制数最常用的码对应的二进制数分配,也就是二进制编码十进制数(二–十进制码),通常简称为 BCD 码。十进制编码还有一些其他方法,本节后面将会介绍几种。

表 1.4 给出了每个十进制数对应的 4 位二进制码。一个 k 位的十进制数用 BCD 码表示需要 $4k$ 个比特。十进制数 396 用 BCD 码表示就是 12 个比特:0011 1001 0110,每组 4 个比特表示一个十进制数。只有当十进制数在 0 到 9 之间时,它的 BCD 码才等于其对应的二进制数。即使都是由 1 和 0 组成的,但一个大于 10 的 BCD 码不同于其对应的二进制数。此外,没有使用二进制数 1010～1111,其在 BCD 码中没有意义。我们来看十进制数 185 及与其对应的 BCD 码和二进制数:

表 1.4　二进制编码十进制数(BCD 码)

十进制数	BCD 码
0	0000
1	0001
2	0010
3	0011
4	0100
5	0101
6	0110
7	0111
8	1000
9	1001

$$(185)_{10} = (0001\ 1000\ 0101)_{BCD} = (10111001)_2$$

该 BCD 码有 12 个比特,但与其等价的二进制数只需要 8 个比特。与相应的二进制数相比,很明显 BCD 码需要更多的位数。不过,使用十进制数依然具有优势,因为人们一般都是用十进制数作为计算机的输入和输出数据。

认识到 BCD 码是十进制数而不是二进制数这一点很重要，尽管它们都用比特表示。十进制数和 BCD 码之间唯一的区别是十进制数用符号 0, 1, 2,…, 9 表示，而 BCD 码用的却是二进制码 0000, 0001, 0010,…, 1001，其所表示的十进制数的值是完全一样的。十进制数 10 用 8 个比特的 BCD 码表示为 0001 0000，十进制数 15 表示为 0001 0101。而与它们对应的二进制形式分别为 1010 和 1111，只有 4 个比特。

练习 1.15 用 BCD 码表示 $(84)_{10}$。

答案：$(84)_{10} = (1000\ 0100)_{BCD}$

BCD 码加法

我们来看两个用 BCD 码表示的十进制数的加法运算，包括来自前面低有效位上产生的可能进位。因为每个数字不会超过 9，和数也就不会超过 $9 + 9 + 1 = 19$，其中所加的 1 是前面的进位。假设把 BCD 码当作二进制数一样相加，那么二进制数之和会得到 0 到 19 之间的结果。以二进制形式表示就是从 0000 到 10011，而在 BCD 码中则为 0000 到 11001，其中第一个 1 为进位，其余 4 个比特则是两个 BCD 码相加之和。当二进制数之和小于或等于 1001 时(没有进位)，其对应的 BCD 码是正确的。而当二进制数之和大于或等于 1010 时，结果就是无效的 BCD 码。此时，应该把二进制数之和加上 6 = $(0110)_2$ 后才能转换为正确的 BCD 码，并产生需要的进位，这是因为二进制数之和的最高有效位的进位和十进制数的进位之间相差 16–10 = 6。我们来看下面 3 个 BCD 码相加：

```
  4    0100      4    0100       8     1000
 +5   +0101     +8   +1000      +9    +1001
 ─────────     ─────────      ──────────────
  9    1001     12    1100      17    10001
                     +0110           +0110
                ─────────      ──────────────
                     10010           10111
```

在上面的例子中，两个 BCD 码就像两个二进制数那样相加。如果二进制数之和大于或等于 1010，就再加上 0110，以得到正确的 BCD 码和与进位。在第一个例子中，二进制数之和等于 9，得到的结果就是正确的和的 BCD 码。在第二个例子中，二进制数之和产生了一个无效的 BCD 码，加上 0110 后就得到了正确的和的 BCD 码 0010(十进制数 2)及一个进位。在第三个例子中，二进制数之和产生了一个进位。当两数之和大于或等于 16 时就会出现这种情况，尽管其他 4 个比特小于 1001，但由于有进位，该二进制数之和仍然需要修正。加上 0110，就可以得到所需的和的 BCD 码 0111(十进制数 7)与一个 BCD 进位。

两个 n 位无符号 BCD 码的加法遵循与上面相同的原则。下面我们来看以 BCD 码进行的加法运算 184 + 576 = 760：

BCD 进位		1	1	
	0001	1000	0100	184
	+0101	0111	0110	+576
二进制和	0111	10000	1010	
加 6		0110	0110	
BCD 和	0111	0110	0000	760

首先，最低有效位上的一对 BCD 码产生等于 0000 的和的 BCD 码，同时产生一个进位输送到下一对 BCD 码。第二对 BCD 码与前面的进位一起相加后产生的和等于 0110，同时产生一个进位输送到下一对 BCD 码。第三对 BCD 码与进位相加后产生的和为 0111，不需要进行修正。

练习 1.16　求 4 + 6 的 BCD 和。

答案： 10000

十进制数的算术运算

以 BCD 码表示的带符号十进制数与带符号二进制数的表示相类似。我们既可以用熟悉的"符号–数值"系统，也可以用"符号–补码"系统。十进制数的符号通常也用 4 位表示，以便与十进制数的 4 位编码一致。一般习惯用 0000 表示加号，而用等于 9 的 BCD 码 1001 表示减号。

"符号–数值"系统在计算机中很少使用。"符号–补码"系统既可以使用反码，也可以使用补码，但补码是最常用的。为了得到 BCD 数的补码，我们首先要得到其反码，并在最低有效位上加 1。反码运算是用 9 减去每个数。

二进制"符号–补码"系统同样可以应用于十进制数的"符号–补码"表示。进行加法运算时，将所有数字相加，包括符号位数字，且要丢弃末端进位，当然这是在假设所有的负数都为补码的情况下。我们来看用"符号–补码"系统表示的十进制数加法运算 $(+375)+(-240)=+135$ 是如何实现的：

$$
\begin{array}{r}
0\ 375 \\
+9\ 760 \\
\hline
0\ 135
\end{array}
$$

第二个数最左边位上的 9 表示负号，且 9760 是数 0240 的 10 的补码。两个数相加并丢弃末端进位后，就可以得到结果 +135。当然，包括正负号在内，计算机中的十进制数都必须用 BCD 码表示。用 BCD 码实现的加法运算前面已经进行了阐述。

练习 1.17　计算下列 BCD 和。

(a) 370 + (–250)　　(b) 250 + (–370)

答案： (a) 0120　　(b) 9880，–120

进行十进制数减法运算时，不管是无符号数还是以补码形式表示的带符号数，都与二进制数的情况一样，就是取减数的补码，并将其与被减数相加。许多计算机有专用的硬件来直接实现以 BCD 码表示的十进制数的算术运算。计算机用户可以通过一些程序指令直接实现十进制数的算术运算，而不需将它们转换成二进制数。

其他的十进制码

每个十进制数的二进制码至少需要 4 位。通过 4 位比特的 10 种不同的排列组合，可以形成许多不同的代码。BCD 码及 3 种其他代码见表 1.5。在由 4 位不同排列所构成的 16 种可能组合中，每种代码只用了其中的 10 个组合，而其余 6 种组合没有用到，它们没有任何意义，可以直接忽略。

　　BCD 加法器直接将 BCD 值按位相加，无须转换成二进制。但是，如果结果大于 9，则需将结果加 6。可见，BCD 加法器需要更多的硬件，不再具备传统二进制加法器的速度优势[5]。

　　BCD 码和 2421 码是有权码。在有权码中，每位都被赋予了一个权值，在这种方式下每个数可以通过将码组中所有位为 1 的权值相加来求得。BCD 码的权值是 8、4、2 和 1，分别与每位的权值(2 的幂次)相对应。例如，0110 用权值解释表示 6，因为 8×0+4×1+2×1+1×0 = 6。当权值分别为 2、4、2、1 时，码组 1001 给出的十进制数等于 2×1+4×1+2×0+1×1 = 7。注意，有些数字在 2421 码中可能有两种编码方式，如十进制数 4 可以分配为 0100 或者 1010，因为这两个码组的权值相加后都等于 4。

　　2421 码和余 3 码都是自补码。这种码的特性是其十进制数的反码通过将该码中 0 和 1 变成 1 和 0 而直接得到，即它们的 0 和 9、1 和 8、2 和 7、3 和 6、4 和 5 等均互为反码。例如，十进制数 395 用余 3 码表示为 0110 1100 1000，而 395 的反码 604 表示为 1001 0011 0111，就是将余 3 码的每位简单取反得到的(就像二进制数的反码一样)。

　　因为其自补特性，余 3 码曾在一些老式计算机中使用。余 3 码是一种无权码，每个码由对应的二进制数值加上 3 而得。注意，BCD 码不是自补码。

　　8, 4, –2, –1 码是一种具有正、负权值的十进制码。例如，码组 0110 翻译过来就是十进制数 2，数值计算为 8×0+4×1+(–2)×1+(–1)×0 = 2。

表 1.5　十进制数的 4 种不同的二进制码

十进制数	BCD 8421 码	2421 码	余 3 码	8, 4, –2, –1 码
0	0000	0000	0011	0000
1	0001	0001	0100	0111
2	0010	0010	0101	0110
3	0011	0011	0110	0101
4	0100	0100	0111	0100
5	0101	1011	1000	1011
6	0110	1100	1001	1010
7	0111	1101	1010	1001
8	1000	1110	1011	1000
9	1001	1111	1100	1111
	1010	0101	0000	0001
	1011	0110	0001	0010
无效	1100	0111	0010	0011
码组	1101	1000	1101	1100
	1110	1001	1110	1101
	1111	1010	1111	1110

格雷码

　　许多物理系统产生的输出数据是连续的，这些数据在应用于数字系统之前必须要先转换为数字形式。连续或模拟信息一般通过模数转换器转换为数字量。有时用表 1.6 中的格雷码表示从模拟数据转换为数字数据比较方便。与直接二进制序列相比，格雷码的优点是从一个数转换到下一个数时，只有一位发生变化。例如，由 7 变为 8 时，格雷码相应地由 0100 变为 1100，只有第一位从 0 变成 1，而其他 3 位保持不变。相比直接采用二进制数，7 变为 8 就是由 0111 变成 1000，4 位都发生了变化。

格雷码避免了由硬件生成的普通二进制序列中，当一个数转换到下一个数时可能会出错或者产生模糊的问题。如果使用二进制数，在最右边位的转换时间大于其他 3 位的情况下，从 0111 到 1000 的转换可能会产生中间错误的数 1001，这可能对机器产生严重后果。格雷码会避免这种情况发生，因为在两个数的转换过程中只会有一位发生变化。

格雷码的典型应用是当用连续变化的轴角表示模拟数据时，轴被分成一些段，每段被赋予一个数值。如果相邻段采用相应的格雷码序列表示，那么在线检测时就会很容易区分开，不会产生混淆。

ASCII 码

在许多应用场合中，数字计算机需要处理的不仅是数字数据，还包括字母字符。例如，一家拥有好几千名员工的高科技公司，为了表示员工名字和其他相关信息，就有必要对字母表中的字母赋予二进制码。此外，二进制码必须能表示一些数字和特殊字符(比如$)。字母数字字符集包括 10 个十进制数、26 个字母表中的字母及许多特殊字符。如果只包含大写字母，则这样的字符集包含 36~64 个元素。而如果既包含大写字母，也包含小写字母，则该字符集的元素数目会在 64~128 之间。第一种情况需要 6 位二进制码，而第二种情况则需要 7 位二进制码。

字母数字字符的标准二进制码是 ASCII 码(美国信息交换标准代码)，它用 7 位二进制给 128 个字符编码，如表 1.7 所示。该码的 7 位用 b_1 到 b_7 表示，b_7 为最高有效位。例如，字母 A 用 ASCII 码表示为 1000001(列 100，行 0001)。ASCII 码包含 94 个可打印的图形字符及 34 个用于不同控制功能的不可打印字符。图形字符包括 26 个大写字母(A~Z)、26 个小写字母(a~z)、10 个数字(0~9)，以及 32 个特殊的可打印字符如%、*和$等。

34 个控制字符在 ASCII 表中用缩写名表示，在表格下面列出的是这些控制字符所表示的功能含义。控制字符主要用于路由选择数据及将打印文档安排成规定的格式。控制字符一般有 3 种类型：格式控制符、信息分隔符和通信控制符。格式控制符用来控制打印排版，主要包括大家熟悉的退格(BS)、横向列表(HT)和回车(CR)等打印机控制符；信息分隔符用来将数据分成不同的段落和页面等，主要包括记录分隔符(RS)和文件分隔符(FS)；通信控制符主要用于远程终端的文件传输，可用于区分同一通信信道中其前后的其他信息，STX(文本开始)和 ETX(文本结束)是通信控制符的典型例子，用来给通信信道传输制定文本信息框架。

ASCII 码长有 7 位，但大多数计算机处理的是称为一个字节的 8 位单元。因此，ASCII 字符通常要用一个字节来存储，多出的一个字符有时可以用于他用，这取决于实际应用。例如，将最高有效位设置为 0，有些打印机可以确认其为 8 位的 ASCII 字符。将最高有效位设置为 1，另外的 128 个 8 位字符可以用来表示其他诸如希腊字母或斜体字等符号。

表 1.6 格雷码

格 雷 码	十进制数
0000	0
0001	1
0011	2
0010	3
0110	4
0111	5
0101	6
0100	7
1100	8
1101	9
1111	10
1110	11
1010	12
1011	13
1001	14
1000	15

表 1.7 ASCII 码（美国信息交换标准代码）

$b_1b_2b_3b_4$	$b_7b_6b_5$							
	000	001	010	011	100	101	110	111
0000	NUL	DLE	SP	0	@	P	`	p
0001	SOH	DC1	!	1	A	Q	a	q
0010	STX	DC2	"	2	B	R	b	r
0011	ETX	DC3	#	3	C	S	c	s
0100	EOT	DC4	$	4	D	T	d	t
0101	ENQ	NAK	%	5	E	U	e	u
0110	ACK	SYN	&	6	F	V	f	v
0111	BEL	ETB	'	7	G	W	g	w
1000	BS	CAN	(	8	H	X	h	x
1001	HT	EM	)	9	I	Y	i	y
1010	LF	SUB	*	:	J	Z	j	z
1011	VT	ESC	+	;	K	[	k	{
1100	FF	FS	,	<	L	l	l	|
1101	CR	GS	–	=	M	]	m	}
1110	SO	RS	.	>	N	^	n	~
1111	SI	US	/	?	O	_	o	DEL

控制字符			
NUL	空白	DLE	数据链路换码（换义）
SOH	标题开始	DC1	设备控制 1
STX	文本开始	DC2	设备控制 2
ETX	文本结束	DC3	设备控制 3
EOT	传输结束	DC4	设备控制 4
ENQ	询问	NAK	否认
ACK	确认	SYN	同步空传
BEL	响铃（告警）	ETB	块结束
BS	退格	CAN	取消
HT	横向列表	EM	纸尽
LF	换行	SUB	替换
VT	纵向列表	ESC	脱离
FF	换页（走纸）	FS	文件分隔符
CR	回车	GS	字组分隔符
SO	移出	RS	记录分隔符
SI	移入	US	单元分隔符
SP	空格	DEL	删除

检错码

为了检测数据传输过程中的差错，有时候在 ASCII 码中再增加 1 位（一般位于信息码组之前）来显示它的奇偶性。奇偶校验位是一个附加位，它指示整个码组具有奇数个 1 或偶数个 1 的信息。我们来看下面具有偶校验和奇校验的两个字符：

	偶校验	奇校验
ASCII 码 A = 1000001	01000001	11000001
ASCII 码 T = 1010100	11010100	01010100

在上面的例子中，我们在每个 ASCII 码的最左边位置上增加一个附加位，使得整个码组在奇校验时具有奇数个 1，在偶校验时具有偶数个 1。总之，要么采用奇校验，要么采用偶校验。相比之下偶校验用得更多一些。

奇偶校验位有助于检测信息传输过程中出现的差错。这种功能在每个传送字符的末端产生一位偶校验位，包含奇偶校验位的 8 位字符被传送到目的地后，在接收端检测每个到达字符的奇偶性。如果接收到的字符个数不是偶数，就意味着至少有一位在传输过程中发生了改变。这种方法可以发现奇数个码元错误，但对于偶数个码元错误就无能为力了。要检测偶数个码元错误，可能需要采用另外的检错码。

检测到错误之后再做什么取决于特定的应用场合。有一种方式可能是重新传输信息，但前提是该错误是随机的且不会再次发生。因此，如果接收器检测到奇偶校验错误，就回传一个 ASCII 码 NAK(否认)控制字符，这是一个偶性的 8 位码 10010101。如果没有检测到错误，接收器就回传一个 ACK(确认)控制字符 00000110。发送端对 NAK 的响应是重新传输信息，直至接收到正确的奇偶性结果时为止。如果经过多次努力后仍然发生传输错误，那么操作员会收到需要检测信道故障的信息。

练习 1.18 $A = 0101100$ 的偶校验位是？
答案：1

1.8   二进制存储与寄存器

数字计算机中的二进制信息必须用一些能够存储的介质来存放。二进制单元是能保持两种稳定状态并能存储一位信息的设备。该单元接收的输入激励信号将其置为两种稳定状态之一，输出是区分这两种状态的物理量。二进制单元中存储的信息在一种稳定状态下为 1，在另一种稳定状态下为 0。

寄存器

寄存器是一组二进制单元。n 位寄存器可以存储包含 n 位信息的任何离散值。寄存器状态是由 0 和 1 组成的 n 元素组，其中每位表示该寄存器的一个单元状态。寄存器内容可以是对其存储信息进行解释的函数。例如，我们来看一个 16 位寄存器，该寄存器具有如下内容：

$$1100001111001001$$

寄存器的 16 个单元可以有 2^{16} 种可能状态。如果寄存器内容代表二进制的整数，则该寄存器可以存储任意一个从 0 到 $2^{16}-1$ 的二进制数。对于上面这个特定例子，寄存器内容就是数值等于十进制数 50 121 的二进制数。如果寄存器存储的是 8 位字符码，那么该寄存器内容就是两个具有一定含义的字符。对于偶校验的 ASCII 码，该寄存器内容是两个字符：C(左 8

个字符)和 I(右 8 个字符)。另一方面,如果把寄存器内容理解为 4 个以 4 位二进制码表示的十进制数,则该寄存器内容是一个 4 位十进制数。在余 3 码中,该寄存器保存的是十进制数 9096。在 BCD 码中,这个寄存器内容毫无意义,因为 1100 不代表任何十进制数。从这个例子可以很清楚地看到,寄存器可以存储离散的信息单元,相同配置根据具体应用可被理解成不同类型的数据。

寄存器传输

数字系统的特性由寄存器和数据处理部件决定。寄存器传输是数字系统的基本操作,其含义是将二进制信息从一组寄存器传输到另一组寄存器中。信息可能从一个寄存器直接传输到另一个寄存器,也可以通过一些数据处理电路实现某种运算。图 1.1 说明了信息在寄存器之间的传输过程,并且还用图例描述了从键盘到存储单元寄存器之间的二进制信息传输。假设输入单元有一个键盘、一个控制电路及一个输入寄存器,每次按下键盘,控制电路就会将一个等价的 8 位字符码提供给输入寄存器。假设该字符码采用的是 ASCII 码,而且是奇校验,则来自输入寄存器的信息会被传输到处理寄存器的 8 个最低有效单元。在所有传输完成后,输入寄存器被清零,使控制单元在键盘被再次按下后可以插入新的 8 位码。每个被传送到处理寄存器的 8 位字符紧跟着其前面的、被左移到下 8 个单元的字符。当 4 个字符传输完毕后,处理寄存器已满,其内容就被传输到存储寄存器中。当“J”“O”“H”“N”这些字符被按下后,存储寄存器中的内容如图 1.1 所示。

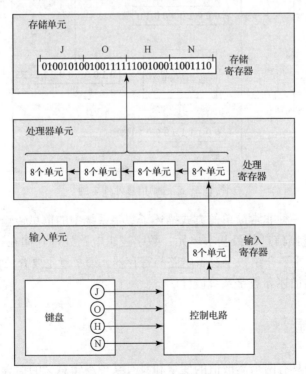

图 1.1　寄存器之间的信息传输

为了处理二进制形式的离散信息值,必须要给计算机提供能保存处理数据的设备及能处理单个信息的电路单元。通常,用来保存数据的设备就是寄存器。利用数字逻辑电路可以实现对二进制逻辑变量的处理。图 1.2 说明了两个 10 位二进制数相加的过程。存储单元一般由几百万个寄存器组成，在图中只用 3 个寄存器来表示。处理器单元部分由 3 个寄存器 R1、R2、R3 和数字逻辑电路组成，其中数字逻辑电路用来实现对寄存器 R1 和 R2 的位处理，并将其算术和的二进制数传输到寄存器 R3 中。存储寄存器只用于存储信息，不能处理两个操作数，但存储在其中的信息可以被传输到处理寄存器中。处理寄存器得到的处理结果可以被回传到存储寄存器中保存起来，以等待下一次操作。图中显示了从存储寄存器传输到寄存器 R1 和 R2 的两个操作数内容。数字逻辑电路进行求和运算，并将结果传输到 R3，此时 R3 的内容可以被回传给某个存储寄存器。

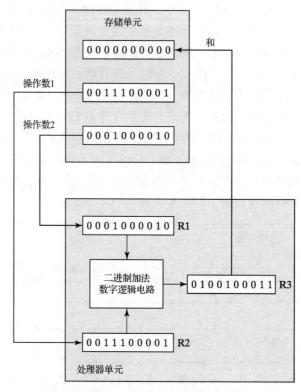

图 1.2   二进制信息处理举例

上面两个例子以一种非常简单的方式描述了数字系统中的信息传输。数字系统中的寄存器是存储和保持二进制信息的最基本单元，数字逻辑电路处理存储在寄存器中的二进制信息。第 2 章～第 6 章主要介绍数字逻辑电路与寄存器，第 7 章主要介绍存储器，第 8 章主要介绍寄存器传输级的描述和数字系统设计。

1.9   二进制逻辑

二进制逻辑处理具有两个离散值的变量和具有某种逻辑意义的运算。变量的这两个逻辑值可以用不同的名称(如真和假、是和非等)来表示。但一般用逻辑值 0 或 1 表示比较方便。这一节介绍的二进制逻辑相当于一种代数，一般布尔代数的详细描述将在第 2 章中给出。本节的目的是以启发式方式介绍布尔代数，使其与数字逻辑电路和二进制信号产生联系。

二进制逻辑定义

二进制逻辑包括二进制变量和一组逻辑运算。逻辑变量一般用字母表中的 A、B、C、x、y、z 等表示，每个逻辑变量只有 1 和 0 两种可能取值。基本逻辑运算有三种：与(AND)、或(OR)和非(NOT)。每种运算结果也是一个二进制数，用字母 z 表示。

1. 与：与运算符用一个小圆点(·)表示，有时也可以省略。例如，$x \cdot y = z$ 或 $xy = z$ 都读作"x 与 y 等于 z"。逻辑运算与的含义是：当且仅当 x 和 y 同时为 1 时，才有 $z = 1$；否则，$z = 0$。(记住 x、y、z 都是二进制变量，只能等于 1 或 0，不能是其他任何值。)$x \cdot y$ 运算的结果是 z。

2. 或：或运算符用加号(+)表示。例如，$x + y = z$ 读作"x 或 y 等于 z"，其含义是：如果 $x = 1$ 或 $y = 1$，或同时 $x = 1$ 且 $y = 1$，则 $z = 1$；如果同时有 $x = 0$ 且 $y = 0$，则 $z = 0$。

3. 非：非运算符用一个撇号(′，有时用一个上横杠)表示。例如，$x' = z$(或 $\bar{x} = z$)读作"x 的非等于 z"，其含义是：z 是 x 的非。换言之，如果 $x = 1$，则 $z = 0$；如果 $x = 0$，则 $z = 1$。非运算也相当于反码运算，它将 1 变成 0，将 0 变成 1，即 1 的反码是 0，0 的反码是 1。

二进制逻辑运算类似于二进制算术运算，逻辑运算与、或分别与乘法、加法相类似。实际上，与运算和或运算所用的符号与乘法和加法所用符号是一样的。然而，二进制逻辑运算与二进制算术运算不能相混淆。应该认识到算术变量所代表的数可能有多种取值，而逻辑变量只能取 1 或 0 这两个值。例如，在二进制算术运算中，1 + 1 = 10(读作："一加一等于二")。而在二进制逻辑中，1 + 1 = 1(读作："一或一等于一")。

对于 x 和 y 逻辑取值的每一种组合，都有一个由逻辑运算所定义的值 z 与之相对应，该定义可以用真值表这种简洁的方式列出来。真值表是一种将输入变量的各种可能取值组合与相应运算结果一起列出的表。与运算和或运算的真值表将一对变量 x 和 y 的所有可能取值列在一起，每种组合的运算结果又被单独列在一起。表 1.8 列出了与、或及非运算的真值表，这些表清晰地描述了三种逻辑运算的定义。

表 1.8 逻辑运算的真值表

与		或		非	
$x \quad y$	$x \cdot y$	$x \quad y$	$x + y$	x	x'
0 0	0	0 0	0	0	1
0 1	0	0 1	1	1	0
1 0	0	1 0	1		
1 1	1	1 1	1		

逻辑门

逻辑门是对一个或多个输入信号进行运算并产生输出信号的电子电路。诸如电压或电流之类的电信号，其模拟信号的值有一定的连续范围(如电压为 0~3 V)，但在数字系统中，一般要变换成两种可识别的值，即 0 或 1。电压运算电路要对两个离散的电压电平做出响应，这两个电压电平所代表的二进制变量为逻辑 1 或逻辑 0。例如，某个专用数字系统可能会定义逻辑 0 对应于 0 V 电压信号,而逻辑 1 则对应于 3 V 电压信号。在实际应用中,每个电压电平都有一个可接受的范围,如图 1.3 所示。数字电路输入端接收的是在允许范围内的二进制信号,而输出端对落在特定范围内的二进制信号做出响应。只是在过渡状态期间,需要跨越两个允许范围之间的中间区域。任何需要计算和控制的信息都可由当前的二进制信号通过各种逻辑门组合进行运算,其中每个信号代表一个特定的二进制变量。当物理信号在一个特定范围内时,可以将其看成 0 或 1。

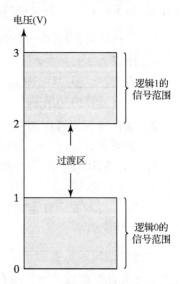

图 1.3　二进制逻辑值的信号电平

用来表示三种逻辑门的图形符号如图 1.4 所示,这些门都由硬件模块组成。当输入逻辑满足一定要求时,它们会产生相当于逻辑 1 或逻辑 0 的输出信号。与门和或门中的输入信号 x 和 y 可能有四种状态:00,10,11,01。这些输入信号与每个门相对应的输出信号的时序如图 1.5 所示。时序图描述了每个门对四种输入信号组合的响应,其横坐标表示时间,纵坐标显示了信号在两个允许电压电平之间的变化。实际中,两个逻辑值的转变非常迅速,但不是瞬间。低电平表示逻辑 0,高电平表示逻辑 1。只有当两个输入信号都为逻辑 1 时,与门的输出才是逻辑 1。只要任何一个输入信号为逻辑 1,或门的输出就是逻辑 1。非门通常相当于一个反相器,取这个名称的理由可以从其时序图中的信号响应体现出来,该图显示输出信号与输入信号是逻辑反相的。

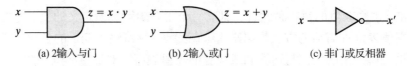

(a) 2输入与门　　　　(b) 2输入或门　　　　(c) 非门或反相器

图 1.4　三种逻辑门的图形符号

与门和或门的输入信号可能超过两个。如图 1.6 所示为一个 3 输入与门和一个 4 输入或门。3 输入与门是当 3 个输入同时为逻辑 1 时,其输出才为逻辑 1;而其中只要有一个输入为逻辑 0,其输出就是逻辑 0。对于 4 输入或门,只要有一个输入为逻辑 1,其输出就是逻辑 1;只有当 4 个输入都为逻辑 0 时,其输出才为逻辑 0。

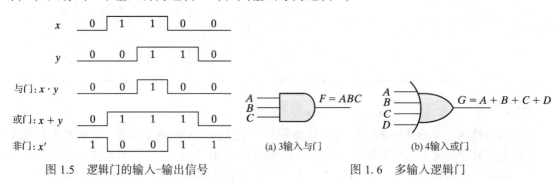

图 1.5　逻辑门的输入–输出信号　　　　　　　　图 1.6　多输入逻辑门

习题

（*号标记的习题解答列在本书末尾。）

1.1　列出从 50_{10} 到 64_{10} 的八进制数和十六进制数。用 A、B、C 和 D 作为最后 4 个数字，试列出从 $(11)_{10}$ 到 $(30)_{10}$ 的十四进制数。

1.2*　分别指出下列三种系统中所包含的确切字节数是多少？

(a) 16 K 字节　(b) 32 M 字节　(c) 2 G 字节

1.3　将下列各数转换为十进制数。

(a)* $(1203)_4$　　　　　　　　(b)* $(5243)_6$

(c) $(9922)_{14}$　　　　　　　　(d) $(248)_9$

1.4　用 12 位可以表示的最大二进制数是多少？与其等值的十进制数和十六进制数各是多少？

1.5*　确定下面每种情况下这些数的基数，使得运算结果是正确的。

(a) $67/5 = 11$　(b) $15 \times 3 = 51$　(c) $123 + 120 = 303$

1.6*　一元二次方程 $x^2 - 13x + 22 = 0$ 的解为 $x = 7$ 和 $x = 2$。数的基数是多少？

1.7*　先将十六进制数 CA5E 转换成二进制数，再从二进制数转换为八进制数。

1.8　用以下两种方式将十进制数 253 转换成二进制数：(a) 直接转换为二进制数；(b) 先转换为十六进制数，再从十六进制数转换为二进制数。哪种方法更快？

1.9　用十进制表示以下各数：

(a)* $(10101.101)_2$　　　　　(b)* $(64.8)_{16}$

(c)* $(261.44)_8$　　　　　　　(d) $(51DE.C)_{16}$

(e) $(110011.001)_2$

1.10　将以下二进制数转换为十六进制数和十进制数：(a) 1.00011，(b) 1000.11。解释为什么 (b) 的结果对应的十进制数是 (a) 的 8 倍。

1.11　实现以下二进制除法运算：$101010 \div 100$。

1.12*　不转换为十进制数，将下面的数直接进行加法与乘法运算。

(a) 二进制数 1101 和 110。

(b) 十六进制数 D0 和 1F。

1.13　进行以下的进制转换：

(a) 把十进制数 45.125 转换为二进制数。

(b) 计算出等于 3.33 的 4 位二进制数，然后再把二进制数转换为十进制数，计算误差百分比。

(c) 把 (b) 中的二进制结果转换为十六进制数，再将该十六进制数转换为十进制数，答案是否相同？

1.14　求下面二进制数的反码和补码：

(a) 11100010　　　　　　　(b) 00011000

(c) 10111101　　　　　　　(d) 10100101

(e) 11000011　　　　　　　(f) 01011000

1.15　找出以下十进制数的反码和补码：

(a) 65 234 035　　　　　　(b) 56 783 223

(c) 87 000 367　　　　　　(d) 99 999 000

1.16   (a) 求 (2360)$_8$ 的补码。

(b) 将 (2360)$_8$ 转换为二进制数。

(c) 求 (b) 的结果的补码。

(d) 将 (c) 的结果转换为十六进制数，并和 (a) 的结果相比较。

1.17   实现以下十进制无符号数的减法，其中减数用补码表示。如果结果为负，求其补码，并在前面加负号。验证自己的答案。

(a) 7523 − 4.567   (b) 230 − 1204

(c) 224 − 712   (d) 2390 − 945

1.18   实现以下二进制无符号数的减法，其中减数用补码表示。如果结果为负，求其补码，并在前面加负号。

(a) 11001 − 10010   (b) 1100 − 111100

(c) 10101 − 11011   (d) 1100011 − 10001

1.19[*]   用 "符号–数值" 系统表示的十进制数为 +9286 和 +801。将它们转换为 "符号–补码" 形式，并进行以下运算：(注意和是 +10 627，需要 6 个数字和一个符号)。

(a) (+9286) + (+801)   (b) (+9286) + (−801)

(c) (−9286) + (+801)   (d) (−9286) + (−801)

1.20   将十进制数 +49 和 +29 转换为用 "符号–补码" 系统表示的二进制数，并用足够的位数来表示。然后，用二进制形式实现以下运算：(+29) + (−49)，(−29) + (+49)，(−29) + (−49)。将结果转换回十进制数，并验证其是否正确。

1.21   如果数 (+9742)$_{10}$ 和 (+641)$_{10}$ 是 "符号–数值" 形式，它们的和是 (+10 383)$_{10}$，需要 5 个数字和一个符号。将下面的十进制数转换为 "符号–补码" 形式，并求出它们的和。

(a) (+9742) + (+641)   (b) (+9742) + (−641)

(c) (−9742) + (+641)   (d) (−9742) + (−641)

1.22   把十进制数 9045 和 337 转换为 BCD 码和 ASCII 码。对于 ASCII 码，在其左边添加一位偶校验位。

1.23   把十进制无符号数 609 和 516 表示成 BCD 码形式，并给出求和的必要步骤。

1.24   用以下的权值将十进制数表示为含权的二进制码。

(a)[*] 5, 2, 1, 1   (b) 6, 3, 2, 1

1.25   将十进制数 6248 表示成：(a) BCD 码，(b) 余 3 码，(c) 2421 码，(d) 6311 码。

1.26   找出十进制数 6248 的反码，并将其用 2421 码表示。其结果是习题 1.25 中 (c) 结果的反码，从而说明了 2421 码具有自补特性。

1.27   按照一定的顺序给 52 张扑克牌分配二进制码，要求使用最少的位数。

1.28   消息 "Pass 0.12" 通过通信线路发送，将消息的每个字符编码为 7 位 ASCII 码，包括句点和空格。在每个 ASCII 编码字符上添加二进制数 101 来对其进行加密。编写发送该消息的表达式。

1.29[*]   对下面的 ASCII 码进行译码：

1000011   0101110   1000010   1000001 1000010   1000010   1000010   1000111   1000101

1.30   下面是 ASCII 码字符串，为了表达紧凑，该字符串被转换成十六进制：47 2E 5C 42 CF CF CC C5。每对数字有 8 位，其最左边位为奇偶校验位，其余位是 ASCII 码。

(a) 将它们转换成二进制数，并对其进行 ASCII 译码。

(b) 确定使用的是奇校验，还是偶校验。

1.31[*]   ASCII 码中有多少个打印字符？其中有多少个特殊字符 (不是字母也不是数字)？

1.32* 将 ASCII 大写字母转换为小写字母，哪一位必须取反？反之又如何？

1.33* 一个 12 位寄存器的状态是 1000011101011001。如果按照下面的要求，它表示的内容是什么？

　　(a) 4 个 BCD 码表示的十进制数。

　　(b) 4 个余 3 码表示的十六进制数。

　　(c) 4 个格雷码表示的十进制数。

　　(d) 两个 ASCII 字符，其最左边位是偶校验位。

1.34　(a) 列出 10 个十进制数的 ASCII 码，其最左边位是偶校验位。

　　　(b) 以奇校验重做 (a)。

参考文献

1. Cavanagh, J. J. 1984. *Digital Computer Arithmetic.* New York: McGraw-Hill.

2. Mano, M. M. 1988. *Computer Engineering: Hardware Design.* Englewood Cliffs, NJ: Prentice-Hall.

3. Nelson, V. P., H. T. Nagle, J. D. Irwin, and B. D. Carroll. 1997. *Digital Logic Circuit Analysis and Design.* Upper Saddle River, NJ: Prentice-Hall.

4. Schmid, H. 1974. *Decimal Computation.* New York: John Wiley.

5. Katz, R. H. and Borriello, G. 2004. *Contemporary Logic Design*, 2nd ed., Upper Saddle River, NJ: Prentice-Hall.

网络搜索主题

补码

ASCII

BCD 码

BCD 加法

二进制加法

二进制码

二进制逻辑

二进制数

计算机算术

纠错

余 3 码

格雷码

逻辑门

奇偶校验位

补码

编码器

存储寄存器

第2章 布尔代数和逻辑门

本章目标

1. 了解形成代数结构的假设。
2. 了解 Huntington 假设。
3. 了解布尔代数的基本定理和假设。
4. 掌握布尔函数和电路逻辑图之间的相互转换。
5. 掌握德·摩根定理的应用。
6. 掌握布尔函数和真值表之间的相互转换。
7. 掌握布尔函数最小项之和与最大项之积形式。
8. 掌握最小项之和与最大项之积的相互转换。
9. 能够根据积之和式、和之积式的布尔函数形成二级门结构。
10. 能够用与非门和反相器实现布尔函数；掌握用或非门和反相器实现布尔函数。

2.1 引言

二进制逻辑用于今天所有的数字计算机和设备中。对计算机工程师、电气工程师、计算机科学家等设计者来说，二进制逻辑电路的实现成本是需要考虑的一个重要因素。找到更简单、更便宜但功能相同的电路实现方案可以减少设计总成本，从而获得巨大效益。用数学方法化简逻辑电路的主要依据是布尔代数。因此，本章将介绍布尔代数的基本定律和公理，让读者能够优化电路，更进一步理解可以优化数百万逻辑门的复杂电路软件工具所用的算法。

2.2 基本定义

与其他演绎数学系统一样，布尔代数可以用一组元素、运算和一些不需要证明的公理或假设来定义。元素集是这些具有共性事件的集合。假设 S 是一个集合，x 和 y 是两个确定的事件，若符号 $x \in S$，那么就说 x 是 S 的一个元素；若 $y \notin S$，就说 y 不是 S 的一个元素。具有可数个元素的集合 A 可以用花括号来标明：如 $A = \{1, 2, 3, 4\}$，即集合 A 中包含元素 1，2，3，4。元素集 S 上定义的二进制运算是：对于元素集 S 中的任何一对元素，其运算结果与该元素集中的唯一元素对应。举例来说，对于关系式 $a * b = c$ 而言，对两个元素 (a, b) 进行的某种运算，c 是运算结果。如果 $a, b, c \in S$，则"$*$"是一个二进制运算；如果 $a, b \in S$，而 $c \notin S$，则"$*$"不是一个二进制运算。

从一些基本假设可以推导出数学系统的基本公式，再进一步演绎出该数学系统的基本定律、定理和特性。形成各种不同代数结构的最基本性质如下。

1. 闭合性。对于集合 S 中的每对元素，如果二元运算符定义了一种从集合 S 中得到唯一元素的法则，则集合 S 相对于该二元运算符而言就是闭合的。例如，自然数集 $N = \{1,$ $2, 3, 4, \cdots\}$ 对于二元运算符 "+" 而言，在算术加的规则下就是闭合的，因为对于任意 $a, b \in N$，通过运算 $a + b = c$，都可以得到唯一的 $c \in N$。自然数集对于二元运算符 "–" 而言，在算术减法的规则下不是闭合的，因为 $2 - 3 = -1, 2, 3 \in N$，但 $-1 \notin N$。

2．结合律。当对所有的 $x, y, z \in S$，有 $(x * y) * z = x * (y * z)$，则集合 S 中的二元运算符 "*" 满足结合律。

3．交换律。当对所有的 $x, y \in S$，有 $x * y = y * x$，则集合 S 中的二元运算符 "*" 满足交换律。

4．单位元。对于集合 S 中的每个元素 x，如果存在元素 $e \in S$，都有 $e * x = x * e = x$，那么就说集合 S 中的二元运算符 "*" 具有一个单位元。例如，对于整数集 $I = \{\cdots, -3,$ $-2, -1, 0, 1, 2, 3, \cdots\}$ 上的 "+" 运算，元素 0 就是一个单位元。因为对于任何的 $x \in I$，都有

$$x + 0 = 0 + x = x$$

但是自然数集 N 就没有单位元，因为 0 不属于该集合。

5．逆。对于二元运算符 "*"，集合 S 具有单位元 e，如果对于任意 $x \in S$，存在一个元素 $y \in S$，使得 $x * y = e$，那么称该集合 S 有了一个逆。例如对于整数集 I，单位元 $e = 0$，那么元素 a 的逆就是 $-a$，这是因为 $a + (-a) = 0$。

6．分配律。如果 "*" 和 "·" 都是集合 S 中的两个二元运算符，并且满足：

$$x * (y \cdot z) = (x * y) \cdot (x * z)$$

则运算符 "*" 对于 "·" 满足分配律。

代数结构的一个例子是域。域是一个元素集，有两个二元运算符，每种运算都具有性质 1 到性质 5，而这两种运算结合在一起又满足性质 6。实数集与二进制运算符 "+" 和 "·" 组成了实数域，它是算术和普通代数的基础，其运算符和公式具有以下含义：

二元运算符 "+" 定义了加法。

加法的单位元是 0。

加法的逆是减法。

二元运算符 "·" 定义了乘法。

乘法的单位元是 1。

乘法的逆 $a = 1 / a$ 定义了除法，也就是说 $a \cdot 1 / a = 1$

只有 "·" 运算对 "+" 运算满足分配律：

$$a \cdot (b + c) = (a \cdot b) + (a \cdot c)$$

2.3　布尔代数的公理

1854 年，乔治·布尔（George Boole）提出了逻辑的系统化处理，并发展了一个代数系统，这就是今天所说的布尔代数。1938 年，香农提出了一种称为开关代数的二值布尔代数，并论证了双稳态电子开关电路可以用这种代数来表示。为了给布尔代数一个正式的定义，我们引用 E. V. Huntington 在 1904 年给出的一些公理。

布尔代数是由元素集 B 与两个二元运算符"+"和"·"定义的代数结构,满足下面(由 Huntington 提出)的这些公理。

1. (a)对运算符"+"来说,结构是闭合的。
   (b)对运算符"·"来说,结构是闭合的。

2. (a)"+"运算的单位元是 0,满足:$x + 0 = 0 + x = x$。
   (b)"·"运算的单位元是 1,满足:$x \cdot 1 = 1 \cdot x = x$。

3. (a)"+"运算满足交换律:$x + y = y + x$。
   (b)"·"运算满足交换律:$x \cdot y = y \cdot x$。

4. (a)"·"运算对"+"运算的分配律为:$x \cdot (y + z) = (x \cdot y) + (x \cdot z)$。
   (b)"+"运算对"·"运算的分配律为:$x + (y \cdot z) = (x + y) \cdot (x + z)$。

5. 对于每一个元素 $x \in B$,都存在一个元素 $x' \in B$(称为 x 的非),满足:
   (a)$x + x' = 1$ (b)$x \cdot x' = 0$

6. 至少存在两个元素 $x, y \in B$,有 $x \neq y$。

将布尔代数与算术、普通代数(实数域)进行比较,可以发现以下区别。

1. Huntington 假设中未包括结合律。不过,从其他的公理可以推导出(两种运算符)结合律对于布尔代数同样成立。

2. 布尔代数中,"+"运算对"·"运算满足分配律,即 $x + (y \cdot z) = (x + y) \cdot (x + z)$,但在普通代数中这一关系并不成立。

3. 布尔代数中,加运算与乘运算均没有逆,因此也就没有减运算和除运算。

4. 公理 5 中定义了称为"非"的运算符,而这在普通代数中是不存在的。

5. 普通代数处理的是实数,构成一个无穷元素集。布尔代数处理的元素集 B 到目前为止还没有定义,但是在后面定义的二值布尔代数中(所关注的是这种代数的后续使用),B 被定义为仅有 0 和 1 两个元素的集合。

布尔代数在某些方面与普通代数类似,选择"+"和"·"符号作为布尔代数运算符是为了让已经熟悉普通代数的人们更容易理解和应用布尔代数。虽然可以把普通代数中的一些知识应用于布尔代数,但是,初学者一定注意不要把普通代数那些不适用于布尔代数的法则应用于布尔代数中。

区别代数结构的集合元素与代数系统的变量很重要。例如,实数域中的元素是数字,而普通代数中所使用的 a、b 和 c 等变量是用来代表实数的符号。同样在布尔代数中,一旦定义了集合 B 的元素,如 x、y 和 z 等变量就只是用来代表元素符号。注意,若要构造布尔代数,就必须有

1. 集合 B 中的元素。
2. 两个二元运算符的运算规则。
3. 元素集 B 与两个运算符满足 6 条 Huntington 公理。

通过选择不同的元素集 B 和运算规则,可以设计出多种布尔代数。接下来只讨论一种二值布尔代数,即元素集中仅有两个元素。二值布尔代数可以应用于集合论(分类代数)和命题逻辑中。这里我们感兴趣的是布尔代数在数字设备和计算机门电路中的应用。

二值布尔代数

二值布尔代数定义在一个两元素集 $B = \{0, 1\}$ 上，其两个二元运算符 "+" 和 "·" 的运算规则见下面的运算符表（非运算符的运算规则用来验证公理 5）。

x	y	$x \cdot y$
0	0	0
0	1	0
1	0	0
1	1	1

x	y	$x + y$
0	0	0
0	1	1
1	0	1
1	1	1

x	x'
0	1
1	0

这些运算符的运算规则实际上分别与表 1.8 中定义的与、或、非运算相同。现在来验证对于前面定义的集合 $B = \{0, 1\}$ 与两个二元运算符 "+" 和 "·"，Huntington 公理均成立。

1. 闭合性显然成立。从表中可以看出，每一个运算的结果要么是 0，要么是 1，且 0, 1 $\in B$。

2. 从表中可以看出：
   (a) $0 + 0 = 0$ 　　　　　　　　$0 + 1 = 1 + 0 = 1$
   (b) $1 \cdot 1 = 1$ 　　　　　　　　$1 \cdot 0 = 0 \cdot 1 = 0$
   这就建立了两个单位元，"+" 运算的单位元是 0，"·" 运算的单位元是 1，同公理 2 的定义。

3. 从二进制运算符表的对称性很容易看出交换律成立。

4. (a) 从运算符表可以得知，对于 x、y 和 z 的所有可能取值，$x \cdot (y + z)$ 真值表中的值与 $(x \cdot y) + (x \cdot z)$ 中的值完全相同，从而可以证明分配律 $x \cdot (y + z) = (x \cdot y) + (x \cdot z)$ 是正确的。
   (b) 利用与上面类似的真值表法，同样可以证明 "+" 对 "·" 的分配律成立。

x	y	z	$y + z$	$x \cdot (y + z)$	$x \cdot y$	$x \cdot z$	$(x \cdot y) + (x \cdot z)$
0	0	0	0	0	0	0	0
0	0	1	1	0	0	0	0
0	1	0	1	0	0	0	0
0	1	1	1	0	0	0	0
1	0	0	0	0	0	0	0
1	0	1	1	1	0	1	1
1	1	0	1	1	1	0	1
1	1	1	1	1	1	1	1

5. 由求非运算表，容易看出：
   (a) $x + x' = 1$ 　（因为 $0 + 0' = 0 + 1 = 1$，$1 + 1' = 1 + 0 = 1$）
   (b) $x \cdot x' = 0$ 　（因为 $0 \cdot 0' = 0 \cdot 1 = 0$，$1 \cdot 1' = 1 \cdot 0 = 0$）
   从而验证了公理 5。

6. 公理 6 一定是满足的，因为二值布尔代数只有两个不同的元素 1 和 0，且 $1 \neq 0$。

以上建立了一种二值布尔代数，它有一个两元素集（包含 1 和 0），有两个二进制运算符，其运算规则等价于 "与" 运算和 "或" 运算，还有一个等价于 "反" 的非运算符。这样，就以一种正式的数学方式定义布尔代数，并证明其等价于 1.9 节中的二进制逻辑。直观表示对于理解布尔代数在门电路中的应用是有帮助的, 而正式表示对于阐述代数系统的理论与性质是十分必要的。本节中所定义的二值布尔代数也常被工程师称为开关代数。为了强调二值布尔代数与其他二进制系统的相似性, 1.9 节将布尔代数称为二进制逻辑。为此, 在以后讨论中将去掉形容词 "二值", 而简记为布尔代数。

2.4　布尔代数的基本定理和性质

对偶性

在 2.3 节中, Huntington 假设已成对列出, 并通过 (a) 和 (b) 分别表达。若将二进制运算符和单位元互换, 即可由 (a) 得出 (b), 反之亦然。布尔代数的这个重要性质称为对偶原理。它表明, 如果运算符和单位元互换, 则由布尔代数假设所推导出来的每一个代数表达式都是有效的。在布尔代数中, 单位元与集合 B 中的元素是相同的, 均为 0 和 1。对偶原理有很多应用场合, 若要找出代数表达式的对偶式, 则只需简单地互换或、与运算符, 并且将 1 变 0、0 变 1 即可。

基本定理

表 2.1 列举了布尔代数的 6 个定理和 4 个公理。在不引起混淆的前提下, 这里去掉了二进制运算符, 简化了表达式。所列举的这些定理和公理是布尔代数最基本的关系式, 它们都是成对列出的, 一个关系式是另一关系式的对偶式。公理是该代数结构中无须证明的基本原理, 而定理则需要根据这些假设加以证明。下面给出了一个定理证明, 右边列出的是每步证明所依据的公理。

表 2.1　布尔代数的公理和定理

公理 2	(a) $x + 0 = x$	(b) $x \cdot 1 = x$
公理 5	(a) $x + x' = 1$	(b) $x \cdot x' = 0$
定理 1	(a) $x + x = x$	(b) $x \cdot x = x$
定理 2	(a) $x + 1 = 1$	(b) $x \cdot 0 = 0$
定理 3, 对合律	$(x')' = x$	
公理 3, 交换律	(a) $x + y = y + x$	(b) $xy = yx$
定理 4, 结合律	(a) $x + (y + z) = (x + y) + z$	(b) $x(yz) = (xy)z$
公理 4, 分配律	(a) $x(y + z) = xy + yz$	(b) $x + yz = (x + y)(x + z)$
定理 5, 德·摩根定理	(a) $(x + y)' = x'y'$	(b) $(xy)' = x' + y'$
定理 6, 吸收律	(a) $x + xy = x$	(b) $x(x + y) = x$

定理 1(a): $x + x = x$。

证明	公理
$x + x = (x + x) \cdot 1$	公理2(b)
$= (x + x)(x + x')$	公理5(a)
$= x + xx'$	公理4(b)
$= x + 0$	公理5(b)
$= x$	公理2(a)

定理 1(b)：$x \cdot x = x$。

证明	依据
$x \cdot x = xx + 0$	公理2(a)
$= xx + xx'$	公理5(b)
$= x(x + x')$	公理4(a)
$= x \cdot 1$	公理5(a)
$= x$	公理2(b)

注意，定理1(b)与定理1(a)是对偶的，(b)证明的每一步与(a)证明的每一步也都是对偶的。任何对偶原理都可以类似地从其对应的证明过程中推导出。

定理 2(a)：$x + 1 = 1$。

证明	依据
$x + 1 = 1 \cdot (x + 1)$	公理2(b)
$= (x + x')(x + 1)$	公理5(a)
$= x + x' \cdot 1$	公理4(b)
$= x + x'$	公理2(b)
$= 1$	公理5(a)

定理 2(b)：$x \cdot 0 = 0$ 由对偶性即可得证。

定理 3：$(x')' = x$。根据公理 5，有 $x + x' = 1$ 和 $x \cdot x' = 0$，从而定义了 x 的非。x' 的非就是 x，也可以表示为 $(x')'$。因此，既然求非是唯一的，就有 $(x')' = x$。包含两个或三个变量的定理可以用已经证明的定理和公理从代数上加以证明，例如下面的吸收律。

定理 6(a)：$x + xy = x$。

证明	依据
$x + xy = x \cdot 1 + xy$	公理2(b)
$= x(1 + y)$	公理4(a)
$= x(y + 1)$	公理3(a)
$= x \cdot 1$	定理2(a)
$= x$	公理2(b)

定理 6(b)：$x(x + y) = x$ 由对偶性即可得证。

通过真值表可以看出布尔代数定理的正确性。在真值表中，对所涉及变量的各种可能组合，要得到完全相同的结果，就用两边的关系式加以验算。下面的真值表验证的是第一个吸收律。

x	y	xy	$x + xy$
0	0	0	0
0	1	0	0
1	0	0	1
1	1	1	1

结合律和德·摩根定理的代数证明较长，这里将不进行表述。但是，它们的正确性很容易用真值表来验证。例如，第一个德·摩根定理 $(x + y)' = x'y'$ 的真值表如下。

x	y	$x + y$	$(x + y)'$
0　0		0	1
0　1		1	0
1　0		1	0
1　1		1	0

x'	y'	$x'y'$
1	1	1
1	0	0
0	1	0
0	0	0

运算符优先级

布尔表达式中运算符的优先级从高到低依次是：(1)圆括号，(2)非，(3)与，(4)或。换句话说，圆括号内的表达式必须在所有其他运算之前计算，下一个优先级高的运算是非，然后是与，最后是或。下面给出一个德·摩根定理真值表的例子。表达式左边是 $(x + y)'$，因此，首先计算括号内的表达式，然后对结果取反；表达式右边是 $x'y'$，因此，首先计算 x 的非和 y 的非，然后再将结果进行相与。注意，普通算术中也具有相同的运算符优先级(除取反外)，相当于乘、加分别被与、或代替。

练习 2.1　利用布尔代数的基本定理和假设，化简下列布尔函数：

$F = x'y'z + xyz + x'yz + x\,y'z$

答案： $F = z$

练习 2.2　列出布尔函数 $F = x'y'z$ 的真值表。

答案：

x	y	z	F
0	0	0	0
0	0	1	1
0	1	0	0
0	1	1	0
1	0	0	0
1	0	1	0
1	1	0	0
1	1	1	0

2.5　布尔函数

布尔代数是处理二进制变量和逻辑运算的代数。布尔函数用二进制变量、常量 0 和 1 及逻辑运算符组成代数表达式。对于给定的二进制变量值，函数值可以等于 1 或 0。我们来看下面的一个布尔函数举例：

$$F_1 = x + y'z$$

若 x 等于 1 或者 y' 和 z 都等于 1，则函数 F_1 等于 1；否则 F_1 等于 0。非运算是指当 $y' = 1$ 时，$y = 0$。因此，若 $x = 1$ 或若 $y = 0$ 且 $z = 1$，则 $F_1 = 1$。布尔函数表示二进制变量之间的逻辑关系，其值要通过二进制表达式的值来确定。

布尔函数可用真值表表示。真值表是将二进制变量赋值为 0、1 时的各种组合及其相应函数值列成的表。真值表的行数为 2^n(n 是函数中的变量数），其中的二进制组合从二进制数 0 计数到 $2^n - 1$。表 2.2 给出了函数 F_1 的真值表，它有 8 种可能的二进制组合，分配给 3 输入变量 x、y 和 z。对于这些二进制组合，F_1 列中的值为 0 或 1。该表显示当输入变量 $x = 1$ 或 $yz = 01$ 时，F_1 等于 1；否则等于 0。

布尔函数可从代数表达式转换为由逻辑门构成的电路图。如图 2.1 所示为 F_1 的电路逻辑图。图中非门对输入变量 y 取反，与门产生 $y'z$ 项，或门

表 2.2　F_1 和 F_2 的真值表

x	y	z	F_1	F_2
0	0	0	0	0
0	0	1	1	1
0	1	0	0	0
0	1	1	1	1
1	0	0	1	1
1	0	1	1	1
1	1	0	1	0
1	1	1	1	0

再将两项合并。在电路逻辑图中，函数的变量作为电路输入，而二进制变量 F_1 作为电路输出。电路图反映了电路输出和输入之间的关系，它指出了如何从输入逻辑值计算出每个输出逻辑值，而不是列出输入和输出的每个组合。

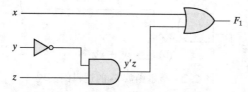

图 2.1　布尔函数 $F_1 = x + y'z$ 的逻辑门实现

布尔函数的真值表只有一种表示形式，但用代数式表示布尔函数时，就有多种不同的表示形式。用来表示函数的特定表达式也规定了逻辑图中逻辑门的相互连接。反过来，相互连接的逻辑门也决定了它的逻辑表达式。用布尔代数规则处理布尔表达式时，对于同一函数，有时可能会获得更简洁的表达式，从而也就减少了电路中各种逻辑门数和逻辑门的输入数。我们来看下面的布尔函数：

$$F_2 = x'y'z + x'y z + xy'$$

这个函数的逻辑门实现如图 2.2（a）所示。其中，输入变量 x 和 y 经非门取反后得到 x' 和 y'，表达式中的 3 个项用 3 个与门实现，或门对 3 个项进行逻辑或。表 2.2 列出了 F_2 的真值表，当 $xyz = 001$ 或 011 或者当 $xy = 10$ 时（不考虑 z 的值），函数值为 1；否则，函数值为 0。所以，F_2 生成 4 个 1 项和 4 个 0 项。

现在考虑运用布尔代数性质来得到函数可能的简化形式：

$$F_2 = x'y'z + x'yz + xy' = x'z(y' + y) + xy' = x'z + xy'$$

函数被简化成两项，用图 2.2（b）所示的逻辑门实现。同样是函数的实现，显然图 2.2（b）比图 2.2（a）简单。用真值表可以验证两个表达式是否相等。当 $xz = 01$ 或 $xy = 10$ 时，简化表达式值为 1，在真值表中生成相同的 4 个 1 项。两个表达式所生成的真值表相同，那么这两个表达式就是等价的。因此，对于 3 个变量的所有可能的二进制输入组合，这两个电路具有相同的输出。实现相同功能的函数时，逻辑门数和输入数应尽可能少，这样可以简化电路和减少元件。通常，一个逻辑函数有许多等价的表示方法，找到最经济的逻辑表示是一项重要的设计任务。

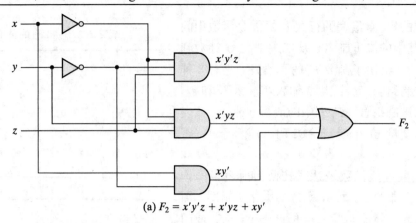

(a) $F_2 = x'y'z + x'yz + xy'$

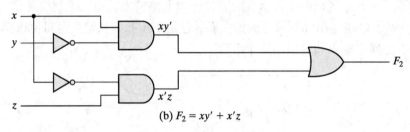

(b) $F_2 = xy' + x'z$

图 2.2   布尔函数 F_2 的逻辑门实现

代数变换

布尔函数用逻辑门实现时，每一项需要一个门，且项中的每一变量作为门的一个输入。不管是原变量还是反变量，项中的单变量定义为一个字母。图 2.2(a) 的函数有 3 个项和 8 个字母，图 2.2(b) 中的函数有 2 个项和 4 个字母。通过减少布尔表达式中的项数和字母数，就能得到简化的电路。布尔代数变换主要是指对布尔表达式进行化简，以获得更简单的电路。5 变量以下的函数可以用下一章介绍的图形方法化简。对于复杂的布尔函数和多个不同的输出，数字设计人员要使用计算机的最小化程序。手工方法只是运用基本关系式和其他变换技巧进行的试算方法。为了使读者了解这个重要的设计任务，下面的例子描述了布尔代数的代数变换。

例 2.1 将下列布尔函数化简到最少的字母数。

1. $x(x' + y) = xx' + xy = 0 + xy = xy$
2. $x + x'y = (x + x')(x + y) = 1(x + y) = x + y$
3. $(x + y)(x + y') = x + xy + xy' + yy' = x(1 + y + y') = x$
4. $xy + x'z + yz = xy + x'z + yz(x + x')$

$$= xy + x'z + xyz + x'yz$$
$$= xy(1 + z) + x'z(1 + y)$$
$$= xy + x'z$$

5. $(x + y)(x' + z)(y + z) = (x + y)(x' + z)$，来自函数 4 的对偶性。

第 1 个函数和第 2 个函数是相互对偶的，在其化简步骤中使用相应的对偶表达式。第 3 个函数化简的更简单方法是用表 2.1 的公理 4(b)，得到：$(x + y)(x + y') = x + yy' = x$。第 4 个函数表明，有时增加字母数可得到最终的化简表达式。第 5 个函数没有直接最小化，但可从第 4 个函数变换步骤的对偶关系中导出化简结果。第 4 个函数和第 5 个函数称为一致性定理（consensus theorem）。

对函数取反

对函数 F 取反就是 F'，它是将逻辑函数 F 中 0 与 1 互换而得。函数取反可利用德·摩根定理通过代数法推导而得，表 2.1 给出了 2 变量的德·摩根定理。德·摩根定理可推广到 3 个或更多变量的情况。利用表 2.1 列出的公理和定理，可以推导出第一个 3 变量的德·摩根定理：

$$
\begin{aligned}
(A+B+C)' &= (A+x)' &&\text{设 } B+C = x \\
&= A'x' &&\text{用定理 5(a)（德·摩根定理）} \\
&= A'(B+C)' &&\text{用 } B+C \text{ 替换 } x \\
&= A'(B'C') &&\text{用定理 5(a)（德·摩根定理）} \\
&= A'B'C' &&\text{用定理 4(b)（结合律）}
\end{aligned}
$$

任意多个变量的德·摩根定理与 2 变量形式相类似，可用前面的推导方法逐次替换而得出。德·摩根定理的推广形式为

$$(A+B+C+D+\cdots+F)' = A'B'C'D'\cdots F'$$
$$(ABCD\cdots F)' = A' + B' + C' + D' + \cdots + F'$$

德·摩根定理的推广形式表明，函数取反就是将与运算符和或运算符互换，并将每个字母取反而得。

例 2.2　求函数 $F_1 = x'yz' + x'y'z$ 与 $F_2 = x(y'z' + yz)$ 的反函数。

需要时可以多次运用德·摩根定理，取反过程如下：

$$
\begin{aligned}
F_1' &= (x'yz' + x'y'z)' = (x'yz')'(x'y'z)' = (x + y' + z)(x + y + z') \\
F_2' &= [x(y'z' + yz)]' = x' + (y'z' + yz)' = x' + (y'z')'(yz)' \\
&= x' + (y+z)(y'+z') \\
&= x' + yz' + y'z
\end{aligned}
$$

函数取反的简化步骤是利用函数的对偶性，再对每个字母取反即可。这种方法来自德·摩根定理的推广。必须记住，函数取反就是将与运算符和或运算符互换，并将常量 0 和 1 互换，即原变量和反变量互换。

例 2.3　用对偶式和每个字母取反的方法求例 2.2 中 F_1 和 F_2 的反函数。

1. $F_1 = x'yz' + x'y'z$

   F_1 的对偶式为：$(x' + y + z')(x' + y' + z)$。

   每个字母取反：$(x + y' + z)(x + y + z') = F_1'$。

2. $F_2 = x(y'z' + yz)$

   F_2 的对偶式为：$x + (y' + z')(y + z)$。

   每个字母取反：$x' + (y + z)(y' + z') = F_2'$。

练习 2.3   画出布尔函数 $F = x'y + xy'$ 对应的逻辑图。

答案：

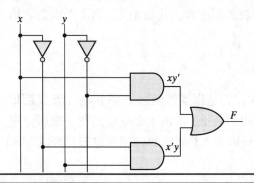

练习 2.4   写出下列逻辑图描述的布尔函数。

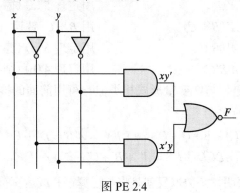

图 PE 2.4

答案：$F = (x'y + xy')' = (x'y)'(xy')' = (x + y')(x' + y) = xx' + xy + y'x' + yy'$
$\qquad = xy + x'y'$

练习 2.5   列出图 PE 2.4 中的逻辑图对应的真值表。

答案：

x	y	F
0	0	1
0	1	0
1	0	0
1	1	1

练习 2.6   求布尔函数 $F = A'BC' + A'B'C$ 的反函数。

答案：$F' = A + BC + B'C'$

2.6   规范式与标准式

最小项和最大项

二进制变量可以用原变量形式(x)或反变量形式(x')表示。现考虑由两个二进制变量 x 和

y 的与运算组合。因为每个变量有两种表示方式，所以有 4 种可能的组合：$x'y'$、$x'y$、xy'和 xy。这 4 个与项的每一项称为最小项或标准积。类似地，n 个变量可以组成 2^n 个最小项，这 2^n 个不同的最小项可用类似于表 2.3 中 3 变量的最小项方法来确定。n 个变量可以列出 0 至 $2^n - 1$ 个二进制数，每个最小项就是一个由 n 个变量组成的与项。若二进制数的相应位为 0，则取反变量；若二进制数的相应位为 1，则取原变量。表中的每个最小项都有一个表示符号 m_j，下标 j 是与该最小项的二进制数等值的十进制数。

利用同样方法，n 个变量形成一个或项，称为最大项或标准和。其中，每个变量可以为原变量或反变量，共有 2^n 种可能组合。表 2.3 中列出了 3 个变量组成的 8 个最大项及其标识，类似地可以确定 n 个变量的 2^n 个最大项。每个最大项就是一个由 n 个变量组成的或项，若相应位为 0，则取原变量；若相应位为 1，则取反变量。需要注意是，每一个最大项就是其相应最小项的反函数，反之亦然。

表 2.3 3 个二进制变量的最小项和最大项

x	y	z	最 小 项		最 大 项	
			项	标 识	项	标 识
0	0	0	$x'y'z'$	m_0	$x + y + z$	M_0
0	0	1	$x'y'z$	m_1	$x + y + z'$	M_1
0	1	0	$x'yz'$	m_2	$x + y' + z$	M_2
0	1	1	$x'yz$	m_3	$x + y' + z'$	M_3
1	0	0	$xy'z'$	m_4	$x' + y + z$	M_4
1	0	1	$xy'z$	m_5	$x' + y + z'$	M_5
1	1	0	xyz'	m_6	$x' + y' + z$	M_6
1	1	1	xyz	m_7	$x' + y' + z'$	M_7

布尔函数可通过给定的真值表用代数形式来表示。具体方法是：使函数值为 1 的每个变量组合形成一个最小项，然后再将所有这些最小项相或。例如，表 2.4 中的函数 f_1 的值由 001、100 和 111 这些组合确定，它们分别被表示成 $x'y'z$、$xy'z'$和 xyz。既然这些最小项中的每一项都使 $f_1 = 1$，那么就有

$$f_1 = x'y'z + xy'z' + xyz = m_1 + m_4 + m_7$$

同样，很容易验证：

$$f_2 = x'yz + xy'z + xyz' + xyz = m_3 + m_5 + m_6 + m_7$$

表 2.4 3 变量函数

x	y	z	函数 f_1	函数 f_2
0	0	0	0	0
0	0	1	1	0
0	1	0	0	0
0	1	1	0	1
1	0	0	1	0
1	0	1	0	1
1	1	0	0	1
1	1	1	1	1

这些例子阐述了布尔函数的一个重要性质：任何一个布尔函数可表示成最小项之和（"和"就是各个项的或）。

现在来看布尔函数的取反,可从真值表读出,具体方法是:使函数值为 0 的每个变量组合形成一个最小项,然后将这些最小项相或。f_1 的取反如下:

$$f_1' = x'y'z' + x'yz' + x'yz + xyz' + xyz'$$

如果对 f_1' 取反,可获得函数 f_1 的表达式:

$$f_1 = (x + y + z)(x + y' + z)(x + y' + z')(x' + y + z')(x' + y' + z)$$
$$= M_0 M_2 M_3 M_5 M_6$$

类似地,可从真值表中读出 f_2 的表达式:

$$f_2 = (x + y + z)(x + y + z')(x + y' + z)(x' + y + z) = M_0 M_1 M_2 M_4$$

这些例子表明布尔代数的第二个特性:任何一个布尔函数可表示为最大项的乘积("乘"就是指各个项的与)。从真值表中直接获得最大项的步骤是:使函数值为 0 的每个变量组合形成一个最大项,然后再将所有这些最大项相与。变量组合成的最大项在函数中产生一个 0,然后所有最大项相与。布尔函数可表示成最小项之和或最大项之积形式,称之为布尔函数的规范式。

最小项之和

前面提到对于 n 个二进制变量,可得 2^n 个不同的最小项,且任何一个布尔函数均可表示成最小项之和形式。在真值表中使函数值为 1 的最小项定义了一个布尔函数。因为对于每个最小项,函数值要么是 1,要么是 0,且既然有 2^n 个最小项,就可以计算出 n 个变量可以形成 2^{2^n} 个可能的函数。有时用最小项之和表示布尔函数很方便,若不是这种形式,可先把表达式扩展成与项之和,然后再检查每项是否包含所有变量。若缺 1 个或更多的变量,可用 $x + x'$ 的表达式与之相与,而 x 即为所缺变量。下面的例子清楚地说明了这个方法。

例 2.4　用最小项之和来表示布尔函数 $F = A + B'C$。

该函数有 3 个变量 A、B、C,第一项为 A,缺两个变量,因此:

$$A = A(B + B') = AB + AB'$$

仍缺一个变量:

$$A = AB(C + C') + AB'(C + C')$$
$$= ABC + ABC' + AB'C + AB'C'$$

第二项 $B'C$ 缺一个变量:

$$B'C = B'C(A + A') = AB'C + A'B'C$$

组合所有这些项,我们有

$$F = A + B'C$$
$$= ABC + ABC' + AB'C + AB'C' + A'B'C$$

由于 $AB'C$ 出现了 2 次,根据定理 1($x + x = x$),可去掉其中一项,然后从小到大按顺序重新排列最小项,最后我们得到:

$$F = A'B'C + AB'C' + AB'C + ABC' + ABC$$
$$= m_1 + m_4 + m_5 + m_6 + m_7$$

用最小项之和表示布尔函数时,选择以下的简洁表示有时比较方便:

$$F(A, B, C) = \sum(1, 4, 5, 6, 7)$$

求和号$\sum$代表各最小项相或，其后的数是函数的最小项编号。当最小项转化为与项时，F后括号内的字母按顺序形成变量列表。

求布尔函数最小项的另外一种方法是直接从布尔表达式产生真值表，然后从真值表中读出这些最小项。我们来看例2.4中给出的布尔函数：

$$F = A + B'C$$

由代数表达式可以直接得出表 2.5 所示的真值表，即在变量A、B、C下列出8个二进制组合，并在$A = 1$及$BC = 01$的这些组合所对应的F列下插入1。从这张真值表中，我们就能读出函数的5个最小项为1、4、5、6和7。

表 2.5 $F = A + B'C$

A	B	C	F
0	0	0	0
0	0	1	1
0	1	0	0
0	1	1	0
1	0	0	1
1	0	1	1
1	1	0	1
1	1	1	1

最大项之积

由 n 个二进制变量组成的 2^{2^n} 个函数也可用最大项之积来表示。要将布尔函数表示成最大项之积形式，首先应将函数变成或项的形式，这可通过分配律 $x + yz = (x + y)(x + z)$ 来实现。其次，对于缺变量 x 的那个或项，用 xx' 与之相或。下面例子可以加深对这种方法的理解。

例2.5 用最大项之积形式表示布尔函数 $F = xy + x'z$。

首先，用分配律 $x + yz = (x + y)(x + z)$ 将函数转化成或项：

$$F = xy + x'z = (xy + x')(xy + z)$$
$$= (x + x')(y + x')(x + z)(y + z)$$
$$= (x' + y)(x + z)(y + z)$$

函数有 3 个变量：x、y 和 z。上面的每个或项都缺一个变量，因此

$$x' + y = x' + y + z \times z' = (x' + y + z)(x' + y + z')$$
$$x + z = x + z + y \times y' = (x + y + z)(x + y' + z)$$
$$y + z = y + z + x \times x' = (x + y + z)(x' + y + z)$$

组合所有的项，去掉重复的项，最后可得

$$F = (x + y + z)(x + y' + z)(x' + y + z)(x' + y + z')$$
$$= M_0 M_2 M_4 M_5$$

表示该函数的最简形式如下：

$$F(x, y, z) = \prod(0, 2, 4, 5)$$

连乘号$\prod$表示最大项相与，其中的数字为函数的最大项编号。

规范式之间的转换

最小项之和所表示的函数，其反函数等于原函数中遗漏的那些最小项之和。这是因为原函数由这些使函数值为1的最小项来表示，而对于这些使函数值为0的最小项，其反函数就为1。例如，我们考虑下面的函数：

$$F(A, B, C) = \sum(1, 4, 5, 6, 7)$$

其反函数可表示为

$$F'(A,B,C) = \sum(0,2,3) = m_0 + m_2 + m_3$$

现在，如果用德·摩根定理对 F' 取反，就是以一种不同的方式得到 F：

$$F = (m_0 + m_2 + m_3)' = m_0' \cdot m_2' \cdot m_3' = M_0 M_2 M_3 = \prod(0,2,3)$$

最后的转换遵从表 2.3 所示的最小项和最大项的定义。从表中可以清楚地看出，下面的关系式是正确的：

$$m_j' = M_j$$

也就是说，带下标 j 的最大项是带同样下标 j 的最小项的非，反之亦然。

上一个例子描述了最小项之和所表示的函数与最大项之积所表示的函数之间的转换，同时还论证了最大项之积和最小项之和之间的转换是类似的。现在我们来归纳一般的转换步骤：从一种规范式转换成另一种规范式时，互换求和号 $\sum$ 与连乘号 $\prod$，然后列出原形式中所缺的项。为了找到所缺的项，必须知道最小项或最大项的总数为 2^n，n 是函数中二进制变量的个数。

用真值表和规范式转换方法，可以将布尔函数从逻辑表达式转换成最大项之积。例如下面的布尔表达式：

$$F = xy + x'z$$

首先，我们得出该函数的真值表如表 2.6 所示。表中 F 列下面的 1 项由变量组 $xy = 11$ 或 $xz = 01$ 来确定。真值表中函数的最小项为 1、3、6、7，用最小项之和表示的函数为

$$F(x,y,z) = \sum(1,3,6,7)$$
$$F(x,y,z) = m_1 + m_3 + m_6 + m_7$$
$$F' = \sum(0,2,4,5)$$

由于一个 3 变量函数共有 8 个最小项或最大项，因此可以找出所缺的项为 0、2、4 和 5。用最大项之积表示函数如下：

$$F(x,y,z) = \prod(0,2,4,5)$$

从例 2.5 中可以得出相同的答案。

表 2.6 $F = xy + x'z$ 的真值表

x	y	z	F
0	0	0	0
0	0	1	1
0	1	0	0
0	1	1	1
1	0	0	0
1	0	1	0
1	1	0	1
1	1	1	1

最小项

最大项

练习 2.7 用最大项之积表示函数 $F(x, y, z) = \sum(1, 2, 3, 5, 7)$。

答案： $F' = \sum(0, 4, 6)$

$F = (x + y + z)(x' + y + z)(x' + y' + z)$

练习 2.8 用最小项之和表示函数 $F = \prod(1, 3, 4, 6)$。

答案： $F(x, y, z) = \sum(0, 2, 5, 7) = x'y'z' + x'yz' + xy'z + xyz$

练习 2.9 根据 F 的真值表，写出最小项和最大项。

x	y	z	F
0	0	0	0
0	0	1	1
0	1	0	0
0	1	1	1
1	0	0	1
1	0	1	0
1	1	0	1
1	1	1	0

答案： $F(x, y, z) = \sum(1, 3, 4, 6) = \prod(0, 2, 5, 7)$

标准式

布尔函数的两种规范式是从真值表中读出函数的基本形式，然而并非是字母最少的形式。这是因为，按定义每个最小项或最大项必须包括所有逻辑变量，不论其为原变量还是反变量。

表示布尔函数的另一种方法是用标准式。在此结构中，函数项可以包含一个、两个或任意个字母。两种类型的标准式是：积之和式与和之积式。

积之和式就是包含多个与项的布尔表达式。这些与项又称为乘积项，每项至少有一个字母变量；和是指对这些与项的或运算。以积之和式表示的函数举例如下：

$$F_1 = y' + xy + x'yz'$$

该表达式有 3 个乘积项，分别由单字母、双字母和三字母组成，它们的和实际上就是或运算。

积之和式的门电路结构由一组与门和一个或门组成，如图 2.3(a)所示。除单字母的项外，每个乘积项都需要一个与门。逻辑和用一个或门来表示，其输入为各个与门的输出及单字母变量。假设输入变量可直接以反变量表示，图中不需要反相器。该电路是二级门电路结构。

和之积式是由或项组成的布尔表达式，这些或项又称为求和项，每项有任意多个字母变量；积是指对这些或项的与运算。以和之积式表示的函数举例如下：

$$F_2 = x(y' + z)(x' + y + z')$$

该表达式有 3 个和项，分别由单字母、双字母和三字母组成。它们的积实际上就是与运算。"积"与"和"的概念来源于与运算的算术乘(乘法)及或运算的算术和(加法)。和之积式的门电路结构由一组用于求和的或门(单字母除外)和一个与门组成，如图 2.3(b)所示。这种标准式也是一种二级门电路结构。

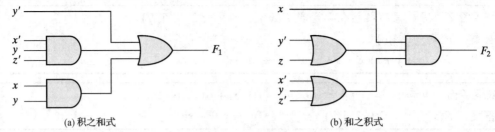

(a) 积之和式   (b) 和之积式

图 2.3　二级实现方式

布尔表达式也可用一种非标准形式表示。例如函数

$$F_3 = AB + C(D + E)$$

既不是积之和式，也不是和之积式，其实现如图 2.4(a) 所示，它需要两个与门和两个或门。这个电路中的电路结构为三级。利用分配律去除圆括号，该函数可变换成标准式：

$$F_3 = AB + C(D + E) = AB + CD + CE$$

该积之和式的实现如图 2.4(b) 所示。通常选择二级实现，当信号从输入传输到输出时，产生的门时延最小。然而，输入门的个数可能不够用。

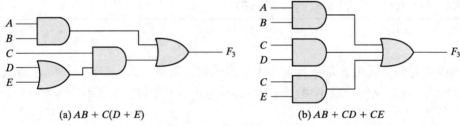

(a) $AB + C(D + E)$ (b) $AB + CD + CE$

图 2.4　三级和二级实现

练习 2.10　用最小项之和表示布尔函数 $F = A + B'C + AD$。

答案： $F = \sum(2,3,8,9,10,11,12,13,14,15)$

练习 2.11　用最大项之积表示布尔函数 $F = x'y + xz$。

答案：　$F = (x + y + z)(x' + y' + z)(x' + y + z)(x' + y + z')$

练习 2.12　画出实现布尔函数 $F = BC' + AB + ACD$ 的二级电路逻辑图。

答案：

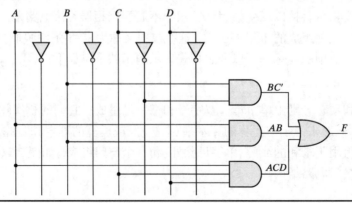

2.7 其他逻辑运算

二进制运算符与、或被放到两个变量 x 和 y 之间，分别形成两个布尔函数 $x \cdot y$ 和 $x + y$。前面阐述了 n 个变量可以组成 2^{2^n} 个函数。对于两个变量，$n = 2$，可以形成 16 个布尔函数。因此，两变量的与函数和或函数只是这 16 个函数中的 2 个。了解其他 14 个函数并研究其性质是非常有必要的。

表 2.7 列出了两个变量 x 和 y 形成的函数真值表，其中 16 列中的每一列（F_0 至 F_{15}）代表了一个由变量 x 和 y 构成的函数真值表。注意，这些函数由分配给 F 的 16 个二进制组合确定，这 16 个函数可用布尔函数表示成代数形式，如表 2.8 的第一列所示，列出的布尔表达式被简化为字母数最少。

虽然可以根据布尔运算符与、或、非表示每个函数，但没有理由不为其他函数的表示分配特殊的运算符，表 2.8 的第二列列出了这些运算符。但是，除异或运算符"⊕"外，设计者一般不使用其他的新符号。

表 2.7 两个二进制变量的 16 个函数真值表

x	y	F_0	F_1	F_2	F_3	F_4	F_5	F_6	F_7	F_8	F_9	F_{10}	F_{11}	F_{12}	F_{13}	F_{14}	F_{15}
0	0	0	0	0	0	0	0	0	0	1	1	1	1	1	1	1	1
0	1	0	0	0	0	1	1	1	1	0	0	0	0	1	1	1	1
1	0	0	0	1	1	0	0	1	1	0	0	1	1	0	0	1	1
1	1	0	1	0	1	0	1	0	1	0	1	0	1	0	1	0	1

表 2.8 列出的函数的每一项都有其相应的名称和函数说明[1]。这 16 个函数可被分成三类：

1. 两个函数产生常量 0 或 1。
2. 4 个函数为一元运算：取反和传输。
3. 10 个函数具有二元运算符，共定义了 8 种不同的运算符："与"（AND）"或"（OR）"与非"（NAND）"或非"（NOR）"异或""同或""禁止"和"蕴含"。

表 2.8 两个变量的 16 个布尔函数表达式

布尔函数	运 算 符	名 称	说 明
$F_0 = 0$		零	二进制常量 0
$F_1 = xy$	$x \cdot y$	与	x 与 y
$F_2 = xy'$	x / y	禁止	x，而不是 y
$F_3 = x$		传输	x
$F_4 = x'y$	y / x	禁止	y，而不是 x
$F_5 = y$		传输	y
$F_6 = xy' + x'y$	$x \oplus y$	异或	x 异或 y

---

[1] 符号 ^ 也用来表示异或运算符，例如 $x \wedge y$。与函数的符号可从两个变量的积之间省略，例如 xy。

（续表）

布尔函数	运　算　符	名　　称	说　　明
$F_7 = x + y$	$x + y$	或	x 或 y
$F_8 = (x + y)'$	$x \downarrow y$	或非	或非
$F_9 = xy + x'y'$	$(x \oplus y)'$	等值(同或)	x 等于 y
$F_{10} = y'$	y'	取反	y 的非
$F_{11} = x + y'$	$x \subset y$	蕴含	若有 y，则有 x
$F_{12} = x'$	x'	取反	x 的非
$F_{13} = x' + y$	$x \supset y$	蕴含	若有 x，则有 y
$F_{14} = (xy)'$	$x \uparrow y$	与非	与非
$F_{15} = 1$		等同	二进制常量 1

　　二进制函数的常量只能是 1 或 0，函数取反产生了每个二进制变量的反变量。等于输入变量的函数称为传输，因为变量 x 或 y 经门传输后形成的函数不变。在 8 个二元运算符中，禁止和蕴含这两个运算符很少用在计算机逻辑中，只有逻辑学家才使用它们。与和或运算符在布尔代数中已提及，其他的 4 个函数广泛地用于数字系统设计中。

　　或非(NOR)是对或的取反，其名称是 not-OR 的缩写。同样，与非 NAND 是对与的取反，其名称是 not-AND 的缩写。异或缩写为 XOR，类似于或，当 x 和 y 不相等时，其函数才等于 1。等值函数是当两个二进制变量相等时，函数值为 1，即两变量同时为 0 或同时为 1 时，函数等于 1。异或和等值函数互为相反，这从表 2.7 中很容易得到验证。异或函数在真值表中是 F_6，等值函数是 F_9，这两个函数互为反函数。由于这个原因，等值函数也称为同或，缩写为 XNOR。

　　如 2.2 节中的定义，布尔代数有两个二元运算符，我们称为与和或，另外还有一个一元运算符非(取反)。根据定义，我们推导出了这些运算符的性质，再由这些性质，可以定义其他的二元运算符，其过程并无特别之处。例如，我们不妨从运算符或非($\downarrow$)开始，然后根据它来定义与、或和非。不管怎样，用已经讨论过的方法来介绍布尔代数是个很好的方式。与、或、非的概念是人们熟知的，它们被人们用来表达日常的逻辑概念。此外，Huntington 公理反映了代数的对偶性，强调了"+"和"·"的对称性。

2.8　数字逻辑门

　　布尔函数可用与、或、非等运算来表示。因此，使用这些门来实现布尔函数就更加容易。对于其他的逻辑运算，构建门的表示形式具有实际意义。构建其他逻辑门需考虑的因素是：(1)用物理元件构建门的可行性和经济性；(2)将该逻辑门扩展到 2 个以上输入的可行性；(3)二元运算符的基本性质，如符合交换律和结合律；(4)单独实现布尔函数的能力或与连接其他逻辑门的能力。

　　表 2.8 所定义的 16 个函数中，两个函数产生常量，4 个函数重复出现两次，只剩下 10 个函数可看作候选的逻辑门。其中，禁止和蕴含这两个函数不符合交换律和结合律，因此不能用作标准逻辑门。其他 8 个函数，即取反、传输、与、或、与非、或非、异或和同或，在数字设计中可用作标准逻辑门。

　　这 8 个门的图形符号和真值表如图 2.5 所示。每个门都有一个或两个二进制输入变量 x 和 y，还有一个二进制输出变量 F。图 1.4 定义了与门、或门和非门的电路图形符号。非门电路就是对二进制变量逻辑取反，它产生非函数或反函数。非门图形符号输出端的小圆圈(称为气泡，bubble)表示逻辑非。三角形符号表示缓冲器电路，缓冲器产生传输函数，但不产生逻辑运算，其输出二进制值等于输入二进制值，该电路用于信号的功率放大，并等同于两个非门的级联。

名称	图形符号	代数函数	真值表		

与门　$F = x \cdot y$

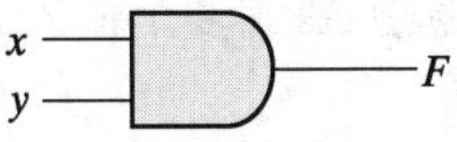

x	y	F
0	0	0
0	1	0
1	0	0
1	1	1

或门　$F = x + y$

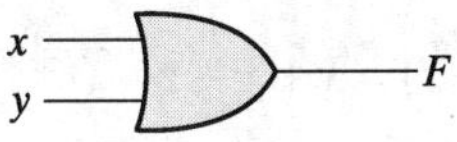

x	y	F
0	0	0
0	1	1
1	0	1
1	1	1

非门　$F = x'$

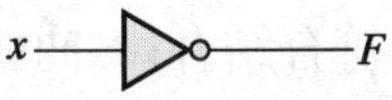

x	F
0	1
1	0

缓冲器　$F = x$

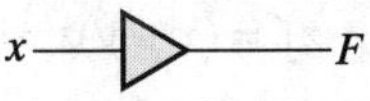

x	F
0	0
1	1

与非门　$F = (xy)'$

x	y	F
0	0	1
0	1	1
1	0	1
1	1	0

或非门　$F = (x + y)'$

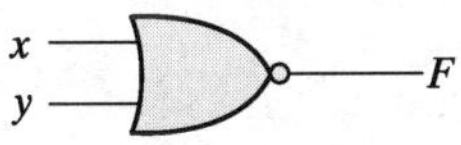

x	y	F
0	0	1
0	1	0
1	0	0
1	1	0

异或门　$F = xy' + x'y$　$= x \oplus y$

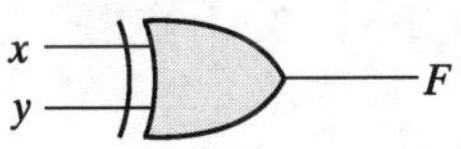

x	y	F
0	0	0
0	1	1
1	0	1
1	1	0

同或门　$F = xy + x'y'$　$= (x \oplus y)'$

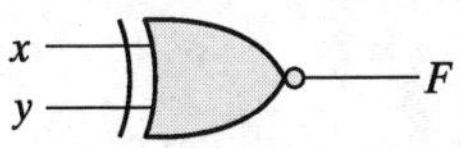

x	y	F
0	0	1
0	1	0
1	0	0
1	1	1

图 2.5　数字逻辑门

　　与非函数是对与函数取反，用图形表示就是在与门图形符号上加一个小圆圈。或非函数是对或函数取反,其图形符号是在或门的图形符号上加一个小圆圈。与非门和或非门被广泛用作标准逻辑门,其应用实际上要比与门和或门广泛得多,与非门和或非门很容易由晶体管构成,且很容易使用它们实现数字电路。

异或门的图形符号与或门的图形符号类似,只是在输入侧面增加了一条弧线。异或非门(同或门)是对异或门的取反,其图形符号是在异或门输出端加上一小圆圈。

输入扩展

图 2.5 中所示的门(除非门和缓冲器外)可以被扩展至两个以上的输入。如果其代表的二进制运算符合交换律和结合律,则该门可以被扩展成多个输入。布尔代数中定义的与和或运算具有这两个性质。对于或函数,我们有

$$x + y = y + x \quad \text{(交换律)}$$

和

$$(x + y) + z = x + (y + z) = x + y + z \quad \text{(结合律)}$$

以上表明,逻辑门的输入可互换,或函数可被扩展至 3 个或更多的变量。

与非和或非函数是可交换的,稍稍修改一下运算的定义,就可将这些门扩展至两个以上的输入。其中的难点是,与非和或非运算不符合结合律 [也就是 $(x \downarrow y) \downarrow z \neq x \downarrow (y \downarrow z)$],正如图 2.6 和以下等式所示:

$$(x \downarrow y) \downarrow z = [(x + y)' + z]' = (x + y)z' = xz' + yz'$$
$$x \downarrow (y \downarrow z) = [x + (y + z)']' = x'(y + z) = x'y + x'z$$

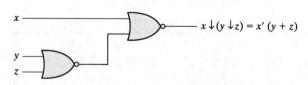

图 2.6　或非运算不符合结合律:$(x \downarrow y) \downarrow z \neq x \downarrow (y \downarrow z)$

为了解决这个问题,我们把多输入或非门(或者与非门)定义为或门(或者与门)的取反。于是,根据定义有

$$x \downarrow y \downarrow z = (x + y + z)'$$
$$x \uparrow y \uparrow z = (xyz)'$$

3 输入门的图形符号如图 2.7 所示。在书写级联的或非和与非运算时,必须用正确的括号来表明门的恰当顺序。为说明这一点,我们来看图 2.7(c)的电路。该电路的布尔函数必须写为

$$F = [(ABC)'(DE)']' = ABC + DE$$

第二个表达式来源于德·摩根定理。同样,积之和式的表达式也可用与非门实现。与非门和或非门将在 3.6 节中做进一步的讨论。

异或门和同或门符合交换律和结合律,两者均可被扩展至 2 个以上的输入。不过,多输入的异或门很难用硬件实现。实际上,即使是一个 2 输入的异或函数,通常也是由其他类型的逻辑门来构成的。此外,当输入扩展至 2 个以上时,异或函数的定义必须进行修改。异或是一个奇函数,也就是说,当输入变量有奇数个 1 时,函数值为 1。一个 3 输入异或函数的结构如图 2.8 所示。其中,图 2.8(a)为 2 输入异或门的级联实现;图 2.8(b)为 3 输入异或门的图形符号;图 2.8(c)为 3 输入异或函数的真值表。在真值表中可以清楚地看出:如果只有一个输入等于 1,或者 3 个输入都等于 1(即当输入为 1 的变量总数是奇数时),那么输出 F 等于 1。在 3.8 节中将对异或门做进一步讨论。

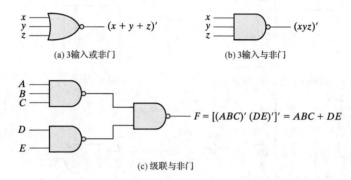

(a) 3 输入或非门   (b) 3 输入与非门

(c) 级联与非门

图 2.7 多输入、级联的或非门和与非门

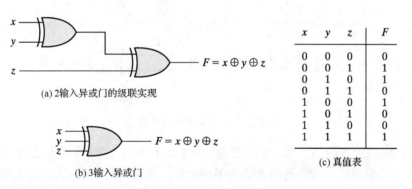

(a) 2 输入异或门的级联实现

(b) 3 输入异或门

x	y	z	F
0	0	0	0
0	0	1	1
0	1	0	1
0	1	1	0
1	0	0	1
1	0	1	0
1	1	0	0
1	1	1	1

(c) 真值表

图 2.8 3 输入异或函数

正逻辑和负逻辑

除了传输期间,任何逻辑门的二进制输入和输出信号值为两个值之一。一个信号值表示逻辑 1,另一个信号值为逻辑 0。既然两个信号值被分配给两个逻辑值,则每个逻辑值就有两种不同的信号电平赋值方式,如图 2.9 所示。其中,H 表示高电平信号,L 表示低电平信号。选择高电平 H 表示逻辑 1,称之为正逻辑系统;选择低电平 L 表示逻辑 1,称之为负逻辑系统。正和负这些术语很容易使人迷惑,其实,决定逻辑类型的并不是实际的信号,而是两个信号电平幅度所分配的逻辑值。

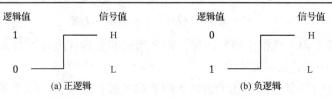

图 2.9　信号分配和逻辑极性

我们根据信号值 H 和 L 来定义数字逻辑门硬件，这取决于使用者如何确定正逻辑或负逻辑的极性。例如，我们来研究图 2.10(b)所示的逻辑门。该逻辑门的真值表列在图 2.10(a)中，当 H = 3 V、L = 0 V 时，它规定了该逻辑门的物理行为。图 2.10(c)的真值表假定为正逻辑分配情况，有 H = 1 和 L = 0。该真值表和与运算的真值表相同。一个正逻辑与门的图形符号如图 2.10(d)所示。

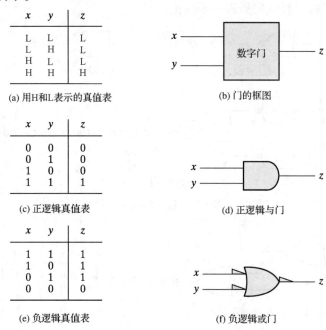

图 2.10　正逻辑和负逻辑描述

对于相同的物理逻辑门，负逻辑分配是 L = 1 和 H = 0，其结果为图 2.10(e)所示的真值表。尽管输入情况相反，但该真值表描述了或运算。图 2.10(f)所示为负逻辑或门的图形符号，其输入端和输出端的小三角形是极性标志，沿着输入、输出线的这个极性标志表示负逻辑信号。这样，相同的逻辑门可以表示成正逻辑与门或者负逻辑或门。

从正逻辑转换到负逻辑是在门的输入和输出端将逻辑 1 变为逻辑 0，将逻辑 0 变为逻辑 1，反之亦然。由于这种运算产生了函数的对偶式，因此所有终端的极性转换导致采用了函数的对偶式。这种转换的结果是，所有的与运算变为或运算(或对应的图形符号)，反之亦然。此外，我们不能忘记在负逻辑图形符号中表示极性的小三角形符号。本书中，我们不使用负逻辑门，而假定所有的门运算一律采用正逻辑。

练习 2.13　画出与以下布尔表达式对应的逻辑图，不需要化简。

$$F = D + BC + (D + C')(A' + C)$$

答案:

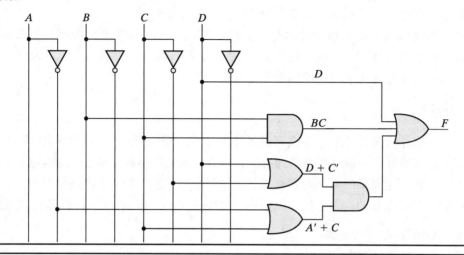

练习 2.14 给定布尔函数 $F = xz + x'z' + x'y$。(a)用与非门和反相器实现;(b)用或非门和反相器实现。

答案: (a)与非门 (b)或非门

$$F = xz + x'z' + x'y \qquad F = (x' + z')(x + z)(x + y')$$

$$F' = (xz)'(x'z')'(x'y)' \qquad F = (x' + z')' + (x + z)' + (x + y')'$$

$$F = [(xz)'(x'z')'(x'y)']'$$

2.9 集成电路

集成电路(IC)制作在硅半导体晶体上,也称为芯片,它含有构建数字逻辑门的电子元件。形成半导体电路的化学和物理过程较为复杂,并不是本书讨论的主题。在芯片内部,各种逻辑门互相连接形成了所需的电路。芯片被封装在陶瓷或塑料容器里,接线被焊接到外部引脚,这样就形成了集成电路。引脚数可从小规模 IC 封装的 14 个到大规模封装的几千个。在每个集成电路的外壳表面都印有许多用于识别的标志。集成电路厂家提供相关的数据手册、目录和网站,其中包含了集成电路的生产描述和相关信息。

集成度

数字集成电路通常按照电路的复杂度进行分类,复杂度由单片封装的逻辑门数量来衡量。这些芯片的差别在于有些只含有几个逻辑门,而有些则含有成百上千个逻辑门。按照习惯标准,这些芯片可分为小规模、中规模、大规模或超大规模集成器件。

小规模集成(SSI)器件在一片封装内只含有几个独立的逻辑门,门的输入和输出直接连接到封装的引脚。门的个数一般少于 10 个,并受到 IC 可用引脚数的限制。

中规模集成(MSI)器件较复杂,在一片封装内大约有 10 个到 1000 个逻辑门,它们通常执行一些特定的基本数字操作。MSI 数字功能部件如译码器、加法器和乘法器等将在第 4 章介绍,第 6 章将介绍寄存器和计数器。

大规模集成(LSI)器件在一片封装内含有数千个逻辑门，它们包括诸如处理器、存储器和可编程逻辑器件等数字系统。第 7 章将介绍一些 LSI 部件。

超大规模集成(VLSI)器件的片内有数十万个逻辑门，如大规模存储阵列和复杂的微型计算机芯片。因为具有体积小、成本低的优点，VLSI 器件改变了计算机系统的设计技术，使设计者能够设计出原先由于经济原因而不能构造的结构。

数字逻辑系列

数字集成电路可按照其复杂度或逻辑运算来分类，也可按照其采用的特定电路工艺来分类。电路工艺和所涉及的数字逻辑系列有关，每个逻辑系列都有其自己的基本电子电路，在此基础上研制出了更复杂的数字电路和部件。每个电路工艺中的基本电路是与非门、或非门和非门。数字集成电路的许多不同逻辑系列已经商业化。下面是一些最流行的工艺技术：

　　TTL：晶体管-晶体管逻辑
　　ECL：发射极耦合逻辑
　　MOS：金属氧化物半导体
　　CMOS：互补金属氧化物半导体

TTL 系列用于逻辑运算已有 50 多年，并且被公认为标准。ECL 系列在系统的高速运算方面具有优势。MOS 系列适合于高密度元件的电路，当系统需低功耗时，首选 CMOS 系列，如数码相机、个人媒体播放器、其他手持便携式设备。低功耗主要用于 VLSI 设计，因此 CMOS 成为主流的逻辑系列，而 TTL 和 ECL 系列的应用日渐衰落。区分各种逻辑系列的最重要参数已在下面列出。CMOS 集成电路在附录 A 中进行了简要讨论。

　　扇出系数：是指在保证电路正常工作的条件下，输出端最多能驱动的同类门的数量。它是衡量逻辑门输出端负载能力的一个重要参数。

　　扇入系数：是指逻辑门中可用的输入数。

　　功耗：是指逻辑门所消耗的电源功率。

　　传输时延：是指信号从输入端传送到输出端所需的平均传输时延。例如，如果一个非门的输入从 0 变化到 1，则经过一定的延迟时间(器件本身的传输时延)后，输出才从 1 变化到 0。运算速度与传输时延成反比。

　　噪声容限：是指加在输入信号上的最大外部噪声电压。一旦超过这个容限，逻辑门将不能正常工作。

VLSI 电路的计算机辅助设计

具有亚微几何特性的集成电路通过光线将版图投影到硅片上制作而成。在光线照射之前，先在硅片上涂上一层硅刻胶，这种胶在光线照射时会变硬或变软。去掉无关的硅刻胶就形成了暴露的硅片式样。然后将暴露的区域掺杂，使它变成具有晶体管电特性和门电路逻辑特性的半导体材料。设计流程就是将功能规范或电路描述(例如必须干什么)转变成物理规范或物理描述(怎样在硅片上实现)。

含有数百万个晶体管的 VLSI 电路的数字系统设计是一项艰巨任务。没有计算机辅助设计工具(CAD)的帮助，就不可能研发和检验如此复杂的数字系统。CAD 工具一般由软件程包组成，它支持基于计算机的表示，在自动化设计过程中用于数字硬件的研发。电子设计自动化(EDA)覆盖了集成电路设计的所有阶段。生成 VLSI 电路的典型设计流程由一系列步骤组成：从设计相关的项开始(例如，设计基于原理图或硬件描述语言的模型)，到用于制造集成电路的光刻掩模数据库生成时结束。在硅片上实现数字电路有多种方法可供选择。设计者可以选择专用集成电路(ASIC)、现场可编程门阵列(FPGA)、可编程逻辑器件(PLD)或全定制集成电路等。以上每一种器件都有一套用于硬件单元设计的 CAD 工具软件。每一种技术都有自己的市场份额，这取决于市场的规模和完成一项设计的设备单价。

有些 CAD 系统还有一个在计算机屏幕上创建和修改原理图的编辑程序，这个过程称为原理图捕获或原理图输入。借助菜单、键盘命令和鼠标，设计者可在计算机屏幕上画出数字电路的电路图。屏幕上不仅可显示内部库列表中的元件，还可以用表示电线的连线将这些元件连接起来。原理图输入软件生成并管理原理图的信息数据库。基本逻辑门和功能块具有伴随模型，可以对电路性能(逻辑性能)和时序特性进行验证。验证过程就是将输入加到电路中，用逻辑仿真器确定该电路的输出，并用文本或波形的方式显示出来。

数字系统设计的一个重要进展是硬件描述语言(HDL)的使用。HDL 类似于编程语言，它专门用于描述数字硬件，采用文本形式表示逻辑图和其他数字信息，以形成电路功能和结构描述，而且不用考虑具体硬件。HDL 可以对电路的功能进行抽象化处理，这样设计者能够将注意力集中到更高级的功能细节上(例如，在一定情况下电路必须检验串行输入数据流中 1 和 0 的特殊类型)，而不是晶体管级的细节。基于 HDL 的电路或系统模型在制作之前要通过仿真验证功能，从而减少了制造出错误电路的风险和浪费。基于 HDL 的设计描述产生之后，综合工具也被开发出来，它能自动最佳地综合电路 HDL 模型所描述的逻辑。这两个技术优势使得工业上在设计复杂数字系统电路时，几乎所有设计都依赖基于 HDL 的综合工具和方法。两种硬件描述语言——Verilog 和 VHDL 已经被 IEEE(电子电气工程师协会)认可为工业标准，并为全球硬件设计人员广泛使用。HDL 将在 3.9 节中介绍，由于它的重要性，整本书均用 HDL 来描述数字电路、元件和设计过程。考虑其重要性，本书中包含了两种语言(Verilog 和 VHDL)的练习与设计问题。此外，SystemVerilog 也是一种重要的、较新的语言，我们将在第 8 章介绍 SystemVerilog 的一些特性。由于 Verilog 嵌入在 SystemVerilog 中，因此我们先学习 Verilog 基础知识，再介绍 SystemVerilog。

习题

(∗号标记的习题解答列在本书末尾。)

2.1 用真值表证明下列恒等式的正确性：

(a) 3 变量的德·摩根定理：$(x + y + z)' = x'y'z'$ 和 $(xyz)' = x' + y' + z'$

(b) 分配律：$x + yz = (x + y)(x + z)$

(c) 分配律：$x(y + z) = xy + xz$

(d) 结合律：$x + (y + z) = (x + y) + z$

(e) 结合律：$x(yz) = (xy)z$

2.2 将下列布尔表达式化简到最少字母数：

(a)∗ $xy + xy'$ (b)∗ $(x + y)(x + y')$

(c)*$xyz + x'y + xyz'$　　　　　　　(d)*$(x + y)'(x'+y')'$

(e)$(a + b + c')(a'b' + c)$　　　　　(f)$a'bc + abc' + abc + a'bc'$

2.3　将下列布尔表达式化简到最少字母数:

(a)*$xyz + x'y + xyz'$　　　　　　(b)*$x'yz + xz$

(c)*$(x + y)'(x'+ y')$　　　　　　(d)*$xy + x(wz + wz')$

(e)*$(yz' + x'w)(xy' + zw')$　　　　(f)$(x' + z')(x + y' + z)$

2.4　将下列布尔表达式的字母减少到指定数目:

(a)*$x'y'z' + y + xy'z'$　　　　　　　　　至 2 个字母

(b)*$x'y(x'+ z') + x'y + xyz$　　　　　至 3 个字母

(c)*$(x+ yz)'+(x + y'z')'$　　　　　　　至 1 个字母

(d)*$(w'+ x)(w + y)(x'+ y)(w + xyz)$　至 4 个字母

(e)$wxy'z' + wy' + wx'y'z'$　　　　　　　至 2 个字母

2.5　画出习题 2.2(c)、(e)和(f)中原始表达式和化简后表达式的电路逻辑图。

2.6　画出习题 2.3(a)、(c)和(f)中原始表达式和化简后表达式的电路逻辑图。

2.7　画出习题 2.4(a)、(c)和(e)中原始表达式和化简后表达式的电路逻辑图。

2.8　求出 $F = x'y + yz'$的反函数;然后证明 $FF' = 0$ 和 $F + F' = 1$。

2.9　求出下列函数的反函数:

(a)*$xyz + x'y'z'$　　　　　　(b)$(x + y')(y + z')(z + x')$

(c)$w'x' + w(x + y +z)$

2.10　给定布尔函数 F_1 和 F_2,证明

(a)布尔函数 $E = F_1 + F_2$ 包含了 F_1 和 F_2 的最小项之和。

(b)布尔函数 $G = F_1F_2$ 只包含 F_1 和 F_2 的公共最小项。

2.11　列出函数的真值表:

(a)*$F = x'z' + xy + yz$　　　　　(b)$F = a'b'c' + a'bc + ab'c' + abc$

2.12　逻辑运算可以按位实现,每一对相应位(称为位运算)单独进行。给定两个 8 位字符串 $A = 11001010$ 和 $B = 10010011$,按以下逻辑运算计算 8 位结果:

(a)*AND　　(b)OR　　(c)*XOR　　(d)*NOT A　　(e)NOT B

2.13　画出下列布尔函数的逻辑图:

(a)$F = (u + x')(y' + z)$

(b)$F = (u \oplus y)' + x$

(c)$F = (u' + x')(y + z')$

(d)$F = u(x \oplus z) + y'$

(e)$F = u + yz + uxy$

(f)$F = u + x + x'(u + y')$

2.14　对于给定的布尔函数:

$$F = x'y + xy' + xz$$

(a)用与门、或门和非门实现。

(b)*用或门和非门实现。

(c) 用与门和非门实现。

(d) 用与非门和非门实现。

(e) 用或非门和非门实现。

2.15* 把布尔函数 T_1 和 T_2 化简到最少的字母数：

A	B	C	T_1	T_2
0	0	0	0	1
0	0	1	1	0
0	1	0	1	1
0	1	1	1	0
1	0	0	0	0
1	0	1	1	1
1	1	0	0	0
1	1	1	1	1

2.16 n 个变量布尔函数的所有最小项之逻辑和为 1。

(a) 对于 $n = 3$，证明上述论断。

(b) 给出一般的证明过程。

2.17 写出下列函数的真值表，并用最小项之和与最大项之积来表示每个函数。

(a)* $(ac + b)(ab + d)$　　　　　　(b) $(a' + c' + d')(ab + cd)$

(c) $(b + c'd')(a + bc')$　　　　　　(d) $a'b'c' + acd + ab'd' + b'cd$

2.18 给定布尔函数：

$$F = w'xy + w'yz + wy'z + w'y'z + xy$$

(a) 求函数 F 的真值表。

(b) 由原始布尔表达式画出逻辑图。

(c)* 将布尔代数化简到最少的字母数。

(d) 从化简后的表达式得出函数的真值表并证明与 (a) 相同。

(e) 根据化简后的表达式画出逻辑图并与 (b) 图比较门的数目。

2.19* 用最小项之和与最大项之积来表示下列函数：

$$F(A, B, C, D) = AB' + BC + ACD'$$

2.20 用最小项之和表示下列函数的反函数：

(a) $F(w, x, y, z) = \sum (1, 5, 7, 11, 12, 14, 15)$

(b) $F(x, y, z) = \prod (2, 4, 5)$

2.21 将下列表达式转换为其他标准式：

(a) $F(x, y, z) = \sum (2, 3, 5, 7)$

(b) $F(A, B, C, D) = \prod (1, 2, 3, 5, 8, 13)$

2.22* 将下列表达式转换为积之和式与和之积式：

(a) $(w + xy')(x + y'z)$

(b) $xy + (w' + y'z')(z' + x'y')$

2.23 不进行化简，画出下列布尔函数的逻辑图：

(a) $A'B + A'B'C + B'C$

(b) $(w' + x)(x + y)(w + z')$

(c) $(A + B)(B' + C') + AD$

(d) $w'x'y' + wx(y + z)$

2.24 求表达式 $x'y + (x + z)(x + y')$ 的对偶式。

2.25 将表 2.8 定义的二进制运算代入布尔表达式,证明:

(a) 禁止运算既不是可交换的也不是可结合的。

(b) 异或运算既满足交换律又满足结合律。

2.26 证明正逻辑与非门是负逻辑或非门,反之亦然。

2.27 写出输出由表 P2.27 定义的电路的布尔方程,并画出电路逻辑图。

表 P2.27

f_1	f_2	a	b	c
1	1	0	0	0
0	1	0	0	1
1	0	0	1	0
1	1	0	1	1
1	0	1	0	0
0	1	1	0	1
1	0	1	1	1

2.28 用布尔方程和真值表描述图 P2.28 中电路的输出。

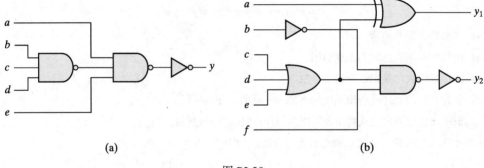

(a)   (b)

图 P2.28

2.29 判断下列布尔方程是否成立:

$$a'd' + b'c' + c'd' = (a' + c')(b' + d')(c' + d')$$

2.30 写出下列布尔表达式的积之和式:

$$(w + y + z)(x' + y' + z')$$

2.31 写出下列布尔表达式的和之积式:

$$ab + bc + a'b'c'$$

2.32* 如图 P2.32 所示,a、b、c 为输入信号,请采用时序图形式(见图 1.5)描述输出信号 f 和 g,至少包括 a、b、c 的所有八种可能组合。

2.33 如图 P2.33 所示,输入信号分别为 a 和 b,请采用时序图形式(见图 1.5)描述输出信号 f 和 g,至少包括 a 和 b 的所有四种可能组合。

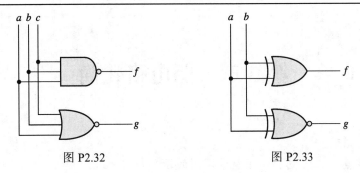

图 P2.32　　　　　　　　图 P2.33

参考文献

1. Boole, G. 1854. *An Investigation of the Laws of Thought.* New York: Dover.
2. Dietmeyer, D. L. 1988. *Logic Design of Digital Systems*, 3rd ed., Boston: Allyn and Bacon.
3. Huntington, E. V. Sets of independent postulates for the algebra of logic. *Trans. Am. Math. Soc.*, 5 (1904): 288–309.
4. *IEEE Standard Hardware Description Language Based on the Verilog Hardware Description Language*, Language Reference Manual (LRM), IEEE Std.1364-1995, 1996, 2001, 2005, The Institute of Electrical and Electronics Engineers, Piscataway, NJ.
5. *IEEE Standard VHDL Language Reference Manual* (LRM), IEEE Std. 1076-1987, 1988, The Institute of Electrical and Electronics Engineers, Piscataway, NJ.
6. Mano, M. M. and C. R. Kime. 2000. *Logic and Computer Design Fundamentals*, 2nd ed., Upper Saddle River, NJ: Prentice Hall.
7. Shannon, C. E. A symbolic analysis of relay and switching circuits. *Trans. AIEE*, 57 (1938): 713–723.

网络搜索主题

代数领域

布尔逻辑

布尔门

双极性晶体管

场效应晶体管

发射极耦合逻辑

ECL

TTL

CMOS 逻辑

CMOS 工艺

内部时延

传输时延

第 3 章　门电路化简

本章目标

1. 掌握两变量、三变量和四变量卡诺图的绘制与化简。
2. 掌握布尔函数质蕴含项的推导。
3. 能够直接从卡诺图中得到布尔函数的积之和式与和之积式。
4. 掌握从布尔函数的真值表中创建卡诺图的方法。
5. 掌握使用无关条件化简卡诺图的方法。
6. 掌握采用二级与非门、二级或非门实现布尔函数的方法。
7. 掌握组合逻辑电路中 Verilog 模块或 VHDL 实体-结构体的声明。
8. 对于组合电路逻辑图，掌握使用 (a) Verilog 预定义原语或 (b) 用户定义的 VHDL 组件编写电路结构模型的方法。
9. 能够用二级逻辑门电路实现积之和式与和之积式的布尔函数。
10. 给定一个测试平台，掌握输入信号到被测设备波形的绘制。

3.1　引言

门电路化简是找到描述数字电路的布尔函数最佳门级实现。这个工作很容易理解，但是当这个逻辑有多个输入时，使用手工方法则很难实现。幸运的是，基于计算机的逻辑综合工具能够有效而迅速地化简复杂布尔方程组。然而，设计者能理解背后的数学描述和问题的答案也十分重要。本章作为门电路化简基础，将使读者具备手工设计简单电路的能力，为熟练运用现代设计工具做好准备。同时，本章还会介绍现代逻辑设计方法中硬件描述语言的作用和使用方法。

3.2　图形法化简

实现布尔函数的数字逻辑门的复杂程度与代数表达式的复杂程度直接相关。尽管函数真值表是唯一的，但当用代数式表示时，却有很多不同的表示方法。正如 2.4 节所述，布尔表达式可以通过代数方法来化简。但是这种化简过程十分棘手，因为每一步的化简并没有具体规则。图形法为布尔函数化简提供了一种简单直观的方法，可以视为真值表的图形化表示，通常也称为卡诺图或 K 图。

卡诺图由一个个方格组成，每个方格代表布尔函数的一个最小项。由于任何布尔函数都可表示为最小项之和，那么将卡诺图中含有布尔函数最小项的这些方格圈在一起，根据画圈的图形就可以表示布尔函数。实际上，卡诺图是标准式函数的图形化表示方法。对于相同的函数，用户通过识别各种图形得到不同的代数式，从中可以选择最简式。

从卡诺图得到的最简式不外乎两种标准式之一：积之和式与和之积式。假设最简代数表达式具有最少的项，且每项含有最少的字母变量，这样就可以得到具有最少的门数和门输入数的电路图。我们随后可以看到，最简表达式并不是唯一的，有时可能有两种或更多，它们都满足化简规则。在这些情况下，任何一种解决方案都行之有效。

两变量卡诺图

两变量卡诺图如图 3.1(a)所示。因为两个变量可以形成 4 个最小项，所以该卡诺图由 4 个方格组成，每个方格对应一个最小项。图 3.1(b)中显示了这些小方格与变量 x 和 y 之间的关系。每一行和每一列都被标上了 0、1，代表变量取值。x 在卡诺图中的取值按顺序依次为 0、1。同样，y 在卡诺图中的取值按顺序依次为 0、1。

如果在方格中标记出属于该函数的最小项，则两变量卡诺图就成为用来表示两变量 16 个布尔函数的另一有效途径。例如，图 3.2(a)表示的是函数 xy。因为 xy 等于 m_3，那么在 m_3 所属的方格中标上一个 1。类似地，函数 $x+y$ 的卡诺图表示如图 3.2(b)所示，其中有 3 个方格被标上了 1，这些方格代表了函数的最小项：

$$m_1 + m_2 + m_3 = x'y + xy' + xy = x + y$$

这 3 个方格也可以由第二行变量 x 和第二列变量 y 的交集确定，所覆盖区域属于 x 或 y。在每个例子中，被确定的函数最小项标记为 1。

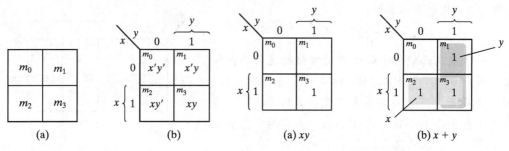

图 3.1　两变量卡诺图　　　　　　　　图 3.2　用卡诺图表示函数

三变量卡诺图

三变量卡诺图如图 3.3 所示。3 个二进制变量共有 8 个最小项，因此，卡诺图由 8 个方格组成。注意，最小项并不是按照自然二进制数的顺序排列的，而是按照类似于格雷码(见表 1.6)的顺序排列的。这种排列顺序的特点是：相邻两列之间只有一位不同。图 3.3(b)所示卡诺图中的每行和每列上都标有编号的最小项，以表明这些方格与 3 个变量之间的关系。例如标有 m_5 的方格，其行对应值为 1，列对应值为 01，这两个值连在一起就是二进制数 101，即表示十进制数 5。确认方格 $m_5 = xy'z$ 的另外一种方法是，认为其行标记为 x，列标记为 $y'z$(01 列)。注意，每个变量值为 1 时都包括 4 个方格，而在另 4 个方格中该变量为 0。这个变量看起来好像是在前 4 个方格中没有填充数据，而是在后 4 个方格中填充。为方便起见，我们将表示变量的字母符号写在 4 个方格的上方或旁边。

为进一步理解卡诺图在布尔函数化简中的作用，有必要了解相邻两个方格之间的基本性质。任何两个相邻的方格之间只有一个变量发生变化，该变量在一个方格中加撇号（'），在另一个方格中不加撇号。例如 m_5 和 m_7 位于相邻的两个方格中，变量 y 在 m_5 中加撇号，在 m_7 中不加撇号[①]，而其他两个变量没有发生变化。由此可见，利用布尔代数的公理，相邻两个最小项之和可以简化为只有两个字母变量的与。为阐述清楚，我们来看两个相邻方格 m_5 与 m_7 之和：

$$m_5 + m_7 = xy'z + xyz = xz(y' + y) = xz$$

这里，两个方格的差别在于变量 y，当两个最小项相加时可以被消去。因此，任何相邻方格两个最小项的或(垂直或水平相邻，不能对角相邻)的结果是，消去在这两项中取值不一样的变量。下面的例子说明了如何用卡诺图化简布尔函数。

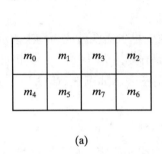

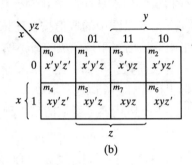

(a)　　　　　　　　　　　　　　　　(b)

图 3.3　三变量卡诺图

例 3.1　化简布尔函数：

$$F(x, y, z) = \sum(2, 3, 4, 5)$$

首先，将代表该函数每个最小项的方格标记为 1，即在最小项 010、011、100、101 的 4 个方格中标上 1，如图 3.4 所示。下一步要找出可能相邻的方格，就是卡诺图中包含两个 1 的矩形阴影框，共有两个。右上的矩形阴影框圈住的区域代表 $x'y$。观察被圈住的两个方格，所在行的值都为 0，对应于 x'，而最后两列对应于 y。同样，左下的矩形阴影框代表乘积项 xy'(第二行代表 x，左边两列代表 y')。可见，阴影方格中 4 个最小项之和可以用两个乘积项之和代替。这两个乘积项之和就是化简后得到的最简表达式：

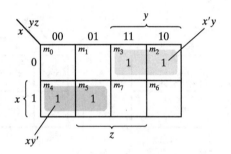

图 3.4　例 3.1 的卡诺图；$F(x, y, z) = \sum(2, 3, 4, 5) = x'y + xy'$

$$F = x'y + xy'$$

在卡诺图中，有时即使两个方格不是紧挨着的，也可能是相邻的。在图 3.3(b)中，因为最小项只有一个变量不同，m_0 和 m_2 相邻，m_4 和 m_6 相邻。这可以用代数式加以验证：

$$m_0 + m_2 = x'y'z' + x'yz' = x'z'(y' + y) = x'z'$$
$$m_4 + m_6 = xy'z' + xyz' = xz'(y' + y) = xz'$$

所以，关于相邻方格的定义要予以修正，以便包括这样的或其他类似情况，可以认为卡诺图上左右边沿的方格也是相邻的。

[①] 对角线邻接的两个正方形不视为相邻。

例 3.2 化简布尔函数:

$$F(x, y, z) = \sum(3, 4, 6, 7)$$

该函数的卡诺图如图 3.5 所示,其中 4 个方格被标上了 1,分别对应函数的 4 个最小项。第三列两个相邻的方格用一个两字母项 yz 表示。根据新的定义,剩下标上 1 的两个方格也是相邻的,图中两个半矩形阴影框组合在一起,表示 xz'。所以函数可以化简为

$$F = yz + xz'$$

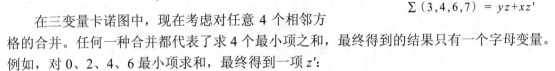

注意:$xy'z' + xyz' = xz'$

图 3.5 例 3.2 的卡诺图,$F(x, y, z) =$
$\sum(3, 4, 6, 7) = yz + xz'$

在三变量卡诺图中,现在考虑对任意 4 个相邻方格的合并。任何一种合并都代表了求 4 个最小项之和,最终得到的结果只有一个字母变量。例如,对 0、2、4、6 最小项求和,最终得到一项 z':

$$m_0 + m_2 + m_4 + m_6 = x'y'z' + x'yz' + xy'z' + xyz'$$
$$= x'z'(y' + y) + xz'(y' + y)$$
$$= x'z' + xz' = (x + x')z' = z'$$

可以合并起来的相邻方格数总是 2 的幂次,如 1、2、4 和 8 等。被合并的相邻方格数越大(圈越大),得到的乘积项中包含的字母变量就越少。

一个方格代表一个最小项,其代表的乘积项有 3 个字母变量。

两个相邻的方格所代表的乘积项有两个字母变量。

4 个相邻的方格所代表的乘积项有一个字母变量。

8 个相邻的方格覆盖了整个卡诺图,代表的逻辑函数恒等于 1。

例 3.3 化简布尔函数:

$$F(x, y, z) = \sum(0, 2, 4, 5, 6)$$

F 的卡诺图如图 3.6 所示。首先,将第一列和最后一列的 4 个相邻方格进行合并,得到 z'。剩下的一个方格代表最小项 5,只能和一个已经被用过的方格进行合并。这一点是相当重要的。因为两个相邻方格对应的是 xy' 项,而单独方格代表一个三变量的最小项 $xy'z$。化简后的函数是

$$F = z' + xy'$$

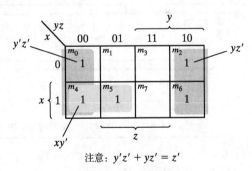

注意:$y'z' + yz' = z'$

图 3.6 例 3.3 的卡诺图,$F(x, y, z) =$
$\sum(0, 2, 4, 5, 6) = z' + xy'$

如果函数没有被表示成最小项之和,则可以用卡诺图得到函数的最小项,然后将函数化简成具有最少项数的表达式。必须确定代数表达式为积之和式。每个乘积项都可以在卡诺图中用一个、两个或更多的方格来描述,函数的最小项可以直接从卡诺图中读出。

例 3.4 布尔函数为

$$F = A'C + A'B + AB'C + BC$$

(a)将其表示成最小项之和。

(b)求最简的和之积式。

注意，F 是积之和式，不是最小项之和。表达式中有两字母变量的 3 个乘积项，在三变量卡诺图中分别用两个方格表示。对应于第一项 $A'C$ 的两个方格在图 3.7 中是 A'(第一行)和 C(中间两列)，即 001 和 011 方格。注意，当我们在方格中标上 1 时，很可能 1 在前面标记时已经被标上了。第二项 $A'B$ 就是这种情况，它在方格 011 和 010 中标 1。方格 011 和第一项 $A'C$ 是共用的，所以只在方格中标上一个 1。同样，我们可以看到 $AB'C$ 属于方格 101，对应最小项 5，而 BC 项在方格 011 和 111 中有两个 1。因此，函数共有 5 个最小项，如图 3.7 所示。在卡诺图中可以直接读出最小项的编号分别是 1、2、3、5、7。我们将函数表示成最小项之和形式：

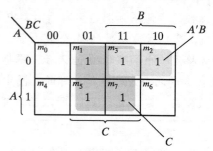

图 3.7　例 3.4 的卡诺图，$A'C + A'B + AB'C + BC = C + A'B$

$$F(A, B, C) = \sum(1, 2, 3, 5, 7)$$

原先给出的积之和式中有很多项，如卡诺图中的阴影方格所示，通过卡诺图化简，可以将其化简为仅包含两项的表达式：

$$F = C + A'B$$

练习 3.1　化简布尔函数 $F(x, y, z) = \sum(0, 1, 6, 7)$。
答案：$F(x, y, z) = xy + x'y'$

练习 3.2　化简布尔函数 $F(x, y, z) = \sum(0, 1, 2, 5)$。
答案：$F(x, y, z) = x'z' + y'z$

练习 3.3　化简布尔函数 $F(x, y, z) = \sum(0, 2, 3, 4, 6)$。
答案：$F(x, y, z) = z' + x'y$

练习 3.4　已知布尔函数 $F(x, y, z) = xy'z + x'y + x'z + yz$，(a)将其表示为最小项之和形式；(b)写出最简的积之和式。
答案：$F(x, y, z) = m_1 + m_2 + m_3 + m_5 + m_7 = z + x'y$

3.3　四变量卡诺图

4 个二进制变量 (w, x, y, z) 的卡诺图如图 3.8 所示。图 3.8(a) 中列出了 16 个最小项及其对应的方格，图 3.8(b) 给出了方格与 4 个变量之间的对应关系。行和列是按照格雷码的顺序来编码的，即相邻的行、列之间只有一个变量取值不同。每个方格对应的最小项可以通过行和列数值的组合得到。例如，第三行 11 和第二列 01，组合在一起就是 1101，用十进制数表示是 13。因此，第三行、第二列的方格就代表最小项 m_{13}。

四变量卡诺图的化简方法与三变量的类似。紧挨着的方格是相邻方格。另外，位于卡诺图最上和最下、最左和最右的方格也是相邻的。例如 m_0 和 m_2、m_3 和 m_{11} 可以认为是相邻方格。在化简过程中，仔细观察四变量卡诺图，相邻方格的合并很容易确定下来，这是十分有用的。

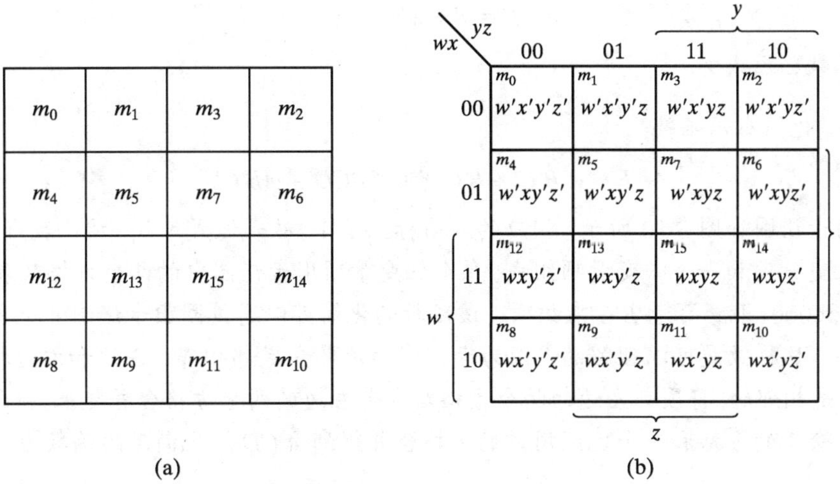

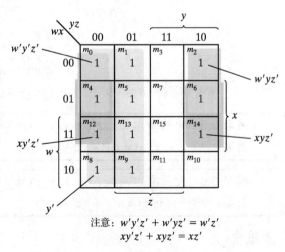

图 3.8　四变量卡诺图

一个方格代表一个含有 4 个字母的最小项。

两个相邻的方格代表一个含有 3 个字母的乘积项。

4 个相邻的方格代表一个含有两个字母的乘积项。

8 个相邻的方格代表一个含有一个字母的项。

16 个相邻的方格代表的函数恒等于 1。

方格之间没有其他能化简函数的关系，下面两个例子将说明化简四变量布尔函数的过程。

例 3.5　化简布尔函数：

$$F(w, x, y, z) = \sum (0, 1, 2, 4, 5, 6, 8, 9, 12, 13, 14)$$

因为函数有 4 个变量，所以要首先画出四变量卡诺图。和式中列出的最小项在图中都被标上了 1，如图 3.9 所示。8 个相邻的标有 1 的阴影方格可以合并在一起，得到只含有一个字母的项 y'，右边剩下的 3 个标有 1 的方格不能被合并在一起产生一个化简项，它们必须通过两个或 4 个相邻方格来合并化简。合并的方格越多，得到的化简项中含有的字母数就越少。本例中，最右边的两个 1 项和最左边的两个 1 项可以合并在一起，得到 $w'z'$ 项。注意，在化简过程中允许多次使用同一个方格。现在只剩下第三行、第四列的一个方格（方格 1110）没有和其他方格合并。我们一般不单独圈出这个方格（会得到有

注意：$w'y'z' + w'yz' = w'z'$
　　　　$xy'z' + xyz' = xz'$

图 3.9　例 3.5 的卡诺图，$F(w,x,y,z) = \sum (0,1, 2,4,5,6,8,9,12,13,14) = y'+w'z'+xz'$

4 个变量的项),而将它和用过的方格合并起来,形成 4 个相邻的方格。这些方格由中间两行和边上的两列组成,得到 xz' 项。化简后的函数为

$$F = y' + w'z' + xz'$$

项数和字母数已经减少。

例 3.6 化简布尔函数:

$$F = A'B'C' + B'CD' + A'BCD' + AB'C'$$

函数的卡诺图如图 3.10 所示,相应的方格标上了 1。从表达式可知,该函数有 4 个变量,它由 3 个三变量项和一个四变量项组成。每个三变量项用卡诺图中的两个方格来表示。例如,方格 0000 和 0001 代表了 $A'B'C'$ 乘积项。该函数的化简可以通过圈出卡诺图 4 个角上的方格得到 $B'D'$ 项。这样做是可以理解的,因为卡诺图的顶部和底部相邻、左边和右边相邻,因此这 4 个方格是相邻的。将顶部左边的两个方格与底部左边的两个方格合并起来,得到 $B'C'$ 项。剩下的一个含 1 的方格和一个已经用过的方格合并得到 $A'CD'$。化简后的函数为

$$F = B'D' + B'C' + A'CD'$$

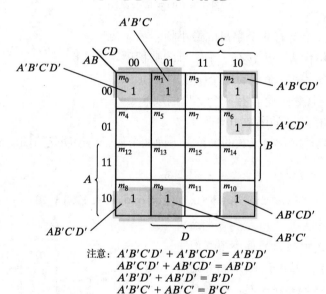

注意:$A'B'C'D' + A'B'CD' = A'B'D'$
　　　$AB'C'D' + AB'CD' = AB'D'$
　　　$A'B'D' + AB'D' = B'D'$
　　　$A'B'C' + AB'C' = B'C'$

图 3.10 例 3.6 的卡诺图,$F = A'B'C' + B'CD' + A'BCD' + AB'C' = B'D' + B'C' + A'CD'$

练习 3.5 化简布尔函数 $F(w, x, y, z) = \sum(0, 1, 3, 8, 9, 10, 11, 12, 13, 14, 15)$。
答案: $F(w, x, y, z) = x'y' + x'z + w$

练习 3.6 化简布尔函数 $F(w, x, y, z) = \sum(0, 2, 4, 6, 8, 10, 11)$。
答案: $F(w, x, y, z) = w'z' + x'z' + wx'y$

质蕴含

在卡诺图中选择相邻方格时,必须确保:(1)这些被合并的方格能覆盖函数的所有最小项;(2)表达式中的项数最少;(3)没有冗余项(冗余项是指其最小项已被其他项覆盖)。有时

候可能有两个或更多的表达式满足最简原则。当我们理解了两种特殊类型的项时，在卡诺图上合并方格的过程将变得更加有系统性。质蕴含(prime implicant)是将卡诺图中最大可能数的相邻方格进行合并后获得的乘积项。如果方格中的最小项只被一个质蕴含所包含，这样的质蕴含就称为基本质蕴含，不能从函数描述中将其删除。

函数的质蕴含可以通过合并卡诺图中所有可能的最大方格数而得到，这就意味着卡诺图中的单个 1 如果不与其他 1 相邻，则表示它是一个质蕴含。两个相邻的标 1 方格如果没有在一个四相邻的方格组中，则它们形成一个质蕴含。4 个相邻的标 1 方格如果没有在一个八相邻的方格组中，则它们也形成一个质蕴含，依次类推。基本质蕴含的寻找要通过观察卡诺图中的每一个标 1 方格，并且检查包含这些标 1 方格的质蕴含数目。如果只有一个质蕴含圈过了这个最小项，则该质蕴含就是基本质蕴含。

考虑下面的四变量布尔函数：

$$F(A, B, C, D) = \sum(0, 2, 3, 5, 7, 8, 9, 10, 11, 13, 15)$$

函数的最小项在卡诺图中被标上了 1，忽略 m_3、m_9、m_{11}，如图 3.11 所示。图 3.11(a)所示为两个基本质蕴含，只有一种方法将最小项 m_0 圈在一个四相邻的方格内，由此得到的 $B'D'$ 项就是基本质蕴含。同样，也只有一种方法将最小项 m_5 圈在一个四相邻的方格内，由此得到第二项 BD 也为基本质蕴含。这两个基本质蕴含包含了 8 个最小项。接下来必须考虑剩下的 3 个最小项 m_3、m_9、m_{11}。

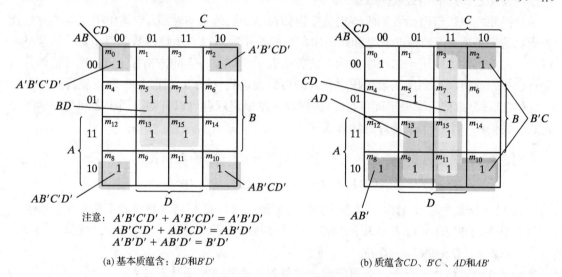

注意：　$A'B'C'D' + A'B'CD' = A'B'D'$
　　　　$AB'C'D' + AB'CD' = AB'D'$
　　　　$A'B'D' + AB'D' = B'D'$

(a) 基本质蕴含：BD 和 $B'D'$　　　　(b) 质蕴含 CD、$B'C$、AD 和 AB'

图 3.11　用质蕴含进行化简

图 3.11(b)表示了这 3 个最小项能够被质蕴含所覆盖的所有可能方法。最小项 m_3 能够被质蕴含 CD 或 $B'C$ 包含。最小项 m_9 能够被质蕴含 AD 或 AB' 包含。最小项 m_{11} 能够被这 4 个质蕴含的任何一个包含。最简表达式是两个基本质蕴含和另外两个包含最小项 m_3、m_9、m_{11} 的质蕴含之和。该函数有 4 种可能的表示方法，每一种都有 4 个乘积项，每个乘积项包含两个字母变量。

$$
\begin{aligned}
F &= BD + B'D' + CD + AD \\
&= BD + B'D' + CD + AB' \\
&= BD + B'D' + B'C + AD \\
&= BD + B'D' + B'C + AB'
\end{aligned}
$$

前面的例子已经证明，在卡诺图中质蕴含的识别能够帮助确定最简代数式。

从卡诺图中得到最简代数式的过程，要求首先确定所有的基本质蕴含。所有基本质蕴含之和加上其他质蕴含(这些质蕴含主要覆盖了不能被基本质蕴含圈过的最小项)就得到了最简表达式。有时候可能有多种方法来合并相邻方格，从而得到一个等价的最简表达式。

练习 3.7   求布尔函数 $F(w, x, y, z) = \sum(0, 2, 4, 5, 6, 7, 8, 10, 13, 14, 15)$ 的质蕴含。
答案：$x'y', xz, xy, w'x, w'z', yz'$

五变量卡诺图

超过 4 个变量的卡诺图使用起来比较复杂。五变量卡诺图有 32 个方格，六变量卡诺图有 64 个方格。随着变量数的增多，方格数会急剧增加，有更多的相邻方格要进行合并。

超过 4 个变量的卡诺图使用不方便，这里将不予考虑。

3.4   和之积式的化简

在前面例子中，从卡诺图中得到的最简布尔函数都表示为积之和式。如果稍加修改，就可以得到和之积式的函数表达式。

获得和之积式最简函数的步骤仍然要遵循布尔函数的基本性质。卡诺图中标 1 的方格代表函数的最小项。函数标准积之和式中未包含的最小项可以表示该函数的反函数。从这里可以看出，反函数可以用卡诺图中没标 1 的方格表示。如果将空的方格标上 0，并对相邻方格进行合并，就可以得到反函数的积之和式的最简表达式(即 F')。而对 F' 取反就得到原函数 F 的和之积式(由德·摩根定理可得)。根据德·摩根定理就可以自动得到积之和式的函数表达式。我们用一个例子来更好地加以说明。

例 3.7   把下面的布尔函数化简成：(a)积之和式；(b)和之积式。

$$F(A, B, C, D) = \sum(0, 1, 2, 5, 8, 9, 10)$$

图 3.12 的卡诺图中标 1 的方格代表函数的所有最小项，标 0 的方格代表了所有不包含在 F 中的最小项，它们表示对 F 取反。对标 1 的方格进行合并就得到了积之和式的最简表达式：

(a) $F = B'D' + B'C' + A'C'D$

如果对标 0 的方格进行合并，如图所示，就得到了最简的反函数表达式：

$$F' = AB + CD + BD'$$

应用德·摩根定理(如 2.4 节所述，通过取对偶和将每个字母变量取反)可以得到和之积式的最简表达式：

(b) $F = (A' + B')(C' + D')(B' + D)$

根据例 3.7 得到的最简表达式实现的门电路如图 3.13 所示。图 3.13(a)中的积之和式用一组与门实现，每个与门对应一个与项，所有与门的输出连接到一个或门上。同样的函数表示为和之积式如图 3.13(b)所示，用一组或门实现，每个或门输出连接到一个与门上。在每种情况下，都假设输入变量可以直接为反变量，所以就不需要非门。当布尔表达式表示为其中的一种标准式时，图 3.13 就可以作为其电路构造的一种通用形式。函数为积之和式时，与门连接到一个单独的或门上；函数为和之积式时，或门连接到一个单独的与门上。每一种构造形式需要两级门，因此，可以说函数的标准实现形式是二级门电路。实际上，二级门电路可能不符合实际情况，这取决于门的输入数。

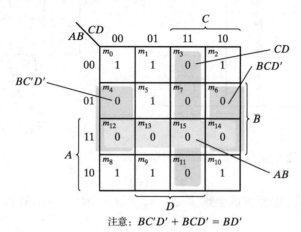

图 3.12　例 3.7 的卡诺图，$F(A, B, C, D) = \sum(0, 1, 2, 5, 8, 9, 10) = B'D' + B'C' + A'C'D = (A'+B')(C'+D')(B'+D)$

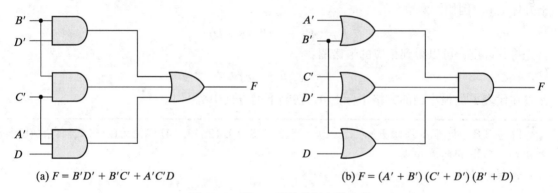

(a) $F = B'D' + B'C' + A'C'D$　　　　　(b) $F = (A' + B')(C' + D')(B' + D)$

图 3.13　例 3.7 函数的门电路实现

例 3.7 描述了如何从最小项之和形式的标准函数得到其最简的和之积式的过程。当函数直接被表示成标准的最大项之积的形式时，这一过程同样也是有效的。例如，表 3.1 中真值表定义的函数 F 用最小项之和形式表示成

$$F(x, y, z) = \sum(1, 3, 4, 6)$$

也可以写成最大项之积形式：

$$F(x, y, z) = \prod(0, 2, 5, 7)$$

换言之，1 项代表函数式中的最小项，0 项代表函数式中的最大项。该函数的卡诺图如图 3.14 所示。我们可以首先在函数最小项对应的方格中标上 1，再在剩余的方格中标上 0。如果函数的最大项一开始就给出，那么可以在对应的方格中标上 0，再在剩余的方格中标上 1。一旦在卡诺图中标上了 0 或者 1，那么就可以用两种标准式中的任何一种来化简函数。合并标 1 方格可以得到积之和式的表达式：

$$F = x'z + xz'$$

表 3.1　函数 F 的真值表

x	y	z	F
0	0	0	0
0	0	1	1
0	1	0	0
0	1	1	1
1	0	0	1
1	0	1	0
1	1	0	0
1	1	1	0

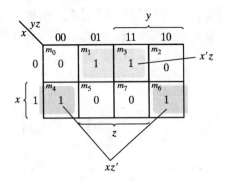

图 3.14　表 3.1 的卡诺图

为了得到和之积式,合并标 0 方格可以得到反函数:

$$F' = xz + x'z'$$

可以看出异或函数取反后就是同或函数(见 2.7 节)。对 F' 取反,可以得到和之积式的简化函数:

$$F = (x' + z')(x + z)$$

如果要将和之积式的函数用卡诺图描述,则只要对函数取反,然后在卡诺图中找到相应的方格并标上 0。例如,函数

$$F = (A' + B' + C')(B + D)$$

首先将其取反,可以得到相应的卡诺图:

$$F' = ABC + B'D'$$

接着在代表 F' 的最小项的方格中标上 0,在剩下的方格中标上 1。

练习 3.8　将布尔函数 $F(w, x, y, z) = \sum(0, 2, 8, 10, 12, 13, 14)$ 化简为(a)积之和式; (b)和之积式。列出 F 的真值表。

答案:　$F(w, x, y, z) = x'z' + wz' + wxy'$

$F'(w, x, y, z) = w'x + yz + x'z$

$F(w, x, y, z) = (w + x')(y' + z')(x + z')$

wxyz	F	wxyz	F
0000	1	1000	1
0001	0	1001	0
0010	1	1010	1
0011	0	1011	0
0100	0	1100	1
0101	0	1101	1
0110	0	1110	1
0111	0	1111	0

3.5　无关条件

布尔函数的最小项之和确定了函数等于 1 的条件;对于余下的最小项,函数等于 0。这一对条件假设了函数变量取值的所有组合都是有效的。实际上,在有的应用场合中,函数对某个变量组合是不确定的。例如，用 4 位二进制数表示十进制数时，有 6 项没有用到，因而称之为不确定项。对于一些输入组合，函数具有不确定的输出，因此称之为不完全确定函数。在大多数情况下，我们不需要关心这些不确定项到底取什么值。正是因为这个原因，习惯上把函数的不确定最小项称为"无关条件"。这些条件可用于对布尔表达式做进一步的化简[1]。

无关条件最小项(无关项)是逻辑值不确定的变量组合。对于这样的最小项，不能在卡诺图中标上 1，因为对于这样的组合，要求函数值总为 1。同样，如果在这些方格中标上 0，也就要求这些函数值总为 0。为了将无关条件与 0 和 1 相区别，我们就用"X"来表示。因此，卡诺图方格中的 X 表示我们不关心这个特殊的最小项赋给 F 的值究竟是 0 还是 1。

当在卡诺图中选择相邻方格进行化简时，可以将无关项假设为 0 或者 1。当化简函数时，可以根据具体的需要将其视为 1 或者 0，从而得到更加简化的表达式。

例 3.8 化简布尔函数:

$$F(w, x, y, z) = \sum(1, 3, 7, 11, 15)$$

无关条件为

$$d(w, x, y, z) = \sum(0, 2, 5)$$

F 中的最小项都是使函数值为 1 的变量组合，d 中的最小项都是不确定项，我们可以将其视为 0 或者 1。卡诺图化简如图 3.15 所示，F 中的最小项被标上 1，d 中的最小项被标上 X，其他方格被标上 0。为了得到函数积之和式的最简表达式，根据函数化简需要，必须将卡诺图中 5 个含 1 的方格圈进来，但对于无关项则可圈可不圈。yz 项包含了第三列的 4 个最小项，剩下的 m_1 可以和 m_3 结合得到 $w'x'z$ 项。然而，如果将相邻的两个 X 项圈进来，就可以合并 4 个相邻方格，得到一个两变量的项。在图 3.15 (a)中，无关项 0 和 2 与标为 1 的项圈在一起，得到化简后的函数为

$$F = yz + w'x'$$

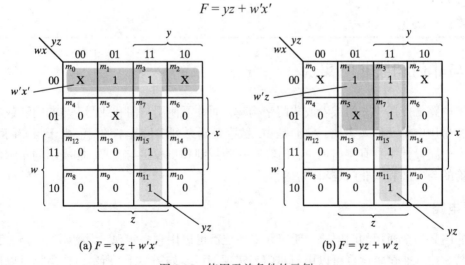

(a) $F = yz + w'x'$ (b) $F = yz + w'z$

图 3.15 使用无关条件的示例

在图 3.15(b)中，无关项 5 与标为 1 的项圈在一起，化简后的函数为

---

[1] Quine-McCluskey 方法使用表格来替代示例中使用的卡诺图方法，因此它适用于软件实现。

$$F = yz + w'z$$

前面两种表达式的任何一种都满足本例给定的条件。

前面的例子表明,在卡诺图中无关项尽管原先被标为 X,但是可被视为 0 或 1。选择 0 还是选择 1 取决于该不完全确定函数的化简方法。一旦选定,那么得到的最简函数就由这些最小项的和组成,其中包含这些原先不确定的、但现在被选定为 1 的无关项。我们来看例 3.8 中得到的两个最简表达式:

$$F(w, x, y, z) = yz + w'x' = \sum(0, 1, 2, 3, 7, 11, 15)$$
$$F(w, x, y, z) = yz + wz' = \sum(1, 3, 5, 7, 11, 15)$$

这两个表达式都包含了最小项 1、3、7、11 和 15,这些项使得函数 F 的值等于 1。两个表达式对无关项 0、2、5 的处理方式是不同的。第一个表达式将无关项 0 和 2 视为 1,将无关项 5 视为 0。第二个表达式将无关项 5 视为 1,而将无关项 0 和 2 视为 0。两个表达式代表的函数在数学上是不相等的,它们都覆盖了函数中相同的确定项,但却包含了不同的无关项。对于这个不完全确定函数,任何一个表达式都可以接受,区别仅仅是 F 中对无关项的取值不同。

对于图 3.15 中所示的函数,也可以得到化简的和之积式。在这种情况下,唯一办法是将无关项中的最小项 0 和 2 与卡诺图中标为 0 的项进行合并,得到化简的反函数:

$$F' = z' + wy'$$

再对 F' 取反,就可以得到和之积式的最简表达式:

$$F(w, x, y, z) = z(w' + y) = \sum(1, 3, 5, 7, 11, 15)$$

在这种情况下,我们在方格 0 和方格 2 中填 0,在方格 5 中填 1。

练习 3.9 利用无关条件 $d(w, x, y, z) = \sum(0, 8, 13)$ 化简布尔函数 $F(w, x, y, z) = \sum(4, 5, 6, 7, 12)$。

答案: $F(w, x, y, z) = xy' + xw'$

3.6 与非门和或非门实现

数字电路常使用与非门或者或非门来构建,而并不使用与门和或门。与非门和或非门一般比较容易用电子元件来实现,它们是 IC 数字逻辑系列中最基本的门。由于与非门和或非门在数字电路设计中具有突出地位,已经有一些规则和步骤将与、或、非表示的布尔函数转换为等价的与非门和或非门逻辑图。

与非门电路

与非门是一个通用的门电路,任何数字系统都可以用它来实现。为阐明这一点,我们只要说明与、或、非逻辑运算可以用与非门来实现即可。如图 3.16 所示,非运算可以通过单输入的与非门来实现,它就像是一个非门。与运算需要用两个与非门实现,第一个与非门对输入进行与非运算,第二个与非门将第一个与非门的输出取反。或运算是在每一条输入支路上加一个与非门,再将其通过一个与非门即可。

用与非门实现布尔函数的一个方便途径是，先根据布尔运算得到简化的布尔函数表达式，然后再将该表达式转换成与非逻辑。将与、或、非代数表达式转换成与非表达式，可以通过利用简单的电路处理技术将与或门电路转变成与非门电路来实现。

为了便于进行与非逻辑转换，给与非门定义另一种图形符号是十分必要的。两个等价的与非门的图形符号如图 3.17 所示。"与-非"符号在前面已经定义过，就是在与逻辑

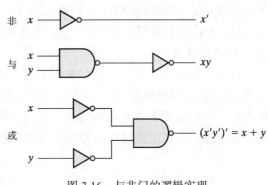

图 3.16 与非门的逻辑实现

符号后面再加上一个小圆圈，代表负极性。同样，也可以用或逻辑符号来表示与非门，就是在或门的每个输入端前上加一个小圆圈。与非门的"非-或"符号表示遵循了德·摩根定理，采用负极性表示取反。这两种图形符号表示法在与非门电路的设计和分析中是十分有用的。如果在电路图中这两种符号都用到了，我们就称之为混合表示法。

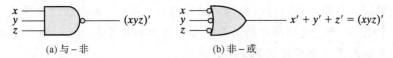

(a) 与-非   (b) 非-或

图 3.17 与非门的两种图形符号

二级门电路实现

用与非门实现布尔函数需要将函数表示成积之和式。为了理解积之和式与等价的与非门电路之间的关系，我们来看图 3.18 中的逻辑图。这三个逻辑图是等价的，都可以实现以下函数：

$$F = AB + CD$$

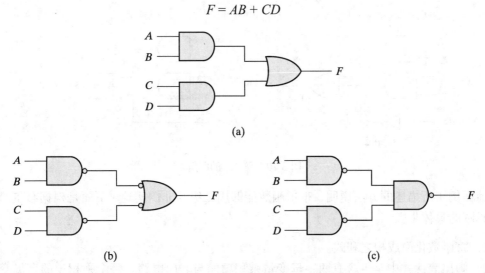

图 3.18 $F = AB + CD$ 的三种实现方法

在图 3.18(a)中，函数用与门和或门实现。在图 3.18(b)中，与门被与非门代替，而或门则用"非-或"图形符号表示的与非门代替。记住，小圆圈表示取反，在一条线上的

两个小圆圈就代表两次取反，也就相当于没有取反，所以两个小圆圈都可以省略。当把图3.18(b)中的小圆圈去掉以后，得到的图形就是图 3.18(a)的图形，因此这两个图形实现的功能是等价的。

在图3.18(c)中，输出与非门被"与-非"图形符号替代。当画与非逻辑图时，用图3.18(b)和图3.18(c)来画电路都可以。图3.18(b)的电路采用了混合图形符号，更加直观地展示了布尔表达式与其实现电路之间的关系。图 3.18(c)用与非门实现，其正确性可从数学上得到证明。运用德·摩根定理可以很容易地将其转换为积之和式：

$$F = ((AB)'(CD)')' = AB + CD$$

例 3.9　用与非门实现下面的布尔函数：

$$F(x, y, z) = (1, 2, 3, 4, 5, 7)$$

第一步：将函数化简为积之和式。可以通过图3.19(a)的卡诺图得到化简后的函数：

$$F = xy' + x'y + z$$

第二步：采用二级与非门实现，电路如图3.19(b)所示，采用的是混合图形符号。注意输入 z 必须经过一个单输入与非门(非门)以补偿第二级门的小圆圈。画出该逻辑图的另外一种表示方式，如图 3.19(c)所示。这里所有的与非门都用相同的符号来表示。虽然输入 z 的非门已经被取消，但是输入变量要用反变量 z' 表示。

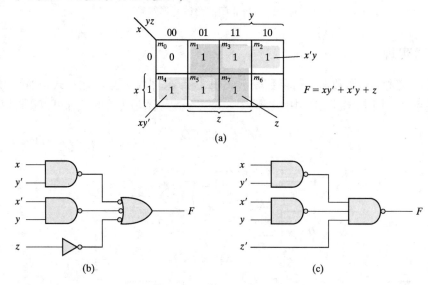

图 3.19　例 3.9 的图解

前面例子所描述的方法说明，布尔函数能够用二级与非门实现。下面是根据布尔函数画出逻辑图的具体步骤：

1. 将函数化简成积之和式。
2. 画出表达式中至少含有两字母变量乘积项的与非门电路。每个乘积项的字母变量都是与非门的输入，这些项组成了第一级门电路。
3. 在第二级画出一个单独的门，该门采用了"与-非"或"非-或"图形符号，且其输入来自第一级门电路的输出。

4. 在第一级电路中，只有单字母输入的项需要一个非门。但如果这个单字母是反变量，那么它就可以直接连到第二级的与非门上。

练习 3.10 用与非门实现布尔函数 $F(x, y, z) = \sum(0, 1, 3, 5, 6, 7)$，并画出对应的逻辑图。

答案： $F(x, y, z) = x'y' + xy + z$

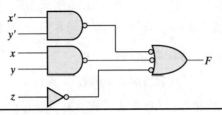

多级与非门电路

标准的布尔函数表达式由二级门电路实现。有时在设计数字系统时，会用到三级或更多级的门电路。在设计多级门电路时，最普通的方法是按照与、或、非运算来表示布尔函数。于是，电路就可以用与门和或门来实现。如果需要，可以全部用与非门实现。我们来看下面的例子：

$$F = A(CD + B) + BC'$$

尽管可以将上式的括号去掉，将表达式转化为标准的积之和式，但为了说明问题，还是采用多级门电路来实现。该表达式的"与–或"实现电路如图 3.20 (a) 所示。电路中共有四级门，第一级为两个与门，第二级为一个或门，紧接着第三级为一个与门，而第四级为一个或门。利用混合图形符号，一个用与门和或门组成的电路很容易转换成与非门电路，这可以从图 3.20 (b) 中看出。在这一过程中，将所有的与门转化成"与–非"图形符号，而将或门转化成"非–或"图形符号。只要同一条线上有两个小圆圈，与非门电路和"与–或"电路就执行了相同的逻辑。与输入 B 相连的这个小圆圈会产生一个额外的取反，为了补偿这一点，将其变为反变量 B'。

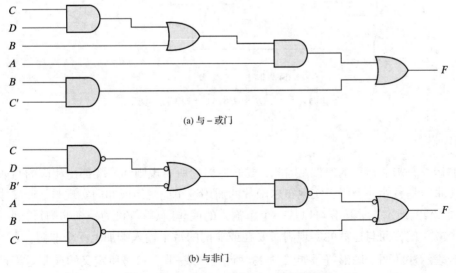

图 3.20 $F = A(CD + B) + BC'$ 的实现电路

一般情况下，将多级"与-或"电路转化为一个采用混合图形符号的"全与非"电路需要经过以下几个步骤：

1. 用"与-非"图形符号将所有的与门转换为与非门。
2. 用"非-或"图形符号将所有的或门转换为与非门。
3. 检查图中所有的小圆圈。对于每一个表示非的小圆圈，如果没有被这条路径的其他小圆圈抵消，那么就要加一个非门(单输入与非门)或者将输入变量取反。

再来看一个例子，考虑一个多级布尔函数：

$$F = (AB' + A'B)(C + D')$$

用三级与-或门实现的电路如图 3.21(a)所示，将其转换为混合图形符号的与非门电路，如图 3.21(b)所示。两个额外的小圆圈与输入 C 和 D' 相连后，导致这两个变量变为 C' 和 D。输出与非门的小圆圈对输出值取反，所以需要在其后加一个非门，对信号再次取反，从而得到原始信号值。

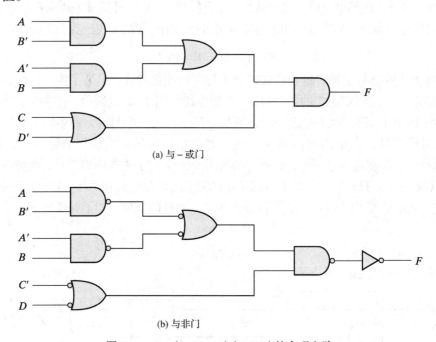

(a) 与-或门

(b) 与非门

图 3.21　$F = (AB' + A'B)(C + D')$ 的实现电路

或非门电路

或非运算是与非运算的对偶。因此，或非逻辑的所有规则和步骤都是相应的与非逻辑的对偶。或非门是另外一个用于实现布尔函数的通用逻辑门。用或非门实现与、或、非等逻辑运算如图 3.22 所示。非运算可以从一个单输入的或非门(就等价为一个非门)得到。或运算需要两个或非门，而与运算的实现则需要在或非门的每个输入端加上一个非门。

混合表示法的两个图形符号如图 3.23 所示。"或-非"符号所定义的或非运算是在或门后加一个取反符号。"非-与"符号就是对每一个输入取反后再进行与运算。这两种符号表示了相同的或非逻辑运算，根据德·摩根定理，可知它们在逻辑上是相同的。

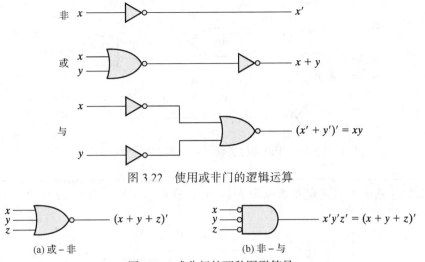

图 3.22　使用或非门的逻辑运算

(a) 或 – 非　　　　　　　　　　(b) 非 – 与

图 3.23　或非门的两种图形符号

用二级或非门实现电路时，需要将函数化简成和之积式。记住，简化的和之积式可以从卡诺图中合并所有的 0 项后再取反得到。第一级电路用或门实现表达式中的每个和项，第二级电路再用与门实现这个乘积关系。将"或-与"形式的电路转换为"或-非"形式的电路时，只需要将电路中的或门改为"或-非"形式的或非门，而将与门改成"非-与"形式的或非门。只含一个字母变量的项在进入第二级电路时必须要取反。图 3.24 描述了如何用或非门实现下面这个和之积式的布尔函数：

$$F = (A + B)(C + D)E$$

去掉沿着同一条线上的小圆圈，就可以很容易得到"或-与"的逻辑关系。变量 E 取反主要是为了补偿第二级门输入的第三个小圆圈。

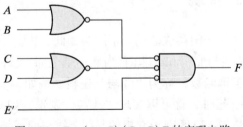

图 3.24　$F = (A + B)(C + D)E$ 的实现电路

将多级"与-或"电路转换成"全或非"电路结构的步骤类似于将其转换成与非门电路的过程。此时，只要将每一个或门换成"或-非"符号，而将每一个与门换成"非-与"符号。在一条线上如果有一个小圆圈没有被其他小圆圈抵消，则要加一个非门或将输入变量取反。

将图 3.21(a) 所示的"与-或"电路转换成"或-非"形式，如图 3.25 所示。该电路的布尔函数为

$$F = (AB' + A'B)(C + D')$$

移去所有的小圆圈，从或非门电路图中就可得到等价的"与-或"电路图。为了补偿 4 个输入的小圆圈，必须对相应的输入变量取反。

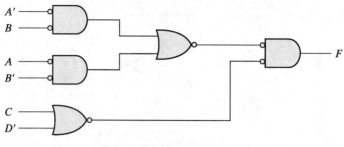

图 3.25   用或非门实现 $F = (AB' + A'B)(C + D')$

练习 3.11   用或非门实现布尔函数 $F(w, x, y, z) = (y + z')(w'x + wx')$。
答案：

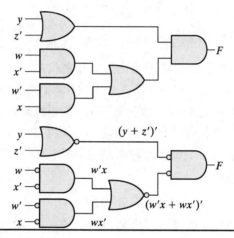

3.7   其他二级门电路实现

集成电路中最常用的是与非门和或非门。正因为如此，从实际应用角度出发，与非和或非逻辑实现是最重要的。有些与非门和或非门(当然不是全部)允许在两个输出门之间连一条线，从而得到一种特殊的逻辑函数，称为"线与"逻辑。例如，多个集电极开路的 TTL 与非门，当其输出端连接在一起时，就可以实现"线与"逻辑，如图 3.26(a)所示。用一条线穿过中间的与门来表示线与门，以区别于常规的与门。线与门不是一个物理意义上的门，它只是代表实现"线连接"功能的符号。图 3.26(a)电路所实现的逻辑功能是

$$F = (AB)'(CD)' = (AB + CD)' = (A' + B')(C' + D')$$

因此，也将其称为"与-或-非"函数。

同样，将发射极耦合逻辑(ECL)门的或非输出端连在一起，就可以得到"线或"逻辑。图 3.26(b)的电路所实现的逻辑功能是

$$F = (A + B)' + (C + D)' = [(A + B)(C + D)]'$$

也将其称之为"或-与-非"函数。

线逻辑门只是一种线的连接，它并不能生成物理上的二级逻辑门。不过，出于讨论的目的，对于图 3.26 所示的电路，我们还是将其作为二级门电路来考虑。第一级电路由与非门(或

非门)组成,而第二级电路有一个单独的与门(或门)。在随后的讨论中,将忽略图形符号中的连线[1]。

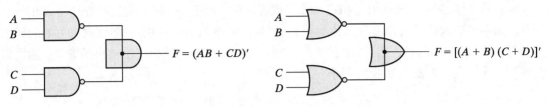

(a) 集电极开路的TTL与非门的"线与"(与-或-非)逻辑　　　(b) ECL门的"线或"(或-与-非)逻辑

图 3.26　线逻辑:(a)两个与非门实现"线与"逻辑;(b)ECL 门实现"线或"逻辑

不可化简的形式

从理论角度来看,找出二级门电路可能的组合数是很有意义的。我们来看 4 种类型的门:与门、或门、与非门及或非门。若将一种类型的门分配给第一级电路,将另一种类型的门分配给第二级电路,我们就可以发现,二级门电路共有 16 种可能的组合方式。相同类型的门可以用于第一级电路和第二级电路,如"与非-与非"实现。16 种组合中的 8 种称为可化简的形式,因为它们可以被化简成单一的运算。这一点可从某个电路的第一级有多个与门、而第二级为一个与门中看出。该电路的输出只是对所有输入变量相与的结果。其余 8 种不可化简的形式用来实现积之和式或和之积式。这 8 种不可化简的形式为

与-或	或-与
与非-与非	或非-或非
或非-或	与非-与
或-与非	与-或非

每一种形式中列出的第一个门构成了第一级,列出的第二个门是位于第二级的单独一个门。需要注意,上面所列的同一行的两种形式是相互对偶的。

"与-或和"或-与"形式是最基本的二级形式,3.4 节已经讨论过。"与非-与非"和"或非-或非"形式也已经在 3.6 节介绍过。本节将对剩下的 4 种形式进行研究。

"与-或-非"形式

"与非-与"和"与-或非"是两种等价形式,可以同时加以考虑。这两种形式都能实现"与-或-非"的功能,如图 3.27 所示。"与-或非"形式类似于具有一个非门的"与-或"形式,由或非门输出端的小圆圈来体现。它实现函数:

$$F = (AB + CD + E)'$$

利用或非门的另一种图形符号,可以获得如图 3.27(b)所示的电路。注意到单变量 E 并未取反,在或非门的图形符号中做了修改。现在将表示取反的小圆圈从第二级电路的输入端移到第一级电路的输出端,这就需要给单变量加一个非门以补偿这个小圆圈的作用。换句话说,

---

[1] Verilog HDL 中有两种线网数据类型:**wand** 和 **wor**。**wand** 型线网中,如果任何一个驱动为 0,则输出逻辑 0;**wor** 型线网中,如果任何一个驱动为 1,则输出逻辑 1。我们在这里不使用这些网络。

如果输入 E 是一个反变量，那么就可以不要这个非门。图 3.27(c) 的电路是"与非-与"形式，可以完成"与-或-非"的逻辑功能，如图 3.26 所示。

"与-或"实现时要求有积之和式，除了取反功能，"与-或-非"的实现方法与之相似。因此，如果函数取反是由积之和式化简得到的(合并卡诺图中的 0 项)，那么就有可能对函数的"与-或"部分实现 F'。当 F' 通过非门("非"的部分)时，就会产生输出函数 F。随后将会看到一个"与-或-非"实现的例子。

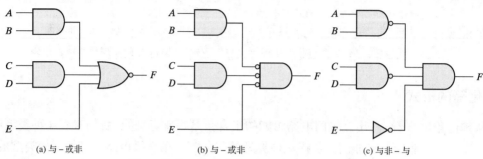

图 3.27　与-或-非电路，$F = (AB + CD + E)'$

"或-与-非"形式

"或-与-非"及"或非-或"形式实现"或-与-非"的功能，如图 3.28 所示。除了在与非门中是用小圆圈实现取反，"或-与-非"形式和"或-与"形式是相似的。它实现函数：

$$F = [(A + B)(C + D)E]'$$

采用另外一种图形符号表示与非门，可以得到图 3.28(b) 的电路图。图 3.28(c) 中的电路是通过将第二级门输入上的小圆圈移到第一级门的输出得到的。图 3.28(c) 所示的电路采用了"或非-或"形式，正如图 3.26 所示，电路实现了"或-与-非"的功能。

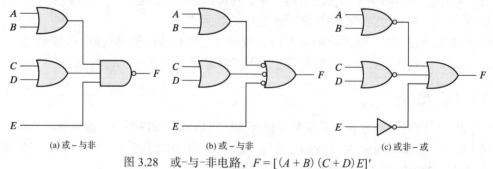

图 3.28　或-与-非电路，$F = [(A + B)(C + D)E]'$

"或-与-非"的实现需要和之积式。如果函数取反被化简成和之积式，则可以对函数的"或-与"部分实现 F'。F' 通过非门，就可以在输出端得到 F' 的反函数，即 F。

表格概括和举例

表 3.2 概括了使用 4 种二级门电路中的任何一种形式来实现布尔函数的基本步骤。因为在每一种情况下都有非的部分，所以用反函数 F' (取反)化简是比较方便的。当采用这些模式中的一种来实现 F' 时，可以得到用"与-或"或者"或-与"形式表示的反函数。这 4 种二级门电路形式再对该反函数进行取反，得到的输出就是 F' 的反函数，也就是正常的输出 F。

表 3.2　其他二级门电路实现

等价的不可化简的形式		实现函数	将 F' 化简	得到的输出
(a)	(b)*			
与-或非	与非-与	与-或非	在卡诺图中合并 0 项，得到积之和式	F
或-与非	或非-或	或-与非	在卡诺图中合并 1 项，得到和之积式后再取反	F

*(b)中的单变量需要非门。

例 3.10　用表 3.2 所列的 4 种二级门电路形式实现图 3.29(a)所示函数。

通过合并卡诺图中的 0 项，可以将函数的反函数化简成积之和式：

$$F' = x'y + xy' + z$$

该函数的正常输出为

$$F = (x'y + xy' + z)'$$

表示为"与-或-非"形式。"与-或非"和"与非-与"的实现电路如图 3.29(b)所示。注意：在"与非-与"实现时，需要一个单输入的与非门或非门，但是在"与-或非"实现时就不需要了。如果用反变量输入 z' 代替 z，那么连非门也可以省略。

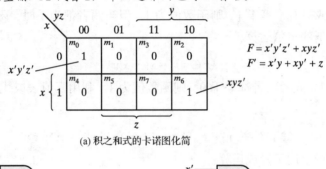

(a) 积之和式的卡诺图化简

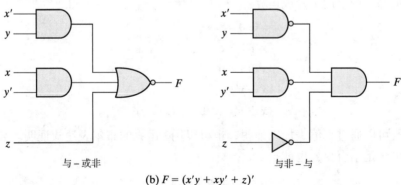

(b) $F = (x'y + xy' + z)'$

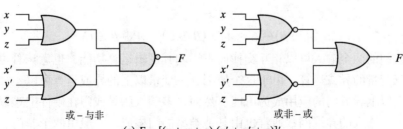

(c) $F = [(x + y + z)(x' + y' + z)]'$

图 3.29　其他二级门电路实现

"或–与–非" 形式需要将函数的反函数化简成和之积式。为得到这样的表达式，首先合并卡诺图中的 1 项：

$$F = x'y'z' + xyz'$$

然后再取反得到

$$F' = (x + y + z)(x' + y' + z)$$

函数正常的输出表达式为

$$F = [(x + y + z)(x' + y' + z)]'$$

这就是 "或–与–非" 形式。从这个表达式可以得到函数的 "或–与非" 和 "或非–或" 的实现形式，如图 3.29(c) 所示。

3.8 异或函数

异或 (XOR) 是一种逻辑运算，符号为 $\oplus$，执行如下的布尔运算：

$$x \oplus y = xy' + x'y$$

如果只有 x 等于 1 或只有 y 等于 1，则函数值为 1。但当两者都为 1 时，函数值为 0。异或非又称同或，执行如下的布尔运算：

$$(x \oplus y)' = xy + x'y'$$

如果 x 和 y 都等于 1，或者两者都等于 0，则函数值为 1。利用真值表或代数变换，异或非可以表示为对异或的取反：

$$(x \oplus y)' = (xy' + x'y)' = (x' + y)(x + y') = xy + x'y'$$

下面的恒等式可以用于异或运算：

$$x \oplus 0 = x$$
$$x \oplus 1 = x'$$
$$x \oplus x = 0$$
$$x \oplus x' = 1$$
$$x \oplus y' = x' \oplus y = (x \oplus y)'$$

这些恒等式既可以通过真值表加以证明，也可以用 $\oplus$ 运算的布尔表达式证明。异或运算既满足交换律，也满足结合律，也就是

$$A \oplus B = B \oplus A$$

以及

$$(A \oplus B) \oplus C = A \oplus (B \oplus C) = A \oplus B \oplus C$$

这意味着异或门的两个输入可以相互交换而不影响其逻辑运算功能，也意味着可以按任意顺序计算一个三变量的异或运算。由于这个原因，三变量以上的异或运算可以不加括号。这就暗示了三输入以上异或门的应用成为可能。然而，多输入的异或门在硬件上难以实现。实际上，甚至一个二输入的异或函数通常也由其他类型的门构成，一般由两个非门、两个与门和一个或门构成，如图 3.30(a) 所示。用 4 个与非门实现异或功能的电路如图 3.30(b) 所示。其中，

第一个与非门执行的运算是 $(xy)' = (x' + y')$，另外两级与非门电路产生输入变量的积之和：

$$(x' + y')x + (x' + y')y = xy' + x'y = x \oplus y$$

可以表示成异或形式的布尔函数很有限。但在数字系统设计中，这类函数却经常出现。尤其在算术运算、故障诊断和纠错电路中，异或函数是十分有用的。

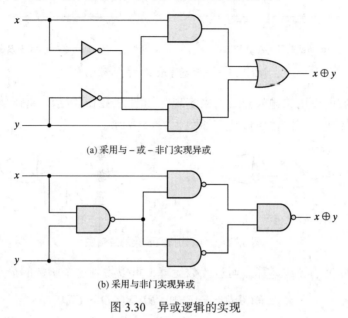

(a) 采用与 – 或 – 非门实现异或

(b) 采用与非门实现异或

图 3.30　异或逻辑的实现

奇函数

如果将异或符号⊕用其等价的布尔代数式来代替，则可以把一个三变量或多变量的异或运算转换为一个普通的布尔函数。特别地，三变量的情况可以按下面式子进行转换：

$$A \oplus B \oplus C = (AB' + A'B)C' + (AB + A'B')C$$
$$= AB'C' + A'BC' + ABC + A'B'C$$
$$= \sum(1, 2, 4, 7)$$

上面的布尔代数式清楚地表明，三变量异或函数中只要有一个变量等于 1，或者所有 3 个变量都等于 1，那么该函数值就为 1。与两变量情况不同的是，三变量或多变量的异或函数中只要有奇数个变量等于 1(两变量的情况只能是有一个变量等于 1)，则函数值就为 1。所以，多变量的异或运算被定义为奇函数。

三变量异或函数可以表示成 4 个最小项的逻辑和，所对应的二进制数为 001、010、100、111，这几个二进制数都有奇数个 1。另外 4 个最小项 000、011、101、110 不在这个函数中，它们都含有偶数个 1。一般来讲，n 变量的异或函数是一个奇函数，它是 $2^n/2$ 个最小项的逻辑和，所对应的二进制数中含有奇数个 1。

奇函数的定义可以清楚地在卡诺图中表示出来。图 3.31(a)所示为三变量异或函数的卡诺图，图中的 4 个最小项彼此相距 1 个单元。可以看出其符合奇函数的定义，即这 4 个最小项的二进制数为奇数个 1。对奇函数取反得到偶函数，如图 3.31(b)所示，当有偶数个变量等于 1 时，偶函数的值就为 1(包括没有变量为 1 的情况)。

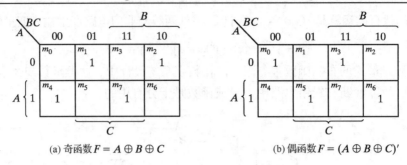

(a) 奇函数 $F = A \oplus B \oplus C$　　　　　(b) 偶函数 $F = (A \oplus B \oplus C)'$

图 3.31　三变量异或函数的卡诺图

三输入奇函数可以用二输入异或门来实现，如图 3.32(a)所示。奇函数的取反可以通过将输出门用一个异或非门代替而得到，如图 3.32(b)所示。

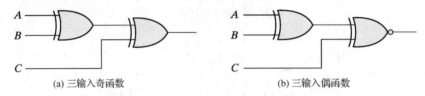

(a) 三输入奇函数　　　　　　　　(b) 三输入偶函数

图 3.32　奇函数和偶函数的逻辑图

现在考虑四变量的异或运算。通过代数运算，可以得到这个函数的最小项之和：

$$
\begin{aligned}
A \oplus B \oplus C \oplus D &= (AB' + A'B) \oplus (CD' + C'D) \\
&= (AB' + A'B)(CD + C'D') + (AB + A'B')(CD' + C'D) \\
&= \textstyle\sum(1, 2, 4, 7, 8, 11, 13, 14)
\end{aligned}
$$

四变量布尔函数有 16 个最小项，其中有一半最小项的二进制数具有奇数个 1，另一半的二进制数具有偶数个 1。当在卡诺图中描述这个函数时，最小项的二进制数可以从该最小项方格的行数和列数中得到。图 3.33(a)所示卡诺图描述的是一个四变量异或函数，它是一个奇函数，所有最小项的二进制数中含有奇数个 1。奇函数取反后就是偶函数，当有偶数个变量等于 1 时，四变量偶函数值就为 1，如图 3.33(b)所示。

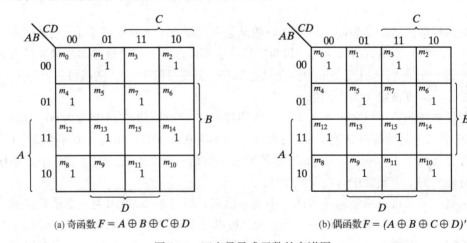

(a) 奇函数 $F = A \oplus B \oplus C \oplus D$　　　　　(b) 偶函数 $F = (A \oplus B \oplus C \oplus D)'$

图 3.33　四变量异或函数的卡诺图

奇偶发生器和校验器

当系统需要检错码和纠错码时，异或函数是非常有用的。如在 1.7 节中所讨论的，发送二进制信息的过程中经常需要用奇偶校验位来检错。奇偶校验位是包含在二进制信息中的一个附加位，它使信息码中 1 的个数要么为奇数，要么为偶数。信息与奇偶校验位一起发送。在接收端检测错误时，如果被检测码的奇偶性与发送时的不一样，就说明检测到了错误。发送器中产生奇偶校验位的电路称为奇偶发生器，接收器中检测奇偶性的电路称为奇偶校验器。

例如，将 3 位信息与一位偶校验位一起发送，表 3.3 即为该偶发生器的真值表。x、y、z 这 3 位构成了信息并作为电路的输入，奇偶校验位 P 是电路输出。对于偶校验，P 必须使 1 的总个数为偶数(包括 P 在内)。从真值表中可以看出，P 是一个奇函数，当这些最小项的二进制数中 1 的个数为奇数时，它的值为 1。因此，P 可以表示成一个三变量异或函数：

$$P = x \oplus y \oplus z$$

该偶发生器的逻辑图如图 3.34(a)所示。

表 3.3　偶发生器的真值表

3 位信息码			奇偶校验位
x	y	z	P
0	0	0	0
0	0	1	1
0	1	0	1
0	1	1	0
1	0	0	1
1	0	1	0
1	1	0	0
1	1	1	1

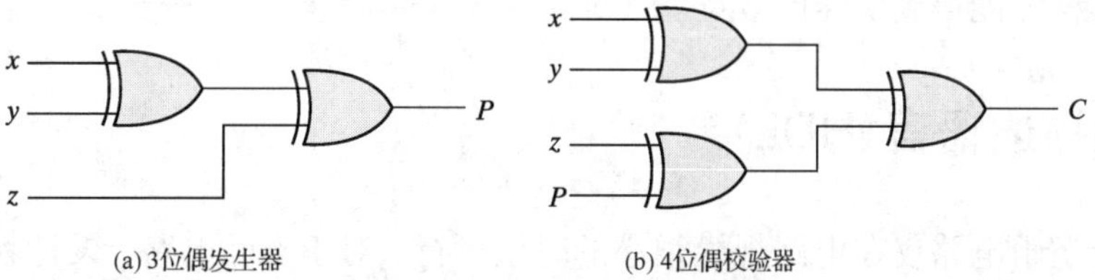

(a) 3 位偶发生器　　(b) 4 位偶校验器

图 3.34　偶发生器和校验器的逻辑图

3 位信息码和一位偶校验位一起被发到目的地，在接收端它们被施加到偶校验电路上，以检测传输过程中可能出现的错误。因为信息在发送时采用的是偶校验，所以接收到的这 4 位也应该含有偶数个 1。如果出现了奇数个 1，就说明传输过程中发生了错误，也就是传送过程中有一位的数值改变了。如果出现了一个错误，则接收到的 4 位含有奇数个 1，这样偶校验器的输出 C 为 1。表 3.4 是偶校验器的真值表。从中可以看出函数 C 由 8 个最小项构成，它们对应的二进制数含有奇数个 1。这对应于图 3.33(a)的卡诺图，代表了一个奇函数。该偶校验器可以由异或门来实现：

$$C = x \oplus y \oplus z \oplus P$$

其逻辑图如图 3.34(b)所示。

奇偶发生器用图 3.34(b) 所示电路实现是不可取的。如果将输入 P 接到逻辑 0,而输出用 P 来表示,则奇偶发生器可以用图 3.34(b) 所示电路来实现。这是因为 $z \oplus 0 = z$,所以 z 经过异或门以后没有发生改变。这样做的优点是,同样的电路既可以作为奇偶发生器,也可以作为奇偶校验器。

表 3.4　偶校验器的真值表

接收的 4 个比特				奇偶错误检测
x	y	z	P	C
0	0	0	0	0
0	0	0	1	1
0	0	1	0	1
0	0	1	1	0
0	1	0	0	1
0	1	0	1	0
0	1	1	0	0
0	1	1	1	1
1	0	0	0	1
1	0	0	1	0
1	0	1	0	0
1	0	1	1	1
1	1	0	0	0
1	1	0	1	1
1	1	1	0	1
1	1	1	1	0

从前面例子可以明显看出,奇偶发生电路和校验电路的输出函数总是包含一半的最小项,这些最小项的二进制数有偶数个 1 或奇数个 1。因此,我们可以利用异或门来实现。一个具有偶数个 1 的函数是对奇函数取反,它可以用一个异或门来实现,只是输出必须是一个异或非门,这样才能得到所需的取反。

3.9　硬件描述语言(HDL)

手工设计逻辑电路仅在电路规模很小的时候可行。对于实际电路,设计者要用基于计算机的设计工具来降低成本,这种工具能平衡设计者的创造力和努力,并能减少生产出有缺陷产品的风险。建立原型集成电路的成本高、耗时长,因此所有的现代设计工具都是在电路投入生产之前先用硬件描述语言(HDL)在软件中进行描述、设计和测试。

硬件描述语言是用文本形式描述数字系统硬件的语言。在 HDL 出现之前,设计人员主要依靠原理图和逻辑门来描述电路。这种方法容易出错,编写成本高,特别是对于复杂电路。相反,如今基于 HDL 的设计工具可以创建 HDL 描述,然后自动正确地绘制原理图。HDL 描述的版本更新简化了原理图的创建和版本更新。

HDL 是一种建模语言,而不是计算语言。它类似于计算机编程语言,主要是面向硬件结构和行为的描述。HDL 通常可以用来描述逻辑图、布尔表达式及其他一些更复杂的数字电路。这些特点使得 HDL 有别于其他实现数字计算的语言。对于硬件描述语言,可以将其看作描述电路输入信号和输出信号之间的关系的一种方法。例如,用 HDL 描述与门就是描述这个与门的输入逻辑值如何决定它的输出逻辑值。

作为一种文档化语言，HDL 用一种既能够被人识读，又能被计算机识别的形式来表达和描述数字系统，比较适合作为设计者之间的交流语言。这种语言的内容能够很容易地被存储和检索，也方便计算机软件的高效处理。

HDL 用于集成电路设计流程的一些步骤中，如设计引入、函数（逻辑）仿真和检验、逻辑综合、时序验证和故障模拟等。

设计引入是创建基于 HDL 的描述，从而能够采用硬件实现功能。这种描述因 HDL 而异，可以是多种形式，如布尔逻辑方程组、真值表、连接门的网表或者抽象的行为模型。HDL 模型同样可以是由大规模电路分割而成的相互关联作用的功能单元。

逻辑仿真（模拟）是用计算机表示数字逻辑系统的结构和行为。仿真器解释 HDL 的描述并产生易读的输出（例如时序图），能够在电路被真正搭建起来之前预测硬件行为。仿真过程不用真正建立电路就可以检测到设计中的功能错误。在仿真中得到的错误可以通过修改相应的 HDL 描述来更正。仿真中用来测试设计功能的部分称为测试平台。所以，要仿真数字系统，首先要用 HDL 对数字系统进行描述，然后在测试平台上对设计进行仿真、检查和验证，而这个过程也需要用 HDL 来描述。另一种可选的更复杂方式是用严格的数学方法去证明电路功能完全正确。在本书中我们只关注仿真。

逻辑综合是从 HDL 描述的数字系统模型中导出元件及其相互连接关系优化列表（称为网表）的过程。门级网表能够用来制成集成电路或印刷电路板。逻辑综合创建描述电路元件和结构的数据库，用来指导数字硬件电路的物理形成，以实现 HDL 代码所描述的功能。它是数字电路实现的形式化过程，对数字设计过程执行逻辑最小化，可以使用计算机软件实现逻辑综合的自动化。如今，大型复杂电路的设计可以通过逻辑综合软件来实现。HDL 用户需要注意，并不所有的语言构造都是可综合的。

时序验证确保构造好的电路能够在指定速率下正常工作。因为电路中的每一个逻辑门都有传输时延，电路输入的改变并不能立即引起电路输出的改变。传输时延最终限制了电路的工作速度。时序检验就是检查每条信号路径，确保它们不受传输时延的影响。

在超大规模集成电路设计中，故障模拟将理想电路行为和包含手工引入缺陷的电路行为做比较。空气中的灰尘和其他微粒也能引起制造的电路发生错误。有错误电路和无错误电路有着不同的功能表现。故障模拟用于鉴别输入激励，揭示有错误电路和无错误电路的区别。这些测试方式用于测试制造的设备，以确保交付给消费者的产品都合格。测试和故障模拟可能在设计过程的不同环节中实施，但它们总是在投产之前完成，以防止出现电路已经生产而内部逻辑却不能检测的情况。

使用 HDL 进行设计封装和建模

在工业界，许多公司有自己的 HDL 专利产品，可以用来进行数字设计或者帮助用户进行集成电路设计。有两种标准的 HDL 已经被 IEEE 支持，即 VHDL 和 Verilog HDL（简称为 Verilog）。VHDL 最初是由美国国防部提出的语言[①]。Verilog 是 Cadence Design Systems 公司的专利产品，该公司将 Verilog 的控制权转移给了由大学和公司组成的协会，即国际开放

---

① V 在 VHDL 中表示 VHSIC 的第一个字母，即 "Very High Speed Integrated Circuit"（甚高速集成电路）的首字母。

Verilog 组织(OVI)[1]，因此 Verilog 作为 IEEE 标准被采用。SystemVerilog 主要从 Verilog 和 Synopsys 公司拥有的专有语言 Super Log 演变而来。Verilog 2005 语言嵌入在 SystemVerilog 中，因此我们在介绍 SystemVerilog 之前，首先介绍 Verilog。

　　设计封装或设计输入会创建一个表示数字电路功能的模型。该模型是确定电路行为及可能的电路结构特征的存储库。关于模型的构造可参阅每种语言的参考手册。

Verilog——设计封装

　　Verilog HDL 参考手册为准确描述语言结构提供了语法规则。Verilog 大约有 100 个关键字，这些关键字是预定义的描述语言结构的小写字母标识符。例如，关键字 **module**、**endmodule**、**input**、**output**、**wire**、**and**、**or**、**not** 等。两条斜杠(//)之间或行末两条斜杠(//)之后的文本表示对内容的注释，对模型仿真不产生任何影响。对于多行注释可以 "/ *" 开始，以 "* /" 结束。空格可以被忽略，但在关键字、用户指定的标识符、运算符或数字表示中不能出现空格。Verilog 对大小写敏感，即区分大写字母和小写字母(例如 **not** 与 **NOT** 是不同的)。

　　模块是指关键字 **module…endmodule** 之间包含的文本，它是 Verilog 语言的基本描述单元，总是以关键字 **module** 开始，以 **endmodule** 结束。

　　前面的章节中我们已经介绍了组合逻辑电路可以用一组布尔方程、电路图或真值表来描述。这里，我们将介绍组合逻辑电路的 HDL 描述。

Verilog 例 3.1

　　图 3.35 为一个简单电路的逻辑图，其中或门的输出是与门的两个输入之一。该电路输出的布尔方程可以直接根据逻辑图写出，即 $E = (A + B)C$。相应的 Verilog 语言描述如下：

```
module or_and(
  output    E,
  intput    A,B,C
)
  wire D;
  assign D=A || B;              // ||  逻辑或运算符
  assign E=C && D;              // &&  逻辑与运算符
// 表示单行注释
/* 此处和下方的文本
  形成多行注释
*/
endmodule
```

　　电路的 Verilog 描述以关键字 **module** 和设计名称(or_and)[2]开头。关键字 **module** 表示声明开始；最后一行关键字 **endmodule** 表示声明结束。关键字 **module** 后面是名称及括号内的端口列表。

---

① OVI 后来演变为 Accellera。
② 通常做法是将每个模块放在与模块同名的文件中。文件扩展名为.v。

设计单元的名称是标识符。标识符是为模块、变量(例如信号)和语言的其他元素提供的名称，以便在设计中对其进行区分和引用。通常，选择一些有意义的名称来命名。标识符由字母、数字符号及下画

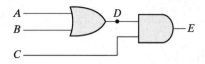

图 3.35　布尔方程 $D = A + B$ 和 $E = CD$ 的逻辑图(示意图)

线(_)组成，并且区分大小写。标识符必须以字母或者下画线开头，而不能以数字开头。

前几章所述的布尔方程描述了数字电路的输入/输出逻辑。在 Verilog 中，它们由连续赋值语句组成，位于关键字 **module…endmodule** 定义的代码范围内。

连续赋值语句的表示与等式相同，但连续赋值并不表示计算，相反，它定义电路中信号之间的关系。如图 3.35 所示逻辑图，其布尔方程为 $D = A + B$ 和 $E = CD$，其中 A、B、C、D 和 E 是布尔变量。

在 Verilog 代码中，信号 D 由输入 A 和 B 的"或"形成；输出 E 为 C 和 D 的"与"。连续赋值由关键字 **assign** 指定，后面是一个布尔表达式；赋值是连续的，因为它始终(即在仿真期间)控制 D 与 A、B 之间的关系，以及 E 与 C、D 之间的关系，逻辑门的输出始终由门的输入和门的功能决定。Verilog 使用逻辑运算符"&&""||""!"分别代表逻辑运算符 AND、OR 和 NOT。这些关键字不是逻辑门，但综合工具可以将它们与逻辑门关联起来。

端口列表提供了模块与外部条件之间的接口。在 or_and 模型中，端口是电路的输入(A、B、C)和输出(E)。端口的模式或方向用来区分输入、输出及输入/输出(双向)端口。输入电路的逻辑值由外部条件决定，输出电路的逻辑值由电路决定，结果取决于电路对输入的作用。输入/输出端口的逻辑值可以由环境或模块的内部逻辑确定。端口列表用圆括号括起来，并用逗号将其中的各个元素分开，语句末尾加上分号(;)。在例子中，所有关键字必须是小写，为了清晰起见，统一采用粗体表示，当然这对 Verilog 来讲不是必需的。接下来，**input** 和 **output** 用来声明输入端口和输出端口。**wire** 用来声明内部连接。电路中有一个内部连接变量 D，用关键字 **wire** 来声明。注意，若正确理解运算符，则模型中的连续赋值语句描述了图 3.35 所示的逻辑图。

练习 3.12—Verilog

用连续赋值语句描述图 PE3.12 的逻辑图中的 Y，其中 A、B、C 和 D 为布尔变量。

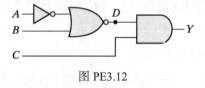

图 PE3.12

答案：assign Y = (!((!A)|| B))&& C

Verilog 例 3.2

本例定义了某电路的 Verilog 模型，该电路具有输入 A、B、C、D 和输出 E、F，其功能由以下布尔表达式表示：

$$E = A + BC + B'D$$
$$F = B'C + BC'D'$$

答案:

```
module Circuit_Boolean_CA (E, F, A, B, C, D);
output E, F;
input A, B, C, D;
assign E = A || (B && C)|| ((!B)&& D);
assign F = ((!B)&& C)|| (B && (!C)&& (!D));
endmodule
```

两个连续赋值语句描述了 E 和 F 的布尔方程。该描述说明端口列表中的所有端口必须在模块中进行声明。仿真中 E 和 F 的值由 A、B、C 和 D 的值动态确定。仿真器将检测测试平台更改一个或多个输入值的时间。一旦输入值更改,仿真器会根据需要更新 E 和 F 的值。在连续赋值语句中,赋值与变量之间的关系是永久的。该语句的作用类似于组合逻辑,与门级电路等价。

VHDL——设计封装

VHDL 中的设计封装包含两个部分:实体和结构体。VHDL 实体可以:(1)提供一个用来标识设计的名称;(2)指定设计及其环境接口。每个接口信号的名称和方向(即模式)及其数据类型在实体端口中声明。实体的语法模板如下:

```
entity name_of_entity is
port (names_of_signals : mode_of_signals signal_type;
    names_of_signals : mode_of_signals signal_type;
    · · ·
    names_of_signals : mode_of_signals signal_type);
end name_of_entity;
```

一个简单的例子如下:

```
entity Simple_Example is
  port (y_out: out bit; x_in: in bit);
end Simple_Example;
```

与实体对应的任何结构体都可以使用已声明的端口信号来描述其逻辑,不必重新声明端口信号。端口中的标识符表示隐式定义的信号[①]。信号在硬件中作为电路的电气连接实现,它们表示电路处理的逻辑数据。信号声明的语法模板定义为

```
signal list_of_signal_names: signal_type;
```

在实体端口中声明的标识符是隐式定义的信号,可用于与该实体相关的任何结构体。在结构体中声明的信号是局部的,也就是只能在结构体内引用该信号。实体端口中的输出信号可以从外部读取。

结构体用来描述电路的功能,它描述了实体的输出如何从输入中形成。一个给定的电路设计可能具有多种描述,允许多个结构体与一个实体相对应。结构体具有以下语法模板:

---

① 与其他软件语言一样,VHDL 也具有变量,但只能在端口中声明信号。

```
architecture architecture_name of entity_name is
    declarations_of_data_types
    declarations_of_signals
    declarations_of_constants
    definitions_of_functions
    definitions_of_procedures
    declarations_of_components
begin
    concurrent_statements
end [architecture]① architecture_name;
```

在结构体内声明的并发语句有：(1)组件实例化语句；(2)信号赋值语句；(3)进程语句。

VHDL 不区分大小写。该语言的关键字在 VHDL 文本中以粗体显示，仅用于强调。

VHDL 例 3.1

图 3.36 描述了一个简单逻辑电路 or_and_ vhdl 模型的 VHDL 实体-结构体对。该实体标识了电路中所有输入和输出的模式与类型。在 VHDL 中，允许的端口模式（方向）的关键字名称为 **in**、**out**、**inout** 和 **buffer**。输入/输出端口是双向的，其端口值可以在模块的结构体内部或外部生成。**buffer**（缓冲区）声明了该端口是输出，但也可以在模块内读取该端口，例如在信号赋值语句中读取。

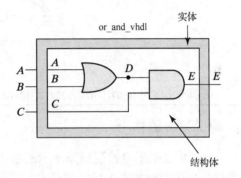

图 3.36　or_and_vhdl 模型的实体-结构体对

实体 or_and_vhdl 提供了结构体与其外部环境之间的接口。本例中，接口是由 3 个输入信号（A、B 和 C）和一个输出信号（E）组成的 **port**（端口）。通常，**port** 语句标识电路的输入和输出信号、方向（**in**、**out**、**inout** 和 **buffer**）及数据类型（例如，std_logic）。信号可以在端口中以任何顺序列出。这里的结构体包括内部信号 D，其类型为 std_logic。信号 D 将或门的输出连接到与门的输入，但由于它未连接到 or_and_vhdl 外部，因此不是实体的一部分。信号 D 在环境的接口处不可见。

该结构体采用基于布尔方程的描述方式（如下）。根据图 3.36 所示的布尔表达式和方程，使用 VHDL 的内置数据运算符②来声明信号赋值。信号赋值运算符（<=）和布尔表达式指定如何从其他信号值形成逻辑信号。实体 or_and_vhdl 的布尔方程中的信号赋值语句指定仿真器从 A、B 和 C 中确定 D 和 E 的值。

```
library ieee;
use ieee.std_logic_1164.all;

entity or_and_vhdl is
    port (A, B, C: in std_logic; E: out std_logic);
end or_and_vhdl;

architecture Boolean_Equations of or_and_vhdl is
```

---

① [architecture]在结束声明中是可选的。

② 在 VHDL 信号赋值语句中，<= 表示信号赋值运算符；**or** 和 **and** 是逻辑运算符。第 4 章给出了各种形式的信号赋值语句的语法。

```
    signal D: std_logic;
begin
    D < = A or B;
    E < = C and D;
end Boolean_Equations ;
```

本例中 ieee 库的数据类型由标准 IEEE 库定义。数据类型 std_logic 是 ieee.std_logic_1164 语言标准中定义的类型,但它不是 VHDL 标准的一部分,我们将在后面详细讨论。注意,每个包含 ieee.std_logic_1164 的数据类型的 VHDL 模型文件都必须包含引用 ieee.std_ logic_1164 库的 **use** 语句。

练习 3.13—VHDL

编写信号赋值语句,实现图 PE3.13 中的逻辑图。

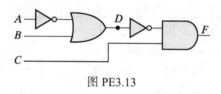

图 PE3.13

答案:F < = (**not**((**not** A)**or** B))**and** C;

结构(门级)建模

例 3.1 是根据电路逻辑图所示的布尔方程构造了 Verilog 和 VHDL 模型。另一种方法是直接使用语言构造来形成电路的结构模型。结构模型描述了电路如何由其他元素(例如逻辑门或功能模块)互连而成。

Verilog

Verilog 具有一系列称为原语(primitive)的内置结构对象,这些对象可以直接对组合逻辑电路建模。Verilog 原语的重要关键字有:**and,nand,or,nor,xor,xnor,buf,not,bufif0,bufif1,notif0,notif1**。这些原语将在第 4 章中进行简要介绍[①]。大多数 Verilog 原语是多输入原语,它们自动包含两个或更多输入。因此,相同的关键字可以表示二输入门或五输入门。

Verilog 例 3.3(使用原语进行结构建模)

图 3.37 所示电路的结构模型 and_or_prop_delay 由(预定义的)基本逻辑门列表指定,每个门都由一个描述性关键字(**and,not,or**)标识。该电路在门 G1 和 G3 之间具有一个内部连接。门通过 w1 连接,w1 用关键字 **wire** 声明。列表中的元素表示门的实例化,每个实例化都指的是门实例或基本单元实例。每个门实例由一个基本名称、一个可选的实例名称(如 G1、G2 等)组成,后面是用逗号分隔的门

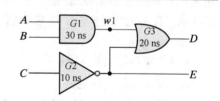

图 3.37 and_or_prop_delay 的示意图

---

① 见 4.12 节。

输出和输入列表，并用括号括起来。Verilog 语言规则是必须首先列出基本门的输出，然后是输入。例如，原理图的或门由 **or** 表示，实例名称为 G3，并具有输出 D 及输入 w1 和 E。（注意：尽管必须列出基本门的输出，但一个模块的输入和输出顺序可以任意指定。）模块描述以关键字 **endmodule** 结尾。每条语句必须以分号结尾，但是 **endmodule** 后面无须使用分号。

模块内部的门可以按任意顺序列出，它们在仿真时同时运行。一个信号同时影响与之相连的所有输入门。每个受影响的门可以独立地确定其输出事件[①]。

Verilog 原语具有确定其行为的内置逻辑。用户指定的传输时延（例如 30 ns）可以用来确定门的输入信号变化与门的输出端之间的时间间隔，相关的模型反映了物理逻辑门的输入/输出时间响应不是瞬时的[②]。

```
`timescale 1 ns / 1 ps              // 时间单位/精度
module and_or_prop_delay (
   input A, B, C;
   output D, E);
);
   wire w1;
   and G1 #30 (w1, A, B);           // 传输时延: 30 ns
   not G2 #10 (E, C);               // 传输时延: 10 ns
   or  G3 #20 (D, w1, E);           // 传输时延: 20 ns
endmodule
```

理解术语"声明"和"实例"的区别很重要。对一个 Verilog 模块进行声明，其代表硬件的输入/输出特性。预定义基本门单元不能被声明，因为它们的定义由语言指定，用户不能更改。基本门单元的使用（实例）如同印刷电路板上门的使用一样。一旦声明了一个模块，就可以在设计（实例）中使用它。模型中声明的门的实例化顺序没有任何意义，程序不会按照指定的顺序执行。

Verilog 模型是一种描述性模型。and_or_prop_delay 描述了由哪些基本门单元组成电路及它们的连接方式。由于每个逻辑门的特性已定义，因此电路的输入/输出特性由该描述确定。这样，基于 HDL 的模型可以用来仿真其表示的电路。仿真时，模块内部的门同时运行。注意，实例化结构体中的门语句不是用来计算某些信号值，只是规定了语句按顺序执行。仿真过程中门的顺序取决于设计中信号的活动，而不取决于语句的列出顺序。信号的事件（即转换）会激活其作为输入且与之连接的所有门。然后对每个受影响的门进行估计，以确定输出事件，实际物理硬件的行为也是相同的。

门时延

所有的物理电路从输入到输出之间的转换都存在传输时延。当 HDL 用于仿真时，有时候需要特别规定输入到输出门之间的时延。在 Verilog 中，传输时延由"时间单位"指定，

---

① "事件"表示信号逻辑值的变化。

② `timescale 指令（`timescale 1 ns/1 ps）指定模型中的数值应以纳秒（ns）为单位进行解释，精度为皮秒（ps）。该信息将由仿真器使用。

用符号#描述。表示时延的数字是无量纲的。时间单位和实际时间之间的联系是通过 `timescale 编译指令来实现的。编译指令以 "`" 开始。这样的指令在模块声明之前就要定义好,它将用于后面代码中的所有时间数值。时间指令的一个例子为

　　`timescale 1 ns / 100 ps

第一个数字表示时延的时间单位,第二个数字说明了时延结束的精度,在本例中是 0.1 ns(100 ps)。如果没有说明时间单位,仿真器就使用无量纲值或默认的时间单位,通常是 1ns(1 ns = 10^{-9} s)。在本书中,我们将使用默认的时间单位。

　　图 3.37 中的电路对每个门都定义了传输时延。与门、或门、非门的时延分别为 30 ns、20 ns、10 ns。在仿真电路时,如果输入从 A、B、C 为 0 变到 A、B、C 为 1,则输出变化如表 3.5 所示(由手工计算或仿真器产生)。非门的输出 E 延时 10 ns 后从 1 变到 0。与门的输出 $w1$ 延时 30 ns 后从 0 变到 1,或门的输出 D 延时 30 ns 后从 1 变到 0,再延时 50 ns 后又变回了 1。在这两种情况下,或门的输出改变是由于 20 ns 前输入的变化。可以很清楚地看到,尽管输出 D 在输入变化后最终还是回到了 1,但在这之前由于门时延却产生了 20 ns 的负脉冲信号。

表 3.5　时延后的门输出

时间单位 (ns)	输　　入			输　　出		
	A	B	C	E	$w1$	D
初始　　—	0	0	0	1	0	1
变化　　—	1	1	1	1	0	1
10	1	1	1	0	0	1
20	1	1	1	0	0	1
30	1	1	1	0	1	0
40	1	1	1	0	1	0
50	1	1	1	0	1	1

　　为了用 HDL 仿真电路,有必要在仿真器中施加输入以产生输出响应。为系统设计提供激励的 HDL 描述称为测试平台。在 4.12 节的末尾将详细描述如何编写测试平台。这里我们通过一个简单例子来说明这一过程,而不对细节进行过多描述。

　　and_or_prop_delay 的测试平台如下所示:

```
// and_or_prop_delay 测试平台

module t_and_or_prop_delay;
   wire        D, E;
   reg         A, B, C;
   and_or_prop_delay M_UUT (A, B, C, D, E);    // 实例名称(M_UUT)
   initial begin
    A = 1'b0; B = 1'b0; C = 1'b0;
    #100 A = 1'b1; B = 1'b1; C = 1'b1;
   end
   initial #200 $finish;
endmodule
```

在最简单的情况下，测试平台包含了两个模块：一个是激励模块，另一个是电路描述模块。测试平台(t_and_or_ prop_delay)没有输入/输出端口，因为它和环境之间没有交互。通常，我们更愿意在命名测试平台时，在待测模型名称前加上前缀 t_，当然这可以由设计者自己选择。在测试平台中，电路输入的激励信号用关键字 **reg** 来声明，电路输出的信号用关键字 **wire** 来声明。and_or_prop_delay 采用用户选择的实例名称 M_UUT(被测模块单元)来实例化。每个模型实体必须包含一个实例名。测试平台的使用与实际测量硬件相似，都是将信号发生器连在信号输入端，将探针连在信号输出端。

实际的信号发生器不能用来验证 HDL 模型。整个仿真过程是由 HDL 仿真器执行数字计算机上的软件模型来完成的。(产生的)输入信号波形也是从 Verilog 语句定义的波形值及其转换中精确模拟出来的。关键字 **initial** 用来表示仿真初始化后语句的执行，与 **initial** 有关的信号将在最后一条语句执行完后终止。在测试平台中，通常用 **initial** 语句描述波形。执行的语句组称为块语句，由包含关键字 **begin** 和 **end** 的几条语句组成，语句按照列出顺序执行。

当仿真启动时，从 **initial** 模块开始执行。按顺序从左到右、从上到下，由仿真器给电路提供输入。开始时，A、B、C 都为 0(A、B、C 的每一个值都设置为 1'b0，每一个都代表一个二进制数，其值为 0)。在 100 ns 后，输入 A、B、C 都为 1，再过 100 ns，仿真结束。第二条 **initial** 语句使用 **$finish** 系统任务，用来表示仿真结束。如果在语句前加入时延(例如#100)，则仿真器直至规定时延到后才会执行该语句及所有后续语句。图 3.38 给出了and_or_prop_delay 仿真的时序图，整个仿真时间为 200 ns。输入 A、B 和 C 在 $t = 100$ ns后从 0 变到了 1。输出 E 在前 10 ns 是未知的(阴影标注)，输出 D 在前 30 ns 是未知的。在 110 ns 时，输出 E 从 1 变到了 0，在 130 ns 时，输出 D 从 1 变到了 0，在 150 ns 时又变回了 1。

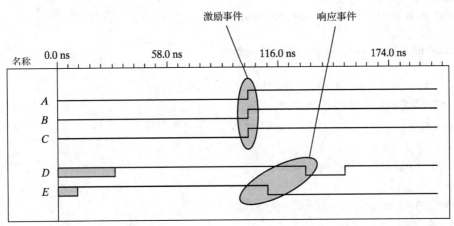

图 3.38　and_or_prop_delay 仿真的时序图

VHDL 例 3.2(带有组件的结构建模)

VHDL 没有与逻辑门相对应的组合逻辑元素；相反，用于结构建模的设计单元必须设置为"用户定义的组件"，并使用内置的逻辑运算符(关键字分别为 **and**、**or**、**nand**、**nor**、**xor**、**xnor**)。一旦设置完成，组件就可以用于构建更复杂的结构模型。因此，VHDL 中的结构建模是在使用组件构建结构之前构建组件的间接过程。

图 3.39 为逻辑门连接结构的描述(实体-结构体对)。为了用 VHDL 代码编写电路的结构模型，我们首先按照以下语法模板及信号赋值语句中指定的传输时延(可选)[1]，构建组件 and2_gate 或 or2_gate 和 inv_gate。

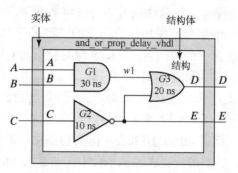

图 3.39　and_or_prop_delay_vhdl 结构模型的实体-结构体对

component component_name
　　port (signal_names : mode signal_type;
　　　signal_names : mode signal_type;
　　　　　. . .
　　　signal_names : mode signal_type);
end component;
-- Model for 2-input and-gate component[2]

library ieee;
use ieee.std_logic_1164.all;

entity and2_gate **is**
　　port (A, B: **in** std_logic; w1: **out** std_logic);
end and2_gate;
architecture Boolean_Operator **of** and2_gate **is**
begin
　　w1 < = A **and** B **after** 30 ns; -- 带有传输时延的逻辑运算符
end architecture Boolean_Operator;

-- Model for 2-input or-gate component
library ieee;
use ieee.std_logic_1164.all;

entity or2_gate **is**
　　port (w1, E: **in** std_logic; D: **out** std_logic);
end or2_gate;

architecture Boolean_Operator **of** or2_gate **is**
begin
　　D < = w1 **or** E **after** 20 ns; -- 逻辑运算符
end architecture Boolean_Operator;

---

① 传输时延在信号赋值语句中是可选的。
② VHDL 中的单行注释用 "--" 表示。

```
-- 对反相器组件建模
library ieee;
use ieee.std_logic_1164.all;

entity inv_gate is
   port (A: in std_logic; B: out std_logic);
end inv_gate;

architecture Boolean_Operator of inv_gate is
begin
   B <= not A after 10 ns;
end architecture Boolean_Operator;
```

接下来，为 and_or_prop_delay_vhdl 声明一个实体-结构体对。我们列出了要使用的组件及其端口；对内部信号 w1 进行声明；然后实例化组件以创建结构模型[1]。每次实例化都有唯一的实例名称（G1，G2，G3）。

```
library ieee;
use ieee.std_logic_1164.all;

entity and_or_prop_delay_vhdl is
    port (A, B, C: in std_logic; D: out std_logic; E: buffer std_logic);
end Simple_Circuit_vhdl;

architecture Structure of and_or_prop_delay_is
   component and2_gate       -- 组件声明
     port (w1: out std_logic; A, B: in std_logic);
   end component;
   component or2_gate        -- 组件声明
     port (w1: out std_logic; A, B: in std_logic);
   and component;

   component inv_gate        -- 组件声明
     port (B: out std_logic; A: in std_logic);
   end component;

signal w1: std_logic;

begin                       -- 组件实例化
      G1: and2_gate      port map (w1, A, B);
      G2: inv_gate       port map (E, C);
      G3: or2_gate       port map (D, w1, E);

end architecture Structure;
```

注意：上例中组件的端口映射通过将实例化的组件中端口的名称与端口的位置相关联来实现。由于端口名称容易弄错，所以该方法易于出错。另一种更安全、更重要的方式是，当端口中有许多信号时，将端口元素的信号按名称（以任意顺序）关联，即端口的正式名称与端口的实际名称相关联[2]。例如，Structure 门可以实例化如下：

---

[1] 在结构体中，一个组件仅定义一次，但是可以实例化多次。

[2] 关联语法为 formal_name => actual_name。本例中，正式名称与实际名称相同。通常，正式名称是在声明组件时定义的。实际名称由实例定义。多次实例化一个组件时，正式名称可能与多个实际名称相关联。

G1: and2_gate	**port map** (B = > B, w1 = > w1, A = > A);
G2: inv_gate	**port map** (E = > E, A = > C);
G3: or2_gate	**port map** (A = > w1, B = > E, w1 = > D);

总之，创建结构模型的过程为：(1)创建组件；(2)声明顶层结构体中的组件，包括其端口；(3)实例化组件；(4)定义端口映射，使组成结构的组件相互连接。

与功能相同的 Verilog 模型相比，VHDL 模型更为冗长。创建结构化 VHDL 模型的过程是间接的，相比使用语言运算符进行建模，其需要更多的编程工作。尽管如此，and_or_prop_delay_vhdl 的仿真行为与相应的 Verilog 模型的仿真行为相同，如图 3.38 所示。

VHDL 程序包、库和逻辑系统

使用 VHDL 库和程序包可提高代码效率，简化冗长的模型，便于设计团队成员之间实现共享。程序包提供了一个声明存储库，该声明对于多个设计单元可能是通用的。程序包可以有一个可选的主体，该主体可以包含组件、函数和支持行为模型过程的声明。

package 语句的语法为

package package_name **is**
　　[type_declarations]
　　[signal_declarations]
　　[constant_declarations]
　　[component declarations]
　　[function_declarations]
　　[procedure_declarations]
end package package_name;

package body package_name **is**
　　[constant_declarations]
　　[function_definitions]
　　[procedure_definitions]
end [**package body**][package_name];

程序包中声明的信号是全局信号，任何使用该程序包的设计实体都可以引用它们。

程序包 ieee.std_logic_1164 不属于 VHDL。该程序包定义了一个 9 值逻辑系统，该系统在工业中被广泛用于建模和仿真电路，尤其是基于 CMOS 技术的电路。表 3.6 给出了标准逻辑值的符号，该符号指定了模型可以在仿真中分配给信号的逻辑值。其中，广泛使用了 4 个值——0、1、X 和 Z，其中 X 表示信号值不确定，这可能是因为存

表 3.6　ieee.std_logic_1164 程序包的逻辑符号

'U'	未初始化
'X'	未知强逻辑值
'0'	强逻辑 0
'1'	强逻辑 1
'Z'	高阻态
'W'	未知弱逻辑值
'L'	弱逻辑 0
'H'	弱逻辑 1
'-'	无关值

在多个驱动器，而 Z 表示高阻态，如设备的一端未连接且悬空时会发生这种情况。无关值(–)允许综合工具选择信号赋值，以便更有效地简化布尔逻辑。弱逻辑值用于 CMOS 晶体管级对逻辑电路进行建模，在本书中不予考虑。

如果在程序包中已经声明了组件，则任何实体的结构体都可以引用这些组件，声明前要有相关的 **package** 语句。这种做法消除了设计实体内门的多次声明。程序包中已声明的每个门的实体只需要在结构体中对其进行实例化。

VHDL 库是一个更通用的存储库，其中包含程序包和程序包中声明的已编译模型[①]。前面的例子说明了如何引用程序包的内容。注意，每个实体前都有以下一对语句：

```
library ieee;
use ieee.std_logic_1164.all;
```

第一条语句标识一个特定的库（即 ieee）；第二条语句通过 **use** 子句标识该库中要编译的程序包[②]。

程序包和库简化了结构设计，因为程序包中包含的组件在结构体实例化之前不必重新声明。

3.10　HDL 中的真值表

前面的示例说明了由布尔方程和逻辑门描述的逻辑电路的 HDL 模型。组合逻辑也可以用真值表来描述。但并非所有的 HDL 都支持数字逻辑的真值表描述。

Verilog——用户自定义原语（UDP）

在 Verilog HDL 中，逻辑门用关键字 **and**、**or** 等描述，它们由系统定义。这些逻辑门称为系统原语（注意：其他语言可能以不同的方式使用这些关键字）。用户也可以通过表格形式自定义另外的原语，这类电路称为用户自定义原语（UDP，User Defined Primitive）。利用表的形式描述数字电路的一种方法就是使用真值表。UDP 描述使用关键字对 **primitive…endprimitive** 代替 **module…endmodule**。为更好地说明这个问题，下面给出一个例子。

Verilog 例 3.4 用真值表定义一个 UDP，这一过程一般遵循以下规则：

- 用关键字 **primitive** 声明，关键字后面是名称和端口列表。
- 只能有一个输出，且必须列在端口列表的最前面，用关键字 **output** 声明。
- 可以有任意多个输入，但是在 **input** 声明中的顺序必须与其在真值表中的赋值顺序一致。
- 真值表要以关键字 **table** 开头，以 **endtable** 结尾。
- 输入值列表的结尾是冒号（:），输出总是在最后一列，后面跟一个分号（;）。
- 用关键字 **endprimitive** 声明结尾。

Verllog 例 3.4（用户自定义原语）

```
// Verilog 模型：用户自定义原语
primitive UDP_02467 (D,A,B,C);
    output D;
    input A,B,C;
// D = f(A,B,C) = ∑(0,2,4,6,7)的真值表
table
```

[①] VHDL 设计工具中的编译器会自动生成名为 work 的特定设计库，该库用作设计项目的已编译文件的存储库。

[②] 用 .all.and2_gate 替换 .all 将限制对程序包特定模型（and2_gate）的访问。

```
// A  B  C  :  D          //行标题注释
   0  0  0  :  1;
   0  0  1  :  0;
   0  1  0  :  1;
   0  1  1  :  0;
   1  0  0  :  1;
   1  0  1  :  0;
   1  1  0  :  1;
   1  1  1  :  1;
 endtable
 endprimitive

// 实例化原语
// Verilog 模型：Circuit_UDP_02467 的电路实例化
module Circuit_with_UDP_02467 (e, f, a, b, c, d);
   output    e, f;
   input     a, b, c, d ;
   UDP_02467   (e, a, b, c);
   and          (f, e, d);  //省略可选的实例名称
endmodule
```

注意，真值表中第一行的变量名只是注释的一部分，仅仅是为了清楚说明。系统按照输入列表中声明的顺序来识别变量。在数字电路模型的构造中列举了一个用户自定义原语，它的使用与系统原语相同。例如，声明：

Circuit_with_UDP_02467(E, F, A, B, C, D);

它所产生的硬件实现电路如图 3.40 所示。

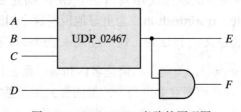

图 3.40　UDP_02467 电路的原理图

UDP 的这种描述方式仅在 Verilog 中使用，其他 HDL 和计算机辅助设计系统则使用另外的程序，以表格形式描述数字电路。CAD 软件能够处理表格，从而在设计中得到有效的门结构。Verilog 预定义的原语不能用来描述时序逻辑。时序 UDP 模型需将它的输出定义为 **reg** 数据类型，并且在真值表中添加一列用来描述次态。因此，这些列是按照输入、现态、次态的顺序排列的。

在本节中，我们介绍了 Verilog,并且提供了一些简单的组合逻辑建模的例子。有关 Verilog 的更详细讨论可在后续章节中看到。如果读者已经熟悉了组合电路，可以直接阅读 4.12 节，继续学习该部分内容。

VHDL——真值表

VHDL 不直接支持真值表。可将真值表转换为一组布尔方程，通过信号赋值语句对其进行描述。

习题

（*号标记的习题解答列在本书末尾。）

3.1* 用三变量卡诺图化简下面的布尔函数。

(a) $F(x, y, z) = \sum (0, 2, 3, 7)$ 　　　　(b) $F(x, y, z) = \sum (2, 3, 5, 6, 7)$

(c) $F(x, y, z) = \sum (0, 1, 2, 4, 6)$ 　　　(d) $F(x, y, z) = \sum (1, 3, 5, 7)$

3.2 用三变量卡诺图化简下面的布尔函数。

(a)* $F(x, y, z) = \sum (2, 3, 4, 5, 7)$ 　　　(b)* $F(x, y, z) = \sum (0, 1, 4, 5, 6, 7)$

(c) $F(x, y, z) = \sum (0, 1, 2, 4, 5, 6)$ 　　(d) $F(x, y, z) = \sum (1, 2, 3, 5, 6, 7)$

(e) $F(x, y, z) = \sum (1, 3, 5, 7)$ 　　　　(f) $F(x, y, z) = \sum (0, 1, 2, 3, 5, 7)$

3.3* 用三变量卡诺图化简下面的布尔表达式。

(a)* $F(x, y, z) = x'y'z + xyz' + x'yz + xy$

(b)* $F(x, y, z) = xyz' + y'z' + xz$

(c)* $F(x, y, z) = x'yz + xy' + yz'$

(d) $F(x, y, z) = xz' + x'z + x'y + xy'$

3.4 用卡诺图化简下面的布尔函数。

(a)* $F(w, x, y, z) = \sum (0, 1, 4, 5, 8, 12)$ 　　(b)* $F(w, x, y, z) = \sum (4, 6, 9, 11, 12, 14)$

(c)* $F(w, x, y, z) = \sum (1, 3, 5, 6, 7, 9, 11)$ 　(d)* $F(w, x, y, z) = \sum (2, 6, 7, 10, 14, 15)$

(e) $F(w, x, y, z) = \sum (9, 10, 11, 12, 13, 15)$ 　(f) $F(w, x, y, z) = \sum (0, 2, 4, 6, 9, 11, 13, 15)$

(g) $F(w, x, y, z) = \sum (0, 1, 2, 4, 6, 8, 9)$ 　　(h) $F(w, x, y, z) = \sum (0, 3, 6, 7, 8, 11, 14, 15)$

3.5 用四变量卡诺图化简下面的布尔函数。

(a)* $F(w, x, y, z) = \sum (0, 2, 3, 4, 6, 8, 9, 12)$

(b)* $F(w, x, y, z) = \sum (0, 1, 2, 3, 5, 8, 13)$

(c) $F(w, x, y, z) = \sum (2, 3, 5, 7, 11, 13)$

(d)* $F(w, x, y, z) = \sum (1, 2, 3, 6, 7, 8, 9, 12, 13)$

3.6 用四变量卡诺图化简下面的布尔表达式。

(a)* $ABC'D' + AB'C + B'C'D' + AB'CD + B'C'D$

(b)* $w'x'y' + w'x'yz + x'y'z + xyz + y'z'$

(c) $A'B'CD + A'BC + C'D + ABCD + AB'C$

(d) $A'B'C' + A'BD + A'BC'D' + BC'D + ABCD$

3.7 用四变量卡诺图化简下面的布尔表达式。

(a)* $w'x'z + xy' + w'x + wxy$

(b) $A'BD' + BCD + ABC' + BD + ABC$

(c)* $AB'C' + AC'D' + ABD + BC'D + A'BC'D'$

(d) $wxyz + wx' + wx'y + wxy + w'yz'$

3.8 先画出每个函数的卡诺图，然后找出每个函数的最小项。

(a)* $w'x + xz + wyz$

(b)* $ABD' + BC'D + CD$

(c) $x'y'z' + xy + y'z$

(d) $AB + B'C'D' + BCD + A'C'D'$

3.9　求下列函数的质蕴含，并确定哪些是基本质蕴含。

(a)* $F(w, x, y, z) = \sum(0, 2, 4, 5, 6, 7, 8, 10, 13, 15)$

(b)* $F(A, B, C, D) = \sum(0, 2, 3, 5, 7, 8, 10, 11, 14, 15)$

(c)　$F(A, B, C, D) = \sum(2, 3, 4, 5, 6, 7, 9, 11, 12, 13)$

(d)　$F(w, x, y, z) = \sum(1, 3, 6, 7, 8, 9, 12, 13, 14, 15)$

(e)　$F(A, B, C, D) = \sum(0, 1, 2, 5, 7, 8, 9, 10, 13, 15)$

(f)　$F(w, x, y, z) = \sum(0, 1, 2, 5, 7, 8, 10, 15)$

3.10　首先找出下列函数的基本质蕴含，再进行化简。

(a)　$F(w, x, y, z) = \sum(0, 2, 5, 7, 8, 10, 12, 13, 14, 15)$

(b)　$F(A, B, C, D) = \sum(0, 2, 3, 5, 7, 8, 10, 11, 14, 15)$

(c)* $F(A, B, C, D) = \sum(1, 3, 4, 5, 10, 11, 12, 13, 14, 15)$

(d)　$F(w, x, y, z) = \sum(0, 1, 4, 5, 6, 7, 9, 11, 14, 15)$

(e)　$F(A, B, C, D) = \sum(0, 1, 3, 7, 8, 9, 10, 13, 15)$

(f)　$F(w, x, y, z) = \sum(0, 1, 2, 4, 5, 6, 7, 10, 15)$

3.11*　把下面的布尔函数化简成和之积式。

$$F(w, x, y, z) = \sum(1, 2, 4, 5, 9, 10, 13, 14)$$

3.12　化简下面的布尔函数。

(a)* $F(A, B, C, D) = \prod(0, 1, 6, 7, 8, 10, 12, 14)$

(b)　$F(A, B, C, D) = \prod(0, 2, 5, 8, 10, 15)$

3.13　把下面的表达式化简成：(1)和之积式；(2)积之和式。

(a)* $x'y'z' + yz' + xy$

(b)　$A'B + A'B'C + CD$

(c)　$A'B'D' + A'D + BCD + BC'D'$

(d)　$A'B'C + A'C'D + A'BC + ABD$

3.14　给出三种可能的方法，用较少的字母表示以下布尔表达式：

$$A'B'C' + A'CD + A'C'D' + A'BD + ABC + AB'C$$

3.15　结合无关条件 d，化简布尔函数 F，并将其表示成最小项之和形式。

(a)　$F(x, y, z) = \sum(0, 3, 5)$　　　$d(x, y, z) = \sum(1, 6, 7)$

(b)* $F(A, B, C, D) = \sum(1, 2, 4, 6, 12)$　　$d(A, B, C, D) = \sum(0, 3, 5, 7, 11, 15)$

(c)　$F(A, B, C, D) = \sum(3, 5, 6, 11)$　　$d(A, B, C, D) = \sum(4, 7, 9, 12, 15)$

(d)　$F(A, B, C, D) = \sum(4, 5, 8, 9, 14, 15)$　$d(A, B, C, D) = \sum(2, 3, 12, 13)$

3.16　化简下面的表达式，并且用二级与非门电路来实现。

(a) $F(A, B, C, D) = A'B'C + A'BC + ABC$

(b) $F(A, B, C, D) = A'CD' + A'BD + ABD + AB'CD$

(c) $F(A, B, C, D) = (A' + B' + C)(A' + B' + C')(B' + C' + D)$

(d) $F(A, B, C, D) = AB'D' + AD + A'BD$

3.17*　(a)画出与非门逻辑电路，实现如下函数的反函数。

$$F(A, B, C, D) = \sum(0, 2, 4, 5, 8, 9, 10, 11)$$

(b)用非门重复上述问题。

3.18 画出如下表达式的逻辑电路：(a)仅用二输入或非门实现，(b)用与非门实现。

$$F(A, B, C, D) = (A \oplus B)'(C \oplus D)$$

3.19 化简下面的函数，并且用二级或非门来实现。

(a)* $F(w, x, y, z) = wx'y' + wy'z' + xy'$

(b) $F(w, x, y, z) = \sum(0, 2, 8, 9, 10, 11, 14)$

(c) $F(x, y, z) = [(x' + y)(y + z')]'$

3.20 画出如下表达式的(a)多级或非门电路和(b)多级与非门电路。

$$CD(B + C)A + (BC' + DE')$$

3.21 画出如下表达式的(a)多级与非门电路和(b)多级或非门电路。

$$w(x + y + z) + xyz$$

3.22 将第 4 章的图 4.4 所示的电路画成多级与非门电路。

3.23 结合无关条件 d，实现下列布尔函数 F，最多用两个或非门。

$$F(A, B, C, D) = \sum(2, 4, 10, 12, 14)$$
$$d(A, B, C, D) = \sum(0, 1, 5, 8)$$

假设原变量和反变量都可用。

3.24 分别用二级门模式实现下面的布尔函数 F：(a)与非-与，(b)与-或非，(c)或-与非，(d)或非-或。

$$F(A, B, C, D) = \sum(0, 4, 8, 9, 10, 11, 12, 14)$$

3.25 列出 8 个退化的二级门形式，并证明它们可以减少成单一的操作。解释怎样才能将退化的二级门形式用于扩展门的输入数。

3.26 用卡诺图将函数 $F = fg$ 化简成积之和式。已知 f 和 g 分别为

$$f = abc' + c'd + a'cd' + b'cd'$$

$$g = (a + b + c' + d')(b' + c' + d)(a' + c + d')$$

3.27 证明异或的对偶也就等于对其取反。

3.28 采用奇校验，画出 3 位奇偶发生器和 4 位奇偶校验器电路。

3.29 用 3 个半加器实现下面的 4 个布尔表达式。

$$D = A \oplus B \oplus C$$
$$E = A'BC + AB'C$$
$$F = ABC' + (A' + B')C$$
$$G = ABC$$

3.30* 用异或门和与门实现下面的布尔表达式。

$$F = AB'CD' + A'BCD' + AB'C'D + A'BC'D$$

3.31 写出下列电路的 HDL 门级描述。

(a)图 3.20(a)   (b)图 3.20(b)   (c)图 3.21(a)

(d)图 3.21(b)   (e)图 3.24   (f)图 3.25

3.32 用 Verilog 连续赋值语句描述下列电路图。

(a)图 3.20(a)   (b)图 3.20(b)   (c)图 3.21(a)

(d)图 3.21(b)   (e)图 3.24   (f)图 3.25

3.33　图 3.30(a)所示的异或电路中，反相器(非门)有 3 ns 时延，与门有 6 ns 时延，或门有 8 ns 时延。在 $t = 10$ ns，电路的输入从 $xy = 00$ 变为 $xy = 01$。

(a)确定从 $t = 0$ 到 $t = 50$ ns 时每个门的输出。

(b)用 Verilog 或 VHDL 描述包含时延的门电路。

(c)仿照 Verilog 例 3.3，编写一个激励模块来模拟和验证(a)的答案。

3.34　用 Verilog 连续赋值语句描述下列布尔函数表示的电路。

$$Out\_1 = (A + B')C'(C + D)$$
$$Out\_2 = (C'D + BCD + CD')(A' + B)$$
$$Out\_3 = (AB + C)D + B'C$$

写出它的测试平台，仿真该电路的特性。

3.35* 找出下面列声语句的语法错误(注意：基本单元门的名称是任意的)。

```
module Exmpl-3(A, B, C, D, F)              // Line 1
  inputs      A, B, C, Output D, F,        // Line 2
  output      B                            // Line 3
  and         g1(A, B, D);                 // Line 4
  not         (D, A, C),                   // Line 5
  OR          (F, B, C);                   // Line 6
endmoudle;                                 // Line 7
```

3.36　画出下面的 Verilog 语句描述的门电路逻辑图。

(a)
```
module Circuit_A (A, B, C, D, F);
  input       A, B, C, D;
  output      F;
  wire        w, x, y, z, a, d;
  or          (x, B, C, d);
  and         (y, a ,C);
  and         (w, z ,B);
  and         (z, y, A);
  or          (F, x, w);
  not         (a, A);
  not         (d, D);
endmodule
```

(b)
```
module Circuit_B (F1, F2, F3, A0, A1, B0, B1);
  output      F1, F2, F3;
  input       A0, A1, B0, B1;
  nor         (F1, F2, F3);
  or          (F2, w1, w2, w3);
  and         (F3, w4, w5);
  and         (w1, w6, B1);
  or          (w2, w6, w7, B0);
  and         (w3, w7, B0, B1);
  not         (w6, A1);
  not         (w7, A0);
  xor         (w4, A1, B1);
  xnor        (w5, A0, B0);
endmodule
```

  (c) **module** Circuit_C (y1, y2, y3, a, b);
      output y1, y2, y3;
      input a, b;

      assign y1 = a || b;
      and (y2, a, b);
      assign y3 = a && b;
      endmodule

3.37　大数表决逻辑函数是指，如果大多数变量都等于 1，则该逻辑函数值等于 1，否则为 0。

    (a)写出一个 4 位大数表决函数的真值表。

    (b)写出一个 4 位大数表决函数的 Verilog 用户自定义原语(UDP)。

3.38　用图 P3.38 所示的激励波形仿真 Circuit_with_UDP_02467 电路的功能。

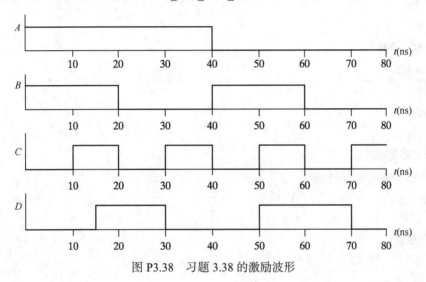

图 P3.38　习题 3.38 的激励波形

3.39　采用基本的逻辑门单元，用 Verilog 描述下列电路。该电路有两个输出 s 和 c，分别等于两个二进制输入 a 和 b 的和及产生的进位(例如：如果 $a = 0$ 和 $b = 1$，则 $s = 1$ 且 $c = 0$)。(提示：首先写出 s 和 c 的真值表。)

3.40　定义组件并编写习题 3.39 中定义的电路的 VHDL 描述。

参考文献

1. BHASKER, J. 1997. *A Verilog HDL Primer*. Allentown, PA: Star Galaxy Press.

2. CILETTI, M. D. 1999. *Modeling, Synthesis and Rapid Prototyping with the Verilog HDL*. Upper Saddle River, NJ: Prentice Hall.

3. HILL, F. J. and G. R. PETERSON. 1981. *Introduction to Switching Theory and Logical Design*, 3rd ed., New York: John Wiley.

4. *IEEE Standard Hardware Description Language Based on the Verilog Hardware Description Language* (IEEE Std. 1364-1995). 1995. New York: The Institute of Electrical and Electronics Engineers.

5. KARNAUGH, M. A Map Method for Synthesis of Combinational Logic Circuits. *Transactions of AIEE, Communication and Electronics*. 72, part I (Nov. 1953): 593–99.

6. KOHAVI, Z. 1978. *Switching and Automata Theory*, 2nd ed., New York: McGraw-Hill.

7. Mano, M. M. and C. R. Kime. 2004. *Logic and Computer Design Fundamentals*, 3rd ed., Upper Saddle River, NJ: Prentice Hall.

8. McCluskey, E. J. 1986. *Logic Design Principles*. Englewood Cliffs, NJ: Prentice-Hall.

9. Palnitkar, S. 1996. *Verilog HDL: A Guide to Digital Design and Synthesis*. Mountain View, CA: SunSoft Press (a Prentice Hall title).

10. *IEEE P1364™-2005/D7 Draft Standard for Verilog Hardware Description Language* (Revision of IEEE Std. 1364-2001). 2005. New York: The Institute of Electrical and Electronics Engineers.

网络搜索主题

布尔式化简

无关条件

发射极耦合逻辑

Expresso 软件

卡诺图

逻辑仿真

逻辑综合

集电极开路逻辑

Quine-McCluskey 法(Q-M 法)

Verilog

VHDL

"线与" 逻辑

第4章 组合逻辑

本章目标

1. 了解组合逻辑电路分析方法。
2. 理解半加器和全加器的功能。
3. 理解上溢和下溢的概念。
4. 理解二进制加法器的实现。
5. 理解 BCD 加法器的实现。
6. 理解二进制乘法器的实现。
7. 理解基本组合逻辑电路：译码器，编码器，优先级编码器，数据选择器，三态门。
8. 了解用数据选择器实现布尔函数。
9. 理解 HDL 门级、数据流和行为建模之间的区别。
10. 能够编写基本逻辑电路的门级 Verilog 或 VHDL 模型。
11. 能够编写组合逻辑电路的层次化 HDL 模型。
12. 能够编写基本组合逻辑电路的数据流模型。
13. 能够编写 Verilog 连续赋值语句或 VHDL 信号赋值语句。
14. 了解 Verilog 程序块或 VHDL 进程的声明。
15. 能够编写一个简单的测试平台。

4.1 引言

数字逻辑电路分为组合电路和时序电路。组合电路由各种逻辑门构成，电路在任何时刻的输出都由当前的输入信号决定[1-5]，其逻辑功能可由一组布尔函数确定。时序电路由逻辑门和存储器构成，其输出是当前输入和存储器状态的函数。由于存储元件的状态取决于电路先前的输入，因此时序电路的输出在任何时候都不仅依赖于当前输入，也依赖于过去输入，其逻辑功能由输入和内部状态共同确定。时序电路是数字系统的组成部件，我们将在第 5 章和第 8 章加以讨论。

4.2 组合电路

组合电路由相互连接的逻辑门构成，逻辑门接收输入信号后产生输出信号。这个过程是将输入的二进制数据转换成需要的输出数据。图 4.1 所示是组合电路的框图，其中 n 个二进制变量来自外部信源，m 个输出变量由内部组合电路上的输入信号产生，并送给外部的接收者。每个输入/输出变量实质上都以模拟信号①的形式存在，对应二进制信号的逻辑 1 和

---

① 通常为电压。

逻辑 0。(注意: 逻辑仿真器只显示 0 和 1, 而不显示实际的模拟信号。)在许多应用中, 信源和信宿都是寄存器[1], 如果组合电路中包含寄存器, 那么整个电路就要按时序电路对待。

图 4.1   组合电路的框图

n 个输入变量有 2^n 种输入组合。对于每一种组合, 只有一种可能的输出值与其对应。把每种输入组合和与其对应的输出值列成真值表, 这样组合电路就能使用真值表来详细描述; 也可由 m 个布尔函数来描述[2], 一个函数对应一个输出变量, 每个输出是 n 个输入变量的函数。

在第 1 章中, 我们学习了表达离散信息量的二进制数和二进制码。二进制变量用来表示物理上的电压或其他类型的信号。信号可以由数字逻辑门控制以实现特定功能。第 2 章介绍了布尔代数, 作为从代数上表达逻辑函数的手段。在第 3 章中, 我们学习了怎样化简布尔函数以得到简单的门电路实现。本章目的是运用前面学到的知识, 形成组合电路的系统分析和设计步骤。一些典型例子的解法将会给出有用的基本函数, 这对于理解数字系统是非常重要的。我们强调三项工作: (1)分析给定逻辑电路的功能; (2)综合实现给定功能的电路, (3)对一些常用电路用 HDL 建模。

设计一个数字系统往往需要好几个组合电路。这些电路已经能集成为基本单元, 它们通常用来完成数字系统设计中的特定功能。在本章中, 我们介绍一些最重要的基本组合电路单元, 如加法器、减法器、比较器、译码器、编码器及乘法器等。这些器件在集成电路中被归类为中规模集成(MSI)电路, 也作为标准单元用于复杂的超大规模集成(VLSI)电路, 如专用集成电路(ASIC)。标准单元函数在 VLSI 内部的相互连接方法与其在多芯片的 MSI 电路设计中的相同。

4.3   组合电路分析

组合电路分析就是确定组合电路实现的逻辑功能。通过分析给定的逻辑图, 得到一组布尔函数、真值表或电路功能的说明。如果待分析的逻辑图具有函数名或者功能实现的说明, 那么分析问题就简化为对所述功能的验证。分析的执行可通过手工求出布尔函数或真值表实现, 也可利用计算机仿真程序实现。

电路分析的第一步是确认给定电路是组合电路而非时序电路。组合电路只有逻辑门, 没有反馈路径或存储元件。所谓反馈路径是指将第一个门的输出连接到第二个门的输入, 同时, 将第二个门的输出连接到第一个门的输入。存在反馈路径的数字电路称为时序电路, 其分析有其他方法, 这里不予考虑。

一旦确认逻辑图是组合电路, 就可以进一步得到其输出布尔函数或者真值表。如果该电路的功能还没有确定, 那么就需要根据布尔函数或真值表来解释该电路的功能。这个工作需要经验的积累, 并对各种数字电路非常熟悉。

从逻辑图得到输出布尔函数的基本步骤如下:

1. 将所有输入变量函数的逻辑门输出用任意符号标出。确定每个门输出的布尔函数。

---

① 见 1.8 节。

② 见 1.9 节。

2．标出输入变量函数的逻辑门，前面标注过的逻辑门用其他任意符号标出。求出这些逻辑门的布尔函数。

3．重复第 2 步操作，直到求得电路的输出。

4．把前面的函数重复代入，得到仅有输入变量的输出布尔函数。

图 4.2 的组合电路分析就是对上述基本步骤的举例说明。注意到该电路有 3 个二进制输入变量 A、B 和 C，两个二进制输出 F_1 和 F_2。各个门的输出用中间符号标出。仅有输入变量函数的门输出有 T_1 和 T_2。输出 F_2 很容易从输入推导出来。3 个输出的布尔函数为

$$F_2 = AB + AC + BC$$
$$T_1 = A + B + C$$
$$T_2 = ABC$$

接下来，把门的输出看作已定义符号的函数：

$$T_3 = F_2'T_1$$
$$F_1 = T_3 + T_2$$

为了把 F_1 表示成 A、B 和 C 的函数，需要做以下一系列代换：

$$F_1 = T_3 + T_2 = F_2'T_1 + ABC = (AB + AC + BC)'(A + B + C) + ABC$$
$$= (A' + B')(A' + C')(B' + C')(A + B + C) + ABC$$
$$= (A' + B'C')(AB' + AC' + BC' + B'C) + ABC$$
$$= A'BC' + A'B'C + AB'C' + ABC$$

如果想进一步研究和确定这个电路实现的信息传输任务，可以根据布尔表达式画出电路图，并设法识别常见的运算。F_1 和 F_2 的布尔函数实现电路如图 4.7 所示（见 4.5 节），相当于一个全加器电路。

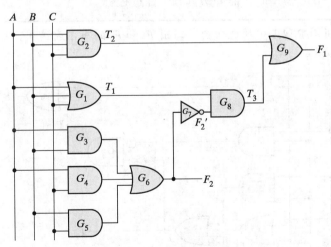

图 4.2 逻辑图分析实例

当已知输出布尔函数时，根据真值表可以直接推导出电路。也可以省略布尔函数的推导，直接从逻辑图得到真值表，步骤如下：

1. 确定电路中输入变量的个数。对于 n 个输入，建立 2^n 种可能的输入组合，并把这些从 0 到 $2^n - 1$ 之间的二进制数列在一张表上。
2. 把选中门的输出用任意符号标出。
3. 得到那些仅有输入变量函数的门的输出真值表。
4. 继续求得先前定义过函数值的门的输出真值表，直到所有输出都确定为止。

这个过程用图 4.2 的电路来举例说明。在表 4.1 中，3 个输入变量形成了 8 种可能的输出组合。F_2 的真值表由 A、B 和 C 的值直接决定，有两个或 3 个输入等于 1 时，F_2 的值为 1。F_2' 的真值表是对 F_2 的求反。T_1 和 T_2 的真值表是输入变量的与函数和或函数。T_3 的值由 T_1 和 F_2' 推出：当 T_1 和 F_2' 都等于 1 时，T_3 等于 1；否则 T_3 等于 0。最后，F_1 等于 1 的条件是 T_2 和 T_3 至少有一个等于 1。由真值表可得，A、B、C、F_1 和 F_2 组合分别与 4.5 节给出的全加器真值表中的 x、y、z、S 和 C 相同。

表 4.1   图 4.2 的逻辑图的真值表

A	B	C	F_2	F_2'	T_1	T_2	T_3	F_1
0	0	0	0	1	0	0	0	0
0	0	1	0	1	1	0	1	1
0	1	0	0	1	1	0	1	1
0	1	1	1	0	1	0	0	0
1	0	0	0	1	1	0	1	1
1	0	1	1	0	1	0	0	0
1	1	0	1	0	1	0	0	0
1	1	1	1	0	1	1	0	1

另外一种分析组合电路的方法是逻辑仿真。由于能够产生有意义输出的输入数可能非常巨大，因此仿真没有实际意义。但是，它在电路的功能与特性的验证方面有着非常实用的价值。在开发电路的 HDL 模型时，需要仿真和验证过程。

练习 4.1　分析图 PE4.1 中的逻辑图，写出 F_1 和 F_2 的布尔表达式。

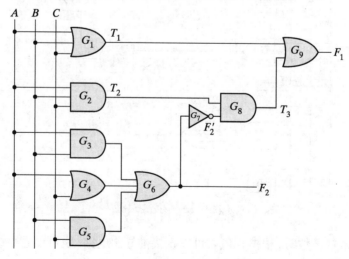

图 PE4.1

答案：$T_1 = A + B + C$

　　　　$T_2 = ABC$

　　　　$F_2 = AB + A + B + BC = A + B + BC = A + B$

　　　　$F_2' = A'B'$

　　　　$T_3 = (ABC)(A'B') = 0$

　　　　$F_1 = T_1 = A + B + C$

4.4　设计步骤

　　组合电路设计根据设计目标的要求，画出逻辑图或得到逻辑图的一组布尔函数。其步骤如下[4-7]：

1. 根据电路要求，确定需要的输入数和输出数，并给每个变量分配一个符号。
2. 列出输入和输出之间关系的真值表。
3. 求输出函数的最简表达式。
4. 画出逻辑图，并验证设计的正确性。

　　真值表由输入栏和输出栏构成，输入栏包含对应于 n 个变量的 2^n 个二进制数。输出的二进制值则根据设计要求确定。真值表中定义的输出函数对组合电路进行了准确描述。将设计要求正确翻译成真值表是很重要的一步，设计要求通常是不完整的，任何错误的翻译都可能导致不正确的真值表。

　　对真值表所列出的输出二进制函数要设法进行化简，例如使用代数化简法、卡诺图法或计算机化简程序等。因此，有多种不同的简化表达式可供选择。在特殊用途中，会有特殊的选择标准。在实际设计过程中，必须考虑一些约束条件，如门的个数、门的输入数、信号通过门的传输时延、连线数、每个门的驱动能力，以及在集成电路设计中要考虑的各种其他标准。由于每个约束的重要程度取决于具体应用，那么就很难对一个可行的电路方案进行概述。大多数情况下，首先为满足基本目标而进行化简，例如把化简后的布尔函数表示成标准式，然后采取其他措施进一步化简，以满足其他性能标准。

代码转换举例

　　同一个离散单元信息可以用许多不同的代码表示，这就导致了不同数字系统所用的是不同的代码。有时需要将系统的输出作为另一个系统的输入，如果这两个系统用不同的代码表示相同的信息，那么就需要在两个系统间加入转换电路。因此，代码转换器是使两个系统协调工作的电路，即使这两个系统使用不同的二进制代码。

　　将二进制代码 A 转换为二进制代码 B 时，输入线路必须要支持代码 A 所用到的元素组合，而输出线路必须能够产生对应的代码 B 的组合。组合电路通过逻辑门来实现这个转换。该设计步骤可通过把二–十进制（BCD）码转换为余 3 码的例子来说明。

　　表 1.5（见 1.7 节）列出了 BCD 码和余 3 码的码组。由于两种代码都采用 4 位表示一个十进制数，就必然存在 4 个输入变量和 4 个输出变量。4 个输入变量记为 A、B、C、D，4 个

输出变量记为 w、x、y、z。输入和输出真值表见表 4.2[①]。输入码组和它们对应的输出可从 1.7 节直接得到。4 个二进制变量有 16 种组合,但真值表中只列出了 10 种,没被列出的输入变量的 6 种组合称为"无关项",这些值在 BCD 码中无意义,我们假设它们在实际电路中不会出现。因此,可以给输出变量随意分配 1 或 0,从而得到更简单的电路。

表 4.2   代码转换举例的真值表

输入 BCD 码				输出余 3 码			
A	B	C	D	w	x	y	z
0	0	0	0	0	0	1	1
0	0	0	1	0	1	0	0
0	0	1	0	0	1	0	1
0	0	1	1	0	1	1	0
0	1	0	0	0	1	1	1
0	1	0	1	1	0	0	0
0	1	1	0	1	0	0	1
0	1	1	1	1	0	1	0
1	0	0	0	1	0	1	1
1	0	0	1	1	1	0	0

对图 4.3 中的卡诺图画圈,可以得到输出布尔函数的最简式。每个卡诺图与电路的 4 个输出之一相对应,而电路是 4 个输入变量的函数。标为 1 的方格对应输出为 1 的最小项,它们可以从真值表的输出栏中得到。例如,输出 z 有 5 个 1,因此,z 的卡诺图就有 5 个 1,每个对应一个使 z 等于 1 的最小项。10～15 这 6 个无关的最小项用 X 表示。每个卡诺图下面列出了输出函数积之和式的最简表达式(见第 3 章)。

从化简后的布尔表达式可以直接得到每个输出的二级门电路逻辑图。可能还有一些其他的逻辑图用来实现这个电路。为了用普通的逻辑门得到两个或更多的输出,可以对图 4.3 中的表达式进行代数变换。这个操作如下所示,用以说明三级以上门电路构成多输出系统的灵活性:

$$z = D'$$
$$y = CD + C'D' = CD + (C + D)'$$
$$x = B'C + B'D + BC'D' = B'(C + D) + BC'D'$$
$$= B'(C + D) + B(C + D)'$$
$$w = A + BC + BD = A + B(C + D)$$

这些表达式的实现电路如图 4.4 所示。注意,输出为 $C + D$ 的或门对 3 个输出函数都起作用。

不计输入的非门,积之和式的实现需要 7 个与门和 3 个或门。图 4.4 的电路使用了 4 个与门、4 个或门和 1 个非门。如果输入只能为原变量,则第一种实现就需要对变量 B、C 和 D 取反,第二种实现则需要对变量 B 和 D 取反。这样,三级逻辑电路就需要更多的逻辑门,所有逻辑门的输入不超过两个。

通常,多级逻辑电路用于实现具有多个输出的子电路。这里,$(C + D)$ 分别形成 x、y 和 w 这 3 个输出函数,只用较少的门就实现了电路。利用逻辑综合工具可以自动查找并设计具有多个输出的子电路。

---

① 余 3 码是由二进制数加 3 形成的。例如,2_{10} 的余 3 码是 5_{10} 的二进制数,即 0101。

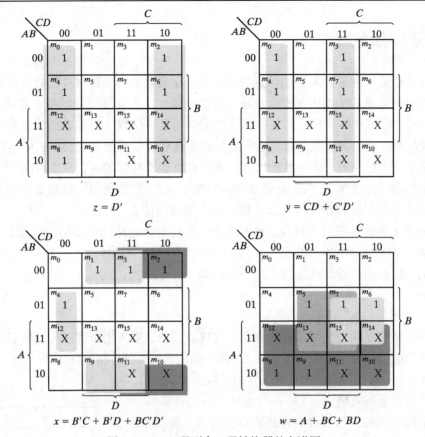

图 4.3 BCD 码到余 3 码转换器的卡诺图

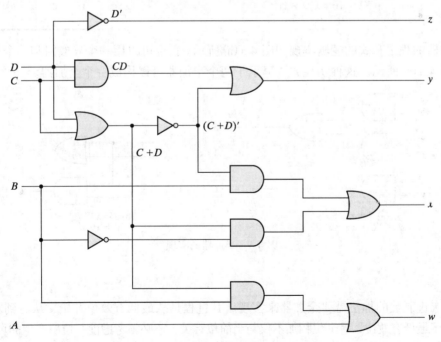

图 4.4 BCD 码到余 3 码转换器的逻辑图

4.5　二进制加减器

数字计算机能实现多种不同的信息处理任务。在函数中有多种多样的数学运算，绝大多数基本的数学运算是两个二进制数的加法。这个简单加法有 4 种可能的基本算式：0+0 = 0、0+1 = 1、1+0 = 1 和 1+1 = 10。前三种算式产生的和是一位数，但是当加数和被加数都为 1 时，二进制数的和就由两位数组成，运算结果的最高有效位称为进位(carry)。当加数和被加数包含了多个有效数字时，两个数相加后的进位就被送至相邻的高位。实现两位加法的组合电路称为半加器；实现 3 位(两个有效数和一个进位输入)加法的组合电路是全加器。这样命名是因为两个半加器组合在一起可以实现一个全加器的功能。

二进制加减器是实现二进制数加法和减法运算的组合电路。可以用层次化设计的方法改进这个电路。首先进行半加器的设计，然后再将其升级到全加器。将 n 个全加器进行级联，可实现 n 位二进制加法器。减法器电路中则增加了一个非门。

半加器

半加器电路需要两个二进制输入和两个二进制输出，输入变量表示为加数和被加数，输出变量是和与进位。两个输入记为 x 和 y，两个输出记为 S(和)和 C(进位)[①]。半加器的真值表列在表 4.3 中。只有当两个输入全为 1 时，输出 C 才是 1。输出 S 代表和的最低有效位。

两个最简输出布尔函数可由真值表直接得到。最简积之和式为

$$S = x'y + xy'$$
$$C = xy$$

表 4.3　半加器

x	y	C	S
0	0	0	0
0	1	0	1
1	0	0	1
1	1	1	0

半加器的积之和式的逻辑实现如图 4.5(a)所示。它也可以用一个异或门和一个与门来实现，如图 4.5(b)所示。这种实现方式显示了两个半加器可以构成一个全加器。

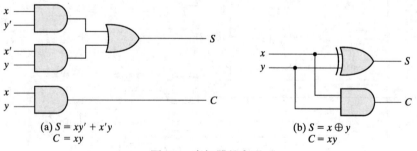

(a) $S = xy' + x'y$
$\quad C = xy$

(b) $S = x \oplus y$
$\quad C = xy$

图 4.5　半加器的实现

全加器

n 位二进制数的加法需要全加器来实现。其过程是从最低有效位开始，从右到左，逐位相加。除了最低有效位，每个位相加不仅与当前位有关，还必须考虑前一位所产生的可能进位。

[①] 进位(C)位是最高有效位，和(S)位是最低有效位。

全加器是用来实现 3 位算术和的组合电路。它有 3 个输入和两个输出，两个输入变量 x 和 y 分别代表两个待加的有效位，第三个输入变量 z 代表来自低有效位上的进位；输出必须要有两个，因为 3 个二进制数算术和的范围是 0 到 3，而二进制数 2 或 3 的表示则需要两位。两个输出变量中的符号 S 代表和，符号 C 代表进位。S 给出了和的最低有效位值，C 给出了输出进位值，该进位由当前位与前一位的进位求和产生。全加器的真值表列在表 4.4 中。输入变量栏里的 8 行给出了输入的 3 个变量的所

表 4.4　全加器

x	y	z	C	S
0	0	0	0	0
0	0	1	0	1
0	1	0	0	1
0	1	1	1	0
1	0	0	0	1
1	0	1	1	0
1	1	0	1	0
1	1	1	1	1

有可能组合，输出变量由输入位的算术和决定。当输入全为 0 时，输出也是 0。当仅有一个输入等于 1 或者 3 个输入都等于 1 时，输出 S 等于 1。如果两个或者 3 个输入等于 1，则输出进位 C 等于 1。

组合电路的输入和输出对于不同的问题有不同的解释。从物理上来看，输入的二进制信号可当作二进制数，算术相加后在输出端产生一个两位数的和。另外，在真值表或者逻辑门构成的电路中，同样的二进制数可看成是布尔函数的变量。全加器输出的卡诺图如图 4.6 所示。化简后的表达式为

$$S = x'y'z + x'yz' + xy'z' + xyz$$
$$C = xy + xz + yz$$

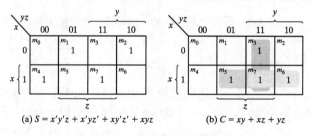

(a) $S = x'y'z + x'yz' + xy'z' + xyz$　　(b) $C = xy + xz + yz$

图 4.6　全加器的卡诺图

全加器逻辑图的积之和的实现结果如图 4.7 所示，也可用两个半加器和一个或门实现它，如图 4.8 所示。第二个半加器的输出 S 由 z 和第一个半加器的输出相异或而得，即

$$S = z \oplus (x \oplus y)$$
$$= z'(xy' + x'y) + z(xy' + x'y)'$$
$$= z'(xy' + x'y) + z(xy + x'y')$$
$$= xy'z' + x'yz' + xyz + x'y'z$$

进位输出为

$$C = z(xy' + x'y) + xy = xy'z + x'yz + xy$$

练习 4.2　请说明半加器和全加器在功能上的不同之处。

答案：半加器仅将两个(数据)位相加，以产生一个求和与进位位。一个全加器将 3 个输入位(两个数据位和一个进位位)相加，以产生总和与进位位。

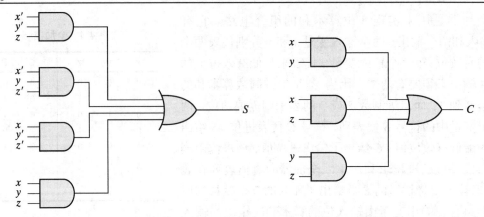

图 4.7　和之积式的全加器的实现

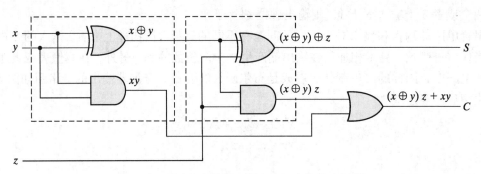

图 4.8　用两个半加器和一个或门实现的全加器

二进制加法器

　　二进制加法器是用来产生两个二进制数算术和的数字电路。它可以通过全加器的级联来实现，即每个全加器的输出和下一个全加器的输入相连，形成链状结构。n 位二进制数加法需要 n 个全加器级联，或一个半加器和 $n-1$ 个全加器级联实现。在前者情况下，最低有效位上的输入进位需要置 0。图 4.9 所示为 4 个全加器级联而成的 4 位行波进位加法器，被加数 A 和加数 B 由带下标的字母从右到左指定，下标为 0 就代表最低有效位。全加器之间的进位连接成链状。加法器的输入进位为 C_0，它依次穿过 4 个全加器到达输出进位 C_4。输出 S 产生需要的二进制和。每个全加器的输出进位连接到高位全加器的输入进位上，这样 n 个全加器就能构成一个 n 位加法器。

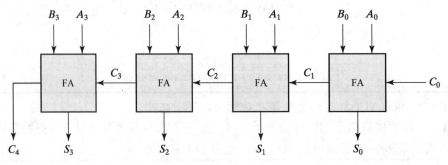

图 4.9　4 位加法器

可以通过一个具体实例来描述，考虑两个二进制数 $A = 1011$ 和 $B = 0011$，它们的和 $S = 1110$ 由 4 位加法器得到如下：

下标 i:	3	2	1	0	
输入进位	0	1	1	0	C_i
加数	1	0	1	1	A_i
被加数	0	0	1	1	B_i
和	1	1	1	0	S_i
输出进位	0	0	1	1	C_{i+1}

　　各个位通过全加器相加，从最低有效位(下标 0)开始，得到二进制和与进位。在最低有效位上的输入进位 C_0 必须是 0。有效位上 C_{i+1} 的值是全加器的输出进位，这个值被送到左边的高位全加器的输入进位上。这样，一旦低位的进位产生，求和可从右边位置开始逐位求得。为了输出正确的和，必须使所有的进位都能产生。

　　4 位加法器是典型的标准元件，在许多涉及数学运算的场合都要用到它。用传统方法设计这样电路需要一个 $2^9 = 512$ 行的真值表，该电路有 9 个输入。使用标准函数循环级联的方法，有可能得到一种简单而直接的实现方式。

进位传输

　　并行的两个二进制数加法是各位加数与被加数同时计算。对于任何组合电路，信号必须经过逻辑门的传输才能在输出端得到正确的运算结果。总的传输时间等于一个典型门的时延乘以电路中逻辑门的级数。加法器中最长的传输时延是进位通过各全加器所用的时间。既然输出结果的每一位都与输入进位有关，那么只有当输入进位已经传输到该级时，全加器任何一级的 S_i 值才是稳定的。我们来看图 4.9 中的输出 S_3，输入信号一加到加法器上，输入 A_3 和 B_3 就有效。然而直到前一级进位 C_2 送到，输入进位 C_3 才能稳定在最终的值。依次类推，C_2 要等 C_1，一直等到 C_0。这样，只有在进位传输通过各级电路后，最终的输出 S_3 与进位 C_4 才能稳定在正确的值。

　　进位传输经过门的级数可以从全加器电路中得到。为方便起见，我们把电路重绘于图 4.10 中。输入/输出变量用下标 i 代表加法器的 i 级。P_i 和 G_i 信号在传输过程中要保持稳定，这两个信号对所有的全加器来说，仅仅由输入的二进制加数与被加数来确定。从输入进位 C_i 到输出进位 C_{i+1} 的信号传输经过了一个与门和一个或门，构成了二级门电路。如果加法器中有 4 个全加器，则输出进位 C_4 须通过 C_0 和 C_4 之间的 $2 \times 4 = 8$ 级门电路。对于 n 位加法器，从输入进位到输出进位需要通过 $2n$ 级门电路。

　　进位传输时间是加法器的一个重要特性，因为它限制了两个数相加的速度。尽管加法器或所有组合电路在其输出端总会有一些值，但是，如果不能给予足够的时间让信号传输通过输入和输出之间的门电路，那么其输出就不会正确。既然所有其他的数学运算都可以用连续加法来实现，因此加法过程中的耗时就很关键。减少进位时延的一个有效方法就是使用速度快、时延小的逻辑门电路。然而，电路的物理性能总是有限的。另一个解决办法是提高电路的复杂度以减少进位时延。目前，已有多种技术可以降低并行加法器的进位时延。其中使用最广泛的技术是超前进位逻辑。

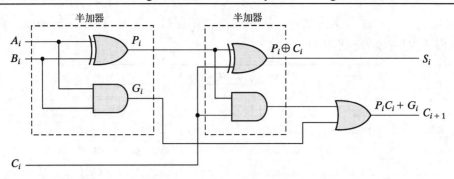

图 4.10　带有 P 和 G 的全加器

考虑图 4.10 所示的全加器电路，如果我们定义两个二进制变量：

$$P_i = A_i \oplus B_i$$
$$G_i = A_i B_i$$

输出的和与进位可表示为

$$S_i = P_i \oplus C_i$$
$$C_{i+1} = G_i + P_i C_i$$

G_i 称为进位产生(carry generate)，不管输入进位 C_i 为何，当 A_i 和 B_i 都为 1 时，它产生一个进位。G_i 表示数据从第 i 阶段进入第 $i+1$ 阶段会产生进位。P_i 称为进位传输(carry propagate)，因为它与从 C_i 到 C_{i+1} 的进位传输有关。

现在写出每一级进位输出的布尔函数，每个 C_i 值用前面的方程代替：

$$C_0 = 输入进位$$
$$C_1 = G_0 + P_0 C_0$$
$$C_2 = G_1 + P_1 C_1 = G_1 + P_1(G_0 + P_0 C_0) = G_1 + P_1 G_0 + P_1 P_0 C_0$$
$$C_3 = G_2 + P_2 C_2 = G_2 + P_2 G_1 + P_2 P_1 G_0 + P_2 P_1 P_0 C_0$$

既然每个输出进位的布尔函数都表示成积之和式，因此每个函数可用一级与门后接一个或门来实现(或者用二级与非门)。布尔函数 C_1、C_2 和 C_3 的超前进位产生电路的实现结果如图 4.11 所示。注意 C_3 并不需要等待 C_1 和 C_2；实际上，C_3 和 C_1、C_2 同时传输。

具有超前进位机制的 4 位加法器如图 4.12 所示。每个和输出需要 2 个异或门。第一个异或门的输出产生变量 P_i，与门产生变量 G_i。进位传输通过了超前进位产生电路，并被用作第二个异或门的输入。所有输出的产生都经过了二级门电路的延时。这样，输出 S_1 至 S_3 就具有相同的传输时延。产生输出进位 C_4 的二级门电路尚未画出，这种电路很容易通过方程代入法得出。

练习 4.3　行波加法器的主要缺点是什么？

答案：添加长数据字所需的时间可能过长，因为进位必须从最低有效位传输到最高有效位。

练习 4.4　进位超前加器的主要缺点是什么？

答案：它的硬件比行波进位加法器的硬件复杂。

练习 4.5　已知两个二进制数 $A = 1100\_0101$，$B = 1010\_1010$，求和与进位。

答案：和为 0110_1111，进位为 1。

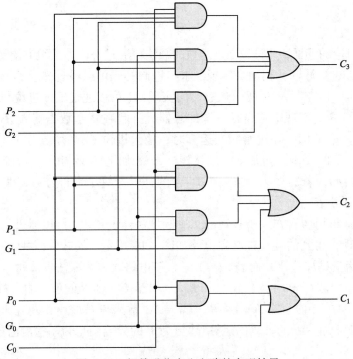

图 4.11 超前进位产生电路的实现结果

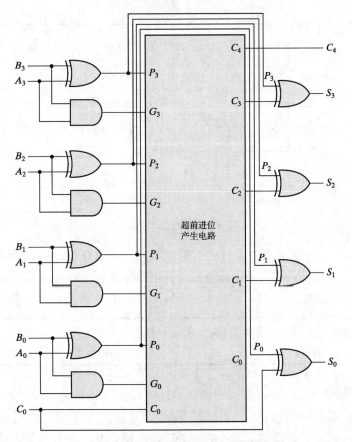

图 4.12 具有超前进位机制的 4 位加法器

二进制减法器

如同 1.5 节讨论的那样，无符号二进制数的减法可通过补码方式很方便地实现。减法运算 $A - B$ 可通过将 B 的补码与 A 相加来实现。求二进制补码可以通过先求其反码，然后在反码的最低有效位上加 1 来实现。反码可通过非门实现，1 可以通过输入进位与和相加。

减法运算 $A - B$ 的实现电路包括一个加法器，并且在每个数据输入 B 与其对应的全加器输入之间都有一个非门。当进行减法运算时，输入进位 C_0 必须要等于 1。这样，该运算就变成了 A 加上 B 的反码，再加 1。这就相当于 A 加上 B 的补码。对于无符号数，如果 $A \geqslant B$，就给出 $A - B$；若 $A < B$，则得到 $B - A$ 的补码。对于带符号数，假设没有溢出，结果就是 $A - B$(见 1.6 节)。

加法和减法运算可包含在一个普通的二进制加法器电路里。可以通过将每个全加器加上一个异或门来实现，得到的 4 位加减器电路如图 4.13 所示。模式输入 M 控制运算类型，当 $M = 0$ 时，该电路就是加法器；而当 $M = 1$ 时，该电路就成为减法器。每个异或门都接收到输入 M 和一个 B。当 $M = 0$ 时，有 $B \oplus 0 = B$，全加器接收到 B 的值，输入进位为 0，电路实现的是 $A + B$。当 $M = 1$ 时，有 $B \oplus 1 = B'$，$C_0 = 1$，输入 B 被取反，并且通过输入进位加上 1。该电路实现了 A 加上 B 的补码的运算(输出为 V 的异或门是为了检测溢出)。

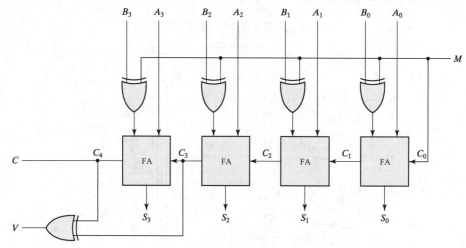

图 4.13　4 位加减器(带溢出检测)

值得注意的是，"符号-补码"系统中二进制数的加减运算与无符号系统中基本的加减法是一样的。因此，计算机只需要一种普通的硬件电路来处理这两种运算。用户或程序员必须能够正确区分加法与减法的结果，这就取决于该数被假设成带符号数还是无符号数。

练习 4.6　已知 $A = 1001_2$，$B = 0110_2$，求 $A - B$。

答案：$A - B = 1\_0011_2$

溢出

如果两个 n 位数相加的和是 $n + 1$ 位，则称之为溢出。不管是二进制还是十进制数，也不管是否有符号，都会产生溢出。当用纸笔进行加法操作时，溢出不是问题，因为求解时纸的页面大小不受限制。而在数字计算机中，由于计算机字长的限制，无法容纳 $n+1$ 位的数，溢出就成为问题。正是由于这个原因，许多计算机会检测溢出的产生。一旦产生溢出，就会有相应提示，使用户能够察觉。

要检测出两个二进制数相加后是否溢出，取决于这些数是带符号数还是无符号数。当两个无符号数相加时，溢出要在最高有效位的最后进位上检测。而在带符号数的情况下，最左边的位总是代表符号，且负数用补码表示。当两个带符号数相加时，符号位被当作数的一部分，且最后的进位不表示溢出。

既然一个正数和一个负数相加产生的结果比原先两个数中较大的数还要小。因此，若加法运算中有一个数是正数而另一个数为负数，就不会产生溢出。若两个数都为正数或者都为负数，则相加的结果就有可能产生溢出。我们来看这是如何发生的，下面的这个例子中，两个带符号数+70 和+80 存储在两个 8 位寄存器里。每个寄存器能容纳数的范围从二进制的+127 到-128。因为这两个数相加的和是+150，超过了 8 位寄存器容量。如果两个数都为正或都为负，就可能发生这种情况。两个二进制加法及最后的两个进位描述如下：

进位：	0	1		进位：	0	1
+70	0	1000110		−70	1	0111010
+80	0	1010000		−80	1	0110000
+150	1	0010110		−150	0	1101010

注意，本该为正数的 8 位数却有一个负的符号(第 8 位)，而本该为负数的 8 位数却有了一个正的符号。如果符号位上的进位作为结果的有效位，则这样获得的 9 位结果才是正确的。因为结果超出了 8 位数，我们就说产生了溢出。

溢出的产生可以由进入符号位的进位和符号位上的输出进位来检测。若这两个进位不相等，则产生了溢出。上面例子中的两个进位清楚地说明了这一点。将这两个进位加到一个异或门，若该门的输出等于 1，表明发生了溢出。要使这种方法工作正确，补码必须要通过反码加 1 来计算。这时就要注意最大负数求反的情况。

输出为 C 和 V 的二进制加减器如图 4.13 所示。如果把两个二进制数当作无符号数，则 C 位就会检测到一个相加后的进位或相减后的借位。若把这些数当成带符号数，则 V 位就检测溢出。若相加或相减后 $V=0$，就表明没有溢出，且 n 位的结果正确。如果相加或相减后 $V=1$，则运算结果有 $n+1$ 位，但该数只有右边的 n 位有效，因此产生了溢出。第 $n+1$ 位实际上是符号，但被移出了位置。

4.6 十进制加法器

以十进制数直接进行算术运算的计算机或计算器，一般以二进制形式来表示十进制数。作为这样一台计算机的加法器，必须要有算术电路来接收编码的十进制数，并以相同的编码表示计算结果。对于二进制数加法，只要考虑一对有效位及前面的进位就足够了。十进制加法器最少需要 9 个输入和 5 个输出，因为每个十进制数需要 4 位来编码，并且电路必须要有一个输入和一个输出进位。十进制加法器有多种电路，它取决于所代表的十进制数的编码。这里我们主要讨论 BCD 码(见 1.7 节)的十进制加法器。

BCD 加法器

考虑两个十进制数 BCD 码的算术加法，包括来自前一级的进位输入。既然每个输入数不超过 9，输出和就不会大于 $9 + 9 + 1 = 19$，和中的 1 是一个输入进位。假设将两个 BCD 码加到一个 4 位二进制加法器上，该加法器就会产生一个二进制和，且计算结果的范围为 0 至 19。这些二进制数被列在表 4.5 中，并用符号 K、Z_8、Z_4、Z_2 和 Z_1 来标识。K 是进位，Z 的下标 8、4、2、1 代表权值，分配给 BCD 码的 4 个位。"二进制和"那一栏列出了 4 位加法器的输出二进制值。两个十进制数的和输出必须表示成 BCD 码，用列在"BCD 和"那一栏的形式表示。下面的问题就是要找到一个规则，将二进制和转换成正确的 BCD 和。

表 4.5   BCD 加法器的推导

二进制和					BCD 和					十进制数
K	Z_8	Z_4	Z_2	Z_1	C	S_8	S_4	S_2	S_1	
0	0	0	0	0	0	0	0	0	0	0
0	0	0	0	1	0	0	0	0	1	1
0	0	0	1	0	0	0	0	1	0	2
0	0	0	1	1	0	0	0	1	1	3
0	0	1	0	0	0	0	1	0	0	4
0	0	1	0	1	0	0	1	0	1	5
0	0	1	1	0	0	0	1	1	0	6
0	0	1	1	1	0	0	1	1	1	7
0	1	0	0	0	0	1	0	0	0	8
0	1	0	0	1	0	1	0	0	1	9
0	1	0	1	0	1	0	0	0	0	10
0	1	0	1	1	1	0	0	0	1	11
0	1	1	0	0	1	0	0	1	0	12
0	1	1	0	1	1	0	0	1	1	13
0	1	1	1	0	1	0	1	0	0	14
0	1	1	1	1	1	0	1	0	1	15
1	0	0	0	0	1	0	1	1	0	16
1	0	0	0	1	1	0	1	1	1	17
1	0	0	1	0	1	1	0	0	0	18
1	0	0	1	1	1	1	0	0	1	19

从表 4.5 可以看出：当二进制和等于或者小于 1001 时，其对应的 BCD 和是相等的，因此不需要进行转换。当二进制和大于 1001 时，得到的是一个无效的 BCD 表示。解决办法是将二进制数 6(0110)与二进制和相加，从而得到正确的 BCD 表示，并产生所需的输出进位。

用于校正的逻辑电路可从表中得出。当二进制和有一个输出进位 $K = 1$ 时就需要校正。其他从 1010 到 1111 的 6 种组合也需要进行校正，它们在 Z_8 的位置上都为 1。为了将它们与二进制数 1000 和 1001 相区分，我们进一步限定 Z_4 或 Z_2 上也必须是 1。校正的条件及输出进位可以用布尔表达式表示如下：

$$C = K + Z_8 Z_4 + Z_8 Z_2$$

当 $C = 1$ 时，需要将 0110 与二进制和相加，并给下一级提供一个输出进位。

两个 BCD 数相加产生 BCD 和的加法器如图 4.14 所示。两个十进制数与输入进位首先加到上面的 4 位加法器上，以产生二进制和。当输出进位等于 0 时，二进制和保持不变。而当其等于 1 时，将二进制数 0110 与下面的 4 位加法器产生的和相加。下面加法器产生的输出进位可以忽略，因为它提供的信息可以在输出进位端得到。一个并行的 n 位十进制加法器需要 n 级 BCD 加法器，其中低一级的输出进位必须接到高一级的输入进位上。

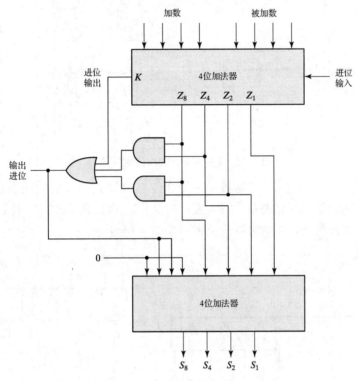

图 4.14　BCD 加法器的框图

4.7　二进制乘法器

二进制数乘法的实现途径与十进制数的一样，即被乘数分别和乘数的每一位相乘。每次相乘产生一个部分积，这些连续的部分积不断地向左移一位，最后的乘积就是这些部分积之和。

怎样用组合电路实现二进制乘法器？我们来看图 4.15 所示的两位数的乘法器。被乘数是 B_1 和 B_0，乘数是 A_1 和 A_0，乘积是 $P_3 P_2 P_1 P_0$。第一个部分积是 A_0 与 $B_1 B_0$ 相乘的结果。A_0 和 B_0 相乘，如果它们都等于 1，则积就是 1；否则积就是 0，这和一个与门的运算是一样的。因此部分积可以由如图 4.15 所示的与门来实现。第二个部分积由 A_1 与 $B_1 B_0$ 相乘并左移一位后得到。这两个部分积经两个半加器(HA)电路相加。部分积通常都是多位的，需要使用全加器来得到这些部分积的和。注意，乘积的最低有效位由第一个与门输出，没必要通过加法器。

多位二进制乘法器的组合电路可以用类似方式来构造。一位乘数与被乘数的每位相与，乘数有多少位就有多少级门电路。每一级与门的二进制输出与前一级的部分积相加，产生一个新的部分积。最后一级就是乘积。对于 J 位乘数和 K 位被乘数，我们需要 $J \times K$ 个与门和 $(J-1)$ 个 K 位加法器来产生 $J+K$ 位的乘积。

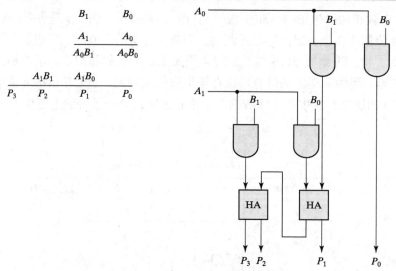

图 4.15　2 位 × 2 位的二进制乘法器

第二个例子为一个 4 位二进制数和一个 3 位二进制数相乘的乘法器电路，被乘数用 $B_3B_2B_1B_0$ 表示，乘数用 $A_2A_1A_0$ 表示。因为 $K = 4$、$J = 3$，因此需要 12 个与门和两个 4 位加法器来产生一个 7 位的乘积。该乘法器的逻辑图如图 4.16 所示。

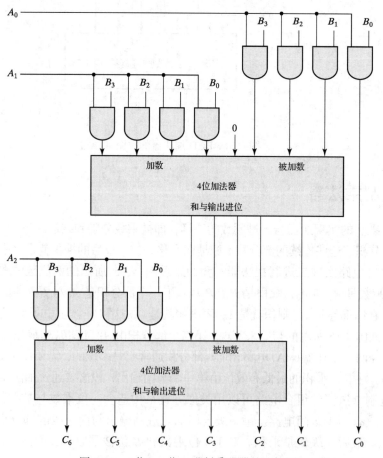

图 4.16　4 位 × 3 位二进制乘法器的逻辑图

4.8 数值比较器

两个数的比较就是确定一个数是大于、小于还是等于另一个数。数值比较器是对两个数 A 和 B 进行比较，以确定它们相对大小的组合电路。比较结果是由 3 个二进制变量区分 $A > B$、$A = B$ 和 $A < B$ 三种情况。

一方面，两个 n 位数比较电路的真值表有 2^n 项，即使当 $n = 3$ 时，计算也十分烦琐。另一方面，比较器电路有一定的规律性。那么一个固有的、有明确规律的数学函数通常可以用算法来设计。这个算法就是详细说明解决问题的步骤的方法。我们从 4 位数值比较器的设计中推导描述求解步骤的算法。

这个算法是人们用来比较两个数相对大小的程序的直接应用。考虑两个 4 位二进制数 A 和 B。写下这两个降序系数的二进制数：

$$A = A_3 A_2 A_1 A_0$$
$$B = B_3 B_2 B_1 B_0$$

每个带下标的字母代表该数的一位。如果所有对应的位都相等，即 $A_3 = B_3$、$A_2 = B_2$、$A_1 = B_1$、$A_0 = B_0$，则这两个数相等。当为二进制数时，其数字不是 1 就是 0，每组的相等关系可以用异或函数表示：

$$x_i = A_i B_i + A_i' B_i', \qquad i = 0, 1, 2, 3$$

只有当 i 位置上的一组比特相等(都是 1 或者都是 0)时，x_i 才等于 1。

A 和 B 两个数相等，可以在组合电路中说明，其输出二进制变量用指定的符号 $(A = B)$ 表示。若输入数相等，则该二进制变量等于 1，否则就等于 0。此等式存在的条件是，所有的 x_i 变量必须等于 1。这就意味着对所有变量进行了与运算：

$$(A = B) = x_3 x_2 x_1 x_0$$

只有当两个数所有对应位都相等时，该二进制变量 $(A = B)$ 才等于 1。

为了确定 A 和 B 的大小，从最高位开始检查对应的每组数的相对大小。如果两个数相等，就比较较低一位的一组数，一直比较到数不相等时为止。如果 A 中相应的位是 1 而 B 中相应的位是 0，则得到的结果是 $A > B$。而若 A 中相应的位是 0 而 B 中相应的位为 1，则 $A < B$。连续的比较可以用两个布尔函数表示如下：

$$(A > B) = A_3 B_3' + x_3 A_2 B_2' + x_3 x_2 A_1 B_1' + x_3 x_2 x_1 A_0 B_0'$$
$$(A < B) = A_3' B_3 + x_3 A_2' B_2 + x_3 x_2 A_1' B_1 + x_3 x_2 x_1 A_0' B_0$$

符号 $(A > B)$ 和 $(A < B)$ 是二进制输出变量，分别在 $A > B$ 或 $A < B$ 时等于 1。

这 3 个输出变量逻辑门实现的推导比看起来简单，因为其中包含了一定数量的重复设置。不相等的输出可以使用产生相等的输出所必需的逻辑门。4 位数值比较器如图 4.17 所示。4 个 x 输出由异或非电路产生，加到一个与门上以得到输出二进制变量 $(A = B)$。其他两个输出用变量 x 来产生前面列出的布尔函数组。这是一个多级实现并且有规则的方式。从这个例子可以清楚地了解获得多于 4 位的二进制数值比较器电路的方法。

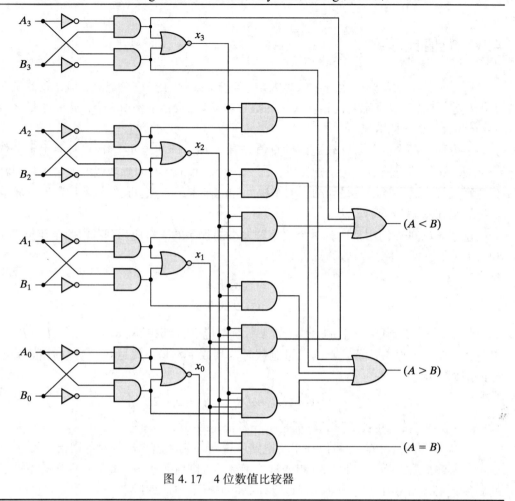

图 4.17　4 位数值比较器

练习 4.7　求解 $(0101)_2 \times (1001)_2$。
答案：$(0101101)_2$

4.9　译码器

数字系统中的离散信息量用二进制码来表示。一个 n 位二进制码可以表示 2^n 种不同的编码信息单元。译码器就是一个把来自 n 个输入线的二进制信息转化为多达 2^n 个输出线的组合电路。如果 n 位编码信息有没用的组合，那么译码器的输出可能少于 2^n 个。

上述译码器称为 n-m 线 $(n \times m)$ 译码器，此处 $m \leqslant 2^n$。其目的是对 n 个输入变量产生 2^n(或小于)个最小项，每种输入组合对应一个唯一的输出。译码器也可以用于其他关联的代码转换电路，例如 BCD-七段译码器。

以图 4.18 所示的 3-8 线译码器为例，3 个输入被译成 8 个输出，而每个输出代表 3 个输入变量的一个最小项，3 个非门提供反变量输入，8 个与门分别产生最小项中的一项。这种译码器的一个特殊应用就是二-十进制数的转换。输入变量代表一个二进制数，输出则代表了十进制系统中的 8 个数字。不管怎样，3-8 线译码器可以把任何 3 位码字译成 8 个输出，每个输出对应一个码字。

译码器的运算可以用表 4.6 所列的真值表来说明。对于每一种可能的输入组合，输出有7 个为 0，只有一个等于 1。值为 1 的输出对应着输入二进制数表示的最小项。

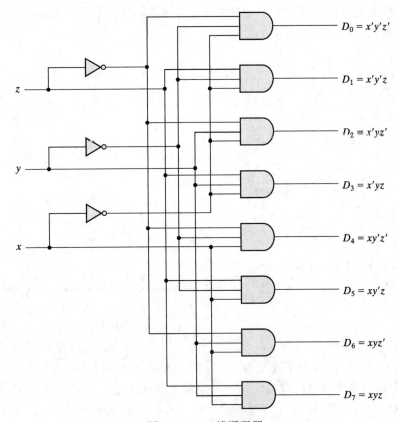

图 4.18 3-8 线译码器

表 4.6 3-8 线译码器的真值表

输		入	输				出			
x	y	z	D_0	D_1	D_2	D_3	D_4	D_5	D_6	D_7
0	0	0	1	0	0	0	0	0	0	0
0	0	1	0	1	0	0	0	0	0	0
0	1	0	0	0	1	0	0	0	0	0
0	1	1	0	0	0	1	0	0	0	0
1	0	0	0	0	0	0	1	0	0	0
1	0	1	0	0	0	0	0	1	0	0
1	1	0	0	0	0	0	0	0	1	0
1	1	1	0	0	0	0	0	0	0	1

部分译码器由与非门构成，由于与非门产生与运算和一个反相输出，因此以反相形式来产生译码器的最小项就显得非常经济。此外，译码器可以加上一个或多个使能端来控制电路的工作。一个由与非门构成、带有一个使能输入的 2-4 线译码器如图 4.19 所示。该电路的工作是以反相输出和低电平有效使能输入，当 E 等于 0 时译码器工作。从真值表中可以看出，任何时候只能有一个输出等于 0，其余所有的输出都为 1。值为 0 的输出代表了由输入 A 和 B

选择的最小项。当 E 等于 1 时，不管其他两个输入值如何，该电路被禁用。当此电路被禁用时，没有输出等于 0，进而没有最小项被选择。总之，译码器可以采用反相输出也可以采用同相输出。使能输入可用 1 或者 0 信号来激活。有些译码器为了满足在给定逻辑条件下使电路开始工作，可以有两个或者更多的使能输入。

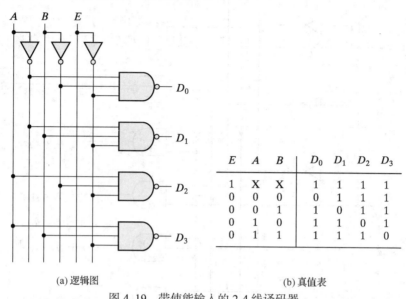

(a) 逻辑图

E	A	B	D_0	D_1	D_2	D_3
1	X	X	1	1	1	1
0	0	0	0	1	1	1
0	0	1	1	0	1	1
0	1	0	1	1	0	1
0	1	1	1	1	1	0

(b) 真值表

图 4.19　带使能输入的 2-4 线译码器

　　带使能输入的译码器可用作数据选择器。数据选择器是一种从一条线路上接收信息，并可产生 2^n 条可能的输出线路的电路。一个特定输出的选择由 n 个选择线路的组合来控制。当 E 作为数据输入线，而 A、B 作为选择输入时，图 4.19 的译码器可以当作 1-4 线数据选择器，唯一的输入变量 E 有到所有 4 个输出的路径，但是输入信息只能从两条选择线 A 和 B 的二进制组合确定的其中一条路线输出。这一点可以由电路的真值表来验证。例如，如果选择线 $AB = 10$，输出 D_2 就会和输入 E 的值一样，而所有其他的输出会保持在 1。因为译码器和数据选择器由相同的电路来实现，所以带使能端的译码器就称为译码器/数据选择器。

　　带使能端的译码器可以连在一起形成一个大型的译码器。图 4.20 显示了两个带使能端的 3-8 线译码器连在一起构成了一个 4-16 线译码器。当 $w = 0$ 时，上面译码器工作，下面译码器不工作，下面译码器的所有输出都为 0，上面译码器产生从 0000 到 0111 的最小项。当 $w = 1$ 时，使能条件相反，下面译码器产生从 1000 到 1111 的最小项，而上面译码器的输出都是 0。这个例子说明了使能输入在译码器及其他组合逻辑单元中的作用。总之，使能输入对于连接两个或多个基本单元，以便将其扩展成具有多个输入/输出的相同功能部件是非常具有价值的。

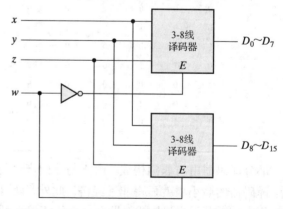

图 4.20　两个 3-8 线译码器组成的 4-16 线译码器

练习 4.8 使用 2-4 线译码器构建一个低电平有效使能的 3-8 线译码器，并绘制出电路图及其真值表。

答案：见图 PE4.8。

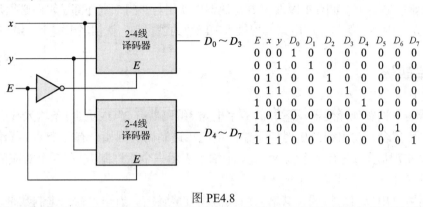

E	x	y	D_0	D_1	D_2	D_3	D_4	D_5	D_6	D_7
0	0	0	1	0	0	0	0	0	0	0
0	0	1	0	1	0	0	0	0	0	0
0	1	0	0	0	1	0	0	0	0	0
0	1	1	0	0	0	1	0	0	0	0
1	0	0	0	0	0	0	1	0	0	0
1	0	1	0	0	0	0	0	1	0	0
1	1	0	0	0	0	0	0	0	1	0
1	1	1	0	0	0	0	0	0	0	1

图 PE4.8

组合逻辑的实现

译码器提供 n 个输入变量的 2^n 个最小项，其输出由每一组输入唯一确定。既然任何布尔函数可以表示成最小项之和，那么就可以用译码器产生最小项，并且用外部或门来产生逻辑和。通过这种方法，任何有 n 个输入、m 个输出的组合电路都可以用一个 $n\text{-}2^n$ 线译码器和 m 个或门来实现。

用译码器和或门实现组合电路的步骤要求：首先把电路的布尔函数用最小项之和形式表示出来，然后选择译码器来产生输入变量的所有最小项，每个或门的输入从函数最小项译码器的输出中选择。该步骤将用一个全加器电路的实现加以说明。

从全加器的真值表(见表 4.4)中，我们得到其采用最小项之和表示的组合电路的函数：

$$S(x,y,z) = \sum(1,2,4,7)$$
$$C(x,y,z) = \sum(3,5,6,7)$$

由于有 3 个输入和 8 个最小项，因此需要一个 3-8 线译码器，其实现如图 4.21 所示。译码器产生 x、y、z 的 8 个最小项，输出为 S 的或门产生最小项 1、2、4 和 7 的逻辑和，输出为 C 的或门产生最小项 3、5、6 和 7 的逻辑和。

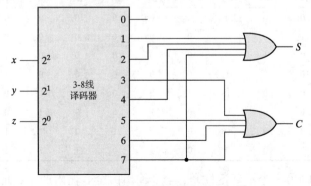

图 4.21 用一个译码器实现全加器

有一长串最小项的函数需要一个多输入的或门。有 k 个最小项的函数可以表示成其 2^n-k 个最小项的反函数 F'。如果函数的最小项数目大于 $2^n/2$，那么 F' 可以用更少的最小项来表示。在这种情况下，用一个或非门来得到 F' 的最小项之和是很方便的。或非门的输出对这个逻辑和求反，产生正常的输出 F。如图 4.19 那样在译码器中使用与非门，则外部逻辑门必须是与非门而不是或门。这是因为二级与非门电路实现最小项函数的逻辑和，就相当于一个二级与或门电路。

4.10   编码器

编码器是一种实现译码器反运算的数字电路。编码器有 2^n(或更少)条输入线和 n 条输出线。作为一个集合，输出线产生对应于输入值的二进制码。例如，有一个 8-3 线编码器，其真值表如表 4.7 所示，它有 8 个输入(每一个输入表示一个八进制数)和 3 个对应的二进制数输出。假设在任何时候只有一个输入值等于 1。

编码器可以用或门来实现，其输入由真值表直接确定。当输入的八进制数是 1、3、5、7 时，输出 z 等于 1；对于八进制数 2、3、6 或 7，输出 y 为 1；对于八进制数 4、5、6 或 7，输出 x 为 1。这些条件可以用下面的布尔函数来表示：

$$z = D_1 + D_3 + D_5 + D_7$$
$$y = D_2 + D_3 + D_6 + D_7$$
$$x = D_4 + D_5 + D_6 + D_7$$

该编码器可以用 3 个或门来实现。

表 4.7 所定义的编码器有一个局限，就是任何时候只有一个输入是有效的。如果两个输入同时有效，那么输入就会产生一个没有定义的组合。例如，如果 D_3 和 D_6 同时为 1，那么编码器输出将会是 111，3 个输出都等于 1。这既不代表二进制数 3，也不代表二进制数 6。为了解决这个不确定因素，编码器电路必须建立输入优先机制，使得只有一个输出被编码。如果我们指定下标数大的输入有高的优先级，则当 D_3 和 D_6 同时为 1 时，输出将是 110，因为 D_6 比 D_3 的优先级高。

表 4.7   8-3 线编码器的真值表

输　　入								输　　出		
D_0	D_1	D_2	D_3	D_4	D_5	D_6	D_7	x	y	z
1	0	0	0	0	0	0	0	0	0	0
0	1	0	0	0	0	0	0	0	0	1
0	0	1	0	0	0	0	0	0	1	0
0	0	0	1	0	0	0	0	0	1	1
0	0	0	0	1	0	0	0	1	0	0
0	0	0	0	0	1	0	0	1	0	1
0	0	0	0	0	0	1	0	1	1	0
0	0	0	0	0	0	0	1	1	1	1

8-3 线编码器中的另一个不确定性是，全 0 输出由全 0 输入产生；而这个输出与 D_0 等于 1 时的情况相同。这个矛盾可以用一个附加输出指示最少有一个输入等于 1 的方法来解决。

优先编码器

优先编码器是包含优先级函数的编码器电路，用于处理输入可能发生的冲突。优先编码器的运算是，如果有两个或多个输入同时有效，拥有最高优先级的输入将处于优先地位。表 4.8 给出了一个 4 输入优先编码器的真值表。除了两个输出 x 和 y，该电路还有第三个输出 V。V 是一个有效位指示符，当有一个以上的输入有效时，它就被设定为 1。如果所有的输入无效，V 就等于 0。当 V 等于 0 时，另外的两个输出就被当成无关条件而不用检查了。注意输出栏中任何位置的 X 都代表无关条件，而输入栏中的 X 却对真值表的简化很有用。不用列出 4 个变量的所有 16 个最小项，真值表用一个 X 就代表了 1 或 0。例如，X100 代表了两个最小项 0100 和 1100。

根据表 4.8，下标数越大，输入的优先级就越高。输入 D_3 具有最高优先级，所以不管其他输入为何值，只要该输入为 1，输出 xy 就是 11(二进制数 3)。D_2 具有第二优先级。如果 $D_3 = 0$ 而 $D_2 = 1$，则不管其他两个低优先级的输入如何，此时输出为 10。只有当更高优先级的输入为 0 时，D_1 对应的输出才会产生。下面依次类推。

用于化简输出 x 和 y 的卡诺图如图 4.22 所示。

表 4.8　4 输入优先编码器的真值表

输	入			输	出	
D_0	D_1	D_2	D_3	x	y	z
0	0	0	0	X	X	0
1	0	0	0	0	0	1
X	1	0	0	0	1	1
X	X	1	0	1	0	1
X	X	X	1	1	1	1

两个输出函数的最小项是从表 4.8 推出的。尽管这张表只有 5 行，但当一行中的每个 X 先后被 0 和 1 代替后，我们就得到了 16 个可能的输入组合。例如，表中第四行的 XX10 就代表了 4 个最小项 0010、0110、1010、1110。通过卡诺图化简，可以得到优先编码器的简化布尔表达式，输出 V 是所有输入变量的"或"函数。4 输入优先编码器的实现电路如图 4.23 所示，它对应于以下布尔函数：

$$x = D_2 + D_3$$
$$y = D_3 + D_1 D_2'$$
$$V = D_0 + D_1 + D_2 + D_3$$

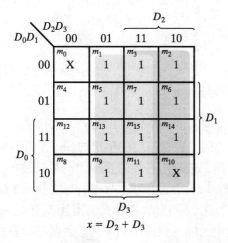

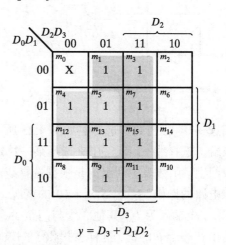

图 4.22　优先编码器的卡诺图

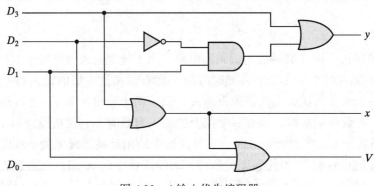

图 4.23　4 输入优先编码器

4.11　数据选择器

数据选择器是从多路输入线中选择其中的一路二进制信息传送到输出线上的一种组合电路。特定输入线的选择是由一组选择线来控制的。通常，有 2^n 个输入线和 n 个选择线，选择线的组合决定哪个输入线被选中。

二选一 (2-1 线) 数据选择器是从两路二进制信源中选择一路连接到同一输出端，如图 4.24 所示。该电路有两条数据输入线、一条输出线，还有一条选择线 S。当 $S = 0$ 时，上面的与门工作，I_0 连接到输出。而当 $S = 1$ 时，下面的与门工作，I_1 连接到输出。数据选择器就像一个电子开关，用来选择两路信号中的一个信号。数据选择器的模块图有时用如图 4.24(b) 所示的楔形符号来表示，它直观地显示了某个被选中的多路数据源如何被传送至单个终端。数据选择器用符号 MUX 来表示。

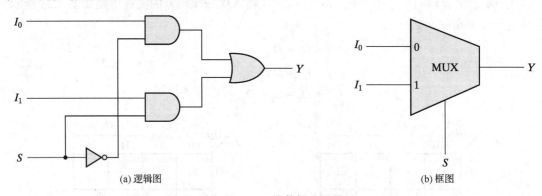

(a) 逻辑图　　　　　　　　　　　　　(b) 框图

图 4.24　2-1 线数据选择器

四选一 (4-1 线) 数据选择器如图 4.25 所示。I_0 到 I_3 的 4 个输入中每一个都接到一个与门的输入端。选择线 S_1 和 S_0 用来选择某一特定的与门。各个与门的输出加到一个提供单线输出的或门上。函数表中列出的是根据选择线的不同二进制组合传送至输出的数据输入。为了描述该电路的操作，考虑 $S_1 S_0 = 10$ 的情况。从图 4.25 中可知，I_2 所连的与门有两个输入等于 1，第三个输入为 I_2。其他 3 个与门至少有一个输入等于 0，这样其输出就等于 0。此时或门的输出就等于 I_2 的值，这样就提供了一条从选中的输入到输出的路径。数据选择器被称为多路转换器，它从多路输入数据中选择其中的一路给输出线。

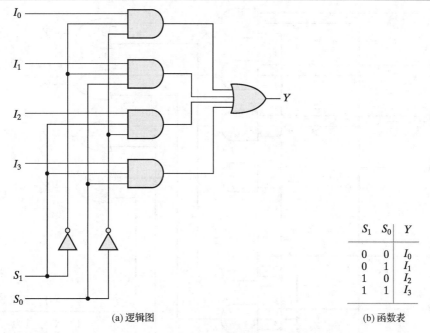

图 4.25　4-1 线数据选择器

数据选择器中的与门和非门实际上类似于译码器电路，它们对所选的输入线进行译码。总之，一个 2^n 选一的数据选择器由一个 n- 2^n 线译码器加上 2^n 条输入线构成，每条输入线接到一个与门上，与门的输出再接到一个或门上。数据选择器的规模由 2^n 条数据输入线和一条输出线决定。n 条选择线就意味着有 2^n 条数据线。如译码器那样，数据选择器可以有一个使能输入来控制该部件的功能。当使能输入无效时，输出被禁止；而当使能输入有效时，电路的功能就是一个正常的数据选择器。

数据选择器电路可以通过选择输入的组合来提供多位选择逻辑。例如，一个四 2-1 线数据选择器如图 4.26 所示。该电路有 4 个数据选择器，每个可以选择两条输入线中的一条。输出 Y_0 可以选择 A_0 或 B_0。类似地，输出 Y_1 的值可能是 A_1 或 B_1，依次类推。输入选择线 S 选择 4 个数据选择器中的一条线。正常工作时，使能输入 E 必须处于有效状态。尽管该电路包含了 4 个 2-1 线数据选择器，但我们更喜欢把它视为一个从两组 4 位数据线中选择一组数据的电路。函数表显示，当 $E = 0$ 时，该单元工作，若 $S = 0$，则 A 数据的 4 个输入有一条到4 个输出的路径。另一方面，若 $S = 1$，则 B 数据的 4 个输入被传送至输出。而当 $E = 1$ 时，不管 S 为何值，输出都为 0。

布尔函数的实现

4.9 节中介绍了译码器外加或门可以用来实现布尔函数。由数据选择器的逻辑图可以看出，数据选择器实质上就是一个带或门的译码器。在数据选择器中，函数的最小项由和选择输入相连的电路产生，单个最小项可以由输入数据来选择。这里提供一种方法，可以用一个有 n 个选择输入和 2^n 个数据输入的数据选择器来实现布尔函数，其中每个数据输入对应一个最小项。

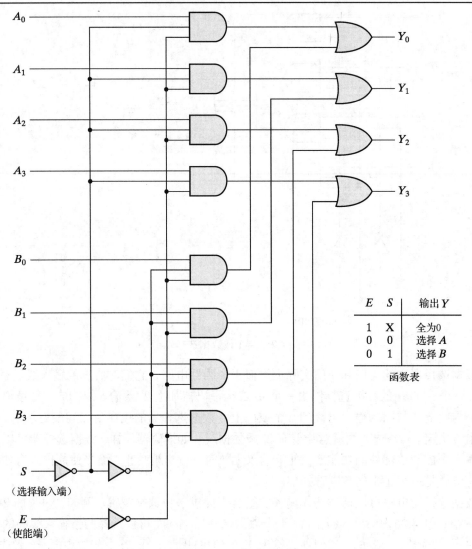

图 4.26   四 2-1 线数据选择器

另一种更有效的方法是,使用一个有 $n-1$ 个选择输入的数据选择器来实现 n 个变量的布尔函数。函数的前 $n-1$ 个变量接到数据选择器的选择输入端,剩下的一个变量用作数据输入。如果是单个变量 z,那么数据选择器的每个数据输入将会是 z、z'、1 或 0。为了描述这个步骤,我们来看一个三变量的布尔函数:

$$F(x, y, z) = \sum(1, 2, 6, 7)$$

该三变量函数可以用图 4.27 所示的 4-1 线数据选择器来实现。两个变量 x 和 y 按顺序提供给选择线;x 接到 S_1 输入端,y 接到 S_0 输入端。数据输入线的值由真值表决定。当 $xy=00$ 时,输出 F 等于 z,这是因为当 $z=0$ 时,$F=0$;而当 $z=1$ 时,$F=1$。这就要求 z 变量被赋予数据输入 0。该数据选择器的操作如下:当 $xy=00$ 时,数据输入 0 有一条到输出的路径,并且使 F 等于 z。相同的方式下,可以根据当 $xy=01$、10 和 11 时,F 的值各不相同来确定所需的输入数据线 1、2 和 3。这个特殊的例子描述了数据输入中可以获得的所有 4 种可能。

使用 $n-1$ 个选择输入和 2^{n-1} 个数据输入的数据选择器实现任意 n 个变量的布尔函数,

其一般步骤可参照前面的例子。首先列出布尔函数的真值表。真值表的前 $n-1$ 个变量被用作数据选择器的选择输入。对于输入变量的每个组合，把输出当作最后一个变量的函数。这个函数可以是 0、1、原变量、反变量。然后将这些值以正确的顺序加到数据输入端。

作为第二个例子，我们来看一个布尔函数的实现：

$$F(A,B,C,D)=\sum(1,3,4,11,12,13,14,15)$$

该函数用一个三选择输入的数据选择器来实现，如图 4.28 所示。注意第一个变量 A 必须接到选择输入 S_2，这样 A、B 和 C 就分别对应选择输入 S_2、S_1 和 S_0。数据输入线所接的输入由真值表列出的数字决定。相应的数据线由 ABC 的二进制组合决定。例如，当 $ABC=101$ 时，表中显示 $F=D$，这样输入变量 D 就提供给数据输入 5。二进制常数 0 和 1 对应两个固定的信号值，当用于集成电路时，逻辑 0 对应于信号地，而逻辑 1 相当于电源信号(比如 3 V)，具体取决于电路的工艺技术。

x	y	z	F	
0	0	0	0	$F=z$
0	0	1	1	
0	1	0	1	$F=z'$
0	1	1	0	
1	0	0	0	$F=0$
1	0	1	0	
1	1	0	1	$F=1$
1	1	1	1	

(a) 真值表

(b) 数据选择器

图 4.27　使用数据选择器实现布尔函数

A	B	C	D	F	
0	0	0	0	0	$F=D$
0	0	0	1	1	
0	0	1	0	0	$F=D$
0	0	1	1	1	
0	1	0	0	1	$F=D'$
0	1	0	1	0	
0	1	1	0	0	$F=0$
0	1	1	1	0	
1	0	0	0	0	$F=0$
1	0	0	1	0	
1	0	1	0	0	$F=D$
1	0	1	1	1	
1	1	0	0	1	$F=1$
1	1	0	1	1	
1	1	1	0	1	$F=1$
1	1	1	1	1	

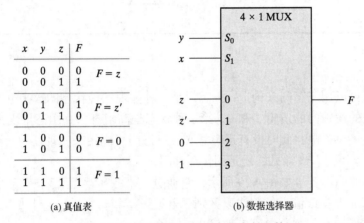

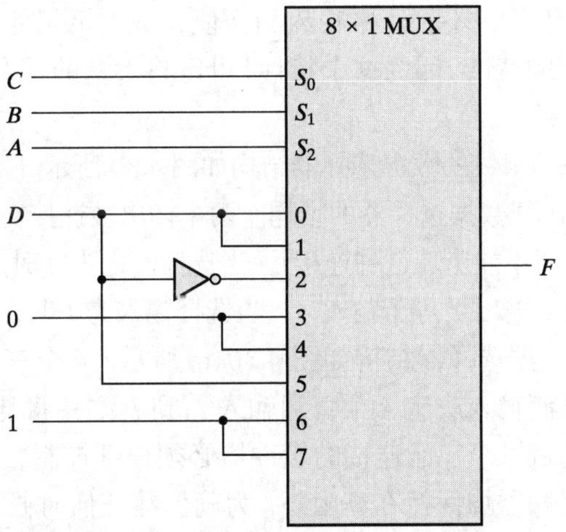

图 4.28　使用数据选择器实现 4 输入函数

练习 4.9   使用数据选择器实现布尔函数 $F(A,B,C)=\sum(3,5,6,7)$。

答案：见图 PE4.9。

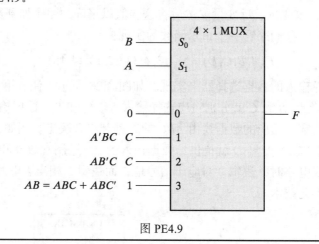

图 PE4.9

三态门

数据选择器可以用三态门来构造。三态门是一种呈现三种状态的数字电路，其中的两种状态相当于传统的逻辑门的逻辑 1 和 0，第三种状态是高阻态。高阻态呈现为开路，也就是输出表现为无连接，该电路此时没有逻辑意义。三态门可以用来实现任何一个普通逻辑门，如与门和与非门。不过，最常见的还是用作缓冲门。

三态缓冲器的图形符号如图 4.29 所示，它通过在门的图标底部加上一条输入控制线以区别于普通的缓冲器。该缓冲器有一个高电平有效输入、一个输出和一个决定输出状态的控制输入。当控制输入

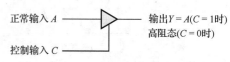

图 4.29   三态缓冲器的图形符号

等于 1 时，输出使能，该逻辑门作为普通的缓冲器，输出就等于正常的输入。当控制输入为 0 时，输出无效，不管正常输入为何值，该逻辑门处于高阻态。三态门的高阻态提供了一种其他门没有的特性。因为这个特性，可以将大量的三态门输出用线连在一起形成一条共用线，而不会有危险。

用三态门组成的数据选择器结构如图 4.30 所示。图 4.30(a)显示了用两个三态门和一个反相器构成的 2-1 线数据选择器的结构。两个输出被连接在一起以形成单条输出线(必须明确，非三态输出逻辑门不能出现这种连接)。当选择输入为 0 时，上部的缓冲器由输入控制使能，而下面缓冲器无效，输出 Y 等于输入 A；当选择输入为 1 时，下面的那个缓冲器使能，Y 等于 B。

4-1 线数据选择器结构如图 4.30(b)所示。4 个三态门的输出连在一起形成单一输出线。缓冲器的控制输入决定 4 个普通输入 I_0 到 I_3 之一将与输出线相连。任意时间，起作用的缓冲器数不会超过一个。已连接的缓冲器必须得到控制，以便只有一个三态缓冲器通向输出，而所有其他缓冲器均保持在高阻态。为确保在任何时候只有一个控制输入有效的方法是使用译码器。当译码器的使能输入为 0 时，它的 4 个输出全是 0，因为所有的 4 个缓冲器都被禁止，所以输出总线呈现高阻态。当使能输入有效时，译码器的选择输入值将确定其中一个三态缓冲器有效。仔细研究将会发现，该电路以另外一种方式构造了一个 4-1 线数据选择器。

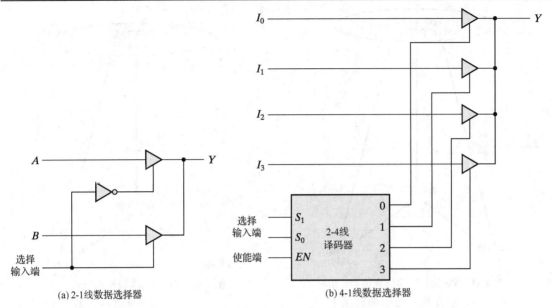

(a) 2-1线数据选择器   (b) 4-1线数据选择器

图 4.30　带有三态门的数据选择器

4.12　组合电路的 HDL 模型

第 3 章介绍了 Verilog 和 VHDL 的基本特点。本节将通过更多详细的实例来介绍 Verilog 的其他特点，并对组合电路的不同 Verilog 描述进行比较[1]。

Verilog 和 VHDL 支持三种常见的组合电路建模：

- 门级建模，也称为结构建模，是将基本逻辑电路实例化并相互连接起来，形成功能更复杂的电路。门级建模通过指定逻辑门及其相互连接的方式来描述电路[2]。
- 数据流建模使用 HDL 运算符和赋值语句来描述布尔方程表示的功能。
- 行为建模使用指定语言的进程语句描述电路的抽象模型。行为建模在比门级建模或数据流建模更高的抽象级别上描述组合电路和时序电路[6-9]。

通常，组合逻辑电路可以使用布尔方程、逻辑图和真值表描述。HDL 对以上三种方式的支持取决于语言本身[1-3]。

Verilog　Verilog 具有与组合逻辑电路三种"经典"设计方法相对应的构造，即连续赋值(布尔方程)、内置原语(逻辑图)和用户自定义原语(真值表)，如图 4.31 所示。

VHDL　VHDL 具有使用布尔方程和逻辑图(示意图)描述组合逻辑电路的构造，如图 4.32[10,11]所示，采用并发信号赋值语句实现布尔方程。虽然没有内置门，但是可以使用用户自定义组件来实现由逻辑图或真值表描述的电路。如果组合电路由真值表指定，则需导出其输出函数并创建布尔函数，相关的表达式可以使用并发信号赋值语句来描述。

---

① 第 5 章介绍了时序电路及其模型。

② Verilog 还支持用于直接表示 MOS 晶体管电路的开关级建模。这种样式有时用于建模和仿真，但不用于综合。在本书中，我们不使用开关级建模，但在附录 A 中提供了简要介绍。更多信息请参见 Verilog 语言参考手册。

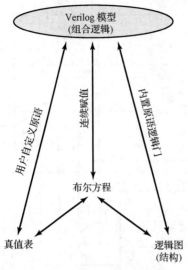

图 4.31   Verilog 结构与真值表、布尔方程及逻辑图的关系

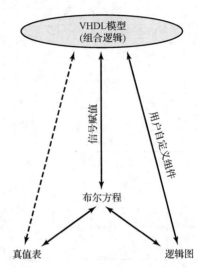

图 4.32   VHDL 结构与真值表、布尔方程及逻辑图的关系

门级建模

门级建模在第 3 章中用一个简单的例子进行了介绍。在这种表示方法中，用逻辑门及其互连来确定电路。门级建模提供对逻辑图的文本描述[12-13]。

Verilog(原语) Verilog 包括 12 个作为预定义原语的基本逻辑门，其中 4 个是三态门，其余 8 个逻辑门归为一类，已在 2.8 节列出。这 8 个逻辑门以小写的关键字来表示：**and**、**nand**、**or**、**nor**、**xor**、**xnor**、**not**、**buf**。例如与门是一个有 n 个输入的基本原语，它可以含有任意数目的输入(例如一个 3 输入与门)。再如 **buf** 和 **not** 是有 n 个输出的基本原语，一个输入能驱动多个由它标识的输出。

Verilog 语言对每种类型的门都有功能描述。每个门的逻辑都基于四值系统①。功能描述规定了由每个逻辑门输入组合而成的输出。当这些门被仿真时，系统立即给每个逻辑门的输出赋值。除了 0 和 1 两个逻辑值，还有其他两个值：不确定和高阻态。不确定用 **x** 表示，高阻态用 **z** 表示。在仿真过程中，当输入或输出不确定时(例如，如果没有被赋值为 0 或 1)，就赋以不确定值。高阻态发生在三态门输出无连接或者端口悬空的情况下。

and、**or**、**xor**、**not** 的真值表见表 4.9，该表由两个输入组成，采用行列格式，其中一个输入的可能值占据另一个输入值对应的行，其他 4 个逻辑门的真值表除输出为反相外其余都相同。注意，与门的真值表只有当两个输入都是 1 时输出才为 1，而只要任意一个输入为 0，输出就为 0；另外，如果有一个输入为 **x** 或 **z**，则输出为 **x**。对于或门的输出，当两个输入都是 0 时，输出为 0，任意一个输入为 1 时，输出为 1，否则为 **x**。两个输入门的逻辑表可以用于 n 输入门，方法是将前两个输入的结果与第三个输入的结果成对组合，等等。

当在模块中列出基本逻辑门时，我们称之为模块中的实例化。一般情况下，组件实例化说明引用了低层次的组件设计，实质上是在高层次的模块里创建这些组件的唯一副本(或实

---

① 开关级模型的逻辑系统包括 4 个值和 8 个级别。开关级模型在附录 A 中讨论。

例)。因而，使用这种方式描述的逻辑门模块称为实例化逻辑门，可以认为实例化是在电路板上放置和连接 HDL 实例。

表 4.9　基本逻辑门的真值表

and	0	1	x	z	or	0	1	x	z
0	0	0	0	0	0	0	1	x	x
1	0	1	x	x	1	1	1	1	1
x	0	x	x	x	x	x	1	x	x
z	0	x	x	x	z	x	1	x	x

xor	0	1	x	z	not	输入	输出
0	0	1	x	x		0	1
1	1	0	x	x		1	0
x	x	x	x	x		x	x
z	x	x	x	x		z	x

Verilog(向量)　在许多设计中，使用具有多个位宽的标识符(称为向量)是十分有用的。向量用方括号和两个数字加一个冒号来标识。下面的代码表示两个向量：

output [0:3] D;
wire　[7:0] SUM;

第一个向量声明了一个从 0 到 3 的 4 位输出向量 D，第二个向量声明了从 7 到 0 的 8 位向量 SUM(注意：列出的最左边第一个数是向量的最高有效位)。单个位在方括号内说明，例如 D[2]就指 D 的第 2 位。也可以表示部分(相邻字节)向量，例如，SUM[2:0]就说明向量 SUM 的 3 个最低有效位。

VHDL(用户自定义组件)　VHDL 没有预定义的门级基本原语。VHDL 中的门级(结构)模型是通过(1)定义具有指定功能的实体-结构体对及(2)将它们实例化为实体结构模型(即结构体)中的组件来创建的。如果逻辑电路的功能由真值表指定，则必须声明一个组件，该组件可以在实体中实例化。

HDL 例 4.1(2-4 线译码器)

HDL 例 4.1 给出了一个 2-4 线译码器的门级描述(见图 4.19)，它有两个数据输入 A、B 和一个使能输入 E。4 个输出由向量 D 表示。

Verilog

在 Verilog 模型中，3 个非门对输入取反，4 个与非门给 D 提供输出。记住，在逻辑门列表中总是首先列出输出，然后是输入。这个例子描述了图 4.19 中的译码器，接下来的步骤就如 3.10 节描述的那样。注意关键字 **not** 和 **nand** 只写了一次，不必对每个逻辑门都重复使用，但是在每一个门的实例化结果的末尾要插入逗号，最后一句要以分号结束。内部连线用 **wire** 进行声明。

```
//2-4 线译码器的门级描述
//参考图 4.19，用 enable 代替符号 E
module decoder_2x4_gates (D, A, B, enable);
```

```
    output      [0:3]        D;
    input                    A, B ;
    input                    enable ;
    wire                     A_not, B_not, enable_not;
not
  G1 (A_not, A),              // 由逗号分隔原语
  G2 (B_not, B),
  G3 (enable_not, enable);
nand
  G4 (D[0], A_not, B_not, enable_not),
  G5 (D[1], A_not, B, enable_not),
  G6 (D[2], A, B_not, enable_not),
  G7 (D[3], A, B, enable_not);
endmodule
```

练习 4.10(Verilog)　编写一个连续赋值语句，描述 2-4 线译码器中的 G4 逻辑。

答案：**assign** D[0] = !(!A)&& (!B)&& (!enable));

VHDL
library ieee;
use ieee.std_logic_1164.all;
-- 声明作为组件的实体-结构体对

-- 为反相器组件建模

entity inv_gate **is**
  port (B: **out** std_logic; A: **in** std_logic);
end inv_gate;

architecture Boolean_Equation **of** inv_gate **is**
begin
  B <= **not** A;
end Boolean_Equation;

entity nand3_gate **is**
  port (D: **out** std_logic; A, B, C: **in** std_logic);
end nand3_gate;

architecture Boolean_Eq **of** nand3_gate
begin
  D <= **not** (A **and** B **and** C);
end Boolean_Eq;

-- 2-4 线译码器的门级描述
entity decoder_2x4_gates_vhdl **is**
  port (A, B, enable: **in** std_logic; D: **out** std_logic_vector **range** 0 **to** 3);
end decoder_2x4_gates_vhdl;

architecture Structure **of** decoder_2x4_gates_vhdl **is**
  -- 确认组件和端口
    component inv_gate
      port (B: **out** std_logic; A: **in** std_logic);
    end component;

```
  component nand3_gate
   port (D: out std_logic; A, B, C: in std_logic);
   end component;

   signal A_not, B_not, enable_not;  -- 内部信号
begin  -- 实例化组件和连接端口
  G1: inv_gate port map (A_not, A);
  G2: inv_gate port map (B_not, B);
  G3: inv_gate port map (enable_not, enable);

  G4: nand3_gate port map (D(0), A_not, B_not, enable_not);
  G5: nand3_gate port map (D(1), A_not, B, enable_not);
  G6: nand3_gate port map (D(2), A, B_not, enable_not);
  G7: nand3_gate port map (D(3), A, B, enable_not);
  end Structure;
```

层次化建模

一个层次化系统由层次结构中的多个设计对象组成。层次结构是通过实例化电路中的子电路形成的[8-11]。例如，一个 8 位加法器可以由两个相同的 4 位加法器实例化结果连接而成。一个 4 位加法器可以由 4 个全加器实例化结果互连而成。全加器只需声明一次，但是会重复实例化 (使用)。图 4.33 显示了一个 8 位行波进位加法器的层次化结构，图 4.34 显示了该层次化结构的功能模块及其接口。

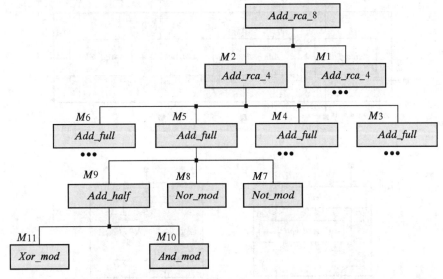

图 4.33　3-8 位行波进位加法器的层次化结构。为简单起见，复制时省略了一些模块

层次化结构顶层的设计对象是父模块 (Verilog) 或父设计实体 (VHDL)，底层对象称为子模块。在对象中实例化或嵌套对象将创建父子关系，并提供结构表示。

两种基本的设计方法可以创建层次化结构，即自顶向下和自底向上。在自顶向下设计中，先设计顶层模块，然后再确定建立顶层模块所需的子模块。而在自底向上设计中，首先确定要建立的模块，然后将它们组合起来构成顶层模块。下面列举一个图 4.9 中二进制加法器的例子。可以将其看作由 4 个全加器模块构成顶层模块，而每个全加器同时又是由两个半加器

模块构成的。在自顶向下设计中，首先定义 4 位加法器，然后定义全加器并将其连接起来。在自底向上设计中，首先定义半加器，然后构建全加器，再由全加器来构建 4 位加法器[1]。

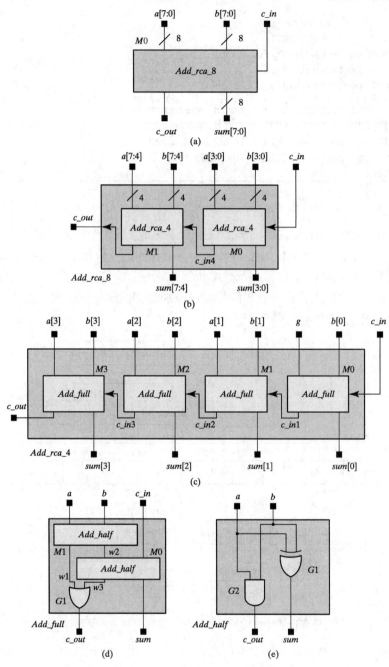

图 4.34   一个 8 位行波进位加法器分解为两个 4 位加法器链[2]；每个 4 位加法器由 4 个全加器链组成。全加器由半加器和一个或门组成。半加器由逻辑门组成

① 注意，标识符的第一个字符不能是数字，但可以是下画线。因此 8 位加法器可以命名为_8bit_adder。一个有意义且不会省略下画线的替代名称是 Add_rca_8。

② 注意，在 Verilog 中，向量写为 a[7:0]；在 VHDL 中，向量写为 a(7 **down to** 0)。

HDL 例 4.2（层次化建模——8 位加法器）

Verilog

如图 4.33 所示，在设计层次结构的底部，一个半加器由基本门组成。在层次结构的下一个级别，通过实例化并连接一对半加器来形成一个全加器。第三个模块通过实例化并将两个 4 位加法器连接在一起来描述 8 位加法器。此示例说明了 Verilog 2001, 2005 的语法，其中不需要额外地输入标识符来声明模式（如 **output**）、类型（**reg**）及向量范围（如[3: 0]）。修订后的语法标准包括端口的声明。

```verilog
module Add_half (input a, b, output c_out, sum),
 xor G1(sum, a, b);          // 门实例的名称是可选的
 and G2(c_out, a, b);
endmodule

module Add_full (input a, b, c_in, output c_out, sum);   // see Fig. 4.8
 wire w1, w2, w3;      // w1 is c_out; w2 is sum
 Add_half M1 (a, b, w1, w2);
 Add_half M0 (w2, c_in, w3, sum);
 or (c_out, w1, w3);
endmodule

module Add_rca_4 (input [3:0] a, b, input c_in output c_out, output [3:0] sum);
 wire c_in1, c_in3, c_in4;      // 中间进位
 Add_full M0 (a[0], b[0], c_in, c_in1, sum[0]);
 Add_full M1 (a[1], b[1], c_in1, c_in2, sum[1]);
 Add_full M2 (a[2], b[2], c_in2, c_in3, sum[2]);
 Add_full M3 (a[3], b[3], c_in3, c_out, sum[3]);
endmodule

module Add_rca_8 (input [7:0] a, b, input c_in, output c_out, output [7:0] sum,)
 wire c_in4;
 Add_rca_4 M0 (a[3:0], b[3:0], c_in, c_in4, sum[3:0]);
 Add_rca_4 M1 (a[7:4], b[7:4], c_in4, c_out, sum[7:4]);
endmodule
```

Verilog 模块可以在其他模块中实例化，但是模块声明中不能嵌套；也就是说，模块声明不能插入另一个模块的 **module** 和 **endmodule** 关键字之间。另外，当一个模块在另一个模块中实例化时，必须指定实例名称（例如 M0）。

VHDL

8 位加法器 Add_rca_8_vhdl 的 VHDL 层次化模型构造了图 4.34 中逻辑门的组件，并在半加器和全加器中使用它们。一旦写入 Add_full_vhdl 和 Add_half_vhdl，那么它们可用于创建 Add_rca_4_vhdl 和 Add_rca_8_vhdl。

```vhdl
library ieee;
use ieee.std_logic_1164.all;

-- 2输入与门的模型
entity and2_gate is
 port (A, B: in Std_Logic; C: out Std_Logic);
end and2_gate;

architecture Boolean_Equation of and2_gate is
```

```
begin
  C <= A and B;      -- 逻辑运算符
end Boolean_Equation;

-- 2 输入或门的模型
entity or2_gate is
  port (A, B: in Std_Logic; C: out Std_Logic);
end or2_gate;

architecture Boolean_Equation of or2_gate is
begin
  C <= A or B;   -- 逻辑运算符
end Boolean_Equation;

-- 异或门的模型
entity xor2_gate is
  port (A, B: in Std_Logic; C: out Std_Logic);
end xor2_gate;

architecture Boolean_Equation of xor_2_gate is
begin
  C <= A xor B;
end Boolean_Equation;
```

然后在模型中将组件 and2_gate 和 xor2_gate 用于 Add_half_vhdl 和 Add_full_vhdl。

```
entity Add_half_vhdl is
  port (a, b: in std_logic; c_out, sum: out std_logic);
end Add_half
architecture Structure of Add_half_vhdl is
  component and2_gate        -- 确认使用组件
  port (a, b: in std_logic; c: out std_logic);   -- 确认组件的端口
end component;

component xor2_gate   -- 组件声明
  port (a, b: in std_logic; c: out std_logic);
end component;

begin      -- 实例化组件并连接端口
  G1: xor2_gate      port map (a, b, sum);
  G2: and2_gate      port map (a, b, c_out,);
end Structure;
entity Add_full_vhdl is
  port (a, b, c_in: in std_logic; c_out, sum: out std_logic);
end Add_full_vhdl

architecture Structure of Add_full_vhdl is
  component or2_gate
   port (a, b: in std_logic; c: out std_logic);
  end component;
component Add_half_vhdl
    port (a, b: in std_logic; c_out, sum: out std_logic);
end component;
signal w1, w2, w3: std_logic;
  begin
```

```
    M0: Add_half_vhdl port map (w2, c_in, w3, sum);
    M1: Add_half_vhdl port map (a, b, w1, w2);
    G1: or2_gate port map (w1, w3, c_out);
end Structure;

entity Add_rca_4_vhdl is
  port (A, B: in bit_vector (3 downto 0); c_in: in Std_Logic;
            c_out: out Std_Logic; sum: out bit_vector (3 downto 0));
end Add_rca_4_vhdl;

architecture Structure of Add_rca_4_vhdl is
  component Add_full_rca_vhdl
    port (a, b: in Std_Logic_Vector (3 downto 0); c_in: in Std_Logic; c_out: out Std_
    Logic; sum: out Std_Logic_Vector (3 downto 0);
  end component;
  signal c_in1, c_in2, c_in3;
begin
    M0: Add_full_vhdl port map (a(0), b(0), c_in, c_in1, sum(0));
    M1: Add_full_vhdl port map (a(1), b(1), c_in1, c_in2, sum(1));
    M2: Add_full_vhdl port map (a(2), b(2), c_in2, c_in3, sum(2));
    M3: Add_full_vhdl port map (a(3), b(3), c_in3, c_out, sum(3));
end Structure;
entity Add_rca_8_vhdl is
port (a, b: in Std_Logic_Vector (7 downto 0); c_in: in Std_Logic;
        c_out: out Std_Logic, sum: Std_Logic_Vector (7 downto 0));
end Add_rca_8_vhdl;

architecture Structure of Add_rca_8_vhdl is
  component Add_rca_4_vhdl;
    port (a, b: in Std_Logic_Vector (3 downto 0); c_in: in Std_Logic;
            c_out: out Std_Logic; sum: Std_Logic_Vector (3 downto 0));
  end component;
  signal c_in4      -- 连接 4 位加法器
  M0 Add_rca_4_vhdl port map (a(3 downto 0), b(3 downto 0), c_in, c_in4,
  sum(3 downto 0 ));
  M1 Add_rca_4_vhdl port map (a(7 downto 4), b(7 downto 4), c_in4, c_out,
  sum(7 downto 4 ));
  end Structure
```

Add_rca_8 的代码说明了 VHDL 中的门级设计随着组件的声明而变得庞大。如果组件声明利用层次化结构较低级别的数据流模型，则可以简化层次化结构设计。例如，可以设计半加器并将其用作全加器设计中的组件。

```
entity half_adder_vhdl is
  port (S, C: out Std_Logic; x, y: in Std_Logic);
end half_adder_vhdl;

architecture Dataflow of half_adder_vhdl is
begin
  S <= x xor y;
  C <= x and y;
end Dataflow;

entity full_adder_vhdl is
```

```
    port (S, C: out Std_Logic; x, y, z: in Std_Logic);
end full_adder_vhdl

architecture Structural of full_adder_vhdl is
    signal S1, C1, C2: Std_Logic;
    component half_adder_vhdl port (S, C: out Std_Logic; x, y, z: in Std_Logic);
begin
    HA1: half_adder_vhdl port map (S => S1, C => C1, x => x, y => y);
    HA2: half_adder_vhdl port map (S => S, C => C2, x => S1, y => z);
    C <= C2 or C1;
end Structural;

entity ripple_carry_4_bit_adder_vhdl is
    port (Sum: out Std_Logic_Vector (3 downto 0); C4: out Std_Logic_Vector; A, B: in
        Std_Logic_Vector (3 downto 0); C0: in Std_Logic);
end ripple_carry_4_bit_adder_vhdl;
architecture Structural of ripple_carry_4_bit_adder_vhdl is
    entity full_adder_vhdl is
        port (S, C: out Std_Logic; x, y, z: in Std_Logic); end component;
    end full_adder_vhdl
        signal C1, C2, C3: Std_Logic;

begin
    FA0: full_adder_vhdl port map (S => Sum(0), C => C1, x => A(0), y = B(0), z => C0);
    FA1: full_adder_vhdl port map (S => Sum(1), C => C2, x => A(1), y = B(1), z => C1);
    FA2: full_adder_vhdl port map (S => Sum(2), C => C3, x => A(2), y = B(2), z => C2);
    FA3: full_adder_vhdl port map (S => Sum(3), C => C4, x => A(3), y = B(3), z => C3);
end Structural;
```

三态门的 HDL 模型

三态门具有信号输入端、信号输出端和控制输入端。控制输入端决定门处于正常工作状态还是高阻态。

Verilog(预定义缓冲器和反相器)　Verilog 具有 4 种预定义的三态门,如图 4.35 所示。若 control = 1,**bufif1** 门就如同一个普通的缓冲器;而当 control = 0 时,输出变为高阻态 z。**bufif0** 门的特性与此类似,不同的仅仅是当 control = 1 时产生高阻态。两个 **not if** 门的工作方式也类似,当门不处于高阻态时,输出与输入相反。逻辑门用如下声明来实例化:

门名称(输出, 输入, 控制信号);

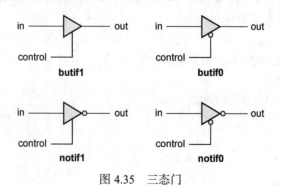

图 4.35　三态门

门的名称可以是 4 个三态门中的任意一个。输出结果可以是 0、1、x 或 z。两个门实例化的例子为

    bufif1 　（OUT, A, control）;
    notif0 　（Y, B, enable）;

在第一个例子中，当 control = 1 时，输出 OUT
与 A 的值相同；当 control = 0 时，输出变成 z。
第二个例子中，当 enable = 1 时，输出 Y = z；当
enable = 0 时，输出 Y = B′。

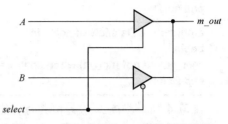

三态门的输出可以连在一起构成输出总线。
为了确认这种连接，Verilog 使用关键字 **tri**（三
态）来显示输出有多个驱动。作为一个例子，考
虑图 4.36 所示的带三态门的 2-1 线数据选择器。

图 4.36　带三态门的 2-1 线数据选择器

下面的描述必须使用 **tri** 数据类型的输出。因为 m_out 有两个驱动程序：

```
// 带三态输出的数据选择器
module mux_tri (m_out, A, B, select);
 output   m_out;
 input    A, B, select;
 tri      m_out;

 bufif1 (m_out, A, select);
 bufif0 (m_out, B, select);
endmodule
```

两个三态缓冲器有相同的输出（m_out）。为了显示它们有一个共同的连接，有必要用关键字
tri 来声明 m_out。

关键字 **wire** 和 **tri** 是一组称为线网（net）的数据类型，表示硬件单元之间的连接。仿真时，
它们的值由连续赋值语句确定，或者由它们所代表的设备输出确定。net 不是一个关键字，
它表示一类数据类型，如 **wire**、**wor**、**wand**、**tri**、**triand**、**trior**、**supply1**、**supply0** 等，
用得最多的是 **wire** 声明。实际上，标识符如果没有被声明，那么硬件描述语言会自动将其
理解（默认）为 **wire**。**wor** 建立了"线或"构造（发射极耦合逻辑）的硬件模型，**wand** 建立了
"线与"构造（集电极开路技术，见图 3.26）的硬件模型。**supply1** 和 **supply0** 表示电源线和
地线，它们通常作为硬件设备输入的逻辑 0 或逻辑 1。

VHDL（用户自定义缓冲器和反相器）　VHDL 没有预定义的缓冲器或反相器。它们必须
声明为具有三态功能的实体-结构体对，然后实例化为组件。VHDL 中的三态门模型具有一
个控制输入端，由它决定输出是否启用。如果启用，则缓冲器的输出等于其输入。否则，输
出的逻辑值为 z。同样，反相器使能输出即为输入的取反。如果未启用，则输出值为 z。当
控制输入为 1 时，缓冲器和反相器的模型如下所示：

```
entity bufif1_vhdl is
 port (buf_in, control: in Std_Logic; buf_out: out Std_Logic);
end bufif1_vhdl;

architecture Dataflow of bufif1_vhdl is
begin
```

```
    buf_out <= buf_in when control = '1' else 'z';
  end Dataflow;

  entity notif1 is
    port (not_in, control: in Std_Logic; not_out: out Std_Logic);
  end notif1;

  architecture Dataflow of notif1 is
  begin
    not_out <= not (not_in) when control = '1' else z;
  end Dataflow;
```

练习 4.11　描述三态反相器的功能。

答案：如果反相器使能，则三态反相器的输出信号是输入信号的取反。如果未使能，则输出为高阻态。

练习 4.12（VHDL）　编写实现 notif0_vhdl 结构的信号赋值语句。notif0_vhdl 是一个三态反相器组件，具有输出信号 y_out、输入信号 x_in 和低电平有效控制信号 enable_b。

答案：y_out < = **not** (x_in) **when** enable_b = '0' **else** z

---

数字表示

HDL 中的数字以能够解释并指定其大小和基数的格式表示。数字的大小以位表示其对应的二进制字长。该值以指定的基数表示数字。

Verilog　Verilog 中数字以格式 n'Bv 表示，其中 n 表示值的位数，B 表示值的基数，而 v 表示数值。如果未指定基数，则默认情况下数字为十进制数。如果指定的大小超过了值的位数，则使用 0 将数字填充为完整大小。如果未指定大小，则数字使用其表达式所示的大小。赋值为 0 的变量将全为 0。

Verilog 中的二进制数是用字母 b 表示的，其前面为一个素数。首先写入数字的大小，然后写入其值。因此，2'b01 表示一个值为 01 的两位二进制数。数字以位模式存储在内存中，但是可以用十进制、八进制或十六进制格式写入和引用，用字母'd、'o 和'h 区分。例如，4'hA = 4'd10 = 4'b1010，并且在仿真器中具有相同的 4 位表示形式。如果未指定数字的基数，则默认为十进制。如果未指定数字的大小，系统假定数字的大小至少为 32 位；否则，如果主机仿真器的字长较大（例如 64 位），则该语言将使用该值存储大小不一的数字。整数数据类型(关键字 **integer**)以 32 位形式存储。为了提高代码的可读性，可以在数字中插入下画线(例如 16'b0101_1110_0101_0011)。下画线没有其他意义。

VHDL　VHDL 是一种强类型语言。变量赋值的类型通常必须与变量类型相匹配。本书例题中大多数变量的类型均为 Std_Logic。Std_Logic 中的数字被写为二进制值，并且 VHDL 要求将它们用单引号括起来。例如，0 和 1 分别表示二进制值 0 和 1。Std_Logic_Vector 常量以 NumberBase "Value"的格式编写，其中 Number 用于表示和/或存储该值的位数，Base 表示该数字的基数，而 Value 是对应基数中的数字。基数由单个字母表示：B(二进制)，O(八进制)，D(十进制)，X(十六进制)。未指定的数字默认为二进制数。如果未给出大小，则使用值中的位数。

HDL 例 4.3（数字表示）

Verilog

(a) 3'b110 表示以 3 位存储的二进制数，其值等效为十进制数 6。

(b) 8'hA5 表示以 8 位存储的二进制数，其值等效为十六进制数 $A5_H = 1010\_0101_2 = 165_{10}$。

(c) 8'b101 表示以 8 位存储二进制数 0000_0101。注意填充 0。

VHDL

(a) 3b"110"表示一个 3 位的二进制数，其值等效为十进制数 6。

(b) 8X"A5"表示一个 8 位的二进制数，其值等效为十六进制数 $A5_H = 1010\_0101_2 = 165_{10}$。

(c) 8b"101"以 8 位存储二进制数 0000_0101。

(d) B"010"以 3 位存储 010。

(e) X"BC"存储为 10111100。

练习 4.13　对于 $A = B5_H$，其存储的二进制数是什么？

答案：10110101

数据流建模

组合逻辑电路的数据流模型是通过其功能来描述的。常见形式是使用并发信号赋值语句和内置语言运算符来表示信号的赋值。

Verilog（预定义数据类型）　Verilog 有两种预定义数据类型：线网（net）和变量（也称为寄存器，register）[1]。线网包括数据类型 **wire**，其反映电路元件之间的物理连接，由连续赋值语句来表示组合逻辑[2]。变量型数据由过程语句赋值，其值保持不变，直至获得一个新的赋值。数据类型的关键字有：**reg**，**integer**，**time**。**reg** 可以是标量或向量；**integer** 大小与主机字长一致，位宽至少为 32 位；类型为 **time** 的变量由无符号 64 位数表示。

Verilog（预定义运算符）　Verilog 提供了大约 30 种运算符，表 4.10 列出了其中一部分，包括它们的符号和它们所实现的运算（Verilog 2001，2005 所支持的完整的运算符清单见 8.3 节的表 8.1）。SystemVerilog 支持的运算符与 Verilog 1995，2005 兼容。不过，SystemVerilog 还支持表 4.11 列出的赋值和自增/自减运算符，上述 Verilog 版本并不支持这些运算符[3]。

这里，必须区别算术运算符和逻辑运算符，它们使用的符号不一样。算术运算符将其操作数作为无符号整数。逻辑综合工具可以综合硬件来实现"+""-""*"等运算，但是"/"运算只限于 2 的幂次的除法[4]。对于按位逻辑与、或、非、异或而言，均有专门的符号。表示相等的符号是两个等号（中间没有空格），用来与 **assign** 语句中所用的等号相区别。按位运算符是对一对序列操作数进行逐位运算，结果也是一个序列。连接运算符为扩展多个操作数提供了一种机制。例如，两个 2 位操作数可以拼接成一个 4 位操作数。条件运算符的功能

---

① 注意，net 和 register 不是 Verilog 的关键字。

② 默认情况下，未声明的标识符解释为一条线（**wire**）。

③ SystemVerilog 支持的其他运算符没有在本书中列出，可以参考 *SystemVerilog for Design*, S. Sutherland, S. Davidmann, and P. Flake, Kluwer Academic Publishers, Norwell, Mass., 2004。

④ 除以 2 的幂次等价于将被除数右移到适当的位置，可以得到相同的结果。

如同一个数据转换器,将在后面的 HDL 例 4.6 中加以介绍。

应当指出,按位取反运算符(例如~)及其相应的逻辑运算符(例如!)可能产生不同的结果,取决于它们的操作数。如果操作数是标量,结果将是相同的;如果操作数是向量,则结果不一定相同。例如,~(1010) = 0101,而!(1010) = 0。如果一个二进制数不为 0,则视为逻辑真。在一般情况下,使用按位运算符描述算术运算,使用逻辑运算符描述逻辑运算。

表 4.10　Verilog 运算符

符　号	运　算	符　号	运　算
+	二进制加法		
−	二进制减法		
&	按位与	&&	逻辑与
|	按位或	||	逻辑或
∧	按位异或	!	逻辑非
~	按位非		
==	等于		
>	大于		
<	小于		
{ }	连接		
?:	条件		

表 4.11a　SystemVerilog 赋值运算符[①]

操　作	说　明
+=	RHS 加上 LHS 并赋值
−=	LHS 减去 RHS 并赋值
*=	RHS 乘以 LHS 并赋值
/=	LHS 除以 RHS 并赋值
%=	LHS 除以 RHS 并将余数赋值
&=	RHS 与 LHS 按位与并赋值
|=	RHS 和 LHS 按位或并赋值
^=	RHS 和 LHS 按位异或并赋值
<<=	LHS 按照 RHS 指定的值左移并赋值
>>=	LHS 按照 RHS 指定的值右移并赋值
<<<=	LHS 按照 RHS 指定的值算术左移并赋值
>>>=	LHS 按照 RHS 指定的值算术右移并赋值

表 4.11b　SystemVerilog 自增/自减运算符

用　法	运　算	说　明
$j = i{++};$	后自增	$j = i$,然后 $i + 1$
$j = i{--};$	后自减	$j = i$,然后 $i - 1$
$j = {++}i;$	前自增	$i + 1$,然后 $j = i$
$j = {--}i;$	前自减	$i - 1$,然后 $j = i$

---

① LHS 表示左侧;RHS 表示右侧。

数据流建模采用连续赋值的方法,其关键字是 **assign**。连续赋值语句对线网型数据赋值。在 Verilog 中,线网型数据用来反映电路元件之间的物理连接。连线一般用连线关键字语句(如 **wire**)来声明,或者用某一个输入端的标识符来声明。连线的逻辑值由该连线所连接的对象确定。如果连线接到逻辑门的输出端,则连线就被视为由逻辑门驱动,该连线的逻辑值就由逻辑门的输入逻辑值和真值表确定。如果网络在模块外部并连接到其输出之一,则网络的值由模块内的逻辑确定。如果连线的标识符在连续赋值语句或过程赋值语句的左侧,则给连线赋值就要用运算符和操作数组成的布尔表达式来确定。例如,假定变量已被声明,一个 2-1 线数据选择器的输出为 A 和 B,选择输入为 S,则输出 Y 用连续赋值语句描述如下:

$$\text{assign} \quad Y = (A\&\&S)|(B\&\&S)$$

Y、A、B 和 S 之间的关系用关键字 **assign** 声明,接着是目标输出 **Y** 和一个等号,等号后面是一个布尔表达式。在硬件术语中,这就相当于把或门的输出连到线 **Y** 上。

接下来的两个例子描述了前面两个门级实例的数据流建模。关于低电平使能输出和反相输出的 2-4 线译码器的数据流描述如 HDL 例 4.4 所示。电路用 4 个布尔表达式组成的连续赋值语句来描述,每个输出对应一条语句。4 位加法器的数据流描述见 HDL 例 4.5。加法逻辑用一条使用加法和连接运算符的语句来描述。加号(+)规定了 A 的 4 位与 B 的 4 位及进位 C_in 的二进制加法。目标输出是输出进位 C_out 与和数 Sum 的 4 位的连接结果。操作数的连接用一个花括号表示,操作数之间用一个逗号分开。这样,{ C_out, Sum } 就代表了加法运算的 5 位结果。

VHDL(预定义数据类型) 表 4.12 列出了预定义的 VHDL 数据类型。字符串文字需用双引号括起来。字符串文字 bit_vector 有两种描述方法:第一种方法是将其编写为逗号分隔的字符串(例如, '1', '1', '0', '0');第二种方法是将其写为字符串文字: "1100"。

表 4.12 预定义的 VHDL 数据类型

VHDL 数据类型	取 值
位(bit)	'0'或'1'
布尔值(boolean)	FALSE 或 TRUE
整数(integer)	$-(2^{31}-1) \leqslant$ 整数值 $\leqslant (2^{31}-1)$
正整数(positive)	$1 \leqslant$ 整数值 $\leqslant (2^{31}-1)$
自然数(natural)	$0 \leqslant$ 整数值 $\leqslant (2^{31}-1)$
实数(real)	$-1.0E38 \leqslant$ 浮点值 $\leqslant 1.0E38$
字符(character)	字母字符(a~z, A~Z),数字(0~9),特殊字符(例如%)。每个字符都用单引号括起来
时间(time)	单位为 fs、ps、ns、us、ms、s、min 或 h 的整数

VHDL(向量,数组) 具有多个位的 VHDL 标识符是一维数组[①],也称为向量。数组是由相同类型的元素组成的有序集合,由它们的索引唯一标识。向量索引的范围确定位数。例如,A(7 **downto** 0)和 B(0 **to** 7)各有 8 位。数组的索引是整数。数组需要声明为数组类型的命名对象。例如:

---

① VHDL 还支持多维数组;文中例题未涉及。

```
type Opcode is array (7 downto 0) of bit;
signal Arith: Opcode := "10000110";
constant code_2: Opcode := "01011010";
```

这里，Opcode 是声明的 8 位向量类型。Arith 具有 Opcode 类型，初始化值为 10000110。声明中未初始化的向量默认所有位为'0'。向量中的元素可以分别初始化，将它们用括号括起来，逗号分隔列表中的每个值用"'"括起来。例如，C:= ('1', '0', '0', '1')定义了值为 1001_2 的向量 C。可以通过元素的索引对来指定向量的元素，例如，D:= (0 = > '1', 1 = > '1', 2 = >'0', 3 = > '1')定义 D 的值为 0101_2，将 D 声明为具有 0~3 位。在这种表示中，关键字 others 可以将值赋给未由索引指定的元素。例如，D:= (0, 2 = > '0', others = > '1')定义 D 的值为 0101_2。如果需要，向量的所有位都可以初始化为'1'，如下所示：

```
signal Arith: Opcode := (others => '1');
```

向量的元素可以由括号括起来的索引来引用。例如，Arith(2)表示右数第三位。一系列连续的元素称为切片(slice)，也可以被寻址，例如 Arith(6 downto 4)是 Arith 的一个 3 位宽的子数组。

声明数组的语法模板如下：

```
type array_type_name is array (start_index to end_index) of array_element_type;
type array_type_name is array (start_index downto end_index) of array_element_type;
type array_type_name is array (range_type range range_start to
        range_end) of array_element_type;
type array_type_name is array (range_type range
        range_start downto range_end) of array_element_type;
```

例如：

```
type Nibble is array (3 downto 0) of bit;
signal Nib_1: Nibble;
type Data_word is array (15 downto 0) of bit;
signal word_1: Data_word := "0011001111001100";
```

赋值语句 Nib_1 <= Data_word(15: 12)给出 Nib_1 = "0011"。

VHDL(预定义运算符，并发信号赋值)   VHDL 中的数据流模型由并发信号赋值语句组成。并发信号赋值语句最简单形式的语法模板如下：

```
signal_name <= expression [after delay];
```

信号赋值表达式由布尔运算符和变量组成。VHDL 有一组预定义的运算符，如表 4.13 所示。表中优先级最低的运算符排在第一行，而优先级最高的运算符排在最后一行，优先级从从上到下依次递增。

结构体中信号赋值语句是连续激活的，并且可以同时执行。连续激活是指仿真器连续监视并发信号赋值 RHS 表达式中的信号，并在一个或多个信号发生变化时对其进行评估。在仿真中，信号赋值运算符(<=)通过计算 RHS 表达式来确定左侧信号的值。该值在可选的时延后赋值[①]。如果指定了时延，则赋值是在表达式执行和计算之后，由时延决定赋值时间。表达式何时计算？逻辑仿真器的事件调度机制是由 RHS 表达式中信号的事件触发的。

---

① 信号赋值语句语法模板中的方括号表示该语句的可选部分。括号中的内容(而不是括号)是该语句的一部分。

表 4.13 VHDL 运算符

运算符类型	符　　号	操　作　数	结　果	优　先　级
逻辑运算符	**and or nand** **nor xor xnor**	位，布尔值，布尔向量，位向量	与操作数相同	
关系运算符	= /= < <= > >= >　>=	两个表达式的类型和大小匹配	真，假	
移位运算符	**sll srl sla sra rol ror**	位向量	位向量	优先级
加法运算符	**+ −**	整数，实数	整数，实数	
连接运算符	**&**	向量		
一元运算符	**+ −**			
乘法运算符	**· / mod rem**		向量	
混合运算符	**not** **abs** **…**	数字型 整型 浮点型	整数的幂	最高优先级

当一个信号值发生变化时，会触发一个事件。当信号赋值语句中的 RHS 发生事件时，仿真器将：(1)暂停执行，(2)使用表达式中任意信号的当前值计算表达式，(3)在语句的左侧给信号赋值，然后(4)恢复执行。这种机制模仿了一个物理电路，其中输入的变化会触发一系列因果事件，因为变化的影响会通过电路的门传播，也就是说，一个事件与触发它的另一个事件之间存在关系。可以根据事件被触发的时间进行排序。这种排序通过无穷小的"增量"时延来安排和分隔事件，该时延在仿真的基础数据结构中建立了一个顺序。这些结构可以看作由有序时间值和给定时间发生的事件列表组成的双链表。

信号赋值语句中的时延称为惯性时延，因为如果 RHS 表达式发生连续变化，时间间隔太小，则 RHS 表达式值的连续变化不会引起 LHS 信号的变化。信号赋值语句中给出的(可选)时延确定了导致 LHS 信号连续变化的 RHS 表达式连续变化之间的最小间隔。如果输入转换的持续时间很短，则惯性时延将模拟其输出不变的门的物理行为。输入转换必须持续足够长的时间才能生效。

另一种时延机制称为传输时延[1]，无论 LHS 表达式的值连续变化之间的间隔持续时间的长短，都会为 LHS 信号产生一个事件[2]。为了表示传输时延，信号赋值语句通过关键字 **transport** 修改为以下形式：

signal_name <= **transport** expression **after** delay;

时延建模在仿真中很有用，但是综合工具忽略了信号赋值的 **after** 子句，因为它们仅实现功能，而不是依赖于技术的隐含物理特性。综合设备继承了技术要求的任何时延。

实体的端口定义了实体与外界交互的信号。结构体内的逻辑可以使用实体的输入信号，并且可以声明构成电路功能描述的其他信号。VHDL 中最简单的信号声明语句使用关键字 **signal**，语法模板如下：

signal list_of_signal_identifiers: type_name [constraint] [:= initial_value];

选择性约束用于表示向量的索引范围(例如，**7 downto** 0)或值的范围(例如，**range** 0 **to** 3)。

---

[1] 有时称为管道时延。
[2] 惯性时延是传输时延的默认机制。

可以为仿真器提供一个初始值[①]。结构体中声明的信号可能未在与其配对的实体端口中列出。此外，信号可以仅在其声明的结构体中被引用。以下是一些信号声明的例子：

```
-- 16-bit vector initialized to 0:
signal A_Bus: bit (15 downto 0) := "0000000000000000";
-- An integer whose value is between 0 and 63:
integer C, D: integer range 0 to 63;
```

当声明的信号值超出其指定范围时，VHDL 编译器将引用错误条件。

VHDL 常量可以在结构体代码的开头声明，并且可以在结构体内的任何位置引用。常量声明语句的最简单形式是使用关键字 **constant**，语法模板如下：

> constant constant_identifier: type_name [constraint] := constant_value;

常量用于 VHDL 代码的简化和说明。它们不能被重新赋值。关于常量声明的一些示例如下：

```
constant word_length : integer := 64;
constant prop_delay: time := 2.5 ns;
```

HDL 例 4.4(数据流：2-4 线译码器)

Verilog

```
// 2-4 线译码器的数据流描述
//见图 4.19。注意：该图使用符号 E，但是
//Verilog 模型使用 enable 更清楚说明了相关的功能。

module decoder_2x4_df (   // Verilog 2001, 2005 语法
  output  [0: 3]        D,
  input                 A, B,
                        enable
);
  assign   D[0] = !((!A) && (!B) && (!enable)),
    D[1] = !((!A) && B && (!enable)),
    D[2] = ((A) && (! B) && (!enable)),
    D[3] = !(A && B && (!enable));
endmodule
```

VHDL

```
--2-4 线译码器的数据流描述。见图 4.19。注意：该图使用符号 E，但是
--Verilog 模型使用 enable 更清楚说明了相关的功能。

entity decoder_2x4_df_vhdl is
  port (D: out Std_Logic_Vector (3 downto 0); A, B, enable: in Std_Logic);
end decoder_2x4_df_vhdl;

Architecture Dataflow of decoder_2x4_df_vhdl is
begin
  D(0) <= not ((not A) and (not B)      and (not enable));
  D(1) <= not (not A) and B             and not (enable);
  D(2) <= not (A and (not B)            and (not enable));
  D(3) <= not (A and B                  and (not enable));
end Dataflow;
```

[①] 整数的默认初始值为 0。

HDL 例 4.5（数据流：4 位加法器）

Verilog

```
//4 位加法器的数据流描述
//Verilog 2001，2005 语法
module binary_adder (
  output        C_out,
  output [3: 0] Sum,
  input [3: 0]   A, B,
  input         C_in
);
  assign {C_out, Sum} = A + B + C_in      // 连续赋值语句
endmodule
```

在 binary_adder 中，Verilog 自动进行字的加法运算，尽管它们的大小和类型不同。

VHDL

```
--4 位数值加法器的数据流描述
entity binary_adder is
port (Sum: out Std_Logic_Vector (3 downto 0); C_out: out Std_Logic;
      A, B: in Std_Logic_Vector (3 downto 0); C_in: in Std_Logic);
end binary_adder;

architecture Dataflow of binary_adder is
  begin
  C_out & Sum <= A + B + ("000" & C_in);      -- 字长兼容
end Dataflow;
```

HDL 例 4.6（数据流：4 位数值比较器）

一个 4 位数值比较器具有两个 4 位输入 A 和 B 及 3 个输出。如果 A 小于 B，则一个输出（A_lt_B）为逻辑 1；如果 A 大于 B，则第二个输出（A_gt_B）为逻辑 1；如果 A 等于 B，则第三个输出（A_eq_B）为逻辑 1。

Verilog

```
//4 位数值比较器的数据流描述
//Verilog 2001，2005 语法
module mag_compare
  (output A_lt_B, A_eq_B, A_gt_B,
  input [3:0]   A, B
  );
  assign A_lt_B = (A < B);              // 连续赋值语句
  assign A_gt_B = (A > B);
  assign A_eq_B = (A == B);
endmodule
```

VHDL

```
--4 位数值比较器的数据流描述
entity mag_compare is
  port (A_lt_B, A_eq_B, A_>_B: out Std_Logic; A, B: in Std_Logic_Vector (3 downto 0));
end mag_compare;

architecture Dataflow of mag_compare is
```

```
begin
    A_lt_B <= (A < B);
    A_gt_B <= (A > B);
    A_eq_B <= (A = B);
end Dataflow;
```

综合编译器将这些数据流描述作为输入，执行综合算法，并提供输出网表和图 4.17 所示的等效的电路原理图，所有这些都无须手工干预，并且可以确保原理图正确无误。

Verilog(条件运算符)

Verilog 条件运算符采用 3 个操作数[①]:

$$条件? 表达式 1(真): 表达式 2(假);$$

然后将计算并判断条件。如果结果为逻辑 1，则计算表达式 1 并将结果赋给 LHS。如果结果为逻辑 0，则计算表达式 2 并将结果赋给 LHS。这两个条件加在一起相当于 **if-else** 条件。

VHDL(条件信号赋值)

VHDL 条件信号赋值根据条件判断在两个可能的赋值之间进行选择。

HDL 例 4.7(数据流：2-1 线数据选择器)

Verilog
```
//2-1 线数据选择器的数据流描述
module mux_2x1_df (m_out, A, B, select);
output      m_out;
input       A, B;
input       select;
  assign m_out = (select)? A : B;        // 条件运算符
endmodule
```

VHDL
```
--2-1 线数据选择器的数据流描述

entity mux_2x1_df_vhdl is
    port (m_out: out Std_Logic; A, B, select: in Std_Logic);
end mux_2x1_df_vhdl;

architecture Dataflow of mux_2x1_df_vhdl is
begin
    m_out <= A when select = "1" else B;    // 条件信号赋值语句
end Dataflow;
```

4.13   行为建模

行为建模在功能和算法层次上描述数字电路，主要用来描述时序电路，但也可以用来描述组合电路。当敏感度机制(通常称为敏感度列表)启动时，行为模型执行一条或多条过程语

[①] 条件运算符是三元运算符，需要 3 个操作数。

句，该机制监视信号并启动行为描述的执行。过程语句和其他编程语言中的语句类似，例如控制执行顺序的赋值和声明语句（例如 **for**、**loop**、**case** 和 **if** 语句）。本节讨论组合逻辑的行为建模。时序逻辑的行为建模将在后面的章节中讨论。

Verilog（过程赋值语句）

硬件 Verilog 行为描述使用关键字 **always** 声明，后面是事件控制表达式（敏感度列表）和 **begin…end** 过程赋值语句块[①]。Verilog 有两种类型的赋值语句：连续赋值语句和过程赋值语句。连续赋值语句使用关键字 **assign** 和运算符 = 。过程赋值语句是在 **always** 或 **initial** 程序声明的范围内赋值。过程赋值可以使用阻塞赋值运算符 = 或非阻塞赋值运算符 <= ，这取决于赋值是表示顺序行为还是并发行为。过程语句中的事件控制表达式指定关联语句何时开始执行，因为它会暂停过程语句的执行，直到表达式中的一个或多个信号发生事件（限定事件或其他事件）为止。如果没有，关联语句将在仿真开始时立即开始执行。

VHDL（进程语句、变量）

除了并发信号赋值语句和组件实例化，VHDL 进程还提供了描述并发行为的第三种机制。一个进程由关键字 **process**、可选的敏感度列表、声明、定义和 **begin…end process** 进程语句块组成。进程中的语句称为过程语句和顺序语句，它们类似于其他编程语言中的（过程）语句，并且按列出的顺序执行。VHDL 中组合电路的行为模型可以用进程语句实现。在本节中，我们仅考虑组合逻辑。后面的章节将在有限状态机中考虑同步时序逻辑。

VHDL 进程与其他 (1) 进程语句、(2) 并发信号赋值语句和 (3) 组件实例化语句并发执行。进程中的赋值语句按照其他语句列出的顺序依次执行。进程的语法模板如下：

```
process (signal_name, signal_name, . . . , signal_name)
  type_declarations
  variable declarations
  constant_declarations
  function_declarations
  procedure_declarations
begin
  sequential_assignment statements
 end process
```

仿真中，进程在 $t = 0$ 时执行一次，然后暂停，直到其敏感度列表中的一个或多个信号发生变化。发生这种情况时，该进程将再次激活。

顺序赋值语句有两种类型：变量赋值和信号赋值。变量类似于信号的存储容器，但不具有连接电路的结构元件或动态保存电路逻辑值的物理含义。它仅保存数据，就像其他程序语言中的变量一样。变量的值可以改变。变量声明与信号声明具有相同的语法，使用关键字 **variable**：

variable list_of_names_of_variables: type_of_variable;

例如，**variable** A, B, C: **bit** 表示声明 3 个具有 **bit** 类型的变量。注意，进程中不能声明信号，但可以声明变量。

变量赋值与信号赋值具有相同的语法，但使用不同的赋值运算符（:= ），例如 count := '5'.

---

① 关键字 **initial** 用于编写测试平台，但不用于建模硬件。过程赋值使用 **always** 或 **initial** 块将其与连续赋值语句进行区分。

　　进程按照语句的列出顺序执行，若是变量赋值语句，则立即赋值且内存被更新。相反，若是信号赋值语句，则会对其进行判别，直到进程终止后才赋值。稍后将详细讨论两者的区别。

　　进程可以对组合(即电平敏感)逻辑和时序逻辑(例如，边沿敏感)进行建模，如描述同步状态机中触发器的逻辑。一个进程在仿真开始时执行一次；之后，敏感度列表决定了相关联的 **begin…end** 语句块的执行时间，当敏感度列表中的信号发生变化时，将执行进程。例如，当发生 clock(时钟)事件时，与敏感度列表(时钟)相关的语句开始执行。

　　HDL 例 4.8 和例 4.9 给出了组合逻辑的行为模型。在学习了时序电路之后，5.6 节将更详细地讨论行为建模。HDL 例 4.8 是 2-4 线译码器的数据流描述，使用电平敏感的过程语句代替连续赋值语句(请参见 HDL 例 4.4)。

HDL 例 4.8(行为描述：2-4 线译码器)

```verilog
Verilog
module decoder_2x4_df_beh (   // Verilog 2001, 2005 语法
 output  [0: 3]  D,
 input           A, B,
                 enable
);
always @ (A, B, enable) begin

 D[0] <= !((!A) && (!B) && (!enable)),
 D[1] <= !((!A) && B && (!enable)),
 D[2] <= !(A && (!B) && (!enable)),
 D[3] <= !(A && B && (!enable));
end;
endmodule
```

对于非阻塞(<=)赋值，给 D 的不同位赋值的语句顺序不会影响结果。

```vhdl
VHDL

entity decoder_2x4_df_beh_vhdl is
    port (D: out Std_Logic_Vector (3 downto 0); A, B, enable: in Std_Logic);
end decoder_2x4_df_vhdl;

Architecture Behavioral of decoder_2x4_df_beh_vhdl is
begin
 process (A, B, enable) begin
   D(0) <= not ((not A) and (not B) and (not enable));
   D(1) <= not (not A) and B        and not (enable);
   D(2) <= not (A and (not B)       and (not enable));
   D(3) <= not (A and B)            and (not enable));
 end Behavioral;
```

HDL 例 4.9 (行为描述：2-1 线数据选择器)

Verilog (过程语句)

```verilog
//2-1 线数据选择器的行为描述
module mux_2x1_beh (m_out, A, B, select);
  output    m_out;
  input     A, B, select;
  reg       m_out;
```

```
    always @ (A or B or select)       // Alternative: always @ (A, B, select)
      if (select == 1) m_out = A;
      else m_out = B;
    endmodule
```

mux_2x1_beh 中的信号 m_out 必须是 **reg** 类型，因为它是由 Verilog 过程赋值语句指定的值。与 **wire** 类型不同，在 **wire** 类型中，赋值语句的目标输出可以被连续不断地更新，而 **reg** 类型并不一定需要监视[1]，它在被赋以新值（在仿真存储器中）前保持不变。类型名称 **reg** 会引起设计人员的困惑，因为它表明 **reg** 类型的变量可能对应于硬件寄存器。这种混乱也是由于变量族被称为寄存器族，它传达了数据存储的语义。之后讨论的综合过程将把综合结果与编码联系起来[2]。

每当列在符号 @ 后面的任何变量发生变化时，**always** 块里的过程赋值语句就会被执行一遍（注意，在 **always** 语句末尾没有分号 “;”）。在这个例子里，@ 后面是输入变量 A、B 和 select，如果 A、B 和 select 的值发生了变化，则语句就要被执行。注意在变量间使用的是关键字 **or** 而不是逻辑或运算符 “|”。条件语句 **if-else** 提供了一个基于输入 select 的判断。书写 **if** 表达式时，条件中可以不使用等号：

if (select) m_out = A;

该语句表示 select 为逻辑 1。

VHDL（进程，if 语句） 双通道数据选择器的组合逻辑可以用 VHDL 进程语句来建模。当 A、B 或 select 的值变化时，将执行以下进程。该进程分配给 m_out 的值会保留在内存中，直到后续进程对其更改时为止[3]。

```
-- 双通道数据选择器的 VHDL 行为描述
entity mux_2x1_beh_vhdl is
  port (m_out: out Std_Logic; A, B: in Std_Logic;
  select: in Std_Logic);
end mux_2x1_beh_vhdl;

Architecture Behavioral of mux_2x1_beh_vhdl is
begin
  process (A, B, select) begin
    if select = '1' then m_out <= A; else m_out <= B; end_if;
  end process;
end Behavioral;
```

VHDL 中 **if** 语句的语法模板有多种形式：

(1) **if** *boolean_expression* **then** *sequential_statements*
    end if;

(2) **if** *boolean_expression* **then** *sequential_statements*
    else *sequential_statements*

---

① 如果 **reg** 类型出现在事件控制表达式中，则将对其进行监视。

② SystemVerilog 通过定义一种新的数据类型（逻辑）来规避此问题，该数据类型不涉及硬件，也不涉及内存。

③ RHS 变化时，结构体中的并发信号赋值会获得一个值；当执行信号赋值语句时，进程体中的信号赋值将获取其值并保留该值，直到信号赋值执行并更改存储的值。

end if;

(3) **if** *boolean_expression* **then** *sequential_statements*
   elsif *boolean_expression* **then** *sequential_statements*
   . . .
   elsif *boolean_expression* **then** *sequential_statements*
   end if;

(4) **if** *boolean_expression* **then** *sequential_statements*
   elsif *boolean_expression* **then** *sequential_statements*
   . . .
   elsif boolean_expression then *sequential_statements*
   else *sequential_statements*
   end if;

HDL 例 4.10(行为描述：4-1 线数据选择器)

本例提供了 4-1 线数据选择器的行为描述。由两位向量组成 4 个输入通道，选择其中之一作为输出。

Verilog

```
//4-1 线数据选择器的行为描述
// Verilog 2001, 2005 语法
module mux_4x1_beh
(output reg   m_out,
   input   in_0, in_1, in_2, in_3,
   input [1: 0]   select
);
always @ (in_0, in_1, in_2, in_3, select)      // Verilog 2001, 2005 语法
  case (select)
   2'b00:   m_out <= in_0;
   2'b01:   m_out <= in_1;
   2'b10:   m_out <= in_2;
   2'b11:   m_out <= in_3;
  endcase
endmodule
```

VHDL

```
--4-1 线数据选择器的行为描述
entity mux_4x1_beh_vhdl is_
 port (m_out: out Std_Logic; in_0, in_1, in_2, in_3: in Std_Logic;
 sel: in Std_Logic_Vector (1 downto 0));
end mux_4x1_beh_vhdl;

Architecture Behavioral of mux_4x1_beh_vhdl is
begin
    process (in_0, in_1, in_2, in_3, sel) begin
      case sel is
        when "00" => m_out <= in_0;
        when "01" => m_out <= in_1;
        when "10" => m_out <= in_2;
        when "11" => m_out <= in_3;
        when others => m_out <= '0';
        endcase;
```

end process;
end Behavioral;

VHDL（条件/选择信号赋值语句）

在 HDL 例 4.10 中，mux_4x1_beh_vhdl 中的进程可以用以下的条件信号赋值实现：

m_out <= in_0 **when** sel = "00" **else**
m_out <= in_1 **when** sel = "01" **else**
m_out <= in_2 **when** sel = "10" **else**
m_out <= in_3 **when** sel = "11" **end if;**

也可用选择信号赋值语句实现[①]，如下所示：

channel select <= A & B; -- 已声明的通道选择信号
process (in_0, in_1, in_2, in_3, channel_select) **begin**
　with channel_select **select**
　m_out <=　　in_0 **when** channel_select = '00',
　　　　　　　in_1 **when** channel_select = '01',
　　　　　　　in_2 **when** channel_select = '10',
　　　　　　　in_3 **when** channel_select = '11',
　--　　　　　'1' **when others;**　//未充分测试时使用[②]
end process;

选择信号赋值语句的语法模板如下：

with expression **select**
signal_name <=　　value **when** choices,
　　　　　　　　　value **when** choices,
　　　　　　　　　　　・・・
　　　　　　　　　value **when** choices;

Verilog（**case**，**casex**，**casez** 语句）

mux_4x1_beh 中的信号 m_out 声明为 **reg** 类型，因为它是由过程语句赋值的。其值保持不变，直到被过程语句更改。**always** 语句是一个以关键字 **case** 开始、以 **endcase** 结束的顺序模块。只要符号@后面任意变量的值发生变化，这个模块就会被执行。**case** 语句是多条件分支语句，只要 in_0、in_1、in_2、in_3 或 select 发生改变，表达式(select)先被计算，并将其值从上至下与后面语句列表中的值(**case** 项)进行比较，执行与第一个 **case** 表达式相匹配的 **case** 项语句。如果没有匹配项，则不执行任何语句。(或者，可以在列表中包含一个默认的 **case** 项和一个相关的 **case** 表达式，以确保语句始终执行。)变量 select 是一个两位数，因此它可以等于 00、01、10 或 11。**case** 项有隐含的优先级，因为列表是从上至下执行的。

Verilog 的 **case** 结构有两个重要的变体：**casex** 和 **casez**。**case** 语句将高阻值 z 和不定值 x 都视为不必关心的情况。**casez** 语句不必考虑高阻值 z 的比较过程，以便检测 **case** 表达式和 **case** 项之间的匹配。

case 项列表并不需要完整。若 **case** 项列表未包括 **case** 表达式中所有可能的情况，则无法检测到匹配项。使用 **default** 关键字作为 **case** 项列表中的最后一个分支，可以处理未列出的

---

① 单个标识符 m_out 接收值；通常，可以在选择信号赋值语句中将表达式分配给 LHS。

② 在选择信号赋值语句中，如果表达式中所有可能的值未测试，则有必要将表达式的值赋值给其他 **case**。否则，综合工具将会锁存。

default 项。若找不到其他匹配项，则将执行关联语句。例如，当顺序机中的状态码比实际使用的状态码多时，此功能很有用。**default case** 项可以使设计人员将所有未使用的状态映射到所需的下一个状态，而不必详细说明每个单独的状态，避免综合工具随意分配下一个状态。

行业实践的结论是，不建议在综合的 RTL 代码中使用 **casex** 或 **casez** 语句。这些语句在 **case** 表达式和 **case** 项中都要考虑"无关紧要"（don't care）位。综合工具不会将 **case** 表达式视为无关紧要位，即每个位都是指定的 0 或 1。因此，使用 **casex** 和 **casez** 语句的代码可能会使综合电路产生的结果与仿真产生的结果不匹配。这样的不匹配难以检测，但 SystemVerilog 解决了此问题。

这里给出了一个简单的组合电路行为描述示例。行为建模和过程赋值语句涉及时序电路知识，将在 5.6 节中进行详细的介绍。

事件控制表达式也称为敏感度列表（Verilog 2001，2005 版本），它等效于事件 OR 表达式的逗号分隔列表。两种形式都反映出组合逻辑是及时响应的，它能感应输入信号的变化，而当输入变化时，输出可能会变化。

VHDL（**case** 语句）

mux_4x1_beh_vhdl 是 4 通道数据选择器的模型，其敏感度列表对任何数据通道的变化和选择位的变化都很敏感。当检测到变化时，**case** 语句会依次测试选择位，以检查它们是否与数据选择器的选择总线相匹配。如果是匹配的，则该通道的数据将被输出。

choice 表示单个值或由竖线分隔的值列表，也就是表达式可以根据几个可能的选择进行测试。例如，当 A&B = '00'或 A&B = '10'时，语句为 signal_name < = '1'[1]。该语句的作用是将表达式与列出的选项进行比较。第一次匹配时进行赋值。选择信号赋值语句中，所有选择项必须是互斥的，并且尽可能包含表达式结果的所有可能性。可以在最后的 **when** 子句中使用关键字 **others**，指定未出现的表达式值。

case 语句的语法模板如下：

```
case expression is
  when case_choice_1 => sequential_statement1
  when case_choice_2 => sequential_statement2

  when case_choice_3 => sequential_statement3

  . . .
[when others b sequential_statement1]
end case;
```

case 语句要求 **case** 项包含 **case** 表达式的所有可能值。如果未列全，则需要使用 **others** 子句（此处作为一个选项，以方括号显示）。如果与 **others** 子句相关的选项不需要执行，则应使用 **null** 语句，即 **when others = > null**;。

4.14　编写一个简单的测试平台

测试平台是专门用来给电路的 HDL 模型施加激励的 HDL 程序，目的是测试和观察其在

---

[1] 记住 "&" 是用于连接的 VHDL 运算符。

此激励下的响应。测试平台可能很复杂且冗长，建立来可能比要被测试的设计更费时间。测试结果的好坏取决于测试电路的测试平台，必须要注意电路测试的完整性，特别要注意实验中所有的运算性能。不过，这里只考虑相对简单的测试平台，因为所要测试的只是组合电路。接下来的例子将展示 HDL 激励模块的一些基本特性，第 8 章再对测试平台做深入讲解。

Verilog 除了 **always** 语句，测试平台还要用到 **initial** 语句来给被测试的电路提供激励。我们并不是很严格地使用术语 "**always** 语句"。实际上，**always** 就是一个 Verilog 语言结构，专门用来说明关联语句是如何执行的（附属于事件控制表达式）。**always** 语句在循环语句内重复执行，**initial** 语句仅当仿真时间为 0 时开始执行，且在延迟了以符号 # 规定的任意时间单元后，可以继续进行其他任何操作。例如下面的 **initial** 模块：

```
initial
 begin
      A = 0; B = 0;
   #10 A = 1;
   #20 A = 0; B = 1;
 end
```

模块以关键字 **begin** 开始，以关键字 **end** 结束。根据时延控制运算符 # 依次处理块赋值语句。该运算符让仿真器暂停，直到设定的时延结束为止，然后仿真器恢复操作。实际上，仿真器并没有关闭任何内容。时延控制运算符只会影响下一条赋值语句，就像仿真器已暂停一样。在仿真时间为 0 时，A 和 B 置为 0。10 个时间单元后，A 变为 1。20 个时间单元后（$t = 30$ 时），A 变为 0，B 变为 1。一个 3 位真值表的输入可由下面这个 **initial** 模块产生：

```
initial
 begin
   D = 3'b000;
   repeat (7)
   #10 D = D + 3'b001;
 end
```

仿真器运行时，3 位向量 D 在仿真时间为 0 时其初始值为 000，关键字 **repeat** 说明这是一条循环语句，每隔 10 个时间周期 D 便加 1，共加 7 次，结果是从 000 到 111 之间的二进制序列。

激励模块是一个具有如下格式的 HDL 程序：

```
module test_module_name;
   //声明局部的 reg 和 wire 类型的标识符
   //实例化待测试的设计模块
   // 确定停止观察，使用$finish 终止仿真
   // 用 initial 和 always 产生激励信号
   //显示输出响应（文本或图形或两者）
 endmodule
```

典型的测试模块没有输入和输出。加到设计模块用于模拟的输入信号在激励模块中定义为局部的 **reg** 类型的数据。显示设计模块的测试输出在激励模块中被定义为局部的 **wire** 类型的数据。然后用局部的标识符来实例化测试中的模块。图 4.37 表明了这种关系。激励模块通过将标识符 t_A 和 t_B 声明为 **reg** 类型来生成设计模块的输入，并用 **wire** 类型的标识符 t_C 来检测设计模块的输出，然后使用局部标识符来实例化测试中的设计模块。仿真器将

测试平台中的局部标识符 t_A、t_B、t_C 与模块中的形式标识符连接起来。在这里，这种基于端口的连接是合适的。读者应当注意，对于大型电路的端口连接，Verilog 能提供更加灵活的命名关联(name association)机制，可以参见后面的示例。

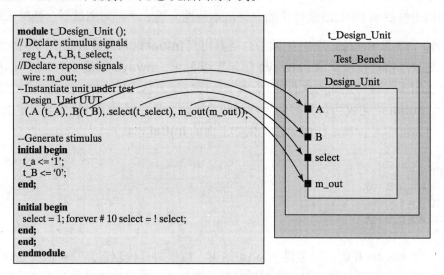

图 4.37　测试平台与 Verilog 设计单元之间的交互

由 **initial** 和 **always** 模块产生的激励响应将以标准的文本输出格式显示，或者在仿真器中显示波形，也可以用 Verilog 系统任务来显示数字输出。这些将建立在以符号**$**打头的关键字所标识的系统函数中，某些用于显示的系统任务如下。

$display—显示变量或字符串，并在结尾有自动换行。

$write**—和**$display一样，但不会自动转到下一行。

$monitor—在激励期间一旦有值发生变化就显示变量。

$time—显示仿真时间。

$finish—终止仿真。

$display**、**$write 和**$monitor** 的语法格式为

任务名(格式说明，变量表)

格式说明包括显示数字的基数，该基数用符号%标识，而且可能有一个包含在引号里的附加字符串。基数可能是二进制、十进制、十六进制或八进制形式，分别用符号%b、%d、%h和%o 来标识。例如语句：

$display("%d %b %b", C, A, B);

规定 C 显示为十进制数，A 和 B 显示为二进制数。注意，格式声明中没有逗号。例如语句：

$display**("time = %0d A = %b B = %b", **$time, A, B);

结果显示为

time = 3　A = 10　B = 1

"time = ""A = ""B = "是字符串显示的一部分。%0d 和%b 的格式分别规定了**$time**、A 和 B的基数。当显示时间值时，最好使用%0d 的格式，而不是%d 的格式。这个数字 0 提供了一

种不带前置空格的有效数字表示方式，因而可以按最短方式输出，而%d 格式会包含前置空格。(%d 格式大约可以显示 10 个前置空格，因为时间是以 32 位数计算的。)

激励模块的一个示例如 HDL 例 4.9 所示，被测电路是 HDL 例 4.7 中描述的 2-1 线数据选择器。testmux 模块 t_mux_2x1_df 没有端口。数据选择器的输入/输出分别用 **reg** 关键字和 **wire** 关键字来声明。数据选择器用局部变量来实例化。**initial** 模块规定了一系列应用于激励的二进制数。输出响应用 $monitor 系统任务来监测。每当有变量值发生变化，仿真器就显示输入、输出和时间。仿真结果列在该例的仿真记录中，当 select = 1 时，m_out = A；当 select = 0 时，m_out = B，从而验证了数据选择器的功能。

Verilog 1995 标准中指出，多个 **initial** 或者 **always** 行为的执行顺序并不是由其语言本身的执行顺序确定的，而是取决于仿真器的实现。也就是说，设计人员无法依靠过程块的列表来确定它们将由仿真器执行的顺序，因此让变量的初始化依赖于这种顺序是不可行的，可能会导致仿真中出现意外结果。Verilog 2001 允许在声明变量时对其进行初始化。例如，"**integer** k = 5;" 表示声明一个整数 k 并指定其初始值。但是，相对于初始过程块，这些声明的执行顺序并没有指定，因此这类变量的初始值是不确定的。SystemVerilog 指定在任何事件执行(在仿真时间为 0 时)之前，声明并初始化所有的变量，从而消除了此问题。

VHDL VHDL 测试平台是一个实体-结构体对，是专门为使用激励信号验证设计功能而编写的。测试平台的实体是独立的，它没有输入或输出。测试平台的结构体包括被测单元(UUT)的实例，以及生成用于测试设计的信号的 VHDL 进程语句。仿真器将输入信号加到 UUT 中，UUT 对激励信号产生响应，响应结果通过文本或图形数据显示。具有图形输出的逻辑仿真器可以在测试平台级别和 UUT 层次结构级别上显示信号。图 4.38 显示了 VHDL 测试平台与 UUT 之间的关系，以及本地信号与 UUT 端口中信号名称的关联。

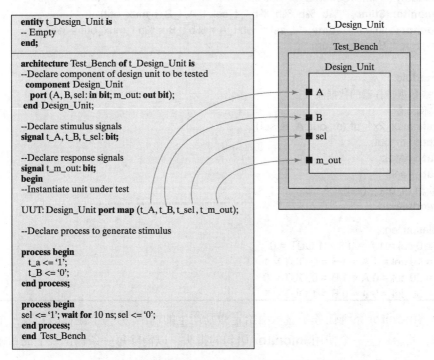

图 4.38 测试平台与 VHDL 设计单元之间的交互

在图 4.38 中，UUT 作为测试平台结构体中的元件被实例化。用于 UUT 的信号和 UUT 输出的信号在测试平台结构体中进行声明。一个进程确定激励信号(即数据通道)的值；第二个进程生成 sel，在仿真开始时值为"1"，10 ns 后切换到"0"。

激励信号由测试平台内部产生。为了清楚起见，可以在 UUT 端口中给信号添加前缀 t_ 来命名。并发信号赋值或过程语句都可以向 UUT 提供输入值。

HDL 例 4.11(测试平台)

```verilog
Verilog
//带激励的 mux_2x1_df 测试平台
module  t_mux_2x1_df;
  wire    t_mux_out;
  reg     t_A, t_B;
  reg     t_sel;
  parameter stop_time = 50;
  mux_2x1_df M1 (t_mux_out, t_A, t_B, t_sel);   // 实例化待测电路
  // Alternative association of ports by name:
  // mux_2x1_df M1 (.mux_out (t_mux_out), .A(t_A), .B(t_B), .select(t_sel));

  initial # stop_time $finish;
  initial begin                              // 激励产生
   t_sel = 1; t_A = 0; t_B = 1;
     #10   t_A = 1; t_B = 0;
     #10   t_sel = 0;
     #10   t_A = 0; t_B = 1;
  end
  initial begin                             // 响应监视器
    // $display (" time  Sel  A  B  m_out ");
    // $monitor ($time, " %b  %b  %b  %b ", t_sel, t_A, t_B, t_mux_out);
    $monitor (" time = ", $time, " t_sel = %b t_A = %b t_B = %b t_mux_out = %b",
    t_sel, t_A, t_B, t_mux_out);
  end
endmodule
//2-1 线数据选择器的数据流描述
//来自例 4.6
module mux_2x1_df (m_out, A, B, sel);
  output  m_out;
  input   A, B;
  input   sel;
  assign m_out = (sel) ? A : B;
endmodule

Simulation log:
time = 0 sel = 1 A = 0 B = 1 OUT = 0
time = 10 sel = 1 A = 1 B = 0 OUT = 1
time = 20 sel = 0 A = 1 B = 0 OUT = 0
time = 30 sel = 0 A = 0 B = 1 OUT = 1
```

注意，$monitor 系统任务是显示由给定激励产生的输出。另一个注释语句有一个$display 系统任务，将会产生一个使用$monitor 语句的报头，以消除每一条输出线上的重复命名。

VHDL

```
--带激励的 mux_2x1_df_vhdl 测试平台
entity t_mux_2x1_df_vhdl is
  port ();
end t_mux_2x1_df_vhdl;

architecture Dataflow of t_mux_2x1_df_vhdl is
  signal t_A, t_B, t_C: Std_Logic;
  signal t_sel: Std_Logic_Vector (1 downto 0);
  signal t_mux_out: Std_Logic;
  component mux_2x1_df_vhdl
    port (A, B: in Std_Logic; C: out Std_Logic; sel: in Std_Logic);
  end component
process begin
-- 激励信号赋值
  t_sel <= '1'; t_A <= '0'; t_B <= '1';
  wait for 10 ns;
  t_A <= 1; t_B <= '0';
  wait for 10 ns;
  t_sel <= '0';
  wait for 10 ns;
  t_A <= '0'; t_B <= '1';
end process;

-- 实例化UUT
  M0: mux_2x1_df_vhdl port map (A => t_A, B => t_B, C => t_C, select <= t_sel);
end Dataflow;
```

4.15 逻辑仿真

逻辑仿真为验证组合电路模型的正确性提供了一个快速而准确的的方法。它通过计算和显示与硬件电路中的波形相对应的逻辑值来创建数字电路行为的可视化表示。

仿真方法有两种类型：功能仿真和时序仿真。在功能仿真中，我们利用零时延模型研究电路的逻辑操作，而不考虑门的传输时延；在时序仿真中，在考虑门时延的情况下研究电路的操作。进程决定了电路的工作速度。例如，必须确定时序电路的时钟频率不受信号传输时延的影响，该时延是从源寄存器经过组合逻辑电路到达目的寄存器的过程中产生的。本书不讨论时序仿真。

逻辑仿真通常使用事件驱动仿真器实现。任何时候数字硬件中的大多数信号（门输出）都是静态的，值不会改变。由于只有少数的门在变化，因此逻辑仿真器可以采用"事件驱动"的方式来实现拓扑延时。在该方案中，仅在一个或多个信号改变其值时才进行计算。事件驱动仿真是模拟含有数百万个门电路逻辑行为可实现的主要原因。

在时序电路中，信号值的改变触发一次事件。如果仿真器的活动仅在模型中的信号发生变化时才启动，那么数字电路的仿真可被认为是"事件驱动"的。在模拟电路仿真中，按规定的时间步长重新计算所有信号的值，而事件驱动的数字仿真只计算那些受已发生事件影响的信号的新值，并且仅在实际发生变化时计算新值。例如，图 4.39 中与门的一个或两个输入值的变化可能导致其输出值改变（根据仿真器逻辑系统

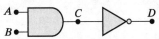

图 4.39 事件驱动仿真的电路

中与门的输入/输出真值表）。随后，该改变导致非门的输出改变。仿真器监视信号 A 和 B，并在它们发生变化时确定信号 C 是否变化。当信号 C 发生预定的变化时，仿真器为信号 D 调度一个事件，依次类推。事件驱动仿真的特点是电路输入信号上的事件会通过电路传播，甚至可能传播到电路的输出端。按照仿真器给定的时间步长，事件将被传播和调度，直到当前或将来没有事件被调度时为止。判别和调度未来事件时的动作可用于确定仿真周期。

当仿真电路中信号值改变时，经过精心设计的数据结构可以使仿真器考虑仅更新那些可能受事件影响的信号，其余信号将被忽略，无须重新计算其值。逻辑仿真器创建和管理一个"事件时间"的有序列表，也就是事件发生的那些离散时间。一个"事件队列"[即"信号变化"列表，sig_ch(t)]与每个事件时间相关联。它由当时要改变的信号名称和新值组成。指定时间点的事件可能会导致出现当前时间调度队列后面的其他事件。队列为空且没有更多事件要调度时，仿真器会执行下一个时间点的事件。

仿真开始时，仿真器会在时间 $t_{sim} = 0$ 时自动创建一个初始事件时间列表。所有变量均被分配了其初始值（默认值或指定值），例如 "x"，表示物理逻辑值未确定。当仿真开始时，仿真器将扩展事件列表，以包括电路输入信号（例如 A、B）值的变化条目。接下来仿真器考虑下一个事件时间，并更新信号变化列表中的信号值。然后，它更新事件时间列表，以包含信号的新条目，这些信号的值受到刚才更新的影响[例如 sig_ch(10)由事件 C = 0 进行扩展]。随着仿真时间的推移，相关变量可能被赋值，会从信号变化列表中删除数据结构。当 sig_ch(t)为空时，仿真器将继续运行到下一个事件时间并重复该过程。当事件时间列表为空时，事件活动处于空闲状态，直到仿真结束。

图 4.40 显示了具有零传输时延的与–非门电路产生的输出波形，其输入波形如图中所示（阴影区域表示信号的 "x" 值）。事件时间列表及其关联的数据结构显示哪些信号具有事件，

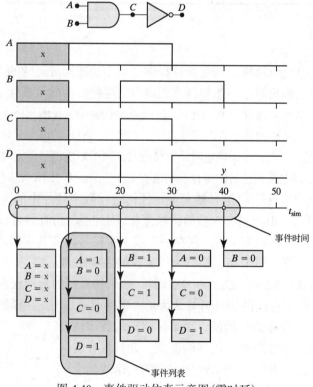

图 4.40　事件驱动仿真示意图（零时延）

并在仿真器时间轴上清楚显示。在给定的事件时间，已对信号变化列表进行了排序，以说明变化之间的因果关系。例如，在时间 $t_{sim}=20$ 时，信号 B 的变化导致信号 C 变化，信号 C 的变化继而又导致信号 D 变化。仿真器更新内存、对 B 赋值，检测到需要调度 C 并更改 C 时，需要暂停 t_{sim}。当 C 变化时，仿真器对 D 进行更改。所有这些动作都在仿真器的同一时刻 $t_{sim}=20$ 时发生，但它们在主处理器上的单个活动线程中连续发生。当 $t_{sim}=20$ 的活动停止时，仿真器进入下一个存在非空事件列表的时间，然后执行这些事件。依次类推，直到没有更多事件列表需要处理时为止。

传输时延的影响　逻辑仿真器需要管理电路中所有信号的事件调度。实际的仿真考虑了物理电路元件的实际传输时延。每个逻辑器件具有行为相关联的传输时延。当模型中包含传输时延时，信号变化不会立即通过电路传播。仿真器使用这些时延来安排事件在事件列表中的位置。

HDL 例 4.12（传输时延）

图 4.41 电路中，逻辑门的输入信号变化引起输出变化，这段时间内具有指定的传输时延。逻辑波形和事件列表[1]如图中所示。请注意，C 的变化在 A 和 B 变化之后的 3 个时间单位内发生，而 D 在 C 变化后的两个时间单位内发生。因此，传输时延会影响事件列表在仿真器时间轴上的位置。

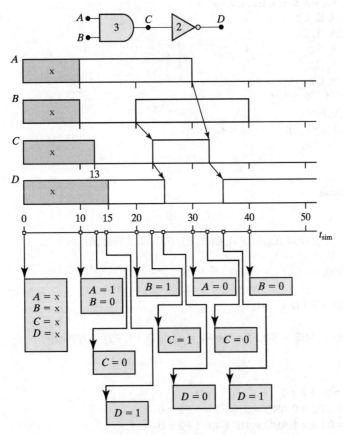

图 4.41　事件驱动仿真示意图（具有传输时延）

---

[1] 事件列表在仿真器中通常实现为链表数据结构。

3.9 节中的 HDL 例 3.3 介绍了具有门时延的电路示例。这里，我们给出一个组合电路真值表的 HDL 描述示例。组合电路的分析已经在 4.3 节进行了讨论，并给出了一个全加器的多级电路及其真值表。该电路的门级描述具有 3 个输入、2 个输出和 9 个门，如图 4.2 所示，模型中的所有逻辑门互连。

HDL 例 4.13(门级电路)

Verilog

电路的激励列在第二个模块中，电路的仿真输入用一个 3 位 **reg** 类型的向量 D 来指定。D[2]相当于 A，D[1]相当于 B，D[0]相当于 C。电路的输出 F1 和 F2 被定义为 **wire** 类型的数据。F2 的取反用 F2_b 来命名，用来表示信号的取反在一般工业应用上的名称(不是附加_not)。这个程序依据图 4.37 的步骤。**repeat** 循环语句提供了真值表中 000 后面的 7 个二进制数。仿真的结果产生了示例中显示的输出真值表。所列的真值表说明该电路就是一个全加器。

```
//图 4.2 的门级描述
module Circuit_of_Fig_4_2 (A, B, C, F1, F2);
  input  A, B, C;
  output F1, F2;
  wire  T1, T2, T3, F2_b, E1, E2, E3;
  or    G1 (T1, A, B, C);
  and   G2 (T2, A, B, C);
  and   G3 (E1, A, B);
  and   G4 (E2, A, C);
  and   G5 (E3, B, C);
  or    G6 (F2, E1, E2, E3);
  not   G7 (F2_b, F2);
  and   G8 (T3, T1, F2_b);
  or    G9 (F1, T2, T3);
 endmodule
// 激励用于分析电路
module test_circuit;
  reg [2: 0] D;
  wire F1, F2;
  Circuit_of_Fig_4_2 UUT (D[2], D[1], D[0], F1, F2);    //实例化 UUT
  initial
   begin   //使用激励
    D = 3'b000;
    repeat (7) #10 D = D + 1'b1;
   end
 initial $monitor (" ABC = %b F1 = %b F2 = %b",, D, F1, F2); // 观察响应
endmodule

Simulation log:
ABC = 000, F1 = 0   F2 = 0
ABC = 001 F1 = 1 F2 = 0 ABC = 010 F1 = 1 F2 = 0
ABC = 011 F1 = 0 F2 = 1 ABC = 100 F1 = 1 F2 = 0
ABC = 101 F1 = 0 F2 = 1 ABC = 110 F1 = 0 F2 = 1
ABC = 111 F1 = 1 F2 = 1
```

VHDL

对于图 4.2 全加器电路的逻辑仿真，首先声明电路的组件：

```
entity or2_gate is
  port (w: out Std_Logic; x, y: in Std_Logic);
end or2_gate;

architecture Dataflow of or2_gate is
begin
  w <= x or y;
end Dataflow;

entity or3_gate is
  port (w: out Std_Logic; x, y, z: in Std_Logic);
end or3_gate;

architecture Dataflow of or3_gate is
begin
  w <= x or y or z;
end Dataflow;

entity and2_gate is
  port (w: out Std_Logic; x, y: in Std_Logic);
end and2_gate;

architecture Dataflow of and2_gate is
begin
  w <= x and y;
end Dataflow;

entity and3_gate is
  port (w: out Std_Logic; x, y, z: in Std_Logic);
end and 3_gate;
architecture Dataflow of and3_gate is
begin
  w <= x and y and z;
end Dataflow;

entity not_gate is
  port (x: in Std_Logic; y: out Std_Logic);
end not_gate;

architecture Dataflow of not_gate is
begin
  y <= not x;
end Dataflow;

entity Circuit_of_Fig_4_2 is
  port (A, B, C: in Std_Logic; F1, F2: out Std_Logic;);
end Circuit_of_Fig. 4.2;
```

实例化并连接这些组件(按名称)以形成电路：

```
architecture Structural of Circuit_of Fig_4_2 is
  signal: T1, T2, T3, F2_b, E1, E2, E3: Std_Logic;
  component or2_gate          port (w: out Std_Logic; x, y: in Std_Logic);
  component or3_gate          port (w: out Std_Logic; x, y, z: in Std_Logic);
```

```
   component and2_gate        port (w: out Std_Logic; x, y: in Std_Logic);
   component and3_gate        port (w: out Std_Logic; x, y, z: in Std_Logic);
   component not_gate         port (x: in Std_Logic; y: out Std_Logic);
begin
   G1: or3_gate      port map (w => T1, x => A, y => B, z => C);
   G2: and3_gate     port map (w => T2, x => A, y => B, z => C);
   G3: and2_gate     port map (w => E1, x => A, y => B);
   G4: and2_gate     port map (w => E2, x => A, y => C);
   G5: and2_gate     port map (w => E3, x => B, y => C);
   G6: or3_gate      port map (w => F2, x => E1, y => E2, z => E3)'
   G7: not_gate      port map (x => F2, y => F2_b);
   G8: and2_gate     port map (w => T3, x => T1, y => F2_b);
   G9: or2_gate      port map (w => F1, x => T2, y => T3);
end Structural;

entity t_ Circuit_of_Fig_4_2 is
   port ();
end t_ Circuit_of_Fig_4_2;
```

最后，对 t_Circuit_of_Fig_4_2 结构体 Test_Bench 进行声明。其中，Circuit_of_Fig_4_2 被声明为组件并实例化。其端口的信号按名称连接到 Test_Bench 中本地声明的激励和输出上。

```
architecture Test_Bench of t_Circuit_of_Fig_4_2 is
   signal t_A, t_B, t_C: Std_Logic;
   signal t_F1, t_F2: Std_Logic;

   integer k range 0 to 7: 0;
   component Circuit_of_Fig_4_2 port (A, B, C: in Std_Logic; F1, F2: out Std_Logic);
   -- UUT is a component

begin

   -- Instantiate (by name) the UUT
   UUT: Circuit_of_Fig_4_2 port map (F1 => t_F1, F2 => t_F2, A => t_A, B => t_B, C => t_C);

   -- Apply stimulus signals
   t_A & t_B & t_C <= '000';
     while k <= 7 loop
       t_A & t_B & t_C <= t_A & t_B & t_C + '001';
       k := k + 1;
     end loop;
   end Test_Bench;
```

习题

(*号标记的习题解答列在本书末尾。部分习题中，逻辑设计及其相关的 HDL 建模习题会相互引用。)除非明确指定为 SystemVerilog，否则用于解决问题的 HDL 编译器可以是 Verilog、SystemVerilog 或 VHDL。注意：对于需要编写和验证 HDL 模型的每个习题，应编写基本的测试计划，以识别在仿真过程中要测试的功能组件及测试方法。例如，当仿真器处于复位状态以外的状态时，可以通过声明复位信号来测试动态复位。测试计划用来指导测试平台的开发。使用测试平台仿真模型，并验证行为是否正确。

4.1　参考图 P4.1 所示的组合电路。(HDL—见习题 4.49。)

(a)*推导 $T_1 \sim T_4$ 的布尔表达式。计算四输入变量的输出函数 F_1 和 F_2。

(b)列出四输入变量的 16 个二进制组合的真值表。然后在表中列出 $T_1 \sim T_4$ 及输出 F_1 和 F_2 的二进制值。

(c)画出(b)部分的输出布尔函数卡诺图，并进行化简，化简后结果与(a)进行对比。

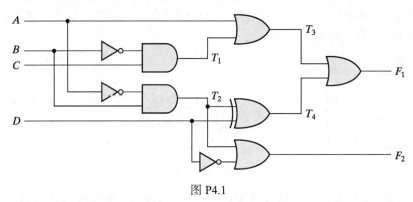

图 P4.1

4.2* 求图 P4.2 电路中输出函数 F 和 G 的简化布尔表达式。

4.3 对于图 4.26 所示的电路(见 4.11 节)：

(a)写出关于输入变量的 4 个输出布尔函数。

(b)*如果将此电路用真值表表示，则该真值表中有多少行和多少列？

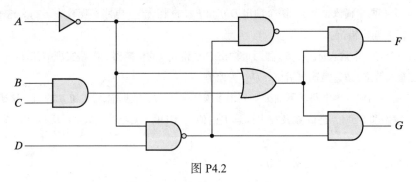

图 P4.2

4.4 设计一个有 3 个输入和一个输出的组合电路。

(a)*当输入的二进制值小于 2 时，输出为 1；否则，输出为 0。

(b)当输入的二进制值不能被 3 整除时，输出为 1。

4.5 设计一个组合电路，3 个输入为 x、y 和 z，3 个输出为 A、B 和 C。当二进制输入为 0、1、2 或 3 时，二进制输出是输入的两倍。当二进制输入为 4、5、6 或 7 时，二进制输出是输入的一半。

4.6 一组合逻辑电路，当输入变量中 1 的个数多于 0 的个数时输出为 1；否则，输出为 0。

(a)*分别用真值表、布尔方程和逻辑图设计一个有 3 个输入的大数电路。

(b)写出电路的 HDL 门级描述并验证。

4.7 设计一个组合电路将 4 位格雷码(见表 1.6)转换成 4 位二进制数。

(a)*用异或门实现这个电路。

(b)用 **case** 语句实现电路的 HDL 门级描述并验证。

4.8 设计一个代码转换器，将十进制数

(a)*从 8, 4, –2, –1 码转化为 BCD 码（见表 1.5）。（HDL—见习题 4.50。）

(b)从 8, 4, –2, –1 码转化为格雷码。

4.9　BCD-七段译码器是将 BCD 码表示的十进制数转换为能够在显示器上用于显示普通十进制数的那些段。译码器的 7 个输出（a、b、c、d、e、f、g）选择显示中对应的段，如图 P4.9(a)中所示。表示十进制数的数字显示如图 P4.9(b)所示。使用真值表和卡诺图设计门数最少的 BCD-七段译码器。6 个无效组合导致显示空白。（HDL—见习题 4.51。）

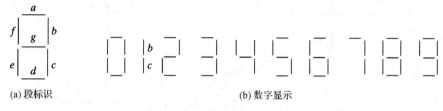

　　　　(a) 段标识　　　　　　　　　　　　(b) 数字显示

图 P4.9

4.10*　设计一个 4 位二进制补码组合电路（输出为输入二进制数的补码）。要求该电路用异或门来构成。你能预测一个 5 位二进制补码发生器的输出函数吗？

4.11　用 4 个半加器（HDL—见习题 4.52。）

(a)设计一个 4 位组合电路递增器（4 位二进制数递增 1 的电路）。

(b)设计一个 4 位组合电路递减器（4 位二进制数递减 1 的电路）。

4.12　(a)设计一个有两个输入 x 和 y、两个输出 $Diff$ 和 B_{out} 的半减器。电路实现减法 $x - y$，这里，$Diff$ 为差值，B_{out} 是输出借位。

(b)*设计一个有 3 个输入 x、y、B_{in} 和两个输出 $Diff$ 和 B_{out} 的全减器。电路实现减法 $x - y - B_{in}$，这里，B_{in} 是输入借位，B_{out} 是输出借位，$Diff$ 为差值。

4.13*　如图 4.13 所示的加减器电路，下面分别列出了模式输入 M、数据输入 A 和 B 的值。试确定每种情况下的 4 位输出和 SUM、进位 C 及溢出标志 V 的值。（HDL—见习题 4.37 和习题 4.40。）

	M	A	B
(a)	0	0111	0110
(b)	0	1000	1001
(c)	1	1100	1000
(d)	1	0101	1010
(e)	1	0000	0001

4.14*　假设异或门有 5 ns 的传输时延，与门及或门有 10 ns 的传输时延，那么图 4.12 中的 4 位加法器的传输时延为多少？

4.15　推导图 4.12 所示的超前进位产生器中输出进位 C_4 的布尔表达式。

4.16　定义进位传播和进位产生分别为

$$P_i = A_i + B_i$$
$$G_i = A_i B_i$$

证明全加器的输出进位与输出和分别为

$$C_{i+1} = (C_i' G_i' + P_i')'$$
$$S_i = (P_i G_i') \oplus C_i$$

采用 74283 型芯片实现的 4 位并行加法器的第一级逻辑图如图 P4.16 所示。试确定 P_i' 和 G_i' 的端点，并证明该电路实现了一个全加器电路。

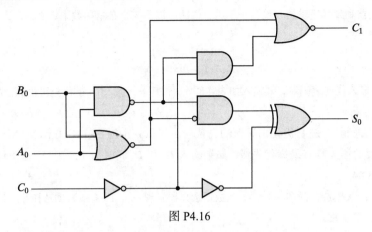

图 P4.16

4.17 证明全加器的输出进位可以表示成"与-或-非"的形式：

$$C_{i+1} = G_i + P_iC_i = (G_i'P_i' + G_i'C_i')'$$

74182 型芯片是一个用"与-或-非"门产生进位（见 3.8 节）的超前进位产生器电路。假定该电路的输入端可以是 G、P 和 C_1 的反码。试推导该集成电路中超前进位 C_2、C_3 和 C_4 的布尔函数。（提示：利用方程迭代法按照 C_i' 来推导进位。）

4.18 设计一个组合电路，产生

(a)*BCD 码的 9 的补码。[HDL—见习题 4.54（a）。]

(b)格雷码的 9 的补码。[HDL—见习题 4.54（b）。]

4.19 利用图 4.14 的 BCD 加法器和习题 4.18 中 9 的补码器实现 BCD 加减器电路，用元件框图表示。(HDL—见习题 4.55。）

4.20 设计一个二进制乘法器，实现两个 4 位数的相乘。

(a)用与门和二进制加法器（见图 4.16）实现。

(b)写出电路的 HDL 数据流模型并验证。

4.21 设计一个组合电路，比较两个 4 位数，以检查它们是否相等。若相等，则该电路输出为 1；否则，输出 0。

4.22* 设计一个余 3 码-二进制的译码器，将不用的码组作为无关条件。（HDL—见习题 4.42。）

4.23 (a)画出一个仅由或非门构成的 2-4 线译码器逻辑图，包含一个使能输入。（HDL—见习题 4.36。）

(b)画出一个仅由与非门构成的 2-4 线译码器逻辑图，包含一个使能输入。（HDL—见习题 4.45。）

4.24 设计一个 BCD-十进制的译码器，将不用的码组作为无关条件。

4.25 用 4 个带使能端的 3-8 线译码器和一个 2-4 线译码器实现一个 5-32 线译码器。用元件框图表示。（HDL—见习题 4.62。）

4.26 用 5 个带使能端的 2-4 线译码器设计一个 4-16 线译码器。（HDL—见习题 4.63。）

4.27 一个组合电路由下面 3 个布尔函数来确定：

$$F_1(A,B,C) = \sum(1,4,6)$$
$$F_2(A,B,C) = \sum(3,5)$$
$$F_3(A,B,C) = \sum(2,4,6,7)$$

用与非门构成的译码器来实现该电路(与图 4.19 类似),且与非门或者与门与译码器的输出相连。使用译码器的框图。

4.28   用一个译码器和外部逻辑门,设计一个组合电路由以下 3 个布尔函数来定义:

(a)* $F_1 = x'y' + xz$ (b) $F_1 = (x + y')z'$

       $F_2 = xy'z' + yz$ $F_2 = (x'+y)(x'+z)$

       $F_3 = x'y'z' + xy$ $F_3 = (y+z)(x'+z')$

4.29*   设计一个 4 输入优先编码器,其输入如表 4.8 所示,其中,输入 D_0 的优先级最高,D_3 的优先级最低。(HDL──见习题 4.57。)

4.30   确定一个八进制-二进制优先编码器的真值表。提供一个输出 V 以显示最少存在一个输入。下标数字最大的输入具有最高优先级。如果输入 D_2 和 D_6 同时为 1,则 4 个输出值是什么?(HDL──见习题 4.64。)

4.31   用两个 8-1 线数据选择器和一个 2-1 线数据选择器实现一个 16-1 线数据选择器,用元件框图表示。(HDL──见习题 4.65。)

4.32   用一个数据选择器实现下面的布尔函数:(HDL──见习题 4.46。)

(a) $F(A,B,C,D) = \sum(0,2,5,8,10,14)$

(b) $F(A,B,C,D) = \prod(2,6,11)$

4.33   写出一个全减器的真值表,并用两个 4×1 数据选择器实现。

4.34   将 8×1 数据选择器的输入 A、B 和 C 分别与选择输入 S_2、S_1 和 S_0 相连接。数据输入 I_0 到 I_7 的值为

(a)* $I_1 = I_7 = 0$; $I_2 = I_5 = I_6 = 1$; $I_0 = I_4 = D$; $I_3 = D'$。

(b) $I_2 = I_3 = I_6 = 0$; $I_5 = 1$; $I_0 = I_1 = D$; $I_4 = I_7 = D'$。

试确定该数据选择器所实现的布尔函数。

4.35   用一个 4×1 数据选择器及外部的逻辑门实现下面的布尔函数。

(a)* $F_1(A,B,C,D) = \sum(1,3,4,11,12,13,14,15)$ (b) $F_2(A,B,C,D) = \sum(1,2,5,7,8,10,11,13,15)$

将输入 A 和 B 与选择线相连。4 条数据线上的输入将是变量 C 和 D 的函数。用 F 表示 C 和 D 的函数,那么在 $AB = 00, 01, 10, 11$ 时可分别获得 F 的值。这些函数的实现需加上外部逻辑门。(HDL──见习题 4.47。)

4.36   写出图 4.23 所示的优先编码器电路的 HDL 门级描述。(HDL──见习题 4.45。)

4.37   写出一个 4 位无符号二进制数的加减器的 HDL 门级分类描述。电路和图 4.13 类似,只是少了输出 V。可以参考 HDL 例 4.2 中 4 位全加器的描述。(HDL──见习题 4.13 和习题 4.40。)

4.38   写出一个带使能端的四 2-1 线数据选择器的 HDL 数据流描述(见图 4.26)。

4.39*   一个 4 位比较器有 6 位输出 $Y[5:0]$,试写出它的 HDL 行为描述。Y 的第 5 位表示相等,第 4 位表示不等,第 3 位表示大于,第 2 位表示小于,第 1 位表示大于等于,第 0 位表示小于等于。

4.40   使用条件运算符(?:),用 HDL 数据流描述一个 4 位无符号二进制数加减器。(见习题 4.13 和习题 4.37。)

4.41   用 Verilog **always** 语句或 VHDL 进程重做习题 4. 40(习题 4.22)。

4.42   (a)写出图 4.4 所示的 BCD-余 3 码转换器的 HDL 门级描述。

(b)用图 4.3 列出的布尔函数写出 BCD-余 3 码转换器的 HDL 数据流描述。

(c)*写出一个 BCD-余 3 码转换器的 HDL 行为描述。

(d)编写一个测试平台来仿真和测试 BCD-余 3 码转换器以验证真值表,检测上述的 3 个电路。

4.43   说明如下 HDL 描述的电路功能:

Verilog

```
module Prob4_43 (A, B, S, E, Q);
  input  [1:0] A, B;
  input    S, E;
  output [1:0] Q;
  assign Q = E ? (S ? A : B) : 'bz;
endmodule
```

VHDL

architecture Behavioral
begin
Q <= A **when** S = '1' **and** E = '1' **else** '0' **when** S = '0' **and** S = '1' **else** 'z';
end Behavioral

4.44 用 **case** 语句写出一个 8 位算术逻辑单元(ALU)的 HDL 行为描述。电路有 3 位选择总线(Sel)、8 位数据输入(A 和 B)、一个 8 位数据输出(y),算术和逻辑运算表如下:

Sel	说明
000	将 y 置为全 0
001	按位与
010	按位或
011	按位异或
100	按位取反
101	减
110	加(假设 A 与 B 为无符号位)
111	将 y 置为全 1

4.45 写出一个 4 输入优先编码器的 HDL 行为描述。输入 D 用的是 4 位向量,**always** 模块中使用的是 **if-else** 描述。假定 D[3] 具有最高优先级(见习题 4.36)。

4.46 写出习题 4.32 布尔函数表示的逻辑电路的 HDL 数据流描述。

4.47 写出习题 4.35 布尔函数表示的逻辑电路的 HDL 数据流描述。

4.48 改进习题 4.44 中 8 位算术逻辑单元的功能,写出其 HDL 描述,让它具有由使能输入 En 控制的三态输出。编写一个测试平台对电路进行仿真。

4.49 对于图 P4.1 中的电路,

(a)写出电路的 HDL 门级模型并验证。

(b)与习题 4.1 得出的结果进行比较。

4.50 用 **case** 语句实现下列电路的 HDL 行为模型并仿真。

(a)*8, 4, −2, −1 码−BCD 码转换器[见习题 4.8(a)]。

(b)8, 4, −2, −1 码−格雷码转换器[见习题 4.8(b)]。

4.51 实现习题 4.9 中 BCD-七段译码器的 HDL 行为模型并仿真。

4.52 用连续赋值语句或 VHDL 信号赋值语句,实现下列电路的 HDL 数据流模型并仿真。

(a)习题 4.11(a)中所述的 4 位递增器。

(b)习题 4.11(b)中所述的 4 位递减器。

4.53 实现图 4.14 中的十进制加法器的结构模型并仿真。

4.54 实现习题 4.18 中电路的 HDL 行为模型并仿真。

(a) BCD 码的 9 的补码〔见习题 4.18(a)〕。

(b) 格雷码的 9 的补码〔见习题 4.18(b)〕。

4.55　对习题 4.19 中的 BCD 加减器设计一个层次化模型。BCD 加法器和 9 的补码各自描述成行为模型，然后在顶层模块中实例化。

4.56[*]　用 Verilog 连续赋值语句或 VHDL 信号赋值语句描述两个 4 位数字的比较，以检验它们是否位匹配。如果匹配，给变量赋 1；否则赋 0。

4.57[*]　实现习题 4.29 中描述的 4 输入优先编码器的 HDL 行为模型并检验。

4.58　写出 32 位右移电路的 HDL 模型，它的输出是由 32 位输入右移 3 位得到的，空位由右移前 MSB 中的位填补(算术右移)。写出 32 位左移电路的 Verilog 模型，它的输出由 32 位输入左移 3 位、空位补 0 构成(逻辑左移)。

4.59　写出一个 BCD-十进制译码器的 HDL 模型，将不用的码组作为无关条件（见习题 4.24）。

4.60　用 IEEE1364-2001 标准的端口语法，写出图 3.34 所示 4 位偶校验电路的 HDL 门级模型并验证。

4.61　用 Verilog 连续赋值语句或 VHDL 信号赋值语句，写出图 3.34 所示 4 位偶校验电路的 HDL 门级模型并验证。

4.62　写出习题 4.25 中电路的门级层次化 HDL 模型并验证。

4.63　写出习题 4.26 中电路的门级层次化 HDL 模型并验证。

4.64　写出习题 4.30 中八进制-二进制优先编码器电路的门级层次化 HDL 模型并验证。

4.65　写出习题 4.31 中数据选择器电路的门级层次化 HDL 模型并验证。

参考文献

1. DIETMEYER, D. L. 1988. *Logic Design of Digital Systems*, 3rd ed., Boston: Allyn Bacon.

2. GAJSKI, D. D. 1997. *Principles of Digital Design*. Upper Saddle River, NJ: Prentice Hall.

3. HAYES, J. P. 1993. *Introduction to Digital Logic Design*. Reading, MA: Addison-Wesley.

4. KATZ, R. H. 2005. *Contemporary Logic Design*. Upper Saddle River, NJ: Prentice Hall.

5. NELSON, V. P., H. T. NAGLE, J. D. IRWIN, and B. D. CARROLL. 1995. *Digital Logic Circuit Analysis and Design*. Englewood Cliffs, NJ: Prentice Hall.

6. BHASKER, J. 1997. *A Verilog HDL Primer*. Allentown, PA: Star Galaxy Press.

7. BHASKER, J. 1998. *Verilog HDL Synthesis*. Allentown, PA: Star Galaxy Press.

8. CILETTI, M. D. 1999. *Modeling, Synthesis, and Rapid Prototyping with Verilog HDL*. Upper Saddle River, NJ: Prentice Hall.

9. MANO, M. M. and C. R. KIME. 2007. *Logic and Computer Design Fundamentals*, 4th ed., Upper Saddle River, NJ: Prentice Hall.

10. ROTH, C. H. and L. L., KINNEY. 2014. *Fundamentals of Logic Design*, 7th ed., St. Paul, MN: Cengage Learning.

11. WAKERLY, J. F. 2005. *Digital Design: Principles and Practices*, 4th ed., Upper Saddle River, NJ: Prentice Hall.

12. PALNITKAR, S. 1996. *Verilog HDL: A Guide to Digital Design and Synthesis*. Mountain View, CA: SunSoft Press (a Prentice Hall title).

13. THOMAS, D. E. and P. R. MOORBY. 2002. *The Verilog Hardware Description Language*, 5th ed., Boston: Kluwer Academic Publishers.

网络搜索主题

布尔表达式

组合逻辑

比较器

译码器

异或门

数据选择器

优先编码器

三态反相器

三态缓冲器

真值表

第 5 章　同步时序逻辑

本章目标

1. 区分时序电路和组合电路。
2. 理解 SR 锁存器、透明锁存器、D 触发器、JK 触发器和 T 触发器的功能。
3. 使用触发器的特征表和特征方程。
4. 得到时序电路的状态方程、状态表和状态图。
5. 了解 Mealy 和 Moore 有限状态机（FSM）的区别。
6. 给出一个有限状态机的状态图，能够写出该状态机的 HDL 模型。
7. 了解锁存器和触发器的 HDL 模型。
8. 编写钟控时序电路的可综合 HDL 模型。
9. 使用手工方法设计状态机。
10. 消除状态表中的等效状态。
11. 定义一位热位编码。
12. 设计具有(a)D 触发器、(b)JK 触发器和(c)T 触发器的时序电路。

5.1　引言

手持设备、手机、导航接收机、个人计算机、数码相机、个人多媒体播放器，几乎所有的消费电子产品都具有以二进制格式表示发送、接收、存储、检索和处理信息的能力。启用和支持这些设备的技术依赖于可以存储信息(即具有记忆)的电子元器件。本章主要研究这些设备及其应用电路的操作和控制，使得用户在与这些设备进行交互时，能够更好地了解其中的基本原理。前面几章所研究的电路都是组合电路，这类电路的特点是：任意时刻的输出完全取决于该时刻的输入，它们没有存储单元，也就是说，它们不依赖于输入的过去值。但实际中我们遇到的电路往往包含有存储单元，需要用时序电路这样的术语来对系统加以描述。这些电路可以存储、保留相关的数据，以及在以后需要的时候检索信息。下面，我们先来了解时序电路与组合电路的区别。

5.2　时序电路

时序电路的框图如图 5.1 所示。它是由组合电路和存储单元构成的。存储单元作为反馈，用于存储二进制信息。在任意给定时刻，存储单元存储的二进制信息被定义为该时刻时序电路的状态。时序电路从外部输入接收信息，这些输入连同存储单元的现态一起决定了输出信号。同时，它们也是存储单元状态改变的条件。从图中可以看出，时序电路的输出既与输入有关，又与存储单元的现态有关。存储单元的次态是外部输入和现态的函数。因此，时序电路是由输入、输出和内部状态的时序决定的。相反,组合逻辑电路的输出仅由当时的输入决定。

从信号的时序关系上来看,时序电路分同步时序电路和异步时序电路两大类。同步时序电路的输出可以由离散时刻的信号确定,异步时序电路的输出取决于输入信号和输入变化的顺序。存储单元在异步时序电路中常用作延时部件。延时部件的存储容量与信号传输时间有关。实际上,逻辑门的内部传输时延已足够大,没有必要再用延时部件。在门电路构成的异步系统中,存储单元由逻辑门构成,它们为传输时延提供了必要的存储功能。因此,异步时序电路可认为是带反馈的组合电路。由于逻辑门的反馈,异步时序电路经常表现出不稳定的情况,这给设计者带来了很多难题,并且限制了它们的使用。本书不会讨论这些电路。

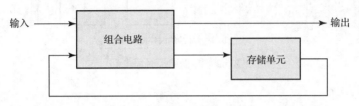

图 5.1　时序电路的框图

同步时序电路只在离散时刻才对存储单元产生作用。同步是通过时钟发生器这样的定时器获得的。时钟发生器能够产生周期性的脉冲序列。时钟信号通常用标识符 *Clock*(*clock*)和 *Clk*(*clk*)表示。时钟脉冲分布在整个系统中,这样,存储单元中存储的信息只有在脉冲到来时才会受到影响。实际上,时钟脉冲和其他信号(包括外部输入信号等)一起确定存储单元的存储内容和输出是否改变。例如,当脉冲信号出现时,一个带二进制加法和存储功能的电路计算数字之和并将其存储下来。时钟作用于存储单元的时序电路称为钟控时序电路(clocked sequential circuit)。它们之所以被归为同步电路,是因为电路由同步发生的脉冲控制。在实际中经常遇到同步时序电路,它们没有不稳定的问题,时序(timing)可以很容易分解为单独的时段,然后对每一个时段分别考虑。

同步时序电路中使用的存储单元称为触发器(flip-flop)。触发器是能够存储二进制信息的存储单元。在稳定状态下,触发器的输出为 0 或 1。同步时序电路可使用许多存储器来存储尽可能多的信号,例如,数据字可以存储为 64 位值,其框图如图 5.2(a)所示。电路的输出既可以来自组合电路,也可以来自触发器。储存在触发器的值既与电路的输入有关,也与当前触发器的值有关。当时钟脉冲发生时,新的值被存储(也就是触发器被更新)。在时钟脉冲发生之前,产生下一个触发器值的组合逻辑必须要稳定下来。因此,组合逻辑电路的工作速度是非常重要的。由图 5.2(b)中的时序图可知,触发器从组合电路接收输入信号,从时钟获得固定间隔发生的脉冲。传输时延应在电路工作允许的最小间隔脉冲之间。触发器的状态只有在时钟脉冲变化时(例如,当时钟脉冲从 0 变为 1 时)才会改变。当时钟信号无效时,即使组合电路的输出发生变化,触发器输出也不会改变。这样,反馈回路相当于开路。因此,触发器从一个状态到另一个状态的转变仅仅发生在时钟脉冲变化的时刻。

练习 5.1　描述组合电路的输出和时序电路的输出之间的基本区别。

答案:组合电路的输出仅取决于电路的输入;时序电路的输出取决于电路的输入和存储元件的当前状态。

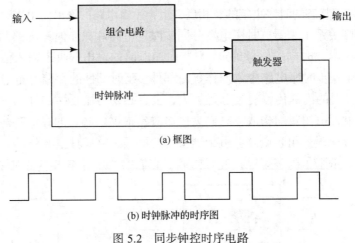

(a) 框图

(b) 时钟脉冲的时序图

图 5.2　同步钟控时序电路

5.3　存储元件：锁存器

只要有电源一直供电，触发器存储的二进制信息就可以一直保持下去，直到输入信号改变时为止。不同类型触发器的主要区别在于输入端的数目及输入端影响状态的方式。以信号电平(而不是信号转换)工作的存储元件称为锁存器，由时钟转换控制的存储元件称为触发器。锁存器是电平敏感器件，触发器是边沿敏感器件。由于锁存器是构成所有触发器的基本电路，因此这两种存储器件是相互关联的。介绍锁存器的目的是为了引出构成触发器的基本电路。触发器在保存信息及异步时序电路的设计中非常有用，但在同步时序电路中很少使用。时序电路设计中使用到的几种类型的触发器将在 5.4 节介绍。

SR 锁存器

SR 锁存器电路是由两个相互耦合的或非门(也可以是与非门)构成的。它有两个输入端，标注 S 的是置位端(set)，标注 R 的是复位端(reset)。由两个或非门相互耦合构成的 SR 锁存器电路如图 5.3 所示。锁存器有两个状态 0 和 1。当输出 $Q = 1$ 和 $Q' = 0$ 时，锁存器处于置位状态；当输出 $Q = 0$ 和 $Q' = 1$ 时，锁存器处于复位状态。输出信号 Q 和 Q'通常是互补的。然而，当两个输入端同时为 1 时，两个输出都将被强迫为 0，这时锁存器处于不确定状态。因此，在实际应用中，锁存器的输入端不允许同时为 1。

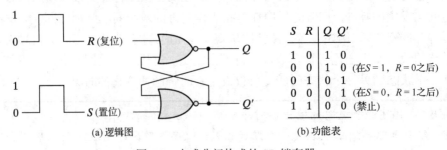

S	R	Q	Q'	
1	0	1	0	
0	0	1	0	(在 S = 1，R = 0 之后)
0	1	0	1	
0	0	0	1	(在 S = 0，R = 1 之后)
1	1	0	0	(禁止)

(a) 逻辑图　　　　　(b) 功能表

图 5.3　由或非门构成的 SR 锁存器

在一般情况下，锁存器的两个输入端为 0，这样状态维持不变。此时，如果给输入端 S 加 1，将导致锁存器进入置位状态。若使锁存器处于复位状态，则输入端 R 加 1。为避免出现不确定状态，S 端在 R 端变化前必须先回到 0。由图 5.3(b) 中的功能表可知，在两种输入条件下电路进入置位状态。第一种情况是：$S=1$，$R=0$；此时，由于输入端 S 有效，使电路进入置位状态。第二种情况是：$S=0$，$R=0$；把有效信号从 S 端撤离，电路维持置位状态不变。在两个输入端回到 0 之后，才能给复位端 R 加 1，使电路进入复位状态，把 1 从 R 端撤走，电路维持复位状态不变。因此，当输入端 S 和 R 都为 0 时，锁存器或处于置位状态，或处于复位状态，关键是要看在此之前，是哪个输入端信号有效。

如果 1 同时加到了输入端 S 和 R，则两个输出都被强迫为 0。但当两个输入端同时回到 0 之后，次态到底是 0 还是 1 则无法确定，因此将产生不确定状态。另外，输出同时为 0 也与输出必须互补相矛盾。在通常情况下，这种现象应避免出现，采取的方法是两个输入端不能同时有效。

由与非门构成的 SR 锁存器电路如图 5.4 所示。一般情况下，该电路两个输入都为 1，状态维持不变。只有需要改变锁存器的状态时，才改变输入信号。对输入端 S 加 0 将导致输出 Q 为 1，使锁存器进入置位状态。当 S 恢复到 1 后，电路仍旧维持置位状态不变。当两个输入端同时为 1，然后输入端 R 加 0，将导致电路进入复位状态，即使两个输入端回到 1，状态还将保持不变。对于与非门构成的锁存器，两个输入端同时为 0 时，不确定的状态发生，这种输入组合应避免。

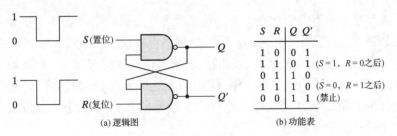

图 5.4 由与非门构成的 SR 锁存器

将或非门构成的锁存器和与非门构成的锁存器进行对比，我们发现，前者为输入信号高电平有效，而后者为低电平有效，两者恰恰相反。与非门构成的锁存器对 0 敏感，有时也称为 $S'R'$ 锁存器。字母上的撇号(有时也用横线)表示输入信号低电平有效。

对基本 SR 锁存器结构进行修改，可以利用一个额外的控制输入端来决定锁存器状态的改变时机。带有控制输入端的 SR 锁存器如图 5.5 所示，它由一个基本 SR 锁存器和两个与非门构成。控制输入端 En 是另外两个输入信号的使能信号。只要控制输入信号为 0，与非门的输出就维持 1 不变。当控制信号变为 1 时，输入 S 和 R 对 SR 锁存器有作用。当 $S=1$，$R=0$ 和 $En=1$ 时，电路进入置位状态。为使锁存器进入复位状态，输入信号必须满足：$S=0$，$R=1$，$En=1$。当 En 恢复到 0 时，电路将维持目前的状态不变。控制输入信号 En 为 0 时，电路不能正常工作，无论 S 和 R 取什么值，输出状态都不会改变。另外，当 $En=1$、S 和 R 都等于 0 时，电路的状态也会不发生改变。这些情况列在图中的功能表里。

当 3 个输入都为 1 时，会发生一种不确定的情况。此时，基本 SR 锁存器的两个输入端都为 0，使电路进入不稳定状态。当控制信号回到 0 后，由于无法确定 S 和 R 哪一个将先回到 0，因此也就无法确定次态是什么。这种不确定的情况使电路难以维护，因此在实际中很少使用。然而，基本 SR 锁存器又是一个非常重要的电路，其他的锁存器和触发器都建立在它的基础之上。

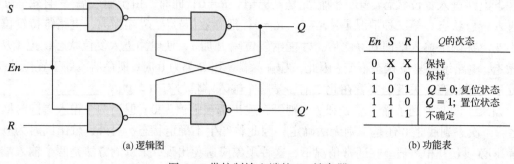

En	S	R	Q的次态
0	X	X	保持
1	0	0	保持
1	0	1	$Q = 0$; 复位状态
1	1	0	$Q = 1$; 置位状态
1	1	1	不确定

(a) 逻辑图　　　　　　　　　　　(b) 功能表

图 5.5　带控制输入端的 SR 锁存器

练习 5.2　(a)使或非门 SR 锁存器置于不确定状态的输入条件是什么？

答案： 两个输入都是 1。

(b)使与非门 SR 锁存器置于不确定状态的输入条件是什么？

答案： 两个输入均为 0。

D 锁存器(透明锁存器)

对于 SR 锁存器中的不确定状态，有一种消除方法是确保输入信号 S 和 R 不同时为 1。D 锁存器就可以满足这种要求，如图 5.6 所示。这种锁存器仅有两个输入端：D(数据)和 En(使能)。输入端 D 直接与输入端 S 相连，它的反相输出连接到输入端 R。只要使能信号为 0，相互耦合连接的 SR 锁存器的两个输入端就都为 1，这样无论 D 取什么值，电路都不会改变状态。当 $En = 1$ 时，输入端 D 被采样，若 $D = 1$，Q 输出为 1，电路进入置位状态；若 $D = 0$，输出 Q 为 0，电路进入复位状态。

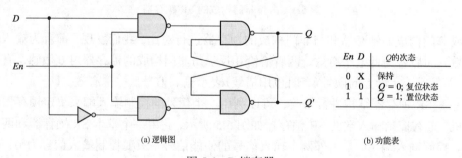

En	D	Q的次态
0	X	保持
1	0	$Q = 0$; 复位状态
1	1	$Q = 1$; 置位状态

(a) 逻辑图　　　　　　　　　　　(b) 功能表

图 5.6　D 锁存器

D 锁存器具有存储信息的功能，因此适合作为临时存储单元使用。只要使能信号有效，D 锁存器数据输入端出现的信号将被传输至输出端 Q，且输出数据会随着输入数据的改变而改变。这就提供了一条从输入端 D 到输出端 Q 的通道，因此这种电路也称为透明锁存器。当使能信号无效时，出现在数据输入端的信息将一直保持在输出端 Q，直到使能信号有效为止。注意，反相器可以置于使能输入端。然后，根据物理电路，外部使能信号将为 0(低电平有效)或 1(高电平有效)。

图 5.7 列出了几种锁存器的图形符号。锁存器的符号是一个矩形框，左边输入，右边输

出。输出中有一个是同相输出，另一个(带有小圆圈符号的)表示反相输出。SR 锁存器图形符号中的 S 和 R 画在方框内。在由与非门构成的锁存器中，将小圆圈加到了输入端，表示置位和复位是由逻辑 0 产生的。D 锁存器图形符号中的 D 和 En 标记在方框内。

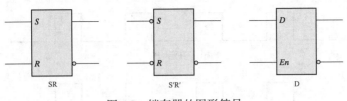

图 5.7　锁存器的图形符号

练习 5.3　描述透明锁存器的功能。

答案：透明锁存器有数据输入端，使能端和输出端。当使能信号有效时，锁存器的输出跟随输入。当使能信号无效时，锁存器的输出一直保持在使能信号无效时的值，直到使能信号有效时为止。

5.4　存储元件：触发器

锁存器或触发器的状态由控制信号决定。这种瞬时的变化称为触发，它所引起的状态转移就指触发了触发器。在 D 锁存器的控制输入端加上时钟信号，就得到了基本触发器。只要时钟信号每次变化为逻辑 1 时，触发器都会受到触发。当输入脉冲维持 1 不变时，数据输入端的任何变化都将影响锁存器的状态。

由图 5.2 可知，在时序电路中，从触发器的输出到组合电路的输入之间有一个反馈通道。因此，触发器的输入可以由它本身或其他触发器的输出得到。当锁存器用作存储单元时，会出现比较严重的问题。只要时钟脉冲是逻辑 1，锁存器的状态就会发生变化。当脉冲有效时，锁存器中新的状态就会出现在输出端。这个输出通过组合电路连接到锁存器的输入端。如果加到锁存器的输入信号发生变化，而时钟脉冲仍旧维持在逻辑 1，则锁存器响应新的值，产生新的状态，而且这个状态在时钟脉冲信号有效时一直在变，出现了一种不可预测的结果。这种不可靠的工作，使得锁存器的输出不能直接用于组合逻辑电路或通过组合逻辑电路连接到它本身或其他锁存器上。所以，这里的锁存器都采用相同的时钟源触发。

在使用公共时钟的时序电路中，这种结构的触发器电路能够正常工作。锁存器的问题归根结底在于它在时钟脉冲有效时都会被触发，而这种有效期间过长。如图 5.8(a) 所示，在控制输入端为高电平期间，输入端 D 的变化都会影响输出端，而且，只要时钟脉冲信号维持在高电平，这种变化将持续下去。因此，触发器要想正常工作，关键是只在时钟发生变化时才被触发。这可以通过消除在使用锁存器的时序电路操作中固有的反馈路径来实现。时钟脉冲有两种变化，从 0 到 1 和从 1 到 0，如图 5.8 所示，从 0 到 1 的变化定义成上升沿，从 1 到 0 的变化定义成下降沿。对于锁存器来说，有两种方法可以将其改成触发器。一种方法是将两个锁存器进行特殊的配置，把受到输入变化影响的触发器的输出隔离开；另一种方法是产生只受信号变化(从 0 到 1 或者从 1 到 0)触发的触发器，而在时钟脉冲的其他时刻对触发器不产生作用。下面我们来介绍这两类触发器的实现。

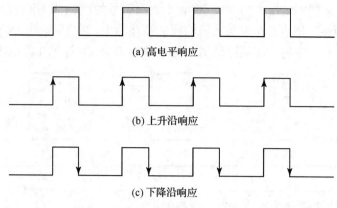

(a) 高电平响应

(b) 上升沿响应

(c) 下降沿响应

图 5.8　锁存器和触发器中的时钟响应

边沿触发的 D 触发器

用两个 D 锁存器和一个非门构成的 D 触发器如图 5.9 所示。通常把它称为主从触发器，第一个锁存器称为主锁存器，第二个锁存器称为从锁存器。电路仅在控制时钟(标为 Clk)的下降沿时，根据输入端 D 的值决定输出信号 Q 的值。当时钟为 0 时，非门的输出为 1，从锁存器使能端有效，输出 Q 与主锁存器输出 Y 相同。时钟 Clk = 0 使得主锁存器不工作，变为 1 时，从外部 D 输入的数据被传送给主锁存器，只要时钟维持 1 不变，从锁存器的控制输入 En 为 0，功能被禁止，输入端的变化只影响主锁存器的输出 Y，但不影响从锁存器的输出。当时钟脉冲回到 0 时，主锁存器不工作，与输入端 D 断开；同时，从锁存器使能端有效，Y 的值被传送给触发器输出 Q。因此，触发器的输出只能在时钟从 1 到 0 的变化瞬间发生改变。

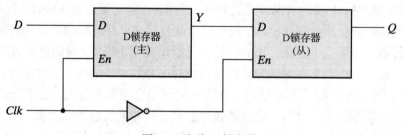

图 5.9　主从 D 触发器

根据主从触发器的行为特性，可以看出触发器输出只在时钟的下降沿发生改变。在触发器输出端产生的值就是下降沿发生之前存储在主锁存器中的值。当然，我们也可以设计出电路，使得触发器的输出在时钟的上升沿变化。这种上升沿触发的触发器需要在 Clk 端和非门与主锁存器 En 端连接节点之间加一个非门即可实现。从下降沿触发的触发器可知，时钟的下降沿影响主锁存器，上升沿影响从锁存器和输出端。

构成边沿触发的 D 触发器的另外一种有效方法是使用 3 个 SR 锁存器，如图 5.10 所示。两个锁存器共用外部数据输入端 D 和时钟输入端 Clk，第三个锁存器产生触发器的输出。在 Clk = 0 时，输出锁存器的 S 和 R 维持 1 不变，这使得输出状态保持不变，D = 0 或者 D = 1。如果 Clk 变为 1，则 D = 0，R 为 0，触发器进入复位状态，Q = 0。如果 Clk = 1，则输入端 D

发生变化，R 端保持 0 不变，此时触发器被锁定，不会对输入变化做出响应。当时钟恢复到 0 时，R 变为 1，锁存器的输出不会改变。类似地，当 Clk 从 0 到 1 时，$D=1$，S 变为 0，这将使电路进入置位状态，$Q=1$。当 $Clk=1$ 时，D 的变化不会影响输出。

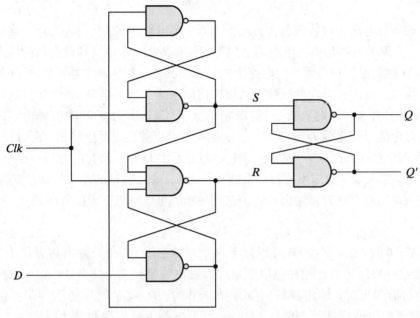

图 5.10　上升沿 D 触发器

　　总之，对于上升沿触发器来说，只有当输入时钟发生上升沿变化时，D 的值才能传送给 Q。从 1 到 0 的下降沿变化不会影响触发器的输出，Clk 信号为稳定的 1 或 0 都不会影响输出，这种类型的触发器只对从 0 到 1 的上升沿响应。

　　当使用边沿触发器时，触发器对输入数据和时钟响应的时间必须要考虑。D 输入的信号须在时钟变化之前稳定下来，需要稳定的最短时间称为建立时间（setup time）。类似地，D 输入的信号在时钟上升沿之后也须保持一段时间不变，保持的最短时间称为保持时间（hold time）。触发边沿到输出稳定在一个新状态之间的时间为触发器的传输时延。这些参数由生产厂家的数据手册给出。

　　边沿触发的 D 触发器的图形符号如图 5.11 所示。除了在 Clk 旁边有一个箭头符号，其他与 D 锁存器相似。这里的箭头符号表示动态输入，这种动态符号说明触发器只对时钟的边沿响应。在方框外紧邻动态符号的圆圈表示下降沿触发，没有圆圈表示上升沿触发。

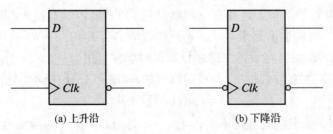

(a) 上升沿　　　　　　　　　　　　(b) 下降沿

图 5.11　边沿触发的 D 触发器的图形符号

练习 5.4 什么是"上升沿触发器"?

答案：上升沿触发器是在时钟(同步信号)的上升沿发生响应。

其他触发器

超大规模集成电路在封装内包含有成千上万个门电路。将这些门进行连接就可以形成数字系统。每一个触发器都是由门电路通过内部连接构成的。最经济和最有效的触发器电路是边沿触发的 D 触发器，它需要的门电路个数最少，其他类型的触发器可以由 D 触发器和附加的门电路构成。有两种触发器在数字系统中使用广泛，分别是 JK 和 T 触发器。

JK 触发器具有三种功能：置位(输出为 1)、复位(输出为 0)和输出翻转。只有一个输入时，根据时钟信号变化前 D 输入的值，D 触发器可以置位、复位输出。由时钟信号同步，JK 触发器有两个输入，完成三种功能。图 5.12(a)是由 D 触发器和门电路一起组成的 JK 触发器的电路图。输入端 J 的作用是将触发器置位为 1，输入端 K 的作用是将触发器复位为 0。当这两个输入端同时有效时，输出翻转。这三种功能可以写成下面的表达式：

$$D = JQ' + K'Q$$

当 $J=1$ 和 $K=0$ 时，$D=Q'+Q=1$，因此下一个时钟边沿到来时，输出将置位为 1。当 $J=0$ 和 $K=1$ 时，$D=0$，下一个时钟边沿到来时，输出将复位为 0。当 $J=K=1$ 时，$D=Q'$，下一个时钟边沿到来时，输出翻转。当 $J=K=0$ 时，$D=Q$，时钟边沿到来，状态保持不变。JK 触发器的图形符号示于图 5.12(b)。可见，除了输入端命名为 J 和 K，它与 D 触发器的图形符号基本相同。

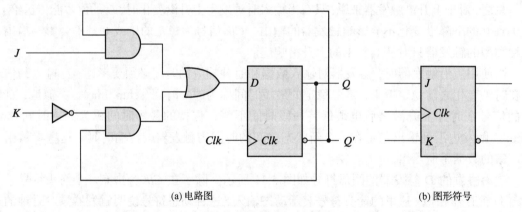

(a) 电路图　　(b) 图形符号

图 5.12　JK 触发器

如果将 JK 触发器的 J 和 K 连接在一起就得到了 T(翻转)触发器，如图 5.13(a)所示。当 $T=0(J=K=0)$ 时，时钟边沿到来对状态不产生影响。当 $T=1(J=K=1)$ 时，时钟边沿到来使得输出反相。翻转触发器在设计二进制计数器时非常有用。

T 触发器是由 D 触发器外加一个异或门得到的，如图 5.13(b)所示。输入端 D 的表达式为

$$D = T \oplus Q = TQ' + T'Q$$

当 $T=0$ 时，$D=Q$，输出状态维持不变；当 $T=1$ 时，$D=Q'$，输出反相。T 触发器的图形符号中在输入端有个字母 T。

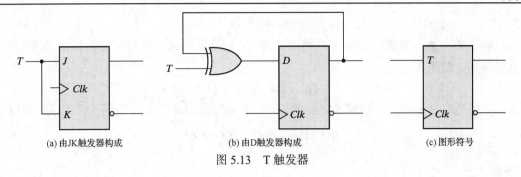

(a) 由JK触发器构成　　　　　　(b) 由D触发器构成　　　　　　(c) 图形符号

图 5.13　T 触发器

特征表

特征表以表格形式描述触发器的逻辑功能。三种触发器的特征表见表 5.1，表中把次态定义成输入和现态的函数。$Q(t)$ 表示在某个时钟边沿到来之前的现态，$Q(t+1)$ 是一个时钟周期之后的次态。注意：时钟边沿输入没有包含在特征表中，但隐含在时刻 t 和 $t+1$ 之间发生。因此 $Q(t)$ 表示时钟边沿到来之前触发器的状态，$Q(t+1)$ 表示由时钟变化产生的状态。

由JK触发器的特征表可知：当J和K都等于0时，次态与现态相同，可以表示成$Q(t+1)=Q(t)$，可见时钟对状态改变没有作用。当$K=1$和$J=0$时，触发器复位，$Q(t+1)=0$。当$J=1$和$K=0$时，触发器置位，$Q(t+1)=1$。当J和K都为1时，次态和现态互为反相，表示成$Q(t+1)=Q'(t)$。

D 触发器的次态只与输入 D 有关，与现态无关，表示为 $Q(t+1)=D$，这说明次态与 D 相同。注意：D 触发器没有一种保持不变的情况。触发器状态保持不变可以通过两种方法实现：一种是禁止时钟信号有效；另一种是不理会时钟信号，把输出反馈回输入端 D。当触发器的状态必须保持不变时，这两种方法都能有效地循环触发器的输出。

T 触发器的特征表只有两种情况：当 $T=0$ 时，时钟边沿不影响状态；当 $T=1$ 时，时钟边沿会使触发器的状态翻转。

表 5.1　触发器的特征表

JK 触发器			
J	K	$Q(t+1)$	
0	0	$Q(t)$	保持
0	1	0	复位
1	0	1	置位
1	1	$Q'(t)$	翻转

D 触发器		
D	$Q(t+1)$	
0	0	复位
1	1	置位

T 触发器		
T	$Q(t+1)$	
0	$Q(t)$	保持
1	$Q'(t)$	翻转

特征方程

除了可以用特征表描述触发器的逻辑功能，还可以用特征方程来描述。D 触发器的特征方程表示为

$$Q(t+1) = D$$

它表示输出的次态与当前时刻输入 D 的值相同。JK 触发器的特征方程可以由特征表或图 5.12 的电路得到，结果为

$$Q(t+1) = JQ' + K'Q$$

其中，Q 是触发器在时钟边沿到来之前的输出。T 触发器的特征方程由图 5.13 得到，结果为

$$Q(t+1) = T \oplus Q = TQ' + T'Q$$

直接输入

有些触发器具有与时钟无关的异步输入端，用于强迫触发器进入某个特殊状态。将触发器置位为 1 的输入端称为置位端(或直接置位端)。将触发器复位为 0 的输入端称为清零端(或直接复位端)。当数字系统开机时，触发器的状态是未知的，此时，直接输入端非常有用，可以在有效时钟到来前，强迫系统中的所有触发器进入一个已知的初始状态。

带异步复位端(低电平有效)的边沿触发的 D 触发器如图 5.14 所示，图中除了有连到 3 个与非门输入的复位端，其他的与图 5.10 相同。当复位信号为 0 时，将强迫 Q' 为 1，同时这个 1 反过来又将 Q 清零，因此触发器被复位。从复位端接出的另外两个输入端保证第三个 SR 锁存器的 S 维持 1 不变，此时无论 D 和 Clk 是何值，复位输入端都将为 0。

带直接复位端的 D 触发器的图形符号有一个标注为 R 的附加输入，将圆圈加到输入端表示复位由逻辑 0 产生。带直接置位端的触发器用字母 S 表示异步置位输入。

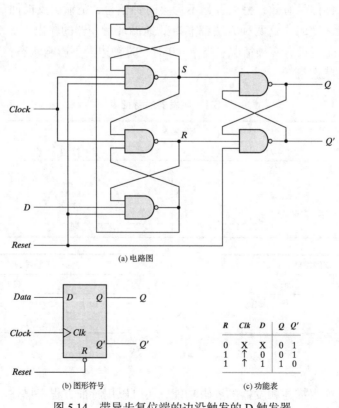

(a) 电路图

(b) 图形符号

R	Clk	D	Q	Q'
0	X	X	0	1
1	↑	0	0	1
1	↑	1	1	0

(c) 功能表

图 5.14　带异步复位端的边沿触发的 D 触发器

　　功能表也可以用来描述电路的功能。当 $R = 0$ 时，输出复位为 0，状态与 D 和 Clk 都无关。只有在复位信号为 1 时，时钟才起作用。在 Clk 端用向上的箭头表示上升沿触发。在 $R = 1$ 的前提下，每当时钟信号的上升沿到来时，D 的数值会被传送给 Q。

　　练习 5.5　描述 D 触发器的功能。

　　答案：D 触发器有一个 D（数据）输入端、时钟输入端、异步或同步复位端和置位端。如果复位端或置位端无效，则时钟信号同步将数据输入端 D 传输至输出端 Q。如果带异步复位端或置位端，则它们将控制触发器的时钟，置位端使得输出为 1，复位端使得输出为 0。如果带同步复位端或置位端，则它们将影响时钟的同步边沿。

5.5　钟控时序电路分析

　　对于给定电路的功能分析将在某种工作条件之下进行。钟控时序电路的功能取决于输入、输出和触发器的状态。输出和次态都与输入和现态有关。时序电路的分析就是要寻求输入、输出及内部状态之间的时序关系表或波形图，也可以用布尔表达式来描述时序电路的功能，这些表达式需要直接或间接体现信号之间的时序关系。

　　如果逻辑电路中所有的触发器都共用时钟端，则这样的电路称为钟控时序电路。时序电路图可以包括，也可以不包括组合电路，触发器可以是任何类型。本节将引入代数表示法，用代数式把次态描述成现态和输入的函数。另一种代数法是确定时序电路的逻辑图。下面举例说明这些方法。

状态方程

　　同步时序电路的功能可采用状态方程来描述。状态方程也称转移方程，是把次态表示成现态和输入的函数。如图 5.15 所示的时序电路，它有两个 D 触发器 A 和 B，有一个输入 x 和一个输出 y。由于触发器的输入 D 决定次态的值，因此可以写出电路的状态方程为

$$A(t+1) = A(t)x(t) + B(t)x(t)$$
$$B(t+1) = A'(t)x(t)$$

状态方程是确定触发器状态转移条件的代数表达式。方程左边的 $(t+1)$ 表示触发器时钟边沿到来后的次态，方程右边是使次态为 1 的现态和输入布尔表达式。由于布尔表达式中所有的变量都是现态的函数，这里为了方便起见，我们省略每个变量之后的符号 (t)，这样状态方程可以表示为更加紧凑的形式：

$$A(t+1) = Ax + Bx$$
$$B(t+1) = A'x$$

状态方程的布尔表达式可直接由组成时序电路的组合电路导出。由于组合电路的 D 决定了次态，因此输出的现态可以在代数上表示成

$$y(t) = [A(t) + B(t)]x'(t)$$

把现态中的符号 (t) 去掉，我们可以将输出布尔方程写成

$$y = (A + B)x'$$

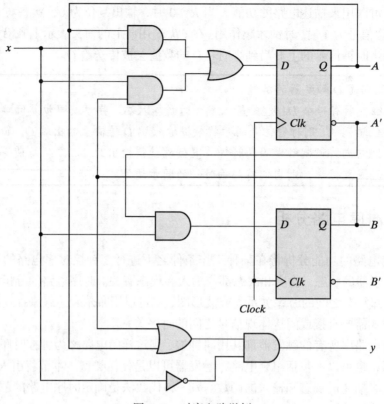

图 5.15   时序电路举例

状态表

输入、输出和触发器状态的时序可以用状态表(也称为转移表)描述出来。图 5.15 中电路的状态表见表 5.2。该表由 4 个部分组成，分别为现态、输入、次态和输出。现态部分列出了在给定时刻 t 的条件下，触发器 A 和 B 的状态。输入部分列出了每种可能的现态取值所对应的 x 值。次态部分列出一个时钟周期后，在 $t+1$ 时刻触发器的状态。输出部分列出了与每个现态和输入相对应的 t 时刻的 y 值。

表 5.2   图 5.15 中电路的状态表

现 态		输 入	次 态		输 出
A	B	x	A	B	y
0	0	0	0	0	0
0	0	1	0	1	0
0	1	0	0	0	1
0	1	1	1	1	0
1	0	0	0	0	1
1	0	1	1	1	0
1	1	0	0	0	1
1	1	1	1	0	0

状态表需要首先列出现态和输入所有可能的二进制组合。本例中，从 000 到 111 共有 8 个二进制组合。次态值可从逻辑图或者状态方程得到。触发器 A 的次态必须满足的状态方程为

$$A(t + 1) = Ax + B x$$

换句话说，A 的次态由 (1) 将 A 的现态与输入 x 相乘的结果 (即 Ax) 与 (2) 将 B 的现态与输入 x 相乘的结果 (即 Bx) 叠加构成。

状态表中次态部分 A 一列有 3 个 1，与之对应的现态和输入满足的条件是：触发器 A 的现态和输入 x 都等于 1，或者触发器 B 的现态和输入 x 都等于 1。类似地，触发器 B 的次态也可以从下面的状态方程中得到：

$$B(t + 1) = A' x$$

当 A 的现态为 0、输入 x 为 1 时，上式左边等于 1。输出对应的列可以从输出方程中获得：

$$y = Ax' + Bx'$$

由 D 触发器构成的时序电路状态表可按上述过程求得。通常，如果时序电路有 m 个触发器和 n 个输入端，则状态表就要有 2^{m+n} 行。从 0 到 $2^{m+n} - 1$ 的二进制数值被罗列在现态和输入部分。次态部分有 m 列，每一列对应一个触发器。次态的二进制数值直接由状态方程得到。输出部分的列数与输出变量相同，有多少个输出变量，就有多少个输出列。其二进制数值可以如同写真值表一样从电路或者布尔函数中得到。

有时也可将状态表稍微改动，这样可以带来一些方便。如此，状态表只有三个部分，即现态、次态和输出，输入的可能取值在次态和输出的下面罗列出来。对表 5.2 重新描述的结果见表 5.3。对于每一个现态，次态和输出都有两种可能，分别对应输入的两种取值。到底哪种方法好用，还要看具体应用场合。

表 5.3　第二种状态表的描述方法

现　态		次　态				输　出	
		$x = 0$		$x = 1$		$x = 0$	$x = 1$
A	B	A	B	A	B	Y	y
0	0	0	0	0	1	0	0
0	1	0	0	1	1	1	0
1	0	0	0	1	0	1	0
1	1	0	0	1	0	1	0

状态图

状态表中的有用信息也可用状态图表示出来。在这种图形中，状态表示成圆圈，使用有向连线从一个圆圈连到另一个圆圈表示状态之间的转移。每条连线从现态开始，到次态结束，这取决于当电路处于现态时的输入。图 5.15 中的时序电路用状态图描述的结果如图 5.16 所示。状态图功能与状态表相同，可以直接从表 5.2 或表 5.3 得到。每一个圆圈内的二进制数值表示触发器状态。有向连线采用二进制数值标注，需要分隔的时候用斜线 (/) 分隔，先标出现态时的输入值，斜线后面再标出给定输入的现态下得到的输出。注意，沿着有向连线标注出的输出只发生在现态和特定输入条件下，与转移到的次态没有关系。例如，从 00 到 01 的有向连线被标注了 1/0，其含义是：当时序电路的现态是 00、输入是 1 时，输出为 0，在下一个时钟到来后，电路进入次态 01。如果输入为 0，那么输出就变为 1；但如果输入维持 1 不变，那么输出也维持 0 不变。上述内容可使用状态图中以状态 01 圆圈为起点的两个有向连线来加以验证。用有向连线从一个圆圈连到它本身，这种连接方式说明状态保持不变。

本例中的步骤总结如下:

$$电路图 \rightarrow 方程 \rightarrow 状态表 \rightarrow 状态图$$

这一系列步骤从电路结构开始,逐渐到其行为的抽象表示。HDL 模型可以是门级描述的形式,也可以是行为描述的形式。

需要注意的是,门级方法要求设计者理解如何选择和连接门与触发器,从而构成具有特定行为的电路。这种理解来源于经验。另一方面,基于行为模型的方法不需要设计者知道原理图,只需要知道如何使用 HDL 的结构来描述行为,因为电路可以通过综合工具自动生成。因此,没有必要为了成为优秀的数字电路设计师而积累多年经验,也没有必要具备大量的电气工程背景。

除了描述方式不一样,状态表和状态图之间没有任何区别。状态表比较容易从逻辑图和状态方程中得到,接下来从状态表获得状态图。状态图能直观地显示状态之间的转移关系,比较适合人们理解电路工作过程。例如,图 5.16 中的状态图就非常明显地表明,状态从 00 开始,只要输入维持 1 不变,输出就为 0。在输入一串 1 之后再来一个 0,就会使输出变 1,并且电路回到初始状态 00。此状态图表示的机器用于检测数据比特流中的 0,它对应于图 5.15 中电路的行为,在数据比特流中检测 0 的其他电路可以具有更简单的电路图和状态图。

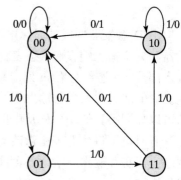

图 5.16   图 5.15 中电路的状态图

触发器输入方程

时序电路的逻辑图是由触发器和门电路构成的。门电路之间的相互连接构成了组合电路。组合电路可以用布尔表达式进行代数法描述。已知触发器类型,并且还知道组合电路的布尔表达式,就可以画出时序电路的逻辑图。组合电路部分产生外部输出,可以用一组布尔函数表示,称为输出方程。产生触发器输入的部分电路也可以用布尔函数描述,称为触发器输入方程(也称为激励方程)。我们采用触发器输入字母来表示输入方程变量,下标就表示触发器输出的名称。例如下面的方程确定的是一个或门输入方程,输入 x 和 y 通过一个或门连到触发器的 D 输入端,触发器的输出用字母 Q 表示:

$$D_Q = x + y$$

图 5.15 的时序电路是由两个 D 触发器 A 和 B、一个输入 x 和一个输出 y 组成。电路的逻辑图用代数法表示成两个触发器输入方程和一个输出方程。

$$D_A = Ax + By$$
$$D_B = A'x$$
$$y = (A + B)x'$$

3 个方程确定了时序电路逻辑图的结构与组成。字母 D_A 表示的是标号为 A 的 D 触发器,D_B 表示的是第二个标号为 B 的 D 触发器,与这两个变量及输出 y 相关的布尔表达式隐含了时序电路中的组合部分。

触发器输入方程是用于确定时序电路图的比较便捷的方式,它们将触发器的类型隐含在使用的字母上，可以完全确定驱动触发器的组合电路。注意，因为特征方程中的次态等于输入 D 的数值，即 $Q(t+1) = D_Q$，所以对于 D 触发器的输入方程与对应的状态方程来说，它们在表达式上是一致的。

由 D 触发器构成的时序电路分析

下面通过一个简单的例子来归纳由 D 触发器构成的钟控时序电路的分析步骤。该电路的输入方程为

$$D_A = A \oplus x \oplus y$$

字母 D_A 隐含它是标号为 A 的 D 触发器输出，x 和 y 是电路的输入。由于没有给出输出方程，所以隐含着输出由触发器的输出提供。从输入方程可以求得电路图，如图 5.17(a) 所示。

状态表有一列用于触发器 A 的现态，两列代表两个输入，还有一列是 A 的次态。在 A、x、y 下面罗列出从 000 到 111 的二进制数值，如图 5.17(b) 所示。次态可由状态方程求得：

$$A(t+1) = A \oplus x \oplus y$$

该表达式的作用是确定输入变量中 1 的个数是否为奇数。当只有一个输入变量为 1，或者 3 个变量都为 1 时，表达式的结果为 1。这可由 A 的次态一列说明。

该电路只有一个触发器和两个状态。状态图中包含两个圆圈，一个圆圈对应一个状态，如图 5.17(c) 所示。现态和输出可以是 0 或者 1，如圆圈中的数值所示。有向连线上的斜线可以省略，因为这里没有来自组合电路的输出。对于每个状态，都有四种可能的输入组合。对应一个状态转移的两个输入组合用逗号分隔，这样可以简化描述结果。

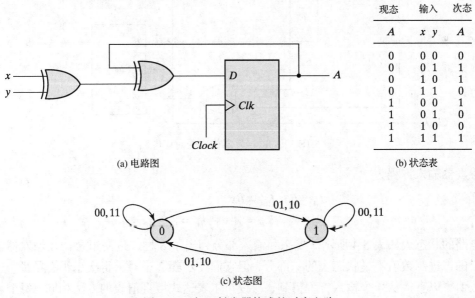

现态	输入		次态
A	x	y	A
0	0	0	0
0	0	1	1
0	1	0	1
0	1	1	0
1	0	0	1
1	0	1	0
1	1	0	0
1	1	1	1

(a) 电路图　　　　(b) 状态表

(c) 状态图

图 5.17　由 D 触发器构成的时序电路

练习 5.6　决定 D 触发器次态的是什么？

答案：决定 D 触发器次态的是在同步时钟边沿处 D 的值。

由 JK 触发器构成的时序电路分析

状态表包括 4 个部分：现态、输入、次态和输出。前面两个部分罗列出所有二进制的组合，次态值由状态方程得到。对于 D 触发器来说，状态方程与输入方程一致。当使用的触发器不是 D 触发器，而是 JK 或者 T 触发器时，就有必要参照对应的特征表或者特征方程来得到次态值。下面首先用特征表求次态值，然后用特征方程求次态值。

如果一个时序电路是由 JK 或者 T 触发器构成的，那么求它的次态的步骤为

1. 把触发器输入方程表示成现态和输入的函数。
2. 列出每个输入方程的二进制数值。
3. 利用对应触发器的特征表确定状态表中的次态值。

举例来说，由两个 JK 触发器 A、B 和一个输入 x 构成的时序电路如图 5.18 所示。电路没有输出，因此状态表中不需要输出列。(在这种情况下，可以认为触发器的状态是输出。)

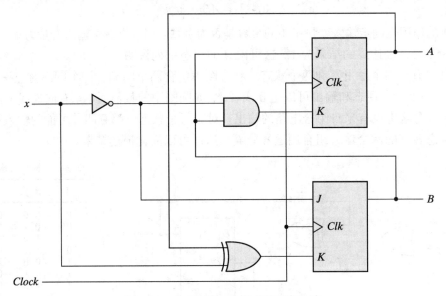

图 5.18　由 JK 触发器构成的时序电路

触发器输入方程为

$$J_A = B \quad K_A = Bx'$$
$$J_B = x' \quad K_B = A'x + Ax' = A \oplus x$$

电路的状态表如表 5.4 所示。现态和输入部分列出了 8 种二进制组合，在触发器输入下面列出的二进制数值不是状态表的一部分，但它们在步骤 2 中对求得次态很有帮助，这些二进制数值可以直接从 4 个输入方程得到，与按布尔表达式填真值表的方法相同。每个触发器次态要由相应的 J 和 K 及表 5.1 中的 JK 触发器特征表共同得到。有 4 种情况需要考虑：当 $J = 1$ 和 $K = 0$ 时，次态是 1；当 $J = 0$ 和 $K = 1$ 时，次态是 0；当 $J = K = 0$ 时，状态不发生改变，次态等于现态；当 $J = K = 1$ 时，次态是现态的反相。最后两种情况发生在现态 AB 是 10 并且输入 x 为 0 时，J_A 和 K_A 都等于 0，A 的现态是 1，因此 A 的次态保持 1 不变。在表的同一行，J_B 和 K_B 都等于 1，由于 B 的现态是 0，因此 B 的次态翻转为 1。

表 5.4　由 JK 触发器构成的时序电路的状态表

现　态		输　入	次　态		触发器输入			
A	B	X	A	B	J_A	K_A	J_B	K_B
0	0	0	0	1	0	0	1	0
0	0	1	0	0	0	0	0	1
0	1	0	1	1	1	1	1	0
0	1	1	1	0	1	0	0	1
1	0	0	1	1	0	0	1	0
1	0	1	1	0	0	0	0	0
1	1	0	0	0	1	1	1	1
1	1	1	1	1	1	0	0	0

从特征方程导出状态方程，然后再求出次态方程的步骤如下：

1．把触发器的输入方程表示成现态和输入变量的函数。

2．将输入方程代入触发器的特征方程中，得到状态方程。

3．使用相应的状态方程求出状态表的次态。

图 5.18 中的两个 JK 触发器输入方程在前面已经给出，把触发器的名称用 A 或者 B 替代 Q，这样可以得到特征方程为

$$A(t+1) = JA' + K'A$$
$$B(t+1) = JB' + K'B$$

用输入方程替代 J_A 和 K_A，可以得到 A 的状态方程为

$$A(t+1) = BA' + (Bx')'A = A'B + AB' + Ax$$

由状态方程得到状态表中 A 的次态一列的数值。类似地，触发器 B 的状态方程也可以通过替代特征方程中的 J_B 和 K_B 而得到。结果，触发器 B 的状态方程为

$$B(t+1) = x'B' + (A \oplus x)'B = B'x' + ABx + A'Bx'$$

状态方程提供了状态表中 B 的次态一列的数值。注意，表 5.4 中触发器输入的几列在使用状态方程时可以不用考虑。

时序电路的状态图如图 5.19 所示。注意，由于电路没有输出，因此从圆圈出来的有向连线只标注了输入 x 对应的二进制数值。

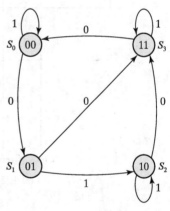

图 5.19　图 5.18 的状态图

练习 5.7　决定 JK 触发器次态的是什么？

答案：决定 JK 触发器次态的是在同步时钟边沿处输入的 J 和 K 的值。

由 T 触发器构成的时序电路分析

由 T 触发器构成的时序电路分析步骤与由 JK 触发器构成的时序电路的相同。状态表的次态值可以从表 5.1 列出的特征表或特征方程得到。T 触发器的特征方程为

$$Q(t+1) = T \oplus Q = T'Q + TQ'$$

考虑如图 5.20 所示的时序电路。它有两个触发器 A、B，一个输入 x 和一个输出 y。用两个输入方程和一个输出方程描述为

$$T_A = Bx$$
$$T_B = x$$
$$y = AB$$

电路的状态表见表 5.5。y 的值从输出方程得到，次态的值从次态方程得到，次态方程是将特征方程中的 T_A 和 T_B 替代后得到的。这样的次态方程为

$$A(t+1) = (Bx)'A + (Bx)A' = AB' + Ax' + A'Bx$$
$$B(t+1) = x \oplus B$$

次态表中 A 和 B 的次态值从上面这两个方程求得。

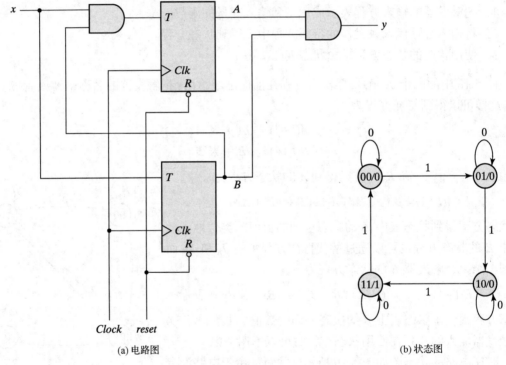

(a) 电路图　　　　　　　　　　　　　　(b) 状态图

图 5.20　由 T 触发器构成的时序电路

表 5.5　由 T 触发器构成的时序电路的状态表

现 态		输 入	次 态		输 出
A	B	x	A	B	y
0	0	0	0	0	0
0	0	1	0	1	0
0	1	0	0	1	0
0	1	1	1	0	0
1	0	0	1	0	0
1	0	1	1	1	0
1	1	0	1	1	1
1	1	1	0	0	1

电路的状态图如图 5.20(b) 所示。只要输入 x 为 1，电路如同二进制计数器一样工作，状态序列是 00, 01, 10, 11，然后回到 00；当 x 为 0 时，电路状态保持不变；当现态为 11 时，输出 y 为 1。输出只与现态有关，而与输入无关。每个圆圈里被斜线隔开的两个数值分别代表现态和输出。

练习 5.8　决定 T 触发器次态的是什么？

答案：如果输入 T 有效，在同步时钟边沿处 T 触发器的次态与现态输出值互补。如果输入 T 无效，则状态保持不变。

有限状态机的 Mealy 型和 Moore 型

一般的时序电路都有输入、输出和内部状态。通常，时序电路可以划分为两大类，即 Mealy 型和 Moore 型，如图 5.21 所示，它们的区别在于产生输出的方式上。在 Mealy 型电路中，输出是现态和输入两者的函数。在 Moore 型电路中，输出只是现态的函数。对于这两种类型的电路，有的教材和技术资料也把时序电路称为有限状态机，简写为 FSM。时序电路的 Mealy 型称为 Mealy FSM 或者 Mealy 机，时序电路的 Moore 型称为 Moore FSM 或者 Moore 机。

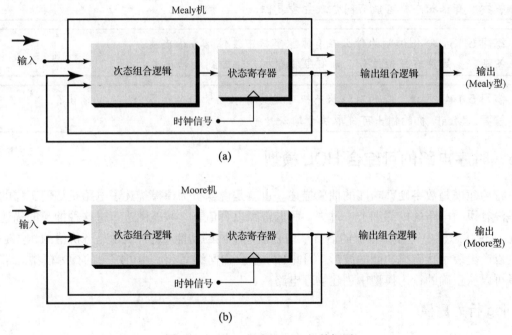

图 5.21　Mealy 机和 Moore 机的框图

Mealy 型时序电路一个例子如图 5.15 所示。输出 y 既是输入 x，又是现态 A 和 B 的函数。图 5.16 中给出了对应的状态图，状态之间有向连线上的标注用斜线将输入和输出分开。

Moore 型时序电路的例子如图 5.18 所示，其中输出只是现态的函数。图 5.19 是电路对应的状态图，只有输入被标注在有向连线上，触发器的状态才被标注在圆圈内部。另一个 Moore 型时序电路的例子如图 5.20 所示。电路的输出只与触发器的状态有关，也就是说，输出只是现态的函数。状态图中的输入被标注在有向连线上，但是输出却与现态一起被放在了圆圈内。

在 Moore 型时序电路中，输出与时钟同步，这是因为与输出有关的触发器输出是与时钟同步的。对于 Mealy 型时序电路，在时钟周期中，如果输入发生变化，则输出也可能发生变化。除此之外，输出可能还会有瞬间的错误出现，这是由于输入变化时间和触发器输出变化时间不一致。为了使 Mealy 型时序电路也符合同步要求，时序电路的输入必须与时钟同步，并且输出仅仅在时钟边沿被采样。在无效的时钟边沿改变输入，以确保在有效时钟边沿发生前触发器保持稳定。因此，Mealy 型时序电路的输出值是有效时钟边沿发生前的现态值。

练习 5.9　Mealy 机和 Moore 机的区别是什么？
答案：Moore 机的输出仅仅取决于现态，Mealy 机的输出取决于现态和输入。

练习 5.10　状态机图的边沿表示什么？
答案：状态机图的边沿表示状态机在两个状态之间的转换。

练习 5.11　在同步有限状态机中，状态转移何时发生？
答案：有限状态机之间的状态转移发生在同步时钟信号的有效边沿。

练习 5.12　有限状态机可能有哪些复位？
答案：有限状态机可能有同步或异步复位。

练习 5.13　举例说明为什么在有限状态机中复位信号很重要？
答案：如果没有复位信号，则有限状态机无法回到初始状态。

练习 5.14　哪种类型的有限状态机可能具有依赖于一个或多个输入的输出？
答案：Mealy 机的输出可能取决于输入。

5.6　时序电路的可综合 HDL 模型

行为建模是数字硬件功能的抽象描述。也就是说，行为建模描述了电路是如何工作的，但是没有说明电路的内部细节。过去，我们曾经以真值表、状态图进行过这种抽象的描述。HDL 通过状态机中寄存器操作的语言结构来描述不同的功能。这种表示是有价值的，它能被仿真以产生表示状态机功能的波形，因此必须学会如何编写和使用可综合的行为模型。综合工具可以从正确的行为模型中创建物理电路。

Verilog 行为建模

Verilog 中有两种抽象行为语句。由关键字 **initial** 定义的行为语句称为单次执行行为 (single-pass behavior)，对应于一条语句或一个块语句(也就是 **begin…end** 或 **fork…join** 关键字对包含的一系列语句)。**initial** 语句在相关语句执行之后失效。实际中，设计者基本上使用 **initial** 语句描述测试平台中的激励信号，而永远不会用于对电路的行为建模，这是因为综合工具不接受使用 **initial** 语句的描述。**always** 关键字声明了循环行为 (cyclic behavior) 语句。当仿真器从时刻 $t=0$ 开始时，这两种行为语句开始执行。**initial** 行为语句在其语句执行后失效，**always** 行为语句无限期地执行和重复执行，直到仿真停止。一个模块可能包含任意数目的 **initial** 或 **always** 行为语句，它们相对于彼此来说是并行执行的。从时刻 $t=0$ 开始，可通过共同的变量相互作用。

下面这段描述了 D 触发器简单模型的 **always** 语句：无论时钟的上升沿何时发生，如果复位输入有效，则输出 Q 变为 0；否则，输出 Q 获取输入 D 的数值。被时钟触发的语句会反复执行，直到仿真结束。后面我们将看到如何使用 Verilog 编写这种描述。

initial 语句仅执行一次，它从仿真开始时执行，所有语句都在执行后结束。正如在 4.12 节提到的，**initial** 语句在对设计进行仿真时，用于产生输入信号；在对时序电路进行仿真时，将会产生触发器的时钟信号源。下面是产生确定周期数目自由运行时钟的两种方法：

```
initial                              initial
begin                                begin
  clock = 1'b0;                        clock = 1'b0;
  repeat (30)                        end
    #10 clock = ~clock;
end                                  initial #300 $finish;
                                     always #10 clock = ~clock;
```

第一种方法中，**initial** 引导的块语句包含在关键字 **begin** 和 **end** 之间。时钟在 $t = 0$ 时被设置为 0，然后每隔 10 个时间单位翻转一次，这样重复 30 次。通过这种方式可以产生 15 个时钟周期，每个时钟周期是 20 个时间单位。第二种方法中，第一条 **initial** 语句后面只跟了一条语句，在 $t = 0$ 将时钟设置为 0，然后就不起作用。第二条 **initial** 语句说明仿真结束的时间，**$finish** 系统任务将导致仿真在 300 个时间单位后无条件停止，由于它后面只跟了一条语句，所以没必要使用 **begin** 和 **end**。10 个时间单位后，**always** 语句周期性地对时钟取反，产生周期为 20 个时间单位的时钟信号。第二种方法中 3 条行为语句的书写顺序可以是任意的。

练习 5.15—Verilog **initial** 块语句何时执行失效？
答案：initial 块语句在最后一条语句执行后失效。

练习 5.16—Verilog **initial** 语句的主要用途是什么？
答案：initial 语句基本上是用来描述测试平台中的行为语句。

练习 5.17—Verilog **initial** 语句在什么条件下可以综合？
答案：initial 语句不存在可综合的条件。

下面是描述自由运行时钟的另一种方法：

initial begin clock = 0; **forever** #10 clock = ~clock; **end**

这种方法把两条语句写在一个块语句中，先对时钟进行初始化，然后执行无限循环语句（**forever**），时钟每隔 10 个时间单位翻转一次。注意，上面的语句永远也不会结束执行，因此不会失效，如果要终止仿真，需要使用另一条行为语句。

与任何一种行为语句相关的动作都能被延时控制运算符控制，以便等待一段时间；或者被某个事件运算符控制，以便等待事件发生。通常在 **initial** 语句中需要使用 “#” 延时控制运算符。延时控制运算符将语句的执行挂起，直至等待的时间到达。前面已经在测试向量中使用了延时语句。另一个运算符 “@” 称为事件控制运算符，用于挂起某个动作，直到事件发生。事件可以指信号数值的无条件变化（如 @A）或者信号数值的确定性变化 [如 @(**posedge** clock)]。这种类型的语句的一般形式是

```
always @(事件控制表达式) begin
    //当条件满足时执行的过程赋值语句
end
```

事件控制表达式确定了激活过程赋值语句执行的条件。过程赋值语句左边的变量必须是寄存器型(**reg**)数据，同时也需要进行这样的数据类型声明；右边可以是 Verilog 运算符组成的任意表达式。

事件控制表达式(也称为敏感度列表)确定了执行 **always** 块的相关过程语句必须要发生的事件。块内语句从上到下按顺序执行。在最后一条语句执行后，满足等待事件控制表达式的条件，然后语句会被再次执行。敏感度列表能确定电平敏感事件、边沿敏感事件或两者的组合。在实际中，设计者不使用第三种方式，因为第三种方式难以让综合工具翻译成物理硬件。电平敏感事件发生在组合电路和锁存器中。例如，语句：

always @ (A or B or C)

执行相关 **always** 块内过程赋值语句的条件是输入 A 或者 B 或者 C 信号中有一个发生变化。在同步时序电路中，触发器的变化只发生在时钟脉冲的转换期间。发生转换的可以是时钟上升沿，也可以是下降沿，但不能两者皆有。Verilog 通过两个关键字 **posedge** 和 **negedge** 来处理这些条件。例如：

always @(posedge clock **or negedge** reset)　　　　// Verilog 1995

只有当时钟来到上升沿或者复位信号来到下降沿时，才能执行过程语句。Verilog 2001, 2005 版本允许在事件控制表达式(或敏感度列表)中使用逗号分隔不同的事件：

always @(posedge clock, **negedge** reset)　　　　// Verilog 2001, 2005

过程赋值是 **initial** 或 **always** 语句内的赋值语句，可以将一个逻辑值赋给一个变量。与 4.12 节中的连续赋值相比，后者用于数据流建模。连续赋值有间接的电平敏感度列表，包括其赋值语句右边的所有变量。无论何时，只要表达式右边包括的变量发生变化，连续赋值都会被触发。相反，只有当执行行为语句内的赋值语句且给其赋值时，才使用过程赋值。例如，前面例子中的时钟信号只在语句 clock = ~clock 执行后才被取反，该语句直到仿真开始 10 个时间单位之后才执行。一定要记住，具有 **reg** 类型的变量在过程赋值给其赋了一个新值之前都将保持不变。

Verilog 共有两种过程赋值语句：阻塞和非阻塞。从它们使用的符号就可以区分开来。阻塞赋值使用的符号是" = "，与赋值运算符相同；非阻塞赋值使用"<="作为运算符。阻塞赋值语句按顺序执行，执行的顺序与语句的位置有关；非阻塞赋值计算右边的表达式，但是并不给左边赋值，直到所有表达式都计算完了再赋值。这两种赋值类型很好理解。下面举例来说明，先看两个过程赋值：

```
B = A;
C = B + 1;
```

第一条语句将 A 的数值赋给 B，第二条语句将 B 的数值加 1，将新的值赋给 C。最后，C 的值等于 A + 1。

下面再考虑两个非阻塞赋值：

```
B <= A;
C <= B + 1;
```

当语句执行时，右边表达式被计算并被临时存储。A 的值保存在一个存储区，B + 1 的值保存在另一个位置。当块中的所有表达式都被计算和保存后，才会对左边的目标赋值。这种情况下，C 的值等于 B 的初始值加 1。一种通用的规则是，当语句必须按顺序执行且在电平敏感的 **always** 循环行为语句中（即组合逻辑）时，我们需要使用阻塞赋值。当建模并行执行（即诸如同步、并行寄存器传输这样的边沿敏感行为 **always** 语句）和建模锁存行为时，使用非阻塞赋值。非阻塞赋值在设计寄存器传输级时使用，具体内容见第 8 章，它们用于对那些使用共同时钟进行同步的物理硬件电路建模。如今的设计者需要知道的是，HDL 有哪些功能实际可用，对于那些没有用的内容应尽量避开。按照这些规则使用赋值运算符，将会避免导致综合工具处理失败和综合工具产生的物理硬件可能与模型功能不匹配的问题。

练习 5.18—Verilog　在 **always** 语句中，@运算符和敏感度列表的作用是什么？

答案：@运算符用于挂起 **always** 语句的执行，直到由敏感度列表定义的事件发生。

练习 5.19—Verilog　**always** 过程语句什么时候结束？

答案：**always** 过程语句重复执行，不会结束。

VHDL 行为建模

process 是描述硬件行为模型的基本 VHDL 结构。4.13 节讲解的关键字 **process**...**end process** 确定了进程的范围。关键字包含信号和变量赋值语句，以及控制执行流的其他结构。在进程中，过程赋值用于计算表达式，并为信号和变量赋值。

这些语句类似于其他语言中用来控制执行流的语句。循环、条件和其他结构提供了描述算术、逻辑操作和算法所需的灵活性。进程的一个关键特性是它自动将内存与分配给它的变量和信号关联起来。当仿真开始时，一个进程立即执行一次，然后在 **process** 语句处暂停，在该语句中监视敏感度列表。因此，根据敏感度列表施加的条件，进程不是被挂起，就是被激活（执行）。在仿真周期中，敏感度列表控制进程中的语句何时执行及是否再次执行。一个进程在执行的同时完成信号赋值，对同一时钟敏感的所有进程并行执行。

练习 5.20—VHDL　并行执行的 3 个 VHDL 结构是什么？

答案：组件、并行信号赋值语句和进程。

触发器和锁存器的 HDL 模型

HDL 例 5.1 到 HDL 例 5.4 的程序描述的是几种类型的触发器和 D 锁存器。D 锁存器（见 5.3 节）是透明的，只要控制信号使能端有效，输入数据的变化将使输出发生变化。触发器与时钟信号同步。

HDL 例 5.1（D 锁存器）

Verilog

D 锁存器有两个输入端 D 和 enable，还有一个输出端 Q。由于 Q 在行为语句中被赋值，因此一定要把 Q 声明为 **reg** 类型。硬件锁存器只响应输入信号电平，边沿对它不起作用，因此在 **always@**后的事件控制表达式中列出两个输入。模块中只有一个阻塞过程赋值语句，当使能信号为真(逻辑 1)时[①]，输入 D 就传送给输出 Q。注意，当 enable 为 1 时，D 变化一次，这条语句就执行一次。非阻塞赋值运算符用于对触发器和其他同步设备进行建模，以便所有这些设备同时操作，而不依赖于触发器在代码中出现的顺序。

```verilog
// D 锁存器描述(见图 5.6)
module  D_latch (Q, D, enable);
 output Q;
 input   D, enable;
 reg      Q;
 always @ (enable, D)
   if (enable) Q <= D;            // 等同于 if (enable == 1)
endmodule

// 另一种语法 (Verilog 2001, 2005)
module D_latch (output reg Q, input enable, D);
 always @ (enable, D)
   if (enable) Q <= D;            // 如果enable无效，则不工作
endmodule
```

VHDL

D 锁存器的功能由一个敏感级别的 VHDL **process** 描述。当 enable 和 D 有一个事件时，进程执行并检查 enable 是否有效。如果 enable 有效，则硬件锁存器的输出被赋值为锁存器的输入值，因此输出跟随输入。如果 enable 无效，则无赋值(即 Q 不变化)，进程返回到敏感度列表，在那里等待下一个 enable 或 D 的事件。如果进程是通过使 enable 无效而被启动的，则 Q 将保持现态，直到 enable 再次有效。进程中的变量和信号都有内存，只有通过过程语句赋值才会改变。

```vhdl
// D 锁存器描述(见图 5.6)
entity D_latch_vhdl is
 port (Q: out Std_Logic; D, enable: in Std_Logic);
end D_latch_vhdl;

architecture Behavioral of D_latch_vhdl is
 process (enable, D) begin
   if enable = '1' then Q <= D; end if;
 end process;
end Behavioral;
```

　　练习 5.21—VHDL　　如果在 D_latch_vhdl 结构体中，通过使 enable 无效而启动进程，则会发生什么现象？

　　答案：如果通过使 enable 无效而启动进程，则 Q 的值不发生变化，将有效地"锁存"输出。

HDL 例 5.2(D 触发器)

　　D 触发器是时序电路中最简单的例子。HDL 例 5.2 描述的是两个上升沿触发的 D 触发器。第一个触发器只对时钟响应，第二个触发器包含一个异步复位输入端。

---

① 如果布尔表达式为真，与 **if**(布尔表达式)有关的语句(单条语句或块语句)将被执行。

Verilog

D_FF 的输出 Q 由过程语句赋值，因此必须将其定义为 **reg** 类型，然后作为输出列出。关键字 **posedge** 保证输入 D 传送给输出 Q 仅发生在时钟 Clk 的上升沿。在其他时刻，D 的变化并不影响输出 Q。

```
// 不带复位端的 D 触发器
module D_FF (Q, D, Clk);
 output Q;
 input   D, Clk;
 reg     Q;
 always @ (posedge Clk)
    Q <= D;
endmodule

// 带异步复位的D触发器 (Verilog 2001, 2005 )
module DFF (output reg Q, input D, Clk, rst);
 always @ (posedge Clk, negedge rst)
 if (!rst) Q <= 1'b0;              // 等同于 if (rst == 0)
 else Q <= D;
endmodule
```

第二个模块除了同步时钟，还有一个异步复位输入端。这样的触发器需要采用 **if** 语句加以描述，如此才能使用软件工具对模型进行综合。在 **always** 语句中@之后的事件表达式可以有任意多个边沿事件，或者是上升沿，或者是下降沿。为了对硬件建模，其中的一个事件必须是时钟事件，其余事件确定了异步事件的执行条件。设计者能知晓哪一个信号是时钟，但是 clock 不是软件工具自动识别用来对电路信号进行同步的标识符。工具必须能推断哪一个信号是时钟，因此，需要在编写程序时按照能让工具正确推断出时钟的方式进行。规则非常简单，主要有：(1)在过程赋值语句中的每条 **if** 或者 **else if** 语句都对应一个异步事件；(2)最后一条 **else** 语句对应时钟事件；(3)异步事件先要测试。在 HDL 例 5.2 的模块中有两个边沿事件，**negedge** rst（复位）事件由于使用了 **if**(!rst)语句，因此是异步的。只要 rst 为 0，Q 就被清零。如果 Clk 来到上升沿，则它的作用也被阻塞。只有当 rst 为 1 时，时钟的上升沿才能将数据 D 同步传送给 Q。

练习 5.22—Verilog　在下面的过程语句中，复位何时发生？

```
always @(negedge clock) begin
if (!reset) D <= 0; else Q <= D;
end
```

答案：如果在时钟的下降沿 reset 为 0，则复位发生。

VHDL

下面介绍两种触发器的 VHDL 模型。第一个模型中进程的敏感度列表只对 Clk 敏感。如果 Clk 变化，则进程启动并立即检查 Clk 的触发事件是否为上升沿。Clk'event 项表示与 Clk 相关联的 VHDL 预定义属性。如果 Clk 在当前仿真周期中有事件，则布尔值为 1。给定一个 Clk 事件，必须确定该事件是否对应于上升沿跃变。如果是，则 Q 被赋予 D 的值；如果不是，则 Q 值不改变。这对应于没有复位的 D 触发器的行为，它只是在每个有效时钟边沿将数据传送到输出。在第二个模型中，敏感度列表控制 Clk 和 rst。当检测到事件时，首先检查 rst 是否触发了进程启动机制。如果是，则 Q 复位；如果不是，则检查 Clk 以确定时钟是否是上升沿。如果是上升沿，则 Q 被赋予 D 的值。在时钟的非有效边沿不采取任何操作，将 Q 保留为时钟边沿之前的任意值。

```
--不带复位端的 D 触发器
entity D_FF_vhdl is
 port (Q: out Std_Logic; D, Clk: in Std_Logic);
end D_FF_vhdl

architecture Behavioral of D_FF_vhdl is
process (Clk) begin
 if  Clk' event and Clk = '1' then Q <= D;  end if;  end process;
end Behavioral;

-- 低电平有效、异步复位的 D 触发器
entity DFF_vhdl is
 port (Q: out Std_Logic; D, Clk, rst_b: in Std_Logic);
end

architecture Behavioral of DFF_vhdl is
 process (Clk, rst_b) begin
   if rst_b'event and rst_b = '0' then Q <= '0';
   else if Clk'event and Clk = '1' then Q <= D; end if;
 end process;
end Behavioral;
```

一个进程可以在其敏感度列表中包含任意数量的信号。对于硬件建模，其中一个信号必须是同步信号。其余的事件指定异步逻辑执行的条件。设计者知道哪个信号是时钟，但是 clock 不是软件合成工具自动识别为电路同步信号的标识符。工具必须能够推断出哪个信号是时钟，因此描述必须以使工具能够正确推断同步信号的方式编写。

在 DFF_vhdl 进程中首先检查是否由 rst_b 的下降沿启动，从而优先考虑 rst_b。如果是这样，则输出就重置为 0，只要 rst_b 为 0，输出就保留为 0。否则，该过程将检查 Clk 是否出现上升沿。如果是这样，则输出 Q 得到 D 的值。对于同步行为，敏感度列表中的一个信号必须是同步信号，与其名称无关[①]。置位操作是异步的，因为 rst_b 的转换可以不依赖于 Clk 启动进程。需要注意的是，置位是由敏感度列表后面的第一条 if 语句译码，从而优先于 rst。这使得合成工具能够推断剩余信号，并确定 Clk 是触发器的同步信号。其中的规则很简单：(1)首先测试异步事件；(2)信号赋值语句中的每条 if 或 else if 语句对应于异步事件；(3)最后一条这样的 else 子句对应于异步时钟事件。在 HDL 示例 5.3 的 DFF_vhdl 的第二个模型中，进程敏感度列表中有两个信号。rst'event 是异步信号，因为它与 if rst = '0'语句匹配，并且不受 Clk 的限制。如果 Clk 有一个正变换，则当 rst 为 0 时，其作用被阻止。只有当 rst 为 1 时，Clk 的上升沿才能将 D 转移到 Q。

练习 5.23—VHDL 在下面的过程语句中，复位何时发生？
```
process (Clk, rst) begin
 if rst'event and rst = '1' then Q <= '0';
   else if Clk'event and Clk = '0' then Q <= D; end if;
```

[①] Clk、clock 和其他类似名称的信号不会自动被推断为同步信号。此外，信号在敏感度列表中出现的顺序并不能确定哪个信号是同步信号。

```
  end if;
end process;
```

答案：复位发生在 rst 的上升沿。

复位信号

数字硬件通常带有一个复位信号。强烈建议边沿敏感行为的所有模型包括一个复位（或置位）输入信号，否则，时序电路的初始状态不能确定。除非通过一个输入信号对初始状态进行赋值，否则时序电路不能使用 HDL 仿真进行测试。

触发器的另一种模型

D 触发器可以构成 T 或 JK 触发器。使用触发器的特征方程将电路描述为

$$Q(t+1) = Q \oplus T \qquad \text{对于T触发器}$$
$$Q(t+1) = JQ' + K'Q \qquad \text{对于JK触发器}$$

两种类型触发器的 HDL 模型都必须根据上述方程的右侧形成 D 触发器的数据输入。

HDL 例 5.3（另一种触发器模型）

Verilog

```
//由 D 触发器和门构成的 T 触发器
module TFF (output Q, input T, Clk, rst);
  wire    DT;
  assign DT = Q ^ T;
// 实例化D触发器
  DFF TF1 (Q, DT, Clk, rst);          // 低电平有效，异步复位
endmodule

// 由D触发器和门构成的JK触发器
module JKFF (output reg Q, input J, K, Clk, rst);
  wire JK;
  assign JK = (J & ~Q) | (~K & Q);
// 实例化D触发器
  DFF M0 (Q, JK, Clk, rst);
endmodule
```

VHDL

```
entity TFF_vhdl is
  port ( Q: buffer Std_Logic; T, Clk, rst: in Std_Logic);
end TFF_vhdl;

architecture Behavioral of TFF_vhdl is
component DFF_vhdl port (Q: out Std_logic; D, clk, rst: in Std_Logic); end component;
    signal DT: Std_Logic; ;
  begin
  DT <= Q xor T;
  M0: DFF_vhdl port map (Q => Q, D => DT, Clk => Clk, rst=> rst);
  end Behavioral;
-- 由 D 触发器和门构成的 JK 触发器
entity JKFF is
```

```
  port (Q: buffer Std_Logic; J, K, Clk, rst: in Std_Logic);
end JKFF;

architecture Behavioral of JKFF is
 signal JK <= (J and not(Q)) or (not(k) and Q);
 component DFF port (q: out Std_Logic, D: in Std_Logic, Clk, rst: in Std_Logic);
 end component;
 begin
 --实例化 D 触发器
 M0: DFF port map (Q => Q, D => JK, Clk => Clk, rst => rst);
end Behavioral;
```

　　HDL 例 5.4 给出了 JK 触发器的另一种描述方式。这里我们通过特征表描述触发器,而不是使用特征方程。**case** 多路分支语句检查由 J 和 K 组成的 2 位数组。**case** 表达式的值与下面给出的一系列语句中的数值相比较。如果符合某一种情况,那么它后面的语句将被执行。由于 J 和 K 组成了 2 位数组,因此可能等于 00、01、10 或者 11。第一位给出的是 J 的数值,第二位给出的是 K 的数值。这四种可能的取值确定了时钟上升沿到来后 Q 的次态值。

HDL 例 5.4(JK 触发器)

Verilog
```
// JK 触发器的功能描述
module JK_FF (input J, K, Clk, output reg Q, output Q_b);
 assign Q_b = ~Q;
 always @ (posedge Clk)
  case ({J,K})
   2'b00: Q <= Q;
   2'b01: Q <= 1'b0;
   2'b10: Q <= 1'b1;
   2'b11: Q <= !Q;
  endcase;
endmodule;
```

VHDL
```
entity JK_FF_vhdl is
 port (Q, Q_b: buffer Std_Logic; J, K, Clk, rst: in Std_Logic);
end JK_FF_vhdl;
architecture Behavioral_Case_vhdl of JK_FF_vhdl is
 Q_b <= not Q;
 process (Clk) begin
  if (Clk'event and Clk = '1') then
  if (rst = '1') then Q <= '0';
  else case (J & K) is
   when "00" => Q <= Q;
   when "01" => Q <= '0';
   when "10" => Q <= '1';
   when "11" => Q <= not Q;
  end case;
  end if;
 end process;
end Behavioral_Case_vhdl;
```

基于状态图的 HDL 模型

时序电路的 HDL 模型可以基于电路的状态图。HDL 例 5.5 描述的是图 5.15 中的 Mealy 型时序电路，其状态图如图 5.16 所示。输入、输出、时钟和复位信号的定义方式与前面例子的一样。触发器的状态用标识符 state 和 next_state 表示，这些变量保存了时序电路的现态和次态数值。采用 **parameter** 语句对二进制状态进行分配（Verilog 允许在模块内部用关键字 **parameter** 对常量进行定义）。4 个状态 S0～S3 被对应分配二进制数值 00～11。S2 = 2'b10 也可以采用另一种表达方式，即 S2 = 2，前者使用两个比特保存常量，后者代表一个 32（或者 64）位的二进制数。

HDL 例 5.5（Mealy 型状态机：0 检测器）

Verilog

```
// Mealy 型 FSM 0 检测器（见图 5.15 和图 5.16），Verilog 2001, 2005
// 异步复位
module Mealy_Zero_Detector (output reg y_out, input   x_in, clock, reset);
  reg [1: 0]   state, next_state;
  parameter S0 = 2'b00, S1 = 2'b01, S2 = 2'b10, S3 = 2'b11;
  always @ (posedge clock, negedge reset)   //Verilog 2001, 2005
    if (!reset) state <= S0;
    else state <= next_state;
  always @ (state, x_in)         // 产生次态
    case (state)
      S0:                 if (x_in)      next_state = S1;   else next_state = S0;
      S1:                 if (x_in)      next_state = S3;   else next_state = S0;
      S2:                 if (!x_in)     next_state = S0;   else next_state = S2;
      S3:                 if (x_in)      next_state = S2;   else next_state = S0;
    endcase
  always @ (state, x_in)         // 产生Mealy型输出
    case (state)
      S0:     y_out = 0;
      S1, S2, S3:     y_out = !x_in;
    endcase
endmodule

module t_Mealy_Zero_Detector;
  wire    t_y_out;
  reg     t_x_in, t_clock, t_reset;
Mealy_Zero_Detector M0 (t_y_out, t_x_in, t_clock, t_reset);
initial #200 $finish;
initial begin t_clock = 0; forever #5 t_clock = ~t_clock; end
initial fork
    t_reset = 0;
  #2 t_reset = 1;
  #87 t_reset = 0;
  #89 t_reset = 1;
  #10 t_x_in = 1;
  #30 t_x_in = 0;
  #40 t_x_in = 1;
  #50 t_x_in = 0;
```

```
        #52 t_x_in = 1;
        #54 t_x_in = 0;
        #80 t_x_in = 1;
        #100 t_x_in = 0;
        #120 t_x_in = 1;
    join
endmodule
```

HDL 例 5.5 描述的电路检测一串 1 比特流之后的 0。其 Verilog 模型使用 3 个 **always** 块，它们是并行执行的，并且通过公共变量相互作用。第一条 **always** 语句将电路复位到初始状态(S0 为 00)，定义同步钟控操作。语句 state< = next_state 与时钟上升沿同步，这意味着只有在时钟的上升沿到来时，next_state 才会传送给 state。这说明第二个 **always** 块中 next_state 值的任何变化都只能作为 clock 的 **posedge** 事件的结果而影响 state 的值。

第二个 **always** 块描述了次态转换，这是根据现态和输入的情况来决定的。在时钟上升沿之前，通过非阻塞赋值给状态赋的值是次态的值。注意多路分支条件是如何实现图 5.16 中状态图的标注边沿确定的状态转移的。第三个 **always** 块确定输出作为现态和输入的函数。尽管为便于阅读分开罗列，实际上也可以与第二个 **always** 块合在一起。注意，当电路处于某个给定状态时，输出 y_out 的值只随输入 x_in 变化而变化。

因此，让我们总结模型是如何描述状态机功能的：在每个时钟的上升沿，如果复位无效，则状态机的状态由第一个 **always** 块更新；当状态被第一个 **always** 块更新时，状态变化由第二个 **always** 块的敏感度列表检测；然后，第二个 **always** 块更新 next_state 值(该数值在时钟的下一个有效边沿被第一个 **always** 块检测)；第三个 **always** 块也检测状态变化，更新输出的数值。另外，第二个和第三个 **always** 块检测 x_in 的变化，并且对应地更新 next_state 值和 y_out 值。测试平台 Mealy_Zero_Detector 提供了一些波形，用于仿真模型，结果如图 5.22 所示。注意 t_y_out 是如何响应状态和输入的，其信号波形上有毛刺(瞬态逻辑值)。我们给出了 state[1:0]和 next_state[1:0]，以说明 t_x_in 的变化如何影响 next_state 和 t_y_out。t_y_out 上的 Mealy 型毛刺归因于 t_x_in 的动态变化。输入 t_x_in 在时钟上升沿到来之前($t = 55$)立即被赋为 0($t = 54$)，在时钟作用下，状态从 0 变为 1，与图 5.16 相一致。在时钟到来之前，状态 S1 的输出为 1；当状态进入 S0 时，输出变为 0。

测试平台中在描述波形时采用了 **fork...join** 结构。**fork...join** 块内的语句是并行执行的，因此时延都是相对于同一个参考点 $t = 0$，此时块开始执行[①]。在描述波形时，使用 **fork...join** 比使用 **begin...end** 更加方便。我们注意到，reset 波形中的触发信号可以让状态机从任何一个不确定的状态中恢复过来。

Mealy_Zero_Detector 模型与硬件是如何对应的? 第一个 **always** 块对应图 5.21 中由 D 触发器构成的状态寄存器。第二个 **always** 块对应产生次态的组合逻辑电路。第三个 **always** 块描述的是 Mealy 型 0 检测器的输出组合逻辑电路。之所以状态转移的寄存器操作使用非阻塞赋值运算符(<=)，是因为时序电路的边沿敏感触发器会在同一个时钟并行更新。第二个和第三个 **always** 块描述组合逻辑电路，由于是电平敏感的，因此使用阻塞赋值运算符(=)，其敏感度列表既包括状态，又包括输入，这样使得输出既与状态有关，又与输出有关。

---

① **fork...join** 块在最后一条语句执行后完成其执行。**fork...join** 构造在测试平台中使用，但它不是可综合的。

注意，Mealy_Zero_Detector 的建模方式经常被设计者采用。因为它与所描述的机器状态图有着密切关系。注意，reset 信号与同步状态转移的 **always** 块连在一起，而不是与描述次态的组合逻辑相关联。在这里是低电平有效。如果已经在状态转移时引入了 reset 信号，就不需要在组合电路中再次引入，这样书写的程序更加简单且可读性更好。

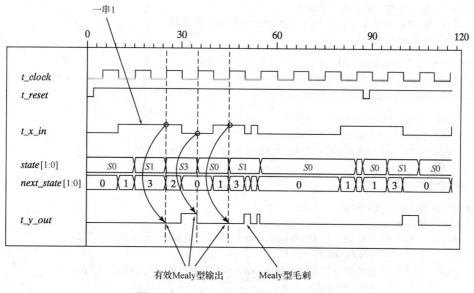

图 5.22 Mealy 型 0 检测器的仿真输出

VHDL

在 Mealy 型 0 检测器 FSM 的 VHDL 模型结构中有 3 个进程。当状态进入次态时，第一个进程控制机器状态的同步更新，这将受到异步复位的影响。该进程将机器复位为状态 S0，并在时钟的上升沿，状态同步转移。这意味着在第二个进程中，next_state 值的任何变化只能在 clock 的上升沿影响 state 值。第二个进程中对 state 和 x_in（输入）的变化是高度敏感的。当其中任何一个变化时，将根据现态和输入指定 next_state。由信号赋值语句赋给 state 的值是在 clock 上升沿之前的 next_state 值。第二个进程根据机器状态图的边沿实现 next_state 逻辑。多路分支条件实现由图 5.16 中状态图的标注边沿指定的状态转移。第三个进程也对状态和输入敏感，并指定机器的（Mealy 型或 Moore 型）输出。尽管为了清楚起见，这个进程被写为一个单独的进程，但是它可以与第二个进程相结合。注意，图 5.15 中的状态图没有明确显示复位动作。如果要包含它，需要一个从每个状态到复位状态的边沿，从而使状态图混乱不堪。同样，指定机器的次态动作的进程不包括复位信号，它在第一个进程中被考虑，这个进程控制状态转移的同步行为的异步复位。

这里还提供了一个测试平台。其中的信号赋值为输入和复位信号创建波形。它们同时起作用，因此语句没有交互作用。状态机的进程是交互式的。状态的变化将激活指定输出的进程，并激活指定次态的进程。第一个进程根据复位信号，将要发生的状态变化与时钟上升沿同步。一个完整的测试程序将通过到达每个状态和执行每个状态的转移来证明模型实现了状态图。机器不应该被困在一个状态中，它应该在运行时从意外的异步复位条件中恢复正常。

强烈建议遵循这种描述有限状态机的方式，即按上面所示编写 3 个进程。通过将结构分解为 3 个独立但相互作用的进程，我们可以创建一个清晰、可读的状态图表示，并减少在模型不符合其行为规范时对其进行故障排除的难度。遵循这种设计状态机的方式，可以降低设计工作的风险和成本。

```vhdl
library ieee;
use ieee.std_logic_1164.all;

entity Mealy_Zero_Detector_vhdl is
  port (y_out: out std_logic; x_in, clock, reset: in std_logic);
end Mealy_Zero_Detector_vhdl;

architecture Behavioral of Mealy_Zero_Detector_vhdl is
  type state_type is (S0, S1, S2, S3);    -- 机器状态
  signal state, next_state : state_type;

  process (clock, reset) begin    -- 同步状态转移
    if (reset'event and reset = '0' then state <= S0;
    elsif clock'event and clock = '1' then state <= next_state; end if;
    end if;
  end process;

  process (state, x_in) begin    -- 次态
    case (state) is
      when      S0 => if x_in = '1' then next_state <= S1; else next_state <= S0;
                      else end if;
      when      S1 => if x_in = '1' then next_state <= S3; else next_state <= S0;
                      else end if;
      when      S2 => if x_in = '0' then next_state <= S0; else next_state <= S2;
                      else end if;
      when      S3 => if x_in = '1' then next_state <= S2; else next_state <= S0;
                      else end if;
      when others => next_state <= S0;
    end case;
  end process;

  process (state, x_in) begin    -- 输出
    case (state) is
      when      S0 => y_out <= '0';
      when      S1 => y_out <= not x_in;
      when      S2 => y_out <= not x_in;
      when      S3 => y_out <= not x_in;
    end case;
  end process;
end Behavioral;

entity t_Mealy_Zero_Detector_vhdl is
end Mealy_Zero_Detector_vhdl;

architecture Behavioral of t_Mealy_Zero_Detector_vhdl is
  signal t_y_out: std_logic;
  signal t_x_in: std_logic;
begin
  -- 实例化 UUT
  UUT: Mealy_Zero_Detector_vhdl port map (y_out => t_y_out, x_in => t_x_in);

  -- 创建自由时钟信号
```

```
process (clock) begin
  clock <= not clock after 5 ns;
end process;
```

-- 指定激励信号
```
process begin
  t_reset    <= '0';
  t_reset    <= '1' after 2 ns;
  t_reset    <= '0' after 87 ns;
  t_reset    <= '1' after 89 ns;
  t_x_in <= '1' after 10 ns;
  t_x_in <= '0' after 30 ns;
  t_x_in <= '1' after 40 ns;
  t_x_in <= '0' after 50 ns;
  t_x_in <= '1' after 52ns;
  t_x_in <= '0' after 54 ns;
  t_x_in <= '1' after 70 ns;
  t_x_in <= '0' after 80 ns;
  t_x_in <= '1' after 90 ns;
  t_x_in <= '0' after 100 ns;
  t_x_in <= '1' after 120 ns;
  t_x_in <= '0' after 160 ns;
  t_x_in <= '1' after 170 ns;
end process ;
end Behavioral;
```

HDL 例 5.6（Moore 机）

Verilog

图 5.18 中描述的 Moore 型 FSM 的 Verilog 行为模型具有图 5.19 所示的状态图。在这个例子中，该模型给出了另一种建模方式，其中状态转移由单时钟（即边沿敏感）循环行为来描述，即由一个 **always** 块来描述。电路的现态用 state 变量表示，状态转移发生在 clock 的上升沿，转移的方向在 **case** 语句中罗列。决定次态的组合逻辑电路直接使用非阻塞赋值运算符来给 state 赋值。本例中，电路输出与输入无关，可以直接从触发器的输出求得。2 位的输出 y_out 用 **assign** 语句给出，其数值等于现态值。

图 5.23 列出了 Moore_Model_Fig_5_19 仿真结果。这里有一些重要的观察结果：（1）输出仅取决于状态；（2）"on-the-fly"复位强制状态机的状态返回到 S0（00）；（3）状态转移与图 5.19 一致。

```
// Moore 型 FSM（见图 5.19）   Verilog 2001，2005
module Moore_Model_Fig_5_19 (output [1: 0] y_out, input x_in, clock, reset);
  reg [1: 0] state;
  parameter   S0 = 2'b00, S1 = 2'b01, S2 = 2'b10, S3 = 2'b11;
  always @ (posedge clock, negedge reset)
    if (reset == 0) state <= S0;                 // 状态初始化为S0
    else case (state)
      S0: if (!x_in) state <= S1; else state <= S0;
      S1: if ( x_in) state <= S2; else state <= S3;
      S2: if (!x_in) state <= S3; else state <= S2;
      S3: if (!x_in) state <= S0; else state <= S3;
```

```
  endcase
  assign y_out = state;        // 触发器输出
endmodule
```

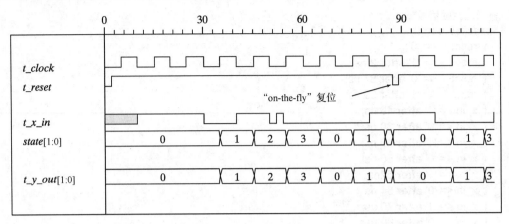

图 5.23　HDL 例 5.6 的仿真输出

练习 5.24—Verilog 下面的代码描述的是 Mealy 机还是 Moore 机的输出？为什么？

assign y_out = (x_in == 2'b10) && (state == s_3);

答案：y_out 描述 Mealy 机的输出，因为 y_out 取决于输入和状态。Moore 机的输出只取决于状态。

VHDL

图 5.18 中电路的 VHDL 行为模型具有图 5.19 中的状态图。机器的另一种描述包括单个进程和输出信号赋值。注意，形成状态机次态的组合逻辑没有明确显示。

```
-- Moore 型 FSM（见图 5.19）
entity Moore_Model_Fig_5_19_vhdl is
 port ( y_out: out  bit_vector 1 downto 0; x_in, clock, reset: in bit );
end Moore_Model_Fig_5_19_vhdl;

architecture Behavioral of Moore_Model_Fig_5_19_vhdl is
 type State_type is (S0, S1, S2, S3);        -- 状态名
 signal state: State_type;

 process (clock)                -- 状态转移
  begin
    if reset 'event and reset = '0' state <= S0;      -- 同步复位
         elsif clock 'event and clock = '1'
    case (state) is
       when S0 => if x_in = '0'      then state <= S1; else state <= S0; end if;
       when S1 => if x_in = '1'      then state <= S2; else state <= S3; end if;
       when S2 => if x_in = '0'      then state <= S3; else state <= S2; end if;
       when S3 => if x_in = '0'      then state <= S0; else state <= S3; end if;
    end case;
  end if;
  end process;
    y_out <= state;       -- 输出信号赋值
end Behavioral;
```

钟控时序电路的 Verilog 结构描述

组合逻辑电路在使用 Verilog 描述时，采用数据流语句中的连续赋值，将门电路(使用 Verilog 语言中的原语和 UDP)连接起来，或者是使用对电平敏感的循环行为语句中的 **always** 块。时序电路是由组合电路和触发器组成的，它们的 HDL 模型使用 UDP 和行为语句来描述触发器的操作。一种描述时序电路的方法是既使用数据流语句，又使用行为语句。触发器使用 **always** 语句描述，组合电路用 **assign** 语句和布尔方程描述。不同的模块实例化之后，组合在一起连接成结构模型。

Moore 型 0 检测器时序电路的结构描述见 HDL 例 5.7。我们希望读者能考虑采取其他方法来对电路建模，因此作为对照，我们首先给出 Moore_Model_Fig_5_20 程序，它是使用 Verilog 行为语句对图 5.20(b)所示状态机进行描述的结果。这种建模风格很简洁。另外一种风格已经在 Moore_Model_STR_Fig_5_20 使用过，用来描述图 5.20(a)中的结构。这个程序有两个模块。第一个模块描述的是图 5.20(a)中的电路，第二个模块描述的是电路使用的 T 触发器。我们同时也给出两种为 T 触发器建模的方法。第一种方法描述 T 触发器的翻转输入端有效时，每当到来一个时钟脉冲，触发器的输出翻转一次。第二种方法是使用特征方程描述翻转触发器的功能。第一种方法实际中使用较多，读者不需要记忆触发器的特征方程。然而，无论模型怎么改变，综合后的硬件是相同的。为验证电路功能是否正确，还需要使用测试模块来提供激励信号。其中的时序电路是一个 2 位计数器，有一个控制输入端 x_in。当计数器计数值达到 11 时，输出端 y_out 有效。触发器 A 和 B 包含在输出中，目的是查看它们的工作情况。触发器的输入方程和输出方程通过用 **assign** 语句描述其布尔表达式来计算。T 触发器由输入方程定义的 TA 和 TB 来实例化。

第二个模块描述的是 T 触发器，当 reset 输入信号为低电平时，触发器复位到 0。触发器的功能由特征方程 $Q(t+1) = Q \oplus T$ 确定。

测试平台包括两个状态机模型，激励模块产生电路的输入信号，以验证输出响应。第一个 **initial** 块产生 8 个时钟周期，周期为 10 ns。第二个 **initial** 块捕捉输入 x_in 在时钟下降沿到来时的变化。仿真结果见图 5.24。输出对(A，B)经过二进制序列 00, 01, 10, 11，最后回到 00。只要 x_in 为 1，计数值在时钟的上升沿变化。如果 x_in 为 0，计数值保持不变。当 A 和 B 都等于 1 时，输出 y_out 等于 1。用这种方式来验证电路的功能，但是复位之后，不能恢复。

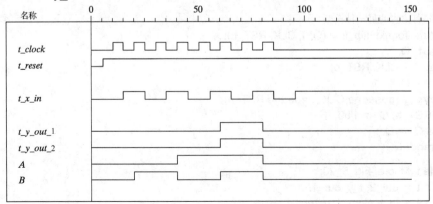

图 5.24　HDL 例 5.7 的仿真输出

HDL 例 5.7(二进制计数器—Moore 型)

Verilog

```verilog
// 基于状态图的模型 (V2001, 2005)
module Moore_Model_Fig_5_20 (output y_out, input x_in, clock, reset);
  reg [1: 0]   state;
  parameter    S0 = 2'b00, S1 = 2'b01, S2 = 2'b10, S3 = 2'b11;
  always @ (posedge clock, negedge reset)
   if (!reset) state <= S0;                  // 状态初始化到S0
   else case (state)
     S0:     if (x_in) state <= S1; else state <= S0;
     S1:     if (x_in) state <= S2; else state <= S1;
     S2:     if (x_in) state <= S3; else state <= S2;
     S3:     if (x_in) state <= S0; else state <= S3;
   endcase
  assign y_out = (state == S3);              // 触发器的输出
endmodule

// T触发器的结构化模型
module Moore_Model_STR_Fig_5_20 (output y_out, A, B, input x_in, clock, reset);
  wire TA, TB;
// 触发器的输入方程
  assign TA = x_in && B;
  assign TB = x_in;
// 输出方程
  assign y_out = A & B;
// 实例化翻转触发器
  Toggle_flip_flop M_A (A, TA, clock, reset);
  Toggle_flip_flop M_B (B, TB, clock, reset);
endmodule

module Toggle_flip_flop (Q, T, CLK, RST_b);
  output Q;
  input   T, CLK, RST_b;
  reg     Q;
always @ (posedge CLK, negedge RST_b)
 if (!RST_b) Q <= 1'b0;
 else if (T) Q <= ~Q;
endmodule

// 使用特征方程的另一种模型
// module Toggle_flip_flop (Q, T, CLK, RST_b);
// output   Q;
// input     T, CLK, RST_b;
// reg       Q;
// always @ (posedge CLK, negedge RST_b)
//  if (!RST_b) Q <= 1'b0;
//  else Q <= Q ^ T;
// endmodule

module t_Moore_Fig_5_20;
  wire    t_y_out_2, t_y_out_1;
  reg     t_x_in, t_clock, t_reset;
Moore_Model_Fig_5_20             M1 (t_y_out_1, t_x_in, t_clock, t_reset);
```

```verilog
Moore_Model_STR_Fig_5_20      M2 (t_y_out_2, A, B, t_x_in, t_clock, t_reset);
initial #200 $finish;
initial begin
  t_reset = 0;
  t_clock = 0;
  #5 t_reset = 1;
 repeat (16)
  #5 t_clock = !t_clock;
end
initial begin
    t_x_in = 0;
  #15 t_x_in = 1;
 repeat (8)
  #10 t_x_in = !t_x_in;
 end
endmodule
```

VHDL

```vhdl
library IEEE;
use IEEE.std_logic_1164.all;

-- Moore型FSM(见图5.19)

entity Moore_Model _Fig_5_20_vhdl is
  port ( y_out: out Std_logic; x_in, Clk, rst_b: in Std_logic);
end Moore_Model_Fig_5_20_vhdl;

architecture Behavioral of Moore_Model_Fig_5_20_vhdl is
  type State_type is (S0, S1, S2, S3);        -- 状态名
  signal state, next_state: State_type;

  process (Clk)                    -- 状态转移
   begin
    if rst_b = '0' then state <= S0;        -- 同步复位
    elsif Clk'event and Clk = '1'; then
      case (state)
        when S0  => if x_in = '0'      then state <= S1; else state <=S0; end if;
        when S1  => if x_in = '1'      then state <= S2; else state <= S3; end if;
        when S2  => if x_in = '0'      then state <= S3; else state <= S2; end if;
        when S3  => if x_in = '0'      then state <= S0; else state <= S3; end if;
      end case
    end if;
  end process;
  y_out <= state = S3;        -- 输出逻辑
end Behavioral;

-- 组件
-- 低电平有效异步复位的D触发器
entity DFF_vhdl is
  port (Q: out Std_Logic; D, Clk, rst: in Std_Logic);
end DFF_vhdl;

architecture Behavioral of DFF_vhdl is
  process (Clk, rst) begin
```

```vhdl
  if rst'event and reset = '0' then Q <= '0';
  elsif Clk'event and Clk = '1' then Q <= D; end if;
  end if;
 end process;
end Behavioral;

-- 由D触发器和组件构成的T触发器
entity TFF_vhdl is
 port ( Q: out, bit; T, clk, rst: in bit);
end TFF_vhdl;
architecture Behavioral of TFF_vhdl is
 signal DT;
 component DFF_vhdl
  port ( Q: buffer Std_Logic; D, clk, rst: in Std_Logic);
 end component DFF_vhdl;
 begin
  DT <= Q xor T;        -- 信号赋值
  TF1: DFF_vhdl port map (Q => Q, D => DT, clk => clk, rst => rst);
end Behavioral;

entity Moore_Model_STR_Fig_5_20_vhdl is
 port ( y_out, A, B: out STD_LOGIC; x_in, clock, reset: in STD_logic);
end Moore_Model_vhdl;

architecture T_STR of Moore_Model_Fig_5_20 is
 signal TA, TB;
 component TFF_vhdl port (Q: out bit; clk, rst: in bit); end component TFF_vhdl;
begin -- 实例化翻转触发器

 M_A: TFF_vhdl port map (Q => A, T => TA, clk => clock, rst => reset);
 M_B: TFF_vhdl port map (Q => B, T => TB, clk => clock, rst => reset);
 TA <= x_in and B;          -- 触发器输入方程
 TB <= x_in;
 y_out <= A and B;          -- 输出逻辑
end T_STR;

-- 使用特征方程的另一种模型

entity Toggle_flip_flop is
 port (Q: buffer Std_Logic; T, CLK, RST_b: in Std_Logic);
end Toggle_flip_flop;

architecture Char_Eq of Toggle_flip_flop is
 process (CLK, RST_b) begin
  if (RST'event and RST_b = '0' then Q <= '0';
  elsif CLK'event and clk = '1' then Q <= Q xor T; end if;
  end if;
 end process
end Char_Eq;

-- 测试平台

entity t_Moore_Fig_5_20 is
 port ();
end t_Moore_Fig_5_20;

architecture Behavioral of t_Moore_Fig_5_20 is
 component Moore_Model_STR_Fig_5_20_vhdl port(y_out: out bit; A, B, x_in, clock,
```

```
    reset: in bit);
  signal t_y_out_1, t_y_out_2, t_A, t_B: Std_Logic;
  signal t_x_in, clock, reset: Std_Logic;
  variable i: Positive := '1';
-- 实例化UUT
M1: Moore_Model_STR_Fig_5_20_vhdl
      port map ( y_out => t_y_out_1, A => t_A, B => t_B, x_in => t_x_in,
                 clock => t_clock, reset => t_reset);
M2: Moore_Model_STR_Fig_5_20_vhdl
      port map ( y_out => t_y_out_2, A => t_A, B => t_B, x_in => t_x_in,
                 clock => t_clock, reset => t_reset);

-- 产生激励信号
  process begin
    t_reset <= 0;                -- 低电平有效复位
    t_clock <= 0;
    t_reset <= 1; after 5ns;   -- 同步使能
    for i in 1 to 16 loop
      t_clock <= not t_clock after 5ns;
    end loop;
  end process;
end Behavioral;
```

练习 5.25—VHDL　描述创建时序电路结构模型的步骤。

答案: (1)定义组件, (2)实例化和组件互连。

5.7　状态化简与分配

　　时序电路的分析从电路图开始, 到状态表或状态图结束。时序电路的设计从一组指标开始, 直到得出逻辑图为止。设计过程将在 5.8 节介绍。两个时序电路可能会表现出相同的输入/输出行为, 但在其状态图中具有不同的内部状态数。本节讨论时序电路的一些性质, 借助这些内容有助于减少设计中使用的触发器和门电路个数。通常, 减少触发器个数可以降低电路成本。

状态化简

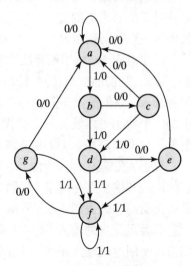

图 5.25　状态图

　　时序电路中减少触发器个数的过程称为状态化简。状态化简的算法提供了减少状态表中状态个数的步骤。在化简时, 电路的输入/输出关系保持不变。由于 m 个触发器有 2^m 个状态, 因此状态的减少有可能会使电路中触发器个数减少, 副作用是可能会使电路中增加更多的组合逻辑。

　　我们举例说明状态化简的过程。时序电路的状态图示于图 5.25。在这个例子中, 只有输入/输出序列是重要的, 内部状态仅仅用来产生所需要的时序。因此, 圆圈内部的状态用字母而不是二进制数值表示。这与二进制计数器不同, 在二进制计数器里, 状态的二进制序列本身被用作输出。

　　给电路输入一组固定长度的序列, 此时我们会得到一组输出。例如，从初始状态 a 开始输入序列 01010110100，每输入一个 0(或者 1)都会输出一个 0(或者 1)，同时电路进入次态。根据状态图中的状态转移方向，可以在给定输入序列时得到输出和状态序列。当电路处于初始状态 a 时，输入的 0 使输出为 0，电路维持状态 a 不变。如果现态是 a，输入为 1，则输出就为 0，次态转向 b。当现态为 b，输入为 0 时，输出为 0，次态转向 c。如此这样，我们可以得到下面的完整序列：

状态	a	a	b	c	d	e	f	f	g	f	g	a
输入	0	1	0	1	0	1	1	0	1	0	0	0
输出	0	0	0	0	0	1	1	0	1	0	0	

在上面的每列中，展示的是现态、输入和输出。次态写在下一列的最上面。对于这个电路来说，状态本身是次要的，重要的是输入产生的输出序列。

现在假设有这样一个时序电路，它的状态图中的状态个数少于 7 个，将它与图 5.25 给出的状态图对应的时序电路相比较。给这两个电路输入相同的序列，结果发现对于所有输入来说，输出都相同，则这两个电路是等效的(只考虑输入-输出关系)，一个电路可以被另一个替代。状态化简的目的是减少时序电路的状态数目，而不改变输入-输出关系。

现在接着举例来讨论如何减少状态个数。首先，我们需要列出状态表。当对状态化简时，使用状态表比状态图更方便。电路的状态表见表 5.6，它是从状态图中直接得到的。

表 5.6   状态表 I

现 态	次 态		输 出	
	$x = 0$	$x = 1$	$x = 0$	$x = 1$
a	a	b	0	0
b	c	d	0	0
c	a	d	0	0
d	e	f	0	1
e	a	f	0	1
f	g	f	0	1
g	a	f	0	1

我们直接给出对原始状态表的状态化简方法，这里不再加以证明。两个状态等价的条件是：对于所有可能的输入，输出都相同，且电路的次态相同或者等效。当两个状态等价时，其中的一个状态可以被另一个替代，此时输入-输出关系不变。

现在对表 5.6 应用该算法。首先查看状态表，要寻找这样的两个现态，对于任何一种可能的输入，它们的次态相同，输出也相同。状态 g 和 e 就是这样的两个状态，对于 $x = 0$ 和 $x = 1$ 两种输入，它们的次态分别是状态 a 和 f，输出分别是 0 和 1，因此状态 g 和 e 是等价的，其中的一个状态可以被另一个替代。用等效状态代替后的状态表见表 5.7，现在 g 的那一行被删除，只要出现次态 g 的地方都被 e 替代。

现态 f 在输入 $x = 0$ 和 $x = 1$ 时，次态分别是 e 和 f，输出分别是 0 和 1。对现态 d 来说，它的次态和输出都与现态 f 相同。因此，状态 f 和 d 是等价的，状态 f 可以删除，用 d 替代。最后化简的状态表如表 5.8 所示。化简的状态表对应的状态图只有 5 个状态，如图 5.26 所示。状态图满足原先的输入-输出关系，在给定输入序列时，产生的输出序列也与电路相同。采用前面使用过的输入序列，根据图 5.26 中的状态图可以得到如下的输出序列(注意：尽管状态序列不同，输出序列仍然是相同的)：

状态	a	a	b	c	d	e	d	d	e	e	a
输入	0	1	0	1	0	1	1	0	1	0	0
输出	0	0	0	0	0	1	1	0	1	0	0

表 5.7　状态表 Ⅱ　　　　　　　　　　　　　　　表 5.8　状态表 Ⅲ

现　态	次　态		输　出	
	$x=0$	$x=1$	$x=0$	$x=1$
a	a	b	0	0
b	c	d	0	0
c	a	d	0	0
d	e	f	0	1
e	a	f	0	1
f	e	f	0	1

现　态	次　态		输　出	
	$x=0$	$x=1$	$x=0$	$x=1$
a	a	b	0	0
b	c	d	0	0
c	a	d	0	0
d	e	d	0	1
e	a	d	0	1

实际上，如果将 g 换为 e，f 换为 d，结果与图 5.25 也是完全相同的。

也可以通过观察隐含表来得到等价状态对。隐含表是用方框对可能的等价状态对进行判断，并将结果表示在方框中。通过使用该表，可以确定状态表中所有的等价状态对。

上面所列时序电路的化简结果是，电路的状态从 7 个减少到 5 个。通常，减少状态表中的状态个数可以减少物理硬件的个数。但是，减少状态个数并不一定能保证节省触发器或门电路的个数。在实际中，当目标器件资源丰富时，设计者可以跳过这个步骤。

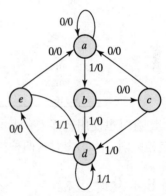

图 5.26　化简的状态图

状态分配

为得到时序电路，有必要给每个状态编码。如果电路有 m 个状态，则编码的码字必须是 n 位的，这里 $2^n \geqslant m$。例如，用 3 位可以给 8 个状态编码，码字从 000 到 111。如果给表 5.6 中的状态编码，则只有 7 个状态被分配了一组二进制数值，余下的一个码字没有使用。如果给表 5.8 中的状态编码，则只有 5 个状态需要分配码字，剩下的 3 个码字没有使用。没有使用的码字在设计时可被认为是任意态，任意态有助于简化电路。5 个状态的电路比 7 个状态的电路更节省组合资源。

表 5.9 中列出了 3 种状态分配方案，第一种方案是顺序编码，即按照二进制计数的顺序来分配码字。第二种方案是格雷码编码，相邻状态之间只有一位不同，这样有利于逻辑代数的化简。第三种方案是一位热位编码，这种编码在设计控制电路时经常使用。电路的状态数目与编码位数相同。一位热位是指每个码字中只有一位为 1，其他为 0。编码的结果是每个状态需要使用一个触发器，因此非常耗费触发器资源，对于拥有丰富寄存器资源的现场可编程门阵列(见第 7 章)来说，这种编码是非常适合的。一位热位编码使得次态组合逻辑电路非常简单，不需要使用译码电路，其速度也比顺序编码的时序电路要快。在硅片上，简化的组合电路所占区域可以被多余的触发器使用，但是这种抵消不一定每一次都有价值，必须针对具体设计进行评估。

表 5.9　3 种可能的二进制状态分配方案

状　态	分配方案 1：顺序编码	分配方案 2：格雷码	分配方案 3：一位热位
a	000	000	00001
b	001	001	00010
c	010	011	00100
d	011	010	01000
e	100	110	10000

表 5.10 是采用顺序编码的结果，原先表中的字母已经被二进制数值所取代。采用不同的编码方案，状态表中表示状态的二进制数值也不相同。表中的二进制数值用来求时序电路的组合逻辑，组合电路的复杂度取决于所选择的编码方案。

表 5.10　采用顺序编码的化简的状态表

现　态	次　态		输　出	
	$x = 0$	$x = 1$	$x = 0$	$x = 1$
000	000	001	0	0
001	010	011	0	0
010	000	011	0	0
011	100	011	0	1
100	000	011	0	1

有时也使用转移表来表示二进制编码后的状态表，这样做可以与用字母表示状态的状态表相区别。本书中对这两种类型的状态表名称不再做区别。

5.8　设计过程

设计的目的是确定实现预定功能的硬件电路。小的电路可以使用手工设计来完成，但在工业上往往使用综合工具来设计大规模集成电路。综合工具用来实现 JK 和 T 触发器的基本构件是 D 触发器，辅助使用门电路。实际上，设计者通常并不关心使用的触发器类型，只要综合工具实现的时序电路功能满足要求即可。这里，我们介绍使用 D、JK 和 T 触发器进行设计的手工方法。

同步时序电路的设计首先是给出一系列指标，最后得到逻辑图或者能产生逻辑图的布尔方程。组合电路可以由真值表确定，时序电路用状态表表示其功能。时序电路设计的第一步是画出状态表，也可以是等效的表示方法，如状态图等[①]。

同步时序电路由触发器和门组成。电路的设计包括选择触发器及建立组合电路结构等。组合电路和触发器有机地结合在一起，产生能实现预定功能的时序电路。触发器个数由电路状态确定，组合电路可以通过求状态表中的触发器输入方程和输出方程来得到。实际上，一旦触发器的类型和数目确定后，设计过程就从时序电路问题转化成组合电路问题，因此就可以使用组合电路的设计方法。

时序电路的设计过程总结为如下几个步骤：

---

① 第 8 章将研究机器行为的另一个重要表现——算法状态机(ASM)流程图。

1. 理解所要求的功能描述和指标，画出电路的状态图。
2. 如果有必要，减少状态个数。
3. 为状态分配二进制数值，即进行状态编码。
4. 画出二进制编码状态表。
5. 选择触发器的类型。
6. 求出最简的触发器输入方程和输出方程。
7. 画出逻辑图。

电路功能的说明常常需要读者熟悉数字逻辑术语。由于字面说明不是非常完整和精确的，因此设计者有必要凭借自身的经验正确理解电路的功能。从参数说明可以得到状态图，接下来才有可能使用已知的综合过程来完成设计。步骤中的第 2 步和第 3 步是状态化简和分配，都可用常规的方法完成。设计过程中的第 4 步到第 7 步可以用精确的算法实现，因此实际中都是自动进行的。使用自动工具完成设计的过程称为综合(synthesis)。如果设计者要使用逻辑综合工具来辅助设计，则遵循的步骤可以简化。首先是将状态图转换成 HDL 程序，然后利用综合工具对程序进行综合，这样就可以得到最小化的组合逻辑和电路图。

第 1 步最具挑战性，也往往是设计的关键，下面的例子指出如何从字面说明得到状态图。

假设我们希望设计这样的一个电路，其功能是检测输入的一串二进制序列，当连续输入 3 个或 3 个以上的 1 时，输出为 1。电路的状态图如图 5.27 所示，起始状态是 S_0，如果输入是 0，则电路状态不变；如果输入是 1，则状态转到 S_1，说明已经检测到一个 1。再来一个 1，状态变为 S_2，说明已经接收到两个连续的 1；但如果输入是 0，则状态回到 S_0。连续的第三个 1 将电路状态转到 S_3。如果检测到了更多的 1，则电路将维持在 S_3 不变，只要输入为 0，状态就回到 S_0。因此，当收到 3 个或 3 个以上的 1 时，电路将在 S_3 不变。该电路是Moore 型时序电路，当电路处于状态 S_3 时，输出为 1，否则输出为 0。

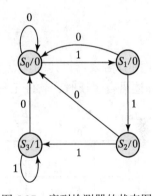

图 5.27　序列检测器的状态图

使用 D 触发器进行设计

一旦得到状态图后，余下的设计可以直接按照既定的过程进行。实际上，我们可以使用HDL 中的状态图描述方式，然后利用合适的 HDL 综合工具产生综合后的网表(硬件描述语言的状态图描述方式与 5.6 节中的 HDL 例 5.6 类似)。如果采用手工设计方法，则需要对状态进行二进制编码，重新列出编码后的状态表。表 5.11 是编码后的状态表，它是对图 5.27的状态图直接按顺序编码得到的。需要使用两个 D 触发器来表示 4 个状态，分别为 A 和 B，还有一个输入端 x 和一个输出端 y。D 触发器的特征方程是 $Q(t + 1) = D_Q$，隐含着状态表中的次态由触发器的输入 D 确定。触发器的输入方程直接从次态 A 和 B 求得，用最小项表示为

$$A(t+1) = D_A(A,B,x) = \Sigma(3,5,7)$$
$$B(t+1) = D_B(A,B,x) = \Sigma(1,5,7)$$
$$y(A,B,x) = \Sigma(6,7)$$

这里，A 和 B 是触发器 A 和 B 的现态值，x 是输入，D_A 和 D_B 是输入方程。输出 y 的最小项从状态表的输出一列得到。

表 5.11　序列检测器的状态表

现　　态		输　入	次　　态		输　　出
A	B	x	A	B	y
0	0	0	0	0	0
0	0	1	0	1	0
0	1	0	0	0	0
0	1	1	1	0	0
1	0	0	0	0	0
1	0	1	1	1	0
1	1	0	0	0	1
1	1	1	1	1	1

采用如图 5.28 所示的卡诺图对布尔方程进行简化，结果为

$$D_A = Ax + Bx$$
$$D_B = Ax + B'x$$
$$y = AB$$

使用 D 触发器设计的优点是，描述触发器输入的布尔方程可以直接从状态表求得。使用硬件描述语言建模时，软件工具自动选择 D 触发器。时序电路的逻辑图如图 5.29 所示。

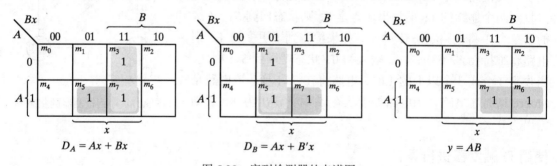

图 5.28　序列检测器的卡诺图

激励表

用触发器设计时序电路时，如果使用 D 触发器之外的其他触发器，由于输入方程不能从状态表直接得到，因此问题变得很复杂。如果使用 JK 和 T 触发器，为了求触发器的输入方程，需要从状态表导出输入方程的布尔表达式。

表 5.1 是触发器的特征表。当已知输入和现态时，可求出次态。特征表对分析时序电路和确定触发器的功能非常有效。设计时，在已知状态发生转移的情况下，将导致这种转移的触发器输入列在表中，这样的表称为激励表。

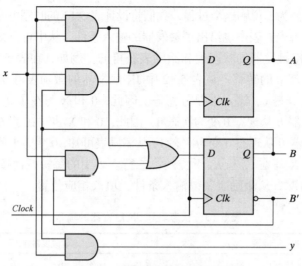

图 5.29　序列检测器的逻辑图

表 5.12 是两种触发器（JK 和 T 触发器）的激励表。每张表都有一列表示现态 $Q(t)$ 和次态 $Q(t+1)$，还有一列用于表示获得预定的状态转移所需要的每个输入值。从现态到次态有 4 种可能，这 4 种转移中的每种输入条件都可以由特征表求得。表中的符号 X 表示任意态，它表示无论输入是 1 还是 0，次态都是任意的。

表 5.12　两种触发器的激励表

$Q(t)$	$Q(t+1)$	J	K
0	0	0	X
0	1	1	X
1	0	X	1
1	1	X	0

(a)JK 触发器

$Q(t)$	$Q(t+1)$	T
0	0	0
1	1	1
1	0	1
1	1	0

(b)T 触发器

表 5.12(a)是 JK 触发器的激励表。当现态和次态都为 0 时，输入端 J 必须为 0，K 为任意态。类似地，当现态和次态都为 1 时，输入端 K 必须为 0，J 为任意态。如果触发器发生从 0 到 1 的状态转移，则输入端 J 一定要为 1，因为 J 是置位端，K 为任意态。$K=0$ 且 $J=1$ 时，会将触发器置位。$K=1$ 且 $J=1$ 时，触发器输出反相，状态从 0 变为 1。因此，状态从 0 变为 1 时，输入 K 被标记为任意态。对于状态从 1 变为 0，必须有 $K=1$，这是因为 K 可以复位触发器。但是，J 可能为 1 或 0，因为 $J=0$ 没有影响，$J=1$ 和 $K=1$ 一起将触发器输出反相，结果导致状态从 1 变为 0。

表 5.12(b)是 T 触发器的激励表。从特征表可知，当输入 $T=1$ 时，触发器的状态翻转；$T=0$ 时，触发器的状态保持不变。因此，若触发器状态保持不变，则条件是 $T=0$。若触发器发生翻转，则条件是 T 必须等于 1。

使用 JK 触发器进行设计

采用 JK 触发器设计时序电路的过程与采用 D 触发器的基本相同。唯一的区别在于，JK 触发器的输入方程不是直接从状态表中获得的，而要先从激励表中得到从现态转移到次态的条件，然后才能求得。为了说明这个过程，我们将设计表 5.13 的时序电路。除了有现态列，输入和次态如一般的状态表，表中也给出了触发器的输入条件，从中可以得到输入方程。这些触发器的输入是根据 JK 触发器的状态表和激励表获得的。例如，在表 5.13 的第一行，触发器 A 发生从现态 0 到次态 0 的转移。从表 5.12 中 JK 触发器的激励表可知，状态从现态 0 变为次态 0 的条件是输入 J 是 0，输入 K 是任意态。因此，0 和 X 写在了 J_A 和 K_A 下方的第一行。由于第一行中的触发器 B 从现态 0 变为次态 0，因此，0 和 X 也写在了 J_B 和 K_B 下方的第一行。表中的第二行是触发器 B 从现态 0 变为次态 1，从激励表可知，0 变为 1 的条件是 J 为 1 和 K 为任意态。因此，1 和 X 写在 J_B 和 K_B 下方的第二行。表中的每一行都按照这样的步骤，对照触发器的状态转移情况，从激励表获得输入条件，填入相应位置。

表 5.13　状态表和 JK 触发器的输入

现	态	输	入	次	态	触发器输入			
A	B	x		A	B	J_A	K_A	J_B	K_B
0	0	0		0	0	0	X	0	X
0	0	1		0	1	0	X	1	X
0	1	0		1	0	1	X	X	1
0	1	1		1	0	1	X	X	1
1	0	0		1	1	X	0	0	X
1	0	1		1	1	X	0	1	X
1	1	0		1	1	X	0	X	0
1	1	1		0	0	X	1	X	1

表 5.13 把输入方程表示成现态 A 和 B 及输入 x 的函数。输入方程可以按照图 5.30 所示进行函数化简。在化简过程中，并不使用次态值，因为输入方程仅是现态和输入的函数。注意使用 JK 触发器手工设计时序电路的优点。因为有如此多的任意态，有助于产生简单的表达式，所以输入方程对应的组合电路可能非常简单。如果状态表中有未使用的状态，那么图中会有额外的任意条件。尽管如此，D 触发器更适合自动化设计流程。

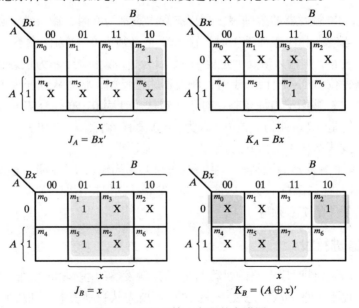

图 5.30　J 和 K 输入方程的卡诺图

两个 JK 触发器对应的 4 个输入方程都写在图 5.30 的卡诺图下方，最终的时序电路逻辑图如图 5.31 所示。

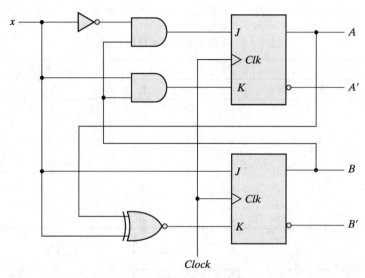

图 5.31 用 JK 触发器构成的时序电路逻辑图

使用 T 触发器进行设计

采用 T 触发器的设计过程可以从二进制计数器的构成角度来解释。一个 n 位的二进制计数器由 n 个触发器组成，计数值从 0 到 $2^n - 1$。3 位二进制计数器的状态图如图 5.32 所示。从每个圆圈内的二进制状态可见，触发器输出重复二进制计数序列，从 111 再返回到 000。两个圆圈之间的有向连线没有被标注输入和输出值，这一点与其他的状态图不一样。记住：同步时序电路的状态转移发生在时钟的边沿，如果没有有效时钟信号，则触发器仍旧保持状态不变。因此，没有在状态图或者状态表中直接标注出作为输入信号的时钟。这里，输入只有时钟信号，输出由触发器的状态提供。计数器次态完全取决于现态，只要时钟边沿到来，状态就会发生转移。

表 5.14 是 3 位二进制计数器的状态表。3 个触发器用符号 A_2、A_1 和 A_0 表示。考虑到它们的翻转特性，二进制计数器电路使用 T 触发器来构成。触发器的激励信号 T 可以通过观察 T 触发器的激励表得出。举例来说，对于触发器输入行 001，现态是 001，次态是 010。比较这两个数值，我们注意到 A_2 从 0 到 0，也就是当时钟边沿到来时，触发器 A_2 的状态不变，因此 T_{A2} 填 0；A_1 从 0 到 1，触发器在下一个时钟边沿发生翻转，因此 T_{A1} 填 1。

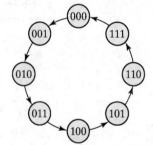

图 5.32 3 位二进制计数器的状态图

类似地，A_0 从 1 到 0，说明也发生翻转，因此 T_{A0} 填 1。由于最后一行现态 111 的次态是第一行计数值 000，所有的 1 都变为 0，说明 3 个触发器都发生翻转，因此对应的触发器输入都为 1。

触发器的输入方程化简如图 5.33 所示，T_{A0} 的 8 个最小项都为 1，计数器的最低有效位在每个时钟到来时都发生翻转。如果一个函数表达式包含了全部的最小项,那么该函数恒等于 1。卡诺图下方列出的输入方程确定了计数器的组合部分,把这些函数与触发器连在一起,就可以得到计数器的逻辑图,如图 5.34 所示。

表 5.14　3 位二进制计数器的状态表

现　　态			次　　态			触发器输入		
A_2	A_1	A_0	A_2	A_1	A_0	T_{A2}	T_{A1}	T_{A0}
0	0	0	0	0	1	0	0	1
0	0	1	0	1	0	0	1	1
0	1	0	0	1	1	0	0	1
0	1	1	1	0	0	1	1	1
1	0	0	1	0	1	0	0	1
1	0	1	1	1	0	0	1	1
1	1	0	1	1	1	0	0	1
1	1	1	0	0	0	1	1	1

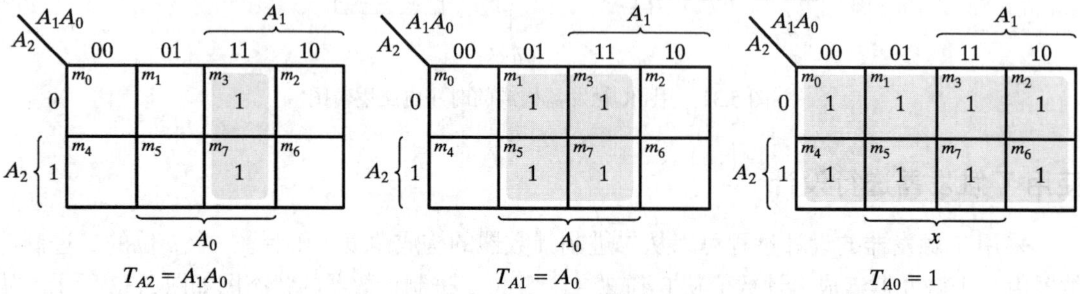

$$T_{A2} = A_1A_0 \qquad T_{A1} = A_0 \qquad T_{A0} = 1$$

图 5.33　3 位二进制计数器的卡诺图

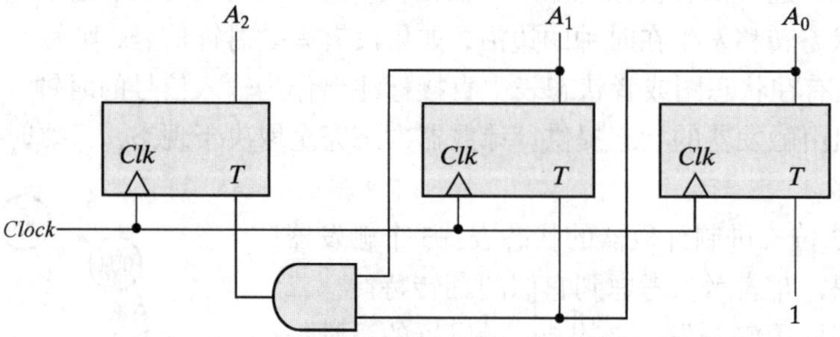

图 5.34　3 位二进制计数器的逻辑图

习题

(∗号标记的习题解答列在本书末尾。部分习题中,逻辑设计及其相关的 HDL 建模习题会相互引用。)除非明确指定为 SystemVerilog,否则用于解决问题的 HDL 编译器可以是 Verilog、SystemVerilog 或 VHDL。注意:对于需要编写和验证 HDL 模型的每个习题,应编写基本的测试计划,以识别在仿真过程中要测试的功能组件及测试方法。例如,当仿真器处于复位状态以外的状态时,可以通过声明复位信号来测试动态复位。测试计划用来指导测试平台的开发。使用测试平台仿真模型,并验证行为是否正确。如果合成工具和 ASIC

单元库可用，则习题 5.34～习题 5.42 开发的 Verilog 描述可作为综合练习。由综合工具生成的门级电路应被仿真并与综合前模型的仿真结果进行比较。

5.1 图 5.6 中的锁存器 D 是由 4 个与非门和一个非门构成。现在我们采用其他三种方法来构成锁存器 D。对每一种方法都要画出逻辑图，并且验证电路功能。

　(a)用或非门代替 SR 锁存器，与门代替另两个与非门，保留非门。

　(b)用或非门代替所有 4 个与非门，保留非门。

　(c)只使用 4 个与非门，不用非门。这种方法将图 5.6 上方门的输出从本来连到 SR 锁存器的输入，转而连到下面门的输入，以代替非门的输出。

5.2 用 个 D 触发器、一个 2-1 线的数据选择器和一个非门构成 JK 触发器。（HDL—见习题 5.34。）

5.3 证明 T 触发器反相输出特征方程为：

$$Q'(t+1) = TQ' + T'Q$$

5.4 某触发器有 4 种功能：清零、保持、翻转和置 1，分别对应输入 A 和 B 为 00、01、10 和 11。

　(a)列出特征表　　　　　　(b)列出激励表

　(c)*求出特征方程　　　　　(d)如何将触发器转换成 T 触发器

5.5 说明真值表、状态表、特征表和激励表之间的区别。再说明布尔方程、状态方程、特征方程和触发器输入方程之间的区别。

5.6 由两个 D 触发器 A 和 B、两个输入 x 和 y 及一个输出 z 构成的时序电路，其次态方程和输出方程如下（HDL—见习题 5.35）：

$$A(t+1) = xy' + xB$$
$$B(t+1) = xA + xB'$$
$$z = A$$

　(a)画出电路的逻辑图。

　(b)列出时序电路的状态表。

　(c)画出对应的状态图。

5.7* 一个时序电路有一个触发器 Q、两个输入 x 和 y 及一个输出 S，它是由一个全加器和一个 D 触发器构成的，如图 P5.7 所示，求时序电路的状态表和状态图。

5.8* 求图 P5.8 所示时序电路的状态表和状态图，并说明电路的功能。（HDL—见习题 5.36。）

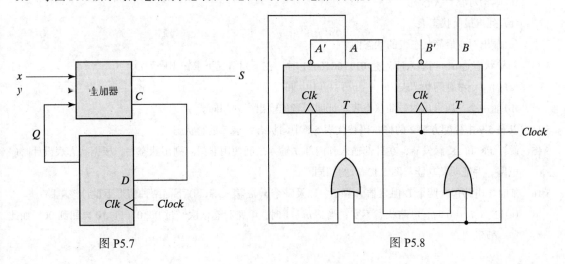

图 P5.7　　　　　　　　　　　　　　　　　图 P5.8

5.9　某时序电路含两个 JK 触发器 A 和 B、一个输入 x。该电路由下面的触发器输入方程来描述：

$$J_A = x' \quad K_A = B'$$
$$J_B = A \quad K_B = x$$

(a)*通过替换输入方程中的 J、K，求 $A(t+1)$ 和 $B(t+1)$ 的状态方程。

(b)画出电路的状态图和状态表。

5.10　某时序电路包含两个 JK 触发器 A 和 B、两个输入 x 和 y、一个输出 z。触发器的输入方程和电路输出方程为

$$J_A = A'x + B'y \quad K_A = Bx'y'$$
$$J_B = A'xy \quad K_B = A' + B'x$$
$$z = A'x' + B'y'$$

(a)求 A 和 B 的状态方程。

(b)列出状态表。

(c)画出电路的逻辑图。

5.11　对于图 5.16 中状态图所描述的电路，

(a)*当电路的输入序列是 110010100111010 且初始状态是 00 时，求状态转移和输出序列。

(b)求出图 5.16 中的所有等效状态，并画出最简状态图。

(c)确定与(a)应用于最简电路的输入序列相同的状态转移和输出序列。验证输出序列是否与(a)相同。

5.12　对于下面状态表：

现　　态	次　　态		输　　出	
	$x = 0$	$x = 1$	$x = 0$	$x = 1$
a	f	b	0	0
b	d	c	0	0
c	f	e	0	0
d	g	a	1	0
e	d	c	0	0
f	f	b	1	1
g	g	h	0	1
h	g	h	1	0

(a)画出对应的状态图。

(b)*列出最简状态表。

(c)画出对应最简状态表的状态图。

5.13*　初始状态是 a，当输入序列是 01110010011 时，在下列情况下求输出序列：

(a)前一个习题的状态表。

(b)前一个习题求出的最简状态表。证明两者的输出序列相同。

5.14　以表 5.9 中分配方案 2 的格雷码替代表 5.8 中的状态，求二进制状态表。

5.15　设计 J'K 和 JK 触发器，在外部输入和内部 J 输入之间使用非门。列出状态表，根据状态表设计时序电路，并证明其功能与图 5.12(a)的相同。

5.16　某时序电路包含两个 D 触发器 A 和 B，以及一个 x_in 输入端，在下面两种情形下设计该电路：

(a)*当 $x\_in = 0$ 时，电路状态不变；当 $x\_in = 1$ 时，电路状态依次经过 00, 01, 11, 10 再回到 00，如此循环。

(b) 当 $x\_in = 0$ 时，电路状态不变；当 $x\_in = 1$ 时，电路状态依次经过 00, 11, 01, 10 再回到 00，如此
　　循环。（HDL—见习题 5.38。）

5.17 某二进制补码电路有一个输入端、一个输出端，电路从输入端接收一组数据，输出二进制的补码，电
　　路还具有异步时序启动和结束功能，设计这样的电路。（HDL—见习题 5.39。）

5.18* 某时序电路包含两个 JK 触发器 A 和 B、两个输入端 E 和 F。如果 $E = 0$，无论 F 状态如何，均保持
　　原来状态；如果 $E = 1$，$F = 1$，电路状态依次从 00, 01, 10, 11 再转换到 00，如此反复；当 $E = 1$，$F = 0$
　　时，电路依次从 00, 11, 10, 01 再转换到 00，如此反复，请设计这样的时序电路。（HDL—见习题 5.40。）

5.19 某时序电路包含 3 个触发器 A、B 和 C，一个输入端 x_in，一个输
　　出端 y_out，状态图如图 P5.19 所示。设计该电路，设计时将未使
　　用状态当作无关项处理。分析设计出来的电路，确定未用状态的
　　影响。（HDL—见习题 5.41。）

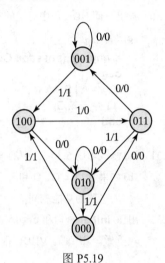

图 P5.19

(a)* 在设计中使用 D 触发器。

(b) 在设计中使用 JK 触发器。

5.20 设计图 5.19 中状态图确定的时序电路，要求使用 D 触发器。

5.21 下面主要的区别是什么？

(a) Verilog 程序块中的 **initial** 语句和 **always** 语句。

(b) VHDL 程序中的变量赋值和信号赋值。

5.22 画出下列语句产生的波形：

(a) **initial begin**

    w = 0；#10 w = 1；#40 w = 0；#20 w = 1；#15 w = 0；

  end

(b) **initial fork**

    w = 0；#10 w = 1；#40 w = 0；#20 w = 1；#15 w = 0；

  join

5.23* 考虑以下状态，假定 RegA 中数值的初始值为 20，RegB 中数值的初始值为 10：

Verilog

(a) RegA = RegB；   (b) RegA <= RegB；

    RegB = RegA；   RegB <= RegA；

VHDL

(a) RegA := RegB；   (b) RegA <= RegB；

    RegB := RegA；   RegB <= RegA；

执行程序后，RegA 和 RegB 的值是多少？

5.24 对于带异步置位和复位的上升沿敏感 D 触发器，编写和验证其 HDL 行为描述。

5.25 一特殊的上升沿触发器电路部件包含 4 个输入端 $D1$、$D2$、$D3$ 和 $D4$，还有选择它们的两位控制输入。
　　编写和验证该部件的 HDL 行为描述。

5.26 以现态数值为基础，使用 **if-else** 语句编写和验证 JK 触发器的 HDL 行为描述。

(a)* 当 $Q = 0$ 或者 $Q = 1$ 时，求特征方程。

(b) 在每一个时钟到来时，说明 J 和 K 是如何影响触发器输出的。

5.27 将状态转移和输出合并在 (a) Verilog **always** 块及 (b) VHDL **process** 中。用 HDL 重新编写和验证 HDL 例 5.5。

5.28 模拟图 5.17 所示的时序电路,要求:

(a) 写出状态图的 HDL 描述(即行为建模)。

(b) 写出逻辑(电路)图的 HDL 描述(即结构建模)。

(c) 写出 HDL 的激励,输入序列是 00, 01, 11, 10。验证 (a) 和 (b) 描述的结果相同。

5.29 用 HDL 状态机描述图 P5.19 中的状态图,写出测试平台,并对功能进行验证。

5.30 画出下面 HDL 程序对应的时序电路逻辑图。

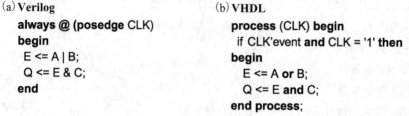

(a) **Verilog**
```
always @ (posedge CLK)
begin
  E <= A | B;
  Q <= E & C;
end
```

(b) **VHDL**
```
process (CLK) begin
  if CLK'event and CLK = '1' then
begin
  E <= A or B;
  Q <= E and C;
end process;
```

5.31* (a) 修改习题 5.30 (a) 中的描述,确保用赋值 "<=" 代替 "=" 后电路的功能相同。

(b) 如果 A、B、C、D 和 E 是变量,修改习题 5.30(b) 中的描述,确保用赋值运算符 "<=" 代替 "=" 后电路的功能相同。

5.32 用 (a) **initial** 语句和 **begin…end** 块编写 Verilog 程序,对图 P5.32 的波形进行描述。再使用 **fork…join** 块重做。(b) 编写 VHDL 程序对图 P5.32 的波形进行描述。

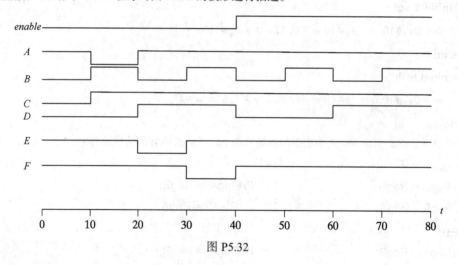

图 P5.32

5.33 解释测试平台中的激励信号为什么必须要与待测时序电路的无效时钟边沿同步。

5.34 编写和验证习题 5.2 中给出的电路图的 HDL 结构描述。

5.35 编写和验证习题 5.6 描述时序电路的 HDL 模型。

5.36 编写和验证图 P5.8 的电路图的 HDL 结构描述。

5.37 图 5.25 和图 5.26 给出状态机的 HDL 行为描述。编写测试平台,比较两个状态机的状态序列和输入-输出关系。

5.38 编写和验证习题 5.16 的状态机的 HDL 行为描述。

5.39　编写和验证习题 5.17 的状态机的行为描述。

5.40　编写和验证习题 5.18 的状态机的行为描述。

5.41　编写和验证习题 5.19 的状态机的行为描述。[提示：参看第 4 章中 HDL 例 4.8 前面对 **default**（Verilog）或 **others**（VHDL）的讨论。]

5.42　编写和验证图 5.29 的电路的 HDL 行为描述。

5.43　编写和验证图 5.34 中 3 位二进制计数器的 HDL 行为描述。

5.44　编写和验证带异步复位 D 触发器的 HDL 模型。

5.45　编写和验证图 5.27 的序列检测器的 HDL 行为描述。

5.46　同步有限状态机的输入为 x_in，输出为 y_out。当 x_in 从 0 变为 1 时，不管 x_in 的值是多少，输出 y_out 通过三个周期判断，然后在状态机回应另一个 x_in 的判断之前，通过两个周期取消判断。状态机具有低电平有效同步复位。

　　(a) 画出状态机的状态图。

　　(b) 编写和验证状态机的 HDL 模型。

5.47　描述一个同步有限状态机的 HDL 模型，其输出的顺序是 0, 2, 4, 6, 8 10, 12, 14, 0…。状态机被单输入 Run 所控制。当 Run 有效时，开始计数；当 Run 无效时，计数暂停，当 Run 重新有效时，计数继续。要清楚地说明所做的假设。

5.48　编写图 P5.48 中状态图所描述的 Mealy 型 FSM 的 HDL 模型，开发一个测试平台，说明状态机的状态转移和对应状态图的输出。

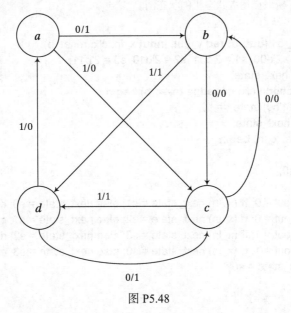

图 P5.48

5.49　编写图 P5.49 中状态图所描述的 Moore 型 FSM 的 HDL 模型，开发一个测试平台，说明状态机的状态转移和对应状态图的输出。

5.50　同步 Moore 型 FSM 有一个单输入 x_in 和一个单输出 y_out。状态机监控输入，在第二次检测到 x_in 为 1 之前，状态一直保持在初始状态不变。在检测到 x_in 第二次有效时，y_out 有效，并保持到检测 x_in 第四次有效时为止。当 x_in 第四次有效时，状态机返回到它的初始状态，重新监控 x_in。

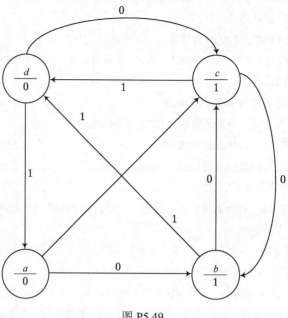

图 P5.49

(a) 画出状态机的状态图。

(b) 编写和验证状态机的 HDL 模型。

5.51　画出以下用 Verilog 模型描述的状态机的状态图。

(a) **Verilog**

```
module Prob_5_51 (output reg y_out, input x_in, clk, reset_b);
  parameter s0 = 2'b00, s1 = 2'b01, s2 = 2'b10, s3 = 2'b11;
  reg [1:0] state, next_state;
  always @ (posedge clk, negedge reset_b) begin
   if (reset_b == 1'b0) state <= s0;
   else state <= next_state;
  always @(state, x_in) begin
   y_out = 0;
   next_state = s0;
   case (state)
    s0: begin y_out = 0; if (x_in) next_state = s1; else next_state = s0; end;
    s1: begin y_out = 0; if (x_in) next_state = s2; else next_state = s1; end;
    s2: begin y_out = 1; if (x_in) next_state = s3; else next_state = s2; end;
    s3: begin y_out = 1; if (x_in) next_state = s0; else next_state = s3; end;
    default: next_state = s0;
   endcase
  end
endmodule
```

(b) **VHDL**

```
entity Prob_5_51_vhdl is
  port (y_out: out std_Logic; clk, reset_b: in Std_Logic);
end Prob_5_51;

architecture Behavioral of Prob_5_51 is
  constant s0 = '00', s1 = '01', s2 = '10', s3 = '11';
  signal state, next_state: Std_Logic_Vector (1 downto 0);
```

```
process (clk, reset_b) begin
  if reset_b'event and reset_b = '0' then state <= s0;
  elsif clk'event and clk = '1' then state <= next_state;
  end process;

  process (state, x_in) begin
  y_out <= 0;
  next_state <= s0;
  case state is
    when s0 => begin y_out <= 0; if x_in = '1' then next_state <= s1; else
  next_state := s0; end if;
    when s1 => begin y_out <= 0; if x_in = '1' then next_state <= s2; else
  next_state := s1; end if;
    when s2 => begin y_out <= 1; if x_in = '1' then next_state <= s3; else
  next_state := s2; end if;
    when s3 => begin y_out <= 1; if x_in = '1' then next_state <= s0; else
  next_state := s3; end if;
    when others => next_state = s0;
  end case;
  end process;
  end Behavioral;
```

5.52　画出以下用 HDL 模型描述的状态机的状态图。

(a) **Verilog**

```
module Prob_5_52 (output reg y_out, input x_in, clk, reset_b);
  parameter s0 = 2'b00, s1 = 2'b01, s2 = 2'b10, s3 = 2'b11;
  reg [1:0] state, next_state;
  always @ (posedge clk, negedge reset_b) begin
  if (reset_b == 1'b0) state <= s0;
  else state <= next_state;
  always @(state, x_in) begin
  y_out = 0;
  next_state = s0;
  case (state)
    s0: begin y_out = 0; if (x_in) next_state = s1; else next_state = s0; end;
    s1: begin y_out = 0; if (x_in) next_state = s2; else next_state = s1; end;
    s2: if (x_in) begin next_state = s3; y_out = 0; end;
        else begin next_state = s2; y_out = 1; end;
    s3: begin y_out = 1; if (x_in) next_state = s0; else next_state = s3; end;
    default: next_state = s0;
  endcase
  end
  endmodule
```

(b) **VHDL**

```
entity Prob_5_52_vhdl is
  port (y_out: out std_Logic; clk, reset_b: in Std_Logic);
  end Prob_5_51;

  architecture Behavioral of Prob_5_51 is
  constant s0 = '00', s1 = '01', s2 = '10', s3 = '11';
  signal state, next_state: Std_Logic_Vector (1 downto 0);
  process (clk, reset_b) begin
```

```
        if reset_b'event and reset_b = '0' then state <= s0;
        elsif clk'event and clk = '1' then state <= next_state;
      end process;

      process (state, x_in) begin
       y_out <= 0;
       next_state <= s0;
       case state is
         when s0 => begin y_out <= 0; if x_in = '1' then next_state <= s1; else
      next_state := s0; end if;
         when s1 => begin y_out <= 0; if x_in = '1' then next_state <= s2; else
      next_state := s1; end if;
         when s2 => if x_in = '1' then begin y_out <= 0; next_state <= s3; end; else
      begin y_out <= 1; next_state := s2; end if;
         when s3 => begin y_out <= 1; if x_in = '1' then next_state <= s3; else
      next_state := s3; end if; end;
         when others => next_state = s0;
       end case;
      end process;
     end Behavioral;
```

5.53 画出一个 Mealy 型同步状态机的状态图,编写其 HDL 模型,状态机有一个单输入 *x_in* 和一个单输出 *y_out*,如果收到 1 的总数是 3 的倍数,则 *y_out* 有效。

5.54 一个同步 Moore 型状态机有两个输入 *x1* 和 *x2* 以及输出 *y_out*。如果两个输入有相同的值,则输出有效,且持续一个周期;否则输出为 0。画出状态机的状态图,写出状态机的 HDL 行为模型。说明状态机的功能正确。

5.55 画出一个 Mealy 型状态机的状态图,其功能是检测一条输入线中通过的 3 个和 3 个以上连续的 1。

5.56 使用手工方法,求 3 位计数器的逻辑图,计数序列为 0, 2, 4, 6, 0…。

5.57 编写和验证习题 5.6 的 3 位计数器的 HDL 行为模型,计数序列为 0, 2, 4, 6, 0…。

5.58 编写和验证习题 5.55 中计数器的 HDL 行为描述。

5.59 编写和验证习题 5.56 中计数器的 HDL 结构描述。

5.60 编写和验证 4 位计数器的 HDL 行为模型,计数的序列为 0, 1,…, 9, 0, 1, 2…。

参考文献

1. BHASKER, J. 1998. *Verilog HDL Synthesis*. Allentown, PA: Star Galaxy Press.
2. CILETTI, M. D. 1999. *Modeling, Synthesis, and Rapid Prototyping with Verilog HDL*. Upper Saddle River, NJ: Prentice Hall.
3. DIETMEYER, D. L. 1988. *Logic Design of Digital Systems*, 3rd ed., Boston: Allyn Bacon.
4. HAYES, J. P. 1993. *Introduction to Digital Logic Design*. Reading, MA: Addison-Wesley.
5. KATZ, R. H. 2005. *Contemporary Logic Design*. Upper Saddle River, NJ: Prentice Hall.
6. MANO, M. M. and C. R. KIME. 2015. *Logic and Computer Design Fundamentals & Xilinx 6.3 Student Edition*, 5th ed., Upper Saddle River, NJ: Full Arc Press.
7. NELSON, V. P., H. T. NAGLE, J. D. IRWIN, and B. D. CARROLL. 1995. *Digital Logic Circuit Analysis and Design*. Englewood Cliffs, NJ: Prentice Hall.
8. READLER, B. 2014. *VHDL by Example*. Upper Saddle River, NJ: Pearson.
9. ROTH, C. H. 2009. *Fundamentals of Logic Design*, 6th ed., St. Paul, MN: Brooks/Cole.
10. Short, K.L. 2008. VHDL for Engineers. Upper Saddle River, NJ: Pearson.

11. THOMAS, D. E. and P. R. MOORBY. 2002. *The Verilog Hardware Description Language*, 6th ed., Boston: Kluwer Academic Publishers.

12. WAKERLY, J. F. 2006. *Digital Design: Principles and Practices*, 4th ed., Upper Saddle River, NJ: Prentice Hall.

网络搜索主题

异步状态机

二进制计数器

D 触发器

有限状态机

JK 触发器

逻辑设计

Mealy 型 FSM（Mealy 机）

Moore 型 FSM（Moore 机）

一位热位/冷位编码

状态图

同步状态机

SystemVerilog

翻转触发器

Verilog

VHDL

第6章 寄存器和计数器

本章目标

1. 理解寄存器的使用、功能和操作模式及移位寄存器和通用移位寄存器。
2. 知道如何正确影响门控时钟。
3. 理解串行加法器的结构和功能。
4. 理解(a)行波计数器、(b)同步计数器、(c)环形计数器、(d) Johnson 计数器的行为。
5. 编写寄存器、移位寄存器、通用移位寄存器和计数器的结构与 HDL 模型。

6.1 寄存器

钟控时序电路由一组触发器和组合电路组成。触发器是必需的，因为没有它们，时序电路就变成了单纯的组合电路(门电路之间没有反馈除外)。凡是包含触发器的电路，即使没有组合电路部分，也被认为是时序电路。包含触发器的电路通常不以电路名称而以功能来分类。时序电路按功能分为两种：寄存器和计数器。

寄存器由一组触发器构成，而每个触发器能够存储一位信息。n 位的寄存器包含 n 个触发器，能够存储 n 位二进制信息。除了触发器，寄存器还可能含有组合电路，主要用于执行数据处理任务。从广义上说，寄存器包括一组触发器和能够影响状态转移的门电路。触发器保存二进制信息，门电路决定信息以何种方式传送给寄存器。

计数器从本质上说也是寄存器，不过它是在预先设定好的状态序列中转移。计数器中门电路的连接方式是为了产生这种状态序列。尽管计数器是寄存器的一种特殊形式，但通常还是以不同的名称来加以区分。

商业中使用的寄存器类型有很多种。最简单的寄存器只包含触发器，没有任何门电路。图 6.1 就是这样的一种寄存器，由 4 个 D 触发器构成，共用时钟输入端。在每个脉冲的上升沿，所有触发器都被触发，4 位二进制数被传送给 4 位寄存器，时钟边沿之前的(I_3、I_2、I_1、I_0)值决定了时钟边沿之后的(A_3、A_2、A_1、A_0)值。4 个输出可以在任何时刻被采样，以获得存储在寄存器中的二进制信息[①]。复位输入($Clear\_b$)连到了 4 个触发器的复位输入端 $R(reset)$，都是低电平有效。当该输入为 0 时，所有触发器被异步复位。该输入端能够在时钟工作之前将寄存器复位到 0，这一点在实际中非常有用。正常工作时，输入端 R 必须保持在高电平。注意，在触发器操作中，一般使用名称 $Clear$、$Clear\_b$ 或 $reset$、$reset\_b$ 暗指将寄存器复位到全 0 状态。

带并行预置端的寄存器

带并行预置端的寄存器是数字系统中的基本构建模块，必须对它们的功能进行彻底了

[①] 实际上，只有当输出是稳定的时，才会对其进行采样。

解。同步数字系统有一个主时钟发生器，它能连续产生时钟脉冲，时钟作用于系统中所有的
触发器和寄存器。主时钟相当于泵，可对系统中所有部件产生经常性的冲刷。外部控制信号决定每一个时钟脉冲到来时的寄存器功能。将信息传送给寄存器的操作称为寄存器预置。在共用的时钟脉冲到来时，如果寄存器的所有输入数据都被同时预置进了寄存器，则这种预置是并行预置。在图 6.1 所示的寄存器中，当时钟边沿加到输入端 C 时，所有 4 个输入数据并行预置进寄存器中。对于这种电路结构，如果寄存器的内容不需要更新，则输入必须保持常数，或者就要禁止时钟信号有效。在第一种情况下，驱动寄存器的数据总线不可能用于其他传输；在第二种情况下，可以采用带使能端的门对时钟信号进行控制。然而，在时钟路径中插入门，意味着与时钟脉冲发生逻辑运算，另外，插入逻辑门会导致主时钟和触发器时钟之间产生不对称时延。为了系统完全同步，必须保证系统中的所有时钟同时到达触发器的触发端，对时钟进行逻辑运算引入了时延，会使系统失去同步。因此，建议当需要控制寄存器工作时，尽量通过输入端 D 来控制，而不是控制触发器的时钟输入端 C，这样做会影响门控时钟，而不会影响电路的时钟路径。

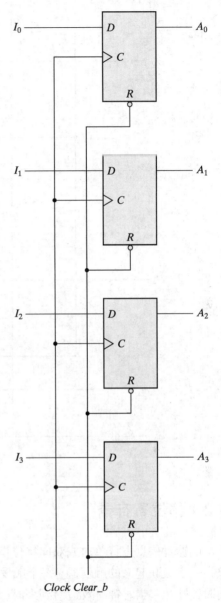

Clock Clear_b

图 6.1　4 位寄存器

　　如图 6.2 所示是一个带并行预置端（$Load$）的 4 位寄存器，其输出直接送给门电路，然后再反馈回触发器的输入端 D。增加的门实现了一个两路 MUX 复用，它们可以通过数据总线或寄存器的输出来驱动寄存器的输入。寄存器的预置端决定了时钟脉冲到来时的电路功能。当预置端为 1 时，4 个输入端的数据在时钟下一个上升沿到来时进入寄存器中；当预置端为 0 时，触发器的输出直接连到各自的输入端 D。从输出反馈到输入是必要的，因为 D 触发器没有"不变"的条件。当时钟有效边沿到来时，触发器次态等于输入端 D 的值，次态等于现态，使触发器状态保持不变（即每一个时钟脉冲到来时输出循环到输入）。时钟脉冲一直加在 C 输入端，预置端决定寄存器功能是预置的还是保持不变，4 个触发器的预置操作发生在同一个时钟的有效边沿。实际上，通常所说的"时钟选通"是通过选通寄存器的数据路径来实现的。来自数据输入或寄存器输出的信息传输是与响应于时钟边沿的 4 位同时进行的。

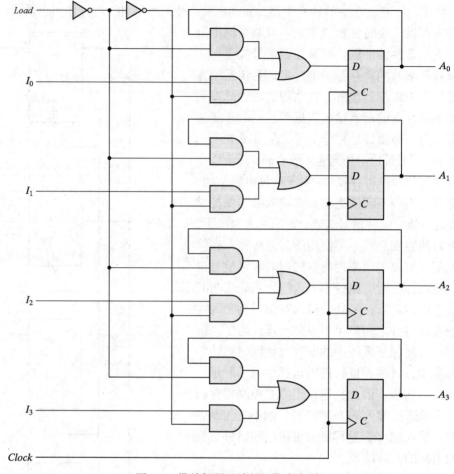

图 6.2   带并行预置端的 4 位寄存器

6.2   移位寄存器

能够对信息进行单向或双向移位操作的寄存器称为移位寄存器。移位寄存器的逻辑结构包括一串级联起来的触发器，每个触发器输出连接到下一个触发器的输入端，所有触发器共用时钟脉冲。当时钟有效边沿到来时，信息从前一个触发器移位到下一个触发器中。

最简单的移位寄存器只使用触发器，如图 6.3 所示，将触发器的输出连到右边触发器的输入端 D，移位是单向的(由左向右)，每一个时钟脉冲到来时，寄存器内容会一位一位地向右移，最右边的触发器产生串行输出。有时候，也有必要控制这种移位，使得只在某些脉冲到来时才发生移位，对另一些脉冲不发生移位，这就需要阻止这些脉冲到达寄存器的时钟输入端。高速电路中优先选择的是抑制时钟动作而不是使用门控时钟信号。与前面讨论的数据寄存器一样，通过控制数据传输，达到门控时钟效果，防止寄存器移位，实现抑制时钟动作。这种机制不会改变时钟路径，使得每个寄存器单元的输出通过两路 MUX 的输出循环连接到输入单元。当时钟动作没有被抑制时，MUX 的其他路径为输入单元提供了数据路径。

后面我们将了解到，移位操作可以通过触发器的输入端 D 来加以控制，而不使用时钟输入端。然而，如果利用图 6.3 所示的移位寄存器执行移位操作，则控制移位的办法只能是将时钟输入与控制移位的输入相与后接到触发器的时钟端上。注意，这里是简化示意图（见图 6.2、图 6.3），图中复位信号未标出，但实际中一定要使用复位信号。

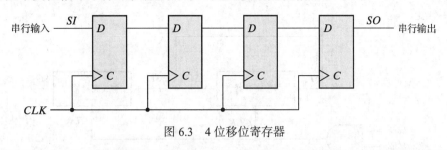

图 6.3　4 位移位寄存器

练习 6.1　画出没有门控时钟抑制 D 触发器的时钟动作的电路逻辑图。描述电路的行为。

答案：如果 $Data\_gate$ 是 0，$Data$ 在每个时钟的有效边沿被传到 Q。如果 $Data\_gate$ 是 1，则时钟被抑制的 Q 值通过 MUX 触发器循环（见图 PE6.1）。

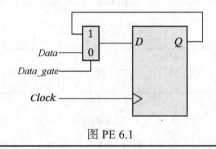

图 PE 6.1

串行传输

如果数字系统的数据路径每次只传送一位信息，则称它工作在串行方式下，信息从源寄存器移位到目的寄存器中。如果是并行传输，信息的传送是同时进行的。

信息从寄存器 A 到寄存器 B 的串行传输可以采用移位寄存器来完成，如图 6.4(a) 所示。寄存器 A 的串行输出 (SO) 连到了寄存器 B 的串行输入 (SI)。为防止源寄存器中存储的信息发生丢失情况，将寄存器 A 的串行输出连接回串行输入，以构成反馈。除非传送给第三个移位寄存器，否则寄存器 B 的数据从它的串行输出端移出，且被丢掉。移位控制输入端决定移位的时机和移位的次数，可以使用与门实现这种功能。只有当移位控制端有效时，与门才允许时钟通过并到达触发器的时钟端，否则时钟被阻止。（这种做法可能会有问题，因为它可能会影响电路的时钟路径，正如前面所讨论的。）

假设图 6.4 中的移位寄存器 A 和 B 都是 4 位的，各个输入端信号见图 6.4(b) 所示的时序图。移位控制端信号与时钟同步，恰好在时钟下降沿之后电平发生改变，当移位控制端有效时，4 个时钟脉冲信号 T_1、T_2、T_3 和 T_4 顺利通过与门到达寄存器 A 和 B，每个时钟上升沿到来时，两个寄存器都会移位一次，第四个时钟过后，移位控制信号变为 0，移位寄存器不工作。

假设在移位前 A 的数据是 1011，B 是 0010。从 A 到 B 的串行传输分四步，如表 6.1 所示。与第一个脉冲 T_1 相对应，A 最右边的位将移位给 B 最左边的位，同时通过反馈传送回 A

最左边的位。A 和 B 的所有位都向右移动一个位置，将原先 B 最右边的位丢掉，该位从 0 变为 1。后面的 3 个脉冲执行同样的操作，每次把 A 和 B 的位置右移一次，移位 4 次之后，移位控制信号变为 0，寄存器 A 和 B 的值都是 1011。因此，A 的数据传送给了 B，而 A 的内容仍旧保持不变。

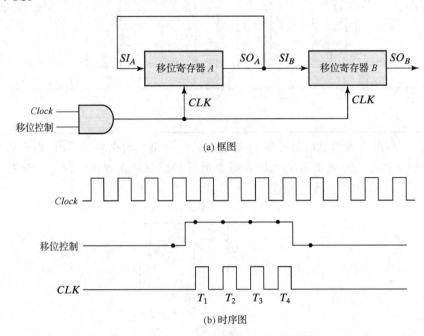

(a) 框图

(b) 时序图

图 6.4　从寄存器 A 到寄存器 B 的串行传输

表 6.1　串行传输举例

定时脉冲	移位寄存器 A	移位寄存器 B
初值	1011	0010
T_1 后	1101	1001
T_2 后	1110	1100
T_3 后	0111	0110
T_4 后	1011	1011

关于串行和并行工作模式的区别，在上面的例子中已经解释得很清楚。在并行模式下，寄存器的所有信息都是在同一个时钟脉冲边沿被发送出去的。而在串行模式下，寄存器只有一个串行输入端和一个串行输出端，每个时钟边沿到来时移位一位，并且是单向移位。

串行加法

数字计算机中的运算通常采用快速并行运算方式。串行运算速度慢，但优点是需要的器件少，在超大规模集成电路中，芯片上需要占用的硅片面积小。下面通过分析串行加法器的工作过程来说明串行工作方式，并行工作方式已在 4.5 节介绍。

串行相加的两个二进制数据存储在两个移位寄存器中，全加器(FA)用来对每一组的 3 个位相加，如图 6.5 所示。全加器的进位输出连接到 D 触发器的输入端 D，D 触发器

的输出 Q 连接到全加器的进位输入端，全加器的和位输出 S 连接到寄存器 A 的串行输入端 SI，这样可以将每次相加的和传送给寄存器 A。经过 A 的移位后，与寄存器 B 中的加数相加。寄存器 A 既保存被加数，又保存和位，寄存器 B 的串行输入端接收外部的新数据。

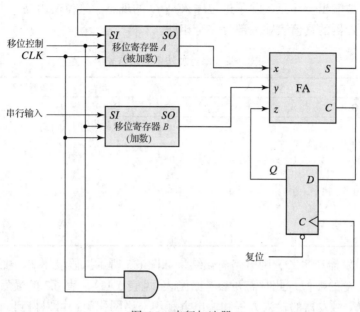

图 6.5　串行加法器

串行加法器的工作过程如下：起初，被加数保存在寄存器 A 中，加数保存在寄存器 B 中，进位触发器清零，A 和 B 的输出 SO 分别送给全加器的 x 和 y，触发器的输出 Q 给 z 提供进位输入，移位控制端使两个寄存器和进位触发器都工作。这样，当下一个时钟脉冲到来时，两个寄存器都往右移位一次，从 S 移出的和位进入到寄存器 A 的最左边。移位控制使寄存器能够获得相等数量的时钟脉冲和寄存器中的位数。对于每个后续的时钟脉冲，都需要一个新的和位移入 A，一个新的进位移入 Q，两个寄存器都往右移位一次。这个过程一直进行下去，直到移位控制信号无效时为止。因此，只使用一个全加器就可以完成对到来的数据和前一次相加进位的相加运算，每次相加后产生的和位传送给寄存器 A。

注意，寄存器 A 和进位触发器首先要被清零。A 中的数值与来自 B 的第一个数值相加，B 通过移位，将第二个数值串行输出，与寄存器 A 的数值相加。同时，第三个数值串行移位进寄存器 B。按照这种方法可以完成两位、三位甚至更多位的相加，累加结果存储在寄存器 A 中。

将串行加法器与 4.5 节介绍的并行加法器进行比较，可以看出它们的一些区别：并行加法器使用带预置端的寄存器，而串行加法器使用移位寄存器；并行加法器中全加器的个数等于二进制的位数，而串行加法器只需要一个全加器和一个进位触发器；如果不考虑寄存器，则并行加法器是组合电路，而串行加法器是时序电路。串行加法器的时序电路包括一个全加器和一个存储输出进位的触发器，这是一种典型的串行运算，每次运算的结果不仅与该时刻的输入有关，还与触发器以前的输入有关。

为说明串行运算可以采用时序电路来实现，我们使用状态表重新设计串行加法器。首先，假设用两个移位寄存器存储串行相加的二进制数，寄存器的串行输出用 x 和 y 表示，设计的时序电路起初不包括移位寄存器，设计完后再把寄存器插入进去，这样可以得到完整的电路。时序电路有两个输入端 x 和 y，一个输出 S 表示和位，还有一个输出 Q 表示触发器的进位。电路的状态示于表 6.2 中，Q 的现态也是进位的现态，Q 与输入 x 和 y 一起产生和位 S，Q 的次态代表了进位输出。注意，除了进位输入是 Q 的现态、进位输出是 Q 的次态，状态表的输入部分与全加器的真值表输入部分完全相同。

表 6.2　串行加法器的状态表

现　态	输　入		次　态	输　出	触发器输入	
Q	x	y	Q	S	J_Q	K_Q
0	0	0	0	0	0	X
0	0	1	0	1	0	X
0	1	0	0	1	0	X
0	1	1	1	0	1	X
1	0	0	0	1	X	1
1	0	1	1	0	X	0
1	1	0	1	0	X	0
1	1	1	1	1	X	0

　　如果用 D 触发器产生 Q，则电路简化结果如图 6.5 所示。假设用 JK 触发器产生 Q，需要确定输入 J 和 K 的数值，此时需要参考激励表(见表 5.12)，表 6.2 的最后两列是 JK 触发器的激励表。两个触发器的输入方程和输出方程用卡诺图化简，可以得到

$$J_Q = xy$$
$$K_Q = x'y' = (x + y)'$$
$$S = x \oplus y \oplus Q$$

串行加法器的电路如图 6.6 所示，电路中有 4 个门和一个 JK 触发器，图中还包括两个移位寄存器。这是一个完整的串行加法器电路，输出 S 不仅与 x 和 y 有关，还与 Q 的现态有关，Q 的次态与自身的现态及从移位寄存器串行输出的 x 和 y 有关。

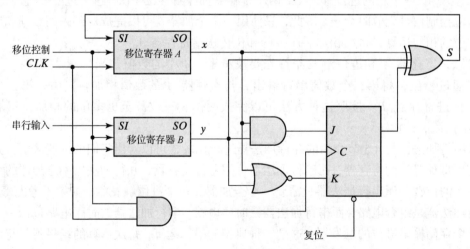

图 6.6　串行加法器的第二种形式

练习 6.2　解释为什么串行加法器是时序电路。

答案：因为该电路中使用触发器。

通用移位寄存器

如果移位寄存器中的触发器输出是可存取的，则移位串行输入的信息也可以从触发器的输出并行取出。如果移位寄存器具有并行预置功能，并行预置的数据可以通过移位寄存器串行移出。

有些移位寄存器带有并行传输的输入和输出端口，并且同时具有左移和右移的功能，最具代表性的移位寄存器具有以下功能：

1. 清零控制端将寄存器复位到 0。
2. 时钟输入端与操作同步。
3. 右移控制输入端使寄存器具有右移功能，还有与右移有关的串行输入端和输出端。
4. 左移控制端使寄存器具有左移功能，还有与左移有关的串行输入端和输出端。
5. 并行预置端使寄存器具有并行传输功能，还有与并行传输有关的 n 个输入端。
6. n 个并行输出端。
7. 在没有时钟作用时，寄存器中的信息保持不变。也有一些移位寄存器只具有上述部分功能，但至少应具有移位功能。

只能往一个方向移位的寄存器是单向移位寄存器，可以在两个方向上移位的寄存器是双向移位寄存器。如果寄存器既具有双向移位，又具有并行预置功能，则称之为通用移位寄存器。

4 位通用移位寄存器如图 6.7 所示，该电路具有上述的全部功能。电路结构包括 4 个 D 触发器和 4 个数据选择器。4 个数据选择器共用两个输入端 s_1 和 s_0，若 $s_1s_0 = 00$ 时，每个数据选择器的 0 通道输入被选中；若 $s_1s_0 = 01$ 时，1 通道输入被选中；另外两种情况与此类似。选择不同的输入信号，即可控制寄存器的工作模式，如表 6.3 所示。当 $s_1s_0 = 00$ 时，寄存器的现态连到 D 触发器的输入端 D，此时，每个触发器的输出反馈回各自输入端，因此状态不发生变化；当 $s_1s_0 = 01$ 时，数据选择器将 1 通道输入送给触发器的输入端 D，此时的功能是右移，串行输入送给触发器 A_3；当 $s_1s_0 = 10$ 时，此时的功能是左移，串行输入送给触发器 A_0；最后，当 $s_1s_0 = 11$ 时，并行输入端的数值在时钟边沿到来时同时传输给寄存器。注意：对于右移操作，数据输入是 MSB_in；对于左移操作，数据输入是 LSB_in。$Clear\_b$ 是一个低电平信号，用来将触发器清零。

移位寄存器常用于数字系统的接口。例如，假设在两点之间需要传输 n 位数值，如果距离较远，则使用 n 条线并行传输的代价高昂，此时可使用一条线进行串行传输，每次发送一位是比较经济的。发送端以并行方式获得 n 位数据，然后送给移位寄存器，在一条公共线上串行传输。接收端将收到的串行传输数据移位进寄存器，当所有 n 位都收到后，可从寄存器的输出并行读出。因此，发送端将数据进行并/串转换，接收端反过来进行串/并转换。

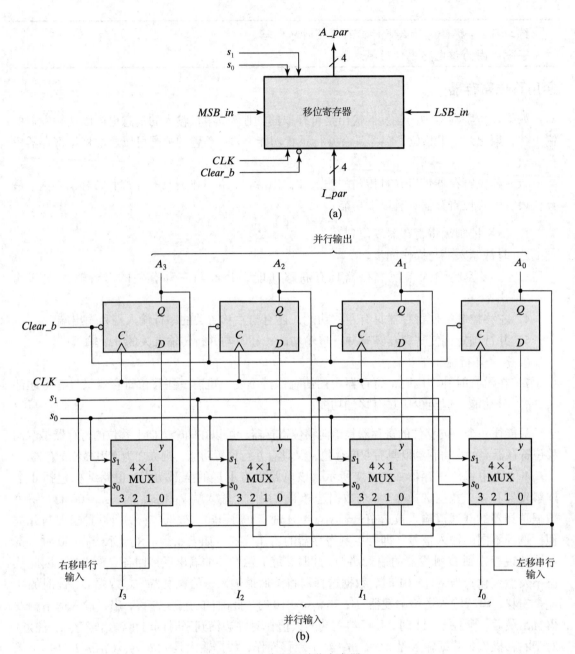

图 6.7　4 位通用移位寄存器

表 6.3　图 6.7 中寄存器的功能表

控制模式		寄存器操作
s_1	s_0	
0	0	保持
0	1	右移
1	0	左移
1	1	并行预置

6.3 行波计数器

寄存器在输入脉冲的作用下，按照一定的状态序列转移，可称其为计数器。输入脉冲可能是时钟脉冲，也可能是由外部信号源产生的有固定或随机时间间隔的脉冲序列。状态序列可以按照二进制数值顺序，也可以是其他状态序列。如果计数值按照自然二进制数值顺序变化，则称之为二进制计数器。n 位二进制计数器由 n 个触发器构成，计数值从 0 到 $2^n - 1$。

常用的计数器有两种：行波计数器和同步计数器。在行波计数器中，每个触发器的输出用于触发其他触发器。换句话说，部分或者全部触发器的时钟输入并没有共用一个时钟脉冲，其触发是由其他触发器的输出提供的。在同步计数器中，所有触发器的时钟输入都连接到相同的时钟端，同步计数器将在下面介绍，这里以二进制和 BCD 码的行波计数器为例说明它们的工作过程。

二进制行波计数器

二进制行波计数器由一组翻转触发器构成，每个触发器的输出连接到下一个触发器的时钟输入端，第一个触发器接收外部输入计数脉冲。翻转触发器可以由 JK 触发器转换而来（将 J 和 K 输入连到一起），也可以由 T 触发器转换而来，还可以由 D 触发器生成（将输出反相连到输入端 D）。每到来一个时钟脉冲，触发器发生翻转。

两个 4 位二进制行波计数器的逻辑图如图 6.8 所示，图 6.8(a) 是由 T 触发器转换为翻转触发器而构成的计数器，图 6.8(b) 是由 D 触发器构成的计数器。每个触发器的输出依次接到下一个触发器的时钟端，第一个触发器的时钟是外部输入计数器脉冲，图 6.8(a) 中所有触发器的输入 T 都固定接 1。时钟符号 C 前面的圆圈表示触发器时钟是下降沿有效，当前一个触发器的输出从 1 变为 0 时，会产生下降沿。

为帮助读者理解 4 位二进制行波计数器的工作过程，我们分析表 6.4 中列出的前 9 个二进制数。计数值的初始值是 0，然后每来一个计数脉冲加 1，在计数值为 15 后，返回到 0，以后重复这个计数过程。每来一个输入计数脉冲，最低有效位 A_0 翻转一次，每当 A_0 从 1 变到 0 时，信号 A_1 会翻转，每当 A_1 从 1 变到 0 时，A_2 也会翻转，当 A_2 从 1 变为 0 时，A_3 再翻转。行波计数器的其他更高位的工作类似。举个例子，我们来分析计数值从 0011 到 0100 变化时电路的工作情况。A_0 在计数脉冲到来时发生翻转，由于 A_0 从 1 到 0，它产生的下降沿使 A_1 翻转，结果 A_1 从 1 变为 0，A_1 从 1 到 0 又触发 A_2 翻转，使 A_2 从 0 变为 1，产生上升沿，不能触发 A_3。因此，计数值从 0011 到 0100 变化，其实质是触发器状态依次变化，计数值从 0011 到 0100，然后到 0000，最后回到 0100 稳定下来。随着触发器连续不断地依次变化，信号在计数器中以行波的方式从一级传送到了下一级。

反向计数的二进制计数器称为二进制减法计数器。在减法计数器中，每来一个输入计数脉冲，二进制计数值减 1。4 位减法计数器的计数值从 15 开始，然后依次经过 14, 13, 12, …, 0，再回到 15。从二进制减法计数器的计数序列中可见，每遇一个计数脉冲，最低有效位翻转一次。如果前一位发生从 0 到 1 的变化，后面的位就会发生翻转。因此，二进制减法计数器的逻辑图与图 6.8 基本相同，区别在于前者电路中的触发器是上升沿有效（时钟输入端的圆圈去掉）。如果使用下降沿触发的触发器，每个触发器的时钟输入必须连接到前一个触发器的反相输出。当输出从 0 变到 1 时，反相输出从 1 变到 0，使下一级触发器翻转。

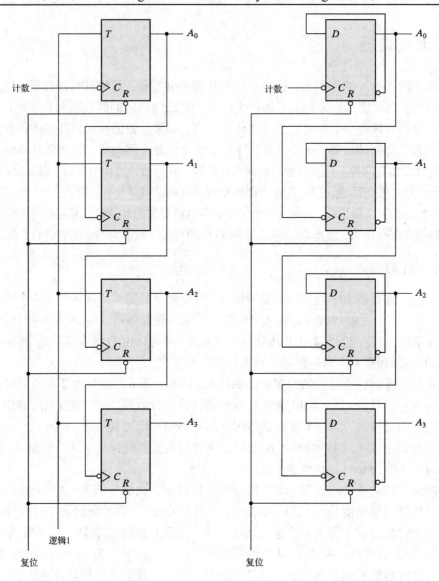

(a) 由T触发器构成　　　　　　　　　　(b) 由D触发器构成

图 6.8　4 位二进制行波计数器

表 6.4　二进制计数序列

A_3	A_2	A_1	A_0
0	0	0	0
0	0	0	1
0	0	1	0
0	0	1	1
0	1	0	0
0	1	0	1
0	1	1	0
0	1	1	1
1	0	0	0

BCD 行波计数器

十进制计数器有 10 个状态，在计数值为 9 之后回到 0。由于一位十进制数至少需用 4 位二进制数表示，因此十进制计数器也至少需要 4 位触发器构成，触发器的输出表示一位十进制数。使用 BCD 编码后的状态如图 6.9 所示，它与二进制计数器的区别在于 1001（十进制数 9 的编码）之后的状态是 0000（十进制数 0 的编码）。

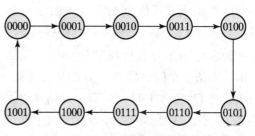

图 6.9 十进制 BCD 计数器的状态图

使用 JK 触发器构成的 BCD 行波计数器如图 6.10 所示，4 个输出用字母 Q 表示，下标代表 BCD 码对应位的权重，Q_1 的输出既连到了 Q_2，又连到了 Q_8 的时钟输入端，Q_2 的输出连到了 Q_4 的时钟输入 C。输入端 J 和 K 有的接高电平信号，有的接其他触发器的输出。

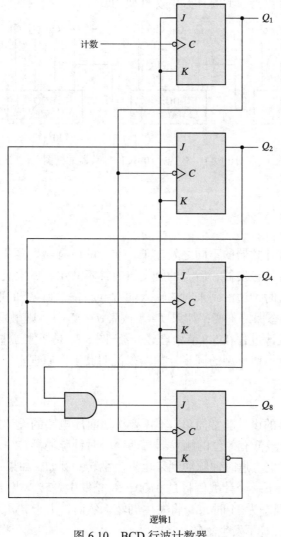

图 6.10 BCD 行波计数器

　　行波计数器是异步时序电路。只有当时钟下降沿到来时，触发器的状态才会发生变化。为说明计数器的工作过程，我们首先回顾 JK 触发器的功能：在时钟下降沿触发下，若 $J=1$，$K=0$，则触发器置位为 1；若 $J=0$，$K=1$，则触发器复位为 0；若 $J=K=1$，则触发器发生翻转；若 $J=K=0$，则触发器状态保持不变。

　　为求出 BCD 行波计数器发生状态转移时的输入，有必要首先列出这些状态序列，如图 6.9 所示。每遇一个时钟脉冲，Q_1 的状态变化一次；只要 $Q_8=0$，每次 Q_1 从 1 变为 0，Q_2 翻转一次；当 Q_8 变为 1 时，Q_2 仍旧保持在 0；每次 Q_2 从 1 变为 0，Q_4 翻转一次；只要 Q_2 或者 Q_4 为 0，Q_8 保持在 0 不变；只有当 Q_2 和 Q_4 都为 1 时，且 Q_1 从 1 变为 0 时，Q_8 才翻转。Q_8 在 Q_1 的有效边沿被清零。

　　图 6.10 是一个模 10 BCD 计数器，计数值从 0 到 9。为使计数值从 0 到 99，需要使用两个模 10 计数器，而从 0 到 999 的计数则需要使用 3 个模 10 计数器。这些计数器都是将模 10 BCD 计数器级联起来实现的。3 个模 10 BCD 计数器的框图如图 6.11 所示，第二个和第三个模 10 计数器的输入来自前一个计数器的输出 Q_8。当某个模 10 计数器的 Q_8 从 1 变为 0 时，它将触发下一个计数器，此时计数值从 9 变为 0。

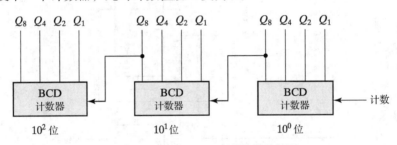

图 6.11　3 个模 10 BCD 计数器的框图

6.4　同步计数器

　　同步计数器与行波计数器的不同之处在于，前者的所有触发器共用一个时钟输入信号，共同的时钟将触发所有的触发器；后者的触发器时钟不共用，每次只有一个触发器被触发，触发器是否翻转取决于时钟边沿到来时的输入端 T 或者 J 和 K 的取值。如果 $T=0$ 或者 $J=K=0$，则触发器状态保持不变；如果 $T=1$ 或者 $J=K=1$，则触发器发生翻转。

　　同步时序电路的设计过程在 5.8 节中已经介绍，图 5.32 是 3 位二进制计数器的设计结果。在本节中，我们将通过一些典型的同步计数器来说明其工作原理。

同步二进制计数器

　　同步二进制计数器的设计非常简单，不需要按照时序电路的设计过程进行设计。在同步二进制计数器中，处于最低有效位的触发器每遇一个时钟脉冲翻转一次，其他位的触发器在它的所有低位都等于 1 时，遇时钟脉冲到来也发生翻转。例如，如果一个 4 位计数器的现态是 $A_3A_2A_1A_0 = 0011$，则下一个计数值将是 0100，A_0 总发生翻转，当 A_0 的现态为 1 时，A_1 也发生翻转。当 A_1A_0 的现态为 11 时，A_2 将发生翻转。然而，由于 $A_2A_1A_0$ 的现态是 011，不满足全为 1 的条件，因此 A_3 不发生翻转。

同步二进制计数器的结构比较有规则，可以由翻转触发器和门来构成。从图 6.12 中的 4 位计数器电路可以看出这种规则：所有触发器的时钟输入(C)共用，计数使能($Count\_enable$)输入端连接到计数器的使能端，如果使能输入为 0，则所有 J 和 K 将都等于 0，计数器的状态保持不变；如果使能输入为 1，则第一级触发器的输入 J 和 K 将为 1。再看其他位的触发器情况，如果比它位置低的触发器的输出为 1，并且使能输入为 1，则该位置触发器的 J 和 K 也都为 1。电路中的与门用来产生每级触发器的输入 J 和 K。触发器级数可以扩展，每一级都需要一个附加的触发器和一个与门。

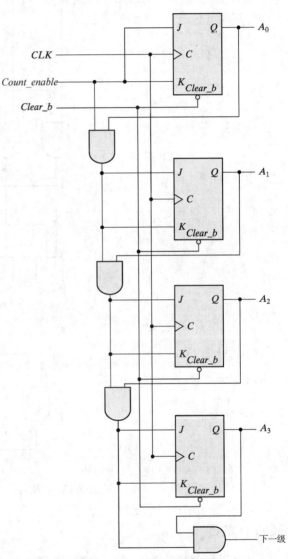

注意，所有触发器都是在时钟上升沿触发，这点与行波计数器不同。同步计数器中的触发器可以是上升沿触发，也可以是下降沿触发，所使用的翻转触发器类型可以由 JK、T 或带异或门的 D 触发器转换而来。三种类型的触发器等效电路如图 5.13 所示。

可逆二进制计数器

同步减法二进制计数器的状态序列与二进制数值的顺序相反，从 1111 到 0000，然后回到 1111，这样重复减 1 计数下去。采用常规方法设计减法计数器时，先来观察减法计数状态序列的规律。最低有效位每遇一个时钟脉冲翻转一次，其他位在它的所有低位都为 0 时，遇时钟脉冲到来也会发生翻转。例如，现态 0100 之后的次态是 0011，最低有效位总是发生翻转，由于第一位为 0，因此第二位也发生翻转。由于第一和第二位都为 0，因此第三位将发生翻转。由于所有低位并不全为 0，因此第四位不翻转。

减法二进制计数器结构与图 6.12 的电路大致相同，区别在于：与门的输入信号不是来自前一个触发器的同相输出，而是来自触发器的反相输出。把加法和减法功能集中在一个电路中，可以实现可逆计数器。由 T 触发器构成的可逆二进制计数

图 6.12　4 位同步二进制计数器

器如图 6.13 所示，它有一个控制加法计数的输入端和一个控制减法计数的输入端。当加法计数输入端为 1 时，由于输入端 T 来自前一个触发器的输出，因此电路进行加法计数；当减法计数输入端为 1 且加法计数输入端为 0 时，由于前一个触发器的反相输出接到输入端 T，因此电路进行减法计数。当加法计数输入端和减法计数输入端都为 0 时，计数器状态保持不

变。当加法计数输入端和减法计数输入端都为 1 时，电路进行加法计数。加法计数输入端比减法计数输入端的优先级高。

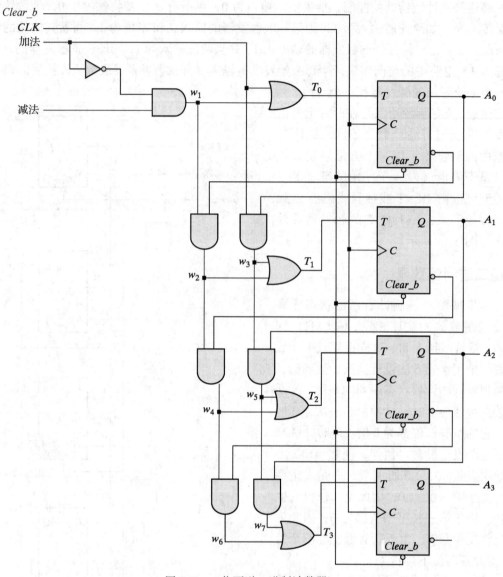

图 6.13　4 位可逆二进制计数器

BCD 计数器

BCD 计数器的计数序列是二进制编码的十进制序列,从 0000 到 1001,然后再回到 0000。由于 9 之后回到 0,BCD 计数器不如二进制计数器那样结构规则。为导出 BCD 同步计数器电路,有必要按照时序电路的设计步骤进行设计。

BCD 计数器的状态列于表 6.5 中。T 触发器输入函数可以从现态和次态的关系中得到,输出 y 也列于表中,当现态是 1001 时,输出为 1。因此,对于同一个脉冲,当现态从 1001 变为 0000 时,其输出 y 可以用来控制下一级计数器,使之计数。

表 6.5　BCD 计数器的状态表

现态				次态				输出	触发器输入			
Q_8	Q_4	Q_2	Q_1	Q_8	Q_4	Q_2	Q_1	y	T_{Q8}	T_{Q4}	T_{Q2}	T_{Q1}
0	0	0	0	0	0	0	1	0	0	0	0	1
0	0	0	1	0	0	1	0	0	0	0	1	1
0	0	1	0	0	0	1	1	0	0	0	0	1
0	0	1	1	0	1	0	0	0	0	1	1	1
0	1	0	0	0	1	0	1	0	0	0	0	1
0	1	0	1	0	1	1	0	0	0	0	1	1
0	1	1	0	0	1	1	1	0	0	0	0	1
0	1	1	1	1	0	0	0	0	1	1	1	1
1	0	0	0	1	0	0	1	0	0	0	0	1
1	0	0	1	0	0	0	0	1	1	0	0	1

触发器输入方程通过卡诺图化简，未使用状态对应最小项 10 到 15，可将其认为是任意态，化简结果为

$$T_{Q1} = 1$$
$$T_{Q2} = Q_8'Q_1$$
$$T_{Q4} = Q_2Q_1$$
$$T_{Q8} = Q_8Q_1 + Q_4Q_2Q_1$$
$$y = Q_8Q_1$$

该电路包括 4 个 T 触发器、5 个与门和 1 个或门。同步 BCD 计数器可以级联成任意长度的十进制计数器，级联结果示于图 6.11，输出 y 必须接到下一级计数器的计数使能输入端。

带并行预置的二进制计数器

数字系统中使用的二进制计数器大多都需具有并行预置功能，这样才能使计数器在开始工作前，为计数器预置初始值。图 6.14 是一个 4 位寄存器的电路图，它具有并行预置功能，同时也可用作计数器。预置控制输入端为 1 时，计数器不工作，此时可以将 4 个输入数据传送给对应的 4 个触发器。如果预置(Load)输入和计数(Count)输入都为 0，则时钟脉冲到来时也不会使寄存器状态发生变化(因为 J 和 K 都为 0)。

当计数使能输入端为 1 时，如果所有触发器输出为 1，则进位输出也为 1，这也是使下一级触发器发生翻转的条件，即 Count = 1，Load = 0。进位输出用于计数器扩展，可超过 4 位。当进位输出直接来自所有触发器的输出端时，计数器速度得到提高，产生的进位时延下降，状态 1111 变为 0000 只延时一个门。而在图 6.12 的电路中使用的与门串联会有 4 个门的时延。类似地，触发器直接接收前一级触发器的输出，而不是从与门链得到输入。

计数器的功能表见表 6.6。4 个控制输入信号为 Clear_b、CLK、Load 和 Count，它们共同决定了次态。Clear_b 信号是异步的，只要为 0，计数器将清零。无论此时时钟脉冲和其他信号如何，表中的符号 X 描述的是与其他输入无关的任意态。当计数器用于其他功能时，复位端必须为 1。当预置输入和计数输入都为 0 时，即使时钟脉冲出现，输出也保持不变。预置输入为 1 时，输入 $I_0 \sim I_3$ 遇时钟上升沿时被预置进寄存器，数据预置时与计数输入无关。当预置输入有效时，计数输入被阻隔。只有当预置输入为 0 时，计数输入信号才能控制计数器的功能。

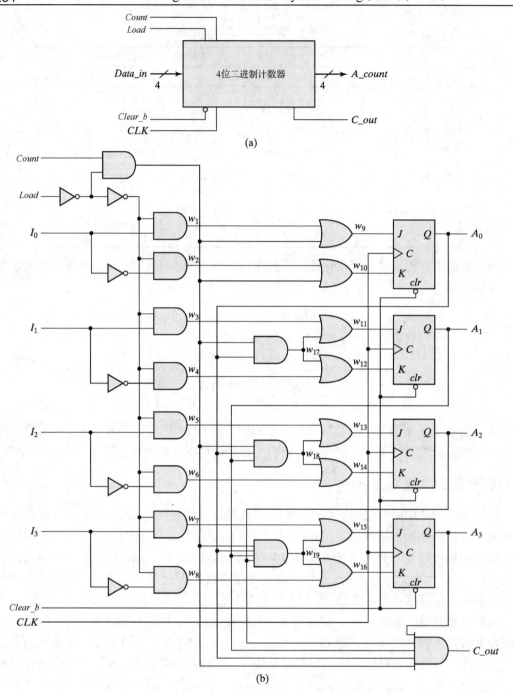

图 6.14　带并行预置的 4 位二进制计数器

带并行预置功能的计数器可用于产生任意计数序列。图 6.15 给出了由带并行预置的计数器构成 BCD 计数器的两种方法。对于每种方法，计数控制为 1，确保时钟能作用于计数器。另外，计数器的预置控制能使计数器不计数，而复位操作是异步的，与其他输入无关。

图 6.15(a) 中与门的作用是检测状态 1001(9_{10})是否出现。计数器起初被复位到 0，然后复位输入和计数输入都被置为 1，计数器开始计数。只要与门输出为 0，每遇一个时钟上升

沿，计数器就会加 1。当计数值达到 1001 时，A_0 和 A_3 都为 1，与门的输出也为 1，这时，预置输入有效。因此，在下一个时钟的有效边沿，计数器预置。由于 4 个输入端都连到了逻辑 0，计数器在 1001 后的状态是 0000。因此，电路的计数值从 0000（0_{10}）到 1001（9_{10}），然后回到 0000（0_{10}），符合 BCD 计数器的性能要求。

表 6.6　图 6.14 中计数器的功能表

Clear_b	CLK	Load	Count	功　　能
0	X	X	X	复位
1	↑	1	X	预置
1	↑	0	1	计数
1	↑	0	0	保持

在图 6.15(b) 中，与非门用于检测计数值 1010（10_{10}）。只要这个计数值产生，寄存器立即复位。由于寄存器变为 0，计数值 1010（10_{10}）没有机会存在很长时间。当计数从 1010（10_{10}）到 1011（11_{10}）且立即回到 0000（0_{10}）时，输出 A_0 出现瞬时毛刺。这种瞬时毛刺没有用处，因此不推荐使用这种配置方式。如果计数器具有同步复位输入端，则在计数 1001 出现的下一个时钟，计数器复位到 0。

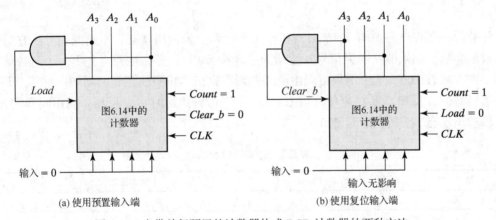

图 6.15　由带并行预置的计数器构成 BCD 计数器的两种方法

练习 6.3　行波计数器和同步计数器的行为有何不同？

答案：同步计数器中的所有触发器都通过接收公共时钟脉冲来同步；只有行波计数器的第一级接收时钟脉冲。同步计数器的级由一个公共时钟同时更新；行波计数器一次更新一级。同步计数器的工作速度比行波计数器的快。

6.5　其他计数器

计数器可以用来产生所需的状态序列。被 N 整除计数器（也称为模 N 计数器）有 N 个状态。工作时，这些状态会往复出现。状态序列可以是二进制计数值，也可以是其他任意序列。计数器用来产生控制数字系统的工作时序，也可用作移位寄存器。本节给出几个非二进制计数器的例子。

具有未使用状态的计数器

由 n 个触发器构成的电路有 2^n 个状态。这些状态并不都被使用，未使用状态没有在状态表中列出。为简化输入方程，未使用状态可被认为是任意态，或者为其分配特定的次态。一旦电路被设计出来，外部干扰可导致电路进入那些未使用状态。因此，有必要保证电路最终进入一个有效状态，这样才可以正常工作，否则，如果时序电路在未使用状态中循环，就没有办法让它进入到预定的状态转移序列。未使用状态的次态可以由设计好的电路分析来确定。

举例来说，分析表 6.7 确定的计数器，计数器在 6 个状态序列间循环，触发器 B 和 C 重复二进制计数 00, 01, 10，触发器 A 每隔 3 个计数值就在 0 和 1 之间变换一次。计数器的计数序列不是自然二进制数，有两个状态 011 和 111 没有出现在计数序列中，对应这两个状态转移的 JK 触发器的输入已列于表中，输入 K_B 和 K_C 的值只能为 1 和 X，因此这些输入总为 1。其他触发器的输入方程通过将最小项 3 和 7 当作任意态来化简，化简结果为

$$J_A = B \quad K_A = B$$
$$J_B = C \quad K_B = 1$$
$$J_C = B' \quad K_C = 1$$

计数器的逻辑电路如图 6.16(a) 所示。由于有两个未使用状态，下面我们分析它们对电路造成的影响。如果电路因为信号发生错误进入状态 011，那么电路将在下一个时钟脉冲的作用下进入状态 100，这个结果可以由电路图观察得出。我们注意到，当 $B = 1$ 时，下一个时钟边沿将使 A 反相，将 C 复位；当 $C = 1$ 时，遇时钟边沿时将 B 反相。利用同样的方式，还可以求出现态 111 的次态是 000。

表 6.7　计数器的状态表

现　态			次　态			触发器输入					
A	B	C	A	B	C	J_A	K_A	J_B	K_B	J_C	K_C
0	0	0	0	0	1	0	X	0	X	1	X
0	0	1	0	1	0	0	X	1	X	X	1
0	1	0	1	0	0	1	X	X	1	0	X
1	0	0	1	0	1	X	0	0	X	1	X
1	0	1	1	1	0	X	0	1	X	X	1
1	1	0	0	0	0	X	1	X	1	0	X

电路的状态图如图 6.16(b) 所示。如果因为外部干扰，电路进入一个未使用状态，但下一个计数脉冲的到来将使它进入一个有效状态，电路接下来正常计数，那么这样的计数器是能够自启动的。对于具有自启动特性的计数器，如果电路进入一个未使用状态，那么在经过一个或者几个时钟脉冲之后最终都能到达正常的计数序列。

环形计数器

在数字系统中，控制工作时序的定时信号可以用移位寄存器或者用计数器加译码器产生。环形计数器是可循环移位的寄存器，在每个特定时刻只有一个触发器被置位，而其他触发器都被复位。唯一的一个 1 从一个触发器移到另一个触发器，这样就产生定时信号。

图 6.17(a) 是一个 4 位移位寄存器用于 8-4-2-1 环形计数器的例子。寄存器的初始值是 1000，每到来一个时钟，唯一的 1 右移一次，然后从 T_3 移回到 T_0，依次循环下去。在 4 个时钟周期中，只有一个触发器为 1，产生的 4 个定时信号如图 6.17(b) 所示。在时钟脉冲的下降沿之后，每一个触发器的输出为 1，直到下个时钟脉冲到来前都保持不变。

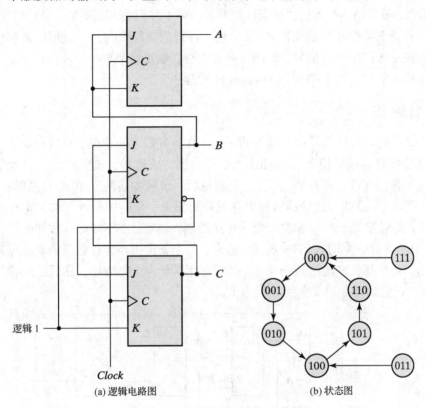

(a) 逻辑电路图　　　　　　　　　　　(b) 状态图

图 6.16　具有未使用状态的计数器

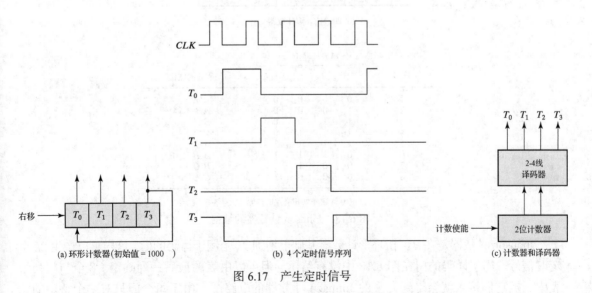

图 6.17　产生定时信号

定时信号也可以用 2 位计数器产生，计数器在 4 个不同状态之间循环。图 6.17(c)中的译码器对计数器的 4 个状态进行译码，产生所需的定时信号序列。

为产生 2^n 个定时信号，需要由 2^n 个触发器构成的寄存器，或者是一个 n 位二进制计数器外加一个 $n\text{-}2^n$ 线的译码器。例如，要产生 16 个定时信号，可以采用 16 位移位寄存器构成的环形计数器，或者用一个 4 位二进制计数器和一个 4-16 线译码器。第一种情况需要 16 个触发器，第二种情况需要 4 个触发器和 16 个用于译码的 4 输入与门。还可以将移位寄存器和译码器组合在一起产生定时信号。使用这种方法时，触发器个数少于环形计数器个数，译码器只需要 2 输入的门，该电路称为 Johnson 计数器。

Johnson 计数器

在一个 k 位的环形计数器中，唯一的一个 1 在触发器之间移位，可以产生 k 个不同的状态。如果移位寄存器按照扭环形(switch-tail)计数器方式连接，则状态的数目加倍。扭环形计数器也是一种循环移位寄存器，不过它是将最后一级触发器的反相输出连到第一级触发器的输入端。图 6.18(a)就是这样的移位寄存器。每到来一个时钟脉冲，移位寄存器向右移位一次，同时，将触发器 E 的反相输出信号传送给触发器 A。该扭环形计数器的状态序列从全 0 开始，一共有 8 个，如图 6.18(b)所示。通常，一个 k 位扭环形计数器的状态序列有 $2k$ 个，从全 0 开始，每次移位左边增加一个 1，直到寄存器全为 1 时为止，在后续的移位操作中，0 从左边插入，直到寄存器又全为 0 时为止。

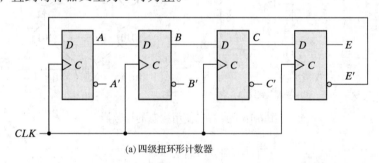

(a) 四级扭环形计数器

| 序号 | 触发器输出 | | | | 与门需要的输出 |
	A	B	C	E	
1	0	0	0	0	$A'E'$
2	1	0	0	0	AB'
3	1	1	0	0	BC'
4	1	1	1	0	CE'
5	1	1	1	1	AE
6	0	1	1	1	$A'B$
7	0	0	1	1	$B'C$
8	0	0	0	1	$C'E$

(b) 计数序列和需要的译码

图 6.18　Johnson 计数器的结构

Johnson 计数器是在 k 位扭环形计数器基础上增加 $2k$ 个用于译码的门，这样可以产生 $2k$ 个定时信号。用于译码的门在图 6.18 中没有给出，但可以由表的最后一列确定。8 个与门列于表中，把它们接入就会得到完整的 Johnson 计数器的电路图。由于每个门只对一个特定的状态序列起作用，因此门的输出为 8 个定时信号。

按照上述方式，对 k 位扭环形计数器的译码可以产生 $2k$ 个定时信号，全 0 状态被译码成最两边触发器反相输出的与，全 1 状态被译码成最两边触发器的同相输出的与，其他的状态译码由序列中相连的 1, 0 或 0, 1 决定，例如，序列 7 有一个相邻的 0, 1，对应触发器为 B 和 C，译码时取 B 的反相和 C 的同相相与，这样结果为 $B'C$。

图 6.18(a) 中的电路有一个缺陷，如果它进入了一个无效状态，将会一直从这个无效状态转移到另一个无效状态，永远也无法进入有效状态中。我们可以修改电路以避免这种情况发生。一种办法是不要将触发器 B 的输出连接到触发器 C 的输入端 D，而是对触发器 C 的输入端增加如下的函数：

$$D_C = (A + C)B$$

其中 D_C 是对应触发器 C 的输入端 D 的输入方程。

Johnson 计数器可以用于产生任何个数的定时序列，需要的触发器个数只是定时信号的一半，用于译码的门电路的个数与定时信号相等，而且只使用 2 输入的门。

6.6　寄存器和计数器的 HDL 描述

寄存器和计数器可以用 HDL 在行为级或者结构级进行描述。行为描述只使用功能表来描述寄存器功能，无须了解电路结构。结构描述需要了解由门、触发器和数据选择器构成的电路结构，程序中的许多组件被实例化，最终组成结构描述，类似于逻辑图。下面举例说明这两种类型的描述，它们都是非常有用的。当状态机很复杂时，结构描述在物理上将状态机分割成更简单和更易于描述的单元。

移位寄存器

6.2 节介绍的通用移位寄存器是一种带并行预置的双向移位寄存器，表 6.3 是寄存器所执行的 4 种与时钟有关的操作。寄存器也可以被异步复位。名称为 Shift_Register_4_beh 的 4 位通用移位寄存器的行为描述如图 6.7(a) 所示，其中给出了顶层模块符号内部细节的行为模型，并将该模型与结构模型区分开来。HDL 例 6.1 给出了行为模型，HDL 例 6.2 给出了结构模型。

图 6.7(a) 中的顶层模块符号表示 4 位通用移位寄存器具有 CLK 输入端、Clear_b 输入端、两个选择输入端（s1，s0）、两个串行输入端（shift_left，shift_right），还有用于控制移位寄存器的两个串行数据路径输入端（MSB_in，LSB_in），以及 4 位并行输入端（I_par）和 4 位并行输出端（A_par）。向量 I_par[3:0] 的元素对应于图 6.7 中的位 $I_3, \cdots, I_0$，A_par[3:0] 的含义也类似。**always** 块描述了寄存器执行的 5 种功能，若 Clear_b 输入端为低电平，则寄存器将异步清零。当寄存器的 Clear_b 输入端为高电平时，寄存器才能在时钟的上升沿响应。两个选择输入端的取值决定了寄存器的 4 种与时钟有关的功能，这将在 **case** 语句中描述（在 **case** 关键字之后，s1 和 s0 组成了一个两位向量）。通过将串行输入和 3 个触发器输出聚合在一起来指定移位操作。例如，语句：

$$A\_par <= \{ MSB\_in, A\_par[3:1] \}$$

将右移串行输入信号 MSB_in 和触发器输出数据总线 A_par[3:1] 聚合成 4 位数组，然后在时钟脉冲到来时赋值给 A_par[3:0]。这种赋值产生右移操作，寄存器中的信息将被更新。右移时，A_par[0]内容被 A_par[1]代替。注意，在程序中只对电路的功能加以描述，而不涉及任何具体的硬件。综合工具将会产生实现图 6.7(b)结构中的移位寄存器的 ASIC 单元网表。

HDL 例 6.1(通用移位寄存器—行为模型)

Verilog

```
//4 位通用移位寄存器的行为描述
//图 6.7 和表 6.3
module Shift_Register_4_beh (              // V2001, 2005
  output reg   [3: 0]      A_par,          // 寄存器输出
  input        [3: 0]      I_par,          // 并行输入
  input        s1, s0,                     // 选择输入
               MSB_in, LSB_in,             // 串行输入
               CLK, Clear_b                // 时钟和复位
);
always @ (posedge CLK, negedge Clear_b) // V2001, 2005
  if (Clear_b == 0) A_par <= 4'b0000;
  else
    case ({s1, s0})
     2'b00: A_par <= A_par;                // 保持
     2'b01: A_par <= {MSB_in, A_par[3: 1]}; // 右移
     2'b10: A_par <= {A_par[2: 0], LSB_in}; // 左移
     2'b11: A_par <= I_par;                // 输入并行预置
    endcase
endmodule
```

注意：A_par 是 **reg** 类型的变量，通过赋值语句赋一个新值之前，会保持数值不变。下面我们分析描述移位寄存器的一组 **case** 语句：

```
case ({s1, s0})
 //2'b00: A_par <= A_par;                 // 保持
  2'b01: A_par <= {MSB_in, A_par [3: 1]}; // 右移
  2'b10: A_par <= {A_par [2: 0], LSB_in}; // 左移
  2'b11: A_par <= I_par;                  // 输入并行预置
endcase
```

如果没有 2'b00 这条语句，则 **case** 语句会发现{s1, s0}和 **case** 选项之间不匹配，结果寄存器 A_par 将会左移，但内容不会改变。

VHDL

```
entity Shift_Register_4_beh_vhdl is
 port (A_par: buffer Std_Logic_Vector (3 downto 0);
      I_par: in Std_Logic_Vector (3 downto 0);
      s1, s0, MSB_in, LSB_in, CLK, Clear_b: in Std_Logic);
end Shift_Register_4_beh_vhdl;

architecture Behavioral of Shift_Register_4_beh_vhdl
begin
 process (CLK, Clear_b) begin
  if (Clear_b'event and Clear_b = '0') then A_par <= "0000";
  elsif CLK 'event and CLK = '1' then
  case (s1 & s0) is
```

```
      when "00" => A_par <= A_par;
      when "01" => A_par <= MSB_in & A_par(3:1);
      when "10" => A_par <= A_par(2: 0) & LSB_in;
      when "11" => A_par <= I_par;
    end case;
  end process;
end Behavioral;
```

　　通用双向移位寄存器的结构模型可以参考图 6.7(b)的逻辑电路，图中显示寄存器包括 4 个数据选择器和 4 个 D 触发器，移位寄存器的每一级都包括一个数据选择器和一个触发器，我们对其建立模型。为方便起见，结构的最底层模块是数据选择器和触发器的行为模型。必须注意正确连接各级的细节。寄存器的结构描述如 HDL 例 6.2 所示，顶层模块定义了输入和输出，然后对寄存器的 4 级分别进行实例化。4 条实例化语句按照电路图确定了寄存器 4 级之间的连接关系。触发器的行为描述使用单边沿敏感循环行为语句(**always** 块)。赋值语句使用非阻塞赋值运算符(<=)，数据选择器模型使用单电平敏感行为语句，赋值语句使用阻塞赋值运算符(=)。

HDL 例 6.2(结构模型—通用移位寄存器)

Verilog
```
//4 位通用移位寄存器的结构描述(见图 6.7)
module Shift_Register_4_str (                          // V2001, 2005
  output [3: 0]   A_par,                               // 并行输出
  input [3: 0]    I_par,                               // 并行输入
  input           s1, s0,                              // 模型选择
  input           MSB_in, LSB_in, CLK, Clear_b         // 串行输入, 时钟, 清零
);

// 模型控制总线
  wire   [1:0]   select = {s1, s0};

// 实例化寄存器的四级
  stage ST0 (A_par[0], A_par[1], LSB_in, I_par[0], A_par[0], select, CLK, Clear_b);
  stage ST1 (A_par[1], A_par[2], A_par[0], I_par[1], A_par[1], select, CLK, Clear_b);
  stage ST2 (A_par[2], A_par[3], A_par[1], I_par[2], A_par[2], select, CLK, Clear_b);
  stage ST3 (A_par[3], MSB_in, A_par[2], I_par[3], A_par[3], select, CLK, Clear_b);
endmodule

// 移位寄存器的每一级
module stage (i0, i1, i2, i3, Q, select, CLK, Clr_b);
  input           i0,           // 电路的位选择
                  i1,           // 右移串行输入数据
                  i2,           // 左移串行输入数据
                  i3;           // 并行输入数据
  output          Q;
  input [1: 0]    select;       // 级模型控制总线
  input           CLK, Clr_b;   // 触发器的时钟和清零
  wire            mux_out;

// 实例化数据选择器和触发器
  wire Clr = ~Clr_b             // 触发器具有高电平有效清零信号
                                // 但是电路具有低电平有效清零动作
```

```
  Mux_4x1     M0          (mux_out, i0, i1, i2, i3, select);
  D_flip_flop  M1          (Q, mux_out, CLK, Clr);
endmodule
```

// 4x1 乘法器　　　　　　　// 行为模型
```
module Mux_4x1 (mux_out, i0, i1, i2, i3, select);
  output       mux_out;
  input        i0, i1, i2, i3;
  input [1: 0]  select;
  reg          mux_out;
  always @ (select, i0, i1, i2, i3)
    case (select)
      2'b00:     mux_out = i0;
      2'b01:     mux_out = i1;
      2'b10:     mux_out = i2;
      2'b11:     mux_out = i3;
    endcase
endmodule
```

// D触发器的行为模型
```
module D_flip_flop (Q, D, CLK, Clr);
  output   Q;
  input    D, CLK, Clr;
  reg      Q;
  always @ (posedge CLK, posedge Clr)
    if (Clr) Q <= 1'b0; else Q <= D;
endmodule
```

VHDL

```
entity Mux_4x1 is
  port (mux_out: out Std_Logic; i0, i1, i2, i3: in Std_Logic;
      sel: in Std_Logic_Vector (1 downto 0));
end Mux_4x1;<= i0;

architecture Behavioral of Mux_4x1 is
begin case sel is
  when 0 => mux_out <= i0;
  when 1 => mux_out <= i1;
  when 2 => mux_out <= i2;
  when 3 => mux_out <= i3;
  end case;
end Behavioral;

entity D_flip_flop is
  port (Q: out Std_Logic; , CLK, Clr: in Std_Logic);
end D_flip_flop;
architecture Behavioral of D_flip_flop) is
begin
  process (CLK, Clr) begin
    if Clr'event and Clr = '1' then Q <= 0;
    elsif CLK'event and CLK = '1' then Q <= Data;
    end if;
```

```
  end process
end Behavioral;

entity stage is
  port (i0, i1, i2, i3: in Std_LogicQ: out Std_Logic;
      select: in Std_Logic_Vector (1 downto 0); CLK, Clr: in Std_Logic));
  end stage;

architecture Structural of stage is
  signal Clr: Std_Logic;
  component Mux_4x1 port (mux_out: out Std_Logic; i0, i1, i2, i3: in Std_Logic; select:
  in Std_Logic_Vector (1 downto 0)); end component;
  component D_flip_flop port (Q: out Std_Logic; , CLK, Clr: in Std_Logic); end component;

begin
  Clr <= not Clr_b       -- 触发器具有高电平有效清零信号
                         -- 但是电路具有低电平有效清零动作
   M0: Mux_4x1 port map (mux_out, i0, i1, i2, i3, select);
   M1: D_flip_flop port map (Q, mux_out, CLK, Clr);
end Structural;

entity Shift_Register_4_str_vhdl is
  port (A_par: buffer Std_Logic_Vector (3 downto 0);
      I_par: in Std_Logic_Vector (3 downto 0);
      s1, s0, MSB_in, LSB_in, CLK, Clear_b: in Std_Logic);
end Shift_Register_4_str_vhdl;

architecture Structural of Shift_Register_4_vhdl is
  signal select = s1 & s0;
  signal Clr = not Clr_b;
  component stage port (i0, i1, i2, i3, select, CLK, Clear_b: in bit; Q: out bit); end
  component;

begin
   ST0: stage port map(A_par(0), A_par(1), LSB_in, I_par(0), A_par(0), select, CLK, Clear_b);
   ST1: stage port map (A_par(1), A_par(2), A_par(0), I_par(1), A_par(1), select, CLK, Clear_b);
   ST2: stage port map (A_par(2), A_par(3), A_par(1), I_par(2), A_par(2), select, CLK, Clear_b);
   ST3: stage port map (A_par(3), MSB_in, A_par(2), I_par(3), A_par(3), select, CLK, Clear_b);
  end Structural;
```

以上例子提供了描述通用移位寄存器的两种方法，说明可以用不同风格来实现同一个电路的建模。对于描述一种普通寄存器的两种不同的电路模型，还需要通过仿真来验证这两种模型具有相同的功能。实际中，设计者仅仅使用行为模型，然后综合出电路，电路的功能可与行为模型相比较。注意，尽量不要使用结构模型，以免带来巨大的设计工作量。

同步计数器

下面的示例 Binary_Counter_4_Par_Load 描述的是图 6.14 所示的带并行预置的同步计数器行为模型。计数、预置、时钟和复位输入决定了寄存器的功能，见表 6.6。计数器有 4 个数据输入、4 个数据输出和 1 个进位输出。内部数据线 (I3, I2, I1, I0) 组合在一起作为行为模型中的 Data_in[3:0]，同样，寄存器输出 (A3, A2, A1, A0) 组合成 A_count[3:0]。电路的 HDL 模型所用的标识符要与文本模型精确对应，然而，这并不是每次都能做到的，电路级的标识符只出现在数据手册中，通常很短，且为缩写，与 HDL 模型中的符号区别很大。图 6.14(a)

中的顶层模块符号用作电路中的名称和 HDL 模型中的名称之间的接口。进位输出 C_out 由组合电路产生,用信号赋值语句描述。当计数值达到 15 且计数器处于计数状态时,C_out = 1。因此, 当 Count = 1, Load = 0 和 A = 1111 时, C_out = 1, 否则 C_out = 0。

HDL 例 6.3(同步计数器)

Verilog

always 块根据 Clear_b、Load 和 Count 的取值决定寄存器执行的功能, Clear_b 为低电平时, A 复位到 0。否则, 如果 Clear_b = 1, 那么当时钟上升沿到来时, 执行 3 个功能中的一个, 用 **if**、**else if** 和 **else** 语句对 Clear、Load 和 Count 这些控制信号进行判断, 从而保证电路功能按照表 6.6 所示执行。Clear_b 信号的优先级高于 Load 和 Count, Load 信号的优先级高于 Count。综合工具将从行为模型中产生图 6.14(b)中的电路。

```verilog
//带并行预置的 4 位二进制计数器(V2001, 2005)
//图 6.14 和表 6.6
module Binary_Counter_4_Par_Load (
  output reg [3: 0]        A_count,          // 数据输出
  output                   C_out,            // 进位输出
  input [3: 0]             Data_in,          // 数据输入
  input                    Count,            // 高电平有效的计数
                           Load,             // 高电平有效的预置
                           CLK,              // 上升沿敏感
                           Clear_b           // 低电平有效
);
assign C_out = Count && (~Load) && (A_count == 4'b1111);
always @ (posedge CLK, negedge Clear_b)
  if (~Clear_b)            A_count <= 4'b0000;
  else if (Load)          A_count <= Data_in;
  else if (Count)         A_count <= A_count + 1'b1;
  else                    A_count <= A_count;      // 冗余状态
endmodule
```

VHDL

```vhdl
entity Binary_Counter_4_Par_Load_vhdl is
  port (A_count: buffer Unsigned (3 downto 0); C_out: out Std_Logic;
        Data_in: in Unsigned (3 downto 0);
        Count, Load, CLK, Clear_b: in Std_Logic);
end Binary_Counter_4_Par_Load;

architecture Behavioral of Binary_Counter_4_Par_Load_vhdl is
begin
  C_out <= Count and (not Load) when A_count = "1111";
  process (CLK, Clear_b) begin
    if Clear_b'event and Clear_b = '0' then A_count <= "0000";
    elsif CLK'event and CLK = '1 then
      if Load = '1' then A_count <= Data_in;
      elsif Count = '1' then A_count <= A_count + "0001";
      else A_count <= A_count; -- 冗余状态
    end if;
  end process;
end Behavioral;
```

行波计数器

行波计数器的结构描述示于 HDL 例 6.4。第一个模块将第二个模块中使用的 4 个翻转触发器实例化为 Comp_D_flip_flop(Q, CLK, Reset)。第一个触发器的时钟输入(CLK)连接到外部控制信号 Count(Count 代替实例化的 F0 端口中的 CLK)。第二个触发器的时钟输入连接到第一个触发器的输出(A0 代替实例化的 F1 端口中的 CLK)。类似地，每个触发器的时钟连接到前一级触发器的输出。按照这种方式，触发器级联起来构成图 6.8(b)中的行波计数器。

第二个模块描述了带时延的翻转触发器。翻转触发器电路是通过将 D 触发器反相输出连到输入端 D 得到的。触发器还带有复位输入，便于初始化计数器，否则，仿真器会为触发器的输出分配一个未知的数值(x)，产生无用的结果。

从时钟加到触发器，再到触发器发生翻转，共有两个时间单位的时延，该时延使用 Q<= #2~Q 描述。我们注意到，延时符号放在了非阻塞赋值运算符的右边，这种形式的时延称为内在赋值时延，将~Q 延时之后再赋给 Q。建模时，延时效果在仿真时能明显表现出来。这种风格的建模对于仿真非常有用，但是不能被综合。综合结果取决于工具软件所能访问的 ASIC 单元库，而不是综合的模型内部可能的传输时延。

HDL 例 6.4(行波计数器)

Verilog

```verilog
//行波计数器[见图 6.8(b)]
'timescale 1 ns / 100 ps
module Ripple_Counter_4bit (A3, A2, A1, A0, Count, Reset);
  output A3, A2, A1, A0;
  input Count, Reset;
// 实例化翻转触发器
  Comp_D_flip_flop F0 (A0, Count, Reset);
  Comp_D_flip_flop F1 (A1, A0, Reset);
  Comp_D_flip_flop F2 (A2, A1, Reset);
  Comp_D_flip_flop F3 (A3, A2, Reset);
endmodule
// 带时延的翻转触发器
// D触发器输入 = Q'
module Comp_D_flip_flop (Q, CLK, Reset);
  output   Q;
  input    CLK, Reset;
  reg      Q;
  always @ (negedge CLK, posedge Reset)
  if (Reset) Q <= 1'b0;
  else Q <= #2 ~Q;              // 内在赋值时延
endmodule
// 测试行波计数器的仿真
module t_Ripple_Counter_4bit;
  reg      Count;
  reg      Reset;
  wire     A0, A1, A2, A3;
// 实例化行波计数器
  Ripple_Counter_4bit M0 (A3, A2, A1, A0, Count, Reset);
  always
```

```
    #5 Count = ~Count;
  initial
    begin
  Count = 1'b0;
  Reset = 1'b1;
  #4 Reset = 1'b0;
  end

  initial #170 $finish;

endmodule
```

HDL 例 6.4 中的测试平台模块产生用于仿真的激励信号，以验证行波计数器的功能。**always** 语句产生周期为 10 个时间单位的时钟。触发器在 $t = 10$ ns, 20 ns, 30 ns 时刻的时钟下降沿被触发，仿真波形如图 6.19 所示。控制信号 Count 每 10 ns 变低一次，A0 在 Count 的下降沿到来时翻转，同时还有 2 ns 时延。当前一级触发器从 1 变为 0 时，后一级的触发器都会翻转。在 $t = 80$ ns 之后，因为计数从 0111 变为 1000，所有触发器都会翻转，每个触发器的输出都有 2 ns 的时延。因此，A3 在 $t = 88$ ns 时从 0 变为 1，在 168 ns 时从 1 变为 0。要注意传输时延对计数器最后一位产生的影响，结果使计数器速度变慢，这限制了计数器在实际中的应用。

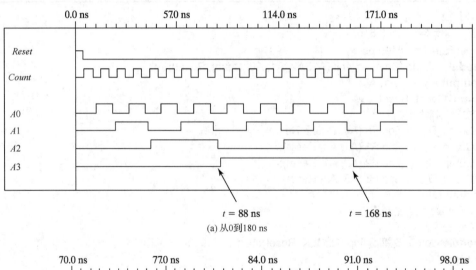

(a) 从0到180 ns

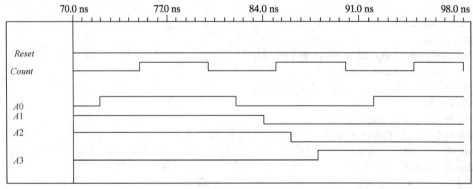

(b) 从70 ns到98 ns

图 6.19　HDL 例 6.4 的仿真输出

练习 6.4—Verilog　4 位行波计数器的位分别标识为 A3、A2、A1 和 A0。如果计数器的触发器如下所示被实例化和互连，则计数器无法正常工作。在下列代码中查找错误：

```
Comp_D_flip_flop F0（A0, Count, Reset）;
Comp_D_flip_flop F1（A1, A0, Reset）;
Comp_D_flip_flop F2（A2, A3, Reset）;
Comp_D_flip_flop F3（A3, A1, Reset）;
```

答案： 触发器 F2 和 F3 的时钟都不正确。在 F2 中，用 A1 代替 A3；在 F3 中，用 A2 代替 A1。

VHDL

```
entity Comp_D_flip_flop is
  port (Q: buffer Std_Logic; CLK, Reset: in Std_Logic);
end Comp_D_flip_flop;

architecture Behavioral of Comp_D_flip_flop is
begin
  process (CLK, Reset) begin
    if Reset'event and Reset = 1 then Q <= '0';
    elsif CLK'event and CLK = 0 then Q <= not Q after 2 ns;
    end if;
  end process;
end Behavioral;
entity Ripple_Counter_4bit is
  port (A3, A2, A1, A0: out Std_Logic; Count, Reset: in Std_Logic);
end Ripple_Counter_4bit;

architecture Structural of Ripple_Counter_4bit is
component Comp_D_flip_flop port (Q: out Std_Logic; CLK, Reset: in Std_Logic);
end component;
begin
  F0: Comp_D_flip_flop port map (Q => A0: out CLK => Count, Reset => Reset);
  F1: Comp_D_flip_flop port map (Q => A1: out CLK => A0, Reset => Reset);
  F2: Comp_D_flip_flop port map (Q => A2: out CLK => A1, Reset => Reset);
  F3: Comp_D_flip_flop port map (Q => A3: out CLK => A2, Reset => Reset);
end Structural;
```

-- 4位行波计数器的激励

```
entity t_Ripple_Counter_4bit is
port ();
end t_Ripple_Counter_4bit;

architecture Behavioral of t_Ripple_Counter_4bit is
signal t_A3, t_A2, t_A1, t_A0, t_Count, t_Reset: Std_Logic;
component Ripple_Counter_4bit port (A3, A2, A1, A0: out Std_Logic: Count,
Reset: in Std_Logic);
end component;
```

-- 实例化 UUT

```
begin
  Ripple_Counter_4bit: UUT port map (A3 => t_A3, A2 => t_A2, A1 => t_A1, A0 => t_A0,
                                     Count => t_Count, Reset => t_Reset);

  process (); begin
```

```
    t_count <= '0';
    t_count <= not t_count after 5 ns;
  end process;

  process(); begin
   t_Reset <= '0';
   wait 4 ns;
   t_Reset <= '1';
  end process;
 end Behavioral;
```

仿真结果如图 6.19 所示。

练习 6.4—VHDL 4 位行波计数器的位分别标识为 A3、A2、A1 和 A0。如果计数器的触发器如下所示被实例化和互连，则计数器无法正常工作。在下列代码中查找错误:

F0: Comp_D_flip_flop **port map** (Q = > A0: **out** CLK = > Count, Reset = > Reset);
F1: Comp_D_flip_flop **port map** (Q = > A1: **out** CLK = > A0, Reset = > Reset);
F2: Comp_D_flip_flop **port map** (Q = > A2: **out** CLK = > A3, Reset = > Reset);
F3: Comp_D_flip_flop **port map** (Q = > A3: **out** CLK = > A1, Reset = > Reset);

答案: 触发器 F2 和 F3 的时钟都不正确。在 F2 中，用 A1 代替 A3；在 F3 中，用 A2 代替 A1。

习题

(*号标记的习题解答列在本书结尾。部分习题中，逻辑设计及其相关的 HDL 建模习题会相互引用。)注意: 对于需要编写和验证 HDL 模型的每个习题，应编写基本的测试计划，以识别在仿真过程中要测试的功能组件及测试方法。例如，复位可按如下方式进行测试: 在仿真机器处于非复位状态的一种状态下评估复位信号。测试计划是实现测试平台的开发指南。使用测试平台仿真模型并验证行为是否正确。如果综合工具和 ASIC 单元库可用，则习题 6.34~习题 6.51 开发的 HDL 描述可作为综合练习。由综合工具生成的门级电路应被仿真并与综合前模型的仿真结果进行比较。

在一些 HDL 习题中，必须对无效状态进行处理，具体内容参看第 4 章的 HDL 例 4.8 之前对 **default case** 语句的介绍。

6.1 给图 6.1 中的寄存器增加一个 2 输入与非门，把门的输出连接到所有触发器的时钟输入端 C。与非门的一个输入端接收时钟发生器产生的时钟脉冲信号，另一端接收并行预置控制输入信号。说明修改后的寄存器的功能，解释该电路可能存在的功能问题及其原因。

6.2 给图 6.2 中的寄存器增加一个同步复位输入端，修改后的寄存器具有并行预置功能和同步复位功能。遇时钟脉冲上升沿且复位输入为 1 时，寄存器将被同步清零。请解释原因。[HDL—见习题 6.35(a)、(b)。]

6.3 串行加法器和并行加法器在结构上的区别是什么? 如何权衡使用它们?

6.4* 4 位寄存器的初始状态是 1010，寄存器右移 6 次，串行输入的数据为 1011001，每一次移位之后寄存器的状态是什么?

6.5 图 6.7 所示的 4 位通用双向移位寄存器被封装在一个 IC 内部。(HDL—见习题 6.52。)

(a)画出带所有输入和输出的 IC 框图，包括两个供电引脚在内。

(b)画出用这两个 IC 构成的 8 位通用双向移位寄存器的框图。

6.6　用 D 触发器设计一个带并行预置端的 4 位移位寄存器(见图 6.2 和图 6.3)。该电路有两个控制输入端，分别是 $shift$ 和 $load$。当 $shift$ = 1 时，寄存器每次移位一个位置；当 $load$ = 1 且 $shift$ = 0 时，新的数据被预置进寄存器。如果两个控制输入都为 0，则寄存器状态将保持不变。[HDL—见习题 6.35(c)、(d)。]

6.7　用 4 个 D 触发器和 4 个 4×1 数据选择器构成 4 位移位寄存器，模式选择输入为 s_1 和 s_0。寄存器的功能选择如下所示。[HDL—见习题 6.35(e)、(f)。]

s_1	s_0	寄存器功能
0	0	保持
1	0	4 个输出取反
0	1	将寄存器清零(与时钟同步)
1	1	并行预置数据

6.8[*]　图 6.6 中的串行加法器使用了两个 4 位寄存器。寄存器 A 存有二进制数 0101，寄存器 B 存有 0111，进位触发器一开始复位为 0。列出每次移位后寄存器 A 和进位触发器中的值。(HDL—见习题 6.54。)

6.9　实现串行加法器($A + B$)的两种方法在 6.2 节已经介绍过。现在对电路进行修改，使之完成串行减法功能($A - B$)。

(a)使用图 6.5 的电路，说明如何修改电路使之完成 A 与 B 的补码的加法运算。[HDL—见习题 6.35(h)。]

(b)[*]使用图 6.6 的电路，说明如何修改表 6.2，将加法器变为减法器。(见习题 4.12。)[HDL—见习题 6.35(i)。]

6.10　用移位寄存器和触发器设计串行补码电路，二进制数从寄存器一边移出来，补码从另一边移进移位寄存器。[HDL—见习题 6.35(j)。]

6.11　一个二进制行波计数器使用上升沿有效的触发器。按照下面两种情况分别确定计数序列：

(a)触发器的同相输出连接到下一个触发器的时钟输入。

(b)触发器的反相输出连接到下一个触发器的时钟输入。

6.12　按照下面两种情况分别画出 4 位二进制行波减法计数器的逻辑图：

(a)触发器的触发发生在时钟脉冲的上升沿。

(b)触发器的触发发生在时钟脉冲的下降沿。

6.13　证明 BCD 行波计数器可以用一个带异步复位的 4 位二进制行波计数器和一个检测计数 1010 的与非门构成。[HDL—见习题 6.35(k)。]

6.14　一个 12 位二进制行波计数器在经过下面计数后到达下一个计数序列时，有多少个触发器发生翻转？

(a)[*]110011011011

(b)000000111111

(c)111011111111

6.15[*]　一个触发器从时钟边沿有效到发生翻转需要延时 4 ns,使用该触发器构成的 8 位二进制行波计数器的最大时延是多少? 计数器工作的最大可靠频率是多少?

6.16[*]　BCD 行波计数器如图 6.10 所示，它有 4 个触发器和 16 个状态，其中有 10 个状态为有效状态，其他 6 个状态为无效状态。请根据电路分析出这些无效状态的次态。如果噪声信号使电路进入一个无效状态，电路能自启动吗? (HDL—见习题 6.54。)

6.17[*]　用 JK 触发器设计一个 4 位二进制同步计数器。

6.18 当图 6.13 所示的可逆计数器的加法和减法输入都有效时，计数器执行什么功能？对电路进行修改，使得这两个输入都为 1 时，保持计数器状态。[HDL—见习题 6.35(1)。]

6.19 由 T 触发器构成 BCD 计数器的触发器输入方程在 6.4 节已经给出，分别求出下面两种类型触发器的输入方程：(a)JK 触发器；(b)*D 触发器。并比较设计结果，指出哪一种设计效率最高。

6.20 将图 6.14 所示的带并行预置端的二进制计数器封装在一个带有输入和输出的框图内。

    (a)说明如何将两个这样的框图连接在一起，输出进位连接到下一级的计数输入，最高两位的"与"连接到预置输入。找到它的计数序列。

    (b)画出计数范围从 7 到 2047 的二进制计数器。

6.21* 图 6.14 所示的计数器有两个控制输入，分别是 $Load(L)$ 和 $Count(C)$，还有一个数据输入 Date(I)。

    (a)*将第一级触发器输入方程的 J 和 K 表示成 L、C 和 I 的函数式。

    (b)等效电路的第一级逻辑图如图 P6.21 所示，证明该电路与(a)中所示的电路等效。

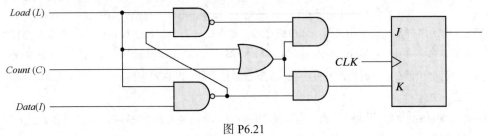

图 P6.21

6.22 对于图 6.14 中的电路，分别利用下面三种方法构成模 8 计数器(即计数通过 8 个不同状态的序列变化)。

    (a)使用一个与门和一个预置输入。

    (b)使用输入和预置控制输入。

    (c)使用一个与非门和异步复位输入。

6.23 设计一个定时电路，产生的输出信号能恰好保持 12 个时钟周期，起始信号使输出进入状态 1，12 个时钟周期之后，信号返回到状态 0。(HDL—见习题 6.45。)

6.24* 用 T 触发器设计计数器，重复的计数序列为：0, 1, 3, 7, 6, 4。说明为什么状态 010 和 101 被当作任意态使用时，计数器不能正常工作。寻找一种修正设计的方法。(HDL—见习题 6.55。)

6.25 现在需要重复产生从 T_0 到 T_5 的 6 个定时信号，波形与图 6.17(c)类似。在下列两种情况下设计这样的电路。(HDL—见习题 6.46。)

    (a)只使用触发器。

    (b)使用计数器和译码器。

6.26* 数字系统有一个时钟发生器，产生频率为 125 MHz 的脉冲信号。设计可以产生时钟周期为 64 ns 的电路。

6.27 使用 JK 触发器。

    (a)设计具有计数序列为 0, 1, 2, 3, 4, 5, 6 的计数器。[HDL—见习题 6.50(a)、习题 6.51。]

    (b)画出计数器的逻辑图。

6.28 使用 D 触发器。

    (a)*设计具有计数序列为 0, 1, 2, 4, 6 的计数器。[HDL—见习题 6.50(b)。]

    (b)画出计数器的逻辑图。

    (c)设计具有计数序列为 0, 2, 4, 6, 8 的计数器。

    (d)画出计数器的逻辑图。

6.29 列出图 6.18(a)中扭环形计数器的 8 个无效状态，求出每个无效状态的次态，说明为什么计数器进入无效状态后，无法返回有效状态。按照教材中推荐的方法修改电路，解释为什么修改后的计数器产生同样的状态序列，但当电路进入任何一个无效状态后，都能返回有效状态中。

6.30 设计模 12 Johnson 计数器需要多少个触发器？将计数序列制成表格，找出 12 个与门输出的布尔项。确定未使用状态的数量。

6.31 写出和验证图 6.1 中 4 位寄存器的 HDL 行为和结构描述。

6.32 (a)用 HDL 对具有并行预置和异步复位功能的 4 位寄存器进行行为描述，并加以验证。

(b)用 HDL 对图 6.2 中具有并行预置功能的 4 位寄存器进行结构描述，并加以验证，触发器输入端使用的是 2×1 数据选择器，包含一个异步复位输入。

(c)使用测试平台验证上面这两种描述。

6.33 下面的激励程序用来模拟 HDL 例 6.3 中带并行预置的二进制计数器。画出从 $t = 0$ 到 $t = 155$ ns 的计数器输出和进位输出波形。

Verilog

```
//对例 6.3 的二进制计数器进行测试的激励
module testcounter( );
  reg t_Count, t_Load, t_CLK, t_Clr;
  reg [3: 0] t_IN;
  wire t_C0;
  wire [3: 0] t_A;
  counter cnt (t_Count, t_Load, t_IN, t_CLK, t_Clr, t_A, t_CO);
  always
    #5 t_CLK = ~t_CLK;
initial
  begin
    t_Clr = 0;
    t_CLK = 1;
    t_Load = 0; t_Count = 1;
    #5 t_Clr = 1;
    #50 t_Load = 1; t_IN = 4'b1001;
    #10 t_Load = 0;
    #70 t_Count = 0;
    #20 $finish;
  end
endmodule
```

VHDL

```
entity testcounter is
port ();
end testcounter;

architecture Behavioral of testcounter is
signal t_count, t_Load, t_CLK, t_Clr, t_CO: Std_Logic; t_A, t_IN:
Std_Logic_Vector (3 downto 0));
component counter port(A_count: in Std_Loigc_Vector (3 downto 0);
C_out: out Std_Logic; Data_in: in Std_Logic_Vector (3 downto 0); Cout,
Load, CLK, Clear_b: in Std_Logic); end component;
begin
cnt: counter port map(A_count => t_A; C_out => t_CO, Data_in => t_IN,
Load => t_Load, CLK => t_CLK, Clear_b => t_Clr);
```

```
process ();
  t_CLK <= '1';
  t_CLK <= not t_CLK after 5 ns;
  t_CLK <= '0' after 5 ns;
  wait for 5 ns;
end process;

  process
  t_Clr <= '0';
  t_Load <= '0';
  t_Count <= '1';
  t_Clear <= '1' after 5 ns;
  t_Load <= '1' after 45 ns;
  t_IN <= '1001' after 45 ns;
  t_Load <= '0' after 55 ns;
  t_count <= '0' after 135 ns;
  wait;
end process;
end Behavioral;
```

6.34* 写出图 6.3 中 4 位移位寄存器的 HDL 行为描述，并加以验证。

6.35 编写并验证下列程序：

(a) 习题 6.2 中寄存器的 HDL 结构描述。

(b)* 习题 6.2 中寄存器的 HDL 行为描述。

(c) 习题 6.6 中寄存器的 HDL 结构描述。

(d) 习题 6.6 中寄存器的 HDL 行为描述。

(e) 习题 6.7 中寄存器的 HDL 结构描述。

(f) 习题 6.7 中寄存器的 HDL 行为描述。

(g) 习题 6.8 中寄存器的 HDL 行为描述。

(h) 习题 6.9(a) 中连续减法器的行为描述。

(i) 习题 6.9(b) 中连续减法器的行为描述。

(j) 习题 6.10 中连续二进制补码电路的行为描述。

(k) 习题 6.13 中 BCD 行波计数器的行为描述。

(l) 习题 6.18 中加减计数器的行为描述。

6.36 写出并验证 4 位可逆计数器的行为和结构描述，图 6.13、表 6.5 和表 6.6 描述了其逻辑图。

6.37 写出并验证习题 6.24 中计数器的行为描述：

(a)* 使用 **if**...**else** 语句。

(b) 使用 **case** 语句。

(c) 使用有限状态机。

6.38 当使用下列控制输入端时，分别写出并验证带并行预置的 4 位可逆计数器 HDL 的行为描述：

(a)* 计数器有 3 个控制输入，分别对应 3 种功能，即预置、加法计数和减法计数。输入端的优先级依次是预置、加法计数和减法计数。

(b) 计数器有两个选择输入端对应 4 种功能：加法计数、减法计数、预置和保持。

6.39 写出并验证图 6.16 所示计数器的 HDL 行为和结构描述。

6.40 写出并验证与图 6.17(a) 所示电路类似的 8 位环形计数器的行为描述。

6.41 写出并验证图 6.18(a) 中的 4 位扭环形计数器的 HDL 描述。

6.42* HDL 例 6.3 的 Binary_Counter_4_Par_Load 中 **if** 语句的最后一句是多余的,请解释为何删除该语句, 程序实现的功能没有变化。

6.43 图 6.4 中,通过门对时钟的控制,来控制从寄存器 A 到寄存器 B 的数据串行传送。在移位寄存器的每个单元输入,都使用了数据选择器。试着设计另一种电路结构模型,使时钟路径不改变。层次化设计的顶层是移位寄存器的实例化形式。描述移位寄存器的模块中使用了触发器和数据选择器实例化模块。用行为描述方法对触发器和数据选择器进行建模,要考虑复位端。编写测试平台对电路进行仿真,并说明数据传送方式。

6.44 图 6.5 所示为一个串行加法器,现在将控制时钟的门移走,使时钟信号直接加到触发器的时钟端,换作数据选择器加到 D 触发器上,若移位功能无效,则触发器内容不断循坏;反之,产生全加器的进位输出。顶层设计中包括对移位寄存器、全加器、D 触发器和数据选择器行为进行建模的实例化模块。假设复位是异步的,编写测试平台模拟电路功能,并说明数据传送方式。

6.45* 写出并验证习题 6.23 中有限状态机实现的计数器行为描述。

6.46 习题 6.25 中提供了产生定时信号的两种实现方法:

(a)一种是仅使用触发器。

(b)还有一种是使用计数器和译码器。

请用 HDL 的行为描述对这两个电路建模,可以使用状态机,输出从 T_0 到 T_5 的定时信号。

6.47 写出图 P6.47 中电路的行为描述,请验证:如果输入奇数个 1,则电路输出为 1。

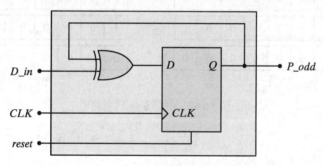

图 P6.47　习题 6.47 的电路

6.48 写出并验证图 P6.48(a)和(b)中计数器电路的行为描述。

6.49 HDL 例 6.1 描述的是通用移位寄存器,请编写测试方案,对模型进行仿真。

6.50 写出并验证下列计数器的行为描述:

(a)习题 6.27

(b)习题 6.28

6.51 不使用状态机,只使用移位寄存器和附加的逻辑电路,编写并验证图 5.27 所描述的序列检测器的另外一种模型,比较这两种实现方式。

6.52 写出图 6.7 中的通用移位寄存器的 HDL 结构描述,验证所有功能。

6.53 当数值被循环移入被加数寄存器时,证明图 6.5 中的串行加法器此时用作累加器。

6.54 写出并验证图 6.6 中串行加法器的结构模型。

6.55 写出并验证图 6.10 中 BCD 行波计数器的结构模型。

6.56 写出并验证图 6.12 中同步计数器的结构模型。

6.57 写出并验证图 6.13 中可逆计数器的结构模型。

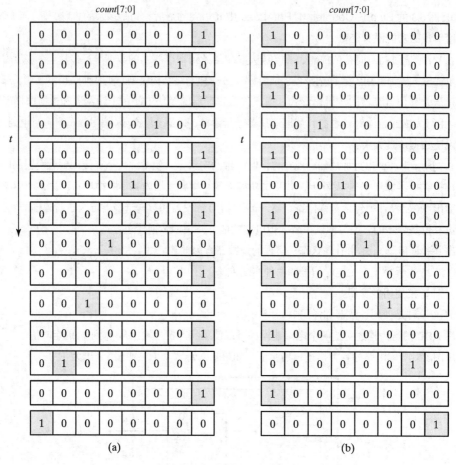

图 P6.48 习题 6.48 的电路

6.58 写出并验证:

(a) 图 6.14 中二进制计数器的结构描述。

(b) 图 6.14 中二进制计数器的行为描述。

6.59 写出并验证:

(a) 图 6.18(a) 中 Johnson 计数器的结构描述。

(b) 图 6.18(a) 中 Johnson 计数器的行为描述。

参考文献

1. MANO, M. M. and C. R. KIME. 2007. *Logic and Computer Design Fundamentals*, 4th ed., Upper Saddle River, NJ: Prentice Hall.

2. NELSON V. P., H. T. NAGLE, J. D. IRWIN, and B. D. CARROLL. 1995. *Digital Logic Circuit Analysis and Design*. Upper Saddle River, NJ: Prentice Hall.

3. HAYES, J. P. 1993. *Introduction to Digital Logic Design*. Reading, MA: Addison-Wesley.

4. WAKERLY, J. F. 2000. *Digital Design: Principles and Practices*, 3rd ed., Upper Saddle River, NJ: Prentice Hall.

5. DIETMEYER, D. L. 1988. *Logic Design of Digital Systems*, 3rd ed., Boston, MA: Allyn Bacon.

6. GAJSKI, D. D. 1997. *Principles of Digital Design*. Upper Saddle River, NJ: Prentice Hall.

7. ROTH, C. H. 2009. *Fundamentals of Logic Design*, 6th ed., St. Paul, MN: West.

8. KATZ, R. H. 1994. *Contemporary Logic Design*. Upper Saddle River, NJ: Prentice Hall.

9. CILETTI, M. D. 1999. *Modeling, Synthesis, and Rapid Prototyping with Verilog HDL*. Upper Saddle River, NJ: Prentice Hall.

10. BHASKER, J. 1997. *A Verilog HDL Primer*. Allentown, PA: Star Galaxy Press.

11. THOMAS, D. E. and P. R. Moorby. 2002. *The Verilog Hardware Description Language*, 5th ed., Boston, MA: Kluwer Academic Publishers.

12. BHASKER, J. 1998. *Verilog HDL Synthesis*. Allentown, PA: Star Galaxy Press.

13. PALNITKAR, S. 1996. *Verilog HDL: A Guide to Digital Design and Synthesis*. Mountain View, CA: SunSoft Press (a Prentice Hall Title).

14. CILETTI, M. D. 2010. *Advanced Digital Design with the Verilog HDL*, 2e. Upper Saddle River, NJ: Prentice Hall.

15. CILETTI, M. D. 2004. *Starter's Guide to Verilog 2001*. Upper Saddle River, NJ: Prentice Hall.

网络搜索主题

BCD 计数器

Johnson 计数器

环形计数器

序列检测器

同步计数器

扭环形计数器

可逆计数器

第7章 存储器和可编程逻辑器件

本章目标

1. 了解可编程逻辑器件(PLD)的组织结构和功能。
2. 了解阵列逻辑图与传统逻辑图的区别。
3. 了解用来表示存储器中字数量的字母。
4. 了解如何编写存储器的 HDL 描述。
5. 了解如何解释存储器周期定时波形。
6. 给定存储器的容量和字大小，指定其地址和数据行的数目。
7. 了解如何使用汉明码来检测和纠正单一错误，以及检测双重错误。
8. 能够为 ROM 写一个真值表。
9. 能够为 PLA 编写程序。
10. 能够为 PAL 编写程序。
11. 了解现场可编程门阵列(FPGA)的基本结构。
12. 了解 FPGA 中可编程互连点的电路。
13. 了解块 RAM 和分布式 RAM 在 FPGA 中的区别。
14. 能够编写 RAM 的 HDL 模型。

7.1 引言

存储单元用于信息存取。如果进行数据处理，则将存储器中的信息取出送至处理器中的寄存器，处理器单元把处理的中间和最终结果存回存储器中。存储器从输入设备获取信息，把要输出的信息送至输出设备。存储单元是能够储存大量信息的单元集合。

数字系统中的存储器有两类，分别是随机存取存储器(RAM)和只读存储器(ROM)。随机存取存储器能接收外部信息，并具有存储功能。存储器接收外部信息的过程称为存储器写操作，从存储器中取出信息的过程称为读操作。对随机存取存储器既可以执行写操作，又可以执行读操作。而对于只读存储器则只能执行读操作，即对已经存储在存储器中的信息进行读取。由于只读存储器只能读出、不能写入，因此存储信息不能通过写操作来改变。

只读存储器属于可编程逻辑器件(PLD)的一种，需要使用只读存储器保存信息时，要预先通过一定的方式将信息装入器件配置单元，这类过程称为器件编程。这里的"编程"是指将位流数据插入器件的硬件配置中的过程。

可编程逻辑器件(PLD)除了包括只读存储器，还包括可编程逻辑阵列(PLA)、可编程阵列逻辑(PAL)和现场可编程门阵列(FPGA)等。这一类集成电路由逻辑门构成，门与门之间通过类似于熔丝的电子开关相互连接。一开始，器件的所有熔丝都是完好的，没有被熔断。对器件编程时，要熔断那些不需要连接的熔丝，以此产生预定的逻辑功能。本章介绍可编程逻辑器件的配置过程，以及可编程逻辑器件在数字系统中的应用。我们还将介绍 CMOS FPGA，通过为器件下载位流数据来配置传输门，从而建立内部连接所需的逻辑函数(组合或时序逻辑)。

典型可编程逻辑器件的规模可达百万门级，在器件内部通过千百万个路径相互连接。为描述可编程逻辑器件的内部电路，这里介绍一种简化的阵列逻辑符号。图 7.1 是多输入或门的传统和阵列逻辑符号。采用阵列逻辑符号描述时，先画出连接到门的一条线段，它表示输入线，有几个输入，就画几条与输入线垂直的线段，垂直线段与输入线通过内部熔丝相互连接。照此方法，也可以画出与门的阵列逻辑符号。本章将采用这种简化的表示方法来绘制阵列逻辑图。

(a) 传统符号　　　　　　　　(b) 阵列逻辑符号

图 7.1　或门的传统符号和阵列逻辑符号

7.2　随机存取存储器

存储器是存储单元的集合，它通过辅助电路从外部接收信息，或从内部读出信息。从存储器中的任何单元随机存取信息的时间都是相同的，因此将其命名为随机存取存储器，英文缩写为 RAM。相比之下，得到存放在磁性部件上信息的时间，取决于数据存放的位置。

存储单元以字的形式存储信息，并以字为单位由外部存取。字由一组二进制 1 或 0 组成，代表一个数值、一条指令、一个或几个字母符号，也可以是其他任何一种二进制编码，8 位为一组，称为一个字节。通常情况下，计算机存储器使用的"字"在长度上是字节的倍数。因此，16 位的字包含两个字节，32 位的字包含 4 个字节。存储器容量常常用它所能存储的字节数来表示。

存储器和外界的通信由数据输入线、数据输出线、地址选择线和控制传输方向的控制线共同决定。存储单元的框图如图 7.2 所示，存入存储器的信息由 n 条数据输入线写入，从存储器取出的信息由 n 条数据输出线读出，k 条地址线决定存取字的地址，两个控制输入决定字的传输方向：写输入有效将数据存入存储器，读输入有效从存储器中读出数据。

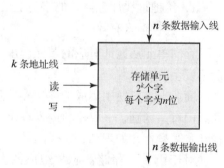

n 条数据输入线

存储单元
2^k个字
每个字为n位

k 条地址线

读

写

n 条数据输出线

图 7.2　存储单元的框图

存储单元的容量由它包含的字的个数及每个字的位数决定。每个字都被分配了一个特有的地址，地址范围从 0 到 $2^k - 1$ (k 是地址线的位数)。为存取存储器内的某个字，需要在地址线输入端加 k 位地址。译码器接收到地址后，打开传输通道，将被选中的字写入或读出。不同存储器的容量差别很大，可以从 1024 个字(10 位地址)到 2^{32} 个字(32 位地址)。通常，存储器中字(或字节)的个数采用字母 K(千)、M(兆)或 G(吉)为单位，K 为 2^{10}，M 为 2^{20}，G 为 2^{30}，因此，64 K = 2^{16}，2 M = 2^{21}，4 G = 2^{32}。

下面我们来分析容量为 1 K、每字 16 位的存储器。由于 1 K = 1024 = 2^{10}，16 位代表两个字节，存储器容量是 2048 = 2 K 字节。图 7.3 是存储单元最前面 3 个和最后面 3 个字节的可能取值。每个字包含 16 位，可以分成两个字节，这些字被标以十进制地址 0 到 1023，等效的二进制地址宽度为 10 位，第一个地址是 10 个全 0，因为 1023 对应的二进制为 1111111111，所以最后一个地址是 10 个全 1。存储器中每个字的所有 16 位作为一个整体来存取。

图 7.3 中存储器的容量写成 1 K × 16，代表地址宽度为 10 位(字宽)，每个字是 16 位(位宽)。再来看一个例子，一个 64 K × 10 存储器的字宽为 16 位(由于 64 K = 2^{16})，位宽为 10 位。字宽代表了存储器所能存储的字数，而与每个字的位数无关，其大小由关系式 $2^k \geq m$ 指定，这里 m 是字的总数，k 是满足这种关系所需的地址宽度。

存储器地址		存储器内容
二进制	十进制	
0000000000	0	1011010101011101
0000000001	1	1010101110001001
0000000010	2	0000110101000110
⋮	⋮	⋮
1111111101	1021	1001110100010100
1111111110	1022	0000110100011110
1111111111	1023	1101011000100101

图 7.3　1024 × 16(1 K × 16)存储器

写操作和读操作

随机存取存储器可以执行读和写两种操作。写信号对应写操作，读信号对应读操作，只要接收到信号，存储器的内部电路就执行相应的操作。

将字写入存储器的步骤是

1. 给地址线加上地址。
2. 将需要写入的数据加到数据输入线。
3. 使写输入有效。

存储单元会从输入数据线取走数据，将字存入由地址线确定的单元中。

从存储器中读出字的步骤是

1. 给地址线加上需要的字对应的地址。
2. 使读输入有效。

存储单元从地址对应的单元读出字并送到输出数据线上，被选中单元中的内容在读完之后不发生改变。

商业上一般使用集成的存储器芯片。存储器芯片有两个控制输入端，控制方式也与前面介绍的有些区别，一个控制输入端作为片选，选择存储单元；另一个控制输入端确定是读操作还是写操作，如表 7.1 所示。

对于由多个存储器芯片组成的大型存储器，存储器的使能端(有时也称为片选)用于使某个芯片有效。当存储器使能端有效时，读/写输入确定所要执行的操作。

表 7.1　存储器芯片的控制输入

存储器使能	读/写	存储器功能
0	X	无
1	0	写入指定的字
1	1	读出指定的字

采用 HDL 描述存储器

HDL 通过字阵列建立内存模型。

Verilog　采用 Verilog 描述时，将存储器建模成寄存器阵列。使用关键字 **reg** 定义一个二维数组，数组中的第一个数字代表位宽，第二个数字代表存储器的深度(字长)。例如，设有 1024 个字的存储器，每个字是 16 位，那么可以定义为

reg [15:0] memword [0:1023];

这条语句描述的是一个二维的 1024 个寄存器组，每组寄存器有 16 位，memword 中的数字代表整个存储器的字长，与存储器地址相同。例如，memword[512]代表地址为 512 的 16 位存储器字。存储器中的单个位不能直接寻址。相反，必须从内存中读取一个字并将其分配给一维数组，然后才能从该字中读取位或部分选择[①]。

VHDL 采用 VHDL 描述时，将存储器建模成位向量或 std_logic 向量的数组。例如，512 个 16 位字的存储器可以定义为

type RAM_512×16 **is array** (0 **to** 511)of **bit** (0 **to** 15);

存储单元的功能描述见 HDL 例 7.1。这里，存储器有 64 个字，每个字为 4 位。两个控制输入端分别是使能端（Enable）和读写端（ReadWrite）。数据输入线（DataIn）和数据输出线（DataOut）都是 4 位，输入地址的宽度是 6 位（因为 $2^6 = 64$）。存储器被定义成一个二维的寄存器数组，用 Mem 作为标识符。存储器操作发生在 Enable 输入端有效时，ReadWrite 输入端决定了操作的类型，如果 ReadWrite 信号为 1，则存储器执行读操作，用符号化语句表示成

DataOut←Mem[Address];

这条语句表示从地址对应的存储器字中读出 4 位数据送到输出数据线上。如果 ReadWrite 信号为 0，则存储器执行写操作：

Mem[Address] ← DataIn;

这条语句表示将输入数据线上的 4 位数据写入地址对应的存储器字中。当使能端为 0 时，存储器不工作，输出一般呈现高阻态，用关键字 **z** 表示。这样存储器有三态输出。

HDL 例 7.1

Verilog

```
// 存储器的读/写操作
// 存储器大小是 64 个字，每个字为 4 位
module memory (Enable, ReadWrite, Address, DataIn, DataOut);
 input    Enable, ReadWrite;
 input    [3: 0] DataIn;
 input    [5: 0] Address;
 output   [3: 0] DataOut;
 reg      [3: 0] DataOut;
 reg      [3: 0] Mem [0: 63];              // 64 x 4 存储器

 always @ (Enable or ReadWrite or DataIn)
   if (Enable) begin
    if (ReadWrite) DataOut = Mem [Address];    // 读
    else Mem [Address] = DataIn;               // 写
   else DataOut = 4'bz;
   end                                       // 高阻态
 endmodule
```

[①] 部分选择是一个连续的位范围。

VHDL

-- 存储器的读/写操作
-- 存储器大小是 64 个字，每个字 4 位

entity memory **is**
port (Enable, Readwrite: **in**, Std_Logic; DataIn: **in** Std_Logic_Vector (3 **downto** 0);
　Address: **in** Std_Logic_Vector (5 **downto** 0);
　DataOut: **out** Std_Logic_Vector (3 **downto** 0));
end memory;

architecture Behavioral **of** memory **is**
begin
process (Enable, ReadWrite, DataIn) **begin**
　if Enable = 1 **then**
　　if ReadWrite = 1 **then** DataOut <= Mem(address);
　　else memory(address) <= DataIn; **end if**;
　　else DataOut <= "zzzz"; **end if**;
endprocess;
end Behavioral;

定时波形

存储器的操作由外部器件诸如中央处理单元(CPU)来控制。通常，CPU 与自己的时钟同步。然而，存储器没有内部时钟，它的读/写操作只能由控制输入决定。所谓存储器的读周期，是指从选中某个字到读出所需要的时间。存储器的写周期则是完成写操作需要花费的时间。CPU 必须提供存储器的控制信号，用其内部时钟控制存储器的读/写操作，这就意味着存储器的读周期和写周期一定是 CPU 时钟周期的倍数。

假设 CPU 工作的时钟频率为 50 MHz，时钟周期为 20 ns。如果 CPU 与读周期和写周期都不超过 50 ns 的存储器通信，则写周期必须在 50 ns 之内完成对被选定字的写操作，在 50 ns 甚至更少的读周期内完成数据的读操作(通常，这两个数值不是一样的)。由于 CPU 的时钟周期是 20 ns，为完成对存储器的操作，需要花费 2.5 个时钟周期，也可能是 3 个时钟周期。

存储器的操作时序如图 7.4 所示，图中 CPU 的时钟频率是 50 MHz，存储器的最大周期是 50 ns。图 7.4(a)中的写周期对应 3 个 20 ns 周期：T_1、T_2 和 T_3。为完成写操作，CPU 必须为存储器提供地址和输入数据，这项工作要在 T_1 开始前完成(在地址和数据波形中相互交叉的两条线表示总线数值发生变化)。存储器使能信号和读/写信号在地址线稳定之后才有效，这样可避免破坏存储器中其他字的数据。若存储器使能信号变为高电平，读/写信号变为低电平，则这时进行的是写操作。两个控制信号一直要保持最少 50 ns，地址和数据信号在控制信号无效之后也还要保持一段时间，不过时间很短。在第三个时钟周期结束后，存储器写操作得以完成，CPU 在下一个 T_1 周期又可以读/写存储器的内容。

读周期如图 7.4(b)所示。图中存储器的地址由 CPU 提供。存储器的使能和读/写信号在读操作时必须为高电平。从存储器使能端有效到地址对应字的数据出现在输出数据线上，时间只能少于 50 ns。CPU 在 T_3 的下降沿将数据输入发送给一个内部寄存器。接下来再来一个 T_1 周期，系统可以响应存储器的另一个请求。

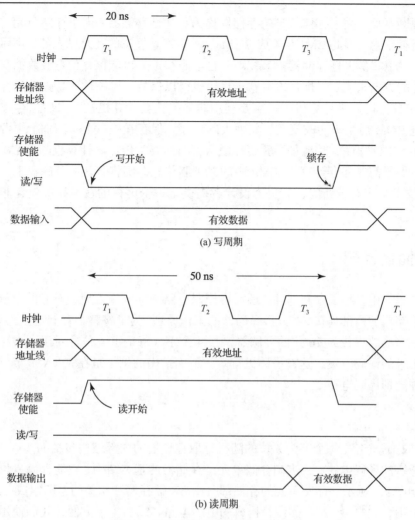

图 7.4 存储器读/写操作的时序波形

存储器类型

存储器系统的存取模式由其所使用的元件类型决定。在随机存取存储器中，字被分开存放在单独的位置，每个字占用一个特殊的空间。在顺序存取存储器中，信息被存储在某种媒介中，不能马上就能被存取，只有经过一段时间后才能有效。磁盘和磁带就是这种类型的存储器，每个存储空间都依次接收读/写信号，但是只到了需要的位置，信息才被存取。在随机存取存储器中，存取时间与字的位置无关；而在顺序存取存储器中，存取一个字所花费的时间取决于这个字的位置，因此存取时间是变化的。

集成 RAM 单元工作于两种可能的模式：静态和动态。静态 RAM(SRAM)由基本锁存器构成，只要电源一直有效，存储的二进制信息就不会丢失；若遇断电，则信息会立即丢失。动态 RAM(DRAM)以电容上的电荷大小表示存储的信息。电容被放置在 MOS 晶体管构成的芯片内部，其上存储的电荷随着时间会慢慢放电，因此需要不断地充电来刷新动态存储器。为恢复慢慢变少的电荷，每隔几个毫秒就要周期性地刷新一次。DRAM 的功耗较低，容量较大。SRAM 易于使用，读/写周期都比较短。

　　当电源断开后，丢失存储信息的存储器称为易失性存储器。由于存储单元需要外部电源才能保持所存信息，因此 CMOS 集成 RAM 单元不管是静态的还是动态的，都属于易失性类型。相反，对于非易失性存储器(如磁盘)，在电源移走后也能保存信息，数据存储在磁性部件上，以磁的方向来表示，即使电源移走后，也得以保持。另一种非易失性的存储器是只读存储器(ROM)。在数字计算机中，需要利用非易失性在计算机被关机后保存程序，在程序和数据存进 ROM 后是不能改变的，其他大的程序则保存在磁盘上。当加上电源后，计算机可使用 ROM 中的程序，其他程序驻留在磁盘上，需要时传送到计算机的 RAM 中。在关断电源之前，如果需要保存计算机 RAM 中的二进制信息，则将其转移到磁盘上。铁电存储器(FeRAM)技术是相对较新的，它也为设计者提供了一个可行的在设计中包含非易失性存储器的选项。

7.3　存储器译码

　　在存储单元中，除了存储部件，还需要译码电路来确定输入地址对应的存储器位置。本节将说明存储器的内部连接，并分析译码器的工作原理。为了将整个存储器用一个图来表示，这里给出一个小的容量为 16 位的存储器，共 4 个字，每个字 4 位。对于大型存储器来说，通常采用二维的译码方案，这样译码更有效。下面给出的例子是在 DRAM 集成电路中常常使用的一种地址译码电路。

内部结构

　　一个具有 m 个字、每个字为 n 位的随机存取存储器的内部结构包括 $m \times n$ 个二进制存储单元和选择字的译码电路。二进制存储单元是存储器的基本结构，它能存储一位的二进制信息，结构如图 7.5 所示。存储单元的存储部分由 SR 锁存器和相关门电路组成，以形成 D 锁存器。实际上，它是 4~6 个晶体管构成的电子电路。以后为了方便，我们使用逻辑符号来建模。二进制存储单元必须很小，这样在集成电路芯片内部所占的面积才能很小。在将一位信息储存到内部锁存器时，选择输入端决定读/写单元的位置，读/写输入决定了被选中单元的工作方式。当读/写输入为 1 时，从锁存器到输出端口执行读操作；当读/写输入为 0 时，从输入端口到锁存器执行写操作。

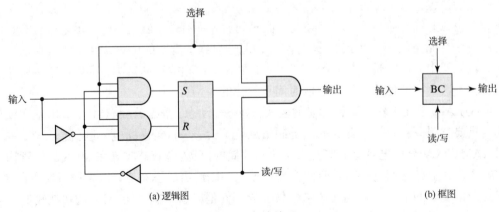

图 7.5　存储单元

一个小型 RAM 的逻辑结构如图 7.6 所示，它包括 4 个字，每个字 4 位，一共有 16 位。标为"BC"的小方块表示有 3 个输入和一个输出的二进制单元，如图 7.5(b) 所示。4 个字的存储器需要两条地址线，通过 2×4 译码器选择 4 个字中的任何一个。译码器工作与否由存储器使能输入端决定，当存储器使能输入端为 0 时，所有译码器的输出都为 0，一个字都没有被选中；当存储器选择输入端为 1 时，根据地址线的数值决定 4 个字中的哪一个字被选中。一旦某个字被选中，读/写输入决定接下来的操作。在读操作期间，被选中字的 4 位通过或门送到输出端口(注意：或门参照了图 7.1 中阵列逻辑的画法)。在写操作期间，输入线上的有效数据传送到被选中字的 4 个二进制单元，没有被选中字的二进制单元无效，它们原先的数值保持不变。当进入译码器的存储器选择输入为 0 时，无论读/写输入为何值，所有单元中的二进制数值均保持不变。

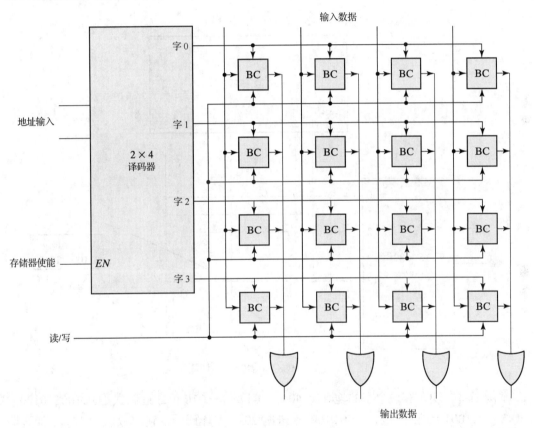

图 7.6　4×4 RAM 的逻辑结构

商用的随机存取存储器容量可高达几千个字，每个字的位宽从 1～64 不等。大容量存储器的逻辑结构可以由上面的图直接扩展。如果一个存储器有 2^k 个字，每个字 n 位，那么需要 k 条输入到 $k×2^k$ 译码器的地址线，译码器的每个输出选择一个 n 位的字，用于读/写操作。

二维译码

一个有 k 个输入端和 2^k 个输出端的译码器需要用 2^k 个与门构成，每个门有 k 个输入端。如果采用二维译码方案，则只需要使用两个译码器，这样可以减少所需使用的门的个数，以及每个门的输入端个数。二维译码的基本思想是将存储单元排成阵列，尽可能接近方形。在这种配置中，不是使用一个 k 输入的译码器，而是使用两个 $k/2$ 输入的译码器，其中的一个译码器选择行，另一个译码器选择列。

对于字长为 1 K 的存储器来说，其二维选择方式如图 7.7 所示。图中没有使用 10 × 1024 译码器，而是使用了两个 5 × 32 译码器。如果使用一个译码器，则需要 1024 个与门，每个与门有 10 个输入端；如果采用两个译码器，则需要 64 个与门，每个与门有 5 个输入端。地址的 5 个最高有效位送给输入 X，5 个最低有效位送给输入 Y。存储器阵列的每个字都是由一条行线和一条列线共同选择的。因此，选择 1024 个字需要的行是 32，列是 32。注意，每个交叉处代表的字的位数可以是任意的。

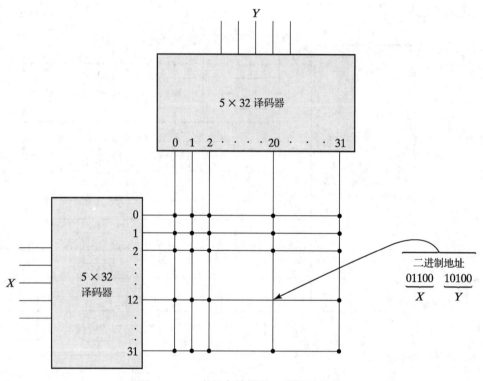

图 7.7　1 K 字的存储器的二维译码结构

举例来看，现在有一个字的地址是 404。404 的等效 10 位二进制数是 01100 10100。这使得 $X = 01100$（十进制 12），$Y = 10100$（十进制 20）。X 译码器的输出数值为 12，Y 译码器的输出数值为 20。这个字的所有位都可被读或者写。

地址复用

典型的 SRAM 存储器模型如图 7.5 所示，它包含 6 个晶体管。为了得到容量更高的存储器，有必要减少晶体管个数。每个 DRAM 单元包含一个 MOS 晶体管和一个电容。存储在电容上的电荷会随着时间放电，因此存储单元必须周期性充电，以不断地刷新存储器。DRAM 能在给定的芯片尺寸上得到四倍的存储器容量，每位存储代价比 SRAM 的减少 30%～40%，进一步采用低电源的 DRAM 还可更进一步降低成本。这些优点使得 DRAM 常用于大容量的存储器技术。DRAM 的容量可以从 64 KB 到 512 MB。大多数 DRAM 字宽是一个字，因此必须使用芯片扩展才能产生宽字节。

由于容量大，DRAM 的地址译码需要设计成二维阵列，更大的存储器常常需要使用多个阵列。为减少 IC 封装中的引脚个数，设计者使用地址复用，即地址分成行和列两部分，首先将行地址输入，然后将列地址输入，这样做可以大大减少芯片封装的面积。

下面我们使用 64 K 字的存储器来说明地址复用的概念。译码配置图如图 7.8 所示，存储器包括一个二维阵列，行和列的数目都是 256，这样代表 $2^8 \times 2^8 = 2^{16} = 64$ K。存储器有一条数据输入线、一条数据输出线和一个读/写控制端，还有两个 8 位的地址输入和两个地址选通信号。地址选通信号允许行和列地址进入相应的寄存器，行地址选通信号 RAS 决定 8 位的行寄存器是否有效，列地址选通信号 CAS 决定列寄存器是否有效。选通信号上面的横杠表示寄存器对信号的低电平敏感。

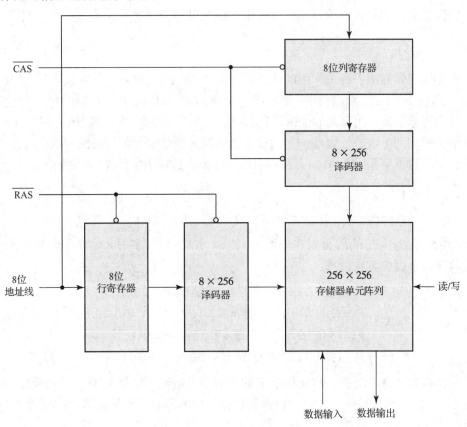

图 7.8 64 K DRAM 的地址复用

16 位地址分成 RAS 和 CAS 两部分连接到 DRAM。首先，将两个选通信号都置位为 1，8 位行地址加到地址输入端。RAS 从 1 变为 0 时，行地址预置到行地址寄存器中，同时使行译码器工作，对行地址进行译码，决定选择阵列中的哪一行。接下来，RAS 变回到 1，8 位列地址加到地址输入端，CAS 从 1 变为 0 时，列地址预置到列地址寄存器中，并且使列译码器工作。此时，两部分的地址都进入相应的寄存器中，译码器对行和列译码，这样就可以确定一个单元，并对这个单元进行读/写操作。CAS 必须在开始下一次的存储器操作前回到 1。

7.4 检纠错

存储器阵列的复杂度可能导致在存取信息时发生偶然错误, 此时可以采用检错码和纠错码提高存储单元的数据可靠性。通常使用的检错方案是添加校验位(见 3.8 节)。校验位产生后与数据字一起保存在存储器中。读出这些字之后, 需要验证字的校验位, 如果读出的校验位正确, 则数据字就被接收; 如果校验位有误, 则意味着检测到了错误, 但不能纠正错误。

纠错码产生多个奇偶校验位, 存储在存储器的数据字中。每个校验位是数据字的一个奇偶校验位。当数据字从存储器回读时, 相关的奇偶校验位也从存储器中读取, 并与读过的数据产生的一组新的校验位相比较。如果校验位正确, 则没有错误发生。如果校验位不匹配, 则它们将产生一种特有方式来确定错误位。在写/读操作中, 当一位从 1 到 0 或从 0 到 1 改变时, 错误发生。如果特有的错误位被标识, 那么可以通过对错误位取反进行纠正。

汉明码

随机存取存储器中一种最常用的纠错码是由 R. W. Hamming 设计的汉明码。在这种码字中, k 个校验位加到 n 个数据位中, 形成了一个新的 $n+k$ 位的字, 序列中每位的位置标号为 1 到 $n+k$, 将标号为 2 的幂次的位留给校验位, 其余位用于数据。汉明码适用于任何长度的字。在给出码字的一般特性之前, 我们首先来解释 8 位数据字的编码原理。

假设 8 位数据字是 11000100, 在字中加入 4 位, 这样组成的 12 位字如下:

位置: 　1 　2 　3 　4 　5 　6 　7 　8 　9 　10 　11 　12

　　　P_1 　P_2 　1 　P_4 　1 　0 　0 　P_8 　0 　1 　0 　0

4 个校验位 P_1、P_2、P_4 和 P_8 分别在位置 1、2、4 和 8, 数据字的 8 位放在余下的 8 个位置, 每个校验位按下面的方法计算:

$$P_1 = (3,5,7,9,11)位的异或 = 1 \oplus 1 \oplus 0 \oplus 0 \oplus 0 = 0$$
$$P_2 = (3,6,7,10,11)位的异或 = 1 \oplus 0 \oplus 0 \oplus 1 \oplus 0 = 0$$
$$P_4 = (5,6,7,12)位的异或 = 1 \oplus 0 \oplus 0 \oplus 0 = 1$$
$$P_8 = (9,10,11,12)位的异或 = 0 \oplus 1 \oplus 0 \oplus 0 = 1$$

异或运算实现检 "奇" 功能, 当变量中 1 的个数为奇数时, 结果为 1; 1 的个数为偶数时, 结果为 0。因此, 当校验位为 1 时, 包含校验位在内的所有参与异或运算的位置为 1 的个数是偶数。

8 位数据字和 4 位校验位一起存入存储器中, 组合成一个 12 位的复合字。把 4 个 P 替换掉, 可以得到 12 位的复合字为

　　　0 　0 　1 　1 　1 　0 　0 　1 　0 　1 　0 　0

位置: 　1 　2 　3 　4 　5 　6 　7 　8 　9 　10 　11 　12

当从存储器中读出 12 位后, 首先要检查它们是否有误。从序列中得出校验位, 4 位校验位的计算如下:

$$C_1 = (1,3,5,7,9,11)位的异或$$
$$C_2 = (2,3,6,7,10,11)位的异或$$
$$C_4 = (4,5,6,7,12)位的异或$$
$$C_8 = (8,9,10,11,12)位的异或$$

结果为 0 表示偶校验，为 1 则表示奇校验。所有的位都是以偶校验存储的，结果 $C = C_8C_4C_2C_1 = 0000$，说明没有错误。如果 $C \neq 0$，由校验位组成的 4 位二进制数将给出错误发生的位置。例如，考虑下面三种情况：

位置:	1	2	3	4	5	6	7	8	9	10	11	12	
	0	0	1	1	1	0	0	1	0	1	0	0	没有错误
	1	0	1	1	1	0	0	1	0	1	0	0	位置 1 错误
	0	0	1	1	0	0	0	1	0	1	0	0	位置 5 错误

在第一种情况中，12 位的字中没有发生错误；在第二种情况中，位置 1 上发生错误，从 0 变成了 1；在第三种情况中，位置 5 上发生错误，从 1 变成了 0。通过对相应的位执行异或运算，可以确定 4 个校验位如下：

	C_8	C_4	C_2	C_1
没有错误:	0	0	0	0
位置 1 错误:	0	0	0	1
位置 5 错误:	0	1	0	1

因此，若没有错误，则 $C = 0000$；若位置 1 错误，则 $C = 0001$；若位置 5 错误，则 $C = 0101$。C 的二进制结果若不等于 0000，则会指明发生错误的位置，可以采用将相应位取反来纠错。需要指出的是，数据字或者校验位都会出现错误。

对任何长度的数据字都可以使用汉明码。通常，汉明码包括 k 个校验位和 n 个数据位，一共有 $n+k$ 位，C 包括 k 位，其范围从 0 到 $2^k - 1$，这些值中有一个通常是 0，用来表示没有检测到错误，其他的 $2^k - 1$ 个数值指明 $n+k$ 位中的哪一位发生错误。因此，k 的取值范围大于等于 $n+k$，其关系表示为

$$2^k - 1 \geq n + k$$

用 k 来表示 n，结果为

$$2^k - 1 - k \geq n$$

上述关系式给出了与 k 个校验位一起使用的数据位的位数，例如，当 $k=3$ 时，数据位的位数 $n \leq (2^3 - 1 - 3) = 4$；当 $k=4$ 时，有 $2^4 - 1 - 4 = 11$，$n \leq 11$，数据字必须小于 11 位，但一定不能小于 5 位，否则只需要 3 位校验位了。前面例子中使用的 4 位校验位和 8 位数据位正是基于这种考虑。对应不同 k 的 n 取值如表 7.2 所示。

产生和验证校验位的一组数据来自 0 到 $2^k - 1$ 对应的数值。在二进制 1, 3, 5, 7 等数值中，最低有效位为 1；

表 7.2　k 个校验位的数据位范围

校验位的位数 k	数据位的范围 n
3	2~4
4	5~11
5	12~26
6	27~57
7	58~120

对于二进制 2, 3, 6, 7 等数值，第二个有效位为 1，将这些数值与汉明码中用于产生和验证校验的位进行对比，可以发现码组中的位与二进制计数序列中 1 的位置关系。可以看出，每组从 2 的幂次数值开始，如 1, 2, 4, 8, 16 等，这些数值也是校验位的位置序号。

单错纠正，双错检测

汉明码只能纠正和检测到一个错误，当发生多个错误时，汉明码检测不出来。如果在码字中增加额外一个校验位，则汉明码可以纠正一个错误，检测两个错误。在增加一个额外的校验位后，前面的 12 位码字变成 $001110010100P_{13}$，这里 P_{13} 由 12 位异或产生，这样可以得到 13 位的字 0011100101001(偶校验)。当 13 位的字从存储器中读出时，需要计算校验位和整个 13 位的校验 P。如果 $P = 0$，校验位是正确的(偶校验)，但如果 $P = 1$，第 13 位上的校验 P 不正确(奇校验)。可能出现下面的四种情况：

(1) 如果 $C = 0$ 且 $P = 0$，没有发生任何错误。
(2) 如果 $C \neq 0$ 且 $P = 1$，发生一个错误，但可以纠正。
(3) 如果 $C \neq 0$ 且 $P = 0$，发生两个错误，但不能纠正。
(4) 如果 $C = 0$ 且 $P = 1$，P_{13} 位发生错误。

这种方案能够检测出两个以上的错误，但不能保证检测出所有的错误。

使用修正的汉明码产生和校验奇偶位的电路，能够纠正单个错误和检测出两个错误。修正的汉明码使用更加有效的奇偶配置，这样，位的数目更加均衡，以便于异或运算。使用 8 位数据字和 5 位校验字的集成电路型号是 74637，还有其他的一些集成电路适用于 16 位和 32 位的数据字。这些电路可以和存储器一起使用，在读/写过程中纠正单个错误，或者检测出两个错误。

7.5　只读存储器

只读存储器(ROM)是基本的存储部件，能够永久地保存信息。信息由设计者确定，然后嵌入到存储单元中，形成所需的内部连接。一旦建立了这种连接，就会留在存储单元中，无论是加上还是断开电源，都将一直存在。

ROM 的框图如图 7.9 所示，它包括 k 个输入和 n 个输出。地址从存储器的输入端进入，由地址选定的单元中的数据从输出端输出。ROM 的字数由地址线确定，k 条地址线对应 2^k 个字。ROM 没有数据输入端，它没有写功能。集成 ROM 芯片内有一个或两个使能输入端，有时也有三态输出端，可应用于大容量的 ROM 阵列中。

图 7.9　ROM 的框图

举例来看一个 32 × 8 ROM，存储单元包括 32 个字，每个字 8 位，有 5 条输入线，地址范围从 0 到 31，图 7.10 是该 ROM 的内部逻辑。5 个输入端通过一个 5 × 32 译码器译成 32 个输出，译码器的每个输出代表一个存储器地址，32 个输出中的每一个都连到了 8 个或门的输入上。图中还给出了复杂电路中使用的阵列逻辑（见图 6.1），每个或门一定要有 32 个输入端。译码器的每个输出端连到每个或门的输入端，由于每个或门都有 32 个输入连接，并且有 8 个或门，因此这样的 ROM 包含 $32 \times 8 = 256$ 个内部连接。通常，$2^k \times n$ 的 ROM 有一个 $k \times 2^k$ 内部译码器和 n 个或门，每个或门有 2^k 个输入，这些输入连到了译码器的每个输出上。

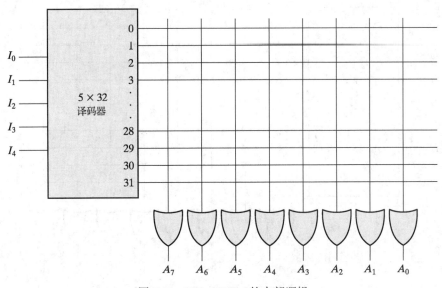

图 7.10　32 × 8 ROM 的内部逻辑

　　图 7.10 中的 256 个交叉点是可编程的，线与线之间的可编程连接在逻辑上与开关等效。开关闭合意味着两条线连接，断开则意味着两条线不连接。两条线之间的可编程连接有时也称为节点，节点开关可以使用不同的物理材料来实现。一种最简单的技术是使用熔丝，一般情况下两点是接在一起的，但通过加高压到熔丝上，可以将熔丝熔断。

　　ROM 内部的数值由真值表确定，表中列出了对应每个地址的字的内容。例如，32 × 8 ROM 的内容用类似于表 7.3 所示的真值表加以确定，表中的 5 个输入下列出了所有可能的 32 种地址，每种地址对应一个存储的 8 位字，并填在输出一列。表中只给出了 ROM 的前 4 个和后 4 个字，完整的表应包括 32 个字。

表 7.3　ROM 的真值表（部分）

输		入			输			出				
I_4	I_3	I_2	I_1	I_0	A_7	A_6	A_5	A_4	A_3	A_2	A_1	A_0
0	0	0	0	0	1	0	1	1	0	1	1	0
0	0	0	0	1	0	0	0	1	1	1	0	1
0	0	0	1	0	1	1	0	0	0	1	0	1
0	0	0	1	1	1	0	1	1	0	0	1	0
		⋮					⋮					
1	1	1	0	0	0	0	0	0	1	0	0	1
1	1	1	0	1	1	1	1	0	0	0	1	0
1	1	1	1	0	0	1	0	0	1	0	1	0
1	1	1	1	1	0	0	1	1	0	0	1	1

对 ROM 编程时,按照真值表中的数值决定熔丝是否熔断。例如,按照表 7.3 的真值表,可以得到如图 7.11 所示的配置结果。真值表中的 0 对应不连接,1 对应连接。表中地址 3 所存储的 8 位字为 10110010,4 个 0 使译码器输出 3 和输出为 A_6、A_3、A_2、A_0 的或门的输入端之间的熔丝断开,4 个 1 对应图中的"×",表示永久的连接。当 ROM 输入是 00011 时,译码器的所有输出除 3 外都为 0,输出 3 的逻辑信号 1 传送给或门的 A_7、A_5、A_4 和 A_1,其他 4 个输出维持 0 不变。这样,所存储的字 10110010 就加到了 8 个数据输出端。

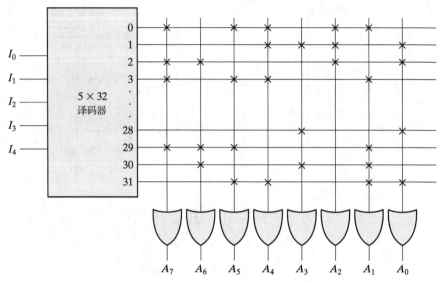

图 7.11　根据表 7.3 对 ROM 进行编程

实现组合电路

在 4.9 节中,我们已经介绍了一个 k 输入译码器可以产生 2^k 个最小项。增加一个或门将布尔函数的最小项相加,这样能够实现任何功能的组合电路。ROM 器件内部既包括译码器,又包括或门,将函数包含的最小项连接上,ROM 的输出就代表了组合电路输出变量的布尔函数。

ROM 的内部结构可分成两个部分,第一部分是已经配置好的存储单元,第二部分可以用来实现组合电路。从这个角度出发,可以认为每个输出端是最小项之和的布尔函数输出。例如,可以认为图 7.11 中的 ROM 是带 8 个输出的组合电路,每一个输出对应 5 个输入的函数,输出 A_7 表示成最小项之和的形式:

$$A_7(I_4, I_3, I_2, I_1, I_0) = \Sigma(0, 2, 3, \cdots, 29)$$

(省略号代表最小项 4 到 27,图中没有给出。)图中的标注"×"代表连接,它们为和项提供了最小项。其他的交叉点没有连接,因此没有将其包含在和项中。

实际上,当用 ROM 实现组合电路时,没有必要设计逻辑电路或说明内部门电路之间的连接方式,设计者需要做的工作只是确定好 ROM 芯片的型号,以及提供 ROM 真值表,ROM 会根据真值表提供的编程信息,自动实现内部逻辑。

例 7.1　用 ROM 设计一个组合电路,该电路的输入是 3 位二进制数,输出是输入数值的平方。

　　设计的第一步是列出组合电路的真值表。在多数情况下，真值表中所有可能的输入和输出都要被列出，但在有些情况下，可利用输出变量的特性列出部分真值表。表 7.4 是组合电路的真值表，表中列出了 3 个输入和 6 个输出的所有可能二进制取值。我们注意到，输出 B_0 等于输入 A_0，因此没有必要在 ROM 中再产生 B_0，而是用一个输入变量直接输出。另外，输出 B_1 一直为 0，因此这个输出用常量 0 提供。这样，实际上需利用 ROM 产生的输出只有 4 个，其他 2 个输出可直接得到。本例中，ROM 必须至少有 3 个输入端和 4 个输出端，3 个输入端对应 8 个字，每个字 4 位，因此 ROM 的容量是 8×4。采用 ROM 实现的结果如图 7.12 所示，图 7.12(b) 是 ROM 的编程信息，图 7.12(a) 的框图给出了组合电路的连接。

表 7.4　例 7.1 的电路真值表

输入			输出						十进制
A_2	A_1	A_0	B_5	B_4	B_3	B_2	B_1	B_0	
0	0	0	0	0	0	0	0	0	0
0	0	1	0	0	0	0	0	1	1
0	1	0	0	0	0	1	0	0	4
0	1	1	0	0	1	0	0	1	9
1	0	0	0	1	0	0	0	0	16
1	0	1	0	1	1	0	0	1	25
1	1	0	1	0	0	1	0	0	36
1	1	1	1	1	0	0	0	1	49

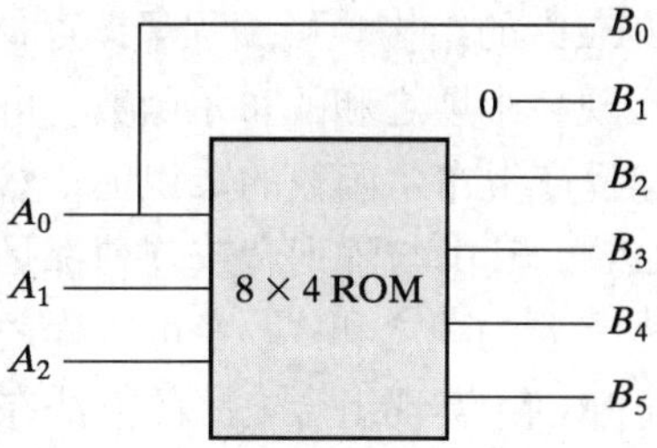

A_2	A_1	A_0	B_5	B_4	B_3	B_2
0	0	0	0	0	0	0
0	0	1	0	0	0	0
0	1	0	0	0	0	1
0	1	1	0	0	1	0
1	0	0	0	1	0	0
1	0	1	0	1	1	0
1	1	0	1	0	0	1
1	1	1	1	1	0	0

(a) 框图　　　　　　　(b) ROM 真值表

图 7.12　例 7.1 的 ROM 实现

ROM 类型

　　根据 ROM 编程方法的不同，可以将 ROM 分成四种类型。第一种类型称为掩模编程，是半导体制造商在装配过程的最后一道工序中完成的。装配 ROM 时，用户要给出 ROM 待实现功能的真值表。这张表由用户以某种方式提交，也可以是计算机输出的结果。加工者根据用户的要求制作对应的掩模，由于对用户收取了全定制掩模的费用，因此成本十分昂贵。因为这个原因，掩模编程只在一次定制的 ROM 数量较大时才算经济。

　　对于小批量使用的 ROM，比较经济的方法是使用第二种 ROM，称为可编程只读存储器或者 PROM。器件出厂时，PROM 内部包含的所有熔丝没有被熔化，相当于内部全存储 1。对 PROM 的特定引脚加高压脉冲，熔丝将被熔化，熔化的熔丝对应二进制 0，未被熔化的熔丝对应二进制 1。用户可以在实验室对 PROM 编程，得到预期的输入地址和存储字之间的对应关系。商业上使用一种称为 PROM 编程器的设备来完成编程。在任何情况下，即使采用

"编程"这个概念,对 ROM 编程的所有过程都是硬件设计过程。

对 ROM 或者 PROM 编程的进程是不可逆转的,编程一旦完毕,信息将永远保存下去,并且是不可改变的。编程后,每一个位置上都为确定的 0 或 1。如果需要更改,那只有将器件丢掉。

第三种 ROM 是可擦除的 PROM 或 EPROM。这类器件即使已被编程,也可回到初始状态。当把 EPROM 放置在紫外线下照射一段时间后,代表可编程连接的内部浮栅门将放电,信息被擦除。擦除后,EPROM 可被重新编程。

第四种 ROM 是电可擦除 PROM,简写成 EEPROM 或 E^2PROM。与 EPROM 相比,EEPROM 可以被电擦除,而不是用紫外线擦除。此优点使前者不需要插拔下来就可编程。

闪存(Flash)类似于 EEPROM,借助于专门电路,有选择地对电路中的器件进行编程或擦除,而不需要特定的仪器。闪存广泛应用于现代科技产品中,如移动电话、数码相机、机顶盒、数字电视、通信工具、硬盘和微控制器等。由于它们的功耗低,因此被用作笔记本电脑的存储媒介。闪存带有专门电路,使之能对多块存储器进行擦除,容量大小从 16 KB 到 64 KB。如同 EEPROM,闪存可被多次擦写,擦写的典型次数为 10^5 次。

组合 PLD

PROM 是一种组合可编程逻辑器件(PLD)。电路内部的可编程门电路分为与阵列和或阵列两部分,用来实现积之和的与或表达式。组合 PLD 主要有三种类型,它们的区别在于与或阵列中可编程的位置。图 7.13 给出了这三种 PLD 的结构。可编程只读存储器(PROM)的与阵列是固定的,可用作译码器,或门可编程实现最小项之和的布尔函数。可编程阵列逻辑(PAL)是与阵列可编程、或阵列固定。与门可编程产生布尔函数的乘积项,然后送到或门逻辑相加。最灵活的 PLD 是可编程逻辑阵列(PLA),其中与阵列和或阵列都是可编程的。与阵列中的乘积项可以被任何一个或门共享,产生需要的积之和式。在可编程逻辑器件的发展过程中,PAL 和 PLA 由不同的制造商命名。用 PROM 实现组合电路的方法在下节介绍,接下来的两节介绍了用 PLA 和 PAL 设计组合电路的方法。

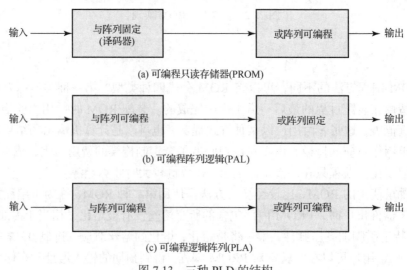

图 7.13 三种 PLD 的结构

7.6　可编程逻辑阵列

可编程逻辑阵列与 PROM 在概念上相似，但也有区别。PLA 没有对变量进行全部译码，也没有产生所有的最小项。译码器被可编程的与阵列代替，可以编程产生输入变量的任何乘积项。乘积项被送往或门，产生需要的布尔函数的积之和式。

如图 7.14 所示，PLA 内部逻辑有 3 个输入和 2 个输出。这样的电路由于规模太小，在商业上没有实际价值。在这里可用来说明 PLA 的典型逻辑结构，图中对复杂电路使用了简化的阵列逻辑符号。如图所示，每个输入通过一个缓冲器和一个非门，得到原变量和反变量。输入信号的原变量和反变量连到与门的输入端，打"×"表示连接。与门的输出连到或门的输入，或门的输出又连到异或门，利用异或性质可对信号进行编程，使得信号同相或反相输出。当异或门的输入连到 1 时，输出取反（因为 $x \oplus 1 = x'$）；当异或门的输入连到 0 时，输出不会发生改变（$x \oplus 0 = x$）。图 7.14 中 PLA 实现的布尔函数为

$$F_1 = AB' + AC + A'BC'$$
$$F_2 = (AC + BC)'$$

每个与门产生的乘积项标注在门的输出端。在交叉点使用"×"表示将乘积项连接上。输出以反变量或原变量中的何种形式出现，取决于异或门的输入连到 1 还是 0 上。

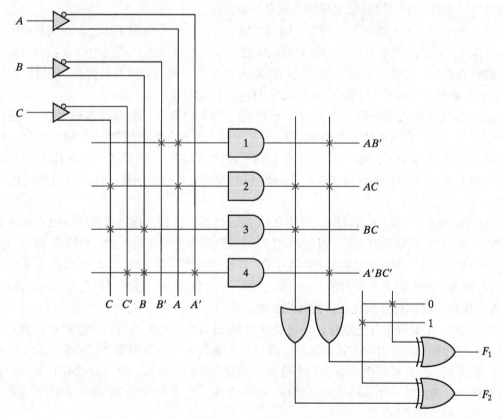

图 7.14　带 3 个输入、4 个乘积项和 2 个输出的 PLA

　　PLA 的熔丝图要求以表格形式给出。例如，图 7.14 的 PLA 编程表在表 7.5 中给出。PLA 编程表包括 3 个部分，第一部分列出了乘积项的序号，第二部分给出了输入连到与门的情况，第三部分代表了与门和或门之间的路径。对于每一个输出变量，都可以通过对异或门编程来产生 T(原变量输出)或者 C(反变量输出)。左边列出的乘积项不是表的一部分，这里用作参照。对每一个乘积项，输入下面都标出 1、0 或者—(横杠)，其含义是：如果变量在乘积项中以原变量形式出现，则对应的输入变量下面标 1；如果以反变量形式出现，则对应的输入变量下面标 0；如果变量没在乘积项中出现，则标成横杠。

表 7.5　PLA 编程表

乘 积 项		输　　　　入			输　　　　出 (T)	(C)
		A	B	C	F_1	F_2
AB'	1	1	0	—	1	—
AC	2	1	—	1	1	1
BC	3	—	1	1	1	1
$A'BC'$	4	0	1	0	1	1

注意：横杠的意义见文中。

　　输入和与门之间的连接情况列于编程表中标题为"输入"的下方。输入列中的 1 代表该输入变量连到与门，0 代表反变量连到与门的输入，横杠代表输入变量和它的反变量都不会连到与门。假设一个与门的输入开路，相当于输入端为 1。

　　与门和或门之间的路径在标题为"输出"的下方。当这些乘积项被包含在函数中时，输出变量标 1。在输出列中，标 1 的每个乘积项都从与门的输出连到或门的输入，标为横杠的对应熔断的熔丝，表示不连接。假设或门的输入端开路，相当于输入端为 0。最后，T(原变量)输出说明异或门的另一个输入端接 0，C(反变量)说明接 1。

　　PLA 容量由输入端个数、乘积项个数和输出端个数确定。典型的集成 PLA 电路具有 16 个输入、48 个乘积项和 8 个输出。对于 n 个输入、k 个乘积项和 m 个输出来说，PLA 的内部逻辑包括 n 个缓冲器-非门、k 个与门、m 个或门和 m 个异或门。在输入端和与门阵列之间有 $2n \times k$ 个连接，在与阵列和或阵列之间有 $k \times m$ 个连接，与异或门相连的连接还有 m 个。

　　当使用 PLA 实现数字系统时，对图 7.14 所示的器件内部连接进行说明是没有必要的，只需要提供对 PLA 编程的表格，以便由 PLA 编程得到需要的逻辑功能。与使用 ROM 相比，PLA 可以采用掩模可编程或现场可编程方式。当使用掩模可编程时，用户给制造商提交 PLA 编程表，该表可用于制造全定制的 PLA。第二种可用的 PLA 为现场可编程逻辑阵列或 FPLA，FPLA 可由用户使用商业编程硬件设备来编程。

　　当采用 PLA 实现组合电路时，一定要仔细观察。由于 PLA 的与门个数固定，因此要尽可能减少使用乘积项。对函数进行化简，确保每个函数使用的乘积项个数最少。由于所有输入变量都可用，因此乘积项中变量的个数并不重要。既要对函数，也要对函数取反后的表达式进行化简，确定哪一个表达式更加简单，哪一个使用的乘积项更少，哪一个产生的乘积项可以由其他函数所共享。

例 7.2　用 PLA 实现下面两个布尔函数：

$$F_1(A,B,C) = \Sigma(0,1,2,4)$$
$$F_2(A,B,C) = \Sigma(0,5,6,7)$$

两个函数通过图 7.15 的卡诺图进行化简，函数的原变量和反变量都被化简成积之和式。将两个函数放在一起综合考虑，得到乘积项最少的函数表达式为

$$F_1 = (AB + AC + BC)'$$

和

$$F_2 = AB + AC' + A'B'C'$$

两式共有 4 个不同的乘积项：AB、AC、BC 和 $A'B'C'$。关于多输出函数的 PLA 编程表如下图所示，尽管 C 已在表中给出，但由于 F_1 是用与或电路产生的，用在或门的输出端，输出 F_1 是反变量输出，因此需要异或门对其取反产生原变量输出 F_1。

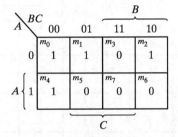
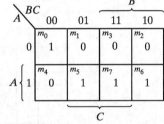

图 7.15　例 7.2 的解决方法

例 7.2 中的组合电路使用 PLA 设计起来非常简单，这里只是用来说明设计过程。典型的 PLA 有很多的输入和乘积项，带有这么多变量的布尔函数化简只有通过计算机辅助化简的方法才能进行。计算机辅助设计程序对所有函数都能化简，以期获得最少数目的乘积项。程序在确定乘积项最少时，要对函数的原变量和反变量化简结果进行综合衡量。根据熔丝图，通过 FPLA 编程器对集成电路内部的熔丝进行熔断操作。

7.7　可编程阵列逻辑

可编程阵列逻辑（PAL）是一种或阵列固定、与阵列可编程的可编程逻辑器件。由于只有与门是可编程的，因此 PAL 很容易编程，但是它没有 PLA 灵活。图 7.16 是典型的 PAL 结构，它有 4 个输入端和 4 个输出端，每个输入都有一个缓冲器-非门，每个输出都由固定的或门产生。PAL 结构包括 4 个部分，每个部分都包含一个宽度为 3 的与或阵列，即有 3 个可编程的与门和一个固定的或门。每个与门有 10 个可编程输入连接，在图上表示成 10 条垂直线和一条水平线相交。水平线确定与门的多个输入，输出连到缓冲器-非门，然后反馈回与门的两个输入端。

商用 PAL 器件比图 7.16 中包含的门更多。典型 PAL 集成电路有 8 个输入、8 个输出和 8 个部分，每个部分包括一个 8 位宽的与或阵列，输出端通常带有三态门，或者使用缓冲器-非门。

当采用 PAL 进行设计时，必须化简布尔函数以满足每个部分的要求。与 PLA 不同，PAL 的乘积项是不能在两个或两个以上的或门之间共享的。因此，要对每个函数单独进行化简，不需要考虑共同的乘积项。对每个部分来说，其乘积项个数是固定的。如果函数中乘积项太多，则可以将一个函数分解成两部分来实现。

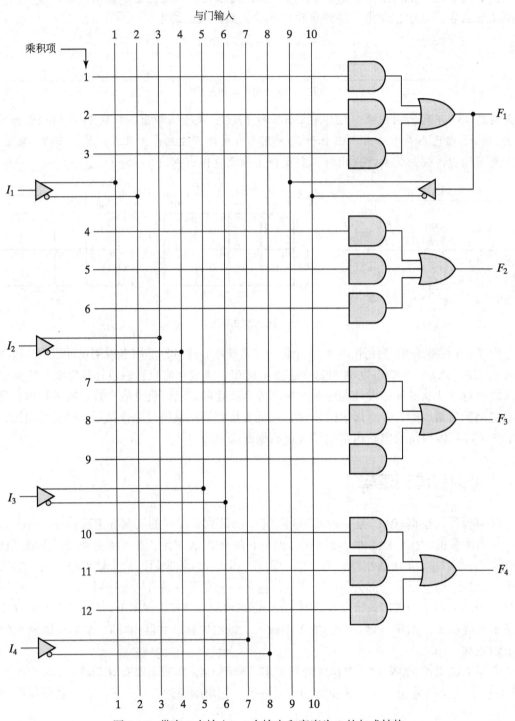

图 7.16　带有 4 个输入、4 个输出和宽度为 3 的与或结构

举个例子来看，我们考虑用 PAL 设计组合电路，实现的布尔函数的最小项之和为

$$w(A,B,C,D) = \Sigma(2,12,13)$$
$$x(A,B,C,D) = \Sigma(7,8,9,10,11,12,13,14,15)$$
$$y(A,B,C,D) = \Sigma(0,2,3,4,5,6,7,8,10,11,15)$$
$$z(A,B,C,D) = \Sigma(1,2,8,12,13)$$

将这 4 个函数分别化简，直到使用的乘积项最少，所得到的布尔函数如下：

$$w = ABC' + A'B'CD'$$
$$x = A + BCD$$
$$y = A'B + CD + B'D'$$
$$z = ABC' + A'B'CD' + AC'D' + A'B'C'D$$
$$ = w + AC'D' + A'B'C'D$$

注意，函数 z 有 4 个乘积项，前面两个乘积项之和等于 w，通过使用 w，将 z 的乘积项从 4 个减少到 3 个。

PAL 的编程表与 PLA 类似，但也有区别，前者不需要对与门的输入进行编程。表 7.6 列出了 4 个布尔函数的 PAL 编程表，该表分成 4 个部分，每部分有 3 个乘积项，与图 7.16 的 PAL 一致。前面两个部分需要两个乘积项实现布尔函数，最后一部分是输出 z，需要 4 个乘积项。使用 w 输出，可以将乘积项减少到 3 个。

表 7.6　PAL 编程表

乘　积　项	与门输入					输　　出
	A	B	C	D	w	
1	1	1	0	—	—	$w = ABC' + A'B'CD'$
2	0	0	1	0	—	
3	—	—	—	—	—	
4	1	—	—	—	—	$x = A + BCD$
5	—	1	1	1	—	
6	—	—	—	—	—	
7	0	1	—	—	—	$y = A'B + CD + B'D'$
8	—	—	1	1	—	
9	—	0	—	—	—	
10	—	—	—	—	1	$z = w + AC'D' + A'B'C'D$
11	1	—	0	0	—	
12	0	0	0	1	—	

编程表中规定的 PAL 熔丝图如图 7.17 所示。对于表中的每个 1 或 0，在图中用熔丝完整的符号标记相应的交叉点。对于表 7.6 中的每一个横杠，都用熔丝熔断的符号标记在图中的真输入和补码输入上。如果不使用与门，则保持其所有输入熔丝完整。由于相应的输入同时接收每个输入变量的真值和反码，因此，得到 $AA' = 0$ 和与门的输出总是 0。

与所有 PLD 一样，使用 PAL 时也需要使用计算机辅助设计，内部熔丝的熔断要通过特殊的电子设备来完成。

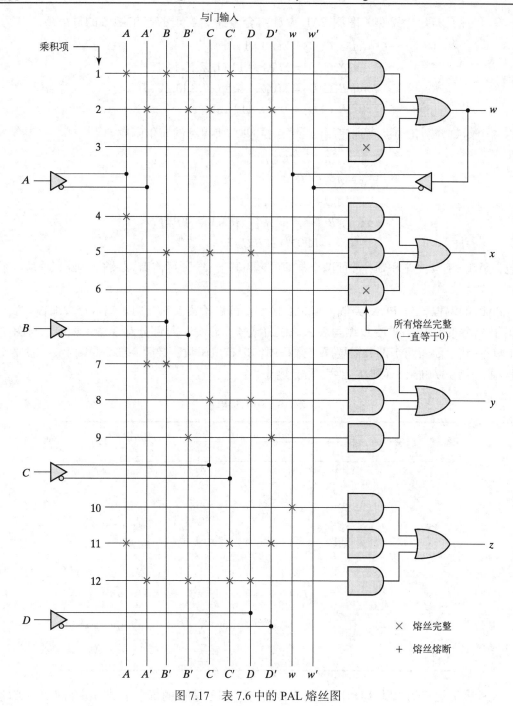

图 7.17 表 7.6 中的 PAL 熔丝图

7.8 时序可编程器件

数字系统设计中使用的元件是触发器和门。由于组合 PLD 只包括门,因此在设计中还需要另外使用触发器。时序可编程逻辑器件既包括门,又包括触发器,因此可以对器件进行编程来实现时序电路功能。商业上有很多种时序可编程逻辑器件,每个制造商提供的器件都是不同的，这些器件的内部逻辑结构非常复杂，以至于无法在这里给出。因此，我们对内部结构不做过多说明，只介绍下面三种主要类型：

1. 时序(也称简单)可编程逻辑器件(SPLD)。
2. 复杂可编程逻辑器件(CPLD)。
3. 现场可编程门阵列(FPGA)。

时序 PLD 有时也称为简单 PLD，主要为区别复杂 PLD。SPLD 在片内除了包含与或阵列，还包含触发器。时序电路实现结果如图 7.18 所示。通过增加一些触发器组成的寄存器，对 PAL 或 PLA 功能可做修改。电路输出可以取自或门输出，也可以取自触发器输出。用附加的可编程连接将触发器输出包含在与门形成的乘积项中。触发器可以是 D 触发器或 JK 触发器。

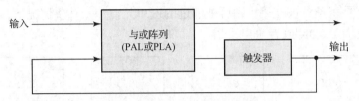

图 7.18　时序可编程逻辑器件

第一种实现时序电路的可编程器件是现场可编程逻辑序列器(FPLS)。典型的 FPLS 是在 PLA 外围增加一些输出驱动触发器，这些触发器使用起来比较灵活，可被编程为 JK 或 D 触发器。由于 FPLS 的可编程连接太多，因此它在商业上没有取得成功。SPLD 常常使用组合 PAL 外加 D 触发器的配置形式。包含触发器的 PAL 称为寄存器型 PAL。SPLD 的每部分称为宏单元。一个宏单元电路包含一个积之和组合逻辑和一个可任意配置的触发器。这里，我们假设表达式是与或式的积之和，但实际上可以是 3.7 节介绍的二级实现方式的任何一种。

图 7.19 所示的是基本宏单元的逻辑结构，与或阵列与图 7.16 所示的组合 PAL 相同，输出采用边沿触发的 D 触发器驱动。触发器时钟端统一接到外部时钟输入，在时钟边沿到来时，状态发生改变。触发器的输出连到三态缓冲器(或者非门)，在图中标注为 OE 的是输出使能信号。触发器输出经过反馈回到可编程与门的输入端，产生时序电路现态。典型的一片 SPLD 芯片内部包含 8 到 10 个宏单元，所有时钟输入都共同接到 CLK 输入端，所有三态缓冲器由输入 OE 控制。

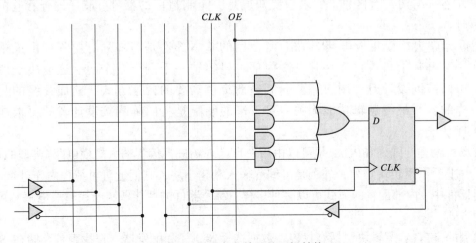

图 7.19　基本宏单元的逻辑结构

除了与阵列可编程，宏单元也可编程。典型的可编程项有触发器的使用或旁路、时钟边沿的极性选择、寄存器的预置和复位选择、原变量或反变量选择输出等。异或门用来产生原变量或反变量，数据选择器通过编程来选择输入端，可选择两条或者四条不同的路径。

使用 PLD 设计数字系统需要许多器件才能完成指标。从应用角度考虑，使用复杂的可编程逻辑器件(CPLD)是最经济的。CPLD 是在一片集成电路内部集中了一组 PLD，可编程连线使得 PLD 可以相互连接。

图 7.20 给出了 CPLD 的一般配置，它包括多个 PLD，通过可编程开关矩阵连接起来。输入/输出(I/O)块提供到 IC 引脚的连接，每个 I/O 引脚用三态缓冲器驱动，可被编程配置为输入或输出。开关矩阵从 I/O 块接收输入信号，直接送给某个宏单元。类似地，宏单元输出也送给开关矩阵。每个典型的 PLD 包括 8 到 16 个宏单元，这些宏单元通常是连接在一起的。如果宏单元中有乘积项没被使用，则可被邻近的宏单元使用。有些情况下，宏单元中的触发器可以编程配置为 D、JK 或者 T 触发器。

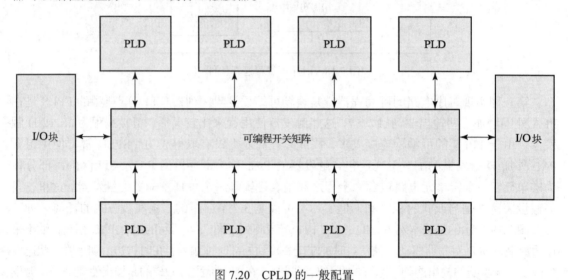

图 7.20　CPLD 的一般配置

不同制造商采用不同的方法实现 CPLD 结构，因此功能块、宏单元的类型、I/O 块和可编程连接结构都有区别。如果想要知道是哪个制造商的器件，最好先查看它的使用说明手册。

在设计超大规模集成电路(VLSI)时使用的基本部件是门阵列。门阵列由成千上万个门在一个硅片上集成，在一片 IC 内部可以容纳一千到十万个门，这取决于使用的工艺。用门阵列设计时，用户需要向制造商提供需要的内连方式。前面几级的装配过程是一样的，与最终逻辑功能无关。接下来的装配是将门阵列按设计者的要求连接起来以实现功能。

现场可编程门阵列(FPGA)是可以由用户自己现场进行编程的大规模电路。典型的FPGA包括成百上千个逻辑块阵列，外围是可编程输入和输出块，它们通过可编程内连进行连接。在一组器件中，内部配置的方式可以多种多样。每个器件的性能取决于逻辑块电路和可编程内连的方式。

典型的 FPGA 逻辑块包括查找表、数据选择器、门和触发器。查找表是存储在 SRAM

中的真值表，利用逻辑块产生需要的组合电路功能。这些功能可由 SRAM 中的真值表提供，与 7.5 节中用 ROM 实现组合电路的功能相类似。例如，一个 16×2 SRAM 能够存储 4 输入和 2 输出的组合电路真值表。组合逻辑部分与一些可编程数据选择器一起用来实现触发器的输入方程和逻辑块的输出。

RAM 相比 ROM 的优点是可以写入待存储的真值表，缺点是存储器是易失性的，当电源掉电后，需要重新装载查找表中的内容。程序可以从主计算机或从板上 PROM 装载。SRAM 中的程序会一直驻留下去，直到 FPGA 被重新编程或者电源关闭。每次电源接上后，器件都要重新编程一次。FPGA 具有的可重新编程能力使它具有广泛应用，可通过程序实现不同的逻辑。

用 PLD、CPLD 或者 FPGA 进行设计时，需要计算机辅助工具来完成综合过程。可以使用的一些工具要有原理图输入和硬件描述语言(HDL，如 ABEL、VHDL 和 Verilog)输入功能。综合工具将 HDL 书写的高层次设计描述进行分割、配置及实现逻辑块的连接。作为 CMOS FPGA 技术的一个例子，我们将讨论 Xilinx FPGA。

Xilinx 公司的 FPGA

1985 年，Xilinx 公司成功研发了第一个商用 FPGA 和 vintage XC2000 系列器件。其后，XC3000 和 XC4000 系列也很快上市，为今天的 Spartan、Artix、Kintex 和 Virtex 系列器件的问世打下了基础。器件的每一种解决方案都在集成度、性能、功耗、电压等级、引脚数和功能方面得到了改进。比如 Spartan 系列器件，一开始只提供最大 40 K 的电路规模，但如今的 Spartan-6 连同 4.8 Mb RAM 块可提供 150 000 个逻辑单元。在 Artix、Kintex 和 Virtex 系列器件中可以获得较高的存储密度。

本章的其余部分将介绍 Xilinx 设备的体系结构。目标是强调对 FPGA 重要特性的认识，Xilinx 设备的发展就说明了这一点，但我们并不打算全面介绍。我们假定读者对 CMOS 传输门有一定的了解，这些知识可能在以后的课程中才会涉及。

Xilinx 的基本结构

Spartan 和更早系列器件的基本结构包括一组可配置逻辑块(CLB)、许多局部和全局路径资源、输入/输出块(IOB)、可编程 I/O 缓冲器及基于 SRAM 的配置存储器。它们的内部连接如图 7.21 所示。

可配置逻辑块(CLB)

每个 CLB 都包含一个可编程查找表、数据选择器、寄存器和控制信号通路，它们的连接关系如图 7.22 所示。查找表中的两个函数发生模块 F 和 G 可以产生 4 输入的任意函数，第三个函数发生模块 H 则可产生任意 3 输入的布尔函数，H 功能模块能从 F 和 G 查找表及外部输入中得到输入。3 个函数发生模块可通过编程来实现：(1)三组独立变量的 3 个不同函数，其中，两个有 4 输入、一个有 3 输入的函数功能必须在 CLB 内定义；(2)5 变量的任意函数；(3)4 变量的任意函数和 6 变量的部分函数；(4)9 变量的部分函数。

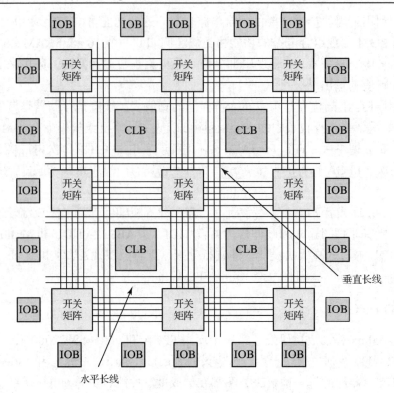

图 7.21　Xilinx Spartan 系列器件的基本结构

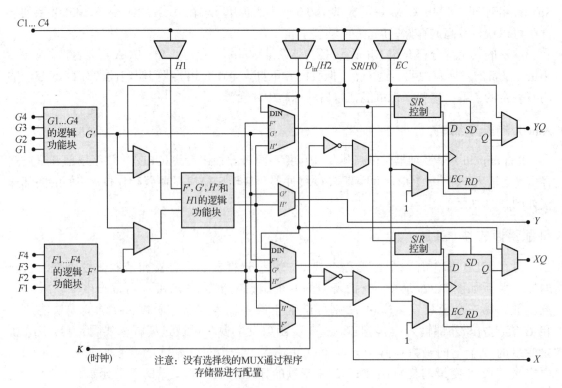

图 7.22　CLB 的结构

每个 CLB 都有两个存储部件，它们可配置成同一时钟边沿触发的触发器。在 XC4000X 系列中，这些触发器可配置成边沿触发的或可逆触发器，或同一时钟和使能端控制下的透明锁存器。存储单元从函数发生模块或 D_{in} 输入端得到输入。函数发生模块可直接驱动两个输出(X 和 Y)，并且与存储单元的输出独立。所有这些输出都会被连到内部互连网络上。存储单元在上电时由一个全局信号 *set/reset* 驱动，该信号被配置后与给定存储单元的局部 *S/R* 控制相一致。

分布式 RAM

CLB 内的 3 个函数发生模块同样可用作 16×2 双端口 RAM 或 32×1 单端口 RAM。XC4000 系列器件没有 RAM 块，但其一部分 CLB 可形成存储阵列。Spartan 器件还有 RAM 块作为分布式 RAM 的补充。

内连资源

开关矩阵控制器件内部布线资源之间的互连，从而将 CLB 按一定功能要求连接在一起。可编程连线分为三种类型：单长线、双长线和长线。水平和垂直方向上的单长线构成开关(阵列)盒，为每个盒内的信号提供通路。每个 CLB 都有一对三态缓冲器，可以驱动最靠近 CLB 上方或下方水平长线上的信号。

直接(专用)连线提供同一行或列中相邻的 CLB 之间的信号通路。这些是使用金属线的局部相对快速连接，但没有硬线连接的速度高，这是因为配置在路径上的门导致了信号在传输时产生时延[①]。直接连线不使用开关矩阵，因此消除了穿越矩阵路径产生的时延[①]。

一个双长线要经过两个 CLB 后再进入开关矩阵。双长线以两根为一组，在不降低互连灵活性的前提下，可以实现不相邻的 CLB 之间更快的连接，因此可以减少路径的时延。

长线是指在垂直或水平方向上穿越整个阵列的连接线。长线不经过开关矩阵，减少了信号的时延，通常用于高扇出信号、对时间要求苛刻的信号或在很长距离上都有分支的信号的传输。路径由布线软件自动搜索完成。一共有 8 个低摆动的全局缓冲器用于时钟分配。

驱动长线的信号要被缓冲一下。长线可以由相邻的 CLB 或 IOB 来驱动，而且可能会连接到供 CLB 使用的三态缓冲器上。长线在结构内提供三态总线，并能实现"线与"逻辑[②]。水平长线都由一个三态缓冲器驱动，并且被编程连接一个上拉电阻，即如果线上没有驱动信号，则线的状态将置成 1。

器件的可编程互连资源要么直接，要么通过开关盒连接到 CLB 和 IOB。这些资源包括双金属隔层网格和开关盒中的可编程互连节点(PIP)。PIP 是 CMOS 传输门，其状态的开或关由可编程存储器的 SRAM 单元决定，如图 7.23 所示。当传输门导通时就建立了连接(即当 n 沟道晶体管门是 1 且 p 沟道晶体管门是 0 时)。因此，只要改变控制存储单元的内容，就可以对器件进行重新编程。

开关盒中基于 PIP 的结构如图 7.24 所示。图中给出了连接到 PIP 的所有可能的信号通路。CMOS 传输门的配置情况决定了水平长线和反向水平长线之间及连接点处垂直长线之间的连接。每个开关矩阵 PIP 要有 6 个晶体管才能建立起完整的连接。

---

① 为建立 CLB 之间的局部互连，参考 Xilinx 的引脚说明文档。

② 如果"线与"网络的任何驱动为 0，则将其拉到 0。

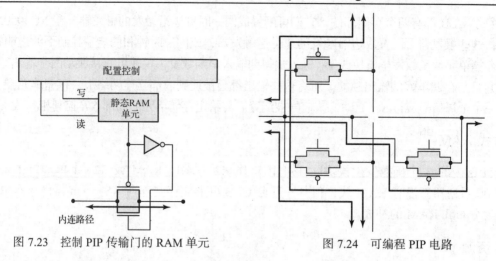

图 7.23　控制 PIP 传输门的 RAM 单元　　　　图 7.24　可编程 PIP 电路

输入/输出块(IOB)

每个可编程 I/O 引脚都有一个可编程块 IOB。为和 TTL 电路及 CMOS 电路的信号电平相匹配，IOB 要有相应的缓冲器。图 7.25 显示了一个可编程 IOB 的简化原理图，其可作为输入口、输出口或双向口。设计成输入口的 IOB 可以配置成直接输入、带锁存的输入或带寄存器的输入。设计成输出口的 IOB 可以配置成直接输出或带寄存器的输出。IOB 的输出缓冲由摆动控制电路控制。用于 IOB 输入和输出通路的寄存器由独立的、可逆的时钟来驱动。其中有一个全局信号 *set*/*reset*。

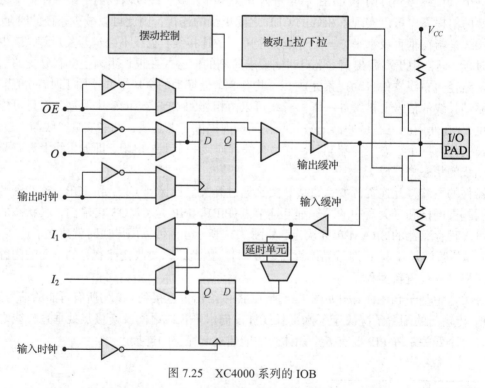

图 7.25　XC4000 系列的 IOB

延时单元弥补了时钟信号到达 IOB 前通过缓冲器造成的时延。这种方法消除了外部引脚上数据保持的不利条件。IOB 的三态输出将输出缓冲置于高阻态。输出和输出使能可以对调。可以控制输出缓冲的摆动，减少电源给信号带来的瞬间波动。IOB 引脚可配置成上拉或下拉，以防止不必要的功耗和噪声。

器件中嵌入的逻辑支持 IEEE1149.1(JTAG)边界扫描标准。片上测试接口(TAP)控制器和 I/O 单元能被配置成移位寄存器。测试时，通过产生一串数据，以确定 PC 板上的所有引脚都已连接，并且正常工作。此时，三态控制信号将所有的 IOB 置成高阻态，以方便进行板级测试。

增强部分

Spartan 器件能提供嵌入式的软件核，在片上分立的、双端口的同步 RAM(选择 RAM)可以用来实现先进先出(FIFO)的寄存器阵列、移位寄存器和临时存储器。可以将框图级联成任意长度和深度，并放置于电路的任意部分。但是，使用这些软件核将减少用于逻辑的 CLB。图 7.26 显示了片上 RAM 的结构，该结构是通过编写查找表实现带有同步写和读的单端口 RAM 而形成的。每个 CLB 能被配置成 16×2 或是 32×1 存储器。

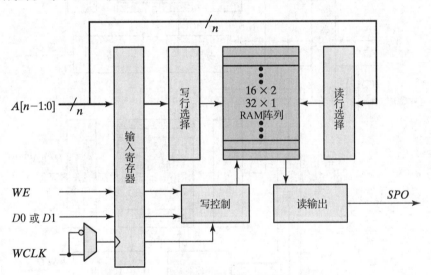

图 7.26 由查找表形成的分布式 RAM 单元

Spartan 器件中的双端口 RAM 可用图 7.27 的结构来说明。图中的结构有一个公共写端口和两个异步读端口，CLB 可形成一个最大 16×1 的存储器。

Spartan 和早期器件的架构由一组 CLB 组成，这些块混合在一组交换机矩阵中，由 IOB 包围。那些器件只支持分布式内存，它们的使用减少了可用于逻辑的 CLB 的数量。它们相对较少的片上存储器将器件限制在应用中，使片外存储器的操作不会影响性能目标。Spartan 系列改进为支持可配置的嵌入式块内存，以及新体系结构中的分布式内存。

Xilinx 公司的 Spartan II FPGA

除了在速度(200 MHz 的 I/O 转换频率)、集成度(多达 200 000 个系统门)和工作电压(2.5 V)上的改进，还有 4 个用于区别 Spartan II 和 Spartan 器件的特征是

(1)片上存储块。

(2)全新的结构。

(3)支持多 I/O 口标准。

(4)延时锁向环(DLL)[①]。

Spartan II 系列器件带有 6 层金属层用于内部互连,包含可设置的存储块作为以前器件分布式存储器的补充。存储块并没有减少可用于功能的逻辑和分布式存储部分。一个大型的片上存储器能够通过消除或减少访问片外存储的需要来提升系统性能。

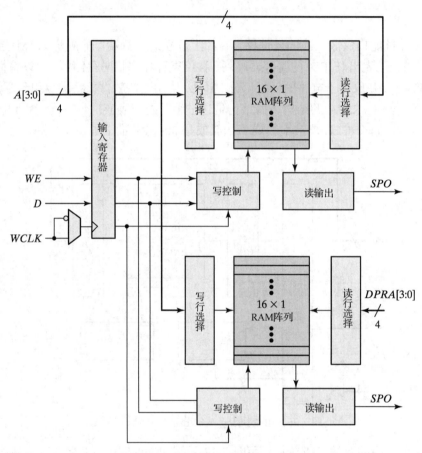

图 7.27　Spartan 双端口 RAM

可靠的时钟分配是高速数字电路同步工作的关键。如果电路不同部分的时钟信号到达的时间不同,则器件就有可能无法正常工作。时钟摆动延长了寄存器的启动时间,减少了可用的电路预算时间。同样时钟摆动还缩短了移位寄存器中触发器的有效保持时间,并导致寄存器移位不准确。高时钟下(更短的时钟周期)的摆动造成的影响会更加严重。缓冲时钟树常被用来使 FPGA 中的摆动减到最少。Xilinx 公司提供全数字延时锁相环(DLL)来进行时钟同步,以保证高速电路正常工作。DLL 消除了时钟分配时延,并提供频率乘法器、频率分频器和时钟镜像。Spartan II 器件的顶层剖面结构如图 7.28 所示,此图给出了 Xilinx 公司

---

① Spartan II 器件不支持低压差分信号(LVDS)或者低压正射极耦合逻辑(LVPECL)I/O 标准。

一个新的组织结构。器件四角都有一个 DLL，CLB 两旁是 4096 位大小的 RAM 块[①]，芯片的四周布满了 IOB。

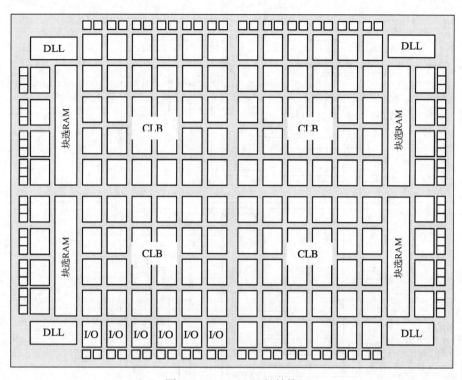

图 7.28　Spartan II 的结构

每个 CLB 包含 4 个逻辑单元，每两个单元组合成一个逻辑片（slice）。图 7.29 是 Spartan II CLB 的逻辑片结构。每个逻辑单元有一个 4 输入的查找表、产生进位和控制的逻辑及一个 D 触发器。CLB 包含能配置 5 输入或 6 输入函数的附加逻辑。

Spartan II 系列器件可以灵活地提供片上 RAM 块。另外，每个查找表可配置成一个 16×1 的分布式 RAM。一个逻辑片里的一对查找表可配置成一个 16×2 RAM 或 32×1 RAM。

Spartan II 系列的 IOB 可以单独编程，以提供参考电压、输出电压、大量高速存储器的终端电压和总线标准（见图 7.30）。每个 IOB 有 3 个可用作 D 触发器或电平触发锁存器的寄存器。第一个 TFF 可同步控制可编程输出缓冲器的信号，第二个 TFF 可设置成寄存来自内部逻辑的信号（另一种情况是来自内部逻辑的信号直接传到输出缓冲器），第三个 TFF 可寄存来自 I/O 设备的信号（另一种情况是这个信号直接传到内部逻辑）。通用时钟驱动每个寄存器，但每个寄存器还有互相独立的时钟使能端。输入通路上的可编程延时单元被用于减小焊盘到焊盘之间的保持时间。

Spartan-6 FPGA 系列

Spartan 系列的一个新成员是 Spartan-6 现场可编程门阵列（FPGA）。根据 Xilinx 产品规范，Spartan-6 系列定位于低成本、高容量的应用，它的耗电量是以前 Spartan 系列的一半。一个由 13 个成员组成的套件超越了这个系列，提供了 3840～147 443 个逻辑单元。

---

① 可用部分最大到 14 个块（56 Kb）。

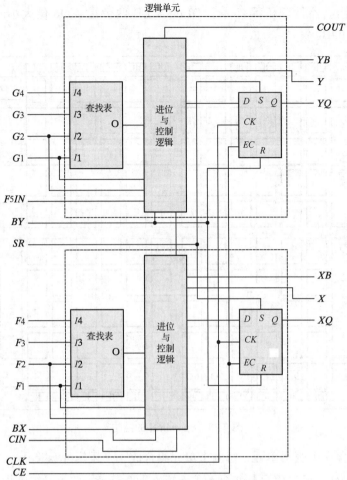

图 7.29　Spartan II CLB 的逻辑片结构

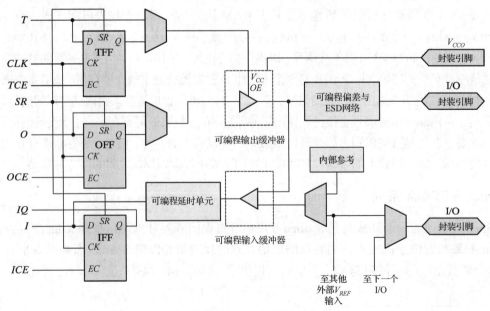

图 7.30　Spartan II IOB

表 7.7 给出了 Spartan-6 系列的重要特性。与前面的 Xilinx 部分相比较，这个系列中的查找表(LUT)有 6 个输入(支持更多的复杂逻辑)。每个逻辑片包含 4 个 LUT 和 8 个触发器。时钟管理片(CMT)包括两个数字时钟管理器(DCM)和一个锁相环(PLL)[1]。它们在时钟同步、解调和频率合成等方面有着广泛的应用。Spartan-6 系列的其他特性见制造商的说明文档。

表 7.7　Spartan-6 系列的特性

| 器　件 | 逻辑单元 | 可配置逻辑块(CLB) | | | DSPA1逻辑片 | RAM 块 | | CMT |
		逻辑片	触发器	最大分布式RAM(Kb)		18 Kb	MAX(Kb)	
XC6SLX4	3840	600	4800	75	8	12	216	2
XC6SLX9	9152	1430	11 440	90	16	32	576	2
XC6SLX16	14 579	2278	18 224	136	32	32	576	2
XC6SLX25	24 051	3758	30 064	229	38	52	936	2
XC6SLX45	43 661	6822	54 576	401	58	116	2088	4
XC6SLX75	74 637	11 662	93 296	692	132	172	3096	6
XC6SLX100	101 261	15 822	126 576	976	180	268	4824	6
XC6SLX150	147 443	23 038	184 304	1355	180	268	4824	6
XC6SLX25T	24 051	3758	30 064	229	38	52	936	2
XC6SLX45T	43 661	6822	54 576	401	58	116	2088	4
XC6SLX75T	74 637	11 662	93 296	692	132	172	3096	6
XC6SLX100T	101 261	15 822	126 576	976	180	268	4824	6
XC6SLX150T	147 443	23 038	184 304	1355	180	268	4824	6

随着集成电路制造技术的进步，Xilinx 和其他 FPGA 制造商对器件的发展起到了推动作用，大大提高了器件的存储密度。Xilinx 可以提供 45 nm 的器件系列技术(Spartan-6，Artix)及 16 nm 技术(Kintex，Virtex)。

Xilinx Virtex FPGA

Virtex 系列器件是 Xilinx 公司的最新产品，它的 Virtex Ultrascale 器件是由 20 nm CMOS 工艺制造的达到 4.4 M 的逻辑单元构成的。该系列解决了影响复杂系统级和片上系统设计解决方案的 4 个关键方法：(1)集成度；(2)嵌入式存储的数量；(3)性能(主要是时间)；(4)子系统接口。这个系列适用于那些高性能逻辑、串行连接、信号处理和嵌入式处理(例如无线通信)。Virtex 的处理工艺是 20 nm、1 V 的工作电压。这个工艺使它能将多达 330 000 个逻辑单元、超过 200 000 个带时钟使能的内部触发器、超过 10 Mb 的 RAM 块及 550 MHz 的时钟封装在一个硅片内。

Virtex 系列器件为 20 种不同的 I/O 标准提供了物理(电子)和协议支持，其中包括带有单独编程引脚的 LVDS、LVPECL。多达 12 家数字时钟制造商为频率合成、多个时钟和高频 I/O 同步应用移相提供了技术支持。Virtex Ⅱ 的架构如图 7.31 所示，其 IOB 如图 7.32 所示。表 7.8 给出了 Virtex Ultrascale 系列的一些关键特性。

---

[1] 锁相环减少时钟抖动，提高时钟稳定性。

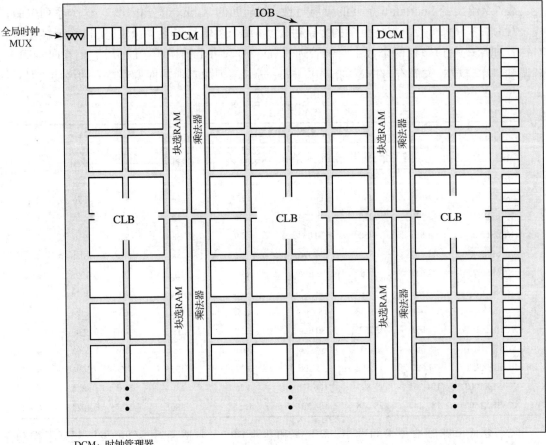

DCM: 时钟管理器

图 7.31   Virtex II 的架构

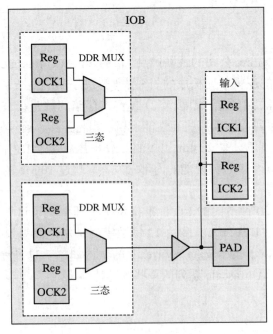

图 7.32   Virtex IOB

表 7.8　Virtex Ultrascale 系列的特性

器　件	系统逻辑单元(K)	CLB触发器(K)	CLBLUT(K)	最大分布式RAM(Mb)	全部块选RAM(Mb)	时钟管理器(CMT)	DSP逻辑片
VU3P	862	788	394	12.0	25.3	10	2280
VU5P	1314	1201	601	18.3	36.0	20	3474
VU7P	1724	1576	788	24.1	50.6	20	4560
VU9P	2586	2364	1182	36.1	75.9	30	6840
VU11P	2835	2592	1296	36.2	70.9	12	2088
VU13P	3780	3456	1728	48.3	94.5	16	12 288

习题

(∗号标记的习题解答列在本书结尾。)

7.1　以下存储单元是通过字的数目乘以每字的位来定义的,在下述各种情况中,各需要多少地址线和输入/输出数据线?

 (a) 32 K × 64   (b) 4 G × 8

 (c) 8 M × 32   (d) 128 K × 16

7.2∗　给出习题 7.1 中所列各存储单元的字节数。

7.3∗　如果图 7.3 所示存储器的第 565 个字包含 1210 的等效二进制数值,列出 10 位地址和该字的 16 位存储内容。

7.4　假设 CPU 时钟是 2000 MHz,存储器周期是 25 ns,画出读/写操作的存储器周期的时序波形(见图 7.4)。

7.5　为 HDL 例 7.1 描述的 ROM 编写测试平台。测试程序将二进制 7_{10} 存到地址 5 中,将二进制 5_{10} 存到地址 7 中,然后读取两地址内容并加以验证。

7.6　将图 7.6 的 4 × 4 RAM 在一个框图中显示全部输入/输出,假定输出是三态的,利用 4 个 4 × 4 RAM 单元构成 8 × 8 存储器。

7.7∗　4 K × 16 存储器将内部译码器分为 X 选择和 Y 选择来实现二维译码,问:

 (a) 每个译码器容量有多大? 对地址译码需要多少个与门?

 (b) 输入地址是 2017 的等效二进制数值时,哪些 X 选择线和 Y 选择线要被选通?

7.8∗　(a) 2 M 字节的存储器容量需要多少个 128 K×8 RAM 芯片?

 (b) 访问 2 M 字节需要使用多少条地址线? 有多少条地址线连接到所有芯片的地址输入端?

 (c) 片选输入需要几条地址线? 确定译码器的规模。

7.9　一个 DRAM 芯片采用二维的地址复用,它有 10 个行地址和 12 个列地址引脚,则存储器的容量是多少?

7.10∗　已知 8 位数据字是 11010011,产生一个能纠正单个错误、检测出两个错误的 13 位汉明码。

7.11∗　求 11 位数据字 01100111010 的 15 位汉明码。

7.12∗　一个含有 8 位数据和 4 位校验位的 12 位汉明码被从存储器中读出,如果 12 位汉明码如下,那写入存储器的原先 8 位数据是什么?

 (a) 000010101010

 (b) 011101101111

 (c) 100010100011

7.13* 对于如下数据，为达到纠正单个错误、检测出两个错误的目标，各需要多少位奇偶校验位？

    (a) 8 位

    (b) 24 位

    (c) 56 位

7.14 将 10 位数据 D_3、D_5、D_6、D_7、D_9、D_{10}、D_{11}、D_{12}、D_{13}、D_{14} 和 4 位校验位 P_1、P_2、P_4、P_8 放在一起产生汉明码，回答下列问题：

    (a)* 当数据字是 1001001101 时，计算 14 位复合码字。

    (b) 假设没有错误，计算 4 个校验位 C_1、C_2、C_4 和 C_8。

    (c) 假设写入时 D_9 位发生错误，说明该位错误是如何被检测出和纠正的。

    (d) 将 P_{15} 校验位加到双错检测码中，假设错误发生在 P_4 和 P_{11}，说明为什么这两个错误能被检测出。

7.15 构成一个 2048 × 8 ROM 需要多少个 128 × 8 ROM？另外还需要什么？为什么？

7.16* 一个 4096 × 16 位的 ROM 芯片有 4 个片选输入，并且工作在 5 V 电压下。其集成电路封装需要多少个引脚？画出这个 ROM 的框图，把所有的输入和输出都画出来。

7.17 32 × 6 ROM 和 2^0 线一起如图 P7.17 所示，利用其将一个 6 位的二进制数转换成相应的两位 BCD 码，例如将 100001 转换成 0110011 BCD 码(十进制 33)，求该 ROM 的真值表。

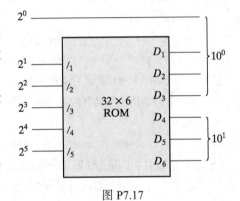

图 P7.17

7.18 确定与以下组合电路部件真值表相匹配的 ROM 容量(字数和每个字的位数)：

    (a) 将 4 位 BCD 数转换为余 3 码。

    (b) 一种带进位输入的 3 个 2 位二进制数相加的电路。

    (c) 一种 3 个 4 位二进制数相乘的电路。

    (d) 一种 4 位二进制加法器/减法器。

7.19 列出下面 4 个布尔方程的 PLA 编程表，使乘积项的个数最少：

$$A(x,y,z) = \sum(0,1,5,7)$$
$$B(x,y,z) = \sum(2,4,5,6)$$
$$C(x,y,z) = \sum(0,1,2,3,4)$$
$$D(x,y,z) = \sum(3,6,7)$$

7.20* 为实现下列布尔方程，列出 16 × 4 ROM 的真值表。

$$A(w,x,y,z) = \sum(0,2,5,7,8,14)$$
$$B(w,x,y,z) = \sum(3,5,7,9,11,13,15)$$
$$C(w,x,y,z) = \sum(0,4,8,12)$$
$$D(w,x,y,z) = \sum(0,1,2,4,7,9)$$

    现在将 ROM 认为是存储器，求地址 5 和 15 对应的存储器内容。

7.21 求能实现 3 位数平方的组合电路的 PLA 编程表，使乘积项个数最少(见图 7.12 所示的等效 ROM 实现)。

7.22 求能实现 4 位数平方的组合电路的 PLA 编程表，使乘积项个数最少。

7.23 求实现 BCD 到余 3 码转换的 PLA 编程表，其布尔函数在图 4.3 中简化。

7.24 使用 PAL，重做习题 7.23。

7.25* 下表是一个有 3 个输入、4 个输出的组合电路真值表，列出该电路的 PAL 编程表，并参照图 7.17 方法，在 PAL 框图中标示熔丝图。

输 入			输 出			
x	y	z	A	B	C	D
0	0	0	0	1	0	0
0	0	1	1	1	1	1
0	1	0	1	0	1	1
0	1	1	0	1	0	1
1	0	0	1	1	1	0
1	0	1	0	0	0	1
1	1	0	1	0	1	0
1	1	1	0	1	1	1

7.26 采用如图 7.19 中带寄存器的宏单元，实现下面函数确定的时序电路，该电路有两个输入 x 和 y 及一个触发器 A，画出熔丝图。

$$D_A = x \oplus y \oplus A$$

7.27 与图 7.19 类似，通过在或门和输出端之间增加 3 个 D 触发器来修改图 7.16 中的 PAL 框图。框图应与时序电路框图相一致。这种修正需要额外增加 3 个缓冲转换门和 6 条垂直线，将触发器输出和与阵列相连。使用这种修改后的寄存器型 PAL 框图，画出实现带进位输出的 3 位二进制计数器的熔丝图。

7.28 画出实现下列方程的 PLA 电路：

$$F_1 = A'B + AC + A'BC'$$
$$F_2 = (AC + AB + BC)'$$

7.29 列出习题 7.26 中描述的 PLA 编程表。

7.30 HDL 例 7.1 中建模的存储器显示异步行为。编写一个由时钟信号同步的存储器模型。

参考文献

1. HAMMING, R. W. 1950. *Error Detecting and Error Correcting Codes*. *Bell Syst. Tech. J.* 29: 147–160.

2. KITSON, B. 1984. *Programmable Array Logic Handbook*. Sunnyvale, CA: Advanced Micro Devices.

3. LIN, S. and D. J. COSTELLO, JR. 2004. *Error Control Coding*, 2nd ed., Englewood Cliffs, NJ: Prentice-Hall.

4. *Memory Components Handbook*. 1986. Santa Clara, CA: Intel.

5. NELSON, V. P., H. T. NAGLE, J. D. IRWIN, and B. D. CARROLL. 1995. *Digital Logic Circuit Analysis and Design*. Upper Saddle River, NJ: Prentice Hall.

6. *The Programmable Logic Data Book*, 2nd ed., 1994. San Jose, CA: Xilinx, Inc.

7. TOCCI, R. J. and N. S. WIDMER. 2004. *Digital Systems Principles and Applications*, 9th ed., Upper Saddle River, NJ: Prentice Hall.

8. TRIMBERGER, S. M. 1994. *Field Programmable Gate Array Technology*. Boston: Kluwer Academic Publishers.

9. WAKERLY, J. F. 2006. *Digital Design: Principles and Practices*, 4th ed., Upper Saddle River, NJ: Prentice Hall.

网络搜索主题

铁电 RAM（FeRAM）

FPGA

门阵列

锁相环

可编程逻辑阵列

可编程逻辑数据手册

RAM

ROM

收发器

第8章 寄存器传输级设计

本章目标

1. 了解如何使用寄存器传输级(RTL)标识描述钟控时序电路中的寄存器操作。
2. 了解如何对以下两种情况中的边沿敏感和电平敏感进行说明：(a)使用 Verilog 语言描述的过程块；(b)使用 VHDL 语言描述的进程。
3. 能够编写不含冗余锁存器的 HDL 代码。
4. 能够编写避免了竞争及 HDL 模型与综合工具生成电路之间不匹配的控制器-数据路径模型。
5. 理解 HDL 并行赋值语句。
6. 了解哪些过程赋值语句是立即执行的，哪些是延时执行的。
7. 了解 Verilog 中的阻塞和非阻塞赋值语句之间的区别，或者了解 VHDL 中变量和信号赋值之间的区别。
8. 掌握 Verilog 或 VHDL 中的运算符，并且知道 Verilog 或 VHDL 中逻辑移位和算术移位运算符之间的区别。
9. 掌握 Verilog 或 VHDL 中的 **case** 和 **loop** 语句。
10. 能够构建和运用算法状态机(ASM)流程图。
11. 掌握如何基于算法状态机和数据路径(ASMD)流程图，把系统化、有效和高效的方法运用于数据路径和控制器设计中。
12. 掌握 SystemVerilog 区别于 Verilog 2005 的一些基本特征。

8.1 引言

许多数字系统的行为与过去的输入有关，并且决定未来动作的条件取决于前面动作的结果，我们称这样的系统具有"存储"功能。数字系统是由触发器和门构成的时序逻辑系统，时序电路可以使用第 5 章定义的状态表描述。由于复杂数字系统的状态数过大，因此用状态表描述起来非常困难，也是不现实的。为了解决这个问题，使用模块化方法设计数字系统。系统将被分割成模块化的子系统，每个模块都完成一定的功能任务。模块可以由寄存器、译码器、数据选择器、算术运算单元和控制逻辑等数字器件构成。不同的模块通过数据路径和控制信号相连组成数字系统。本章将介绍描述和设计大型复杂数字系统的方法。另外，本章也会简略介绍 SystemVerilog 语言。

8.2 寄存器传输级(RTL)定义

所谓数字系统的模块是指对存储信息进行操作的一组寄存器。寄存器是数字系统的基本部件。对存储在寄存器中的信息进行传输和处理称为寄存器传输操作，主要有左移、计数、复位和预置等。对存储在寄存器中的数据进行信息流动分析和处理称为寄存器传输操作。随后我们将会看到，硬件描述语言包含对应数字系统中寄存器传输操作的运算符。若在寄存器传输级(RTL)描述数字系统，则须满足下面 3 个条件：

1. 系统中有一组寄存器。
2. 有对存储在寄存器中数据进行的操作。
3. 有控制系统中操作顺序的控制信号。

　　寄存器是能存储二进制信息的一组触发器，并且能执行一个或多个基本操作；能预置新的信息，或者将信息进行左移和右移。计数器是能将数值增加固定值(例如 1)的寄存器。触发器被认为是能够置位、复位或取反的一位寄存器。实际上，从这个定义来看，任何时序电路中的触发器及相关门电路都能称为寄存器。

　　存储信息是寄存器的基本操作，是寄存器在一个时钟周期内对一串比特进行的并行操作，结果是将寄存器中原先的信息替换掉。寄存器操作可以将所存储信息传输给其他寄存器，而自己保持原先数据不变。第 6 章介绍的数字电路就有实现基本操作的寄存器，其中带并行预置的计数器能够执行增 1 和预置功能，双向移位寄存器能够执行右移和左移操作。

　　数字系统在控制信号的作用下，按照预先设定好的功能运行。某些特定情况下，前一个操作结果会影响将来的功能顺序。数字系统控制逻辑的输出是二进制变量，能控制系统寄存器中的不同操作。

　　从一个寄存器到另一个寄存器的信息传输可以采用替换运算符(replacement operator)进行描述。语句

$$R2 \leftarrow R1$$

表示寄存器 R1 的数值传输给寄存器 R2，也就是说，R2 的数值被替换为寄存器 R1 的数值。例如，8 位寄存器 R2 数值为 01011010，可以被 R1 的数值 10100101 替换。根据定义，源寄存器 R1 的数值在传输后并不改变，仅仅是被"复制"到 R2。箭头符号表示传输操作及传输方向，箭头从源寄存器指向目的寄存器，控制信号决定了开始传输的时间。

　　数字系统的控制电路是一个有限状态机(见第 5 章)，其输出控制寄存器操作。在同步状态机中，操作由系统时钟同步。例如，替换寄存器 R2 的数值可以采用时钟上升沿来同步。

　　从寄存器传输操作语句可以看出，从源寄存器输出连接到目的寄存器输入之间的数据路径(一组电路连接)是可用的，而且目的寄存器要能被并行预置。寄存器之间的数据传输也可以采用串行传输，一次传输一位，这样不断地重复移动数据。通常，我们不仅希望这种传输在每个时钟周期都进行一次，还应有前提条件。寄存器传输级的条件语句由 **if...then** 语句描述：

$$\textbf{if } (T1 = 1) \textbf{ then } (R2 \leftarrow R1)$$

这里 T1 是控制部分产生的控制信号。需要注意，时钟没有作为寄存器传输语句的变量加进来，并且假设所有传输都在时钟边沿(信号从 0 变 1 或从 1 变 0)发生。尽管控制条件 T1 可能在时钟还没变化前就有效，但实际的传输操作还是要等到时钟边沿到来时才能完成。虽然传输操作的初始化及同步都是由时钟信号触发的，但是实际上输出(在物理系统中)变化并没有即时反映到寄存器的输出端。传输操作限于传输时延，而时延又与构成寄存器的晶体管物

理特性及器件之间的连接线有关。通常，在物理系统中"因果"之间的时延很短。"果"追随"因"，反之亦然。

当 RTL 描述中同时要执行两个或更多的操作时，可以使用逗号将它们分隔。例如语句：

$$\textbf{if }(T3 = 1)\textbf{ then }(R2{\leftarrow}R1, R1{\leftarrow}R2)$$

这条语句表示两个寄存器的数值发生交换。另外，只要 T3 = 1，两个寄存器的交换操作将被同一时钟边沿触发。这种并行操作一般采用由同一时钟(同步信号)控制的边沿触发器构成的寄存器实现。寄存器传输的其他例子还有

R1←R1 + R2　将 R2 的数值加到 R1 上(R1 的数值为 R1+ R2)

R3←R3 + 1　　将 R3 的数值加 1(加法计数)

R4←shr R4　　将 R4 的数值右移

R5←0　　　　将 R5 的数值清零

硬件中，加法运算使用二进制并行加法器，增 1 使用计数器，移位使用移位寄存器。

在数字系统中，经常遇到的操作可以分为以下 4 类：

1. 传输操作，将数据从一个寄存器传输(即"复制")给另一个寄存器。
2. 算术操作，对寄存器数值执行算术运算(如乘法)。
3. 逻辑操作，对寄存器的非数值数据执行按位操作(如逻辑或)。
4. 移位操作，将寄存器的数据进行移位。

从源寄存器到目的寄存器的传输操作并不改变传输的数据，其他三类操作在传输时都会改变数据。用来表示寄存器各种传输操作的方法和符号没有统一标准，这里使用两种表示方法。本节要介绍的这种方法通常用于表示和说明寄存器传输级的数字系统，下一节介绍 HDL 中使用的 RTL 符号。

8.3　RTL 描述

Verilog(边沿和电平敏感行为)

在 Verilog 中，RTL 操作的描述使用行为和数据流结构，用以定义由硬件实现的组合逻辑功能和寄存器操作。有两个关键点需要注意：(1)寄存器传输操作是在边沿敏感循环行为语句(边沿敏感 **always** 语句)内使用过程语句加以实现的；(2)组合电路功能是在电平敏感循环行为语句(电平敏感 **always** 语句)内使用连续赋值语句或者过程赋值语句加以实现的。定义寄存器传输的符号或者是用等号(＝)，或者是用箭头符号(<=)，定义组合电路功能的符号是等号(＝)。

如果需要表示与时钟同步，则要在 **always** 语句的事件控制表达式中明确时钟为敏感信号。如果需要进一步明确是时钟信号上升沿还是下降沿敏感，则要用 **posedge** 或 **negedge** 语句确定。关键字 **always** 表明相关语句块在仿真的整个周期内会被重复执行。运算符@和敏感事件控制表达式将语句执行和时钟同步。

下面举例说明 Verilog 定义寄存器传输操作的几种方法：

(a) **assign** S = A + B;	//表示加法运算的连续赋值语句
(b) **always**@（A,B）	//电平敏感 **always** 语句
S = A + B;	//用于加法运算的组合逻辑
(c) **always** @（**negedge** clock）	//边沿敏感 **always** 语句
begin	
RA = RA + RB;	//用于加法运算的阻塞赋值语句
RD = RA;	//寄存器传输操作
end	
(d) **always** @（**negedge** clock）	//边沿敏感 **always** 语句
begin	//当前信号赋值
RA<= RA + RB;	//用于加法运算的非阻塞赋值语句
RD<= RA;	//寄存器传输操作
end	

连续赋值语句(例如 **assign** S = A + B)用于表示和确定组合逻辑电路。仿真时，当连续赋值语句右边的表达式变化时，语句将被执行。执行是瞬时完成的，其结果是左边变量得到更新。同样，当事件控制表达式(即敏感度列表)被检测到发生变化时，将执行 **always** 语句［例如 **always**@(A,B)］。由运算符"="产生的赋值是瞬时完成的。连续赋值语句(**assign** S = A + B)描述了二进制加法器，其输入是 A 和 B，输出是 S。赋值语句的目的操作数(这里是 S)不能是寄存器型的数据，而必须是线网型，如 **wire**。在第二个例子中，**always** 块的过程赋值表明了另一种用于确定组合加法逻辑电路的方法。在 **always** 块内，敏感度列表保证了无论是 A 或者 B 或者 A、B 两个同时发生变化，输出 S 都将被更新。

Verilog 过程赋值语句有两类：阻塞语句和非阻塞语句。它们的区别在于使用的符号和功能。阻塞赋值语句使用"="作为赋值运算符，非阻塞赋值语句使用"<="作为赋值运算符。阻塞赋值语句按照序列块中的语句排列顺序执行。执行时，存储器的数值会立即受到影响，在下一条语句执行前完成操作。

非阻塞赋值(<=)是并发的。仿真器在实现这种功能时，将使每一个非阻塞赋值语句的右边表达式都计算完毕后，再赋值给左边。因此，语句排列顺序和赋值结果没有任何关系。另外，直到指定的边沿条件发生时，边沿敏感循环行为语句(**always**)才会被执行。我们来看上面的阻塞赋值示例(c)，在一列阻塞赋值语句中，第一条语句将和(RA + RB)传给 RA，第二条语句将 RA 的新值传给 RD。在时钟事件发生之后，RA 中的数值等于恰好在时钟事件发生之前 RA 和 RB 数值之和。完成操作后，RA 和 RD 都具有相同的值。在非阻塞赋值中［上面的示例(d)］，两个操作是同时执行的，因此，RD 得到的是 RA 原先的值。两个示例中的操作都是在时钟下降沿到来时发生的。

系统中的寄存器都设计成与时钟同步。每个触发器的输入端 D 决定了被传输给输出端的数据，与其他触发器的数据输入端无关。为保证设计出的 RTL 是同步的，同时也为了保证 HDL 模型和由电路综合而来的电路之间是匹配的，有必要在 **always** 语句中使用非阻塞赋值语句对所有变量赋值。出现在 **always** 语句中的非阻塞赋值语句能准确地对同步时序电路的硬件行为建模。通常，阻塞赋值语句(=)仅在测试平台或组合电路中有必要指定多条赋值语句的执行顺序时，才用于过程赋值语句。

练习 8.1—Verilog   如果 RA、RB 和 RD 都是 4 位寄存器，并且在时钟有效边沿到来后，RA = 0001，RB = 0010，那么在下面的寄存器操作执行后，RA 和 RD 的数值是多少？

$$RA < = RA + RB;$$
$$RB < = RA;$$

答案：RA = 0011；RB = 0001。

VHDL（边沿和电平敏感进程）

VHDL 中对 RTL 操作使用数据流和行为语句的组合来确定硬件实现的组合逻辑功能与寄存器操作。这里也有两个关键点需要注意：(1)组合电路功能的 RTL 描述是通过使用并行信号赋值语句或者顺序赋值语句实现的，对于后者，信号赋值语句放在电平敏感进程语句（**process** 语句)内[①]；(2)寄存器传输操作通过电平敏感进程内的过程语句加以实现。

与时钟的同步由包含时钟信号的敏感度列表表示，并在敏感度列表后跟有 **if** 语句，该语句的主句对异步控制信号进行译码，从句对时钟事件进行译码，以确定是否存在上升沿或下降沿。该进程根据其敏感度列表循环执行，就像数字系统的寄存器响应时钟信号一样。以下示例说明了在 VHDL 中描述寄存器传输操作的各种方法：

```
(a) S < = A + B;                    //用于加法运算的并行信号赋值语句
(b) process (A, B) begin            //电平敏感进程语句
        S < = A + B;
    end process;
(c) process (clock) begin
        if clock'event and clock = '0' then begin
        VRA : = VRA + VRB;          //变量赋值语句
        VRD : = VRA;
        RA < = VRA + VRB;           //信号赋值语句
        RD < = VRA;
        end
    end process;
(d) process (clock) begin
        RA < = RA + RB;
        RD < = RA;
end process;
```

并行信号赋值通常表示和(间接)指定组合逻辑，如果要描述带反馈的组合电路，则需要使用条件信号赋值。例如，条件信号赋值 "q < = D **when** enable = '1' **else** q < = q；" 描述了 D 锁存器的功能。在仿真过程中，当右边的表达式变化时，并行信号赋值语句才会执行。执行的效果是"立竿见影"的。(左边信号在仿真器的当前时间被立即更新。)在进程的最后一条语句执行完后，顺序信号赋值(在进程中)将被更新。类似地，在仿真过程中，当敏感度列表中的信号被检测到变化时，执行电平敏感进程[例如，**process**(A, B)]。

在仿真时，变量赋值语句在下一条语句执行之前立即将值赋给变量，而顺序信号赋值语句按顺序对左边信号赋值，但直到进程计算完其最后一条语句后才统一赋值。

按序调度和赋值动作不会同时发生。仿真器的事件调度机制可确保由执行过程引起的所有变量赋值都将按照生成它们的顺序立即进行调度(即在仿真器的当前时刻)，但不会在任何

---

① 并行信号赋值语句位于结构体内。如果进程中的语句按书写的顺序执行，那么这类信号赋值语句称为顺序信号赋值语句。

信号赋值语句赋值之前进行调度。因此，信号赋值的结果仅影响进程的后续执行，而不影响产生它们的进程执行。如果多条语句在同一时间将值赋给同一个进程中的同一信号，则最后一条语句将决定结果。

上面示例(a)和(b)中的并行信号赋值语句立即更新 S 的值，将 A 和 B 的和赋给 S。在示例(c)中，假定 VRA 和 VRB 是先前声明的变量。变量 VRA 立即更新，然后使用新的 VRA 值更新 VRD。示例(c)中的过程在时钟的下降沿工作。在示例(d)中，请注意对 RA 和 RD 的赋值是在进程执行最后一条语句之后进行的。RA 在时钟有效边沿到来时，基于 RA 和 RB 的值获取 RA + RB 的和，而 RD 在时钟有效边沿到来时获取 RA 的值。

在进程中可以进行两种赋值：变量赋值和信号赋值。变量赋值使用符号 ":= "，信号赋值使用符号 "<= "。进程中的一列信号赋值语句是按顺序处理的，但是直到进程完成后才进行赋值。实际上，两种语句都按顺序执行，但是它们赋值的结果不同。变量赋值语句具有"立竿见影"的效果；信号赋值语句具有延时的作用。因此，信号赋值的结果不影响另一个表达式的赋值。这些区别使仿真器能够仿真硬件电路的并行活动。

系统中的寄存器由同一个时钟信号提供时钟[1]。每个触发器的 D 输入决定了赋值到输出的值，而与触发器的其他任何输入无关。为了确保 RTL 设计中的同步操作，并确保 VHDL 模型与由该模型综合的电路之间相匹配，必须将信号赋值语句用于边沿敏感进程中的所有信号赋值。进程中出现的信号赋值机制可以准确地对同步时序电路的硬件行为进行建模。通常，仅在需要指定多条变量赋值语句的顺序时，例如在测试平台或电平敏感(组合)逻辑中，才使用变量赋值运算符，否则，请记住只使用信号赋值语句。

练习 8.2—VHDL 假设 VRA、VRB 和 VRD 是 4 位变量，而 RA、RB 和 RD 是 4 位信号。如果时钟有效边沿到来之前的 VRA = 0001 和 VRB = 0010，执行以下操作，时钟到来之后 VRA、VRD、RA 和 RD 的数值是多少？

$$VRA : = VRA + VRB;$$
$$VRD : = VRA;$$
$$RA <= VRA;$$
$$RD <= VRA;$$

答案： VRA = 0011；VRD = 0011；RA = 0011；RD = 0011。

运算符

Verilog Verilog 运算符及其符号列于表 8.1。算术、逻辑、按位、缩减及移位运算符描述寄存器传输操作。逻辑、关系和相等性运算符指定控制条件，并使用布尔表达式作为其参数。

算术运算符的操作数是二进制格式的数字。+、−、*和/运算符分别确定一对操作数的和、差、乘积和商。取幂运算符(**)于 2001 年被添加到该语言中，可以从具有实数、整数或有符号值的基数和指数生成双精度浮点值。负数以 2 的补码形式表示。模运算符从两个数值的除法中产生余数。例如，14 % 3 的计算结果为 2。

关于二进制字有两种类型的运算符：按位(bitwise)和缩减(reduction)。按位运算符对两个向量操作数进行逐位运算，形成向量结果。这种操作是取一个操作数中的一位，与另一个

---

① 当系统具有多个时钟域时，将使用同步器[5]。

操作数中的相应位进行运算。按位运算和缩减运算使用同一种符号(例如，&)，具体表示哪种操作需要参考上下文来判断。注意，缩减与非运算(指一个向量中的每一位都逐一进行与非运算，最后的结果是一位)未在表中列出。通过将缩减与运算和取反相结合，可以得到缩减与非运算。对于缩减或非运算也是如此。

取反(~)是一元运算符，它对单向量操作数进行取反运算，并形成向量结果。缩减运算符也是一元的，作用于单个操作数并产生标量(一位)结果。它们都是对字中的位进行成对运算，依次从右至左，并产生一位结果。例如，操作数 00101 的缩减或非运算(~|)的结果为 0，操作数 00000 的结果为 1。对前面两位应用或非运算，结果与第三位一起再使用或非运算，依次类推。

取反不用于缩减运算符，对向量的取反将产生一个向量，其中对操作数的每一位进行取反。作用于一对标量操作数的按位运算符的真值表与 4.12 节表 4.9 中对应 Verilog 原语的真值表相同(例如，**and** 原语与&按位运算符具有相同的真值表)。具有两个标量输入的与门的输出与使用"&"运算符对两位进行运算所产生的结果相同。

表 8.1　Verilog 2001，2005 的运算符

运算类型	符　号	执行的运算	优先级组
算术	+	加	1(一元)，4(二元)
	−	减	1(一元)，4(二元)
	*	乘	3
	/	除	3
	**	指数	2
	%	取余	2
按位或者缩减	~	非(取反)	1
	&，~&	与，与非(缩减)	1
	|，~|	或，或非(缩减)	1
	^，~^	异或，异或非(缩减)	1
	^，~^，^~	异或，异或非(二元)	9
逻辑	!	非	1
	&&	与(二元)	11
	||	或(二元)	12
	&	与(二元)	8
	|	或(二元)	10
移位	>>	逻辑右移	5
	<<	逻辑左移	5
	>>>	算术右移	5
	<<<	算术左移	5
关系	>	大于	6
	<	小于	6
	>=	大于等于	6
	<=	小于等于	6
相等性	==	等于	7
	!=	不等于	7
	===	**case** 中使用的等于	7
	!==	**case** 中使用的不等于	7
条件	?:	三元选项	13
拼接	{}，{{}}	连接操作数	14

练习 8.3—Verilog 　写出一条连续赋值语句，产生 A 和 B 的按位或非运算。
答案：assign Y <= ～(A|B)。

逻辑运算符和关系运算符用于组成布尔表达式，且可以将变量和表达式作为操作数(说明：单个变量也是表达式)。可以用它们来判别条件的真假，如果条件是真，则结果为 1；如果条件是假，则结果为 0。如果条件是不确定的，则结果将是 x。当操作数是数值时，如果数值等于 0，则结果为 0；不等于 0 时，结果为 1。例如，A = 1010 和 B = 0000，可以认为 A 的布尔值是 1(数值不等于 0)，B 的布尔值是 0。对这两个数值进行运算的结果如下：

A && B = 0	//逻辑与	(1010)&&(0000) = 0
A & B = 0000	//按位与	(1010)&(0000) = (0000)
A ‖ B = 1	//逻辑或	(1010)‖(0000) = 1
A ∣ B = 1010	//按位或	(1010)∣(0000) = (1010)
!A = 0	//逻辑取反	!(1010) = ! (1) = 0
～A = 0101	//按位取反	～(1010) = (0101)
!B = 1	//逻辑取反	!(0000) = !(0) = 1
～B = 1111	//按位取反	～(0000) = 1111
(A > B) = 1	//大于	
(A == B) = 0	//相等(等于)	

在 Verilog 四值逻辑系统中，关系运算符"==="和"!=="按位判断两个数值是否相同。例如，如果 A = 0xx0、B = 0xx0，那么 A === B 的结果为真，但是 A == B 的结果将是 x。

Verilog 2001 有逻辑移位运算符和算术移位运算符。逻辑移位运算符将向量操作数从左往右移位，或从右往左移位一定位数，空的位置用 0 填补。例如，如果 R = 11010，语句

R = R >> 1;

将 R 右移一位，新的 R 值是 01101。相反，算术右移运算符用其原先的数值来填补空位(MSB 位)，算术左移运算符用 0 来填补空位。当一个数的符号扩展非常重要时，将采用算术右移运算。如果 R = 11010，则语句

R>>>1;

结果是 R = 11101。如果 R = 01101，则上述操作的结果是 R = 00110。逻辑左移和算术左移没有区别。

练习 8.4—Verilog 　如果 R = 1001，那么执行以下语句后 R 的值是多少？
$$R = R >>> 2;$$
答案： R = 1110。

Verilog 拼接运算符(concatenation operator)将多个操作数拼接在一起，用于移位操作，包括将数值传送给空的位置。HDL 例 6.1 采用拼接运算符描述了移位寄存器的功能。

练习 8.5—Verilog 　如果 A = 0101 和 B = 1010，求 R = {B, 2'b11, A}产生的结果。
答案： R = 1010110101。

Verilog 表达式是从左至右进行计算的，与之关联的运算符(条件运算符除外)优先级顺序见表 8.2。例如，在表达式 $A + B - C$ 中，B 的值加给 A，然后从结果中减去 C。表达式 $A +$

B/C 中，B 被 C 除，然后结果再加上 A，这里除法运算符$(/)$的优先级高于加法运算符$(+)$的优先级。使用括号可以建立优先级，例如表达式$(A + B)/C$和表达式 $A + B/C$ 是不同的。

表 8.2   Verilog 运算符的优先级

+ - ! ~ & ~& | ~| ^ ~^ ^~ （一元）	最高优先级
**	
* / %	
+ - （二元）	
<< >> <<< >>>	
<<= >>=	
== != === !==	
& （二元）（按位，缩减与）	
^ ~^ ^~（二元）（按位，缩减或）	
|（二元）	
&&（逻辑与）	
||（逻辑或）	
?:（条件运算符）	
{} {{}}（拼接）	最低优先级

VHDL   表 4.13 表列出了 VHDL 的预定义运算符。二进制逻辑运算符用于产生布尔表达式，可以是布尔值、布尔向量和位向量操作数，结果类型与操作数类型相同，用于确定 TRUE 或 FALSE 条件。如果操作数表达式为真，则逻辑运算结果为 TRUE；如果操作数计算结果为假，则逻辑运算结果位为 FALSE。如果表达式不明确，则计算结果为 x。使用操作数 $A = 1010$ 和 $B = 0000$，下面给出一些运算示例：

运 算		结 果	功 能
A and B		0000	按位逻辑与
A or B		1010	按位逻辑或
not A	--逻辑非		
$A > B$	--大于	TRUE	关系运算符中的大于
$A = B$	--等于	FALSE	关系运算符中的等于

VHDL 具有逻辑和算术移位运算符。逻辑移位运算符将向量操作数向右或向左移位指定的位数。对于两个操作数来说，空出的位置用 0 填充。例如，如果 R = 11010，则语句 R **srl** 1 将 R 向右移动一个位置，由右移逻辑产生的值为 01101。相反，算术右移运算符(**sra**)在空出的位置(MSB)填充其原先的值，**sra** 运算的结果是 11101。如果 R = 01101，则 **sra** 运算的结果是 00110。当字中的信息向左移位时，算术左移运算填充最低有效位的是 0[①]。

练习 8.6—VHDL   如果 R = 1001，那么执行以下语句后 R 的值是多少？

R = R sra 2;

答案：R = 1110。

---

① **sll** 和 **sla** 运算产生相同的结果。

VHDL 拼接运算符提供了一种扩展多个操作数的方法。它还能用于指定移位，包括指定传输到空位的信息。拼接运算的特征见 HDL 例 6.1。

练习 8.7—VHDL　如果 A = 0101 和 B = 1010，求 R = B & A 的结果。
答案： R = 10100101。

VHDL 从左至右计算表达式，并且其运算符优先级如表 4.12 所示。例如，在表达式 $A + B - C$ 中，将 B 的值与 A 相加，然后再减去 C。在表达式 $A + B/C$ 中，B 的值除以 C，结果再和 A 相加，除法运算符 (/) 的优先级高于加法运算符 (+)。可以使用括号来建立优先级。例如，表达式 $(A + B)/C$ 产生的结果与由 $A + B/C$ 产生的结果不一样。

loop 语句

在 Verilog 的 **always** 块和 VHDL 的 **process** 块中，过程赋值的重复执行使用 **loop** 语句。

Verilog　Verilog 有四类循环执行的过程语句：**repeat**、**forever**、**while** 和 **for**。所有循环语句必须出现在 **initial** 块或 **always** 块中。

repeat 循环执行一定次数的相关语句。下面的例子是前面介绍过的：

```
initial
  begin
    clock = 1'b0;
  repeat (16) # 5 clock = ~ clock;
end
```

这段语句将时钟翻转 16 次，产生 8 个时钟周期，每个周期是 10 个时间单位。

练习 8.8—Verilog　绘制由以下程序语句产生的信号波形：

```
initial
 begin
  clock = 1'b1;
  repeat (12) #10 clock = ~ clock;
 end
```

答案： 图 PE8.8。

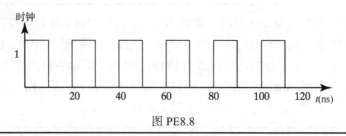

图 PE8.8

---

forever 循环无条件、重复执行过程语句或过程语句块。例如，下面的循环将产生周期为 20 个时间单位的连续时钟：

```
initial
 begin
  clock = 1'b0;
```

```
      forever #10 clock = ~ clock;
    end
```

while 循环要先判别表达式是否为真，为真时才会执行循环语句或语句块。如果表达式为假，则语句永远不会被执行。下面的示例说明了如何使用 **while** 循环：

```
    integer count;
     initial
      begin
       count = 0;
       while (count < 64)
        #5 count = count + 1;
      end
```

count 数值从 0 开始递增到 63。每次增加时都会有 5 个时间单位的时延。当 count 值为 64 时，退出循环。

在循环语句中，有时为了方便也采用整型数据作为循环的索引。整型数据使用关键字 **integer** 声明，如上面的示例中看到的。尽管也可以使用 **reg** 变量作为循环索引，但为了计数，有时定义整型变量比 **reg** 变量要方便得多。定义为 **reg** 类型的变量存储无符号数，而定义为 **integer** 类型的则存储补码形式表示的带符号数。整型数据的默认宽度是 32 位，这是综合时默认的宽度。

for 循环以一种简洁方式表示一组语句中隐含的操作，语句中的变量作为索引。**for** 语句包括三个部分，用两个分号分隔：

- 起始条件。
- 检查循环停止的表达式。
- 改变控制变量的赋值。

下面有一个 **for** 循环的例子：

```
    for (j = 0; j<8; j = j +1)
     begin
     //这里是过程语句
     end
```

这里，**for** 循环语句重复执行过程语句 8 次。控制变量是 j，起始条件是 $j = 0$。只要 j 小于 8，循环就会执行下去。每执行循环一次，j 的值加 1。

VHDL　循环语句控制 VHDL 进程中的语句按顺序执行。循环语句只能出现在进程中，VHDL 有三种循环执行的顺序语句，最简单的语句具有以下语法：

```
    loop
        过程语句
    end loop;
```

除非过程语句中有条件导致终止，否则循环将无休止地执行。终止操作可能是由执行 **exit** 语句引起的，该语句无条件地终止循环。如果在循环中遇到 **next** 语句，则它导致剩余的语句被跳过，并执行循环的下一个迭代，但是不终止循环。

for 循环的语法如下所示：

```
for 标识符  in range loop
   过程语句
end loop;
```

这种形式的循环有条件地执行，取决于标识符的值是否在指定范围之内。

练习 8.9—VHDL　绘制下列语句产生的信号波形：

```
variable k: integer;
begin
  k := 0;
  clock <= 0;
  for k in range 0 to 3 loop
    clock = not clock after 5 ns;
    k := k + 1;
  end loop;
```

答案：图 PE 8.9。

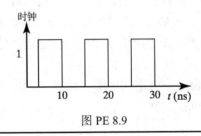

图 PE 8.9

---

while 循环也可以有条件地执行，由以下语法控制：

```
while 布尔表达式  loop
   过程语句
end loop;
```

只要布尔表达式为 TRUE，**while** 循环就会重复执行。如果遇到语句时表达式为 FALSE，则语句将被跳过。

HDL 例 8.1(译码器)

Verilog

使用 Verilog 的 **for** 循环语句描述的 2-4 线译码器结果如下所示。由于输出 Y 是在过程语句中被计算的，因此必须将其声明为 **reg** 类型。用于循环的控制变量是整型变量 k，当循环被展开后，得到下面的 4 个条件(IN 和 Y 是二进制的，Y 的索引是十进制的)：

if $IN = 00$ then $Y(0) = 1$; else $Y(0) = 0$;
if $IN = 01$ then $Y(1) = 1$; else $Y(1) = 0$;
if $IN = 10$ then $Y(2) = 1$; else $Y(2) = 0$;
if $IN = 11$ then $Y(3) = 1$; else $Y(3) = 0$;

```
// 采用for循环语句描述的2-4线译码器
module decoder (IN, Y);
  input       [1: 0] IN;          // 两个二进制输入
  output      [3: 0] Y;           // 4个二进制输出
  reg         [3: 0] Y;
  integer           k;            // 循环的控制(索引)变量
```

```
  always @ (IN)
    for (k = 0; k <= 3; k = k + 1)
    if (IN == k) Y[k] = 1;
      else Y[k] = 0;
  endmodule
```

VHDL
```
--采用 for 循环语句描述的 2-4 线译码器
entity decoder is
  port (Sig_in: in Std_Logic_Vector (1 downto 0); Y: out Std_Logic_Vector (3 downto 0));
end decoder;

architecture Behavioral of decoder is
  integer k;
begin
  process (IN) begin
    for k in 0 to 3 loop
      if Sig_in = k then Y(k) <= '1'; else Y(k) <= '0';
        end if;
      end loop;
    end process;
  end Behavioral
```

HDL 的逻辑综合

逻辑综合是利用基于计算机的软件(即综合工具)，将 HDL 源代码中隐含的逻辑电路翻译成最优化的门级网表形式的自动过程。在对硬件进行综合的过程中，可采用不同的目标工艺。HDL 描述是否有效，需要设计者采用适合于特殊综合工具的供应商专用风格。实现设计的集成电路类型可以是专用集成电路(ASIC)、可编程逻辑器件(PLD)或现场可编程门阵列(FPGA)。逻辑综合在工业中被广泛用于高效、精确、快速设计和实现大型电路。逻辑综合工具能将硬件描述语言源代码中的电路翻译成最优化的门级结构，代替手工完成所有诸如卡诺图化简这样的工作。

Verilog 为了逻辑综合的目的，使用 Verilog 或类似语言设计的程序应该用于寄存器传输级，这是因为使用 HDL 描述的 RTL 结构可以直接被转换为门级描述。下面举例说明逻辑综合工具是如何将 HDL 描述翻译成门级结构的。

连续赋值语句(**assign**)用来描述组合电路。在 HDL 中，它代表了与逻辑电路对应的布尔方程。连续赋值语句的右边是布尔表达式，可以综合成相应的门电路。运算符"+"被翻译成全加器构成的二进制加法器，运算符"–"被翻译成全加器和异或门构成的门级减法器(见图 4.13)。条件运算符语句

assign Y = S ? In_1 : In_0;

将被翻译成 2-1 线数据选择器，其控制输入是 S，数据输入是 In_1 和 In_0。多条件运算符语句对应的数据选择器更加复杂。

always begin...end 语句既可以描述组合电路，又可以描述时序电路，这取决于控制信号为电平敏感还是边沿敏感。当控制信号表达式对每个变量电平都敏感时(即所有变量都出现在赋值语句的右边)，综合工具将把它翻译成组合电路。描述组合逻辑的事件控制表达式不会对任何信号的边沿敏感。例如

```
always @ (In_1 or In_0 or S)  // 也可以写成 @(, In_0, S)
  if (S) Y = In_1;
  else  Y = In_0;
```

将翻译成 2-1 线的数据选择器。还有一种方法,也可以使用 **case** 语句隐含表示大型数据选择器。只要 x 和 z 出现在 **case** 表达式或 **case** 选项中,**casex** 语句都会将它们当作任意态看待。

　　边沿敏感 **always** 语句[如 **always** @(posedge clock)**begin…end**]描述同步时序电路。其对应电路由 D 触发器和门电路组成,实现的同步寄存器传输操作由事件控制表达式的相关语句确定。寄存器和计数器就是这样描述的。用 **case** 语句描述的时序电路,将被翻译成由 D 触发器和门电路构成的控制电路。因此,RTL 描述中的每条语句都可以用综合工具翻译,分配成相应的门和触发器。对于可综合的时序电路,事件控制表达式必须对时钟上升沿或下降沿(指同步信号)敏感,但两者不能同时敏感。

　　VHDL　逻辑综合工具将 VHDL 并行信号赋值语句翻译为组合逻辑。右侧的布尔表达式被翻译成一个优化的网表,整个过程快速完成,而且没有错误,也可以使用手工方法进行卡诺图化简来完成。由此产生的设计往往在寄存器传输级,因为 VHDL 运算符和构造与门电路结构有直接对应关系。例如,将带有 “+” 符号的表达式翻译成二进制加法器;带条件的信号赋值,如 “Y <= In_0 when S = 1; else In_1;” 将转换为由 S 控制的双通道数据选择器。

　　VHDL 进程将被翻译为组合或时序电路,具体取决于它们是否隐含组合或时序行为。对电平敏感的进程,其敏感度列表中包括的所有变量都被进程用到,其中隐含的是组合逻辑,但请注意,此时进程中需要赋值的每条路径都分配了值。否则,程序隐含操作可能需要一个透明锁存器。进程中的反馈路径或条件信号赋值语句表示一个锁存器。例如 “Y <= Data when En = 1; else Y;” 将会综合为透明锁存器。常见的错误是没有列出全部敏感信号,这会导致综合出不需要的锁存器。

设计流程

　　工业上常常使用一种简化流程图来设计数字系统,如图 8.1 所示。首先,对 HDL 的 RTL 描述结果进行仿真和验证,以检查功能是否正确。它的功能特征必须要与那些给定电路指标相匹配。测试平台产生仿真器需要的激励信号。如果仿真结果令人不满意,则需对 HDL 程序进行修改和校正。如果仿真结果证明设计有效,则 RTL 程序接下来将提供给综合工具编译。程序中的所有错误,包括语法和功能错误,在综合前一定要消除。综合工具将程序翻译成与模型所代表门级描述功能等效的网表。如果模型不能代表指标功能,则电路也同样不能正常工作。综合成功并不能保证设计是正确的。

　　模拟 RTL 描述的激励信号对门级电路进行仿真。如果需要修改,则重复上述过程,直到仿真结果满足要求时为止。将两种仿真结果进行对比,判断是否匹配。如果不匹配,则设计者需要回过头修改 RTL 设计,以确定没有任何错误。然后,这个新的描述被综合工具重新编译,产生一个新的门级描述。一旦设计者对所有仿真测试结果都满意了,设计的电路就可以用某种工艺(如 FPGA)来实现。实际中,还会进行其他测试,以验证电路的时序指标是否能由所选择的硬件工艺满足。这个验证超出了本书的讨论范围。

　　逻辑综合为设计者提供了便利。首先书写 HDL 程序,再将程序翻译成门级结果,这比采用原理图输入要省时得多。其次,修改设计变得非常容易,这使得设计者可以研究更多的编程方法。通过仿真对设计有效性进行评估，这比建立硬件模型要更容易、更快、更简单、更便宜且风险更小。综合工具会自动生成装配集成电路时使用的原理图和数据库。HDL 模型能被不同的工具综合成不同的工艺（例如 ASIC 单元或 FPGA），这样用于产生模型的投资可以有数倍回报。

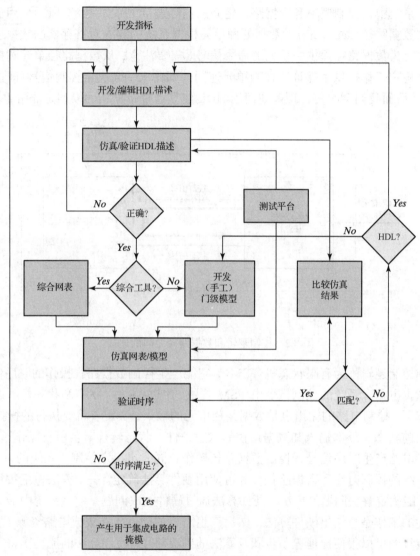

图 8.1　基于 HDL 的建模、验证和综合的简化流程图

　　HDL 不提供设计逻辑电路的万无一失的方法。HDL 允许对实际中没有对应物的逻辑电路进行原理性验证。本书所举例子都是与实际结合较为紧密的。我们并不去研究纯学术的问题，目的是让学生学会编写可综合的 HDL 代码。

8.4　算法状态机（ASM）

　　存储在数字系统中的二进制信息可分为数据和控制信息两种。数据是信息的离散单元（二进制字），可被执行算术、逻辑、移位和其他类似的数据处理任务。这些运算使用的数字部件有累加器、译码器、数据选择器、计数器和移位寄存器等。控制信息提供了能对数据存储区进行操作的指令信号,控制完成预定的数据处理任务。

数字系统的逻辑设计可分为两类,一类是设计执行数据处理操作的电路,另一类是设计控制不同指令执行顺序的电路。

在数字系统中,控制逻辑和数据路径之间的信号连接关系如图 8.2 所示。用于数据处理的通路也称数据路径(data path)。数据处理单元根据系统的要求对寄存器的数据进行操作。控制逻辑单元为数据路径提供一系列的命令信号。需要注意,从数据路径单元到控制单元的反馈为系统稳定工作提供了保证。控制单元连同外部输入一起决定控制信号(即控制单元输出)的时序。后面我们会明白,理解如何用 HDL 建立这种带反馈的模型是非常重要的。

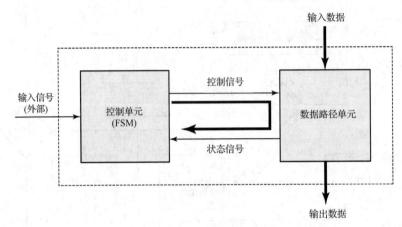

图 8.2　控制逻辑和数据路径之间的连接

有一种控制逻辑称为有限状态机(FSM),它能产生控制数据路径操作的时序信号,例如同步时序逻辑电路。系统的控制指令由 FSM 提供,作为输入、状态和状态机状态的函数。在给定状态下,控制电路的输出也是数据路径单元的输入,决定着将要执行的操作。FSM 次态取决于当前状态、外部输入和数据路径的状态条件,状态转移时会引发操作[①]。作为控制逻辑的数字电路产生时序信号,控制数据路径操作,同时也决定控制子系统的下一个状态。

数字系统的控制时序和数据路径任务可使用硬件算法确定。一个算法包括数目有限的步骤,这样才能确定解决问题的方法。硬件算法通过硬件解决问题。数字系统中最具挑战和最富有创造性的工作是总结出硬件算法,然后产生需要的硬件,在集成电路资源上实现。

利用流程图可以很便捷地表示步骤及算法的判决路径。硬件算法的流程图将字面描述翻译成图中的信息,使用一系列的操作和必要条件来实现。我们采用一种特殊的流程图定义数字硬件算法,称之为算法状态机(ASM)。状态机是时序电路另一个代名词,也是数字系统的基本结构。

ASM 流程图

ASM 流程图与传统流程图类似,但在解释的时候有些不同。传统流程图以顺序的方式描述步骤和算法的判决路径,但没有考虑它们之间的时序关系。ASM 流程图描述的是顺序

---

① 例如,状态信号可以指示寄存器的内容有效,表示寄存器已准备好被读取。

事件，以及时序控制电路的状态与状态转移时发生事件之间的时序关系（例如事件随着状态的改变而同步变化）。在数字系统中，指定准确的控制时序和数据路径是非常有必要的，同时要考虑对数字硬件的约束。

ASM 流程图由三部分组成：状态框、判决框和条件框。框由直线连接在一起，表示执行的先后顺序和当状态机工作时的状态变化。将信息体现在 ASM 流程图上的方法有很多种。其中一种是控制序列中的状态由状态框来表示，如图 8.3(a) 所示。状态框的形状为矩形，里面写着寄存器操作或对应该状态产生的控制输出信号。状态名称用符号给出，放在左上位置。代表状态的二进制编码放在框的右上角（状态符号和编码可置于其他任何位置）。图 8.3(b) 是使用状态框的一个例子。状态使用符号化的名字 S_pause，分配的二进制编码是 0101，框内写着寄存器操作 $R \leftarrow 0$，这意味着状态寄存器 R 被清零，框内的 $Start\_OP\_A$ 表示启动数据路径单元的某个操作。比如，在状态机处于 S_pause 状态时，产生一个 Moore 型输出信号。

图 8.3(b) 所示的状态框风格有时会用于 ASM 流程图中，但会带来何时执行 $R \leftarrow 0$ 运算的问题。虽然状态已经写在状态框中，但实际上它在状态机从 S_pause 状态切换到次态时才被执行。将寄存器操作

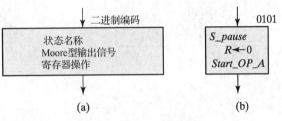

图 8.3　ASM 流程图状态框

写入状态框中只是一种方式（对其可行性仍有怀疑）。这种方式暗示控制电路在状态机状态改变时必须发出信号来引起寄存器操作。接下来，我们将引入一种表格和一种记录方法，它们更适用于数字系统设计，而且还可以消除由状态机决定的寄存器操作的不确定性。

ASM 流程图中的判决框描述了输入信号对控制子系统的作用。这些输入可以是外部输入，也可以是状态，还可以是内部信号。判决框是菱形框，带两个或两个以上的输出路径，如图 8.4 所示。测试输入的条件写在框内，到底选择哪条路径退出判决，要取决于对条件的判决。在二进制系统中，如果条件为真，将从一条路径退出；如果条件为假，将从另一条路径退出。当输入条件被分配二进制数值后，两条路径都分别用 1(TRUE) 和 0(FALSE) 来表示。

ASM 流程图中的状态框和判决框与传统流程图的类似。第三个部分是条件框，这是 ASM 流程图所特有的。条件框的形状如图 8.5(a) 所示，它与状态框的区别在于形状是圆角的。条件框的输入路径一定要来自判决框的退出路径，里面的寄存器操作或列出的输出是在给定状态下产生的，需要首先满足输入条件。图 8.5(b) 是条件框的例子。当控制逻辑处于状态 S_1 时，产生 $Start$ 输出信号。同时，控制逻辑将检查输入 $Flag$ 的状态，如果 $Flag = 1$，那么 R 被清零，否则 R 保持不变。在这两种情况下，次态都是 S_2。寄存器操作与状态 S_2 有关。我

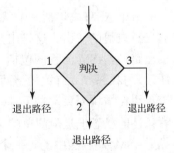

图 8.4　ASM 流程图的判决框

们又一次注意到，这样的表示会导致一些困惑，因为状态机在状态 S_1 时并不执行寄存器操作 $R \leftarrow 0$，在状态 S_2 时也不执行操作 $F \leftarrow G$。这种表示法其实暗示了当控制电路处于 S_1 时，只有 Mealy 型的输入信号有效，才能执行数据路径单元里的寄存器操作 $R \leftarrow 0$[①]，这是由

---

① 如果路径来自状态框，则有效信号将是 Moore 型信号，仅取决于状态，并应列在框中。

$Flag = 1$ 确定的。类似地，在状态 S_2 时，只有满足输入条件，数据路径单元里的寄存器操作 $F \leftarrow G$ 才会被执行。数据路径单元的操作与时钟边沿是同步的。这个时钟边沿引起状态从 S_1 转移到 S_2，再相应地从 S_2 转移到 S_3。因此，在给定状态下产生的控制信号会在下一个时钟边沿到来时影响寄存器操作，操作的结果在次态中才能显现出来。

图 8.5(b) 所示的 ASM 流程图是对数据路径和控制电路的混合描述。仅用于控制电路的 ASM 流程图如图 8.5(c) 所示，其中寄存器操作被省略了，取而代之的是控制信号。这些控制信号必须由控制单元产生，并引发数据路径操作。这个流程图对于描述控制电路是十分有效的，但其包含的数据路径的信息并不充分(我们稍后会解决这个问题)。

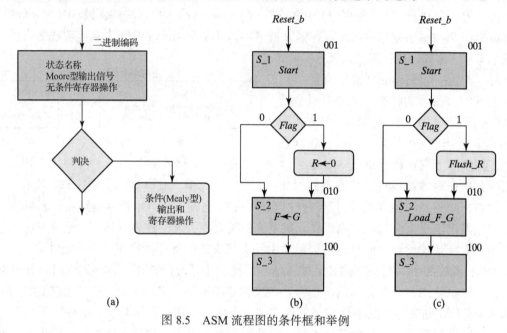

图 8.5　ASM 流程图的条件框和举例

ASM 块

一个 ASM 块包括一个状态框和连接其输出的所有判决框及条件框。ASM 块有一个输入，有任意数目的输出，这是由判决框的结构决定的。ASM 框根据对输入的判决，决定有几条退出路径。ASM 流程图包括一个或几个这样相互连接的 ASM 块。ASM 块的例子如图 8.6(a) 所示。与状态 S_0 有关的是两个判决框和一个条件框,图中虚线画出的是 ASM 块。由于 ASM 流程图在结构上只定义了唯一的一个 ASM 块，所以没有必要用虚线画出。没有任何判决或者条件的状态框是最简单的 ASM 块。

ASM 流程图中的每一个块描述了一个时钟周期(即两次时钟边沿有效之间的时间)内的系统状态。如图 8.6(a) 所示，当控制电路从状态 S_0 转到次态时，在状态和条件框中的操作会被同一时钟边沿触发，该时钟边沿也使系统控制电路从一个状态转移到了另一个状态，如 S_1、S_2 或者 S_3,转移的条件则要看 E 和 F 的取值。控制电路自身的 ASM 流程图如图 8.6(b) 所示。当状态机处于状态 S_0 时，Moore 型信号 $incr\_A$ 有效，而 Mealy 型信号 $Clear\_B$ 要在状态处于 S_0 且 E 有效时，才能有条件地发生作用。大体来说，控制电路的 Moore 型信号输出是无条件的，且会在那些与判决框有连接的条件框中被指明。

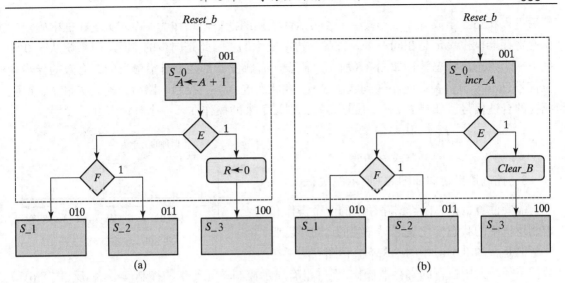

图 8.6 ASM 块

ASM 流程图与状态图很相似。每一个状态框等效于时序电路的一个状态,判决框等效于连接两个状态的有向线段上的二进制信息。因此,将流程图转换为状态图是非常方便的,这样可以用时序电路设计控制逻辑。为便于说明,图 8.6 的 ASM 流程图转换为状态图的结果如图 8.7 所示。3 个用符号表示的状态转移的结果是在圆圈里写上二进制编码,有向线段说明发生次态的条件。遗憾的是,在数据路径单元中执行的无条件和有条件的操作没有在状态图中标出。

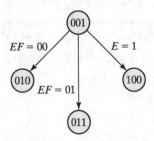

图 8.7 与图 8.6 中的 ASM 流程图等效的状态图

ASM 流程图的简化

ASM 流程图中的二进制判决框可以简化为只标注对应有效判决变量的一边,而另一边不标注。更进一步的简化是将复位信号有效时的状态转移对应的边去掉,无效的输出信号也不在流程图中标出,只把输出有效的信号标注在流程图上。

时序考虑

数字系统中所有寄存器和触发器的时序是由一个主时钟发生器提供的。时钟脉冲不仅加到寄存器的数据路径,也加到控制逻辑中的所有触发器。由于输入信号来自使用同一个时钟的电路,因此输入信号也与时钟同步。如果输入信号在任何时刻变化都与时钟无关,则称之为异步输入。异步输入会引起一系列问题。为简化设计,假设所有输入都与时钟同步,并且在时钟边沿到来时才发生状态改变。

传统流程图和 ASM 流程图之间的主要区别在于不同操作之间的时序关系。例如,如果图 8.6 是传统流程图,则列出的操作会按顺序一个接着一个执行:寄存器 A 首先加 1,然后才计算 E。如果 $E = 1$,寄存器 R 将被清零,控制逻辑回到状态 S_3;否则,下一步是计算 F,

然后进入状态 S_1 或者 S_2。作为对比，ASM 流程图把整个块作为一个单元，在框中确定的所有寄存器操作一定是在同一个时钟脉冲边沿发生的，因此是同步的。而此时系统从 S_0 转到下一个状态。状态转移如图 8.8 所示。假设所有触发器都是上升沿触发的，有效的异步复位信号($Reset\_b$)将控制电路转到状态 S_0。在状态 S_0 下，控制电路检查输入 E 和 F，产生相应的合适信号。如果 $Reset\_b$ 信号无效，则接下来的操作在下一个时钟上升沿发生：

1. 寄存器 A 加 1。
2. 如果 $E = 1$，寄存器 R 清零。
3. 控制逻辑转向如图 8.7 所示的次态。

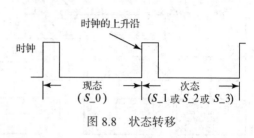

图 8.8　状态转移

需要注意的是，在数据路径中的两个操作和控制逻辑中的状态变化是同时发生的。同样需要注意的是，图 8.6(a) 中的 ASM 流程图表明了在数据路径单元中执行的寄存器操作，但并没有显示控制单元产生的控制信号。相反，图 8.6(b) 中的 ASM 流程图表明了控制信号，但是没有给出数据路径操作。我们现在利用 ASMD 流程图为设计者提供数据路径和控制器(即数字处理器)的更加清晰完整的信息。

练习 8.10　绘制同步状态机的 ASM 流程图，用于监视输入 x_in，在观察到 3 个连续的 1 后置 y_out 有效，并保持有效直至观察到 0。电路有同步复位，但没有显示在流程图上。

答案：图 PE 8.10。

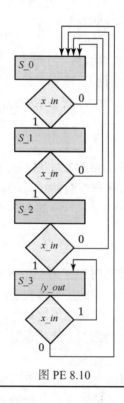

图 PE 8.10

ASMD 流程图——罗塞塔石碑的系统设计

算法状态机和数据路径(ASMD)流程图用来显示 ASM 流程图中的信息，并且为给定的数据路径单元提供了一种有效的控制逻辑设计工具。ASMD 流程图与 ASM 流程图有以下三方面的区别：(1) ASMD 流程图并不在状态框中列出寄存器操作；(2) ASMD 流程图的连线旁标注有寄存器操作，这些操作与状态转移同步；(3) ASMD 流程图还包含了确定信号的条件框，这些框控制那些标注在连线旁的寄存器操作。因此，ASMD 流程图与状态转移时的寄存器操作有关，而不是与状态有关，它也与产生这些寄存器操作的信号有关。因此，ASMD 流程图将复杂数字状态机的一部分表示成数据路径和控制单元，从而很清晰展示了它们之间的关系。在寄存器操作的时序上，或者是产生寄存器操作的信号上，没有一点含糊的地方[1]。

为了产生数据单元控制器的带标注、完全确定的 ASM 流程图，设计者可通过 3 个步骤建立该 ASMD 流程图。相关的步骤依次是

1. 画出只有控制电路的状态及引起状态转移的输入信号[2]的 ASM 流程图。
2. 通过在连线旁标注数据单元的并行寄存器操作(也就是与状态转移同时发生的寄存器操作)，将 ASM 流程图转化成 ASMD 流程图。
3. 修改 ASMD 流程图，确定控制电路产生的及引起数据路径单元中已标明操作的控制信号，如(2)所说明的。

通过这些步骤建立起来的 ASMD 流程图清晰而又完整地定义了控制电路的有限状态机，确定了数据路径中的寄存器操作，确定了将数据路径的状态报告给控制器的信号，并且将寄存器操作连接到控制它们的信号上。流程图不依赖于任何语言，并且可使用设计人员正在用的任何 HDL 的符号进行标注。

状态机的一个重要用途是控制数据路径中的寄存器操作。时序状态机被分割为控制电路和数据路径。ASMD 流程图将控制电路的 ASM 流程图连接到它所控制的数据路径上。这也是一种通用的、代表所有同步数字硬件设计的模型[3]。ASMD 流程图将数据路径设计和控制电路设计分开，有助于说明时序状态机的设计，但是保留了两者之间的连接关系。因为这些寄存器不是控制电路的组成部分，所以与状态转移同时发生的寄存器操作被标注在流程图中的路径上，而不是路径上的状态框或者条件框中。由控制电路产生的信号是数据路径上寄存器的控制信号，产生 ASMD 流程图中标注的寄存器操作。

8.5 设计举例(ASMD 流程图)

下面用一个简单例子说明 ASMD 流程图的组成及寄存器传输的表示方法。先从系统的初始指标开始，接着画出合适的 ASMD 流程图，最后根据流程图设计数字硬件电路。

数据路径单元由两个 JK 触发器 E 和 F 及一个 4 位二进制计数器 A 构成。A 中的每个触

---

[1] 这种区别阐明了有关数字设计的关键信息，我们将其称为顺序机器设计方法论的罗塞塔石碑。

[2] 通常，控制单元的输入是外部(主要)输入和状态信号，它们源自数据路径单元。

[3] Gajski, D. et al. "Essential Issues in Design." In: Staunstrup, J. Wolf W. Eds. *Hardware Software Co-Design: Principles and Practices*. Boston, MA: Kluwer, 1997.

发器被标识为 A_3、A_2、A_1 和 A_0，其中 A_3 是计数器的最高有效位。系统起始状态假定为复位状态，本例中即为低电平有效复位信号 *reset_b*。该状态命名为 *S_idle*，因为直到起始信号 *Start* 启动系统操作，并将计数器 A 和触发器 F 清零，系统没有任何变化。然后，计数器每遇一个时钟脉冲就加1，一直加下去，直到操作结束。计数器的 A_2 和 A_3 位决定了操作时序：

如果 $A_2 = 0$，E 被清零，计数器开始计数。

如果 $A_2 = 1$，E 被置位为1，此时如果 $A_3 = 0$，计数器继续计数，但如果 $A_3 = 1$，F 会在下一个时钟脉冲到来时被置位为1，系统停止计数。

如果 *Start* = 0，系统保持状态不变；但如果 *Start* = 1，则会执行循环操作。

系统结构的框图如图 8.9(a) 所示，其中的结构包括：(1)数据路径的寄存器(A, E, F)；(2)外部(基本)输入；(3)从数据路径反馈到控制单元的状态信号($A2$、$A3$)；(4)控制单元产生的控制信号，并且输入到数据路径。注意，控制信号的名称(*clr_E*, *set_E*, *set_F*, *clr_A_F*, *incr_A*)清晰地说明了它们引起的数据路径单元中的操作。例如，*clr_A_F* 将寄存器 A 和 F 清零，信号 *reset_b*(也可以是 *reset_bar*)说明了复位操作是低电平有效的。每个单元内部的详细描述这里不再给出。

ASMD 流程图

图 8.9(b) 中的系统 ASMD 流程图代表的是异步复位操作，图 8.9(c) 是同步复位操作。相关的流程图给出了控制电路的状态转移和对应的数据路径操作。流程图还不是最终结果，还不能确定控制电路的控制信号。非阻塞 Verilog 运算符($<=$)被箭头($\leftarrow$)代替，表示寄存器传输操作，最终结果要使用 Verilog 非阻塞赋值语句或者 VHDL 信号赋值语句描述 ASMD 流程图。

当复位操作同步时，转移到复位状态与时钟同步。这个转移体现在图中，但为了清晰起见，其他所有同步复位路径都被忽略了。系统保持在复位状态，即状态 *S_idle*，直到 *Start* 有效。当输入 *Start* 有效时，状态转移到 *S_1*。下一个时钟边沿到来时，根据 A_2 和 A_3 的数值(按照优先级顺序译码)，决定状态转移到 *S_1* 还是 *S_2*。如果是状态 *S_2*，系统将无条件转移到 *S_idle*，在那里等待另一个 *Start* 指令的到来。

流程图的连线代表了在有效(即同步)时钟边沿(例如上升沿)发生的状态转移，并标注了发生在数据路径里的寄存器操作。当 *S_idle* 中的 *Start* 有效时，状态会转移到 *S_1*，寄存器 A 和 F 会被清零。需要注意，一方面，如果寄存器操作标注在离开状态框的连线旁，则操作会无条件执行，并且会被一个 Moore 型信号所控制。例如，当状态机处于状态 *S_1* 时，寄存器遇时钟有效边沿自动增1。另一方面，标注在离开判决框 A_2 连线旁的寄存器操作将寄存器 E 置位。当系统处于状态 *S_1* 且 A_2 为1时，控制操作的信号是一个 Mealy 型信号。类似地，用来复位 A 和 F 的控制信号是有条件的，即系统处于 *S_idle* 且 *Start* 有效。

另外，为说明在状态 *S_1* 时，计数器每遇一个时钟脉冲加1，路径上的标注给出了与同一个时钟边沿有关的其他有条件操作：

E 被清零，控制逻辑停留在状态 *S_1* ($A_2 = 0$)。

或者 E 被置位，控制逻辑停留在状态 *S_1* ($A_2 A_3 = 10$)。

或者 E 被置位，控制逻辑进入状态 *S_2* ($A_2 A_3 = 11$)。

当控制处于状态 S_2 时，Moore 型控制信号必须有效才能将触发器 F 置位为 1，电路在下一个时钟有效边沿回到 S_idle。

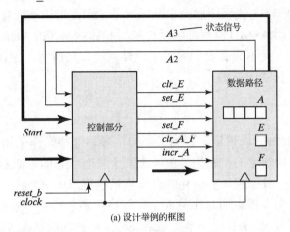

(a) 设计举例的框图

说明：$A3$ 代表 $A[3]$
　　　$A2$ 代表 $A[2]$
　　　<= 代表非阻塞赋值
　　　$reset\_b$ 代表复位是低电平有效

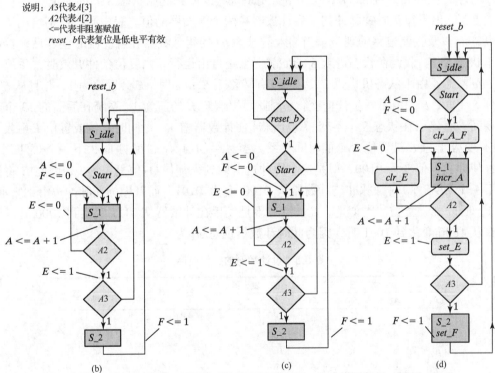

图 8.9　(a) 设计举例的框图；(b) 异步复位下控制状态转移的 ASMD 流程图；(c) 同步复位下控制状态转移的 ASMD 流程图；(d) 异步复位下完全确定控制电路的 ASMD 流程图

产生 ASMD 流程图的第三步也是最后一步，是插入控制器产生信号的条件框，或者在状态框中插入 Moore 型信号，如图 8.9 (d) 所示。在状态 S_idle 中有条件地产生 clr_A_F，在状态 S_1 中无条件地产生 $incr\_A$。在 S_1 中有条件地产生 clr_E 和 set_E，在 S_2 中无条件地产生 set_F。ASM 流程图包括三个状态和三个块。与 S_idle 有关的块包括一个状态框、一个判决框和一个条件框。与 S_2 有关的块只包括状态框。除了时钟和 $reset\_b$，控制逻辑还有一个外部输入 $Start$ 和两个状态输入 A_2 和 A_3。

　　这里，我们已经介绍了如何将字面描述翻译成能完全描述数据路径控制器的 ASMD 流程图，并给出了控制信号，以及与它们相关的寄存器操作。本例没有实际应用价值。通常，由于三个步骤产生的 ASMD 流程图取决于翻译水平，因此可以被简化，甚至另辟蹊径来实现。实际中，设计者使用 ASMD 流程图编写控制器和数据路径的 Verilog 模型，然后通过综合工具直接翻译出电路。接下来，我们先手工设计系统，然后写出 HDL 程序，把综合步骤留给那些能使用综合工具的读者。

时序

　　ASMD 流程图中的每一块确定了控制操作的信号，这些操作采用一个公共时钟脉冲信号。块中状态和条件框内确定的控制信号由处于某个瞬时状态的控制器产生。当状态沿着退出路径发生状态转移时，数据路径上标注的操作将被执行。从一个状态转移到另一个状态是在控制逻辑中实现的。为准确说明时序关系，我们将在表 8.3 ——列出每一个时钟边沿之后的操作时序，从起始信号 $Start$ 有效开始，到系统再返回到起始状态 S_idle 为止。

　　表 8.3 给出了每次时钟脉冲到来后计数器和两个触发器的值。表中同时分别给出了 A_2、A_3 的状态，以及控制电路的现态。当输入信号 $Start$ 使得计数器和触发器 F 清零后，控制电路处于状态 S_1。假设在状态进入 S_idle 前，系统自由运行。当复位条件有效时，系统才进入 S_idle 状态。由于状态机进入 S_2，还没有转移至 S_idle 时，E 会置位为 1，并且从 S_idle 转移到 S_1 时，E 的值不发生任何变化，因此可以假定 E 的值为 1。系统在后面的 13 个时钟脉冲期间一直停留在状态 S_1 不变。每个脉冲使计数器增 1，也同时复位或置位 E 触发器。注意 A_2 变成 1 与 E 被置位为 1 的时间关系。当 $A = (A_3A_2A_1A_0)$ 0011 时，下一个(第四个)时钟脉冲使计数器值变为 0100，但是这个脉冲边沿的到来却使 A_2 值复位为 0，因此 E 将被清零。下一个(第五个)时钟脉冲使计数器从 0100 变为 0101，而且因为在脉冲边沿到来前 A_2 值为 1，所以 E 被置位。类似地，E 被清零不是发生在计数器从 0111 变化到 1000 时，而是发生在从 1000 变化到 1001 时，因为此时计数器现态 A_2 为 0。

表 8.3　设计举例的操作时序

计　数　器				触　发　器		条　　件	状　　态
A_4	A_3	A_2	A_1	E	F		
0	0	0	0	1	0	$A_2 = 0$, $A_3 = 0$	S_1
0	0	0	1	0	0		
0	0	1	0	0	0		
0	0	1	1	0	0		
0	1	0	0	0	0	$A_2 = 1$, $A_3 = 0$	
0	1	0	1	1	0		
0	1	1	0	1	0		
0	1	1	1	1	0		
1	0	0	0	1	0	$A_2 = 0$, $A_3 = 1$	
1	0	0	1	0	0		
1	0	1	0	0	0		
1	0	1	1	0	0		
1	1	0	0	0	0	$A_2 = 1$, $A_3 = 1$	
1	1	0	1	1	0		S_2
1	1	0	1	1	1		S_idle

当计数值达到 1100 时，A_2 和 A_3 的值均为 1。下一个时钟边沿使 A 增 1，E 被置位为 1，状态进入 S_2。控制逻辑处于状态 S_2 只能持续一个时钟周期，下一个时钟边沿到来时，状态从 S_2 退出，触发器 F 被置位为 1，控制逻辑转移到状态 S_idle。只要 $Start$ 为 0，系统就维持在初始状态 S_idle 不变。

观察表 8.3 可知，对触发器 E 的操作滞后一个时钟脉冲，这就是 ASMD 流程图和传统流程图的区别。如果图 8.9(d)是传统流程图，可以假设 A 先加 1，然后检查 A_2 的状态。在数字硬件中执行的这种操作对应 ASMD 流程图中的一个块，它是在同一个时钟边沿发生的，在时间上没有先后之分。因此，判决框中 A_2 在加 1 之前，其数值为计数器的现态，这是因为 E 的判决框与状态 S_1 属于同一块。控制逻辑中的数字电路在下一个时钟边沿到来前，要产生当前块中所有操作的控制信号。等时钟边沿到来时，系统执行寄存器和触发器中的所有操作，包括确定次态控制电路中的触发器，以及利用控制电路输出信号的现态值。因此，控制数据路径操作的信号是在一个时钟周期(控制状态)内产生的，在时间上要先于控制触发的时钟边沿。

练习 8.11　哪些信息被标注到 ASMD 流程图的边上？

答案：数据路径的寄存器操作被标注到 ASMD 流程图的边上。

智能高效的控制电路和数据路径硬件设计

ASMD 流程图给出了设计数字系统控制电路和数据路径需要的所有信息。控制电路硬件与数据路径硬件的划分在实际中是很随意的，但是我们强调，其一，数据路径仅仅包含了与其操作和逻辑所关联的硬件。这些逻辑用于产生提供给控制电路的状态信号。其二，控制单元包含了所有数据路径操作的控制信号逻辑。数据路径的设计要求在 ASMD 流程图的状态框和条件框中给出，由在数据路径上标注的操作来确定。控制逻辑由判决框和所需的状态转移决定。数据路径和控制电路的电路配置如图 8.10 所示。

需要注意的是，控制单元的输入信号包括外部输入 $Start$、$reset\_b$ 和 $clock$，以及从数据路径 A_2、A_3 产生的状态信号。这些信号提供数据路径的现态。所有这些信息和基本输入，以及状态机的现态一起用来产生控制电路的输出和次态。控制电路输出是数据路径的输入，并决定了当时钟边沿到来时，哪个操作会被执行。同样需要注意，即使整个设计是封装在一个模块中，控制状态也并不是控制单元的输出。

图 8.10 所示的控制子系统只给出了输入和输出，其名称和 ASMD 流程图中的一致。控制部分的详细设计以后再讨论。数据路径包括一个 4 位二进制计数器、两个 JK 触发器。计数器与图 6.12 所示的计数器相似，区别在于前者需要附加门产生同步清零操作。当控制电路状态处于 S_1 时，计数器每来一个时钟脉冲就加 1。只有当控制电路状态处于 S_idle 且 $Start$ 等于 1 时，计数器才被复位。信号 clr_A_F 的逻辑包含在控制电路中，需要用一个与门来保证两个条件同时成立。类似地，控制电路用与门产生信号 set_E 或 clr_E，这取决于控制电路是否在 S_1 状态且 A_2 是否有效。set_F 控制触发器 F，在状态 S_2 时无条件有效。包括控制单元触发器在内的所有触发器和寄存器都使用相同的时钟脉冲。

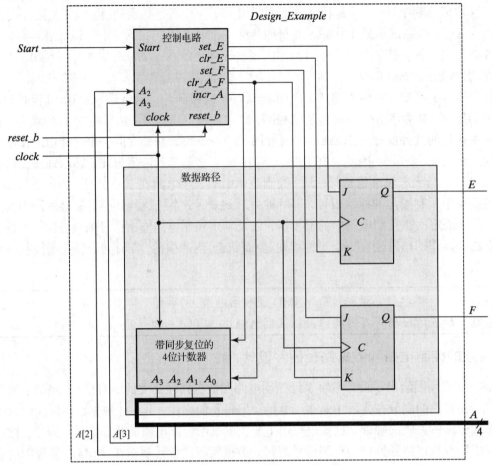

图 8.10   设计举例的数据路径和控制电路

寄存器传输级描述

数字系统采用寄存器传输级描述时,一般描述系统中的寄存器、执行的操作和控制序列。寄存器操作和控制信息用 ASMD 流程图确定。为了方便,有时也将系统划分成控制逻辑和执行寄存器操作的数据路径。控制信息和寄存器传输操作可分开描述,如图 8.11 所示。状态图确定控制时序,寄存器操作用 8.2 节介绍的符号化方法描述。状态转移及控制寄存器操作的信号和操作一起描述。这种方法与图 8.9(d)描述系统使用的 ASMD 流程图的功能一样。真正需要的仅仅是 ASMD 流程图,但手工设计中使用状态图不失为一种好方法。状态图的信息可以直接从 ASMD 流程图中得到,状态名称在每一个状态框中给出。引起状态转移的条件在 ASMD 流程图的菱形判决框中确定,这些也用来标注状态图,状态之间的有向线段和条件沿着 ASMD 流程图中的相同路径得到。3 个状态中的每一个寄存器传输操作列于状态名的后面,它们从 ASMD 流程图的状态框和条件框中得到。

状态表

将状态图转化为状态表,这样可从状态表设计出控制电路。首先,给 ASMD 流程图中的每一个状态分配二进制数值。对于时序电路中的 n 个触发器,ASMD 流程图可以提

供多达 2^n 个状态。含有 3 个或 4 个状态的流程图对应的时序电路必须有两个触发器。当有 5 个到 8 个状态时，需要 3 个触发器。每个触发器的取值在一起代表一个状态的二进制数值。

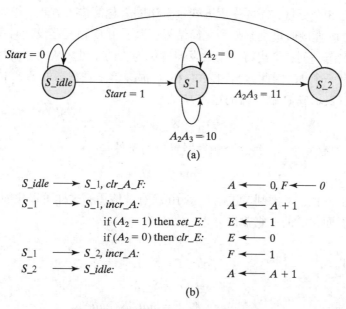

(a)

$$S\_idle \longrightarrow S\_1, clr\_A\_F: \qquad A \longleftarrow 0, F \longleftarrow 0$$

$$S\_1 \longrightarrow S\_1, incr\_A: \qquad A \longleftarrow A + 1$$

$$\text{if } (A_2 = 1) \text{ then } set\_E: \qquad E \longleftarrow 1$$

$$\text{if } (A_2 = 0) \text{ then } clr\_E: \qquad E \longleftarrow 0$$

$$S\_1 \longrightarrow S\_2, incr\_A: \qquad F \longleftarrow 1$$

$$S\_2 \longrightarrow S\_idle: \qquad A \longleftarrow A + 1$$

(b)

图 8.11 设计举例的寄存器传输级描述

控制电路的状态表列出了现态、输入及相应的次态和输出。在多数情况下，有许多任意态输入条件，因此在写状态表时需要考虑。给 3 个状态分配下面的二进制数值：$S\_idle = 00$，$S\_1 = 01$，$S\_2 = 11$。二进制状态 10 没有使用，将被当作任意态处理。与状态图对应的状态表如表 8.4 所示。从表中可以看出，电路需要两个触发器，分别标注为 G_1 和 G_0，还有 3 个输入和 5 个输出。输入来自判决框中的条件，输出取决于输入和控制逻辑的现态。注意，在表中为每一个可能的状态转移都安排了一行。初始状态 00 转移到状态 01 或者保持在 00 不变，取决于输入 Start 的取值。其他两个输入标注为任意态 X，因为在这种情况下，次态与它们无关。当系统处于二进制状态 00 且 Start = 1 时，控制逻辑产生标注为 clr_A_F 的输出，触发希望的寄存器操作。状态 01 转移到何种状态取决于输入 A_2 和 A_3。只有当 $A_2A_3 = 11$ 时，系统才进入二进制状态 11，否则将一直处于二进制状态 01 不变。最后，二进制状态 11 转换到 00，与输入变量无关。

表 8.4 图 8.10 中控制电路的状态表

现态符号	现态		输入			次态		输出				
	G_1	G_0	Start	A_2	A_3	G_1	G_0	set_E	clr_E	set_F	clr_A_F	incr_A
S_idle	0	0	0	X	X	0	0	0	0	0	0	0
S_idle	0	0	1	X	X	0	1	0	0	0	1	0
S_1	0	1	X	0	X	0	1	0	1	0	0	1
S_1	0	1	X	1	0	0	1	1	0	0	0	1
S_1	0	1	X	1	1	1	1	1	0	0	0	1
S_2	1	1	X	X	X	0	0	0	0	1	0	0

控制逻辑

设计时序电路从第 5 章给出的状态表开始。我们把这个过程用于表 8.4，因为表中现态和输入列的下面有 5 个变量，需要使用五变量卡诺图来化简输入方程。作为替代化简输入方程的方法，我们可以直接通过观察得到化简结果。为了用 D 触发器设计时序电路，有必要看清楚状态表中的次态一列，得出将每个触发器置位为 1 的条件。从表 8.4 中可以看出，G_1 的次态列在第五行有一个 1，因此，当输入 A_2 和 A_3 都等于 1 且状态处于 S_1 时，G_1 的输入信号 D 一定等于 1，表示成 D 触发器的输入方程为

$$D_{G1} = S\_1 A_2 A_3$$

类似地，次态 G_0 列有 4 个 1，将这个触发器置位的条件是

$$DG_0 = Start\, S\_idle + S\_1$$

为了导出 5 个输出方程，考虑到二进制状态 10 没有被使用，这样可以化简 *clr_A_F* 的方程，并且有助于得到下面化简的一组输出方程：

$$set\_E = S\_1 A_2$$
$$clr\_E = S\_1 A_2'$$
$$set\_F = S\_2$$
$$clr\_A\_F = Start\, S\_idle$$
$$incr\_A = S\_1$$

图 8.10 中控制电路的内部细节见图 8.12。虽然从表 8.4 中导出了输出方程，但是直接观察图 8.9(d)，同样也可以得到这个结果。这个例子说明数据路径控制电路的手工设计可从 ASMD 流程图着手。综合工具最大的优点就是能自动执行这些操作。

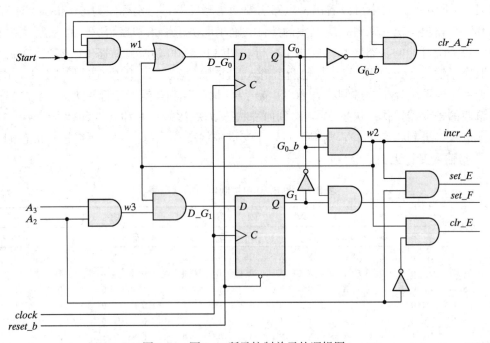

图 8.12　图 8.10 所示控制单元的逻辑图

8.6　设计举例的 HDL 描述

在前面章节中，我们用 HDL 描述了组合电路、时序电路和许多标准部件，如数据选择器、计数器和寄存器等。现在，我们将这些部件放在一起描述一个特定设计。如前所述，设计可以从结构或者行为加以描述。行为描述又可进一步区分为寄存器传输级或抽象算法级。因此，我们从三个层次考虑设计：结构描述、RTL 描述和建立在算法基础上的行为描述。

结构描述的层次最低，但也是最详细的描述。数字系统被表示成物理部件及它们之间的连接。部件主要是指门、触发器及标准电路，如数据选择器和计数器等。利用层次化的方法将设计划分成若干功能单元，每个单元用 HDL 描述。顶层模块将实例化的所有底层模块组合在一起，实现整个系统功能。这种描述风格要求设计者不仅具有丰富的理解系统功能的经验，而且还要求设计者学会选择和连接功能模块来组建系统。

RTL 描述将数字系统确定为寄存器上执行的操作和控制操作的时序。这种类型的描述由于包含了大量的过程语句，因此简化了设计过程。这些过程语句不需要考虑任何特定结构，就可以决定设计的不同操作间的关系。RTL 描述隐含寄存器间的硬件结构。这使得设计者生成设计后不通过手工而是采用自动综合方法得到标准数字部件。

建立在算法基础上的行为描述是最抽象的层次。它从程序和算法角度对设计功能进行描述，类似于编程语言。这种描述并没有考虑如何用硬件实现这样的细节，比较适合对设计思想进行验证的复杂系统仿真和新思路探索。在这种层次上的描述对那些精通编程语言的非专业用户来说也是能接受的。不过，这种层次描述的结构并不都是能被综合的。

现在通过上节的设计举例说明 RTL 和结构描述。设计举例可作为今后编码风格的模型，同时也应用了已修订的 Verilog 语言所支持的语法选项。

RTL 描述

HDL 例 8.2

设计举例的框图如图 8.10 所示。本例的 HDL 描述可作为 Verilog 模块中一个单独的 RTL 描述，或作为控制电路和数据路径都分模块进行实例化的顶层模块。前一种描述方法忽略了不同功能块间的区别，后一种描述需要按照图 8.9(a) 和图 8.10 所示进行模块连接。这里，我们推荐第二种方法，这是因为它更清晰地区分了控制电路和数据路径。这种描述方法也让我们在给定数据路径的前提下，更加方便地用其他控制电路来替代(例如用结构化的模块替代 RTL 模块)。

Verilog

利用图 8.9(d) 的 ASMD 流程图进行编程的结果，包括了对控制电路、数据路径及两者间接口(即控制电路的输出和状态信号)的完整描述。同样，描述分为 3 个模块：Design_Example_RTL、Controller_RTL 和 Datapath_RTL。对于控制电路和数据路径的描述可直接从图 8.9(d) 中得到。Design_Example_RTL 说明了模块的输入和输出端口，并且为 Controller_RTL 和 Datapath_RTL 提供了实例化结果。这个层次的描述将 A 定义成数组是相当重要的。否则，当将其放在一起编译时，会产生端口不匹配的错误。注意，状态信号

A2 和 A3(而不是 A0 和 A1)被传递给控制电路。控制电路的外部输入是 Start、clock(与系统同步)和 reset_b。低电平有效的输入信号 reset_b 用来使控制电路状态初始化到 S_idle，没有这个信号，控制电路的初态就无法确定。

控制电路被描述成 3 条 **always** 语句。边沿敏感 **always** 语句在复位条件无效时，遇时钟上升沿对状态进行更新。根据 ASMD 流程图的定义，两个电平敏感 **always** 语句用于描述组合逻辑的次态和控制电路的输出。需要注意的是，描述中还包括了对所有输出的默认赋值(如 set_E = 0)，当然也可以省略不写，使 **case** 程序代码得以简化。这种方法保证了变量的每条路径上都会被赋值。因此，综合工具将代码翻译成组合逻辑电路。如果不对变量的每条路径都赋值，就意味着需要一个透明锁存器来执行逻辑操作。综合工具会产生相应的锁存器，这样就造成硅资源的浪费。

控制电路的 3 个状态以符号化的名称给出，并被编码成二进制数。3 个状态只使用 4 个码字中的 3 个，还有一个码字未被使用，因此，需要在产生次态的 **case** 语句中使用默认赋值，也可以对未使用状态的次态进行任意态的赋值(next_state = 2'bx)。同时，描述次态逻辑的第一条 **case** 语句将 S_idle 赋值给 next_state，保证次态在每种情况下都被赋值。如果偶尔忘记对次态进行赋值，则会导致描述结果暗含锁存器，综合工具将产生透明锁存器。

Datapath_RTL 用来测试从 Controller_RTL 接收的每个控制信号是否出现。寄存器传输操作在 ASMD 流程图中显示，如图 8.9(d)所示。需要注意的是，寄存器传输操作使用的是非阻塞赋值(符号<=)，确保寄存器操作和状态转移同步发生。这种方法在控制状态为 S_1 时极为重要。在这个状态下，A 加 1，A2(A[2])的值用来确定下一时钟周期寄存器 E 的状态。为得到有效的同步设计，有必要保证在 A 加 1 前检测到 A[2]。如果使用阻塞赋值语句，只能将检查 E 的语句放在前面，A 加 1 的语句放在后面。然而，使用非阻塞语句，既可以得到需要的同步，又可以不用关心语句的顺序。因为 clr_A_F 与时钟同步，Datapath_RTL 中的计数器 A 被同步清零。

控制电路和数据路径的 **always** 语句相互作用：在时钟的有效边沿到来时，状态和数据路径寄存器被更新。状态、外部输入或状态输入的变化将使控制电路的电平敏感 **always** 语句去更新次态和输出值。更新的值又在下一个时钟边沿到来时，决定数据路径的状态转移和数值更新。

注意，手工设计方法需要使用：(1)表示数据路径和控制电路间接口的框图[见图 8.9(a)]；(2)系统的 ASMD 流程图[见图 8.9(d)]；(3)控制电路触发器的输入逻辑方程；(4)实现控制器的电路(见图 8.12)。相反，RTL 模型只描述控制电路的状态转移和数据路径操作，接下来的步骤是通过自动综合过程得到实现功能的电路。两种情况下，对数据路径和控制电路的描述都是从 ASMD 流程图中直接导出的。

```verilog
// 设计举例的RTL描述
module Design_Example_RTL (A, E, F, Start, clock, reset_b);
  // 定义设计的顶层模块端口
  // 见图8.10中的框图
  output  [3: 0] A;
  output  E, F;
  input   Start, clock, reset_b;

  // 实例化控制电路和数据路径单元
```

```verilog
 Controller_RTL M0 (set_E, clr_E, set_F, clr_A_F, incr_A, A[2], A[3], Start, clock, reset_b);
 Datapath_RTL M1 (A, E, F, set_E, clr_E, set_F, clr_A_F, incr_A, clock);
 endmodule


module  Controller_RTL (set_E, clr_E, set_F, clr_A_F, incr_A, A2, A3, Start, clock,
reset_b);
   output reg  set_E, clr_E, set_F, clr_A_F, incr_A;
   input   Start, A2, A3, clock, reset_b;
   reg  [1: 0]   state, next_state;
   parameter    S_idle = 2'b00, S_1 = 2'b01, S_2 = 2'b11;   // 状态编码
   always @ (posedge clock, negedge reset_b)// 状态转移(边沿敏感)
   if (reset_b == 0) state <= S_idle;
   else  state <= next_state;
// 直接来自图8.9(d)中ASMD流程图的次态逻辑
 always @ (state, Start, A2, A3) begin  // 次态逻辑(电平敏感)
 next_state = S_idle;
 case (state)
   S_idle:  if (Start) next_state = S_1;  else  next_state = S_idle;
   S_1:    if (A2 & A3) next_state = S_2;  else  next_state = S_1;
   S_2:    next_state = S_idle;
   default:   next_state = S_idle;
 endcase
end
// 直接来自图8.9(d)中ASMD流程图的输出逻辑
 always @ (state, Start, A2) begin
 set_E   = 0;  // 默认赋值
 clr_E   = 0;
 set_F   = 0;
 clr_A_F = 0;
 incr_A  = 0;
 case (state)
  S_idle:   if (Start) clr_A_F = 1;
  S_1:    begin incr_A = 1; if (A2) set_E = 1;  else  clr_E = 1;  end
  S_2:    set_F = 1;
 endcase
end
endmodule


module  Datapath_RTL (A, E, F, set_E, clr_E, set_F, clr_A_F, incr_A, clock);
  output reg [3: 0] A;                              // 用作计数器的寄存器
  output reg     E, F;                              // 标志位
  input        set_E, clr_E, set_F, clr_A_F, incr_A, clock;
  // 直接来自图8.9(d)中ASMD流程图的寄存器传输操作
  always @ (posedge clock) begin    if (set_E)    E <= 1;
   if (clr_E)                                       E <= 0;
   if (set_F)                                       F <= 1;
   if (clr_A_F)                                     begin  A <= 0; F <= 0;  end
   if (incr_A)                                      A <= A + 1;
  end
endmodule
```

VHDL

设计实例的 VHDL 描述按照图 8.9（d）中的 ASMD 流程图，其中包含对控制器、数据路

径和两者间接口(即状态信号和控制器的输出)的完整描述。同样,VHDL 描述具有 3 个实体:
Design_Example_RTL_vhdl、Controller_RTL_vhdl 和 Datapath_RTL_vhdl。控制器和数据
路径的描述直接取自图 8.9(d),最顶层实体 Design_Example_RTL_vhdl 定义了状态机的输
入和输出端口,以及其对应的结构、行为,并将控制器和数据路径声明并实例化为在设计中
使用的组件,通过定义端口映射,建立内部信号互连。

　　注意,顶层实体中的端口 A 被定义为一个向量,它与数据通道单元的对应端口相匹配。
如果不匹配,当这些描述被编译在一起时将产生错误。另请注意,从数据路径单元传递到控
制器的状态信号是 A(2) 和 A(3),而不是 A(0) 和 A(1),因为不需要。控制器的主要(外部)输
入是 Start、clock(同步系统)和 reset_b(初始化控制器的状态)。如果没有 reset_b,控制器
将无法置于已知的初始状态。

　　控制单元的行为描述由 3 个并行进程组成。第一个进程检测时钟上升沿的跳变,并控制
状态机的状态转移,其受同步复位信号的影响。注意,在此进程中测试 reset_b 和时钟的顺
序,暗示 reset_b 具有高优先级。如果该信号有效,低电平有效的时钟变化将被忽略,状态
保持在 S_idle。

　　第二个进程提供状态转移组合逻辑,根据 ASMD 流程图的指定,确定控制器的下一个
状态。每当 A2、A3、Start、clock 或状态发生变化时,就启动进程。然后,进程对现态进
行译码,并确定次态。请注意,**case** 语句前面是对 next_state 的默认赋值(next_state
<= S_idle)。此赋值确保通过逻辑的每条路径都为 next_state 分配一个值。如果不这么做,
则通过每条路径的每个信号都会被综合出一个硬件锁存器(存储器),这是一个不受欢迎的结
果,因为它浪费了硅资源——实现组合逻辑并不需要锁存器。

　　第三个进程描述了控制器的输出逻辑。该进程敏感信号为 Start、clock 和 state,决定
了每个状态下的输出是 Mealy 型还是 Moore 型信号。请注意,负责状态译码的 **case** 语句前,
默认赋值的语句都使输出无效。这种方式在实践中可以简化 **case** 的逻辑结构,**case** 语句中
仅需要列出变量的有效数值(即采用排除法赋值),还可以确保通过分配逻辑,对每条路径的
每个信号都分配了一个数值。因此,综合工具会将逻辑翻译为组合电路(即不需要存储器);
未能为每条路径上的每条信号分配一个数值,这意味着需要一个透明锁存器(存储器)来实现
该逻辑。综合工具将要求设计者提供锁存器,并且浪费了硅资源。

　　控制器的三种状态在数据类型 state_type 的选项中给出了符号化名称,实际的二进制编
码并没有反映出来[1]。我们知道,对三种状态编码需要两个触发器,留下一种编码未使用。
因此,**case** 语句有一个选项 **others**,用于处理检测到的编码不是 3 个有效编码时的情形。
另一种方法是允许综合工具对次态进行任意分配(即 next_state< = 'xx')。此外,该次态逻辑
的第一条赋值语句为 next_state< = S_idle,以保证在逻辑中对次态赋值。这是推荐的预防
措施,防止意外忘记对每个逻辑中的次态进行赋值,这意味着需要存储器,并导致综合工具
误将其翻译为一个透明锁存器,创造了另一个浪费硅资源的机会。

　　Datapath_RTL_vhdl 的描述测试来自 Controller_RTL_vhdl 的每个控制信号是否有效,
并分配标注在图 8.9(d) 的 ASMD 图中的寄存器操作。状态被声明为信号,并且使用了信号
赋值运算符,这确保了寄存器操作和状态转移是并行的。这一特性在处于控制状态 S_1 期

---

[1] 稍后我们将讨论显式编码。

间显得尤为重要，此时 A 是加 1，并检查 A2[A(2)]的值，以确定下一个时钟有效边沿寄存器 E 要执行的操作。完成一个有效的同步设计，必须确保在 A 加 1 前检查 A(2)。如果使用了变量，则必须首先用两条语句检查 E，随后是 A 加 1 的语句。然而，通过使用并行信号赋值语句，无须关心列出语句的顺序，就可以完成所需的同步。Datapath_RTL_vhdl 中的计数器 A 带有同步清零端，clr_A_F 与时钟同步。

描述控制器和数据路径的进程彼此相互作用：在时钟的有效边沿，状态和数据路径寄存器被更新。状态、主输入或状态输入的变化，将导致控制器的电平敏感进程更新次态和输出的数值。更新后的数值在下一个时钟的有效边沿，可用于确定状态转移和数据路径的更新。

注意，设计开发的手工方法分为 4 个步骤：(1)画出框图［见图 8.9(a)］，框图给出了数据路径和控制器之间的接口；(2)画出系统的 ASMD 流程图［见图 8.9(d)］；(3)列出控制器的触发器输入逻辑方程；(4)画出实现控制器的电路（见图 8.12）。相比之下，RTL 模型则能描述控制器的状态转移和数据路径操作，并可以直接自动综合出实现它们的电路，数据路径和控制器的描述直接来自两种情况下的 ASMD 流程图。综上所述，ASMD 流程图有利于我们使用更加系统、高效的方法设计数据路径及其控制器。

```vhdl
library ieee;
use ieee.std_logic_1164.all;

entity Design_Example_RTL_vhdl is
 port (A: buffer std_logic_vector (3 downto 0);
            E, F: out std_logic;
            Start, clock, reset_b: in std_logic);
end Design_Example_RTL_vhdl;

architecture Behavioral of Design_Example_RTL_vhdl is
 component Controller_RTL_vhdl
        port (set_E, clr_E, set_F, clr_A_F : in Std_Logic,
        A2, A3 in Std_Logic; Start, clock, reset_b : in Std_Logic); end component;
 component Datapath_RTL_vhdl
        port (A, E, F, set_E, clr_E, set_F, clr_A_F, incr_A : in Std_Logic;
        clock : in Std_Logic); end component;
begin
 M0: Controller_RTL_vhdl (port map
        set_E => set_E, clr_E => clr_E, set_F => set_F, clr_A_F => clr_A_F,
        A2 => A(2), A3 => A(3), Start => Start, clock => clock, reset_b => reset_b);

 M1: Datapath_RTL_vhdl (port map
        A => A, E => E, F => F, set_E => set_E, clr_E => clr_E, set_F => set_F,
        clr_A_F => clr_A_F, incr_A => incr_A, clock => clock);
end Behavioral;


entity Controller_RTL_vhdl is
 port (set_E, clr_E, set_F, clr_A_F: out std_logic;
        A2, A3, Start, clock, reset_b: in std_logic);
 end Controller_RTL;

architecture Behavioral of Controller_RTL_vhdl is
```

```vhdl
  type state_type is (S_idle, S_1, S_2);
  signal state, next_state: state_type;
begin
  process (clock, reset_b) begin      -- 同步状态转移
         if(reset_b 'event and reset_b = '0') then  state <= S_idle;
            elsif (clock'event) and clock = '1' then  state <= next_state;
            end if
  end process;
  process (A2, A3, Start, Start, state)    -- 状态转移逻辑
  begin
            next_state <= S_idle;
            case state is
            when S_idle   => if Start = '1'   then next_state <= S_1;
                                        else next_state <= S_1; end if;
            when S_1   => if (A2 = '1') then if (A3 = '1') then  next_state <= S_2;
                                        else next_state <= S_1; end if;
            when S_2   => next_state <= S_idle;
            when others => next_state <= S_idle;
         end case;
  end process;


  process (A2, A3, Start, state)        -- 输出逻辑
  begin set_E    <= '0';
       clr_E    <= '0';
       set_F    <= '0';
       clr_A_F  <= "0";
       incr_A   <= "0";
       case state is
       when S_idle   => if Start = '1'   then clr_A_F <= '1'; end if;
       when S_1   => incr_A <= '1'; if A2 = '1' then set_E <= '1';
                                        else clr_E <= '1'; end if;
       when S_2   => set_F <= '1';
     end case;
  end process;
end Behavioral;


entity Datapath_RTL_vhdl is
     port (A: buffer std_logic_vector (3 downto 0), E, F: out std_logic;
       set_E, clr_E, set_F, clr_A_F, incr_A, clock: in std_logic);
end Datapath_RTL_vhdl;


architecture Behavioral of Datapath_RTL_vhdl is
begin
  process (clock)       --代码寄存器传输操作——见 ASMD 流程图[图 8.9(d)]
  begin
       if set_E = '1'     then E <= '1'; end if;
       if clr_E = '1'     then E <= '0'; end if;
       if set_F = '1'     then F <= '1'; end if;
       if clr_A_F = '1'   then begin A >= '0'; F <= '0'; end if; end;
       if incr_A = '1'    then A <= A + "0001"; end if;
  end process;
end Behavioral;
```

测试 HDL 描述

设计举例的操作时序在前一节已经研究过。表 8.3 给出了当 A 加 1 时的 E 和 F 取值，这张表对于测试用 HDL 描述的电路有效性非常有用，HDL 例 8.3 中的测试向量产生这样的模块（编写测试向量的过程在 4.12 节已经介绍）。测试模块产生信号 Start、clock 和 reset_b，对从寄存器 A、E 和 F 获得的数值进行检测。起初，reset_b 被复位，控制电路被初始化，Start 和 clock 被置为 0。在 $t = 5$ 时，reset_b 被置为 1 无效，输入 Start 被置为 1 有效，时钟重复 16 个周期。**$monitor** 语句每隔 10 ns 显示一次 A、E 和 F 的数值，模拟输出列于 simulation log 的下方。在 $t = 0$ 时，寄存器的数值是未知的，因此，它们被标以符号 x。第一个上升沿发生在 $t = 10$ 时，A 和 F 复位，但没有影响 E，因此 E 在这个时刻还是未知的。仿真列表的其余部分与表 8.3 相同。注意，S 在 $t = 160$ 时仍为 1，表中最后一行的输入说明 A 和 F 复位到 0，E 不发生任何变化，维持在 1 不变，这种情况发生在第二次从 S_idle 到 S_1 的转移期间。

HDL 例 8.3

Verilog

```
//设计举例的测试平台
'timescale 1 ns / 1 ps
module  t_Design_Example_RTL;
 reg    Start, clock, reset_b;
 wire  [3: 0] A;
 wire    E, F;
// 实例化设计举例
Design_Example_RTL M0 (A, E, F, Start, clock, reset_b);
// 描述激励波形
initial  #500 $finish;   // 停止观察
initial
  begin
   reset_b = 0;
   Start = 0;
   clock = 0;
   #5 reset_b = 1; Start = 1;
   repeat  (32)
   begin
    #5 clock = ~ clock;   // 产生时钟
   end
  end
 initial
// $monitor语句每隔10 ns显示A、E和F的数值
   $monitor ("A = %b E = %b F = %b time = %0d", A, E, F,  $time);
endmodule
Simulation log:

A = xxxx   E = x   F = x   time = 0
A = 0000   E = x   F = 0   time = 10
A = 0001   E = 0   F = 0   time = 20
A = 0010   E = 0   F = 0   time = 30
A = 0011   E = 0   F = 0   time = 40
```

```
A = 0100   E = 0   F = 0   time = 50
A = 0101   E = 1   F = 0   time = 60
A = 0110   E = 1   F = 0   time = 70
A = 0111   E = 1   F = 0   time = 80
A = 1000   E = 1   F = 0   time = 90
A = 1001   E = 0   F = 0   time = 100
A = 1010   E = 0   F = 0   time = 110
A = 1011   E = 0   F = 0   time = 120
A = 1100   E = 0   F = 0   time = 130
A = 1101   E = 1   F = 0   time = 140
A = 1101   E = 1   F = 1   time = 150
A = 0000   E = 1   F = 0   time = 160
```

用上面所给的测试平台对 Design_Example_RTL 仿真所得波形见图 8.13,其中的数值以十六进制形式表示。结果还注明了控制信号和其引起的操作之间的关系。举例来说,在引起 E 置位的时钟边沿到来的前一个时钟周期,控制电路要将 set_E 置位。同样,在引起 F 置位的时钟边沿到来的前一个时钟周期,set_F 被置位。在 A 和 F 复位前产生 clr_A_F。对 Design_Example_RTL 的更完整验证还应在“on-the-fly”(“跑飞”)状态时进行恢复,即状态机开始工作后,复位信号要根据需要随时加上。图中列出的仿真输出信号分成下面 5 组:(1)clock 和 reset_b;(2)Start 和状态输入;(3)状态;(4)控制信号;(5)数据路径寄存器。强烈推荐一定要显示状态,这个信息在确认状态机正常运行和错误状态下查找错误时非常必要。二进制代码选定为:$S\_idle = 00_2 = 0_H$,$S\_1 = 01_2 = 1_H$,$S\_2 = 11_2 = 3_H$。

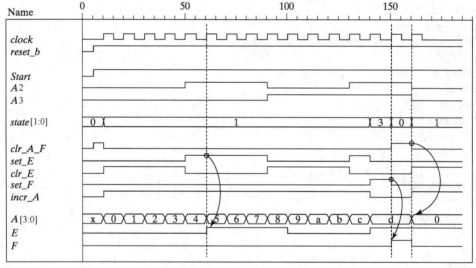

图 8.13　Design_Example_RTL 的仿真结果

VHDL

Design_Example_RTL_vhdl 的 VHDL 测试平台生成激励信号,并将它们应用于 UUT。VHDL 仿真结果与 Verilog 仿真结果相同,如图 8.13 所示,此处不再赘述。但是,我们要注意 UUT 中的信号名称与由测试平台生成的实际信号之间的关系,以及端口映射中它们之间的连接关系。例如,测试平台产生 t_clock,它连接到 Design_Example_RTL_vhdl 的接口信号 clock。VHDL 的仿真结果也可以传输到显示器或生成一个文件。

```vhdl
library ieee;
 use ieee.std_logic_1164.all;

-- VHDL例8.2中用于仿真Design Example_RTL_vhdl的测试平台

entity t_Design_Example_RTL_vhdl is
        port ();
end t_Design_Example_RTL_vhdl;

architecture TestBench of t_Design_Example_RTL_vhdl is
    component Design_Example_RTL
    port (A: out std_logic_vector (3 downto 0); E, F: out std_logic); end component
    signal    t_A: std_logic_vector (3 downto 0);
    signal    t_E, t_F: std_logic; ;
    signal    t_Start, t_clock, t_reset_b: std_logic
    integer   count: range 0 to 31: 0;      -- 计数器，初始化为0
    end component;
begin
    M0: Design_Example_RTL_vhdl
    port map  (A => t_A; E => t_E, F => t_F, Start=> t_Start, clock => t_clk, reset_b =>
    t_reset_b);

process () begin;          -- 激励信号
begin
    t_reset_b    <= '0';
    t_Start      <= '0'
    t_reset_b    <= '1' after 5 ns;
    t_Start      <= '1' after 5 ns;
end process;

process begin
  t_clock <= '0';
  for k in 0 to 32 loop
        wait for 5 ns;
        count <= count + '1';
       t_clock <= not t_clock;
  end loop;
  wait;
end process;
end TestBench;
```

结构描述

RTL 描述由过程语句组成，描述的是数字电路的功能特性。这种类型的描述可以借助 HDL 综合工具进行综合，产生与设计等效的门级电路，也可以从结构而不是功能上对设计加以描述。设计的结构描述由实例化的组件组成，这些组件之间的连接定义了电路内部结构。在这点上，结构描述等效于原理图或电路的框图。目前，我们主要依赖 RTL 描述，但是作为参照，这里要介绍结构描述，以便与前面两种方法进行比对。

为方便起见，电路仍分为两部分：控制电路和数据路径。图 8.10 的框图显示了这些单元间的区别，图 8.12 提供了额外的控制电路结构细节，图 8.10 中数据路径结构很清楚地表示了出来，包括一些触发器和带同步清零的 4 位计数器。顶层 Verilog 描述用模块 Design_Example_STR 、 Controller_STR 、 Datapath_STR 代替相应的模块 Design_Example_RTL、Controller_RTL、Datapath_RTL。Controller_STR、Datapath_STR 都是结构描述。

Verilog HDL 例 8.4 是设计举例的结构描述结果，包括网状的层次化模块和门级描述：(1)顶层模块 Design_Example_STR；(2)描述控制电路和数据路径的模块；(3)描述触发器和计数器的模块；(4)实现控制逻辑的门电路。简单来说，计数器和触发器使用 RTL 模型描述。

顶层模块(见图 8.10)中包括：(1)实例化控制电路和数据路径模块；(2)对外部输入信号的声明；(3)对输出信号的声明；(4)对由控制电路产生、连接到数据路径的控制信号的声明；(5)对由数据路径产生、连接到控制电路的状态信号的声明。端口列表与 RTL 描述中的列表相同。输出被定义为线网(**wire**)类型，它们仅仅被用来连接数据路径和顶层模块两者的输出，在数据路径模块中被赋值。

控制模块描述图 8.12 的电路。两个触发器的输出 G1 和 G0 及输入 D_G1 和 D_G2 被定义为线网(**wire**)类型。变量名称属于定义它们的模块或过程块。线网类型不能在过程块(如 **begin…end**)内定义。当且仅当使用过程语句对变量进行赋值时，变量一定要被定义为寄存器类型，即 **reg** 类型。实例化的门代表了电路的组合部分。有两个触发器输入方程和 3 个触发器输出方程。触发器 G1 和 G0 的输出及 D_G1 和 D_G0 的输入方程替换了实例化的触发器的输出 Q 和输入 D。接着，D 触发器在下一个模块描述。数据路径单元中有一个输入直接给 JK 触发器。注意，HDL 描述的模块之间的对应关系与图 8.9、图 8.10 和图 8.12 的电路结构一致。

HDL 例 8.4

Verilog

```
//设计举例的结构描述[见图 8.9(a)和图 8.12]
 module Design_Example_STR
 (output  [3: 0] A,                         // Verilog 2001端口语法
 output  E, F,
 input   Start, clock, reset_b
 );
 Controller_STR M0 (clr_A_F, set_E, clr_E, set_F, incr_A, Start, A[2], A[3], clock, reset_b );
 Datapath_STR M1 (A, E, F, clr_A_F, set_E, clr_E, set_F, incr_A, clock);
 endmodule

// 控制单元
 module Controller_STR
 (output clr_A_F, set_E, clr_E, set_F, incr_A,
   input  Start, A2, A3, clock, reset_b
 );
 wire  G0, G1, D_G0, D_G1;
 parameter S_idle = 2'b00, S_1 = 2'b01, S_2 = 2'b11;
 wire  w1, w2, w3;
 not  (G0_b, G0);
 not  (G1_b, G1);
 buf  (incr_A, w2);
```

```verilog
  and  (set_F, G1, G0);
  not  (A2_b, A2);
  or  (D_G0, w1, w2);
  and  (w1, Start, G0_b, G1_b);
  and  (clr_A_F, G0_b, Start);
  and  (w2, G0, G1_b);
  and  (set_E, w2, A2);
  and  (clr_E, w2, A2_b);
  and  (D_G1, w3, w2);
  and  (w3, A2, A3);
  D_flip_flop_AR M0 (G0, D_G0, clock, reset_b);
  D_flip_flop_AR M1 (G1, D_G1, clock, reset_b);
endmodule
```

// 数据路径单元
```verilog
 module  Datapath_STR
(output            [3: 0] A,
   output          E, F,
   input           clr_A_F, set_E, clr_E, set_F, incr_A, clock
);
  JK_flip_flop_2 M0 (E, E_b, set_E, clr_E, clock);
  JK_flip_flop_2 M1 (F, F_b, set_F, clr_A_F, clock);
  Counter_4   M2 (A, incr_A, clr_A_F, clock);
 endmodule
```

// 带同步复位的计数器
```verilog
 module  Counter_4 (output reg  [3: 0] A,  input  incr, clear, clock);
  always @ (posedge clock)
   if  (clear) A <= 0;  else if  (incr) A <= A + 1;
 endmodule
module  D_flip_flop_AR (Q, D, CLK, RST); // 同步复位
  output  Q;
  input  D, CLK, RST;
  reg  Q;
  always @ (posedge CLK, negedge RST)
   if  (RST == 0) Q <= 1'b0;
   else  Q <= D;
 endmodule
// JK触发器描述
 module  JK_flip_flop_2 (Q, Q_not, J, K, CLK);
  output  Q, Q_not;
  input  J, K, CLK;
  reg  Q;
  assign  Q_not = ~Q;
  always @ (posedge CLK)
   case  ({J, K})
    2'b00: Q <= Q;       // 没有变化
    2'b01: Q <= 1'b0;      // 清零
    2'b10: Q <= 1'b1;      // 置位
    2'b11: Q <= !Q;       // 翻转
   endcase endmodule
```

```verilog
// 测试平台
 module  t_Design_Example_STR;
 reg  Start, clock, reset_b;
 wire  [3: 0] A;
 wire  E, F;
 // 设计实例化
Design_Example_STR M0 (A, E, F, Start, clock, reset_b);
// 仿真波形描述
 initial  #500  $finish; // 停止观察
 initial
 begin
  reset_b = 0;
  Start = 0;
  clock = 0;
  #5 reset_b = 1; Start = 1;
  repeat  (32)
   begin
    #5 clock = ~clock; // 时钟产生
   end
 end
initial
 $monitor  ("A = %b E = %b F = %b time = %0d", A, E, F,  $time);
 endmodule
```

结构描述使用 RTL 描述中验证过的测试平台加以测试，产生的结果如图 8.13 所示。唯一有必要改变的是将例子中 Design_Example_RTL 的实例化替换为 Design_Example_STR 的实例化。Design_Example_STR 的仿真结果和 Design_Example_RTL 的一致，但通过对比可知，RTL 风格更易于书写，而且如果综合工具能对寄存器、组合电路及它们之间的接口自动综合，则能更快得到 RTL 描述的电路。

VHDL

```vhdl
--设计实例的结构描述[见图 8.9(a)和图 8.12]
library ieee;
use  ieee.std_logic_1164.all;

entity  Design_Example_STR_vhdl is
    port  (A: out  std_logic_vector (3 downto  0);
              E, F: out  std logic;
              Start, clock, reset_b: in  std_logic);
end  Design_Example_STR_vhdl;

architecture  Structural_vhdl of  Design_Example_STR_vhdl is
component  Controller_STR_vhdl
    port  (clr_A_F, set_E, clr_E, set_F: in  Std_Logic;
              incr_A, Start, A2, A3 : in  Std_Logic; clock, reset_b : in  Std_Logic);
end component;
component  Datapath_STR_vhdl
    port  (A, E, F: out  Std_Logic; clr_A_F, set_E, clr_E, set_F, incr_A: in  Std_Logic;
              clock: in  Std_Logic); end component.
begin
    M0: Controller_STR_vhdl
```

```vhdl
        port map(clr_A_F => clr_A_F, set_E => set_E, clr_E => clr_E, set_F => set_F, incr_A =>
        incr_A: out std_logic; Start, A2, A3, clock, reset_b: in std_logic);
        M1 Datapath_STR_vhdl
        port map (A => A, E => E, F => F, clr_A_F => clr_a_F, set_E => set_E, clr_E => clr_E,
        set_F => set_F, incr_A => incr_A, clock => clock);
end Structural_vhdl;
-- 控制单元
entity Controller_STR_vhdl is
    port (clr_A_F, set_E, clr_E, set_F, incr_A: out std_logic;
                Start, A2, A3, clock, reset_b: in std_logic);
end Controller_STR_vhdl;
architecture Structural of Controller_STR_vhdl is
    component not_gate port (sig_out : out Std_Logic; sig_in : in Std_Logic);
    end component;
    component buf_gate port (sig_out : out Std_Logic; sig_in : in Std_Logic);
    end component;
    component or2_gate port (sig_out : out Std_Logic; sig1, sig2 : in Std_Logic);
    end component
    component and2_gate port (sig_out : out Std_Logic; sig1, sig2 : in Std_Logic);
    end component;
    component D_flop port (Q : out Std_Logic; D in Std_Logic; clk, reset : in Std_Logic);
    end component;
begin
end component;

    C1: not_gate_vhdl port map (sig_out => G0_b, sig_in => G0);
    C2: not_gate_vhdl port map (sig_out => G1_b, sig_in => G1);
    C3: buf_gate_vhdl port map (sig_out => incr_A, sig_in => w2);
    C4: and2_gate_vhdl port map (sig_out => set_F, sig_in => G1, G0);
    C5: not_gate_vhdl port map (sig_out => A2_b, sig_in => A2);
    C6: or2_gate_vhdl port map (sig_out =>D_G0, sig1 => w1, sig2 => w2);
    C7: and3_gate_vhdl port map (sig_out =>w1, sig1 => Start, sig2 => Go_b, G1_b);
    C8: and2_gate_vhdl port map (sig_out =>clr_A_F, sig1 => G0, sig2 => Start);
    C9: and2_gate_vhdl port map (sig_out =>w2, sig1 => G0, sig2 => G1_b);
    C10: and2_gate_vhdl port map (sig_out =>Set_E, sig1 => w2, sig2 => A2);
    C11: and2_gate_vhdl port map (sig_out =>clr_E, sig1 => w2, sig2 => A2_b);
    C12: and2_gate_vhdl port map (sig_out =>D_G1, sig1 => w3, sig2 => w2);
    C13: and2_gate_vhdl port map (sig_out =>w3, sig1 => A2, sig2 => A3);
    C14: D_flip_flop_AR_vhdl port map (Q => G0, D => D_G0, clk => clock, reset => reset_b);
    C15: D_flip_flop_AR_vhdl port map (Q => G1, D => D_G1, clk => clock, reset => reset_b);
end Controller_STR_vhdl;
-- 数据路径单元
entity Datapath_STR_vhdl is
    port (A: out std_logic_vector (3 downto 0); E, F: out std_logic;
            clr_A_F, set_E, clr_E, set_F, incr_A, clock: in std_logic);
end Datapath_STR_vhdl;

architecture Structural of Datapath_STR_vhdl is
component JK_flip_flop_2 port (E, E_b: out std_logic; set_E, clr_E, clk: in std_logic);
end component;
component JK_flip_flop_2 port (F, F_b: out std_logic; set_F, clr_A_F, clk: in std_logic);
end component;
```

```
component counter_4 port (A: out std_logic_vector (3 downto 0); incr_A, clr_A_F, clock:
in std_logic);
end component;
begin
    M0: JK_flip_flop_2 port map (E => E, E_b => E_b, set_E => set_E, clr_E => clr_E,
    clk <= clock);
    M1: JK_flip_flop_2 port map (F => F, F_b => F_b, incr_A => incr_A, clr_A => clr_A,
    clk <= clock);
    M2 counter_4 port map (A => A; incr_A => incr_A, clr_A_F => clr_A_F, clock => clock);
end Structural;

entity Counter_4_vhdl is
    port (A: out std_logic_vector (3 downto 0); incr, clear, clock: in std_logic);
end Counter_4vhdl;

architecture Behavioral of Counter_4_vhdl is
begin
    process (clock)
    begin
    if clock'event and clock '1 then if clear = '1' then A <= 0;
    elsif incr = '1' then A <= A + "0001";
    end if;
    end process;

entity D_flip_flop is
    port (Q: out std_logic; D, CLK, RST: in std_logic);
end D_flip_flop;

architecture Behavioral of D_flip_flop is
begin
    process (CLK, RST)
    begin
        if RST'event and RST = '0' then Q <= '0' elsif CLK'event and CLK = '1' then
        Q <= D; end if;
    end process;
end Behavioral;

entity JK_flip_flop_2_vhdl is
    port (Q: buffer std_logic; Q_not: out std_logic; J, K, CLK: in std_logic);
 end JK_flip_flop_2_vhdl;

architecture Behavioral of JK_flip_flop_2_vhdl is
begin
            Q_not <= not Q;
process (CLK)
begin
    if CLK'event and CLK = '1'
        case J & K is
            when '00'  =>  Q <= Q;       // 保持
            when '01'  =>  Q <= '0';      // 清零
            when '10'  =>  Q <= '1';      // 置位
            when '11'  =>  Q <= not Q;  // 翻转
        end case;
    end process;
```

```
    end Behavioral;

    entity t_Design_Example_STR_vhdl is
          port ();
    end t_Design_Example_STR_vhdl;

    architecture Behavioral of t_Design_Example_STR_vhdl is
        signal t_A: std_logic_vector (3 downto 0);
        signal t_E, t_F: std_logic;
        signal t_clock, t_reset_b;
        integer count range 0 to 31: 0;    -- 计数器，初始化为0
    -- 定义组件
        component Design_Example_STR_vhdl
          port (A, E, F :  out Std_Logic; Start, clock, reset_b  in Std_Logic);

    begin
    -- 组件实例化
    M0: Design_Example_STR_vhdl
        port map (A => t_A, E => t_E, F => t_F,
                      Start=> t_Start, clock => t_clock, reset_b => t_reset_b);
    -- 描述激励信号波形

    process () begin
        t_reset_b <= '0';
        t_Start <= '0';
        t_reset_b <= '1' after  5 ns;
        t_Start <= '1' after  5 ns;
    end process;

    process () begin
        t_clock <= '0';
        while count <= 31 loop
          t_clock <= not t_clock after 5 ns;
        end loop;
    end process;
    end Behavioral;
```

8.7　时序二进制乘法器

本节介绍第二个设计举例，它代表二进制乘法的硬件算法，用寄存器配置加以实现，然后使用 ASMD 流程图说明数据路径和控制逻辑的设计。

本系统要求能够实现两个无符号的二进制数相乘。1.7 节已经介绍了一种执行乘法的硬件算法，对应的电路是用许多加法器和与门构成的组合电路乘法器。这种方法在使用集成电路实现时，需要耗费大量的资源面积。作为对照，本节介绍更加有效的硬件算法，对应的时序乘法器由一个加法器和一个移位寄存器构成，节省的硬件和资源面积源自对硬件空间（即时域）的均衡。并行加法器使用更多的硬件资源，但却可以在一个时钟周期内得到结果；而时序加法器使用的硬件资源比较少，但却需要几个时钟周期才能产生结果。

如果使用纸和笔演算两个二进制数的乘法，则需要连续的加法和移位。这个过程最好采用具体的数值加以说明。下面考虑将两个二进制数 10111 和 10011 相乘：

23	10111	被乘数
19	10011	乘数
	10111	
	10111	
	00000	
	00000	
	10111	
437	110110101	乘积

这个过程包含了连续的加法和移位。我们来观察乘数的每一位,首先从最低有效位开始。如果乘数是 1,被乘数被复制到下面,否则 0 被复制。复制下来的数值较之前的一个数值左移一位。最后,将数值相加,它们的和就是乘积。两个 *n* 位二进制数相乘的乘积最多可以有 $2n$ 位。可以明显看出,加法和移位操作是由算法给出的。

当采用数字硬件实现乘法过程时,只需对上面的计算过程做简单改动。首先,在对时序状态机综合的过程中发现,二进制乘法器的加法和移位算法可以在一个或几个时钟周期内完成。一方面,如果选择在一个时钟周期内完成乘法运算,需要使用 4.7 节提到的并行乘法器电路;另一方面,算法的 RTL 描述能将被乘数加到累加的部分积中,乘数、被乘数和部分积存储到寄存器中,并且在状态机控制下对其进行加法和移位操作。在众多将乘法运算分解到各个时钟周期里的可行性方法中,我们要考虑的是如何只产生一个部分积,并在一个时钟周期内完成累加运算。还有一种选择是采用附加的硬件在一个时钟周期内产生并累加两个部分积,但是这种方法需要更多的逻辑门、更快的电路和更慢的时钟。使用数字电路进行存储,并且将与乘数中 1 的个数同样多的二进制数值同时相加,这样的电路非常复杂。比较经济的做法是:第一,只对两个二进制数值进行相加运算,用寄存器不断累加部分积;第二,不是将被乘数左移,而是将产生的部分积右移,这将使部分积和被乘数处于合适的相对位置;第三,当乘数对应的位是 0 时,没有必要将所有的 0 加到部分积上,全 0 对结果不产生影响。

寄存器配置

时序二进制乘法器框图如图 8.14 (a) 所示,数据路径的寄存器配置如图 8.14 (b) 所示。被乘数存储在寄存器 *B* 中,乘数存储在寄存器 *Q* 中,部分积在寄存器 *A* 中产生,存储于寄存器 *A* 和 *Q* 中。并行加法器将寄存器 *B* 的内容加到寄存器 *A* 中,触发器 *C* 存储相加产生的进位,计数器 *P* 被设置用来保存二进制数值,等于乘法器的位数,该计数器在每个部分积产生后减 1。当计数器状态为 0 时,乘积在双寄存器 *A* 和 *Q* 中形成,整个过程结束。控制逻辑维持在初始状态不变,直到起始信号 *S* 变为 1 时才改变。系统然后执行乘法运算。*A* 与 *B* 之和产生部分积的 *n* 位最高有效位,然后传送给 *A*。从加法得到的进位输出,无论是 0 还是 1,都传送给 *C*。*A* 中的部分积和 *Q* 中的乘数都进行右移,*A* 的最低有效位移位到 *Q* 的最高有效位,从 *C* 得到的进位被移位进 *A* 的最高有效位,0 移位进 *C*。在右移运算后,部分积中的一位传送给 *Q*,同时 *Q* 中的乘数位也右移一个位置。在这种方法中,寄存器 *Q* 的最低有效位表示成 *Q*[0],保存需要下一次使用的乘数位。控制逻辑根据这个输入位的数值,决定是否相加。控制逻辑也接收信号 *Zero*,检查计数器 *P* 是否为 0。*Q*[0] 和 *Zero* 是来自控制单元的状态输入,起始输入 *Start* 是外部控制输入,控制逻辑的输出启动数据路径中寄存器需要的操作。

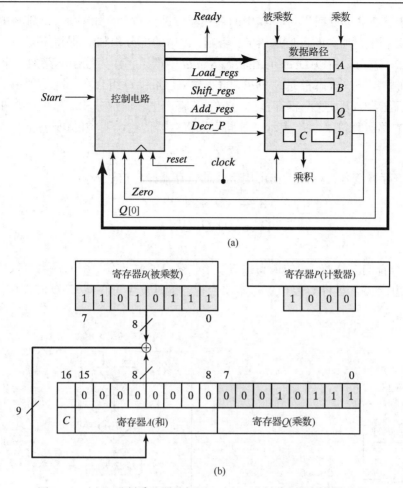

图 8.14　(a)二进制乘法器的框图；(b)二进制乘法器的数据路径

控制电路和数据路径的接口包含状态信号和控制电路的输出信号。控制信号控制数据路径中同步寄存器的操作。*Load_regs* 信号加载数据路径内部的寄存器。*Shift_regs* 让移位寄存器移位。*Add_regs* 形成被乘数和寄存器 *A* 的和。*Decr_P* 让计数器自减。控制电路同样形成输出 *Ready*，通知主环境机器已经准备好进行乘法运算了。保存成绩的寄存器内容在执行时变化，所以必须由一个信号来指示其内容是有效的。再一次需要注意的是，控制状态并不是控制单元和数据路径的接口。只有控制数据路径所需要的信号才包含在接口中。将状态放在接口中需要在数据路径中有译码器和一条相比单独控制信号更宽、更有效的总线。

ASMD 流程图

二进制乘法器的 ASMD 流程图如图 8.15 所示。图 8.15(a)只是中间形式，是带寄存器操作的控制电路的 ASM 流程图，图 8.15(b)的完整流程图决定了控制电路的 Moore 型和 Mealy 型输出。初始时，被乘数置于 *B* 中，乘数置于 *Q* 中，主电路处于初始状态，且 *Start* = 0，不执行任何操作。尽管 *Ready* 有效，但系统维持初始状态 *S_idle* 不变。当 *Start* = 1 时，开始执行乘法运算：(1)控制逻辑进入状态 *S_add*；(2)寄存器 *A* 和进位触发器 *C* 被复位；(3)寄存器 *B* 和 *Q* 分别预置被乘数和乘数；(4)将序列计数器 *P* 预置成二进制数 *n*，*n* 等于乘数的位数。系统处于状态 S_add 时，对 $Q[0]$ 中的乘法器位进行检测，如果为 1，则 B 中的被乘数加到 A 中的部分积上，加法的进位送给 C；否则，A 中的部分积和 C 保持不变。不管 $Q[0]$ 是何值，计数器 P 都减 1。所以 $Decr\_P$ 在状态 S_add 中产生，作为控制电路的一个 Moore 型输出。在这两种情况下，次态都是 S_shift。寄存器 C、A 和 Q 组合在一起得到一个复合寄存器 CAQ，表示成 $\{C, A, Q\}$。这个寄存器的一位右移将产生新的部分积。移位运算在流程图中用 Verilog 逻辑右移运算符 ">>" 表示，等同于用寄存器传输说明中的语句：

$$\text{右移}\quad CAQ, C \leftarrow 0$$

使用单独的寄存器符号，移位操作可用下面的寄存器操作描述：

$$A \leftarrow shr\ A,\ A_{n-1} \leftarrow C$$
$$Q \leftarrow shr\ Q,\ Q_{n-1} \leftarrow A_0$$
$$C \leftarrow 0$$

寄存器 A 和 Q 都向右移位。A 的最高位 A_{n-1} 接收来自 C 的进位，Q 的最高有效位 Q_{n-1} 接收来自 A 的最右边位 A_0，且将 C 复位。从本质上说，这是复合寄存器 CAQ 的长移位，0 被插入到串行输入 C 处。

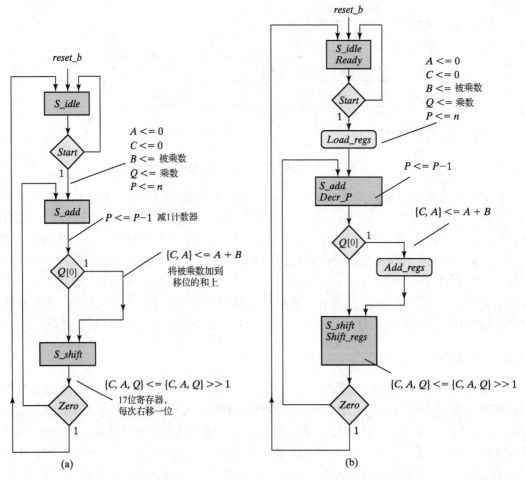

图 8.15　二进制乘法器的 ASMD 流程图

每一次部分积产生后，都要检测寄存器 P 的值。如果 P 的值不为 0，则状态位 $Zero$ 复位为 0，同时重复过程，一直得到新的部分积时为止。当计数器值为 0 且控制电路的状态输入 $Zero = 1$ 时，过程停止。需要注意，A 中形成的部分积每次一位一位地传送到 Q 中，最终将乘数替代。最终的乘积存放于 A 和 Q 中，A 存高位，Q 存低位。

在表 8.5 中，用数值重新说明了乘法执行的过程，根据 ASMD 流程图列出的步骤，表中的数据可以和仿真结果进行比较。

数据处理子系统中要使用的寄存器类型可以从 ASMD 流程图所列的寄存器操作中确定。寄存器 A 是一个移位寄存器，可以并行接收累加器的和，以及拥有初始化寄存器的同步清零功能。寄存器 Q 是移位寄存器。计数器 P 是一个二进制计数器，可以并行接收一个二进制常量。触发器 C 被设计成带进位输入和同步清零功能。寄存器 B 和 Q 必须具有并行接收功能，这样在乘法运算时才可以直接接收乘数和被乘数。

表 8.5　二进制乘法器的数值举例

被乘数 B = 10111_2 = 17_H = 23_{10}	乘数 Q = 10011_2 = 13_H = 19_{10}			
	C	A	Q	P
乘数进入 Q	0	00000	10011	101
$Q_0 = 1$；加 B		10111		
第一个部分积	0	10111		100
CAQ 右移	0	01011	11001	
$Q_0 = 1$；加 B		10111		
第二个部分积	1	00010		011
CAQ 右移	0	10001	01100	
$Q_0 = 0$；CAQ 右移	0	01000	10110	010
$Q_0 = 0$；CAQ 右移	0	00100	01011	001
$Q_0 = 1$；加 B		10111		
第五个部分积	0	11011		
CAQ 右移	0	01101	10101	000
最后的乘积 AQ = 0110110101_2 = $1b5_H$				

8.8　控制逻辑

数字系统的设计过程可分成两个部分：数据路径中的寄存器传输设计和控制单元中的控制逻辑设计。控制逻辑是一个有限状态机，其 Mealy 型和 Moore 型输出控制着数据路径操作。控制单元的输入是外部输入，内部状态信号从数据路径反馈到控制电路。系统设计与从 ASMD 流程图中推出的 RTL 描述综合在一起。手工设计方法从保持控制电路状态的触发器中得到控制输入逻辑。用来产生控制电路状态图的信息已包含在 ASMD 流程图中，用于指定状态的矩形框包含时序电路的状态，表示判决框的菱形框决定了状态图中次态转移的条件。

举例来看，二进制乘法器的控制状态图可参见图 8.16(a)。框图的信息是从图 8.15 中的 ASMD 流程图直接得到的。从 S_idle 到 S_shift 的 3 个状态都可由状态框得到。输入 $Start$ 和 $Zero$ 由判决框得到。3 个状态中的任意一个寄存器传输操作如图 8.16(b)所示，它们都是由相应的 ASMD 流程图中的状态框和条件框产生的。刚开始时要专注于建立状态转移，所以没有给出控制电路的输出。

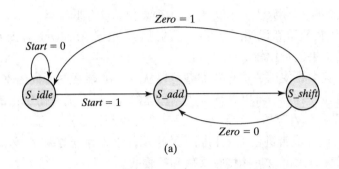

(a)

状态转移		寄存器操作
From	To	
S_idle		初始状态
S_idle	S_add	$A <= 0, C <= 0, P <= dp\_width$
		$A <= Multiplicand, Q <= Multiplier$
S_add	S_shift	$P <= P - 1$
		if $(Q[0])$ then $(A <= A + B, C <= C_{\text{out}})$
S_shift		shift right $\{CAQ\}, C <= 0$

(b)

图 8.16　二进制乘法器的控制描述

在实现控制逻辑的时候，有两个方面的问题需要考虑：（1）如何建立需要的状态序列；（2）如何产生控制寄存器操作的信号。状态序列由 ASMD 流程图或状态图确定。控制寄存器操作的信号由 ASMD 流程图或列于表中的寄存器传输语句确定。对乘法器来说，这些信号是 *Load_regs*（用于并行预置数据路径中的寄存器）、*Decr_P*（用于减法的计数器）、*Add_regs*（用于将被乘数和部分积相加）和 *Shift_regs*（用于移位寄存器 *CAQ*）。控制逻辑的框图示于图 8.14（a）中。时序控制输入是 *Start*、$Q[0]$ 和 *Zero*，输出是 *Ready*、*Load_regs*、*Decr_P*、*Add_regs* 和 *Shift_regs*，它们由 ASMD 流程图确定。注意，$Q[0]$ 只影响控制电路的输出，而并不影响状态转移。状态从 *S_add* 无条件转移到 *S_shift*。

设计中很重要的一步是为状态分配编码的二进制数。最简单方法是分配自然二进制数，如表 8.6 所示。另一个方法是分配格雷码，这种码字在相邻的两个码字之间只有一位不同。在控制逻辑的设计中，常常将一位热位编码分配给状态。这种编码方式下的每个状态都用一位触发器来表示。在任意状态下，只有一位为 1（一位热位），而所有其他位保持为 0（其他都是冷位）。的确，一位热位编码比其他编码方式消耗了更多的触发器，但其对次态和状态机输出的译码逻辑要相对简单得多。译码逻辑并不因为状态的增加而变得复杂，状态机操作的时间并不受对状态译码的时间所限制。

由于控制电路是时序电路，因此可以采用第 5 章概括的时序逻辑设计步骤进行设计。然而，在多数情况下，这种方法很难使用，原因是典型的控制电路所包含的状态和输入数目都很庞大。因此，有必要使用一种特殊的方法设计控制逻辑，这种方法被认为是对经典时序电路设计方法的补充。现在就来看这样的两个设计过程，一个使用序列寄存器和译码器，另一个为每个状态使用一个触发器。该方法用于实现小型电路，同样也适用于大型电路。当然，如果有软件能从 HDL 描述中自动综合出电路，那么这些方法也就不需要了。

表 8.6 用于控制的状态编码

状　　态	自然二进制	格　雷　码	一位热位
S_idle	00	00	001
S_add	01	01	010
S_shift	10	11	100

序列寄存器和译码器

序列寄存器-译码器这种设计方法，正如名称所指，使用寄存器产生控制状态，使用译码器产生与每个状态对应的输出信号。如果采用一位热位编码，就不需要使用译码器。由 n 个触发器组成的寄存器至多有 2^n 个状态，一个 n-2^n 线译码器至多有 2^n 个输出，一个 n 位的序列寄存器基本上是由 n 个触发器和影响状态转移的相关门组成的电路。

二进制乘法器的 ASMD 流程图和状态图有 3 个状态和两个输入，对 $Q[0]$ 则不予考虑。为使用序列寄存器和译码器实现设计，需要两个用于寄存器的触发器和一个 2-4 线译码器。译码器输出将直接产生 Moore 型的控制输出，Mealy 型输出由 Moore 型输出和输入确定。

时序控制的状态表如表 8.7 所示。它是直接从图 8.15(b) 的 ASMD 流程图或图 8.16(a) 的状态图中得到的。将两个触发器表示成 G_1 和 G_0，给 S_idle、S_add、S_shift 分别分配二进制状态 00、01 和 10。注意，输入一列有任意态输入，这些输入变量没有用来确定次态。控制电路的输出用 ASMD 流程图中给出的名称表示。在任何给定时刻，恒等于 1 的输出变量由现态的等效二进制数值确定。这些输出变量在表 8.7 中列出。因此，当现态 $G_1G_0 = 00$ 时，输出 $Ready$ 必定等于 1，而其他输出维持 0。由于 Moore 型输出只是现态的函数，可以用一个译码器实现。译码器有两个输入信号 G_1 和 G_0 及 3 个输出 T_0、T_1、T_2。译码器如图 8.17(a) 所示，但并不包括状态反馈中的连线。

表 8.7 时序控制的状态表

现　态	现 态		输　　入			次 态		输　　　　出				
	G_1	G_0	*Start*	*Q[0]*	*Zero*	G_1	G_0	*Ready*	*Load_regs*	*Decr_P*	*Add_regs*	*Shift_regs*
S_idle	0	0	0	X	X	0	0	1	0	0	0	0
S_idle	0	0	1	X	X	0	1	1	1	0	0	0
S_add	0	1	X	0	X	1	0	0	0	1	0	0
S_add	0	1	X	1	X	1	0	0	0	1	0	0
S_shift	1	0	X	X	0	0	1	0	0	0	0	1
S_shift	1	0	X	X	1	0	0	0	0	0	0	1

按照第 5 章介绍的经典步骤，可以由状态表来设计时序电路。这个例子中，状态和输入的数目都很小，因此可以采用卡诺图来化简布尔函数。而在多数的控制逻辑中，状态和输入的数目都很大。采用经典的方法需要大量工作来对触发器的输入方程进行化简。如果考虑到译码器的输出可被使用，则设计就可以得到简化。为了不用现态来表示触发器的输出，可以

使用译码器的输出产生时序电路的现态条件。另外，作为代替使用卡诺图化简触发器输入方程的方法，我们直接通过观察状态表来求得结果。例如，从状态表中的次态条件可知，当现态是 S_add 时，G_1 的次态就是 1；当现态是 S_idle 或 S_shift 时，G_1 的次态就是 0。这些条件可由方程确定如下：

$$D_{G1} = T_1$$

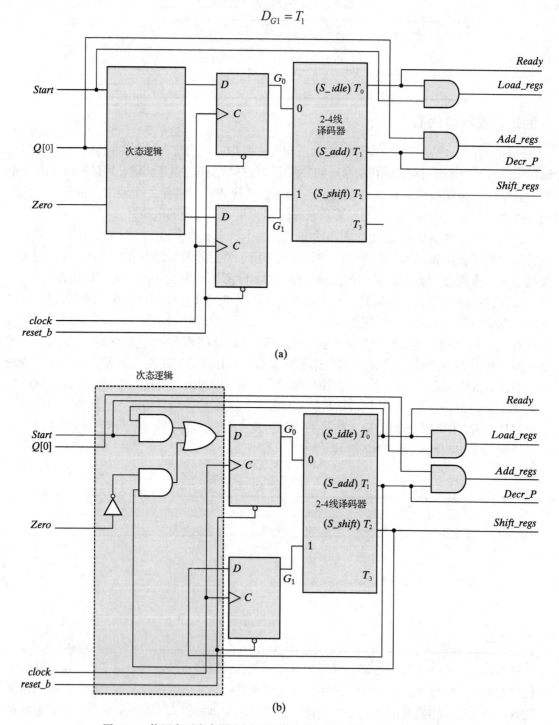

图 8.17   使用序列寄存器和译码器构成的二进制乘法器的控制逻辑图

这里，D_{G1} 是触发器 G_1 的输入 D。类似地，G_0 的输入 D 是

$$D_{G0} = T_0 Start + T_2 Zero'$$

当通过观察状态表得到输入方程时，并不能保证布尔方程最简。综合工具会自动考虑这个问题。大体来说，建议分析该电路以确保得到的方程确实能产生需要的状态转移。

控制电路的逻辑图如图 8.17(b) 所示，它包括一个由触发器 G_1 和 G_0 构成的寄存器，以及一个 2-4 线译码器。译码器的输出用于产生次态逻辑的输入和控制输出。控制电路的输出连到数据路径来启动需要的寄存器操作。

一位热位设计（每个状态一个触发器）

设计控制逻辑的另一种方法是采用一位热位分配，产生的时序电路的每个状态需要一个触发器。任何时候仅有一个触发器为 1，而其他所有触发器都复位为 0。唯一的 1 在判决逻辑的控制下，从一个触发器传送到另一个触发器。这种方法使每个触发器代表的状态只在控制位传到时才有效。

使用一位热位的方法会在时序电路中增加很多触发器。例如，一个有 12 种状态的时序电路至少需要 4 个触发器，但如果采用每个状态一个触发器，则需要 12 个触发器。乍一看来，这种方法使用了较多的触发器，从而增加了系统开销。相比之下，这种方法产生的好处尽管没有显现出来，但却是实际存在的。最简单的一个好处是只要观察 ASMD 流程图或状态图就可以得出电路逻辑。如果使用的是 D 触发器，则状态表和激励表都不需要列出。一位热位的设计方法减少了设计工作量，增加了操作的简便性，而且因为不需要译码器，所以门的总数也减少了。

得到图 8.16(a) 中状态图定义的控制电路后，我们按步骤进行设计。因为状态图中有 3 个状态，需要 3 个 D 触发器，它们的输出标识为 G_0、G_1 和 G_2，对应状态 S_idle、S_add 和 S_shift。用来置位每个触发器的输入方程由现态、输入条件及相应指向状态的路径一起来决定。例如，当系统处于状态 G_0 且 $Start$ 无效或者当系统处于状态 G_2 且 $Zero$ 有效时，触发器 G_0 的输入 D_{G0} 被置位。这些条件由下面的输入方程确定：

$$D_{G0} = G_0 Start' + G_2 Zero$$

事实上，将触发器置位为 1 的条件可由状态图直接得到，将进入对应触发器状态的直线上确定的条件与前一个触发器状态相与即可。如果一个状态有几条进入路径，那么所有的条件必须都要相或。对其余 3 个触发器使用同样的方法，就得到了剩余的输入方程为

$$D_{G1} = G_0 Start + G Zero'$$
$$D_{G2} = G_1$$

一位热位控制电路的逻辑图如图 8.18 所示，电路包括 3 个 D 触发器，分别标为 G_0、G_1、G_2；还包括一些门电路，由输入方程定义。一开始，触发器 G_0 必须被置为 1，其他触发器必须被置为 0。这样，初始状态是有效状态，这可以通过对触发器 G_0 进行异步置位、对其他触发器进行异步清零而得到。一旦系统启动后，采用每个状态一个触发器设计的控制电路就以设定好的工作方式，在状态之间不停转换。每个时钟的有效边沿到来时，因为 D 信号输入为 0，所以只有一个触发器可以置为 1，其余的则置为 0。

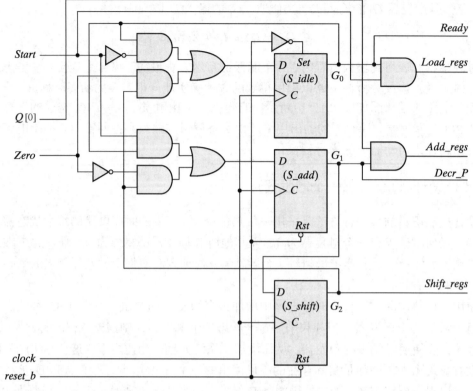

图 8.18　一位热位状态控制电路的逻辑图

8.9　二进制乘法器的 HDL 描述

第二个例子的 RTL 设计 HDL 描述结果见 HDL 例 8.5。程序描述的是 8.7 节设计的二进制乘法器。为方便起见，整个描述被"扁平化"(flattened)，并且被装在一个模块中。控制电路和数据路径由注释区分。

HDL 例 8.5(时序二进制乘法器)

Verilog

程序的第一部分说明了图 8.14(a)中所有的输入和输出。系统的数据路径采取参数化方法设定为 5 位，以便将仿真结果与表 8.5 中的数字乘积结果进行对比。只要修改参数值，模型就可以应用于不同规模的数据路径。程序的第二部分说明了控制电路和数据路径中的所有寄存器与状态的一位热位编码。第三部分定义了级联寄存器 CAQ、状态信号 Zero 和输出信号 Ready 中隐含的组合逻辑(连续赋值语句)。Zero 和 Ready 定义为 **wire** 类型，用赋值语句实现对它们的连续赋值。下一节描述的是控制单元，用单个边沿敏感 **always** 语句描述状态转移，用电平敏感 **always** 语句描述次态和输出组合逻辑。另外，为 next_state、Load_regs、Decr_P、Add_regs 和 Shift_regs 分配了默认的赋值。接下来是 **case** 语句赋值。状态转移和输出逻辑则直接由图 8.15(b)中的 ASMD 流程图得到。

　　数据路径单元使用了一个单独的边沿敏感 **always** 语句描述寄存器操作[①]。为清晰起见，程序使用了多条 **always** 语句，没有将数据路径的描述和控制逻辑的描述混在一起。每个控制输入译码后，用来确定相应操作。加法和减法操作在硬件中实现为组合逻辑电路形式。Load_regs 信号使计数器和其他寄存器都加载了各自的初值。因为控制电路和数据路径被分割为两个分离的单元，控制信号可以完全确定数据路径操作。因此，不需要使用控制电路的状态信息，状态信息也不再对数据路径单元起作用。

　　控制电路的次态逻辑包括一个默认的 **case** 项，引导综合工具将任何不使用的代码映射给 S_idle。**case** 语句前的默认 **case** 项和默认赋值保证了系统在进入无效状态下能自动恢复，它们同样可以防止引入多余的锁存器。（记住，当要描述的组合逻辑没有完全覆盖逻辑的全部输入/输出函数时，综合工具将会综合出锁存器。）

```
module  Sequential_Binary_Multiplier (Product, Ready, Multiplicand, Multiplier,
Start, clock, reset_b);
// 默认配置：5位数据路径
  parameter        dp_width = 5;  // 设置数据路径宽度
  output           [2*dp_width −1: 0]   Product;
  output           Ready;
  input            [dp_width −1: 0]   Multiplicand, Multiplier;
  input            Start, clock, reset_b;
  parameter        BC_size = 3;  // 计数器位宽
  parameter        S_idle = 3'b001,  // 一位热位编码
                   S_add = 3'b010,
                   S_shift = 3'b100;
  reg              [2: 0]  state, next_state;
  reg              [dp_width −1: 0]  A, B, Q;  // 数据路径宽度
  reg              C;
  reg              [BC_size −1: 0]  P;
  reg              Load_regs, Decr_P, Add_regs, Shift_regs;
// 混合的组合逻辑
  assign           Product = {A, Q};
  wire             Zero = (P == 0);           // 计数器为0
                   // Zero = ~|P;             // 第二种方式
  wire             Ready = (state == S_idle); // 控制电路状态
// 控制单元
  always @ (posedge clock, negedge reset_b)
   if (!reset_b) state <= S_idle; else state <= next_state;
  always @ (state, Start, Q[0], Zero) begin
   next_state = S_idle;
   Load_regs = 0;
   Decr_P = 0;
   Add_regs = 0;
   Shift_regs = 0;
  case  (state)
   S_idle:  if (Start) begin  next_state = S_add; Load_regs = 1;  end
   S_add:   begin  next_state = S_shift; Decr_P = 1;  if (Q[0]) Add_regs = 1;  end
   S_shift:  begin  Shift_regs = 1;  if (Zero) next_state = S_idle;
```

[①] 这里数据路径宽度是 dp_width。

```
    else next_state = S_add; end
      default:   next_state = S_idle;
  endcase
 end
// 数据路径单元
  always @ (posedge clock) begin
   if (Load_regs) begin
    P <= dp_width;
    A <= 0;
    C <= 0;
    B <= Multiplicand;
    Q <= Multiplier;
   end
   if (Add_regs) {C, A} <= A + B;
   if (Shift_regs) {C, A, Q} <= {C, A, Q} >> 1;
   if (Decr_P) P <= P −1;
  end
endmodule
```

VHDL

VHDL 模型可以使用通用常量来描述寄存器大小、总线宽度和其他根据应用而扩展的特性。对常量进行精心命名，可使程序更具可读性、灵活性和可重用性，从而有利于对设计进行有效修改。这里希望设计一个乘法器来支持宽度为 5 位的字。通过使用常量，相同的模型可以重复使用，仅需要定义字的宽度大小。通用常量在实体内声明，也可以用于与实体构成一对的结构体内。普通常量的作用只局限于定义它们的结构体或者进程内。

通用常量的语法模板如下：

```
entity 实体名 is
    generic (常量名 ：常量类型;
            常量名 ：常量类型;
               . . .
            常量名 ：常量类型);
    port (. . .);
end 实体名;
```

请注意，模板定义通用常量的位置是在实体定义的端口之前，因此它比端口中定义的常量更具有灵活性。

使用进程描述的时序二进制乘法器如下：

```
entity Sequential_Binary_Multiplier_vhdl is
   generic (dp_width : integer := 5); -- 数据路径宽度
   port (Product: out Std_Logic_Vector (2*dp_width −1 downto 0); Ready:
   out: bit; Multiplicand, Multiplier: in std_logic_vector (dp_width−1 downto 0);
   Start, clock, reset_b: in Std_Logic);
end Sequential_Binary_Multiplier_vhdl;

architecture Behavioral of Sequential_Binary_Multiplier_vhdl is
    constant  BC_size integer := 3
    constant  S_idle:   Std_Logic_Vector (2 downto 0) := "001";
    constant  S_add:    Std_Logic_Vector (2 downto 0) := "010";
    constant  S_shift:  Std_Logic_Vector (2 downto 0) := "100";
```

```
        signal     state, next_state: Std_Logic_Vector (2 downto 0)
        signal     A, B, Q: Std_Logic_Vector (dp_width−1 downto 0);
        signal     C: Std_Logic;
        signal     P: Std_Logic_Vector (BC_size−1 downto 0);
        begin      -- 并行信号赋值
            Product <= A & Q;              -- 拼接
            Zero <= P = '0';               -- 计数器是0
            Ready <= state = S_idle;       -- 控制状态

        -- 控制单元
          process (clock, reset_b)   -- 状态转移，异步，低电平有效
          begin
            if reset_b = '0' then state <= S_idle;
            elsif clock'event and clock = '1' then state <= next_state; end if;
          end process;

        process (state, Start, Q(0), Zero)      -- 次态逻辑
        begin
            -- 默认值
            next_state <= S_idle;
            Load_regs <= '0';
            Decr_P <= '0';
            Add_regs <= '0';
            Shift_regs <= '0';

            -- 状态译码逻辑
            case state is
              when S_idle  => if Start = '1'
                                then next_state <= S_add; Load_regs
                                <= '1'; end if;
              when S_add   =>  begin next_state = S_shift; Decr_P =<= '1';
                                if Q(0) = '1' then Add_regs <= '1'; end if;
                                end;
              when S_shift => begin Shift_regs <= '1';
                                if Zero = '1' then next_state <= S_idle;
                                else next_state <= S_add; end if;
              when others => next_state <= S_idle;
            end case;
          end process;

process (clock)
    -- 数据路径单元 (Register ops)
begin
  if clock'event and clock = '1' then begin
    if Load_regs = '1' then begin
            P <= dp_width;
            A <= 0;
            C <= 0;
            B <= Multiplicand;
            Q <= Multiplier;
        end if;
        if Add_regs = '1' then C & A <= A + B; end if;
```

```
                if Shift_regs = '1' then C & A & Q <= srl (C & A & Q) 1; end if;
                if Decr_P = '1' then  P <= P − 1;    end if;
            end if;
        end process;
    end Behavioral
```

乘法器测试

过于自信可能会毁掉一个设计。我们将一组输入信号施加到待测模块上，通过观察输出信号，以确认 HDL 描述是否正确。一种更具战略性的测试和验证方法是将数据路径和控制单元分开测试及验证。需要分开编写测试平台，验证数据路径中的每种操作和产生的状态信号是否正确。当数据路径被验证后，下一步就是验证控制单元产生的控制是否正确。一个独立的测试平台能够验证控制单元是否实现了 ASMD 流程图中确定的功能(即根据外部输入执行正确的状态转移，并确定输出和状态信号是否有效)。

即使分别验证了控制单元和数据路径，也并不能保证系统会正常工作。设计过程的最后一步是将测试模块加进来，检查整个系统功能。控制电路与数据路径之间的接口必须被仔细检查，以确保端口连接是正确的。举例来说，如果信号之间没有按规定顺序连接，那么编译器是无法检查到的。在数据路径单元和控制单元都被验证后，第三个测试平台被用来验证系统的完整功能。在实际应用时，还要编写一个验证功能的综合测试计划。例如，测试计划要考虑是否需要验证乘法器在状态 S_idle 中信号 Ready 有效时的功能。练习编写测试方案这项工作并不是纯学术性的，测试方案的质量和范围决定了验证的有效性。测试方案指导了测试平台的开发，提高了最终设计符合指标的可能性。

HDL 例 8.6

Verilog

除系统输入和输出外，测试和验证 HDL 描述还需获取更多信息。有关控制单元的状态、控制信号、状态信号和数据路径内部寄存器的内容对于调试是必不可少的。幸运的是，Verilog 提供了一种层次化设计方法，在任何层次定义的那些标识符，对于测试平台都是可见的。过程语句可以显示调试系统所需信息。仿真器利用这种层次化设计方法来显示任何设计层中的变量波形。利用这种机制，我们通过变量的层次化路径名称来观察它们。例如，数据路径里的寄存器 P 并不是乘法器的输出端口，但是它可以被定义为 M0.P。层次化路径名称按照模块标识符和框图名称的顺序构成。这些标识符和框图名称被分成一段一段的，同时也指出了设计层面上变量的位置。注意，仿真器一般有一个图形用户界面来显示设计的所有层次。

第一个测试平台使用了 **$strobe** 系统任务显示计算结果。这个任务类似于 4.12 节介绍的 **$display** 和 **$monitor** 系统任务。**$strobe** 系统任务产生同步机制，保证在给定时刻的所有赋值语句都执行完之后，数据才被显示出来。这在同步时序电路中很有用，时序电路中的时刻一般对应时钟边沿。多条赋值语句会在仿真的同一个时钟边沿时执行。当系统与时钟上升沿同步时，在 **always@(posedge** clock)语句之后使用**$strobe** 语句，保证了在时钟下降沿之后显示信号数值。

测试平台模块 t_Sequential_Binary_Multiplier 是 HDL 例 8.5 中模块 Sequential_Binary_Multiplier 的实例化。在使用 Verilog HDL 仿真器仿真乘法器时，这两个模块都要作为源文件包含进来。仿真的结果显示在仿真日志中，日志中的数据与表 8.5 中的相同。程序代码包括对 5 位乘数和被乘数相乘的第二次测试。仿真结果的样本波形显示于图 8.19 中。乘数、被乘数和积用十进制与十六进制的形式显示。通过观察显示的控制状态、控制信号、状态信号和寄存器操作波形，可以增加我们对系统的了解。如何改进乘法器和它的测试平台是本章最后要讨论的问题。本例中，$19_{10} \times 23_{10} = 437_{10}$，$17_H + 0b_H = 02_H$，进位 $C = 1$，注意需要带进位。

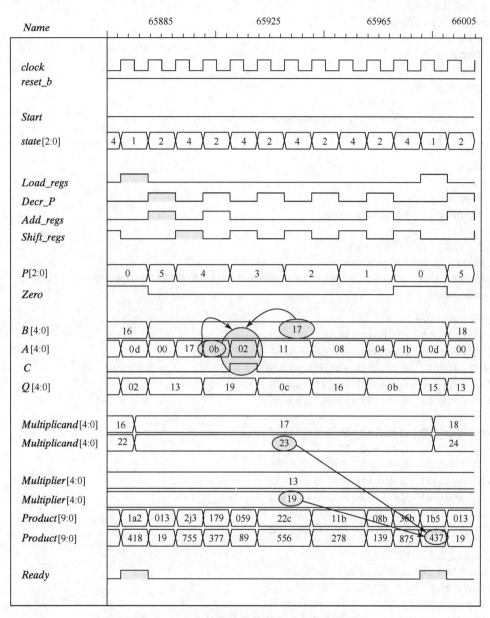

图 8.19 一位热位状态控制电路的仿真波形

```
//二进制乘法器的测试平台
module t_Sequential_Binary_Multiplier;
 parameter   dp_width = 5;   // 设置数据路径宽度
 wire        [2*dp_width −1: 0]  Product;  // 乘法器输出
 wire        Ready;
 reg         [dp_width −1: 0]  Multiplicand, Multiplier; // 乘法器输入
```

```
  reg      Start, clock, reset_b;
// 实例化乘法器
Sequential_Binary_Multiplier M0 (Product, Ready, Multiplicand, Multiplier, Start,
clock, reset_b);
  // 产生激励波形
  initial #200 $finish;
  initial
    begin
    Start = 0;
    reset_b = 0;
    #2 Start = 1; reset_b = 1;
    Multiplicand = 5'b10111;      Multiplier = 5'b10011;
    #10 Start = 0;
    end
  initial
  begin
    clock = 0;
    repeat (26) #5 clock = 'clock;
  end
// 显示计算结果，与表8.5相比较
  always @ (posedge clock)
  $strobe ("C=%b A=%b Q=%b P=%b time=%0d",M0.C,M0.A,M0.Q,M0.P, $time);
  endmodule
```

Simulation log:
```
C=0 A=00000   Q=10011   P=101 time=5
C=0 A=10111   Q=10011   P=100 time=15
C=0 A=01011   Q=11001   P=100 time=25
C=1 A=00010   Q=11001   P=011 time=35
C=0 A=10001   Q=01100   P=011 time=45
C=0 A=10001   Q=01100   P=010 time=55
C=0 A=01000   Q=10110   P=010 time=65
C=0 A=01000   Q=10110   P=001 time=75
C=0 A=00100   Q=01011   P=001 time=85
C=0 A=11011   Q=01011   P=000 time=95
C=0 A=01101   Q=10101   P=000 time=105
C=0 A=01101   Q=10101   P=000 time=115
C=0 A=01101   Q=10101   P=000 time=125
```

// 进行完全仿真的测试平台
```
  module t_Sequential_Binary_Multiplier;
  parameter   dp_width = 5;   // 数据路径宽度
  wire      [2 * dp_width −1: 0]   Product;
  wire      Ready;
  reg       [dp_width −1: 0]   Multiplicand, Multiplier;
  reg       Start, clock, reset_b;
  Sequential_Binary_Multiplier M0 (Product, Ready, Multiplicand, Multiplier, Start,
  clock, reset_b);
  initial #1030000 $finish;
  initial begin  clock = 0; #5 forever  #5 clock = ~clock;  end
  initial fork    reset_b = 1;
    #2 reset_b = 0;
```

```
    #3 reset_b = 1;
  join
  initial begin  #5 Start = 1;  end
  initial begin
   #5 Multiplicand = 0;
   Multiplier = 0;
   repeat (32) #10 begin  Multiplier = Multiplier + 1;
    repeat (32) @ (posedge  M0.Ready) #5 Multiplicand = Multiplicand + 1;
    end
  end
endmodule
*/
```

VHDL

```
entity  t_Sequential_Binary_Multiplier_vhdl is
  generic  dp_width integer := 5;
  port  ();
end  t_Sequential_Binary_Multiplier_vhdl;

architecture Behavioral of t_Sequential_Binary_Multiplier_vhdl is
signal  t_Product: Std_Logic_Vector (2*dp_width−1 downto 0);
signal  t_Ready: Std_logic;
signal  Multiplicand, Multiplier: Std_Logic_Vector (dp_width−1 downto 0);
signal  Start, clock, reset_b: Std_Logic;
integer  count range  0  to  25: 0          -- 时钟周期计数器，初始化到0
component Sequential_Binary_Multiplier_vhdl
  port (Product: out Std_Logic_Vector (2*dp_width −1 downto 0); Ready: Std_Logic;
   Multiplicand, Multiplier: in Std_Logic_Vector (dp_width −1 downto 0);
   Start, clock, reset_b: in Std_Logic);
end component;
begin

-- 实例化UUT

M0: Sequential_Binary_Multiplier_vhdl port map (Product => t_Product, Ready
=> t_Ready, Multiplicand => t_multiplicand, Multiplier => t_multiplier, Start =>
t_Start, clock => t_clock, reset_b => t_reset_b);
-- 产生激励波形
 process begin
    t_Start <= '0';
    t_reset_b <= '0';
    t_Start <= '1' after 2 ns;
    t_reset_b <= '1' after 2 ns;
    t_multiplicand <= "10111";
    t_multiplier <= "10011";
    t_start <= '0' after 10 ns;
    end process

process begin
t_reset_b <= '1';
t_reset_b <= '0' after 2 ns;
t_reset_b <= '1' after 3 ns;
end process
```

```
process () begin                    -- 26个时钟周期
   t_clock <= '0';
   while count <= 25 loop
     t_clock <= not t_clock after 5 ns;
   end loop;
end process;
```

下面的替代结构可对乘数和被乘数的数据字进行深度仿真。

```
architecture Behavioral of t_Sequential_Binary_Multiplier_vhdl is
signal t_Product: Std_Logic_Vector (2*dp_width−1 downto 0);
signal t_Ready: Std_logic;
signal Multiplicand, Multiplier: Std_Logic_Vector (dp_width−1 downto 0);
signal Start, clock, reset_b: Std_Logic;
integer count range 0 to 25: 0;        -- 时钟周期计数器，初始化到0
component Sequential_Binary_Multiplier_vhdl
   port (Product: out Std_Logic_Vector (2*dp_width −1 downto 0); Ready:
   Std_Logic;
   Multiplicand, Multiplier: in Std_Logic_Vector (dp_width −1 downto 0);
   Start, clock, reset_b: in Std_Logic);
begin

-- 实例化UUT

M0: Sequential_Binary_Multiplier_vhdl port map (Product => t_Product, Ready
   => t_Ready, Multiplicand => t_multiplicand, Multiplier => t_multiplier,
   Start => t_Start, clock => t_clock, reset_b => t_reset_b);

-- 产生激励波形
process begin
   t_Start <= '0';
   t_reset_b <= '0';
   t_Start <= '1' after 5 ns;
   t_reset_b <= '1' after 2 ns;
   t_start <= '0' after 10 ns;
end process

process begin
t_reset_b <= '1';
t_reset_b <= '0' after 2 ns;
t_reset_b <= '1' after 3 ns;
end process

process begin
   t_multiplicand <= '0' after 5 ns;
   t_multiplier <= '0';

   while outer_count <= 31 loop
      begin multiplier <= multiplier + 1;
        while inner_count <= 31 loop wait until Ready'event and Ready = '1';
      Multiplicand <= Multiplicand + 1;
     end loop;
   end loop;
 end process;
```

并行乘法器的行为描述

结构模型直接确定了数字状态机的功能，描述出了门级硬件单元之间的内部连接。在这种建模方法中，综合工具执行布尔优化算法，并且将 HDL 描述翻译成特定电路(例如 CMOS 电路)的门级网表。这个层次的硬件设计往往需要丰富的经验。这是一种既乏味又详细的建模方法。相反，RTL 的行为建模使用 HDL 运算符抽象地定义功能。RTL 模型并没有明确寄存器或控制操作逻辑的门级实现。操作所控制的任务是由综合工具完成的。行为建模中最抽象的形式是只描述一种算法，而并不涉及物理实现、资源或使用它们的方案。因此，算法模型使设计者可以有时间和精力处理好硬件资源和速度之间的关系。

HDL 例 8.7 给出了二进制乘法器的 RTL 描述和算法描述。两者都使用了电平敏感 **always** 语句。RTL 描述将乘法器的功能用一条语句表述。综合工具将乘法器翻译成 4.7 节中的门级电路。仿真时，无论是乘数还是被乘数，只要发生变化，乘积就会变化。产生乘积的时间将由门的传输时延决定，这些门由综合工具的标准单元构成。第二个模型是乘法器的算法模型。综合工具会启动算法循环，并且隐含需求一个如 4.7 节所述的门级电路。

要清醒地认识到，即使相关 HDL 模型能被仿真，并且仿真结果也是正确的，综合工具也并不一定能将电路从给定的算法描述中翻译出来。其中的一个困难是算法提供的指令序列并不一定能在一个时钟周期内物理实现。如果是这样，就必须将乘法操作分配到不同的时钟周期内去执行。RTL 逻辑的综合工具并不能自动产生这样的分配，但是设计成带综合算法的工具是可以实现的。所以一个行为级的综合工具必须可以合理分配寄存器和累加器，以便实现乘法运算。如果只有一个累加器被产生部分积的所有操作所共享，则操作过程必须分配到不同的时钟过程中。这样，最终产生时序二进制乘法器。行为综合工具需要设计者采用一种不同的且更富经验的建模风格，这些不在本书的讨论范围之内。

HDL 例 8.7

Verilog

//并行乘法器(n = 8)的行为级(RTL)描述
```verilog
module Mult (Product, Multiplicand, Multiplier);
  input [7: 0]      Multiplicand, Multiplier;
  output reg [15: 0] Product;
  always @ (Multiplicand, Multiplier)
    Product = Multiplicand * Multiplier;
endmodule

module Algorithmic_Binary_Multiplier #(parameter dp_width = 5) (
  output [2*dp_width −1: 0] Product, input [dp_width −1: 0] Multiplicand, Multiplier);
  reg [dp_width −1: 0]   A, B, Q;   // 数据路径宽度
  reg C;
  integer  k;
  assign Product = {C, A, Q};
  always @ (Multiplier, Multiplicand) begin
    Q = Multiplier;
    B = Multiplicand;
    C = 0;
```

```
      A = 0;
     for  (k = 0; k <= dp_width −1; k = k + 1) begin
      if  (Q[0]) {C, A} = A + B;
      {C, A, Q} = {C, A, Q} >> 1;
    end
   end
  endmodule

 module t_Algorithmic_Binary_Multiplier;   // 自检查测试平台
  parameter   dp_width = 5;   // 数据路径宽度
  wire  [2* dp_width −1: 0]   Product;
  reg  [dp_width −1: 0]   Multiplicand, Multiplier;
  integer       Exp_Value;
  reg           Error;
   Algorithmic_Binary_Multiplier M0 (Product, Multiplicand, Multiplier);
  // 错误检测
   initial #  1030000 finish;
   always  @ (Product) begin
    Exp_Value = Multiplier * Multiplicand;
    // Exp_Value = Multiplier * Multiplicand +1; // 引入错误以确认检测
    Error = Exp_Value ^ Product;
   end
 // 用于5位操作数的通用乘法器和乘数
  initial begin
  #5 Multiplicand = 0;
  Multiplier = 0;
   repeat (32) #10  begin  Multiplier = Multiplier + 1;
   repeat (32) #5 Multiplicand = Multiplicand + 1;
   end
  end
 endmodule
```

VHDL

-- 并行乘法器的行为(RTL)描述(字长 = 5 位)

```
entity MULT is
    generic dp_width: integer := 5;
    port (Multiplicand, Multiplier: in Std_Logic_Array (dp_width−1 downto 0);
        Product: out Std_Logic_Array (2*dp_width−1 downto 0));
end MULT;

architecture RTL of MULT is
signal A, B, Q: Std_Logic_Array (dp_width-1 downto 0); -- 数据路径宽度
integer k;
begin
    Product <= C & A & Q;

 process (Multiplier, Multiplicand) begin
    Q <= Multiplier;
    B <= Multiplicand;
    C <= '0';
```

```vhdl
    A <= '0';

    for k in 0 to 31 loop
      if  Q(0) = '1' then
        C & A <= A + B;
        C & A & Q <= C & Q & A srl 1;
      end if;
    end loop;
  end process;
end RTL;

entity t_MULT is
    generic dp_width: integer := 5;
    port ();
end MULT;

architecture Testbench of MULT is
    component MULT port (Mutiplicand, Multiplier, Product);
    signal   t_Multiplicand, t_Multiplier: Std_Logic_Vector (dp_width −1 downto 0);
    signal   t_product: Std_Logic_Vector (2*dp_width −1 downto 0);
    integer  Exp_value;
    signal   Error: bit;
    integer  k_outer, k_inner;
begin
-- 实例化UUT
M0: MULT port map (Mutiplicand => t_Multiplicand, Multiplier, => t_Multiplier,
    Product => t_Product);

-- 错误检测
process (Product) begin
    Exp_Value <= Multiplier * Multiplicand;   -- 替换为下一行进行测试
    -- Exp_Value <= Multiplier * Multiplicand +1;   -- 引入错误以确认检测
    Error <= Exp_Value xor Product;
end process;
end Testbench;

-- 用于5位操作数的通用乘法器和乘数
 process
    Multiplicand <= 0 after 5 ns;
    Multiplicand <= 0;
    for k_outer in 0 to 31 loop
            Multiplier <= Multiplier + 1;
    for k_inner in 0 to 31 loop
            Multiplicand <= Multiplicand + 1;
    end loop;
    end loop;
end process;
```

8.10　用数据选择器进行设计

用于设计控制器的序列寄存器–译码器方案包括三个部分：保持二进制状态的触发器、产生控制输出的译码器及决定次态和输出信号的门。4.11 节已经说明了组合电路可以采用数据选择器实现，而不是使用单个门，这样得到的三级电路结构比较规则。第一级由决定寄存器次态的数据选择器组成，第二级包括保存现态的寄存器，第三级是一个译码器，产生每个控制状态对应的输出。这三个部分在许多集成电路中都是预定义的标准单元。

例如，考虑图 8.20 的 ASM 流程图，它包括 4 个状态和 4 个控制输入。我们只对控制状态顺序的控制信号感兴趣。这些信号与数据路径里的寄存器操作无关。所以，图上连线旁没有标注数据路径的寄存器操作，图上也没有确定控制电路的输出。每个状态的二进制编码在状态框的右上方标注。判决框将状态转移确定为 4 个控制输入 w、x、y 和 z 的函数。控制电路采用三级实现的结果如图 8.21 所示，其中包括两个数据选择器 MUX1 和 MUX2、一个由触发器 G_1 和 G_0 构成的寄存器、还有一个分别对应状态 S_0、S_1、S_2、S_3 的 4 个输出 d_0、d_1、d_2、d_3 的译码器。寄存器的输出连到译码器输入，同时也连到数据选择器的选择输入。如此，寄存器的现态用来选择来自数据选择器的一个输入。数据选择器的输出加到 G_1 和 G_0 的输入端 D。每个数据选择器的用途是产生连到它对应的触发器的输入，数值与次态相等。数据选择器的输入由判决框和 ASM 流程图给出的状态转移确定。例如，状态 00 维持在 00 或转到 01，这取决于输入 w 的值。由于 G_1 的次态在两种情况下都为 0，我们在 MUX1 的输入端 0 放置一个等效于逻辑 0 的信号。如果 $w = 0$，则 G_0 的次态等于 0，否则为 1，所以 G_0 的次态等于 w，将控制输入 w 加到 MUX2 的输入端 0。这就意味着当数据选择器的选择输入端等于现态 00 时，数据选择器输出产生的数值在下一个时钟到来时送给寄存器。

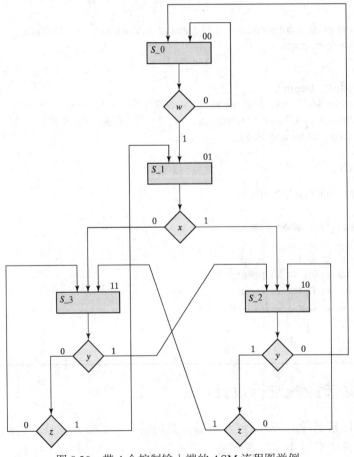

图 8.20　带 4 个控制输入端的 ASM 流程图举例

为方便确定数据选择器输入，我们使用表格对 ASM 流程图中的每一种可能的转移输入条件进行说明。表 8.8 给出了图 8.20 的 ASM 流程图信息。当现态为 00 或 01 时，有两种可能的状态转移；当现态为 10 或 11 时，有三种可能的状态转移。所有这些状态转移在表中用横线分开。表中列出的输入条件从 ASM 流程图的判决框得到。例如，从图 8.20 中可知，当 $x = 1$ 时，现态 01 会转移到次态 10；如果 $x = 0$，01 会转移到次态 11。表中将这两个输入条件分别标注为 x 和 x'。在"数据选择器输入"下面的两列是加到 MUX1 和 MUX2 的输入数值。对于每个现态的数据选择器输入，是从触发器次态等于 1 的输入条件得到的。因此，在现态 01 后面，G_1 的次态一直为 1，且 G_0 的次态为 x'。因此，MUX1 的输入设置为 1，当寄存器现态是 01 时，MUX2 的输入设置为 x'。再举一个例子，在现态 10 后面，如果输入条件是 yz' 或 yz，G_1 的次态一直为 1。把这些项用或门加起来并进行化简后，可以得到一个二进制变量 y，如表中所示。如果输入条件 $yz = 11$，则 G_0 的次态一直为 1。如果 G_1 的次态在给定现态后仍旧维持 0 不变，则在数据选择器的输入端加 0，对应表中的现态为 00 行。如果 G_1 的次态一直为 1，则在数据选择器的输入端加一个 1，对应表中的现态为 01 行。对于 MUX1 和 MUX2 的其他输入，可以利用类似方法推导。从表中得到数据选择器的输入，然后用来设计如图 8.21 的控制电路。触发器次态是两个或两个以上控制输入变量的函数，数据选择器的输入端需要多个门，否则，数据选择器的输入等于控制变量，或等于控制变量的非，即或为 0，或为 1。

表 8.8 数据选择器的输入条件

现 态		次 态		输入条件	数据选择器输入	
G_1	G_0	G_1	G_0	s	MUX1	MUX2
0	0	0	0	w'		
0	0	0	1	w	0	w
0	1	1	0	x		
0	1	1	1	x'	1	x'
1	0	0	0	y'		
1	0	1	0	yz'		
1	0	1	1	yz	$yz' + yz = y$	yz
1	1	0	1	$y'z$		
1	1	1	0	y		
1	1	1	1	$y'z'$	$y + y'z' = y + z'$	$y'z + y'z' = y'$

设计举例：计数寄存器中 1 的个数

下面将通过一个设计举例，即计数寄存器中 1 的个数，说明如何用数据选择器实现控制逻辑。该例首先使用 ASMD 流程图，然后对数据路径子系统进行设计实现。

即将设计的数字系统包括两个寄存器 $R1$ 和 $R2$，以及一个触发器 E。另一个更有效的方法参见本章的习题。系统对 1 的个数进行计数，将计数值预置到寄存器 $R1$，设置寄存器 $R2$ 等于这个数值。例如，如果预置进寄存器 $R1$ 的二进制数值是 10111001，则电路对 1 的个数计数的结果是 5，保持在 $R1$ 中，将寄存器 $R2$ 设置为 101。这个功能是通过将寄存器 $R1$ 每次移位一个比特到触发器 E 中来实现的。E 的值由控制逻辑检测，每次遇 E 为 1，寄存器 $R2$ 加 1。

数据路径和控制电路的框图如图 8.22(a)所示。数据路径包括 $R1$、$R2$、E，以及将 $R1$ 左边最高位移位到 E 的逻辑。数据路径还包括了用或非门检测 $R1$ 是否为 0 的逻辑，但在图中没有给出。外部输入信号 $Start$ 启动状态机的操作，$Ready$ 给外部环境展现了状态机的状态。控制电路还接收两个来自数据路径的状态输入 E 和 $Zero$。这些信号暗示最高有效位的寄存器数据是 0。E 是触发器输出,$Zero$ 是检测寄存器 $R1$ 是否为全 0 的结果输出。当 $R1$ 等于 0(即 $R1$ 中不包含 1)时,输出 $Zero = 1$。

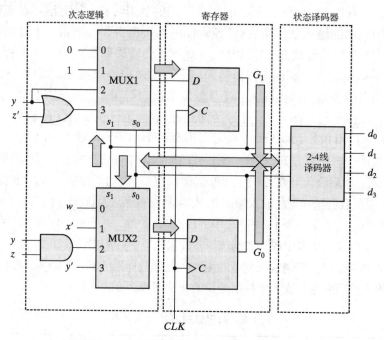

图 8.21　用数据选择器实现的控制逻辑

显示状态顺序和寄存器操作的基本 ASMD 流程图如图 8.22(b)所示,完整的流程图如图 8.22(c)所示。当状态为 S_idle 时,遇 $Start$ 有效,状态将转移到 S_1,同时二进制数据字预置到 $R1$,将寄存器 $R2$ 设置成全 1 状态。注意,当寄存器中的所有位都为 1 时,再加上 1,就会变成全 0。因此,第一次状态从 S_idle 转移到 S_1 时,$R2$ 将被清零,接下来的状态转移时,处理过的计数数值将赋给 $R2$。$R1$ 的内容由 $Zero$ 表示,在状态 S_1 中被检测。如果 $R1$ 为全 0,则 $Zero = 1$,状态返回 S_idle,$Ready$ 有效。在状态 S_1 中,$Incr\_R2$ 有效使数据路径在每个时钟周期内将 $R2$ 加 1。如果 $R1$ 中有 1,则 $Zero = 0$。$R1$ 的数值被移位,最左边位移给 E。操作会一直重复下去,直到有 1 被移入 E 时为止。每当检测到 E 中有 1 时,$R2$ 加 1 一次,并再次检查 $R1$ 中是否还有 1。循环会一直重复,直到 $R1$ 中所有的 1 都被计数过。注意,S_3 的状态框没有寄存器操作,但与它有关的块中包括了关于 E 的判决框。同时,寄存器 $R1$ 的串行输入数据一定要为 0,因为要保证不能将一个外部的 1 移入 $R1$。图 8.22(a)中的 $R1$ 是移位寄存器,$R2$ 是带并行输入的计数器。

数据选择器的输入条件由表 8.9 确定。对于每一个可能的状态转移,输入条件可以从 ASMD 流程图得到。4 个状态被编码为二进制 00、01、10 和 11。当现态为 00 时,状态向哪里转移取决于 $Start$。当现态为 01,状态转移方向取决于 $Zero$。当现态为 11 时,状态转移取决于 E。当现态为 01 时,状态转移到次态 11 是无条件的。表中 MUX1 和 MUX2 下方的数值由对应的次态 G_1 和 G_0 的输入条件确定。

控制器的实现如图 8.23 所示。这是一个三级实现,第一级带有一个乘法器,其中乘法器的输入从表 8.9 中获得。

表 8.9　设计举例的数据选择器的输入条件

现态		次态		输入条件	数据选择器输入	
G_1	G_0	G_1	G_0		MUX1	MUX2
0	0	0	0	$Start'$	—	—
0	0	0	1	$Start$	0	$Start$
0	1	0	0	$Zero$	—	—
0	1	1	0	$Zero'$	$Zero'$	0
1	0	1	1	—	1	1
1	1	1	0	E'	—	—
1	1	0	1	E	E'	E

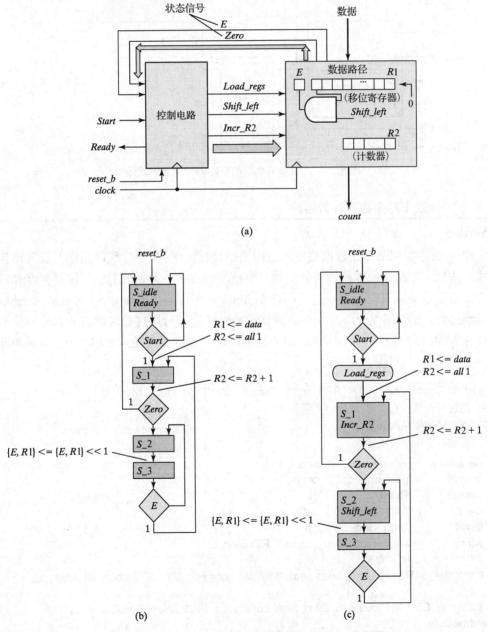

图 8.22　计数 1 的个数的电路的框图和 ASMD 流程图

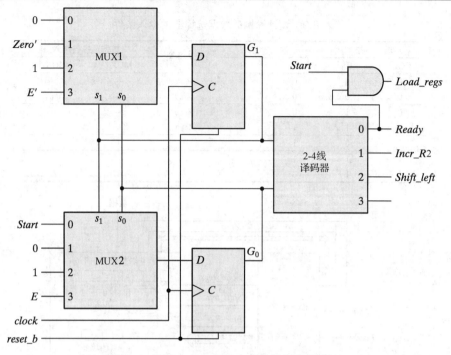

图 8.23　计数 1 的个数的电路的控制逻辑实现

HDL 例 8.8(计数 1 的个数的计数器)

Verilog

Verilog 描述将控制器和数据路径的结构模型进行实例化。程序代码包括实现其结构的底层模块。注意，数据路径单元没有复位信号来清零寄存器，但触发器、移位寄存器和计数器模型有低电平有效的复位信号。这说明使用 Verilog 中数据类型 **supply1**，可以保证这些端口在 Datapath_STR 中置为 1。同样，测试平台也使用了分层次验证的方法，这样使调试和验证任务大为简化。另一个要观察的细节是移位寄存器的串行输入硬件置 0。为简单起见，底层模块采用行为描述。

```
module Count_Ones_STR_STR(count, Ready, data, Start, clock, reset_b);
//控制逻辑的数据选择器-译码器实现
//控制电路采用结构描述
//数据路径采用结构描述
    parameter     R1_size = 8, R2_size = 4;
    output        [R2_size −1: 0]  count;
    output        Ready;
    input         [R1_size −1: 0]  data;
    input         Start, clock, reset_b;
    wire          Load_regs, Shift_left, Incr_R2, Zero, E;

    Controller_STR M0 (Ready, Load_regs, Shift_left, Incr_R2, Start, E, Zero, clock, reset_b);

    Datapath_STR  M1 (count, E, Zero, data, Load_regs, Shift_left, Incr_R2, clock);
endmodule
```

```
module Controller_STR (Ready, Load_regs, Shift_left, Incr_R2, Start, E, Zero, clock, reset_b);
  output    Ready;
  output    Load_regs, Shift_left, Incr_R2;
  input     Start;
  input     E, Zero;
  input     clock, reset_b;
  supply0   GND;
  supply1   PWR;

  parameter    S0 = 2'b00, S1 = 2'b01, S2 = 2'b10, S3 = 2'b11; //二进制代码
  wire             Load_regs, Shift_left, Incr_R2;
  wire             G0, G0_b, D_in0, D_in1, G1, G1_b;
  wire             Zero_b = ~Zero;
  wire             E_b = ~E;
  wire  [1: 0]     select = {G1, G0};
  wire  [0: 3]     Decoder_out;
  assign           Ready = ~Decoder_out[0];
  assign           Incr_R2 = ~Decoder_out[1];
  assign           Shift_left = ~Decoder_out[2];
  and              (Load_regs, Ready, Start);
  mux_4x1_beh      Mux_1   (D_in1, GND, Zero_b, PWR, E_b, select);
  mux_4x1_beh      Mux_0   (D_in0, Start, GND, PWR, E, select);
  D_flip_flop_AR_b M1      (G1, G1_b, D_in1, clock, reset_b);
  D_flip_flop_AR_b M0      (G0, G0_b, D_in0, clock, reset_b);
  decoder_2x4_df   M2      (Decoder_out, G1, G0, GND);
endmodule

module Datapath_STR (count, E, Zero, data, Load_regs, Shift_left, Incr_R2, clock);
  parameter      R1_size = 8, R2_size = 4;
  output         [R2_size −1: 0]   count;
  output         E, Zero;
  input          [R1_size −1: 0]   data;
  input          Load_regs, Shift_left, Incr_R2, clock;
  wire           [R1_size −1: 0]   R1;
  wire           Zero;
  supply0        Gnd;
  supply1        Pwr;
  assign Zero = (R1 == 0);   // 隐含组合逻辑
  Shift_Reg      M1    (R1, data, Gnd, Shift_left, Load_regs, clock, Pwr);
  Counter        M2    (count, Load_regs, Incr_R2, clock, Pwr);
  D_flip_flop_AR M3    (E, w1, clock, Pwr);
  and                  (w1, R1[R1_size − 1], Shift_left);
endmodule

module Shift_Reg (R1, data, SI_0, Shift_left, Load_regs, clock, reset_b);
  parameter        R1_size = 8;
  output           [R1_size −1: 0]   R1;
  input            [R1_size −1: 0]   data;
  input            SI_0, Shift_left, Load_regs;
  input            clock, reset_b;
  reg              [R1_size −1: 0]   R1;
  always @ (posedge clock, negedge reset_b)
    if  (reset_b == 0) R1 <= 0;
```

```verilog
    else begin
      if (Load_regs) R1 <= data; else
        if (Shift_left) R1 <= {R1[R1_size −2: 0], SI_0}; end
  endmodule


  module  Counter (R2, Load_regs, Incr_R2, clock, reset_b);
   parameter          R2_size = 4;
   output             [R2_size −1: 0]    R2;
   input              Load_regs, Incr_R2;
   input              clock, reset_b;
   reg                [R2_size −1: 0]    R2;
   always @ (posedge clock, negedge reset_b)
    if  (reset_b == 0) R2 <= 0;
    else if  (Load_regs) R2 <= {R2_size {1'b1}};     // 填入1
      else if  (Incr_R2 == 1) R2 <= R2 + 1;
   endmodule


  module  D_flip_flop_AR (Q, D, CLK, RST_b);
   output  Q;
   input   D, CLK, RST_b;
   reg     Q;
   always @ (posedge CLK, negedge RST_b)
    if  (RST_b == 0) Q <= 1'b0;
    else  Q <= D;
  endmodule
  module  D_flip_flop_AR_b (Q, Q_b, D, CLK, RST_b);
   output  Q, Q_b;
   input   D, CLK, RST_b;
   reg     Q;
   assign  Q_b = ~Q;
   always @ (posedge CLK, negedge RST_b)
    if  (RST_b == 0) Q <= 1'b0;
    else  Q <= D;
  endmodule
// 4-1线数据选择器行为描述
// Verilog 2005语法
  module mux_4x1_beh
  (output reg   m_out,
  input   in_0, in_1, in_2, in_3,
  input  [1: 0]   select
);
   always @ (in_0, in_1, in_2, in_3, select)   // Verilog 2005 语法
    case (select)
     2'b00: m_out = in_0;
     2'b01: m_out = in_1;
     2'b10: m_out = in_2;
     2'b11: m_out = in_3;
    endcase
   endmodule
// 2-4线译码器数据流描述
// 见图4.19，注意E的使用
// Verilog模型利用enable来清晰表达功能
```

```verilog
module decoder_2x4_df (D, A, B, enable);
  output   [0: 3]   D;
  input    A, B;
  input    enable;
  assign   D[0] = !(!A && !B && !enable),
                  D[1] = !(!A && B && !enable),
                  D[2] = !(A && !B && !enable),
                  D[3] = !(A && B && !enable);
endmodule
module t_Count_Ones;
  parameter   R1_size = 8, R2_size = 4;
  wire        [R2_size −1: 0]   R2;
  wire        [R2_size −1: 0]   count;
  wire        Ready;
  reg         [R1_size −1: 0]   data;
  reg         Start, clock, reset_b;
  wire        [1: 0]   state;   // 仅用于调试
  assign state = {M0.M0.G1, M0.M0.G0};
  Count_Ones_STR_STR M0 (count, Ready, data, Start, clock, reset_b);
  initial  #650 $finish;
  initial begin  clock = 0; #5 forever #5 clock = ~clock;  end
  initial fork
   #1 reset_b = 1;
   #3 reset_b = 0;
   #4 reset_b = 1;
   #27 reset_b = 0;
   #29 reset_b = 1;
   #355 reset_b = 0;
   #365 reset_b = 1;
   #4 data = 8'Hff;
   #145 data = 8'haa;
   #25 Start = 1;
   #35 Start = 0;
   #55 Start = 1;
   #65 Start = 0;
   #395 Start = 1;
   #405 Start = 0;
  join
endmodule
```

VHDL

　　计数 1 的个数的计数器的 VHDL 模型在顶层结构中对控制单元和数据路径单元进行了实例化。这些结构体的结构模型是单独定义的。控制单元由实例化并连接的与门、4 通道数据选择器、带互补输出的 D 触发器和 2-4 线译码器组成。译码器的这些输出为数据路径单元提供了控制输入信号。数据路径单元是结构模型，由移位寄存器、计数器、D 触发器和一个 2 输入与门组成。这些数据路径单元的基本部件被描述成行为模型。测试平台有一个进程定义了 Start、data 和 reset_b 信号。进程结束时的 **wait** 语句起到终止进程的作用。

```vhdl
entity Count_Ones_STR_vhdl is
generic (R1_size: positive := 8; R2_size: positive := 4);
port (count; out Std_Logic_Vector (R2_size-1 downto 0);
        Ready: out Std_Logic; data: Std_Logic_Vector (R1_size-1 downto 0);
        Start, clock, reset_b: in Std_Logic);
end Count_Ones_STR_vhdl;


architecture Structural of Count_Ones_STR_vhdl is
 component Controller_STR_vhdl port (ready, Load_regs, Shift_left,
        Incr_R2: out Std_Logic; end component;
 component Datapath_STR_vhdl port (count, E, Zero, data,
        Load_regs, Shift_left, Incr_R2, clock: in Std_Logic); end component;
begin
-- 实例化组件
 M0:    Controller_STR_vhdl    port map (Ready => Ready, Load_regs => Load_regs,
        Shift_left => Shift_left, Incr_R2 => Incr_R2);
 M1:    Datapath_STR_vhdl    port map (count => count, E => E, Zero => Zero,
         data => data, Load_regs => Load_regs, Shift_left => Shift_left, Incr_R2 => Incr_R2,
clock => clock);
end Structural;
 entity Controller_STR_vhdl is
 port (Ready buffer; Load_regs, Shift_left, Incr_R2: out Std_Logic;
        Start, E, Zero, clock, reset_b: in Std_logic);
end Controller_STR_vhdl


architecture Structural of Controller_STR_vhdl is
    signal:        Std_Logic  GND   := '0';
    signal:        Std_Logic  PWR   := '1';
    constant:      Std_Logic: S0    := '00';  -- 二进制状态编码
    constant:      Std_Logic: S1    := '01';
    constant:      Std_Logic: S2    := '10';
    constant:      Std_Logic: S3    := '11';
    signal        Zero_b: Std_Logic;
    signal        E_b: Std_Logic;
    signal   Decoder_out: Std_Logic_Vector range (0 to 3);
    component    and2_gate port (Load_regs : out Std_Logic; Ready, Start : in Std_Logic);
        end component;
    component    mux_4×1_beh
        port (m_out : out Std_Logic; in_0, in_1, in_2, in_3 : in Std_Logic;
        select : in Std_Logic_Vector (1 downto 0);
        end component;
    component    D_flip_flip_AR_b
        port (Q, Q_b : out Std_Logic; D : in Std_Logic; CLK, RST_b : out Std_Logic);
        end component;
    component    decoder_2×4_df
        port ( D : out Std_Logic; A, B : in Std_Logic; enable : in Std_Logic);
        end component;
begin
-- 定义并行信号赋值
Zero_b <= not Zero;
E_b <= not E;
select <= G1 & G0;
```

```vhdl
Ready <= not Decoder_out(0);
incr_R2 <= not Decoder_out(1);
Shift_left <= not Decoder_out(2);

-- 实例化组件
MUX_1: mux_4×1_beh port map (m_out => D_in1, in_0 => GND,
    in_1 => Zero_b, in_2 => PWR, in_3 => E_b, select => select);

MUX_2: mux_4×1_beh port map (m_out => D_in0, in_0 => Start,
    in_1 => GND, in_2 => PWR, in_3 => E, select => select);

M1: D_flip_flip_AR_b port map (Q => G1, Q_b => G1_b, D => D_in1,
    CLK => clock, RST_b => reset_b);
M0: D_flip_flip_AR_b port map (Q => G0, Q_b => G0_b, D => D_in0,
    CLK => clock, RST_b => reset_b);

M2: decoder_2×4_df    port map (D => Decoder_out, A => G1, B => G0, enable => GND);

G0: and2_gate port map (sig_out => Load_regs, Sig1 => Ready, Sig2 => Start);
end Structural;

entity Datapath_STR_vhdl is
    generic integer  (R1_size : integer:= 8, R2_size : integer:= 4 );
    port (count: out Std_Logic_Vector (R2_size-1 downto 0);
                E, Zero: in Std_Logic; data: in Std_Logic_Vector (R1_size-1 downto 0);
                Load_regs, Shift_left, Incr_R2, clock: in Std_Logic);
end Datapath_STR_vhdl;

architecture Structural of Datapath_STR_vhdl is
    signal R1: Std_Logic_Vector (R1_size-1 downto 0);
    signal R2: Std_Logic_Vector (R2_size-1 downto 0);
    signal      Zero: std_logic:= '0';
    signal      PWR: std_logic:= '1';
    signal      GND: std_logic:= '0';
    component   Shift_Reg generic (R1_size: positive) port (R1 out Std_Logic_Vector
    (R1_size-1 downto 0);
     data : in Std_Logic_Vector (R1_size-1 downto 0);
     SI_0, Shift_left, Load_regs : in Std_Logic;
     clock, reset_b : in Std_Logic); end component;
    component   Counter generic (R2_size: positive) port (R2: out Std_Logic_Vector
    (R2_size-1 downto 0);
     Load_regs, Incr_R2 : in Std_Logic;
     clock, reset_b : in Std_Logic); end component;
    component   D_flip_flop_AR   port (Q: out Std_Logic; D : in Std_Logic;
     CLK, RST_b : in Std_Logic); end component;
    component   and2_gate port (sig_out: out Std_Logic; sig1, sig2 : in Std_Logic);
     end component;

begin
-- 并行信号赋值
    process (R1) begin
    Zero <= '1';
```

```
      for k in 0 to R1_size-1 loop if R1(k) = '1' then Zero <= '0'; end if; end loop;
   end process;

   -- 实例化组件
   M1: Shift_Reg generic map (R1_size => 8) port map (R1 => R1, data => data, SI_0 =>
   GND, Shift_left => Shift_left, Load_regs => Load_regs, clock => clock, reset_b => PWR);

   M2:   Counter generic map (R2_size => 4) port map  (R2 => count, Load_regs =>
   Load_regs, Incr_R2 => Incr_R2, clock => clock, reset_b => PWR);
   M3:   D_flip_flop_AR   port map  (Q => E, D => w1, CLK => clock, RST => PWR);
   G0:   and2_gate port map (sig_out => w1, sig1 => R1(R1_size-1), sig2 => Shift_left);
   end Structural;


entity Shift_Reg is
   generic R1_size := positive;
   port (R1: buffer Std_Logic_Vector (R1_size-1 downto 0);
               data: in Std_Logic_Vector (R1_size-1 downto 0);
               SI_0, Shift_left, Load_regs: in Std_Logic;
               clock, reset_b: in Std_Logic);
end Shift_Reg;


 architecture Behavioral of Shift_Reg is
    signal: PWR: Std_Logic := '1';
    signal: GND: Std_Logic := '0';
begin
process (clock, reset_b)
begin
    if reset_b'event and reset_b = '0' then R1 <= '0';
    elsif clock'event and clock = '1' then
      if Load_regs = '1' then R1 <= data;
      elsif Shift_left = '1' then R1 <= R1(R1_size-2 downto 0) & SI_0;
      end if;
    end if;
end process;
end Behavioral;


entity Counter is
    generic (R2_size : integer:= 4 );
    port (R2: out Std_Logic_Vector (R2_size-1 downto 0);
    Load_regs, Incr_R2: in Std_Logic; clock, reset_b: in Std_Logic);
end Counter;

architecture Behavioral of Counter is
variable k: integer;
begin
process (clock, reset_b) begin
    if reset_b'event and reset_b = '0' then R2 <= '0';
    elsif clock'event and clock = '1' then    -- 用1填充
      if Load_regs = '1' then for k in range (0 to R2_size-1) R2(k) <= '1';
      elsif Incr_R2 = '1' then R2 = R2 + '1';
      end if;
    end if;
end Behavioral;
```

```vhdl
entity D_flip_flop_AR is
    port (Q: out Std_Logic; D, CLK, RST_b: in Std_Logic);
end D_flip_flop_AR;

architecture Behavioral of D_flip_flop_AR is
begin
process (CLK, RST_b) begin
    if RST_b'event and RST_b ='0' then Q <= '0';
    elsif CLK'event and CLK = '1' then Q <= D;
    end if;
end process;
end Behavioral;

entity D_flip_flip_AR_b is
    port (Q: buffer Std_Logic; Q_b: out Std_Logic; D, CLK, RST_b: in Std_Logic);
end D_flip_flip_AR_b;

architecture Behavioral of D_flip_flip_AR_b is
begin Q_b <= not Q;
process (CLK, RST_b) begin
    if RST_b'event and RST_b ='0' then Q <= '0';
    elsif clock'event and clock = '1' then Q <= D;
    end if;
end process;
end Behavioral;

entity t_Counter_Ones_STR_vhdl is
generic(R1:Std_Logic_Vector(R1_size-1 downto 0));
generic(R2:Std_Logic_Vector(R2_size-1 downto 0));
    port ();
end t_Countr_Ones_STR_vhdl;

architecture Behavioral of t_Countr_Ones_STR_vhdl is
    signal   t_count : Std_Logic_Vector (R2_size-1 downto 0);
    signal   t_Ready: Std_Logic; t_data: Std_Logic_Vector (R1_size-1 downto 0);
    signal   t_Start, t_clock, t_reset_b: Std_Logic);
    component Count_Ones_STR_vhdl generic map (R1_size => 8; R2_size => 4)
port (count; out Std_Logic_Vector (R2_size-1 downto 0); Ready: out Std_Logic;
        data: Std_Logic_Vector (R1_size-1 downto 0);
        Start, clock, reset_b: in Std_Logic);

begin
-- 实例化UUT
    M0: Count_Ones_STR_vhdl
        port map (count => t_count, Ready => t_Ready,
        Start => t_Start, clock => t_clock, reset_b => t_reset_b);
-- 产生激励波形
process begin
    t_clock <= '0';
    loop t_clock <= not t_clock after 5 ns; end loop;
    end process;
process begin
```

```
        reset_b <= '1' after 1 ns;
        reset_b <= '1' after 3 ns;
        reset_b <= '1' after 4 ns;
        reset_b <= '1' after 27 ns;
        reset_b <= '1' after 29 ns;
        reset_b <= '0' after 355 ns;
        reset_b <= '1' after 365 ns;
        data <= "11111111" after 4 ns;
        data <= '10101010' after 145 ns;
        Start <= '1' after 25 ns;
        Start <= '0' after 35 ns;
        Start <= '1' after 55 ns;
        Start <= '0' after 65 ns;
        Start <= '1' after 395 ns;
        Start <= '0' after 405 ns;
    wait;        -- 无限期暂停
    end process;
    end Behavioral;
```

测试计数 1 的个数的计数器

　　HDL 例 8.8 中的测试平台用来产生图 8.24 的仿真结果。为清晰起见，图中已经加上了标注。图 8.24(a) 中的 *reset_b* 在 $t = 3$ 时变低，使系统进入状态 *S_idle*，但此时 *Start* 还未被赋值，其默认值为 x。因此，控制电路在下一时钟到来时，进入到一个未知状态，其输出也是未知

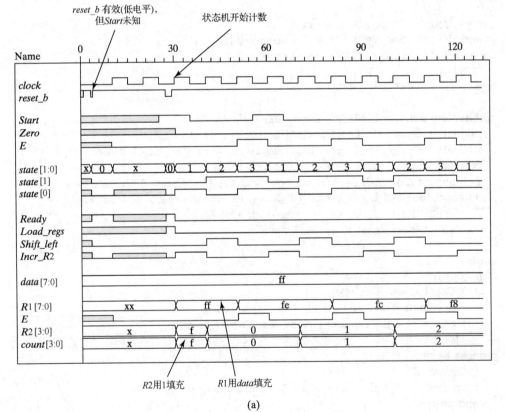

(a)

图 8.24　计数 1 的个数的电路的仿真波形

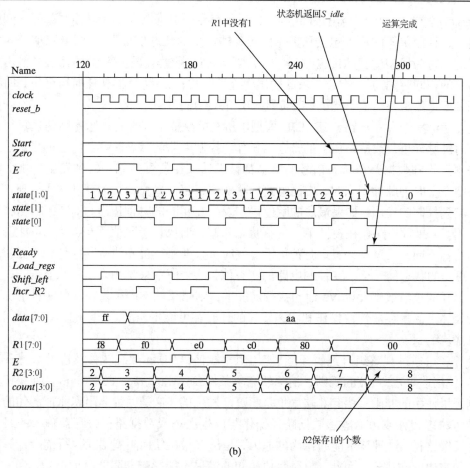

(b)

图 8.24(续) 计数 1 的个数的电路的仿真波形

的[①]。当 reset_b 在 t = 27 又变低时，系统进入状态 S_idle。若在 reset_b 有效后的第一个时钟周期 Start = 1，则执行：(1)控制电路进入状态 S_1；(2)Load_regs 将 R1 置为 data 的值，如 8'Hff；(3)R2 被赋值全 1。在下一个时钟，R2 从 0 开始计数。当控制电路处于状态 S_2 且当控制电路处于状态 S_1、incr_R2 有效时，Shift_left 有效。在 incr_R2 有效后，如遇时钟到来，则 R2 增 1。当电路处于状态 S_3 时，不产生输出。图 8.24(b)中的计数顺序一致执行到 Zero 有效，此时 E 中保存的是数据字的最后一个 1。下一个时钟到来时，count = 8，状态返回到 S_idle。（在本章最后的习题中将会对测试进行进一步的描述）。

8.11 无竞争设计（软竞争条件）

一旦电路被综合，无论是使用手工设计方法还是使用工具，都有必要验证 HDL 行为模型产生的仿真结果与物理电路的门级网表实现的功能是否一致。由于行为模型被假设是正确的，因此解决任何不一致问题是非常重要的。

由于问题很多，我们只考虑基于 HDL 的设计方法中出现的典型问题。

[①] 在实际硬件中，这些值将是 0 或 1。在未知输入施加数值的情形下，次态和输出将不确定，即使施加了复位信号。

Verilog　有 3 个方面会出现问题：(1)一条存在于数据路径单元和控制单元之间的物理反馈路径，控制单元的输入包括从数据路径反馈回来的状态信号；(2)阻塞赋值语句的执行是并行的，行为模型仿真的传输时延为零，当组合逻辑输入发生变化(即输入和输出变化发生在仿真的相同时刻)时，组合逻辑的输出将立即变化；(3)仿真器在任何给定仿真时刻执行多条同一变量的阻塞赋值语句的顺序是不确定的(不可预测的)。

现在考虑一个时序电路，其 HDL 模型中所有的赋值语句都是由阻塞赋值运算组成的。在一个时钟脉冲里，数据路径上的寄存器操作、控制电路的状态转移、次态的更新、控制电路的输出逻辑和数据路径状态信号的更新都被设计成在仿真的同一时刻发生。哪个首先执行？假定一个时钟脉冲到来时，控制电路的状态在寄存器操作执行前就转移了，则状态的改变会影响到控制的输出。如果最后的赋值语句发生在相同的时钟边沿，则新的输出将被数据路径使用。如果数据路径在控制单元更新状态和输出前执行了赋值语句，结果可能会和我们预期的目标不同。反过来，假定时钟边沿有效时，数据路径首先执行其操作，并更新了状态信号，更新的状态信号会改变控制电路的次态值。这个值本来是用来更新状态的，如果状态在数据路径的边沿敏感 **always** 语句执行前发生，则结果就不同了。在任何一种情况下，不同状态表述下的寄存器传输操作和状态转移的耗时都可能不匹配。所幸的是，这个问题有了解决方法。

设计者可通过观察组合逻辑模型(使用阻塞赋值语句)和状态转移及边沿敏感寄存器操作模型(使用非阻塞语句)的规则，消除软竞争条件(software race condition)。如果按照本书所有例子里使用的非阻塞语句，软竞争是不可能发生的。这是因为非阻塞赋值语句的采样技术打破了状态转移或边沿敏感数据路径操作与产生次态或数据路径寄存器输入的组合逻辑之间的反馈路径。这种技术能起作用的原因，是仿真器在任何阻塞语句执行前会计算非阻塞赋值语句右边的表达式。因此，阻塞赋值语句的结果不能影响非阻塞赋值语句。通常，我们采用阻塞赋值运算符建立组合逻辑模型，利用非阻塞赋值运算符建立边沿敏感寄存器操作和状态转移模型。

因为状态信号被反馈给控制电路，而控制电路的输出则向前反馈到数据路径，所以数据路径和控制电路的物理结构一起产生物理的(即硬件的)、竞争的情况也是存在的。然而，时序分析可以证实，在下一个时钟脉冲到来前，控制电路输出的变化不会通过数据路径逻辑和控制电路的输入逻辑传送而使控制电路的输出有所改变。即使状态信号对次态进行了更新，在下一个时钟到来前，状态也不会转移。触发器切断了不同时钟间的反馈路径。实际中，时序分析可以验证电路是否能在特定时钟频率下工作，或者辨认出哪条路径的传输时延存在问题。记住，设计结果一定要实现正确逻辑，而且工作在预期的时钟速率下。

VHDL　竞争是 HDL 设计中的一个问题，因为它们会造成仿真结果与实际结果，以及与实际物理硬件产生的结果之间的不匹配。不匹配表明仿真结果可能具有误导性。不匹配也可能未被发现，具体取决于测试平台的完整性。因为单元之间存在反馈路径，控制器-数据路径的系统结构是可能发生不匹配情况的。数据路径和控制器由一个公共时钟同步。在时钟脉冲作用下，数据路径从控制器读取输入，并执行寄存器操作。同时，控制器的输出改变了次态的数值。如果新的数值到达数据路径过早，那么它们可能会破坏数据路径读取的信号。同样，如果在控制信号被读取之前，数据路径的变化导致状态信号改变，那么数据路径单元可能被误导。无论哪种方式，HDL 模型看起来都运行正常，但硬件行为有所不同。设计者必须遵守编码原则，避免竞争发生。该原则要求：（1）使用信号赋值运算符为控制单元中的所有寄存器（即状态寄存器）和数据路径单元赋值；（2）对于控制单元中产生次态和数据路径中产生状态信号的组合逻辑函数，使用电平敏感进程和变量赋值语句。这些规则保证进程中信号赋值的采样机制能消除信号受变量赋值的影响，并阻止控制单元中的寄存器操作影响数据路径单元中的寄存器操作，反之亦然。

8.12 无锁存设计（为什么浪费硅片面积？）

Verilog 连续赋值语句间接地建立了组合逻辑模型。无反馈的连续赋值语句会被综合成组合逻辑，其输入/输出的逻辑关系会自动根据电路输入来调整。仿真中，仿真器检测所有连续赋值语句的右边，检测任何一个参考信号是否发生变化，从而更新受影响的赋值语句的左边。与连续赋值语句不同，**always** 语句不需要对所有赋值语句的全部变量敏感。如果一个电平敏感的时钟过程用来描述组合逻辑，则敏感度列表包括所有变量是必要的。这些变量在过程中赋值语句的左边给出。如果列表的变量不完整，则由行为语句描述的逻辑就会在逻辑输出处综合出锁存器。这种实现方式浪费了硬件资源，而且还可能导致行为模型仿真结果与综合出的电路不匹配。如果能保证变量列表完整，则这些问题就可避免。但是，在大型电路中，电平敏感 **always** 语句的敏感度列表中不包括所有的相关变量，这反而显得简单。幸运的是，Verilog 2001 提供了一个新的运算符，降低了综合时引入锁存器的风险。

在 Verilog 2001 中，符号"@"和"*"能被组合在一起，形成"@*"或"@(*)"，用于不带敏感度列表的情况，表示相关语句的执行对逻辑赋值语句右边的每一个变量敏感。事实上，运算符"@*"表示的逻辑可以理解成电平敏感组合逻辑，并且综合为电平敏感组合逻辑。这个逻辑有一个间接敏感度列表，包括过程赋值语句中用到的全部变量。使用运算符"@*"可以防止偶尔综合出锁存器。

HDL 例 8.9

Verilog

下面的电平敏感 **always** 语句将被综合成一个两路数据选择器：

```
module mux_2_V2001 (output reg [31: 0] y, input [31: 0] a, b, input sel);
 always @*
 y = sel ? a: b;
endmodule
```

该 **always** 语句有一个包括 a、b 和 sel 的隐含敏感度列表。

VHDL 并行信号赋值语句间接地仿真了组合逻辑。无反馈的赋值将被综合为组合逻辑，逻辑的输入-输出关系自动对赋值语句的所有参考信号敏感。在仿真中，仿真器监控所有信号赋值语句的右边，只要检测到任何一个参考信号发生变化，立即更新受影响的赋值语句的左边。

与并行信号赋值不同，进程只对敏感度列表中的那些信号敏感。如果使用电平敏感进程来描述组合逻辑，则敏感度列表必须包括进程中语句右边的每一个信号。如果列表不完整，则该进程所描述的逻辑将综合出逻辑输出端的锁存器。这种实现浪费了硅片面积，并且可能在仿真的行为模型和综合出的电路之间存在不匹配。这些问题可以通过确保敏感度列表完整而加以避免。

8.13　SystemVerilog 语言简介

Verilog 比我们提供的例子的功能更强大。多维数组、可变部分选择、数组、位、部分选择、有符号的 reg、网表、端口声明和局部参数是本书没有介绍的一些 Verilog 构造。我们有选择地介绍了该语言的主要特征——足以支持有意义的举例和习题，并介绍使用 HDL 的建模。Verilog 不是一种静态语言。事实上，设计方法的进步和行业的需求已经出现了标准化的第三种语言：SystemVerilog[①]。其功能弥补了 Verilog 2005 的不足之处，并将其使用扩展到硬件描述之外，从而更稳健、更有效地描述、验证和综合硬件系统。然而，Verilog 2005 的所有功能都包含在 SystemVerilog 中，因此 SystemVerilog 实际上包含 Verilog 2005。在 Verilog 2005 规则下编译的模型可以与 SystemVerilog 编译器一起编译。因此，我们使用 SystemVerilog 建立在使用 Verilog 基础之上。

我们将介绍一组有限的、基本的 SystemVerilog 功能，重点是那些直接应用于举例和章末数字设计入门级别问题的功能，剩下的内容留给读者继续学习[15]。

新的数据类型

第 4 章的讨论指出，Verilog 2005 和该语言的早期版本中有两组预定义的数据类型：网表(net)和变量。两者的对象在预定义的逻辑系统中取值，其值集合由 4 个值组成，即{0, 1, x, z}。网表代表结构化的连接。它们都可以是模块的输入或输出，可以由原语和连续赋值语句进行赋值，从而间接地实现组合逻辑。变量存储的数值由过程语句赋值，可能来自模块输出，但绝对不会是输入。未明确给出类型的标识符具有默认类型，通常是 **wire** 类型。

类型为 **reg** 的变量没有与硬件寄存器自动关联，并且不一定被综合成其名称暗示的含义。对于用户来说，变量在使用前需要声明类型。实际上，综合工具可以使用组合逻辑或时序逻辑来实现模块型变量，取决于它在源代码中的上下文。为消除这种歧义，SystemVerilog 提供了一种新的类型和关键字：**logic**。它与 **reg** 的区别主要在于名称，并且其取值与其他 Verilog 变量的相同，也是 4 值数据类型逻辑。**logic** 类型可以是一位或多位的向量，并且向量的每个元素都取自允许的 4 值集合。**reg** 变量和 **logic** 变量之间的区别，在于后者可以通过连续语句进行赋值，而 **reg** 变量可能不行。如果一个信号被多个驱动赋值，则必须将其声明为 **wire** 类型或 **tri**(三态)类型[②]。实际上，**logic** 和 **reg** 是可以互换的，但在 SystemVerilog 模型中，前者并没有指出综合工具如何在硬件中实现变量。**reg** 变量只能通过过程语句赋值；**logic** 变量并没有被这么严格约束，它可以是门(原语)的输出，或者由单个连续赋值语句和过程语句赋值。因此在 SystemVerilog 模型中，**logic** 类型可以替换 **wire** 类型。在结构化建模中，这种特性使它不具吸引力，因为它并不展现连接关系，但它规避了不能由过程语句为 **wire** 类型分配数值的限制。**logic** 类型也确实有一个限制：一个电路有多个输入，并且都来

---

① SystemVerilog 1800-2012 IEEE 标准——统一硬件设计、规范和验证语言。

② 综合工具会在检测到一个 **logic** 变量有多个驱动时标记错误。

自相同的网表，此时输入数据类型不能是 **logic**，必须是 **tri**。**tri** 网表可容纳多个驱动输入，并内置了对多个驱动输入的自动分辨功能。对于定义为 **logic** 或者 **bit** 类型的标识符，虽然并没有直接将其定义为网表或变量，但实质上它就是变量，其使用必须遵照网表规则。例如，定义 logic[15:0] Ibus 隐含一个 4 态数据类型的变量，代表 Ibus 可以由过程语句进行赋值。

　　SystemVerilog 还定义了一种称为 **bit** 的二态数据类型①，它可能的取值仅限于 0 和 1，用于不需要使用其他逻辑值(即 **x** 和 **z**)的软件工具，例如形式验证工具。具有 **bit** 类型的标量和向量变量的定义方式与具有 **reg** 或 **logic** 类型的变量相同。请注意在仿真中，**bit** 类型的变量被初始化为 0。综合工具不遵守该默认赋值。**bit** 和 **logic** 类型的变量的区别仅在于它们具有不同的逻辑值集合。是否将哪一类型的变量综合为组合或时序逻辑的输出，由综合工具根据赋值的上下文关系进行推断。

　　SystemVerilog 放宽了对变量赋值位置的限制。任何变量都可以被赋值：(1)通过单个连续赋值语句；(2)作为原语的输出、模块的输出端口、模块的输入端口；(3)通过任何数量的 **initial** 或 **always**②过程块；(4)通过一个 **always_comb**、**always_ff** 或 **always_latch** 过程块③。这些上下文关系对于综合工具来说已经足够推断逻辑是组合的还是时序的。例如，具有类型 **logic** 的一个变量，如果变量是模块输入或输入/输出端口，将被推断为 **net** 类型。

　　Verilog 新手常犯的一个错误是定义了一个 **reg** 类型的变量作为输入端口。如果在输入和输出中使用 **logic** 类型，则可以避免该错误。在 Verilog 中为变量赋值可能受限于设计者要事先知道变量将被赋值的位置。而 SystemVerilog 中的宽松规则不需要这样提前决定，并且提供了更多的灵活性④。一般来说，建议避免使用 **bit** 类型，除非在某些场合下，例如，作为 **for** 循环中的计数器，或作为测试平台中的生成信号且几乎在每个地方都被使用[18]。如此可以避免仿真和综合结果之间的不匹配，这是因为 **bit** 类型的变量在仿真中被初始化为 0，但在综合中不一定如此。

HDL 例 8.10

　　下面使用 SystemVerilog 的新数据类型描述 64 位比较器：

```
module Comparator_64_bit (
  output logic  a_lt_b, a_eq_b, a_gt_b,
  input logic  [63:0] a, b);

always @  (a, b)  begin
  a_lt_b = (a < b);
  a_eq_b = (a == b);
  a_gt_b = (a > b);
end
endmodule
```

SystemVerilog 能正确推断信号是否为网表(即建立连接关系)或变量(即保留指定的值)。定义为 **logic** 类型的信号将被自动推断为网表或变量，取决于它是否为模块输入或输出，以及它是否由原语、连续赋值语句或过程语句进行赋值。例如，如果信号具有 **logic** 类型，由

---

① SystemVerilog 还增加了用于抽象模型的 **byte**、**shortint**、**int** 和 **longint** 两位数据类型，以及特殊类型：**void** 和 **shortreal**。
② 对同一个变量进行多次赋值是不明智的，因为同时进行赋值的顺序是不确定性的，会对仿真结果产生影响。
③ **always_comb**、**always_ff** 和 **always_latch** 是 SystemVerilog 特有的，在 Verilog 中没有对应内容，属于 SystemVerilog 工具环境。
④ 有一些限制(例如，关于一个变量的多个驱动因素的解析)，但它们不在本书的讨论范围内。

过程语句赋值，并且连接到一个模块的输入端口，那么将检测出错误。具有 **logic** 类型并由连续赋值语句进行赋值的信号，将被推断为网表，并且可以连接到模块的输出端口、原语的输出，或者可以出现在表达式中。

用户自定义数据类型

Verilog 没有用户自定义数据类型，SystemVerilog 解决了这个限制：(1)一个新的关键字 **typedef** 用于声明用户自定义数据类型；(2)一个新的关键字 **enum** 用于声明枚举数据类型。关键字 **typedef** 可以用于局部、模块内或编译单元中(见下文)。

HDL 例 8.11(用户自定义数据类型)

下面的代码段产生一个 16 位的"双字节"类型，然后定义变量具有该类型：

```
typedef [15:0] logic double_byte_t;          // 用户自定义的 16 位数据类型
double_byte_t dbyte_A, dbyte_B, dbyte_C;     // double_byte_t 类型的变量
```

练习 8.12   用 SystemVerilog 语句将变量 A、B 和 C 的类型定义为 Num_type_t，其值是具有 **logic** 类型的 3 位向量。

答案：Num_type_t **logic** [2:0] A, B, C;

建议将用户自定义数据类型与包一起使用，以确保声明在整个项目中是一致的[18]。包中声明的是公共、可共享的参数、常量和用户自定义数据类型。包的内容可以从该设计的任何模块中引用，这消除了重复声明的必要性。

HDL 例 8.12(包)

```
package  Processor_types;
  typedef logic [63:0] data_bus_t;
  typedef logic [15:0] instr_bus_t;
 endpackage;
```

引用包时，通过在包的名称后跟"::"符号，可以间接引用包中的项。

```
module simple_Machine (
  input Processor_types :: data_bus_t code_word,
  output Processor_types :: instr_bus_t fpoint_instr);
 ...
 endmodule
```

命名规则

SystemVerilog 命名规则提高了代码的可读性和可维护性，通过增加字符"_t"来完整表示用户自定义数据类型。

枚举类型

SystemVerilog 枚举数据类型将一组唯一的、已命名的数值与一个抽象变量相关联①。通过赋以有意义的名称而不是用数值定义，此举将提高代码的可读性。

_____

① Verilog 通过定义 **parameter** 常量和使用 **define** 宏替换来实现这种效果。尽管有效，但结果代码的可维护性较差。

HDL 例 8.13（枚举数据类型）

以下 SystemVerilog 枚举类型表示一个简单控制系统的速度状态。

enum {slow, medium, fast, stopped} speeds_t;

枚举变量的名称默认[①]表示为 32 位、类型为 **int** 的两状态的数值。所赋的数值从 0 开始依次加 1，分别赋值给集合中的第一个(最左侧)名称，依次向右赋值给集合最右侧的最后一个名称。或者，用户可以为名称赋予其他数值以实现特定要求，例如，有限状态机的状态可以赋值为一位热码编码。

HDL 例 8.14（枚举数据类型）

下面的定义创建了一个枚举类型 state，它具有 3 个名称并实现一位热码编码，每个值都是一个 3 位向量。如果对于枚举变量的有效名称进行直接赋值，则它们必须与数据类型的大小相匹配，默认大小为 32 位。

enum logic [2:0] {S_idle = 3'b001, S_1 = 3'b010, S_2 = 3'b100} state;

注意，Verilog 允许将任何类型的变量赋值给变量，并自动将变量数据类型转换为与赋值相同的类型。枚举类型的变量却不能如此。枚举类型的变量可以赋值给：(1)来自定义它的变量列表(枚举类型列表)的数值；(2)来自定义它的变量列表中的变量；(3)已转换为相同类型的数值。不这样做的结果是，SystemVerilog 编译器将产生语法错误[18]，但在 Verilog 环境中不会被检测到，导致在门级实现中难以调试。

练习 8.13（枚举类型）　用 SystemVerilog 语句定义一个名为 state_type_t 的枚举类型，它具有 s0、s1、s2 和 s3 的一位热位编码的状态值。

答案：

enum logic [3:0] {s0 = 4'b0001, s1 = 4'b0010, s2 = 4'b0100, s3 = 4'b1000} state_type_t;

编译单元

Verilog 中标识符的作用范围有限，即作用于定义它的模块或命名块。SystemVerilog 将所有同时编译的源文件聚合到一个编译单元中，这允许在模块外部进行定义，但却使编译对象对编译单元中的所有模块均可见。编译单元的范围可能包含网表、变量、常量、用户自定义数据类型、任务和函数的定义，以及时间单位和精度的定义。此类定义称为外部定义。编译单元的作用范围不是全局的，它仅扩展到同时编译在一起的那些源文件。

直接行为意图

Verilog 关键字 **always** 定义了一个过程块，可能与电平或边沿敏感行为有关。综合工具解析关键字后面的代码，推断综合的结果是组合逻辑、锁存器还是寄存器。关键字 **always** 没有传达设计者的意图，代码本身可能会不经意地导致不希望的结果。电平敏感行为的敏感度列表中仅省略标识符，将产生一个锁存电路，而不是一个严格的组合电路。物理电路的行为和 HDL 模型可能不匹配，这样的结果并不是我们想要的。在确定仿真结果时，Verilog 2005

---

① 如果枚举类型名称的数据类型未直接定义，则名称数值将默认为 **int**[15]。

允许多个 **always** 块给同一个变量赋值,此举引入了随机性[①]和混乱。SystemVerilog 中 **always** 块的新变化(见下文)只允许每次仅有一个 **always** 块为变量赋值[②]。

SystemVerilog 提供了 3 个直接表达设计意图的新关键字,并确保综合结果符合该意图。**always_comb** 关键字未与敏感度列表相结合,但定义了预期行为是可综合的组合逻辑。SystemVerilog 仿真器和兼容综合工具会自动形成一个隐含敏感度列表,包含所有在关键字 **always_comb** 后面的语句或块中引用的标识符,以及在任何函数中引用的由程序块调用的所有标识符。使用 **always_comb**,就无须担心省略标识符从而综合出不需要的锁存器及硬件无法正常运行。新的过程块 **always_comb** 清楚地表明了设计者的意图,无论是其他设计者还是软件工具,都可以更轻松地维护代码。在启动了 **initial** 和 **always** 过程块之后,**always_comb** 过程块在仿真时间为 0 时自动触发。结果,**always_comb** 产生输出的组合逻辑,与当仿真开始后输入数值的逻辑一致。这对于 **bit** 类型的变量非常重要,它们会自动初始化为逻辑 0。

SystemVeriog 关键字 **always_ff** 表达了后面的过程语句描述可综合时序逻辑的意图。关键字必须附有敏感度列表,并且列表中的每个标识符都必须有一个边沿限定符(**posedge** 或 **negedge**)。同步控制对应的标识符并不包含在敏感度列表中,但将通过过程语句进行测试,留给综合工具确定过程语句是否隐含时序(即寄存器型)逻辑。

关键字 **always_latch** 表示随后的过程语句实际上建模了锁存器行为。对应锁存器行为的代码结构必须至少有一条通过逻辑的路径,使得至少有一个变量未被赋值。**always_latch** 过程块与 **always_comb** 过程块一样,具有相同的敏感度列表,但不会对变量进行相同的内部赋值。例如,**always_latch** 过程块中的代码可能有一条没有匹配 **else** 语句的 **if** 语句。综合工具将推断过程语句是否实际上隐含锁存器。**always_latch** 过程块在仿真时间为 0 时自动执行,从而确保锁存逻辑的输出与模拟开始时的输入一致[15]。

重要指导:使用 SystemVerilog 的新过程块的益处是非常大的,以至于行业专家建议将其专门用于 RTL 代码。

练习 8.14　编写一段 **always_comb** 语句,实现布尔方程"y = (A & B)| (C & D);"描述的组合逻辑。

答案:**always_comb** y = (A & B)| (C & D);

底部测试循环

Verilog 中的 **while** 条件循环称为顶部测试循环(top-testing loop)。如果控制执行的条件为假,则不会执行循环中的语句。SystemVerilog 有 **do...while** 循环,在测试是否重新执行之前先执行循环语句,即在循环内语句列表的底部进行测试。这保证了循环语句至少执行了一次。这类代码被认为更加高效和直观。

HDL 例 8.15(**do...while** 循环)

过程块用于监视 8 位地址,并在地址无效时置位标志信号[15]。使用 **do...while** 循环是因为

[①] Verilog 2005 允许将多个行为中的语句赋值给同一个变量,但不允许这些赋值同时发生,因此指定进行这些赋值的顺序。结果将依赖于仿真器的实现。因此,避免编写为变量赋值多条行为语句中的值的代码。

[②] 此限制也适用于 **initial** 程序块的赋值。

它允许在检查地址的状态之前初始化标志信号。该代码检查地址是否在指定范围内有效，如果是，则读取指定地址处存储的信息；如果地址无效，即超出范围，因为代码首先检查地址是否有效，则读取操作被跳过。只要地址有效，就会执行循环。在每次迭代时，地址都会递减。

```
always_comb begin
  do begin
    done = 0;
    Error_Out_of_Range = 0;         // 初始化标志
    mem_out = mem[address];
        if (address < 128 | ADDRESS > 255) begin  // 无效地址
          Error_Out_of_Range = 1;
          mem_out = mem[128]
        end
        else if (address == 128) done = 1;
    address = address −1;
  end
  while (address >= 128 && address <= 255) ;
end
```

运算符

将递增/递减运算与赋值相结合的类 C 运算符是 SystemVerilog 中的新增功能，已经在第 4 章的表 4.11(b)中介绍过。

case…inside

4.13.4 节指出不应在要被综合的 RTL 代码中使用 **casex** 和 **casez**，根本问题是这些语句处理 **case** 表达式和 **case** 项中无关项的方式不同，会导致仿真和综合结果之间可能的不匹配。SystemVerilog 提供了一个新的语句结构 **case…inside**，它消除了不匹配的可能性。这个新语句只关心 **case** 项中的无关项。**case** 表达式中的所有位都会被考虑，并且根据 x、z 或?的情况，仅掩盖 **case** 项中的那些无关项。

HDL 例 8.16（**case…inside** 循环）

在下面的代码段中，第 4 位被掩码。

```
case (instruction) inside
        8'b0000_?000: opc = instruction {4: 0};
```

习题

（*号标记的习题解答列在本书末尾。）

8.1 用寄存器传输级描述方式写出执行下列操作的语句：

(a)*将寄存器 $R1$ 的数值传送到 $R2$ 并同时将 $R1$ 清零。

(b)将寄存器 $R4$ 中数值加 1，然后将结果传送到 $R0$。

(c)如果控制信号 $T1$ 为 1，则同时右移寄存器 $R1$ 和左移 $R2$。

8.2 一个具有低电平有效同步复位的逻辑电路有两个控制输入标志：$Flag1$ 和 $Flag2$。当它们都为 0 时，寄存器 R 被清零，并且电路状态保持在初始状态；当两者都为 1 时，R 被预置为 G 的数值，并且电路状态进入第二状态;当 $Flag1$ 是 0 且 $Flag2$ 为 1 时,R 右移;当 $Flag1$ 为 1 且 $Flag2$ 为 0 时,R 左移。在后两种情况下,电路状态进入第三状态。画出反映控制电路、数据路径(带内部存储器)及信号的 ASM 流程图。

8.3 画出下列状态转移的 ASMD 流程图:

   (a)状态从 S_1 开始,如果 $x = 0$,产生条件操作 $R = 1$;如果 $x = 1$,产生条件操作 $R = R + 1$,并且状态从 S_1 转移到 S_2。

   (b)状态从 S_1 开始,如果 x 和 y 相等,电路状态转向 S_2;否则电路状态转向 S_3。

   (c)状态从 S_1 开始,监控输入 x,如果观察到连续的两个"1",转向状态 S_2;保持在状态 S_2,直到再次观察到连续的两个"1"。

8.4 逻辑电路从状态 S_1 开始,如果输入为 00,则状态为 S_2;如果输入为 10,则状态为 S_3;否则它会保持 S_1 不变。画出该电路的 ASMD 流程图和状态图。

8.5 说明 ASM 流程图和 ASMD 流程图与传统流程图的区别。使用图 8.5 来说明两者之间的区别。解释 ASM 流程图与 ASMD 流程图之间的区别。用自己的语言讨论使用 ASMD 流程图的用法和规则。

8.6 人从门进入房间,当截取到光信号 x 后,照相单元信号从 1 变为 0。人从第二个门离开房间,当截取光信号 y 之后,类似的照相单元信号从 1 变为 0。数据路径电路包括一个能够显示房间有多少人的可逆计数器。画出能对房间里的人计数的数字系统 ASMD 流程图。

8.7* 用两个 8 位寄存器 RA 和 RB 接收两个不带符号的二进制数,并执行如下所示的减法运算。画出该电路的 ASMD 流程图。

$$RA \leftarrow RA - RB$$

使用 1.5 节描述的减法运算,如果结果是负值,将借位触发器置 1。写出并验证电路的 HDL 模型。

8.8* 用 3 个 16 位寄存器 AR、BR 和 CR 设计数字电路,执行下列操作:

   (a)传送两个 16 位带符号数(补码表示法)给 AR 和 BR。

   (b)如果 AR 中的数值是负数,则将其除以 2,结果送给寄存器 CR。

   (c)如果 AR 中的数值是正数且非零,则将 BR 中的数乘以 2,结果送给寄存器 CR。

   (d)如果 AR 中的数值是零,则将寄存器 CR 清零。

   (e)写出并验证电路的行为模型。

8.9* 设计图 8.11(a)给出的状态图对应的控制电路,要求每个状态使用一个触发器(一位热位编码)。写出、验证并比较控制电路的 RTL 模型和结构模型。

8.10 如图 P8.10 所示是控制单元的状态图,它有 4 个状态、两个输入 x 和 y。画出等效的 ASM 流程图,写出控制电路的 HDL 模型并加以验证。

8.11* 设计图 P8.10 给出的状态图对应的控制电路,要求使用 D 触发器。

8.12 设计如图 8.10 所示的带同步复位的 4 位寄存器。

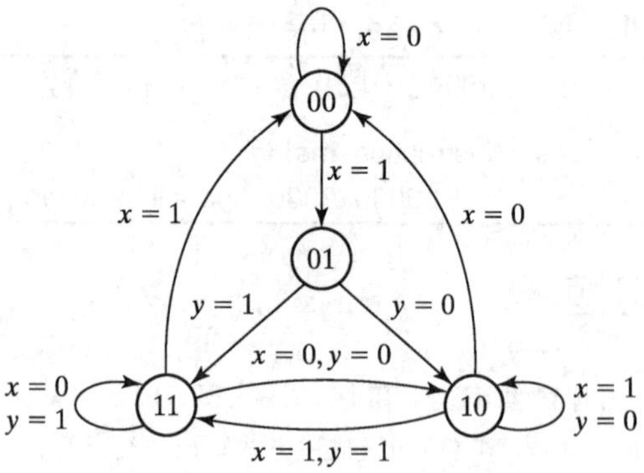

图 P8.10 习题 8.10 和习题 8.11 的控制状态图

8.13 仿真 Design_Example_STR(见 HDL 例 8.4),并验证其行为与 RTL 描述匹配。将 G0、G1 与状态变量拼接在一起形成状态信息。

8.14 什么原因导致 Design_Example_RTL(见 HDL 例 8.2)进入一个不使用状态?

8.15 仿真 Design_Example_RTL,并验证系统可以从"on-the-fly"状态中恢复过来。

8.16* 建立一个框图和 ASMD 流程图，并通过反复相加的方法来实现两个二进制数相乘的数字电路。例如，为实现 5 × 4，数字系统将被乘数重复加 4 次得到乘积：5 + 5 + 5 + 5 = 20。让寄存器 *BR* 中保存被乘数，寄存器 *AR* 中保存乘数，寄存器 *PR* 中保存乘积。加法电路将 *BR* 的值加到 *PR* 上。在 *AR* 每次减 1 后，零检测电路都要检查它是否为 0。写出电路的 HDL 行为模型并加以验证。

8.17* 证明两个 *n* 位数相乘，结果的位数小于或等于 2*n*。

8.18* 在图 8.14 中，*Q* 寄存器保存的是乘数，*B* 寄存器保存的是被乘数。假设每一个数都是 32 位的。

　(a) 预计乘积有多少位，保存在哪里？

　(b) *P* 计数器有多少位？一开始预置的二进制数是多少？

　(c) 设计能够检测 *P* 计数器中的数是否为 0 的电路。

8.19 将两个数 10101（被乘数）和 11001（乘数）相乘，参照表 8.5 列出寄存器 *C*、*A*、*Q* 和 *P* 中的数值。

8.20* 求 8.8 节中执行的两个二进制数的乘法运算花费的时间，假设寄存器 *Q* 有 *n* 位，时钟周期是 *t* ns。

8.21* 设计图 8.16 中的状态图确定的二进制乘法器控制电路，要求使用数据选择器、译码器和寄存器。

8.22 分析图 P8.22 中时序二进制乘法器的 ASMD 流程图，描述并验证系统的 RTL 模型，将该模型和图 8.15(b) 中的 ASMD 流程图进行比较。

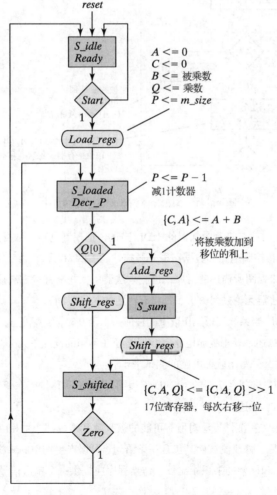

图 P8.22　习题 8.22 的 ASMD 流程图

8.23 考虑图 P8.23 中的时序二进制乘法器的 ASMD 流程图。描述并验证系统的 RTL 模型。将这个模型和图 8.15(b) 中的 ASMD 流程图进行对比。

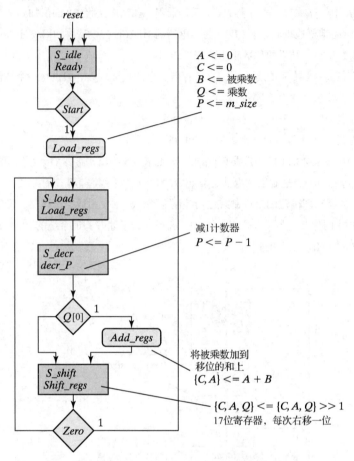

图 P8.23　习题 8.23 的 ASMD 流程图

8.24 HDL 例 8.5 中给出了时序二进制乘法器的 HDL 描述，把控制电路和数据路径的描述放在一个 HDL 模块中。写出并验证将控制电路和数据路径分开描述的 HDL 程序。

8.25 在图 8.15 的 ASMD 流程图所描述的时序二进制乘法器中，并没有考虑被乘数或是移位过的、乘数是 0 的情况。因此，乘法器无论是何数值，都将有固定的执行时间。

(a) 建立 ASMD 流程图，当系统发现操作数中的任何一个为 0 时，运算停止，这样的乘法器会更加高效。

(b) 写出电路的 HDL 描述，要求控制电路和数据路径在不同的设计单元分开描述。

(c) 构思一个测试方案，并写出验证电路的测试平台。

8.26 修改图 8.15 中的时序二进制乘法器的 ASMD 流程图，使加法和移位能在一个相同的时钟周期内完成，写出并验证系统的 RTL 描述。

8.27 HDL 例 8.6 给出的第二种测试方法对所有可能的被乘数和乘数都产生相应的乘积。验证每个结果是否正确的方法不切实际。修改测试使其包含一条语句，可以产生期望的乘积。写出一些附加语句，将 RTL 描述得到的结果和期望的乘积相比较。仿真程序应提供一个错误信号，指示比较结果。对乘法器的结构描述重复上述过程。

8.28 利用图 8.14(a) 中的状态框图和图 8.18 中的控制电路，给 8.8 节设计的乘法器编写一个 HDL 描述。对你的设计进行仿真，并利用 HDL 例 8.6 中所提供的测试来验证其功能。

8.29　一个有限状态机的不完全 ASMD 流程图如图 P8.29 所示，因为我们只关心控制逻辑的设计，所以没有定义寄存器操作。

(a) 画出等效状态图。

(b) 用一位热位编码的方法设计控制逻辑。

(c) 列出控制逻辑中的所有状态表。

(d) 用 3 个 D 触发器、一个译码器和一些门电路来设计控制单元。

(e) 列出标明控制单元数据选择器输入条件的表格。

(f) 用 3 个数据选择器、一个 3 位寄存器和一个 3-8 线译码器来设计控制单元。

(g) 利用 (f) 的结果，写出并验证控制电路的结构模型。

(h) 写出并验证控制电路的 RTL 模型。

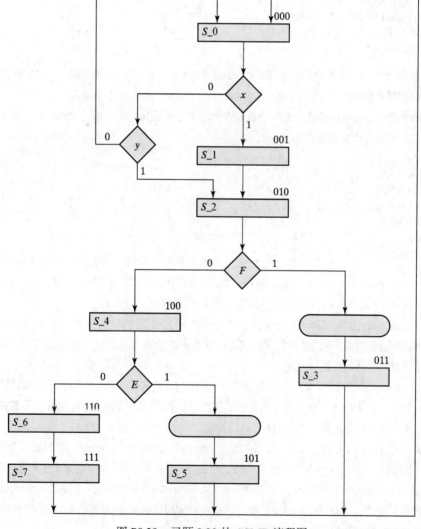

图 P8.29　习题 8.29 的 ASMD 流程图

8.30* 假设 RA = 0011，RB = 1001，在执行完每个 HDL 后求它们的数值？

Verilog(阻塞和非阻塞运算符 RA 和 RB 都是寄存器)

(a) RA = RA + RB;　　　　　　　　　　　　(b) RA <= RA + RB;
　　if (RA > RB) RB = RB − 1;　　　　　　　　　if (RA > RB) RB <= RB − 1;
　　else RB = RB + 1;　　　　　　　　　　　　else RB <= RB + 1;

VHDL(变量和信号赋值，RA 和 RB 是变量/信号)

(a) RA := RA + RB;　　　　　　　　　　　　(b) RA <= RA + RB;
　　if (RA > RB) then RB := RB − 1;　　　　　　if (RA > RB) then RB <= RB − 1;
　　else RB := RB + 1;　　　　　　　　　　　　else RB <= RB + 1;

8.31* 使用表 8.2 中列出的 Verilog 运算符，假设 $A = 4'b1001$，$B = 4'b0110$，并且 $C = 4'b0001$，求以下操作的结果：

$A + B$;　$A − B$;　$A * C$;　$\sim B$;　$!A$;　$A >> 1$;　$A >>> 1$;　$B \& C$;　$B \&\& C$;　$B \| C$;
$B \mid C$;　$A \wedge B$;　$\sim (A \mid B)$;　$\sim (A \& C)$;　$A < B$

8.32 分析下列 **always** 块：

```
always @ (posedge CLK)
  if  (S1) then R1 <= R1 + R2;
  else if  (S2) R1 <= R1 + 1;
  else  R1 <= R1;
```

使用带并行预置的 4 位计数器来实现 R1(如图 6.15 所示)和一个 4 位加法器，画出带有组件之间的连接和控制信号的框图。

8.33 多级 **case** 语句常被逻辑综合工具翻译成硬件的数据选择器，对于下面的 **case** 块，翻译出来的硬件会是什么？假设每个寄存器都是 8 位的。

```
case (state)
  S0: R4 = R0;
  S1: R4 = R1;
  S2: R4 = R2;
  S3: R4 = R3;
endcase
```

8.34 能够对寄存器中 1 的个数进行计数的电路在 8.10 节已经介绍过。该电路的完整 ASMD 流程图示于图 8.22(c)，框图示于图 8.22(a)，数据路径和控制器的结构 HDL 模型在 HDL 例 8.8 中给出。用 ASMD 流程图上的操作和信号名称回答下列问题。

(a) 写出 Datapath_BEH，即全 1 计数器数据路径的 RTL 描述。设想一个测试计划验证被测功能，编写测试平台实现该计划。执行测试计划以验证数据路径的功能，产生与测试计划有关的仿真结果，并与仿真产生的波形进行对比。

(b) 写出 Controller_BEH，即全 1 计数器控制电路的 RTL 描述。设想一个测试计划验证被测功能，编写测试平台实现该计划。执行测试计划以验证控制单元的功能，产生与测试计划有关的仿真结果，并与仿真产生的波形进行对比。

(c) 写出 Count_Ones_BEH_BEH，即用来集成 Datapath_BEH 和 Controller_BEH 的顶层模块。写出测试计划和测试平台并验证描述。产生与测试计划有关的仿真结果，并与仿真产生的波形进行对比。

(d) 写出 Controller_BEH_1_Hot，即实现图 8.22(c)中 ASMD 流程图的一位热位控制电路 RTL 描述，设想一个测试计划验证被测功能，编写测试平台实现该计划。执行测试计划，产生与测试计划有关的仿真结果，并与仿真产生的波形进行对比。

(e) 写出 Count_Ones_BEH_1_Hot，即集成 Controller_BEH_1_Hot 和 Datapath_BEH 的顶层模块。写出测试计划和测试平台并验证描述。产生与测试计划有关的仿真结果，并与仿真产生的波形进行对比。

8.35 HDL 例 8.8 给出了电路的 HDL 描述和测试程序，这个电路用来计数寄存器中 1 的个数，修改测试程序，并仿真电路，验证对于以下数据，系统功能是否正确。这些数据是：8'hff, 8'h0f, 8'hf0, 8'h00, 8'haa, 8'h0a, 8'ha0, 8'h55, 8'h05, 8'h50, 8'ha5, 8'h5a。

8.36 用来计数寄存器中 1 的个数的电路在 8.10 节讨论过，电路的框图如图 8.22(c) 所示，数据路径和控制电路的结构 HDL 模型在 HDL 例 8.8 中给出。用 ASMD 流程图上的操作和信号名称解决下列问题。

(a) 利用一位热位的方法设计控制逻辑，列出 4 个触发器的输入方程。

(b) 写出门级 HDL 结构描述 Controller_Gates_1_Hot，使用 (a) 中的控制设计和图 8.22(a) 框图中的信号。

(c) 编写测试计划和程序，验证控制电路。

(d) 写出 Count_Ones_Gates_1_Hot_STR，即集成实例化模块 Controller_Gates_1_Hot 和 Datapath_STR，写出测试计划和测试平台，并验证描述。产生与测试计划有关的仿真结果，并与仿真产生的波形进行对比。

8.37 对比 HDL 例 8.8 的相关电路，计数数据中 1 的个数的更有效电路由框图描述，并且部分完成的 ASMD 流程图见图 P8.37。这个电路在一个时钟周期内完成了加法和移位运算，并在每个时钟边沿将数据寄存器的最低有效位预置到计数器中。

(a) 完成 ASMD 流程图。

(b) 利用 ASMD 流程图写出电路的 RTL 描述，顶层模块 Count_of_ones_2_Beh 分别对数据路径和控制单元进行实例化。

(c) 利用一位热位方法设计控制逻辑，列出触发器的输入方程。

(d) 写出电路的 HDL 描述，使用 (c) 的控制设计和图 P8.37(a) 中的框图。

(e) 写出测试平台，对电路进行仿真，验证 RTL 描述和结构描述的功能是否正确。

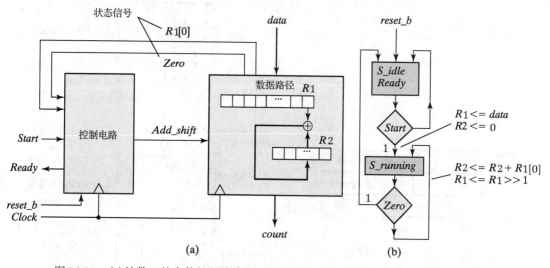

图 P8.37 (a) 计数 1 的个数的电路的另一种实现方法；(b) 习题 8.37 的 ASMD 流程图

8.38 两个带符号的二进制数相加，要表示成"符号-幅度"表示法，然后按照普通的算术规则进行运算。如果两个数值符号相同(都是正数或都是负数)，则可以将两个幅度相加，和的符号相同；如果两个数符号相反，从幅度大的数中减去幅度小的数，则结果的符号与幅度大的相同。写出采用"符号-幅度"表示法实现的两个 8 位带符号数相加的 HDL 行为描述。数值的最高有效位用于表示符号，其他的 7 位用于表示幅度。

8.39* 对于习题 8.16 中设计的电路，要求：

(a)写出并验证电路的 HDL 描述，数据路径和控制电路分不同的模块描述。

(b)写出并验证电路的 RTL 描述，数据路径和控制电路分不同的模块描述。

8.40   修改图 8.14(a)中的时序乘法器的框图和图 8.15(b)中的 ASMD 流程图，以便描述一个只有 8 位外部数据路径，但却能计算 32 位的乘法器。当 *Ready* 有效时，状态机进入起始状态。当 *Start* 有效时，系统在时钟控制下从 8 位数据总线中寻找数据(首先是被乘数，然后是乘数，两者均是低位在前)，并将数据存于数据路径寄存器中。当转移完成且一个时钟周期后，*Got_Data* 有效。当 *Run* 有效时，乘积会随后产生。乘法运算完成且一时钟周期后，*Done_Product* 有效。当 *Send_Data* 有效时，积的每一位都被置于 8 位输出总线上，从最低有效位开始。当乘积被传输后，系统回到初始状态。当乘积产生时，要考虑安全措施，比如不再发送或接收数据等。当操作数为 0 时，还有当移位后的乘数无 0 时，都没有必要再执行乘法运算，利用这种特性，可以减少不必要的乘法运算。

8.41   图 P8.41 的框图和部分完成的 ASMD 流程图描述了两级流水线的行为。这个两级流水线可作为一个带并行输入和输出的 2:1 中断控制器。中断控制器在数字处理过程中用来将数据从高时钟速率的数据路径转移到低时钟速率的数据路径，并将数据从并行转为串行。在所示的数据路径中，数据的每一个字能以两倍速率传至流水线。流水线的内容转储到维持寄存器或由处理器处理。维持寄存器 $R0$ 的内容能被串行移动来形成一个整体的并行转串行的数据流转换。ASMD 流程图表示系统有到 *S_idle* 的同步复位。在 *S_idle* 下系统等待 *rst* 无效，*En* 有效。注意在 *rst* 有效时，会发生从其他状态到 *S_idle* 的同步转移。当 *En* 有效时，从 *S_idle* 到 *S_1* 的转移伴随着相应的寄存器操作。操作加载数据流水线里的 MSB，并将 *P1* 的值移到 LSB(即 *P0*)。在下一个时钟周期，状态转移到 *S_full*，此时流水线已满。如果在下一时钟周期 *Ld* 有效，系统转移到 *S_wait*，并保持不变直到 *Ld* 在系统跳过数据路径并从 *S_1* 回到 *S_idle* 时再次有效。整个过程也取决于 *En* 是否有效。R_0 的数据速率是数据从外部数据路径转移到单元时的一半。

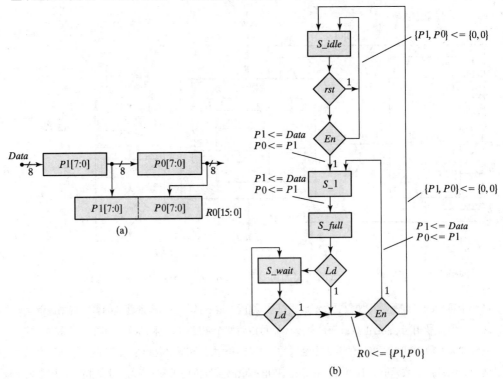

图 P8.41   两级流水线寄存器：数据路径单元和 ASMD 流程图

(a)建立完整的 ASMD 流程图。

(b)利用(a)中的 ASMD 流程图编写并验证数据路径的 HDL 描述。

(c)编写并验证控制单元的 HDL 行为模型。

(d)将数据路径和控制电路封装在一个顶层模块中并验证所集成的系统。

8.42 图 8.22 中描述的计数 1 的个数的电路有一个待解决的潜在问题，发生在状态信号 E 作为触发器输出被移位给 R1 的最高有效位的情形下。设计消除这个潜在问题的电路。

8.43 编写一个有限状态机的 HDL 模型，该模型用作四分频计数器，每遇到时钟信号(clk)的第四个脉冲，就置输出 y_out 有效。状态机有一个低电平有效异步复位信号 rst_b。

8.44 画出下面 SystemVerilog 模型隐含的逻辑图：

```
module Prob_xyz_sv
   input [7:0] in_1, in_2, in_3, input clk,
   output  y_out
);
logic sig_1;

   always_ff (negedge clk) begin
    sig_1 <= in_1 & in_2;
    y_out <= sig_1 | in_3;
   end
endmodule
```

8.45 以下(SystemVerilog)语句会产生不同的结果吗？

```
always_ff @ (negedge clk) begin
   y1 <= x1 & x2;
   y2 <= x4 | x3;
end

always_ff @ (negedge clk) begin
   y2 <= x4 | x3;
   y1 <= x1 & x2;
end
```

8.46 以下(SystemVerilog)语句会产生不同的结果吗？

```
always_ff @ (negedge clk) begin
   y1 = x1 & x2;
   y2 = x4 | x3;
end

always_ff @ (negedge clk) begin
   y2 = x4 | x3;
   y1 = x1 & x2;
end
```

8.47 找出以下有限状态机程序中的错误：

```
module Clock_Divider (input logic clk, rst, output logic y_out);

   logic [1:0] state, next_state;
   parameter     s0 = 2'b00,
                 s1 = 2'b01,
                 s2 = 2'b10;
```

```
// 状态转移
 always_ff @ (posedge clk, negedge rst)
  if (rst == 0) state <= s0; else state <= next_state;

// 次态逻辑
  always_comb (state)
   case (state)
     s0: next_state = s1;
     s1: next_state = s2;
     s2: next_state = s0;
   endcase

// 输出逻辑
   assign y_out = (state == s2);
endmodule
```

8.48 在伪随机触发器的以下模型中找出错误:

```
module pseudo_flop (
  input logic clk, rst, set, data,
  output logic q
);
  always_ff (posedge clk, negedge rst)
   if (!rst) q <= 0;
   else q <= data;

  always @ (set)
   if (set) q <= 1;
endmodule
```

8.49 解释为什么下面的代码没有描述透明锁存器,并解释如何修改模型:

```
module pseudo_latch (
  input logic enable,
  input logic data,
  output logic q
);
  always_latch @ (enable)
    if (enable) q <= data;
endmodule
```

8.50 画出如下 VHDL 进程描述的电路逻辑图:

```
process (clock) begin
  if clock'event and clock = '0' then begin
     VRA := VRA + VRB;    -- 变量赋值
     VRD := VRA;
     RA <= VRA + VRB;     -- 信号赋值
     RD <= VRA;
  end
end process;
```

8.51 使用 SystemVerilog,编写声明一个枚举类型 state_type 的语句,具有值 s0、s1、s2、s3、s4。然后将 state 和 next-state 声明为 state_type 类型。

8.52　使用 SystemVerilog 过程语句来描述以下组合逻辑：

$$y1 = A + B;$$
$$y2 = A | B;$$

8.53　编写一个 8 位数据寄存器的 SystemVerilog 描述，具有同步预置和异步复位功能。

8.54　编写具有高电平有效使能的 8 位数据锁存器的 SystemVerilog 描述。

8.55　编写一个 3-8 线译码器的 SystemVerilog 描述。

8.56　编写一个 4 位优先级译码器的 SystemVerilog 描述。

8.57　编写具有低电平有效异步复位功能的"除以 5"有限状态机的 SystemVerilog 描述。

8.58　用 SystemVerilog 语句定义枚举状态 s0、s1、s2、s3 的编码为一位热位。

参考文献

1.　ARNOLD, M. G. 1999. *Verilog Digital Computer Design*. Upper Saddle River, NJ: Prentice Hall.

2.　BHASKER, J. 1997. *A Verilog HDL Primer*. Allentown, PA: Star Galaxy Press.

3.　BHASKER, J. 1998. *Verilog HDL Synthesis*. Allentown, PA: Star Galaxy Press.

4.　CILETTI, M. D. 2003. *Modeling, Synthesis, and Rapid Prototyping with Verilog HDL*. Upper Saddle River, NJ: Prentice Hall.

5.　CILETTI, M. D. 2010. *Advanced Digital Design with the Verilog HDL*. Upper Saddle River, NJ: Prentice Hall.

6.　CLARE, C. R. 1971. *Designing Logic Systems Using State Machines*. New York: McGraw-Hill.

7.　HAYES, J. P. 1993. *Introduction to Digital Logic Design*. Reading, MA: Addison-Wesley.

8.　*IEEE Standard Hardware Description Language Based on the Verilog Hardware Description Language* (IEEE Std 1364-2005). 2005. New York: Institute of Electrical and Electronics Engineers.

9.　MANO, M. M. 1993. *Computer System Architecture,* 3rd ed., Upper Saddle River, NJ: Prentice Hall.

10.　MANO, M. M., and C. R. KIME. 2005. *Logic and Computer Design Fundamentals,* 3rd ed., Upper Saddle River, NJ: Prentice Hall.

11.　PALNITKAR, S. 2003. *Verilog HDL: A Guide to Digital Design and Synthesis*. Mountain View, CA: SunSoft Press (a Prentice Hall Title).

12.　SMITH, D. J. 1996. *HDL Chip Design*. Madison, AL: Doone Publications.

13.　THOMAS, D. E., and P. R. MOORBY. 2002. *The Verilog Hardware Description Language,* 5th ed., Boston: Kluwer Academic Publishers.

14.　WINKLER, D., and F. PROSSER. 1987. *The Art of Digital Design,* 2nd ed., Englewood Cliffs, NJ: Prentice-Hall.

15.　SUTHERLAND, S., S. DAVIDMANN, and P. FLAKE, 2004. *SystemVerilog for Design: A Guide to Using SystemVerilog for Hardware Design*, Boston: Kluwer Academic Publishers.

16.　GAISKI, D. ct al. "Essential Issues in Design," in: Staunstrup, J. Wolf W. Eds., *Hardware Software Co-Design: Principles and Practices*. Boston, MA: Kluwer, 1997.

17.　1800-2012 IEEE Standard for SystemVerilog: Unified Hardware Design, Specification, and Verification Language, IEEE, Piscataway, New Jersey. Copyright 2013. ISBN 978−0-7381-8110-390 (PDF), 978−0-7381-8111-390 (print).

18.　SUTHERLAND, S., and D. MILLS, "Synthesizing SystemVerilog—Busting the Myth that SystemVerilog is only for Verification," (SNUG)[①] Conference, San Jose, CA, 2013.

---

① Synopsys Users Group。

网络搜索主题

算法状态机(ASM)

算法状态机流程图

异步电路

中断控制器

数字控制单元

数字数据路径单元

Mealy 型状态机

Moore 型状态机

竞争条件

第 9 章　用标准 IC 和 FPGA 进行实验

9.1　实验介绍

本章介绍数字电路和逻辑设计的 17 个实验，培养学生的动手能力。在实验室里，使用标准集成电路(IC)可以很容易地在面包板上搭建数字电路。书中实验是根据章节的顺序安排的。最后一部分介绍了使用硬件描述语言(HDL)来模拟和测试实验中的数字电路功能。如果 FPGA 开发板可用，那么这些实验可以通过替代标准 IC 进行 FPGA 实现。

用于实验的逻辑面包板一定要有如下这些配置：

1. LED(发光二极管)指示灯。
2. 产生逻辑 1 和逻辑 0 的拨动开关。
3. 产生单个脉冲信号的按键和去抖动电路。
4. 至少产生两个频率的一个时钟脉冲发生器：低频为每秒一个脉冲，用于观察数字信号的低速变化；高频用于观察振荡器波形。
5. 5 V 的电源电压。
6. 装配集成电路(IC)的插槽。
7. 导线及剥线钳。

数字逻辑实验平台包括了所需配置，可以从许多制造商得到，其中包括 LED 指示灯、拨动开关、脉冲发生器、一个可变时钟、电源和 IC 插槽。有些实验需要额外的开关、指示灯或 IC 插槽，也可能需要扩展的面包板，上面有无须焊接的插座、直插开关和指示灯。

另外还需双踪示波器(如实验 1、2、8 和 15)、一个用于跟踪的逻辑探头和一些集成电路。实验中使用的集成电路芯片是 TTL 或 CMOS 系列 7400。

所用集成电路都是小规模集成（SSI）电路或中规模集成(MSI)电路。SSI 电路包括分立的门或触发器，MSI 电路执行一定的数字功能。实验中需要的 8 个 SSI 门集成电路如图 9.1 所示。这些集成电路包括 2 输入与非门、2 输入或非门、2 输入与门、2 输入或门、2 输入异或门、非门，以及 3 输入和 4 输入与非门。门的引脚号从 1 到 14，如图所示，引脚 14 为 V_{CC}，引脚 7 为 GND(地)。这些电源端一定要接到 5 V 电源上，才能保证 IC 芯片正常工作。每个 IC 都有自己的器件名称，例如 2 输入与非门的名称是 7400。

MSI 电路的详细说明参见制造商提供的数据手册。掌握商用 MSI 电路使用的最好途径是研究数据手册中给出的电路内部结构、外部的电气特性等信息。许多半导体制造商都印有 7400 系列的数据手册。实验中的 MSI 电路如果是第一次使用，则首先要了解功能说明。电路的工作原理在前面的章节中已经介绍过。本章给出的这些 MSI 电路信息已经足够在实验中使用。不过，最好还是参考数据手册，因为它可以给出更加详细的电路信息。

现在，我们来说明 MSI 电路的使用方法。我们将举例说明如何产生行波计数器，这里使用的 IC 型号是 7493。这个集成电路将在实验 1 中使用,而且在后续的实验中用来产生二进制序列,以验证组合电路的功能。

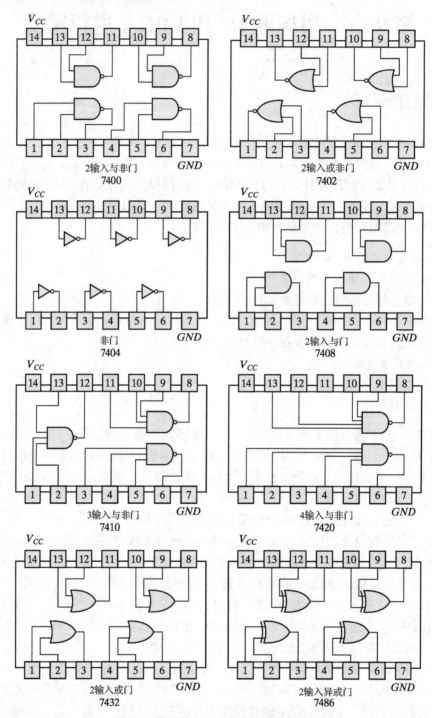

图 9.1　带器件名和引脚号的数字集成门

关于 7493 的信息可以在图 9.2(a)和(b)所示的数据手册中找到。图 9.2(a)部分给出了 7493 的内部逻辑图和外部引脚的连接方式。所有输入和输出都用字母符号加以标记,并且都分配了引脚号。图 9.2(b)部分说明了 IC 芯片的引脚图。14 个引脚都有名称,有些引脚没有使用,因此标记为 NC(没有连接)。将这个 IC 芯片插入到插槽中,再将导线插到插槽端来进行不同引脚之间的连接。本章在画原理图时,芯片的框图都采用图 9.2(c)的形式。IC 型号 7493 写在方框的里面,所有输入端都放在框图的左边,所有输出端都放在右边。信号的字母符号,如 A、$R1$ 和 QA 都写在框的里面。对应的引脚号,比如 14、2 和 12 都沿着外部的线来写。V_{CC} 和 GND 是电源端口,连接引脚 5 和 10。框图的尺寸是可变的,但一定要提供写输入和输出端口的地方。有时候为了方便,输入和输出也可以放在顶部或者底部。

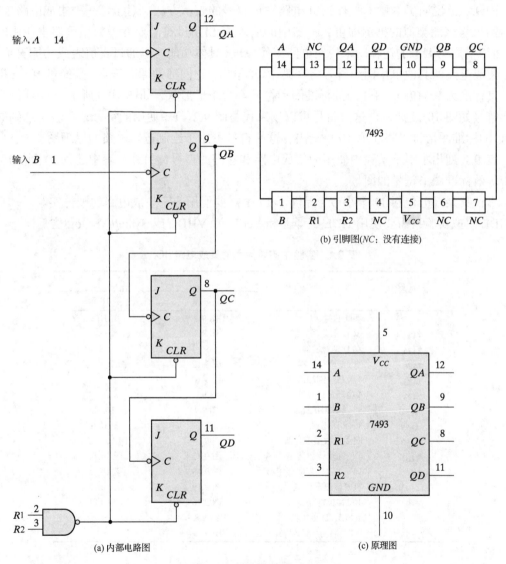

图 9.2　行波计数器 7493

电路的工作原理与行波计数器的类似,如图 6.8(a)所示,每一个触发器都带有一个异步复位端。当输入 $R1$ 或 $R2$ 为逻辑 0(地)时,所有异步复位端都为 1,这是无效的。为了将 4 个触发器都清零,与非门的输出必须为 0,这就需要两个输入 $R1$ 和 $R2$ 都为逻辑 1(大约为 5 V)。我们注意到,输入 J 和 K 没有连接,这是 TTL 电路的特性。当一个输入端没有连接时,它的效果和接逻辑 1 相同，都表示输入 1。同时还可以注意到，内部结构中输出 QA 没有连接到输入 B。

7493 可以用作 3 位计数器，此时输入是 B，触发器是 QB、QC 和 QD；也可以用作 4 位计数器，此时输入是 A，输出 QA 连接到输入 B。因此，为了使电路用作 4 位计数器，在芯片外部将引脚 12 和 1 连接在一起，复位输入 $R1$ 和 $R2$ 对应引脚 2 和 3 且必须接地，引脚 5 和 10 要连接到 5 V 电源上，输入脉冲加到输入引脚 14 的 A，计数器的 4 个触发器的输出从 QA、QB、QC 和 QD 产生，分别对应引脚 12、9、8 和 11，其中 QA 是最低有效位。

图 9.2(c) 说明了本章中所有 MSI 电路图形符号的表示方法。对于每一种集成电路来说，只需给出与该图类似的框图即可，框图中的输入/输出字母符号要参考数据手册中使用的符号。可以借用第 8 章的逻辑图来说明电路工作原理，具体功能可以通过真值表或功能表给出。

集成电路的其他可用图形符号将在第 10 章给出，它们都是标准符号，是经过 IEEE 批准的，其标准为 91-1984。SSI 门的标准图形符号都为矩形形状，如图 10.1 所示。7493 的标准图形符号如图 10.13 所示。这个符号可以用来代替图 9.2(c) 中使用的符号，实验中遇到的其他 IC 的标准图形符号将在第 10 章给出，这些符号可用于绘制逻辑电路的原理图。

表 9.1 列出了本章实验中使用的集成电路和它们的型号，另外，表中还列出了第 10 章中带等效标准图形符号的图号。

本章其余部分包括 17 个小节，提供了 17 个需要使用数字集成电路的硬件实验。9.19 节是 HDL 模拟实验，需要使用 HDL 编译器和 Verilog、VHDL 或 SystemVerilog 仿真器。

表 9.1　实验中需要使用的集成电路(IC)

IC 型号	名　称	图　号	
		第 9 章	第 10 章
	不同的门	图 9.1	图 10.1
7447	BCD-七段译码器	图 9.8	—
7474	双 D 型触发器	图 9.13	图 10.9(b)
7476	双 JK 型触发器	图 9.12	图 10.9(a)
7483	4 位二进制加法器	图 9.10	图 10.2
7493	4 位环形计数器	图 9.2	图 10.13
74151	8 × 1 数据选择器	图 9.9	图 10.7(a)
74155	3 × 8 译码器	图 9.7	图 10.6
74157	四 2×1 数据选择器	图 9.17	图 10.7(b)
74161	4 位同步计数器	图 9.15	图 10.14
74189	16 × 4 随机存取存储器	图 9.18	图 10.15
74194	双向移位寄存器	图 9.19	图 10.12
74195	4 位移位寄存器	图 9.16	图 10.11
7730	七段 LED 显示器	图 9.8	—
72555	定时器(与 555 相同)	图 9.21	—

9.2　实验 1：二进制数和十进制数

本实验的目的是要说明二进制计数序列和二进制编码十进制(BCD)的表示方法，并且初步介绍实验中面包板的使用方法，帮助读者熟悉阴极射线示波器。实验时，参考 1.2 节中有关二进制数和 1.7 节中有关 BCD 编码的知识。

二进制计数

7493 由 4 个触发器组成,如图 9.2 所示。这些触发器能连接成二进制计数器或 BCD 计数器。将 IC 的外部端口按照图 9.3 所示方式连接,可以构成 4 位二进制计数器。具体方法为:将引脚 12(输出 QA)与引脚 1(输入 B)相连,引脚 14 的输入 A 连接到一个产生单脉冲的脉冲发生器上,两个复位端 $R1$ 和 $R2$ 接地,4 个输出端连接到 4 个指示灯,其中计数器的最低位 QA 连接到最右边的指示灯,不要忘

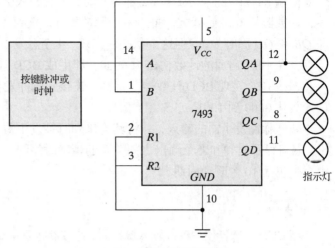

图 9.3　二进制计数器

记加上 5 V 的电压和将集成电路接地。所有这些连接都必须在电源断开的时候进行。

打开电源,观察 4 个指示灯。每按一下脉冲发生器的按钮,输出的 4 位数值加 1。计数器值加到 15 后返回 0。断开引脚 14 与脉冲发生器的连接,将它连接到约每秒一个时钟的低频时钟发生器上,得到一个连续的二进制计数器,在后面的实验中,会用它产生用于测试组合逻辑的二进制信号。

示波器显示

我们将时钟频率提高到 10 kHz 或更高,并将计数器的输出接到示波器上,用示波器观察输出波形图。使用双通道示波器,一个通道接输出 QA,另一个通道接时钟脉冲。可以看到,每当时钟脉冲发生负跳变时,即从 1 到 0 时,QA 都会翻转。同时,在第一个触发器的输出端,时钟频率是输入时钟频率的一半。每个触发器都将输入频率 2 分频,在 4 位计数器输出的 QD 端得到的信号频率将是输入频率的十六分之一。从时序图中可以看到输入时钟和 4 个计数器输出的时序关系。注意,输入时钟至少要有 16 个时钟周期。使用双通道示波器的过程如下:首先,观察时钟脉冲和 QA,并记录它们的时序波形;然后观察并记录 QA 和 QB 的波形,接下来是 QB 和 QC、QC 和 QD,最终可以得到时钟和 4 个触发器时序关系图,这幅图中至少有 16 个时钟周期。

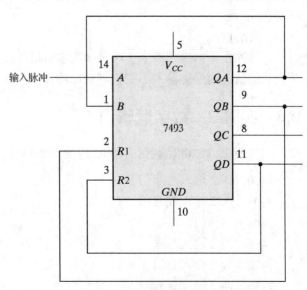

BCD 计数

所谓的 BCD 是指使用二进制数 0000～1001 对 0～9 的十进制数进行编码。按照图 9.4 的方式连接 7493,构成 BCD 计数器,输出 QB 和 QD 连接到两

图 9.4　BCD 计数器

个复位端 $R1$ 和 $R2$。当 $R1$ 和 $R2$ 都为 1 时,不管输入脉冲是什么,计数器的 4 个单元全部清零,计数器从 0 开始计数,每来一个脉冲加 1,直到 1001,再来一个脉冲,输出为 1010,即 QB 和 QD 同时为 1。但这个状态一出现,4 个触发器立即被清零,结果使输出又为 0000。所以,在 1001 后面的计数输出为 0000,即生成 BCD 计数。

连接 IC,实现 BCD 计数器。将输入连接到脉冲发生器,将 4 个输出连接到指示灯。确认计数从 0000 到 1001。

断开脉冲发生器的输入,并将其连接到时钟发生器。观察示波器上的时钟波形和 4 个输出。获得显示时钟和 4 个输出之间关系的精确时序图。一定要在示波器显示屏和复合时序图中至少包括 10 个时钟周期。

输出模式

当 BCD 计数器使用连续输入脉冲时,计数器状态从 0000 到 1001,再回到 0000,周而复始。这意味着每个输出产生 1 和 0 的方式都是固定的,每隔 10 个脉冲重复一次。这些操作方式可以根据 0000 到 1001 的一列二进制数而预先知晓。从表中可以看出,输出 QA 是最低有效位,产生的 1 和 0 交替变换;输出 QD 是最高有效位,产生 8 个 0、两个 1 的样式。如此,可以得到其他两个输出的样式,然后在示波器上查看这 4 个输出。用双通道示波器的一个通道显示时钟脉冲,另一个通道显示 4 个输出波形中的一个。与输出相对应的 1 和 0 的样式可以在示波器上观察到。

其他计数器

通过连接,7493 可以用作其他计数器,计数器的初始值都是 0,但计数器的最终值可以不同。实现的方法为:将输出中的一个或两个连到复位端 $R1$ 和 $R2$。如果按照图 9.4 所示,将 $R1$ 连接到 QA 而不是 QB,则计数将从 0000 到 1000,比 1001 小 1($QD = 1$ 和 $QA = 1$)。

利用所学知识,怎样将 $R1$ 和 $R2$ 连接,能使 7493 从 0000 开始计数到如下最终值?

(a) 0101

(b) 0111

(c) 1011

将脉冲发生器接到输入,观察计数输出指示灯并验证计数结果。如果最开始的计数值大于最后的值,则保持输入不变直到输出清零。

9.3   实验 2:数字逻辑门

本实验中,你将观察到不同 IC 门的逻辑特性:

7400   四 2 输入与非门

7402   四 2 输入或非门

7404   六非门

7408   四 2 输入与门

7432   四 2 输入或门

7486   四 2 输入异或门

各种门的引脚排列如图 9.1 所示。名称中的"四"表示芯片内部封装了 4 个门。数字逻辑门及其特性在 2.8 节已讨论过，与非门的应用在 3.6 节讨论过。

真值表

从列出的 IC 门中选择一个使用，通过将门的输入连接到开关，输出连接到指示灯，可以得到真值表，将它与图 2.5 列出的真值表进行比较。

波形

对于列出的每个 IC 门，求它们的输入和输出波形。波形要在示波器中观察。使用二进制计数器(见图 9.3)的两个低位输出作为门的输入信号。举例来说，与非门的电路和波形如图 9.5 所示。示波器将显示连续波形，但只需记录一个周期即可。

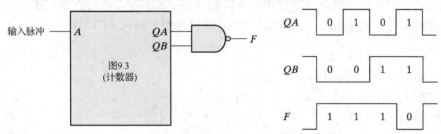

图 9.5　与非门的电路和波形

传输时延

将 7404 内部所有的 6 个非门按级联方式进行连接。除通过 6 个非门的传输时延外，输出和输入是相同的。在第一个非门的输入端加时钟脉冲，使用示波器观察经过 6 个非门后的输出，注意输出和输入之间在上升沿和下降沿处的传输时延。将输入脉冲接在双通道示波器的一个通道上，而第六级非门的输出接在另一个通道上。同时，将时间刻度旋钮调到最低时间分辨率上，两个脉冲的上升和下降时间都显示在屏幕上。总的传输时延除以 6，就得到每个非门的平均时延。

通用与非门

使用一片 7400，连接电路产生：

(a) 非门

(b) 2 输入与门

(c) 2 输入或门

(d) 2 输入或非门

(e) 2 输入异或门(见图 3.30)。

在每种情况下，通过真值表验证电路。

与非门电路

使用一片 7400 和与非门实现如下的布尔函数：

$$F = AB + CD$$

1. 画出电路图。
2. 求 F 作为 4 输入函数的真值表。
3. 连接电路并验证真值表。
4. 当输入 A、B、C 和 D 从 0 变为 15 时,记录 F 的 1 和 0 的样式。
5. 将图 9.3 的二进制计数器的输出作为与非门的输入,将计数器的输入时钟脉冲接到示波器的一个通道上,将输出 F 接到另一个通道上,观察并记录在每个时钟脉冲后 F 的 1 和 0 的样式,与第 4 步记录的样式进行比较。

9.4　实验 3:布尔函数化简

本实验的目的是说明布尔函数和对应逻辑图之间的关系。布尔函数使用卡诺图方法进行化简,这在第 3 章中已经讨论过。逻辑图可以使用与非门画出,如 3.6 节所述。

绘制逻辑图时,所用的 IC 一定要是图 9.1 中包含的下列与非门芯片:

7400　2 输入与非门
7404　非门(1 输入与非门)
7410　3 输入与非门
7420　4 输入与非门

如果与非门的某个输入没有使用,则该输入不能开路,而应与另一个输入相连。例如,如果电路需要一个非门,现在有一个 2 输入的 7400,则此时门的两个输入应接在一起,形成非门的单输入端。

逻辑图

本实验有部分任务要从一个给定的逻辑图开始,并应用化简过程来减少门的数量,并尽可能减少芯片数量。如图 9.6 所示的逻辑图需要两个 IC:7400 和 7410。可以看到,输入 x、y 和 z 连接的非门可以由 7400 中余下的 3 个门产生。如果非门由 7404 提供,则电路需要 3 个 IC。同时,在画 SSI 电路时,没有像 MSI 电路那样,将门封装在一个模块内。

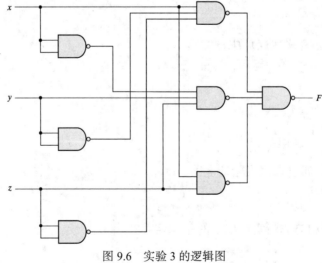

图 9.6　实验 3 的逻辑图

给门的所有输入和输出分配引脚，输入 x、y 和 z 连接到电路的 3 个开关，输出 F 连到指示灯，用真值表测试电路的功能。

求出电路的布尔函数，并使用卡诺图方法来化简，产生简化的电路。此时不必断开原来的电路，通过给两个电路加相同的输入，观察它们的输出是否相同。如果对于 8 种可能输入组合的每种输入，两个电路的输出都相同，则简化的电路与原始电路的功能是一致的。

布尔函数

以最小项之和形式给出两个布尔函数为

$$F_1(A,B,C,D) = (0,1,4,5,8,9,10,12,13)$$
$$F_2(A,B,C,D) = (3,5,7,8,10,11,13,15)$$

通过卡诺图方法来化简这两个函数，可以得到一个复杂的逻辑图，它有 4 个输入 A、B、C 和 D，两个输出 F_1 和 F_2，使用数量最少的与非门 IC 实现这两个函数。如果有的项在两个函数中都存在，那么就不需要重复使用同类门。可能的话，尽量使用 IC 中已有的门来用作非门。连接电路并检查其功能。由电路得到的 F_1 和 F_2 真值表应与上面所列的最小项函数式一致。

取反

在图上画出下列布尔函数：

$$F = A'D + BD + B'C + AB'D$$

通过将图中的 1 合并，可以得到 F 的简化的积之和式。如果将图中的 0 进行合并，则可以获得 F' 的简化的积之和式。使用与非门实现 F 和 F'，将两个电路连接到相同的输入开关，将输出连接到不同的指示灯。要求通过实验获得每个电路的真值表，并证明它们互为反函数。

9.5 实验 4：组合电路

本实验将设计、搭建和测试 4 个组合逻辑电路。前面两个电路由与非门构成，第三个电路由异或门构成，第四个电路由译码器和与非门构成。有关奇偶发生器的内容请参见 3.8 节，译码器的实现在 4.9 节中讨论过。

设计举例

设计一个组合电路，它有 4 个输入 A、B、C 和 D，一个输出 F。当 $A = 1$ 且 $B = 0$ 时，F 为 1；或当 $B = 1$ 且 C 或 D 任意一个为 1 时，F 也为 1；在其他情况下，输出 F 都为 0。

1. 求电路的真值表。
2. 化简输出函数。
3. 使用与非门画出电路的逻辑图，使芯片数量最少。
4. 搭建电路，在给定条件下测试其功能。

大数判决逻辑

大数判决逻辑是一种数字电路，当它的输入 1 的个数超过一半时，输出为 1；其他情况下，输出为 0。使用与非门，设计并测试一个 3 输入的大数判决电路，要求使用的芯片数量最少。

奇偶发生器

设计、搭建和测试一个能从 4 位信息位产生偶校验的信号发生器电路，要求使用异或门。增加一个或几个异或门，将电路扩展为奇校验信号发生器。

译码器实现

一个组合电路有 3 个输入 x、y 和 z，以及 3 个输出 F_1、F_2 和 F_3。该电路简化后的布尔函数如下：

$$F_1 = xz + x'y'z'$$
$$F_2 = x'y + xy'z'$$
$$F_3 = xy + x'y'z$$

使用译码器 74155 和与非门实现并测试该组合电路。

译码器的框图及真值表如图 9.7 所示。74155 可被用作两个 2-4 线译码器，或一个 3-8 线译码器。当用作 3-8 线译码器时，输入 C1 和 C2 必须连接在一起，输入 G1 和 G2 也连接在一起，如图所示。电路的功能与图 4.18 相同。G 是使能输入，低电平有效。8 位输出用字母标识，在数据手册中给出。74155 再加上与非门可以使选定的输出为 0，而其他输出为 1。译码器实现的结果如图 4.21 所示。当使用 74155 时，或门必须被外部的与非门替代。

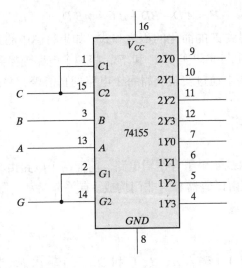

真值表

输入				输出							
G	C	B	A	2Y0	2Y1	2Y2	2Y3	1Y0	1Y1	1Y2	1Y3
1	X	X	X	1	1	1	1	1	1	1	1
0	0	0	0	0	1	1	1	1	1	1	1
0	0	0	1	1	0	1	1	1	1	1	1
0	0	1	0	1	1	0	1	1	1	1	1
0	0	1	1	1	1	1	0	1	1	1	1
0	1	0	0	1	1	1	1	0	1	1	1
0	1	0	1	1	1	1	1	1	0	1	1
0	1	1	0	1	1	1	1	1	1	0	1
0	1	1	1	1	1	1	1	1	1	1	0

图 9.7　74155 用作 3-8 线(3×8)译码器

9.6　实验 5：代码转换

数字系统可以实现代码转换。本实验将设计、组装三种组合逻辑代码转换电路。代码转换在 4.4 节中讨论过。

格雷码转换为二进制码

设计一个 4 输入和 4 输出的组合逻辑电路，将 4 位格雷码（表 1.6）转换为相应的 4 位二进制码，要求使用异或门来实现（可使用 IC 型号 7486）。将电路输入连到 4 个开关，输出连到 4 个指示灯，然后验证其功能。

9 的补码电路

设计一个组合逻辑电路，该电路的 4 位输入是表示十进制数的 BCD 码，4 位输出是输入数值的 9 的补码，另外还有一个输出用来指示输入的 BCD 码是否错误，当 4 位输入为非法的 BCD 码时，该输出应为 1。使用图 9.1 中列出的任何一种门实现都可以，但要保证芯片数量最少。

七段显示器

七段显示器用于显示十进制数字 0～9。通常，十进制数用 BCD 码表示，BCD-七段译码器的输入为 BCD 码表示的十进制数，结果产生相应的七段码字，这在习题 4.9 中已经遇到过。

图 9.8 给出了译码器和显示器之间的连接。IC 型号 7447 是 BCD-七段译码器/驱动器，它用 4 位输入表示 BCD 码，输入 D 是最高有效位，输入 A 是最低有效位。4 位 BCD 码转换为七段码字，输出为 a 到 g。7447 的输出作为七段显示器 7730（或等效器件）的输入，该芯片包含封装在上部的 7 个 LED（发光二极管），引脚 14 的输入是所有 LED 的共阳极（CA），需要通过一个 47Ω 的电阻连接 V_{CC}，为相应的 LED 提供适当的电流，其他七段显示器芯片的正极可能与此不同，需要的电阻值也可能不同。

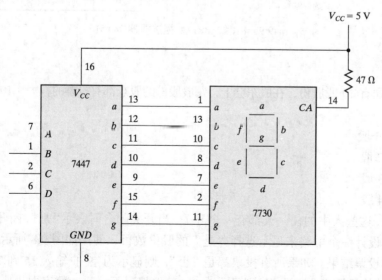

图 9.8　BCD-七段译码器（7447）和七段显示器（7730）

组装图 9.8 所示的电路，通过 4 个开关产生 4 位 BCD 输入，观察数字 0～9 的显示。在 BCD 码中，输入 1010 到 1111 没有意义，这些值会显示空白或无意义的样式，取决于选用的译码器。观察并记录这六种无用输入组合时的输出显示样式。

9.7　实验 6：使用数据选择器进行设计

本实验的任务是使用数据选择器设计组合电路，这已经在 4.11 节介绍过。使用的数据选择器是 IC 型号 74151，如图 9.9 所示。74151 的内部结构与图 4.25 相似，只是输入为 8 位而不是 4 位。8 位输入为 $D0$ 到 $D7$，3 个选择信号为 C、B 和 A，选择指定的输入，可以得到所需的输出，片选控制 S 则作为使能信号。功能表给出了输出 Y 和选择信号之间的关系，输出 W 是输出 Y 的反相输出。为保证正常工作，片选控制 S 必须接地。

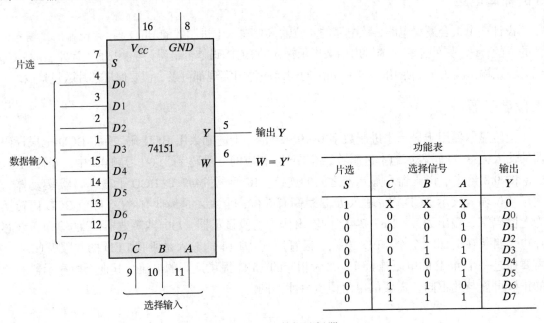

功能表

片选	选择信号			输出
S	C	B	A	Y
1	X	X	X	0
0	0	0	0	$D0$
0	0	0	1	$D1$
0	0	1	0	$D2$
0	0	1	1	$D3$
0	1	0	0	$D4$
0	1	0	1	$D5$
0	1	1	0	$D6$
0	1	1	1	$D7$

图 9.9　8-1 线 (8×1) 数据选择器 74151

设计说明

一个小公司有 10 股股份，在股东会上，每股股份的股东都有投票的权力。10 股股份属于以下 4 人：

W 先生：1 股

X 先生：2 股

Y 先生：3 股

Z 先生：4 股

在投票时，这些人中的任一人都有一个开关，当开关闭合时表示"是"，断开时表示"否"。

现在需要设计一个电路来显示选择"是"的股份数目，使用如图 9.8 所示的七段显示器和译码器显示投票结果。如果所有投票都是"否"，则显示为空白(输入 15 到 7447 将显示空白)。如果所有的投票都是"是"，则显示为 0。其他情况下，显示数字即投票为"是"的数目。使用 74151 数据选择器设计组合电路，将来自投票者的输入开关转换为 BCD 码，作为 7447 的输入。不要使用 5 V 表示逻辑 1，而是使用"地"的反相输出作为逻辑 1。

9.8　实验 7：加法器和减法器

本实验的任务是组装和测试几种不同的加法器和减法器。减法器用于比较两个数值的大小。加法器在 4.5 节讨论过，补码的减法在 1.6 节介绍过，4 位并行加减器如图 4.13 所示，对两个数值的比较在 4.8 节进行了说明。

半加器

使用一个异或门和两个与非门来设计、组装和测试半加器电路。

全加器

使用 7486 和 7400 这两个 IC 来设计、组装和测试全加器电路。

并行加法器

7483 是 4 位二进制并行加法器，引脚图见图 9.10。输入的两组 4 位二进制数为 $A1 \sim A4$ 和 $B1 \sim B4$，4 位加法结果为 $S1 \sim S4$，$C0$ 是进位输入，$C4$ 为进位输出。

接好电源和地，开始测试 4 位二进制加法器 7483。将输入 A 接一固定二进制数，如 1001；将输入 B 和输入进位接在 5 个拨动开关上，5 个输出接指示灯。随后做几个加法操作，检查输出数和输出进位是否正确，验证当输入进位为 1 时，输出数值加 1。

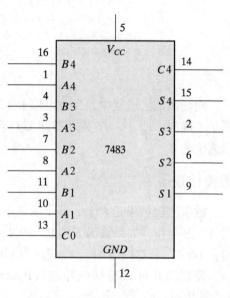

图 9.10　4 位二进制并行加法器 7483

加减器

两个二进制数的减法运算通过求减数的补码，并将它与被减数相加即可实现。补码通过先求反码，然后加 1 得到。为计算 $A - B$，先将 B 的 4 位取反，然后与 A 的 4 位相加，再通过进位输入与 1 相加，如图 9.11 所示。当模式选择 $M = 1$ 时，4 个异或门对 4 位 B 取反（因为 $x \oplus 1 = x'$）；当模式 $M = 0$ 时，B 保持不变（因为 $x \oplus 0 = x$）。所以，当模式选择 $M = 1$ 时，输入进位 $C0$ 为 1，相加的结果为 A 加上 B 的补码；当 $M = 0$ 时，输入进位等于 0，结果为 $A + B$。

组装好加减器电路，然后测试其功能。将 A 的 4 位输入连到固定二进制数 1001，将 B 的输入接在开关上，进行如下操作，并记录输出数值和输出进位 $C4$ 的值：

$9 + 5$	$9 - 5$
$9 + 9$	$9 - 9$
$9 + 15$	$9 - 15$

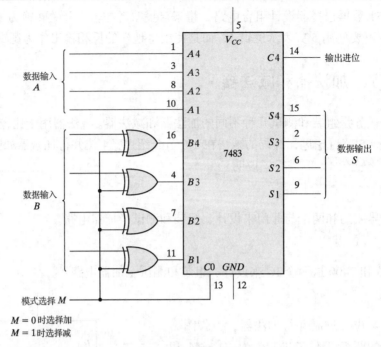

图 9.11 4 位加减器

验证在加法过程中，当输出大于 15 时，输出进位为 1。同时验证，当 $A \geqslant B$ 时，减法结果是正确的，即 $A - B$，输出进位 $C4$ 等于 1；但当 $A < B$ 时，减法结果为 $B - A$ 的补码，输出进位为 0。

数值比较器

数值比较结果是大于、等于或是小于。两个数值 A 和 B 可以首先利用图 9.11 的电路进行 $A - B$ 操作，如果输出 S 为 0，则 $A = B$，输出进位 $C4$ 决定了两个数值的关系：当 $C4 = 1$ 时，$A \geqslant B$；当 $C4 = 0$ 时，$A < B$；当 $C4 = 1$ 且 $S \neq 0$ 时，$A > B$。

使用图 9.11 的减法电路进行比较运算，组合电路可以有 5 个输入($S1$ 到 $S4$ 及 $C4$)、3 个输出(x, y, z)，因此：

$$
\begin{aligned}
x = 1 \qquad & A = B \qquad & (S = 0000) \\
y = 1 \qquad & A < B \qquad & (C4 = 0) \\
z = 1 \qquad & A > B \qquad & (C4 = 1 \text{ 和 } S \neq 0000)
\end{aligned}
$$

用 7404 和 7408 这两个 IC 实现该组合电路。

组装比较器电路并测试它的功能，至少使用两组 A 和 B 的数值进行验证，并观察输出 x、y 和 z。

9.9 实验 8：触发器

本实验任务是组装、测试并观察几种锁存器和触发器功能。锁存器和触发器的内部结构见 5.3 节和 5.4 节。

SR 锁存器

使用两个相互耦合的与非门构成 SR 锁存器, 将两个输入端连到开关上, 将两个输出端连到指示灯。先将两个开关设置为逻辑 1, 然后分别拨动每个开关到逻辑 0 并立刻返回 1, 求电路功能表。

D 锁存器

使用 4 个与非门(只用一片 7400)构成 D 锁存器, 并验证其功能表。

主从触发器

使用两个 D 锁存器和一个非门构成 D 触发器。将 D 输入端连到一个开关上, 将时钟输入连到脉冲发生器, 将主锁存器输出连到一个指示灯, 将从锁存器输出连到另一指示灯, 将输入设置为输出的非。按下脉冲发生器按钮, 然后放开, 产生单个脉冲。当脉冲发生上升沿变化时, 观察主锁存器输出的变化情况; 当脉冲发生下降沿变化时, 观察从锁存器输出的变化情况。重复几次这样的操作, 观察指示灯的变化情况。求出从输入到主锁存器输出及从主锁存器输出到从锁存器输出的时序波形图。

断开时钟输入与单脉冲发生器的连接, 并将它连到时钟发生器上, 将触发器的反相输出端连到输入端 D。每来一个时钟脉冲, 触发器的输出反相一次。使用双踪示波器观察时钟、主锁存器输出波形和从锁存器输出波形。验证主锁存器输出和从锁存器输出之间的时延等于时钟周期的一半。再验证时钟波形与主、从锁存器输出波形的关系。

边沿触发器

使用 6 个与非门构成上升沿 D 触发器, 将时钟输入连到脉冲发生器上, D 输入连到一个拨动开关上, 输出 Q 连到一个指示灯上, 将输入 D 的值设置为 Q 的反相。证明只有在时钟上升沿到来时, 触发器的输出才发生变化。验证当时钟输入为逻辑 1 时, 输出没有变化; 当时钟发生下降沿变化或为逻辑 0 时, 也没有变化。继续改变时钟, 一直到输出 Q 反相时为止。

断开输入与单脉冲发生器的连接, 并将它连到时钟发生器上, 将输出 Q'连到输入 D, 这将使触发器在每个时钟下降沿到来时, 其输出发生翻转。使用双踪示波器, 观察并记录输入时钟和输出 Q 之间的关系, 验证输出在时钟下降沿发生变化。

集成触发器

7476 中包含两个 JK 主从触发器, 并且带置位端和清零端。每个触发器的引脚图如图 9.12 所示。功能表定义了电路功能, 表中前三项确定了异步置位和清零功能, 这些输入如同与非门 SR 锁存器的情况, 与时钟或 J 和 K 输入无关(X 表示任意态)。功能表中的最后 4 行定义了在异步置位端和清零端为逻辑 1 时的功能操作。时钟显示为单个脉冲, 脉冲上升沿改变主触发器的输出, 下降沿改变从触发器的输出。当 $J = K = 0$ 时, 输出不变。当 $J = K = 1$ 时, 触发器翻转。研究 7476 的每一个功能, 并验证其功能表。

7474 包含两个上升沿 D 触发器, 并带有置位端和清零端。引脚图如图 9.13 所示, 功能表列出了置位、清零和时钟操作。图中时钟用向上的箭头表示为上升沿触发。研究单个触发器的操作, 并验证其功能表。

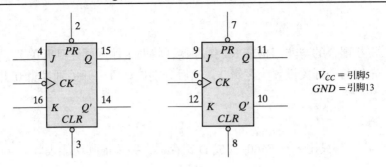

V_{CC} = 引脚5
GND = 引脚13

功能表

输入					输出	
置位	清零	时钟	J	K	Q	Q'
0	1	X	X	X	1	0
1	0	X	X	X	0	1
0	0	X	X	X	1	1
1	1	⊓	0	0	保持	
1	1	⊓	0	1	0	1
1	1	⊓	1	0	1	0
1	1	⊓	1	1	翻转	

图 9.12 双 JK 主从触发器 7476

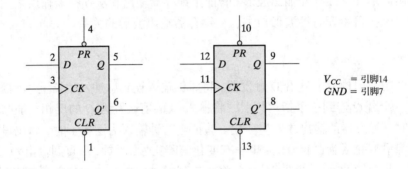

V_{CC} = 引脚14
GND = 引脚7

功能表

输入				输出	
置位	清零	时钟	D	Q	Q'
0	1	X	X	1	0
1	0	X	X	0	1
0	0	X	X	1	1
1	1	↑	0	0	1
1	1	↑	1	1	0
1	1	0	X	保持	

图 9.13 双 D 上升沿触发器 7474

9.10 实验 9:时序电路

本实验任务是设计、组装并测试三种同步时序电路,要求使用 7476(见图 9.12)或 7474(见图 9.13)和任意门,但是应尽可能减少 IC 总数。同步时序电路设计见 5.7 节。

带使能端的可逆计数器

设计、组装并测试 2 位可逆计数器，使能输入 E 决定了计数器能否工作。如果 $E = 0$，则计数器被禁止工作，且无论时钟是否加在触发器上，输出保持不变；如果 $E = 1$，则计数器开始计数，另一个输入 x 决定了计数的方向：当 $x = 1$ 时，电路进行加法计数，产生序列 00, 01, 10, 11，且能循环计数；当 $x = 0$ 时，电路进行减法计数，产生序列 11, 10, 01, 00，也能循环计数。不能使用 E 来禁止时钟输入，设计带 E 和 x 的时序电路。

状态图

设计、组装并测试一个时序电路，其状态图如图 9.14 所示，要求使用两个触发器 A 和 B，输入为 x，输出为 y。

将处于最低有效位的触发器 B 的输出连到输入 x，当加上时钟脉冲后，先预测状态序列和输出，然后通过测试电路，验证状态转移和输出。

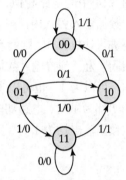

计数器设计

设计、组装和测试一个计数器电路，它按如下二进制状态变化：0, 1, 2, 3, 6, 7, 10, 11, 12, 13, 14, 15，然后回到 0，并且循环下去。注意，二进制状态 4, 5, 8, 9 没有用到。计数器必须能自启

图 9.14　实验 9 的状态图

动，也就是说，如果电路从 4 个无效状态中的任意一个开始，则计数脉冲应能使电路转移到一个有效状态中，并能继续正确计数。

验证电路功能是否为所预期的计数序列，并检查计数器是否具有自启动特性。通过置位和复位输入使电路的初始状态为一个无效状态，然后加上时钟脉冲，看计数器是否会进入有效状态。

9.11　实验 10：计数器

本实验任务是组装并测试几种行波和同步计数器电路。行波计数器在 6.3 节讨论过，同步计数器在 6.4 节介绍过。

行波计数器

使用两片 7476(见图 9.12)组装 4 位二进制行波计数器，将所有异步置位和清零端接到逻辑 1，将计数器时钟接到脉冲发生器，检查计数器功能。

修改计数器设计，使计数方式是减法计数而不是加法计数。检查每个计数脉冲到来时，计数器输出是否减 1。

同步计数器

组装同步 4 位二进制计数器，检查其功能，要求使用两片 7476 和一片 7408 实现。

十进制计数器

设计同步 BCD 计数器，计数序列从 0000 到 1001，要求使用两片 7476 和一片 7408 实现。测试该计数器的功能，检查是否具有自启动特性。通过使用置位端和清零端，将计数器初始状态设置为 6 个无效状态中的一个，如果是自启动的，则加上时钟脉冲后必定能转移到有效状态中。

带并行预置功能的二进制计数器

IC 型号 74161 是 4 位同步二进制集成计数器，带并行预置端和异步清零端。其内部逻辑与图 6.14 中的电路相似，输入/输出引脚图如图 9.15 所示。当预置信号有效时，QA 到 QD 的 4 位数据输入置入内部触发器中，其中 QD 为最高有效位。两个计数使能输入分别为 P 和 T。若要进行计数操作，则两者必须都为 1。除预置使能信号为低电平有效外，74161 的功能表与表 6.6 相同。为了预置输入数据，清零端必须为 1 且预置端必须为 0。两个计数输入此时对电路没有影响，可以为 1，也可以为 0。内部触发器在时钟脉冲下降沿触发。当预置输入和两个计数输入 P 和 T 都为 1 时，电路功能为计数器。如果 P 和 T 中的任意一个为 0，则输出保持不变。当所有 4 位数据输出均为 1 时，进位输出为 1。根据功能表，用实验验证 74161 的功能特性。

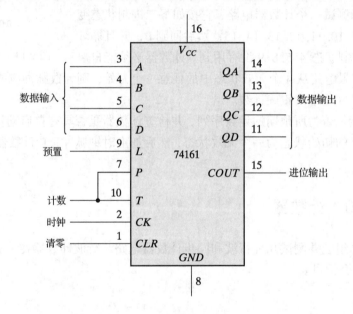

功能表

清零	时钟	预置	计数	功能
0	X	X	X	输出清零
1	↑	0	X	预置输入数据
1	↑	1	1	计数
1	↑	1	0	输出不变

图 9.15　带并行预置端的二进制计数器 74161

说明如何使用 2 输入与非门和 74161 构成异步计数器，计数范围从 0000 到 1001，不能使用清零输入，只能使用与非门检测计数输出 1001，当输出为 1001 时，将 0000 置入计数器。

9.12 实验 11：移位寄存器

本实验目的是观察移位寄存器的操作，所用 IC 型号是 74195，它是一个带并行预置功能的移位寄存器，在 6.2 节中已经讨论过移位寄存器。

集成移位寄存器

IC 型号 74195 是集成 4 位移位寄存器，带并行预置和异步清零功能，其输入/输出引脚图如图 9.16 所示，标为 SII/LD 的单个控制信号决定了寄存器的同步操作方式：当 $SH/LD = 0$ 时，控制输入为预置方式，并且 4 位数据被置入 4 个触发器 $QA \sim QD$；当 $SH/LD = 1$ 时，控制输入为移位方式，数据的移动方向为从 QA 到 QD。在移位时，QA 的串行输入由 J 和 $\bar{K}$ 决定，这两个输入如同 JK 触发器的 J 端和 K 的反相端：当 J 和 $\bar{K}$ 都为 0 时，触发器 QA 在移位后被清零；如果两者都为 1，QA 在移位后被置为 1；J 和 $\bar{K}$ 的其他两个组合输入分别使触发器 QA 的输出反相或保持不变。

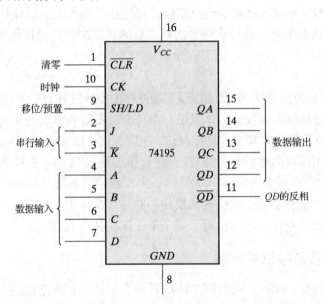

功能表

清零	移位/预置	时钟	J	$\bar{K}$	串行输入	功能
0	X	X	X	X	X	异步清零
1	X	0	X	X	X	输出保持
1	0	↑	X	X	X	预置输入数据
1	1	↑	0	0	0	从 QA 到 QD 移位，$QA = 0$
1	1	↑	1	1	1	从 QA 到 QD 移位，$QA = 1$

图 9.16　带并行预置端的移位寄存器 74195

74195 的功能表给出了寄存器的工作方式。当清零输入为 0 时，4 个触发器被异步清零，也就是说不需要时钟到来也能清零，而同步操作发生在时钟下降沿。为设置输入数据，SH/LD

必须为 0，且必须有时钟下降沿发生。为进行移位操作，*SH/LD* 必须为 1，*J* 和 *K̄* 必须连接在一起。

用实验验证 74195 的功能，并验证功能表中所列出的各种功能，还要考虑 *JK̄* = 01 和 10 的情况。

环形计数器

环形计数器是循环移位寄存器的一种，其串行输出 *QD* 连到串行输入端 *QA*。将输入 *J* 和 *K̄* 连接在一起组成串行输入，将环形计数器置位为初始状态 1000，使某个特定位在寄存器中循环移位，检查每个时钟脉冲结束时的寄存器状态。

扭环形计数器的输出 *QD* 反相后连接到串行输入端，将扭环形计数器预置到 0000，并预测移位产生的状态序列，通过观察每次移位，验证你的预测是否正确。

反馈移位寄存器

反馈移位寄存器是移位寄存器的一种，连同其串行输入端连到特定寄存器一些输出上。例如，将输出 *QC* 和 *QD* 异或，结果连到反馈移位寄存器的输入上。假设初始状态是 1000，请预测移位寄存器的状态序列。通过观察每次移位后的状态序列，验证你的预测是否正确。

双向移位寄存器

74195 只能由 *QA* 移位到 *QD*，可以通过预置端使移位操作左移(从 *QD* 到 *QA*)，这样就可以将寄存器转换为双向移位寄存器。具体来说，将每个触发器的输出连到其左边一个触发器的输入上，使用 *SH/LD* 预置模式作为左移控制位，在进行移位操作时，输入 *D* 作为串行输入。

连接 74195 将其用作双向移位寄存器(没有并行预置端)，将用于右移的串行输入连到拨动开关上，将串行输出 *QA* 连到串行输入 *D*，构造向左移位的环形计数器。把计数器清零，通过由串行输入开关产生一个单 1 来检查其操作。右移 3 次以上，然后由串行开关产生 0。利用左移(预置)控制循环左移。当移位时，一个单 1 比较便于观察。

带并行预置功能的双向移位寄存器

将 74195 与数据选择器相连，可以将 74195 转换为带并行预置功能的双向移位寄存器。可以使用 IC 型号 74157 来实现此目的，这是一个四 2-1 线数据选择器，其内部逻辑如图 4.26 所示。74195 的输入/输出引脚图如图 9.17 所示。注意，在 74157 中，使能输入端称为选通。

使用寄存器 74195 和数据选择器 74157 构成带并行预置功能的双向移位寄存器，应完成如下功能：

1. 异步清零
2. 右移
3. 左移
4. 并行预置
5. 同步清零

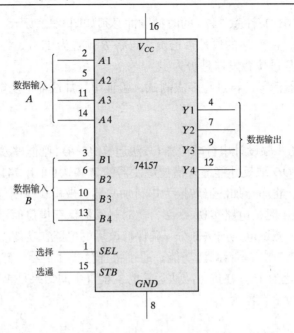

图 9.17　四 2-1 线数据选择器 74157

列出上面 5 种操作的功能表，标明电路的清零、时钟、*SH/LD* 输入和选通端，以及 74157 的选择输入。组装电路并验证电路功能。使用并行预置设置寄存器的初始值，将串行输出连到两种移位的串行输入上，这样在移位时不会丢失信息。

9.13　实验 12：串行加法

本实验任务是组装和测试串行加减器电路。两个二进制数的串行相加可以通过移位寄存器和全加器来实现，这在 6.2 节已经介绍过。

串行加法器

由图 6.6 的框图开始，使用两片 74195、一片 7408、一片 7486 和一片 7476，设计并组装 4 位串行加法器。通过 4 个拨动开关为寄存器 *B* 提供并行预置信号，将其串行输入接地，以便在进行加法运算时可以将 0 移位到寄存器 *B*。通过一个拨动开关复位寄存器和触发器。在进行加法操作时，需要另一个开关定义寄存器 *B* 是接收并行数据还是进行移位操作。

测试加法器

为测试串行加法器，我们来看二进制加法运算：5 + 6 + 15 = 26。首先，将寄存器和进位触发器清零，将寄存器 *B* 预置为二进制初始值 0101，产生 4 个脉冲控制将 *B* 与 *A* 串行相加，

检查 A 的结果是否为 0101(注意 7476 的时钟脉冲必须如图 9.12 所示)。将 B 预置为 0110，并将它与 A 串行相加，检查 A 的值是否正确。再将 B 预置为 1111，并将它与 A 相加，检查 A 的值是否为 1010，且进位触发器是否为 1。

将寄存器和触发器清零，再进行多次测试，验证串行加法器的功能。

串行加减器

如果使用 6.2 节的步骤设计串行减法器(减法运算 $A - B$)，则能够发现输出差与输出和是相同的，但是需要将 QD 取反才能输入借位触发器的 J 和 K(可由 74195 得到)。使用 7486 中另外的两个异或门，将串行加法器转换为串行加减器，带模式控制位 M。当 $M = 0$ 时，电路实现 $A + B$；当 $M = 1$ 时，电路实现 $A - B$，此时触发器保存借位而不是进位。

重复上面的操作，测试电路加法部分，确保修改后的电路在功能上没有错误。通过进行运算 $15 - 4 - 5 - 13 - 7$，测试串行减法功能。通过将寄存器 A 清零，然后将寄存器 B 加 15，可以将寄存器 A 初始化为 15。在进行减法运算时，检查中间结果是否正确。注意结果 -7 表示为 7 的补码，且借位触发器为 1。

9.14　实验 13：存储单元

本实验任务是观察随机存取存储器(RAM)单元功能和其存储容量。RAM 可以用于仿真只读存储器(ROM)。ROM 模拟器能用于实现组合电路，见 7.5 节。存储单元在 7.2 节和 7.3 节讨论过。

集成 RAM

IC 型号 74189 是 16×4 RAM，其内部逻辑与图 7.6 中所示电路相似。输入/输出引脚图如图 9.18 所示。4 位地址输入选择存储器 16 个字中的 1 个，地址最低有效位是 A_0，最高有效位是 A_3。片选(CS)输入必须为 0 才能使存储器工作；如果 CS 为 1，则存储器不工作，所有 4 个输出都呈现高阻态。写使能(WE)输入决定操作类型，如功能表所示。当 $WE = 0$ 时，进行写操作，来自数据输入端的二进制数进入存储器所选择的字中；当 $WE = 1$ 时，进行读操作，选择存储器中相应的值并反相后输出到数据线上。存储器有三态输出，这样方便存储器扩展。

测试 RAM

由于 74189 的输出为反相后的值，所以必须插入 4 个非门将输出转换为原来的值。可以采用如下电路测试 RAM：将地址输入连到二进制计数器上(使用图 9.3 所示的 7493)，将 4 个数据输入连到拨动开关上，将数据输出连到 7404 中的 4 个非门上，使用 4 个指示灯显示地址，使用 4 个以上的指示灯显示非门输出，将 CS 接地，将 WE 连到拨动开关上(或提供负脉冲的脉冲发生器)。将一些新的字存储到存储器中，再将它们读出来，验证写操作和读操作是否正确。使 WE 输入一直处于读模式，一直到将数据存入 RAM 时为止。写数据的正确方法是：在计数器中设置好地址，通过 4 个拨动开关设置输入数据，为了将字存入存储器中，将 WE 转换到写模式，然后将其恢复到读模式。当 WE 为写模式时，一定不要改变地址和输入数据。

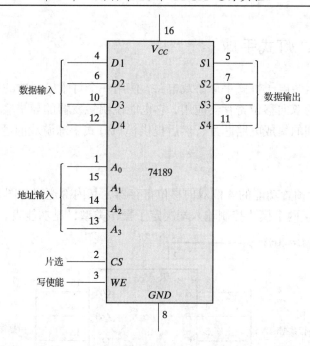

功能表

CS	WE	功能	数据输出
0	0	写	高阻态
0	1	读	所选字的反相
1	X	禁止	高阻态

图 9.18　16 × 4 RAM，IC 型号 74189

ROM 模拟器

若 RAM 工作在只读模式下，则可以得到 ROM 模拟器。使存储单元瞬间工作在写模式下，可以将 1 和 0 置入 RAM 模拟器。在只读模式下，存储单元可用作模拟器，将地址线作为 ROM 输入。ROM 能用于实现任何组合电路。

使用 ROM 模拟器实现一个组合逻辑，其功能是将 4 位二进制数转换为与它相等的格雷码，如表 1.6 所示。实现步骤如下：求得代码转换真值表，通过设置二进制地址输入和相应格雷码作为数据输入，将真值表存入 74189 的存储器中；在将所有的 16 个值存入存储器后，设置 ROM 模拟器，WE 连到逻辑 1，利用地址线上的输入验证格雷码转换，并检查数据输出线上的数据是否正确。

存储器扩展

使用两个 74189 将存储单元扩展为 32 × 4 RAM。使用 CS 作为片选，选择两个芯片。由于输出是三态的，可以将两个芯片的输出连在一起产生逻辑或。使用 ROM 模拟器实现 3 位和 2 位数值的加法运算，结果是 4 位，测试电路是否正确。例如，如果 ROM 的输入为 10110，则输出为 101 + 10 = 0111（输入前三位代表 5，后两位代表 2，输出为 7）。使用计数器产生前 4 位地址，使用一个开关作为地址的第 5 位。

9.15　实验 14：灯式手球

本实验任务是组装电子灯式手球游戏电路，使用一个灯来模拟球的移动。这个实验说明了带并行预置功能的双向移位寄存器应用，它也能说明触发器的异步输入功能。首先，我们介绍在实验中要用到的集成电路芯片，然后提供模拟灯式手球游戏的逻辑图。

IC 型号 74194

74194 是带并行预置功能的 4 位双向移位寄存器，其内部逻辑与图 6.7 相似，输入/输出引脚如图 9.19 所示。两个模式控制输入端决定了操作类型，见功能表。

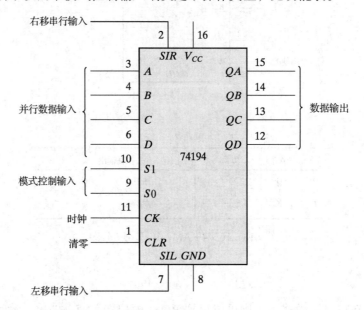

功能表

清零	时钟	模式		功能
		$S1$	$S0$	
0	X	X	X	
1	↑	0	0	输出清零
1	↑	0	1	输出不变
				从 QA 到 QD，SIR 到 QA 的右移
1	↑	1	0	从 QD 到 QA，SIL 到 QD 的左移
				并行预置输入数据
1	↑	1	1	

图 9.19　带并行预置功能的双向移位寄存器 74194

逻辑图

灯式手球的逻辑图如图 9.20 所示，它包含两片 74194、一片双 D 触发器 7474，以及 3 片门 IC：7400、7404 和 7408。双向移位寄存器模拟球的左移或右移。灯的移动速率由时钟频率决定。电路由复位开关初始化。起先通过开关将球放置(一个指示灯)在最右边,然后开始游戏。游戏者必须按下脉冲发生器按钮,将球向左移动,灯也向左移动,直至到达最左边位置(墙),然后球反方向移回到游戏者端。当灯到达最右边时,游戏者必须再次按下按钮来改变移位方向。如果游戏者按下按钮的时间太早或太晚,球就会消失,灯就会熄灭。游戏者可以通过按下开始开关重新开始游戏,或停止游戏。在游戏时,开始开关必须打开(逻辑 1)。

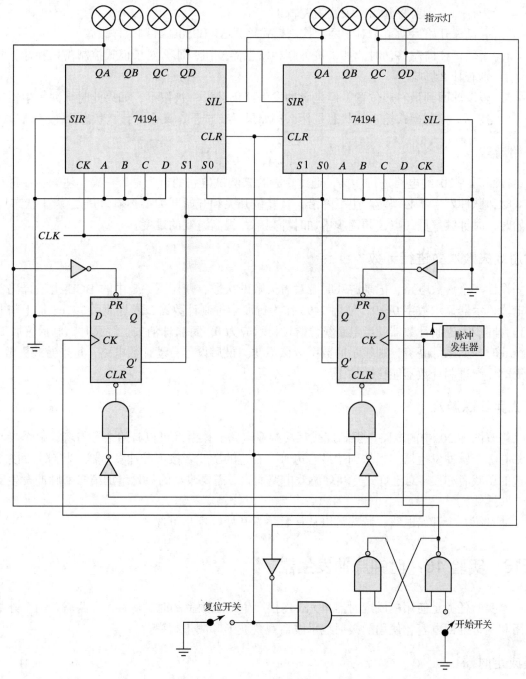

图 9.20 灯式手球的逻辑图

电路分析

在连接电路前分析逻辑图，确定你是否理解了电路功能。试着回答下面的问题：

1. 复位开关的作用是什么？
2. 当开始开关接地时，解释处于最右边位置的灯是如何继续移动的？在游戏开始前，为什么一定要将开始开关置为逻辑 1？
3. 一旦球开始运动了，对于两个控制模式输入 $S1$ 和 $S0$，分别怎样设置？
4. 当球正在向左移动时，如果按下脉冲发生器按钮，那么对于模式控制输入和球，分别有什么影响？
5. 假设球回到最右边位置，但是脉冲发生器仍然没有被按下，如果此时脉冲发生器被按下，控制模式输入的状态是什么？如果没有按下，又会是什么状态？

开始游戏

按照图 9.20 的电路进行连接，通过玩游戏来测试电路的行为是否正确。注意：在进行游戏时，脉冲发生器必须能产生下降沿，且复位开关和开始开关都必为开(逻辑 1 状态)。开始时，时钟频率低一点，并逐步增加时钟频率，提高游戏的难度。

对游戏失败次数进行计数

设计一个计数电路，记录游戏时游戏者失败的次数，使用图 9.8 中的 BCD-七段译码器和七段显示器显示数字 0~9，使用 7493 作为行波十进制计数器，或是使用 74161 加上与非门作为同步十进制计数器。当电路复位时，显示应为 0。每次球消失、灯灭时，显示应加 1。在游戏时，如果灯亮着，则显示的数字应该不变。最后设计自动计数电路，每当游戏失败、灯灭时，十进制计数器能自动加 1。

灯式乒乓球游戏

修改图 9.20 中的电路，得到灯式乒乓游戏电路。该游戏可以有两个参与者，每个参与者都有一个脉冲发生器。当球到达最右边时，右边的游戏者按下脉冲发生器，将球打回来，左边的游戏者亦然。对于灯式乒乓球游戏电路而言，需要改动的只是增加第二个脉冲发生器和一些连线。

通过第二个开始电路，游戏可以从任意一方开始，这是可选项。

9.16　实验 15：时钟脉冲发生器

本实验任务是使用集成定时器单元，连接产生给定频率的时钟脉冲。电路需要两个外部电阻和两个外部电容，使用阴极射线示波器观察波形和测量频率。

集成定时器

IC 型号 72555(或 555)是高精度的定时器电路，其内部逻辑如图 9.21 所示(电阻 R_A、R_B

和两个电容不在电路内部)。电路包含两个电压比较器、一个触发器和一个内部电阻。从连接 $V_{CC} = 5$ V 到地的 3 个电阻,可分别将 V_{CC} 电压分配成 2/3 和 1/3(3.3 V 和 1.7 V),作为相应比较器的输入。当引脚 6 的阈值输入大于 3.3 V 时,上比较器将触发器复位,且输出下降到约 0 V。当引脚 2 的触发输入小于 1.7 V 时,下比较器将触发器置位,且输出上升至约 5 V。当输入为低电平时,Q' 为高电平,且晶体管的基极-发射极的 PN 结正偏。当输出为高电平时,Q' 为低电平,晶体管截止。可以通过外部 RC 电路控制定时器电路,以产生精确的时延。实验中,集成定时器工作在非稳态模式,以产生时钟脉冲。

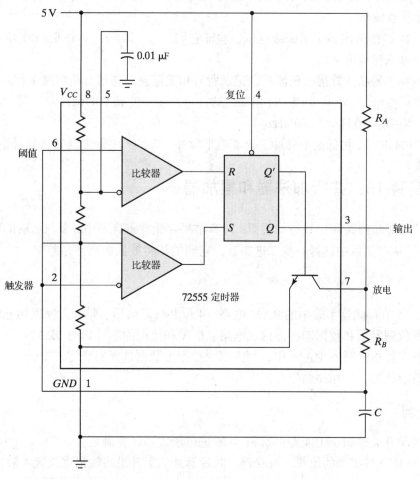

图 9.21 连接 72555 定时器作为时钟脉冲发生器

电路工作原理

图 9.21 给出了非稳态模式的外部连接。当晶体管截止时,电容 C 通过电阻 R_A 和 R_B 充电,当晶体管正偏且导通时,电容 C 通过 R_B 放电。当电容 C 上的充电电压超过 3.3 V 时,引脚 6 的阈值输入使触发器复位,晶体管导通。当放电电压达到 1.7 V 时,引脚 2 的触发输入使触发器置位,晶体管截止。所以,触发器输出在两个电压作用下连续交替变更。输出保持为高电平,其时延等于充电时间。充电时间由下面的等式决定:

$$t_H = 0.693\,(R_A + R_B)\,C$$

输出保持为低电平，其时间延时等于放电时间。放电时间由下面的等式决定：

$$t_L = 0.693 R_B C$$

时钟脉冲发生器

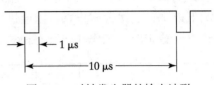

开始时，选择 0.001 μF 的电容，如图 9.22 所示计算用于产生时钟脉冲的 R_A 和 R_B 的值，低电平脉冲宽度为 1 μs，频率为 100 kHz(10 μs)。组装电路并使用示波器检查输出。

图 9.22　时钟发生器的输出波形

观察电容 C 的输出，记录两级电压，验证它们是否为触发电压和阈值电压。

观察引脚 7 的晶体管集电极波形，记录所有相关信息，通过分析电路工作解释波形。

将一个可变电阻(分压器)与 R_A 串联，这样可产生可变频率的脉冲发生器，低电平时延保持 1 μs，频率从 20 Hz 到 100 kHz。

使用 7404 非门，将低电平脉冲变为高电平脉冲，这将产生带 1 μs 正向脉冲的可变频率。

9.17　实验 16：并行加法器和累加器

本实验任务是组装 4 位并行加法器，计算结果存储在寄存器中，参与加法的数值存储在 RAM 中。可从存储器中选择一些二进制数，它们的和将被累加到寄存器中。

框图

使用 9.14 节存储器实验中的 RAM 电路、4 位并行加法器、带并行预置功能的 4 位移位寄存器、进位触发器和数据选择器构成电路。框图和使用的芯片如图 9.23 所示。将 4 个开关数据或寄存器输出写入 RAM 中，写入哪个数据由数据选择器决定。RAM 中的数据与寄存器中的数值相加，将相加结果存回寄存器中。

寄存器控制

使用拨动开关控制 74194 寄存器和 7476 进位触发器，要满足：

(a) LOAD 条件将和的值置入寄存器，时钟脉冲的上升沿将输出进位置入触发器。

(b) 在时钟上升沿，SHIFT 条件将寄存器中数据右移，且进位触发器的值移进最左边寄存器。

(c) 即使增加了时钟信号，NO-CHANGE 条件还能保持寄存器和进位触发器状态不变。

进位电路

为了确保按照上述指标设计，有必要在加法器输出进位和 7476 触发器的 J、K 输入之间再设计一个电路，其功能是：当 LOAD 条件有效且触发器有时钟输入时，保证进位输出(无论是 0 还是 1)被置入触发器；若 LOAD 条件无效或 SHIFT 条件有效，则进位触发器保持不变。

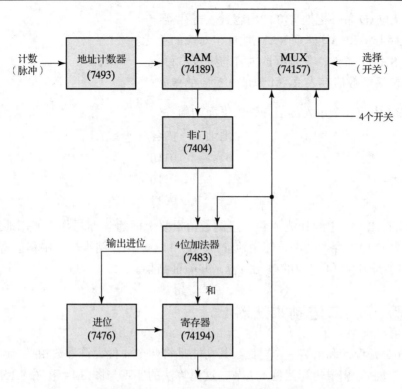

图 9.23 实验 16 中并行加法器的框图

详细电路

画出所有 IC 连线的详细电路，然后组装电路，并为寄存器、进位触发器、地址和 RAM 输出数据等输出提供指示。

检查电路

在 RAM 中存储如下数值，并将它们与寄存器中的数值相加，每次加一个。开始时，将寄存器和触发器清零，预测寄存器的输出值和每次相加后的进位值，并验证结果：

$$0110 + 1110 + 1101 + 0101 + 0011$$

电路工作

将寄存器和进位触发器清零，将以下 4 位数值存入 RAM 指定地址对应的单元中：

地址	内容
0	0110
3	1110
6	1101
9	0101
12	0011

现在执行下面 4 个操作：

1. 使用 LOAD 条件把地址 0 的内容置入寄存器。
2. 从寄存器将和位存储到 RAM 地址 1 对应的单元。
3. 使用 SHIFT 条件，把寄存器内容与进位右移。
4. 将移位后的数值存入 RAM 地址 2 对应的单元。

检查 RAM 中前 3 个单元的值是否为下面的值：

地址	内容
0	0110
1	0110
2	0011

使用存储在 RAM 中的其他 4 位二进制数值重复上面的 4 步操作，使用地址 4、7、10 和 13 存储步骤 2 中寄存器的和，使用地址 5、8、11 和 14 存储步骤 4 中移位寄存器的值。预测 RAM 中地址 0 到 14 对应的单元内容，并验证结果。

9.18　实验 17：二进制乘法器

本实验任务是设计和组装一个电路，其功能是将两个 4 位无符号数相乘，得到 8 位数值结果。两个二进制数相乘的算法见 8.7 节，这里算法的实现与图 8.14 和图 8.15 不同，将通过 4 位数据通道的递增或递减来处理位计数器。

框图

使用推荐 IC 实现的二进制乘法器 ASMD 流程图和框图如图 9.24(a) 和 (b) 所示。被乘数 B 来自 4 个开关，而不是来自寄存器；乘数 Q 来自另外 4 个开关，乘积使用 8 个指示灯显示；计数器 P 初始化为 0，且每相乘一次都加 1；当计数值达到 4 时，输出 Done 为 1，乘法运算结束。

寄存器控制

由图 9.24(a) 的二进制乘法器的 ASMD 流程图可知，3 个寄存器和一个进位触发器由信号 Load_regs、Incr_P、Add_regs 和 Shift_regs 控制。外部输入的控制信号是 clock、reset_b(低电平有效) 和 Start；另一个输入控制信号是内部状态信号 Done。当计数值达到 4 时，Done 为 1。与 Load_regs 相关的控制信号将和置入寄存器 A，将输出进位置入触发器 C，将被乘数置入寄存器 B，将乘数置入寄存器 Q，并且将位计数器清零。在部分积累加的同时，Incr_P 也增加。如果被移位的乘数的最低有效位 $Q[0]$ 为 1，则 Add_regs 将乘数与 A 相加。触发器 C 存储加法产生的进位，拼接寄存器 CAQ 一位一位地右移，Shift_regs 在将 CAQ 右移的同时，也将触发器 C 清零。

控制单元的状态图如图 9.24(c) 所示。注意，该图并没有给出数据路径中寄存器操作和控制操作的输出信号，那些信息在图 9.24(d) 中显示。Incr_P 和 Shift_regs 是在状态 S_add 和 S_shift 中分别无条件产生的。Load_regs 的产生条件是 Start 有效且状态处于 S_idle。如果状态处于 S_add，$Q[0] = 1$，则 Add_regs 有效。

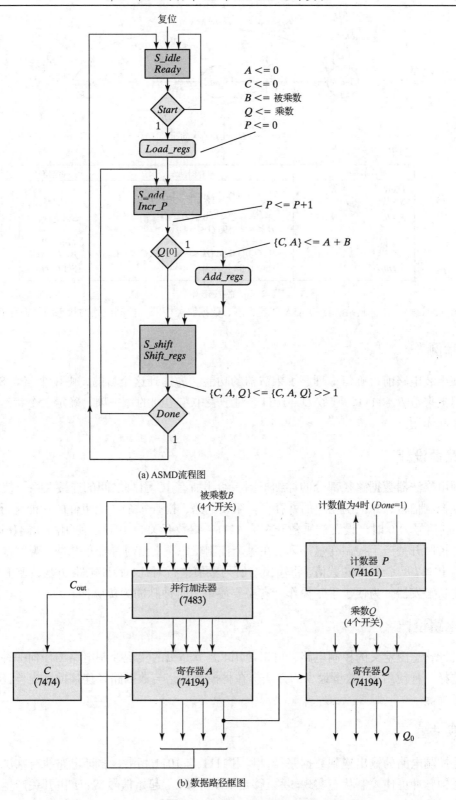

(a) ASMD流程图

(b) 数据路径框图

图 9.24 二进制乘法器的 ASMD 流程图、数据路径框图、控制电路的状态图、寄存器操作

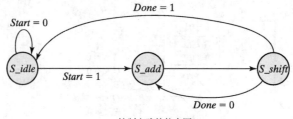

(c) 控制电路的状态图

状态转换		寄存器操作	控制信号
From	To	复位操作将状态初始化	
S_idle			
S_idle	S_add	$A <= 0, C <= 0, P <= 0$ $B <=$ 被乘数, $Q <=$ 乘数	$Load\_regs$
S_add	S_shift	$P <= P + 1$ if $(Q[0])$ then $(A <= A + B, C <= C_{out})$	$Incr\_P$ Add_regs
S_shift		shift right $\{CAQ\}, C <= 0$	$Shift\_regs$

(d) 寄存器操作

图 9.24(续)　二进制乘法器的 ASMD 流程图、数据路径框图、控制电路的状态图、寄存器操作

乘法举例

在组装电路前，确信你理解了乘法器的功能。为达到这个目的，画一个与表 8.5 相似的表，但被乘数 $B = 1111$，乘数 $Q = 1011$。对于表中左边列的每一项，确定 3 个状态变量中的哪一个起作用。

数据路径设计

画出乘法器数据路径部分的详细框图，给出所有 IC 引脚之间的连接关系。使用 4 个开关产生控制信号，并控制相应的寄存器。组装电路，检查每个功能组件的功能是否正确。当 3 个控制信号为 0 时，设置被乘数开关为 1111，乘数开关为 1011。使用图 9.24(c)中状态图定义的控制开关产生控制变量序列。在每个控制状态下，给时钟加单脉冲，观察寄存器 A 和 Q 的输出，以及 C 和 P 的数值。将输出与所列数值进行对比，验证电路功能是否正确。74161 中有主从触发器，为便于手工操作，有必要使单个时钟脉冲为负脉冲。

控制电路设计

设计状态图定义的控制电路，可以使用 8.8 节介绍的实现控制电路的任何一种方式。

选择一种使用 IC 数量最少的方法。在将控制电路与数据路径连接前，先验证电路功能是否正确。

验证乘法器

将控制电路的输出连到数据路径，利用 1111 与 1011 相乘，验证电路执行乘法运算的功能。时钟脉冲可使控制状态实现转移(移走手动开关)。起始信号 $Start$ 由开关产生，开关为开，此时控制状态为 S_idle。

使用脉冲发生器或其他短脉冲产生起始信号，由时钟发生器产生连续时钟信号使乘法器工作，按下 *Start* 脉冲发生器时，应能初始化乘法操作，且乘积应能存储在 *A* 和 *Q* 寄存器中。只要 *Start* 信号有效，乘法应能循环执行。确定 *Start* 回到 0，设置开关为另外两个 4 位数。再次按下 *Start* 脉冲发生器，新的乘积应能显示在输出中。重复做一些乘法运算，验证电路的正确性。

9.19　HDL 仿真实验和使用 FPGA 的快速原型验证

工业上，FPGA（现场可编程门阵列）被广泛应用于开发时间短、速度不高和销售量不大的数字逻辑系统。电路可以通过 HDL 在 FPGA 中快速实现。一旦 HDL 模型得以验证，描述将被综合，并映射进 FPGA 中。FPGA 供应商提供 HDL 的综合软件工具，从 HDL 程序中翻译出最优化门级描述，并将网表映射到 FPGA 资源中。此过程避免了在面包板上组装电路，大大降低了风险。另外，使用 HDL 描述易于编辑，比在面包板上插拔器件快速得多。

本章列出的大部分硬件实验均可由 HDL 编写程序加以实现。为完成这些实验，设计者需要使用 HDL 编译器和仿真器。补充实验有两个前提：首先，前面手工实验确定的电路需要使用 HDL 和仿真器来描述、仿真并加以验证。其次，要有合适的 FPGA 开发板可用，通过将 HDL 描述综合后，下载到 FPGA 中实现硬件实验电路功能。为了保留电路的硬件构成样式，我们对每个单元分别进行描述，得到不同的模块（例如，4 位计数器）。这些模块内部可以是行为描述方式，也可以是行为和结构的混合方式。

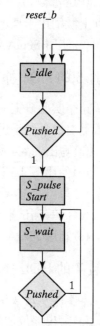

使用 FPGA 开发设计电路，需要编写可综合的 HDL 描述，产生可以下载配置内部资源的位流文件，如对于 Xilinx 器件，资源是 CLB（可配置逻辑块）。有 3 个细节需要注意：(1)开发板引脚应与 FPGA 引脚相连，可综合电路的硬件实现需要它的输入/输出信号与开发板引脚关联，这种关联可以使用 FPGA 供应商免费提供的综合工具完成；(2)FPGA 开发板有一个时钟脉冲发生器，在有些情况下，还需要对时钟分频（在 Verilog 或 VHDL 中），产生适合实验的内部时钟频率；(3)连接到 FPGA 实现电路上的信号可以使用开发板上的按键，还需要用软件方式实现脉冲发生器，以便控制和观察计数器或状态机的功能（见"实验 1 的 HDL 补充"）。

实验 1 的 HDL 补充（见 9.2 节）

实验 1 中确定的计数器功能可以使用 HDL 来描述，且综合后使用 FPGA 实现。注意，图 9.3 中电路使用按键脉冲发生器或时钟信号，使标准部件组装起来的电路执行加法计数。在 FPGA 开发板上，需要使用软件脉冲发生器电路与开关一起工作，如此，计数器的功能才可以被眼睛观察到。

图 9.25　实验 1 中脉冲发生器的 ASM 流程图

软件脉冲发生器的 ASM 流程图如图 9.25 所示，这里外部输入(*Pushed*)来自机械开关或按键。*Start* 开关按下后，再打开，以确保每次开关或按钮只产生一个脉冲。如果开关闭合，计数器或状态机处于复位状态(*S_idle*)，则脉冲将使计数器或状态机开始工作。在 *Start* 有效前，一定要记住把开关打开（或释放按键）。使用软件脉冲发生器可以观察到每个计数值。如有必要，可使用用于按键的简单同步电路。

实验 2 的 HDL 补充(见 9.3 节)

在该硬件实验中，我们介绍了许多逻辑门和其传输时延。3.9 节观察了一个带时延的简单门电路。采用 HDL 对电路描述的结果见 HDL 例 3.3，下面先编译这个程序，然后使用仿真器验证图 3.36 中的波形。

对于图 3.30(a)所示电路的门，分配下面的时延：非门为 10 ns、与门为 20 ns、或门为 30 ns。电路的输入由 $xy = 00$ 变为 $xy = 01$。

(a)求 $t = 0$ 到 $t = 50$ ns 期间每个门的输出信号。

(b)写出包含时延的 HDL 描述。

(c)写出激励模块(与 HDL 例 3.3 相似)，仿真验证电路回答(a)中问题。

(d)利用 FPGA 实现电路，并测试其功能。

实验 4 的 HDL 补充(见 9.5 节)

通过检查电路输出，并与电路真值表相比较，可以验证组合电路的功能。HDL 例 4.10(见 4.12 节)说明了通过模拟电路获得电路真值表的过程。

(a)为熟悉这个过程，编译并模拟 HDL 例 4.10，检查输出真值表。

(b)实验 4 中已经设计了大数判决逻辑电路。写出大数判决逻辑电路的 HDL 门级描述，并加上激励用于显示真值表，编译电路并仿真，检查输出结果。

(c)使用 FPGA 实现大数判决逻辑电路，并测试其功能。

实验 5 的 HDL 补充(见 9.6 节)

这个实验研究的是代码转换。在 4.4 节中，我们设计了 BCD-余 3 码转换电路。使用 HDL 仿真器对设计结果进行验证。

(a)写出图 4.4 所示电路的 HDL 门级描述。

(b)使用图 4.3 列出的布尔表达式的数据流描述。

(c)写出 BCD-余 3 码转换电路的 HDL 行为描述。

(d)编写测试平台，仿真和测试 BCD-余 3 码转换电路，验证真值表，检查所有 3 个电路。

(e)利用 FPGA 实现电路行为描述，并测试其功能。

实验 7 的 HDL 补充(见 9.8 节)

本实验实现 4 位加减器。4.5 节讨论了加减器电路。

(a)写出 4 位加法器 7483 的 HDL 行为描述。

(b)写出图 9.11 所示加减器电路的行为描述。

(c)写出图 4.13 所示 4 位加减器的 HDL 层次化描述(包括 V)，可通过修改 HDL 例 4.2(见 4.12 节)中的 4 位加法器来实现。

(d)写出 HDL 测试向量，仿真测试(c)部分的电路，检查并验证引起溢出($V = 1$)的数值。

(e)利用 FPGA 实现(c)部分的电路，并测试其功能。

实验 8 的 HDL 补充(见 9.9 节)

边沿 D 触发器 7474 如图 9.13 所示,触发器带异步置位端和清零端。

(a)只使用输出 Q,写出 7474 D 触发器的 HDL 行为描述(注意,当 $Preset = 0$ 时,Q 变为 1;当 $Preset$ 为 1 且 $Clear = 0$ 时,Q 变为 0,所以 $Preset$ 的优先级高于 $Clear$ 的优先级)。

(b)只使用两个输出,写出 7474 D 触发器的 HDL 行为描述,第二个输出标为 Q_not,注意它并不一直是 Q 的反相(当 $Preset = Clear = 0$ 时,Q 和 Q_not 都为 1)。

实验 9 的 HDL 补充(见 9.10 节)

在这个硬件实验中,要求设计并验证一个时序电路,其状态图如图 9.14 所示,它是 Mealy 型时序电路,与 HDL 例 5.5 描述的电路类似(见 5.6 节)。

(a)写出图 9.14 状态图的 HDL 描述。

(b)写出由设计得到的时序电路的 HDL 结构描述(与 HDL 例 5.7 类似,见 5.6 节)。

(c)图 9.24(c)(见 9.18 节)给出了控制状态图,它有 4 个输出 T_0、T_1、T_2 和 T_3,对状态使用一位热位编码(见 5.7 节的表 5.9),写出状态图的 HDL 描述。

(d)写出数据路径单元的行为描述,并验证控制单元和数据路径单元连接在一起时工作正常。

(e)利用 FPGA 实现电路,并测试其功能。

实验 10 的 HDL 补充(见 9.11 节)

图 9.15 中的 74161 是带并行预置功能的同步计数器。除了有两点不同,它与 HDL 例 6.3(6.6 节)描述的电路类似,即预置输入为 0 有效,此时有两个输入(P 和 T)控制计数。写出 74161 的 HDL 描述,利用 FPGA 实现计数器,并测试其功能。

实验 11 的 HDL 补充(见 9.12 节)

在这个实验中,使用 74195 和 74157 实现带并行预置功能的双向移位寄存器。

(a)写出移位寄存器 74195 的 HDL 描述,假设 J 和 $\bar{K}$ 连接在一起,作为串行输入端。

(b)写出数据选择器 74157 的 HDL 描述。

(c)写出本实验设计过的 4 位双向移位寄存器的 HDL 描述,(1)实例化两个 IC,并定义它们的连接,写出结构描述;(2)利用本实验所得的功能表,写出电路的行为描述。

(d)利用 FPGA 实现电路,并测试其功能。

实验 13 的 HDL 补充(见 9.14 节)

这个实验研究了 RAM 的功能。用 HDL 描述存储器的方式见 7.2 节中的 HDL 例 7.1。

(a)写出图 9.18 中 74189 集成 RAM 的 HDL 行为描述。

(b)写出激励程序,在地址 0 存储二进制数 3,在地址 14 存储二进制数 1,测试存储器功能,从这两个地址读出存储数据,检查是否正确。

(c)利用 FPGA 实现 RAM,并测试其功能。

实验 14 的 HDL 补充(见 9.15 节)

(a)写出图 9.19 所示带并行预置功能的双向移位寄存器 74194 的 HDL 行为描述。

(b)用 FPGA 实现移位寄存器,并且测试其功能。

实验 16 的 HDL 补充(见 9.17 节)

一个带累加寄存器和存储单元的并行加法器如图 9.23 所示。通过实例化框图中的各个部件,得到电路的结构描述。结构描述举例见 8.6 节中的 HDL 例 8.4。用计数器 74161 代替 7493,用 D 触发器 7474 替代 JK 触发器 7476,写出各个部件的行为描述。在表 9.1 中,可以找到各个部件的框图。利用 FPGA 实现电路,并测试其功能。

实验 17 的 HDL 补充(见 9.18 节)

4 位乘法器框图如图 9.24 所示。可以用两种方法描述乘法器:(1)使用图 9.24(d)中列出的寄存器传输级语句;(2)使用图 9.24(b)中的框图。按照寄存器传输级(RTL)方式描述乘法器,可参见 HDL 例 8.5(见 8.9 节)。

(a)在这个实验中,将会使用框图中定义的集成电路部件写出二进制乘法器的 HDL 结构描述。使用每个部件的模块化描述,并将它们实例化后进行连接,得到结构描述(见 8.6 节的例子)。部件的 HDL 描述可从前面的几个例子中得到一些解决方法。实验 7(a)中描述了 7483,实验 8(a)中描述了 7474,实验 10 中描述了 74161,实验 14 中描述了 74194,控制的描述可从实验 9(c)中得到启发。验证乘法运算之前,务必要确认每个结构单元的功能是正确的。

(b)利用 FPGA 实现二进制乘法器,要求使用实验 1 的 HDL 补充中描述的脉冲发生器。

第 10 章　标准图形符号

10.1　矩形符号

诸如门、译码器、数据选择器和寄存器等这些数字部件，都有商用集成电路可以使用，分别称为小规模(SSI)或中规模(MSI)电路。我们采用标准图形符号描述数字部件，这样用户能从符号识别出其功能。这个标准就是 ANSI/IEEE Std. 91-1984，它已经得到了工业组织、政府和专业组织的广泛认可，而且是国际通用标准。

该标准采用矩形框代表每个特殊的逻辑功能。在框内，有一些通用的限定符号表示此单元所执行的逻辑功能。例如，数据选择器的通用限定符号为 MUX。框的大小可任意，且可为正方形或任意长宽比的长方形。输入线在框的左边，输出线在框的右边。如果信号流动的方向要反过来，则必须用箭头指明。

SSI 门的矩形图形符号如图 10.1 所示。与门的限定符号为"&"；或门的限定符号为"≥1"，表示输出有效的条件是至少有一个输入有效；缓冲器的限定符号为"1"，表示只有一个输入；异或门的限定符号"=1"表示如果要使输出有效，则只能有一个输入有效。输出中的小圆圈符号代表逻辑非，表示电路输出为反相输出。尽管推荐使用门的矩形符号，该标准也支持使用图 2.5 中其他特定形状的符号。

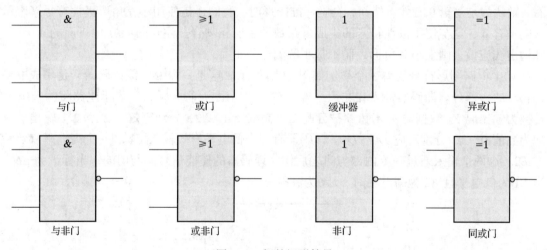

图 10.1　门的矩形符号

MSI 标准图形符号的一个举例是图 10.2 中的 4 位并行加法器。加法器的限定符号为希腊字母"Σ"。对于算术操作数，推荐采用的字母是 P 和 Q。两个输入和一个求和输出的位分别被位组合符号组合在一起，表示将每位对应的 2 的幂次权重累加起来的等效十进制数。因此，标识为 3 的输入对应数值为 $2^3 = 8$。输入进位用 CI 表示，输出进位用 CO 表示。如果此框代表的数字部件为商用集成电路，则习惯上将 IC 引脚号写在每个输入/输出上。因此，集成电路 7483 为带超前进位的 4 位加法器，它的封装有 16 个引脚。9 个输入引脚号和 5 个输出引脚号如图 10.2 所示，其他两个引脚用于电源和地。

在介绍其他部件的图形符号前，有必要回顾一些术语。在 2.8 节提到过，正逻辑系统定义两个信号电平中大的信号(用 H 表示)为逻辑 1，小的信号(用 L 表示)为逻辑 0。负逻辑分配的方式与此相反。除了正逻辑和负逻辑，还有第三种分配方法，称为混合逻辑。在混合逻辑中，信号完全是根据它们的 H 和 L 值来考虑的，允许用户自定义逻辑的

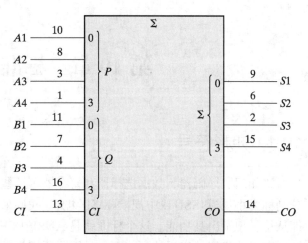

图 10.2　4 位并行加法器 7483 的标准图形符号

极性，逻辑 1 既可以分配给 H，也可以分配给 L。在混合逻辑表示中，任意一条输入或输出线上使用的小直角三角形图形符号表示负逻辑极性[见图 2.10(f)]。

集成电路制造商根据 H 和 L 信号确定集成电路的功能。当输入或输出采用正逻辑时，电路功能被定义为高电平有效。当采用负逻辑时，电路功能被定义为低电平有效。识别输入或输出是否是低电平有效，要看输入和输出线上是否出现小三角形极性标识符号。如果出现该符号，则该引脚为低电平有效。在整个系统中，若只使用正逻辑，小三角形极性符号与代表负逻辑的小圆圈符号的作用相同。在本书中，我们始终采用的是正逻辑，且在画逻辑图时使用小圆圈符号。当输入或输出线不带小圆圈时，我们认为它是逻辑 1 有效。如果带了小圆圈，则认为是逻辑 0 有效。然而，在画标准图形时，我们还是使用小三角形极性符号来表示低电平有效，这与使用极性符号的集成电路数据手册相吻合。注意图 10.1 中下面的 4 个门，其输出线应该被画上小三角形，而不是小圆圈。

MSI 电路图形符号的另一个举例如图 10.3 所示。这是一个 2-4 线译码器，是集成电路 74155 的一部分。译码器输入在左边，输出在右边，限定符号"X/Y"表示电路将输入码 X 转换为输出码 Y。数据输入 A 和 B 被分配二进制权重 1 和 2，分别等效于 2^0 和 2^1。输出被分配为数值 0~3，分别对应 $D0$~$D3$。译码器有一个低电平有效输入 $E1$ 和一个高电平有效输入 $E2$。这两个输入通过一个内部与门之后作为译码器的使能信号。与门的输出标识为 EN。当 $E1$ 为低电平且 $E2$ 为高电平时，EN 为高电平。

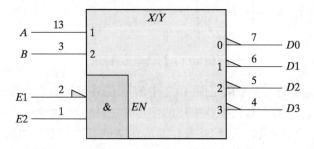

图 10.3　2-4 线译码器的标准图形符号(74155 的二分之一)

10.2 限定符号

用于描述逻辑功能的 IEEE 标准图形符号提供了与边框结合使用的一列限定符号（qualifying symbol）。在基本框中加入限定符号，可代表单元的整体逻辑特征或输入/输出的物理特性。表 10.1 列出了标准中的通用限定符号，它们定义了图中所表示器件的基本功能，置于矩形框上方的中间位置。在前面的图中，我们已经介绍了门、译码器和加法器的通用限定符号。其他符号的意义比较明显，将在接下来的相应数字部件对应的图中介绍。

一些与输入和输出有关的限定符号见图 10.4。与输入有关的符号被放在左边标记为"符号"列的下方。与输出有关的符号被放在右边的一列。低电平有效输入或输出符号用极性表示。如同前面提到的，如果使用正逻辑系统，则它等效于逻辑取反。动态输入与触发器电路的时钟输入有关，它表示输入在时钟信号由低到高转换时有效。三态输出有一个高阻态，没有逻辑含义。当电路工作时，输出为逻辑 0 或 1；当电路不工作时，三态输出为高阻态，该状态等效于一个开路电路。

表 10.1 通用限定符号

符号	描述
&	与门、与函数
≥ 1	或门、或函数
1	缓冲器、反相器
= 1	异或门、异或函数
$2k$	偶函数、偶校验单元
$2k+1$	奇函数、奇校验单元
X/Y	编码器、译码器、代码转换器
MUX	数据选择器
DMUX	数据分配器
Σ	加法器
Π	乘法器
COMP	数值比较器
ALU	算术逻辑单元
SRG	移位寄存器
CTR	计数器
RCTR	环形计数器
ROM	只读存储器
RAM	随机存取存储器

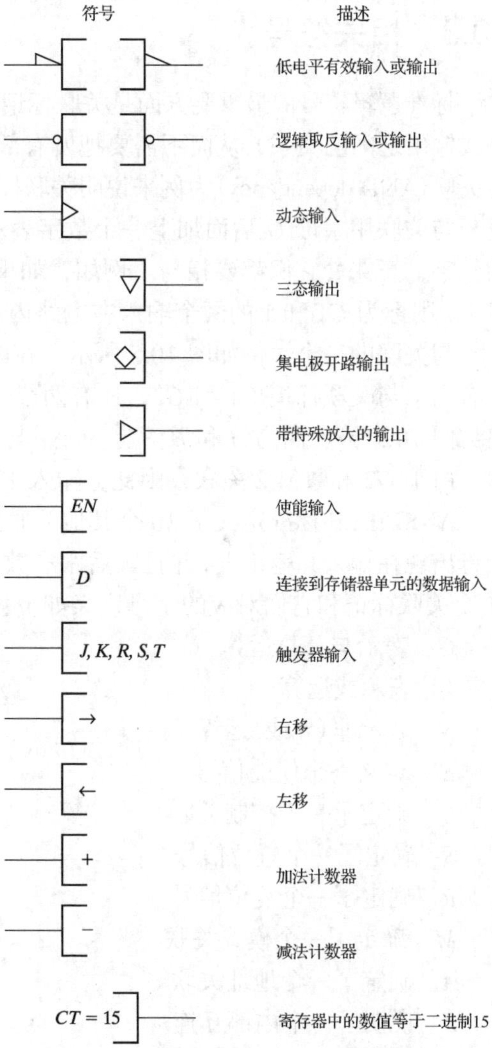

图 10.4 与输入和输出相关的限定符号

集电极开路输出有一个输出呈现高阻态, 有时需要外接一个电阻产生正确的逻辑电平。在菱形符号的顶部或底部有一横线, 前者用于表示高电平类型, 后者用于表示低电平类型。高电平或低电平类型定义了当输出不是高阻态时的逻辑电平。例如, TTL 类集成电路有一个特殊的输出称为集电极开路输出, 这些输出可以通过在菱形符号下面画横线来表示, 代表输出可以为高阻态, 也可以为低电平。当作为分布函数的一部分使用时, 两个或两个以上集电极开路与非门如果连接到一个公共电阻上, 则执行正逻辑与门或负逻辑或门的功能。

门电路中使用的带特殊放大功能的输出可提供一定的驱动能力。这样的一些门常作为时钟驱动或基于总线的传输器件使用。*EN* 符号表示使能输入。当 *EN* 有效时, 它会对所有的输出起作用。当标识 *EN* 的输入无效时, 所有的输出都无效。触发器的输入符号是通用的, *D* 输入也与其他的存储单元(如存储器的输入)有关。

右移和左移符号分别使用向右或向左的箭头。加法计数器和减法计数器的符号分别是加法和减法符号。$CT = 15$ 表示当寄存器中的数值达到 15 时, 输出有效。当框内给出的是非标准信息时, 就放在方括号"[ ]"中。

10.3   相关符号

标准逻辑符号的最重要方面是关联标记(dependency notation)。关联标记用于表示不同输入或输出之间的关系, 从而不需要把所有部件及它们之间的连接都显示出来。我们将首先以与关联(AND dependency)为例来说明关联标记, 然后定义所有与该标记有关的其他符号。

与关联用字母 *G* 后面加上一个数字表示。图中任何一个输入或输出只要标注了 *G* 旁边的数字, 意味着它们都要相与。例如, 如果图中有一个输入标为 *G*1, 而另一个输入标为数字 1, 则标为 *G*1 和 1 的两个输入在电路内部相与。

与关联的一个举例如图 10.5 所示。在图 10.5(a)中, 我们绘出了图形符号的一部分, 其中有两个与关联标记 *G*1 和 *G*2, 还有两个输入标为数字 1, 有一个输入标为数字 2。等效电路见图 10.5(b)。因为 *A* 和 *B* 都标为 1, 与 *G*1 相连的 *X* 将与输入 *A* 和 *B* 分别相与。与此相似, 由于 *G*2 和数值 2 关联, 因此, 输入 *Y* 与 *C* 相与。

ANSI/IEEE 标准定义了 10 个其他关联标记。每个关联用一个字母符号表示(除 *EN* 外)。字母出现在输入和输出上, 并且其后跟有数字。关联影响到标有相同数字的每个输入和输出。11 个关联标记和它们对应的字母定义如下:

   G   表示与(门)运算

   V   表示或运算

   N   表示非(异或)运算

  EN   定义一个使能信号

   C   确定了一个控制关联

   S   确定了一个置位信号

   R   确定了一个复位信号

   M   确定了一个模式关联

   A   确定了一个地址关联

   Z   说明了一个内部互连

   X   说明了一个可控传输

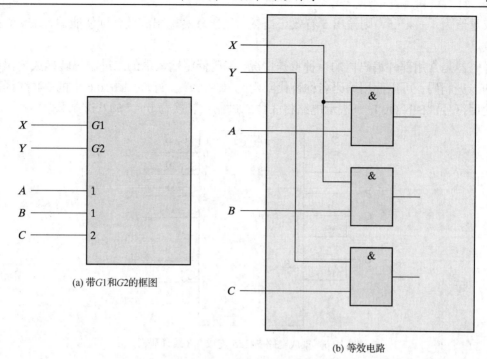

(a) 带 G1 和 G2 的框图

(b) 等效电路

图 10.5　G(与) 关联举例

　　V 和 N 关联用于表示逻辑或、逻辑异或运算，这与 G 表示逻辑与类似。EN 关联与限定符号 EN 相似，但前者后面跟有数字，例如 EN2。当与 EN 有关的输入有效时，只有标识了相同数字的输出才有效。

　　控制关联 C 用于确定时序单元中的时钟输入，并指出哪一个输入由它控制。置位 S 和复位 R 关联用于确定 SR 触发器的内部逻辑状态。C、S、R 关联将会在 10.5 节中与触发器电路一起解释。模式 M 关联用于确定能选择单元功能模式的输入。模式关联将在 10.6 节与寄存器和计数器同时介绍。地址 A 关联用于确定存储器的地址输入，在 10.8 节介绍存储单元时，也将一起介绍它。

　　Z 关联用于说明单元内部的互连，它表示在输入、输出、内部输入和内部输出之间的内部逻辑连接的存在。X 关联说明了 CMOS 传输门中的可控传输路径。

10.4　组合部件符号

　　本节和本章剩下部分的举例，将会说明如何使用标准图形符号表示各种各样的数字部件。所举的例子都是实际的商用集成电路，输入和输出引脚号包含在其中。本章给出的大部分集成电路已在第 9 章的实验中出现。

　　加法器和译码器的图形符号在 10.2 节已经介绍过。集成电路 74155 可以被接成 3-8 线译码器使用，如图 10.6 所示(该译码器的真值表如图 9.7 所示)。该集成电路有两个 C 输入和两个 G 输入，必须如图中那样连接在一起。当它们都是低电平时，使能输入才有效，输出才都为低电平有效。输入被分配二进制权重 1、2 和 4，分别等效于 2^0、2^1 和 2^2。输出分配的数字为 0 到 7。输入权重的和决定了哪一个输出有效。因此，如果权重为 1 和 4 两个输入有效，

总的权重值为 $1 + 4 = 5$，则输出 5 有效。当然，若想任意输出有效，则使能输入 EN 必须首先有效。

译码器是常用部件编码器的一种特殊情况。编码器将输入端的二进制码转换成输出端的不同的二进制码，可以使用编码名称替代限定符号"X/Y"。例如，图 10.6 中的 3-8 线译码器可以使用符号"BIN/OCT"，表示电路将 3 位二进制数转换为 $0\sim7$ 的八进制数。

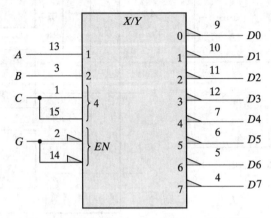

图 10.6　集成电路 74155 连成 3-8 线译码器

在给出数据选择器的图形符号前，有必要先补充说明与关联一些知识。与关联有时可以表示成缩写形式，如 $G\frac{0}{7}$，这个符号表示从 0 到 7 的 8 个与关联，分别为

$$G0,\ G1,\ G2,\ G3,\ G4,\ G5,\ G6,\ G7$$

在任何给定时刻，8 个与门中只有一个输出有效。有效的与门由与 G 符号相关的输入决定。这些输入标识的权重等于 2 的幂次。对刚刚列出的 8 个与门来说，权重是 0、1 和 2，对应的数值分别为 2^0、2^1 和 2^2。在任何给定时刻，有效的与门由有效输入的权重和决定。因此，如果输入 0 和 2 有效，那么有效的与门的数字为 $2^0 + 2^2 = 5$，即 $G5$ 有效，其他 7 个与门无效。

8-1 线数据选择器的标准图形符号如图 10.7(a) 所示，限定符号"MUX"表示该器件是数据选择器。框内的符号是标准的，但外部标识的符号是用户自定义的。74151 的功能表在图 9.9 中给出。与关联标为 $G\frac{0}{7}$，与括号内的输入相关。这些输入的权重分别为 0、1 和 2，实际中它们也被称为选择输入，8 个数据输入标为 $0\sim7$ 的数字。与 G 符号相关的有效输入的权重决定了有效数据输入。例如，如果选择输入 $CBA = 110$，那么与 G 相关的输入 1 和 2 有效。由此可以得到与关联数值 $2^2 + 2^1 = 6$，则 $G6$ 有效。由于 $G6$ 与数字为 6 的数据输入相与，使得该输入有效，因此只要使能输入有效，输出等于数据输入 D_6。

图 10.7(b) 描述了四 2-1 线 (2×1) 数据选择器 74157，其功能表如图 9.17 所示。4 个数据选择器的使能和选择输入是共用的，可以由图中顶部的标准符号看出，它代表了一个公共控制框。公共控制框的输入控制了图下方的所有部分。公共使能输入 EN 是低电平有效。与关联 $G1$ 决定了每个数据选择器哪一个输入有效。当 $G1 = 0$ 时，标识为 $\bar{1}$ 的输入 A 有效。当 $G1 = 1$ 时，标识为 1 的输入 B 有效。如果 EN 有效，则有效输入会作用于相应的输出。注意，输入符号 $\bar{1}$ 和 1 在上面部分标识，只是为了避免在每个部分重复标识它们。

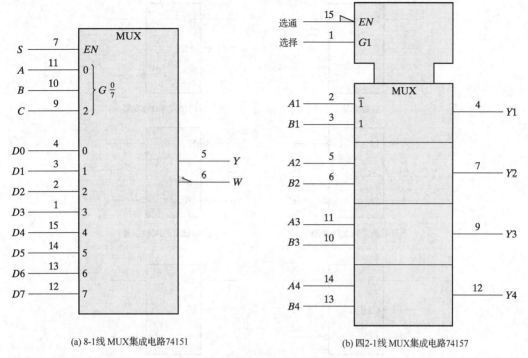

(a) 8-1 线 MUX集成电路74151　　　　　(b) 四2-1线 MUX集成电路74157

图 10.7　8-1 线数据选择器的标准图形符号

10.5　触发器符号

用于不同类型触发器的标准图形符号如图 10.8 所示。触发器由一个左边是输入、右边是输出的矩形框表示。一个输出表示触发器的常态，另一个带小圆圈取反符号（或极性指示）的输出是触发器的反相输出。三种类型触发器的图形符号是有区别的，D 锁存器的内部结构见图 5.6，主从触发器见图 5.9，边沿触发器见图 5.10。D 锁存器或 D 触发器图形符号框的内部有输入 D 和 C。JK 触发器的图形符号里有输入 J、K 和 C。符号 $C1$、$1D$、$1J$ 和 $1K$ 是控制关联的举例。输入 $C1$ 控制 D 触发器中的输入 $1D$ 和 JK 触发器中的 $1J$ 和 $1K$。

除了 $1D$ 和 $C1$ 输入，D 锁存器没有其他的符号。边沿触发器中在控制关联 $C1$ 的前面有一个箭头形状符号，表示这是一个动态输入。该动态指示符号表示触发器在输入时钟的上升沿响应。在动态符号前的小圆圈表示这是一个下降沿触发。主从触发器被认为是脉冲触发，因此，在输出前面使用了一个倒过来的"L"符号，用以说明输出信号变化只发生在脉冲的下降沿。注意，主从触发器框中没有动态指示符号。

封装在集成电路中的触发器有特殊的输入用于异步置位和复位。这些输入常被称为直接置位和直接复位。它们与时钟无关，当输入为低电平时，就会影响输出。带直接置位和直接复位的主从 JK 触发器的图形符号见图 10.9（a）。符号 $C1$、$1J$ 和 $1K$ 是控制关联，即时钟输入 $C1$ 控制输入 $1J$ 和 $1K$。S 和 R 前面没有数字 1，所以它们不被时钟 $C1$ 控制。S 和 R 输入线前面有一个小圆圈，表示当它们为逻辑 0 时有效。7476 触发器的功能表见图 9.12。

带直接置位和直接复位的上升沿触发的 D 触发器图形符号见图 10.9（b）。输入 $C1$ 的时钟上升沿控制输入 $1D$，S 和 R 输入与时钟无关。集成电路 7474 的功能表见图 9.13。

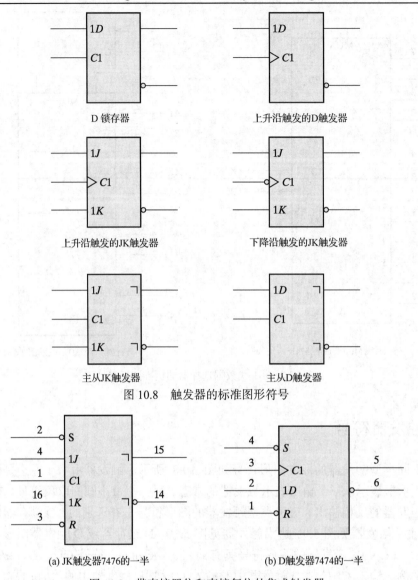

图 10.8　触发器的标准图形符号

(a) JK触发器7476的一半　　　　(b) D触发器7474的一半

图 10.9　带直接置位和直接复位的集成触发器

10.6　寄存器符号

　　寄存器的标准图形符号与共用时钟输入的一组触发器所使用的符号相同。图 10.10 是集成电路 74175 的标准图形符号，它包含了时钟和复位输入端共用的 4 个 D 触发器。时钟输入 $C1$ 和复位输入 R 出现在公共控制框中。公共控制框的输入连接到图下面部分的每个部件上。$C1$ 是控制所有 $1D$ 输入的关联符号。因此，每个触发器被公共时钟脉冲触发。与 $C1$ 相关的动态输入符号表示在输入时钟的上升沿触发器被触发。当公共复位输入 R 为低电平状态时，所有触发器被复位。符号 $1D$ 只在上面部分放置了一次，而不是在每个部分重复放置。图中的触发器反相输出由极性符号标注，而不是使用取反符号。

　　带并行预置的移位寄存器的标准图形符号如图 10.11 所示，其集成电路型号为 74195，功能表见图 9.16。移位寄存器的限定符号为 "SRG"，其后的数字表示级数。所以，"SRG4" 代表了 4 位移位寄存器。公共控制框有两个模式关联 $M1$ 和 $M2$，分别用于移位和预置操作。注意，该集成电路有一个标识为 SH/LD（移位/预置）的单输入，被分成两条线，代表两种模式。当输入 SH/LD 为高电平时，$M1$ 有效；当 SH/LD 为低电平时，$M2$ 有效。从输出线上的极性指示来看，$M2$ 是低电平有效。注意，单个输入实际上只对应引脚 9，但被分给了两个模式 $M1$ 和 $M2$。控制关联 $C3$ 用于时钟输入。输入 $C3$ 旁边的动态符号表示触发器在时钟的上升沿触发。符号 "$/1\rightarrow$" 在 $C3$ 之后，表示当模式 $M1$ 有效时，寄存器向右或向下移位。

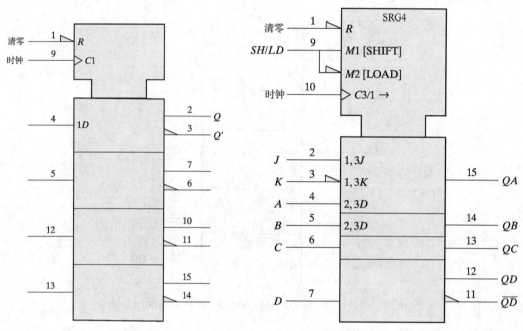

图 10.10　74175 四触发器的标准图形符号　图 10.11　带并行预置的移位寄存器 74195 的标准图形符号

　　公共控制框中的 4 个部分代表了 4 个触发器。触发器 QA 有 3 个输入：两个与串行（移位）操作有关，一个与并行（预置）操作有关。标有 "$1, 3J$" 的串行输入表示当 $M1$（移位）有效且 $C3$ 出现时钟上升沿时，触发器 QA 的 J 输入有效。标有 "$1, 3K$" 的串行输入线上有个极性符号，对应于将 JK 触发器的 K 输入取反。QA 的第三个输入和其他触发器的输入用于并行数据输入。每个输入都标有 "$2, 3D$"，2 代表 $M2$（预置），3 代表时钟 $C3$。如果引脚 9 的输入为低电平，$M1$ 有效，且时钟 $C3$ 的上升沿到来，则会使数据从 4 个输入端 $A \sim D$ 并行传送到 4 个触发器 $QA \sim QD$ 中。注意，并行输入关联虽然只在第一和第二部分标注出来，但下面的其他两个部分也相当于被标注了关联。

　　图 10.12 是带并行预置的双向移位寄存器 74194 的标准图形符号，其功能表见图 9.19。公共控制框有一个 R 输入，可将所有触发器异步清零。模式选择有两个输入，模式关联 M 可以取二进制数值 0 到 3。符号 $M\frac{0}{3}$ 代表 $M0$、$M1$、$M2$ 和 $M3$，与数据选择器中的 G 关联符号相似。与时钟相关的符号是

$$C4/1\rightarrow /2\leftarrow$$

$C4$ 为时钟的控制关联。当模式为 $M1$（$S_1S_0 = 01$）时，符号 "$/1\rightarrow$" 表示寄存器右移（这种情况

下为向下)。当模式为 $M2(S_1S_0 = 10)$ 时，符号"/2←"表示寄存器左移(这种情况下为向上)。当把页面逆时针方向旋转 90° 时，可得到向右和向左的方向。

公共控制框下面的部分代表 4 个触发器。第一个触发器有一个用于右移的串行输入，表示为"1, 4D"(模式 $M1$、时钟 $C4$、输入 D)。最后一个触发器有一个用于左移的串行输入，表示为"2, 4D"(模式 $M2$、时钟 $C4$、输入 D)。所有 4 个触发器有一个并行输入端，表示为"3, 4D"(模式 $M3$、时钟 $C4$、输入 D)。所以，$M3(S_1S_0 = 11)$ 用于并行预置。还有一个模式 $M0(S_1S_0 = 00)$ 由于没有被包含在输入标识中，因此对输出没有影响。

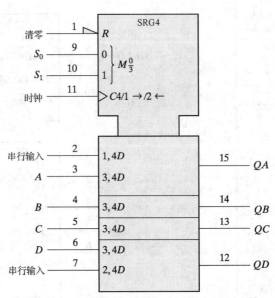

图 10.12   带并行预置的双向移位寄存器 74194 的标准图形符号

10.7　计数器符号

二进制行波计数器的标准图形符号见图 10.13，行波计数器的限定符号为"RCTR"。DIV2 代表被 2 除电路，由单个触发器 QA 得到。DIV8 代表被 8 除计数器，由另外 3 个触发器得到。图中所示是集成电路 7493，其内部电路如图 9.2 所示。公共控制框有一个内部与门，其输入为 $R1$ 和 $R2$。当这两个输入都为 1 时，计数器值回到 0，由符号 $CT = 0$ 说明。由于计数输入没有送给所有触发器的时钟输入，因此它没有标识 $C1$。相反，它使用了符号"+"，表示加法计数。动态符号在"+"之前，它与输入线

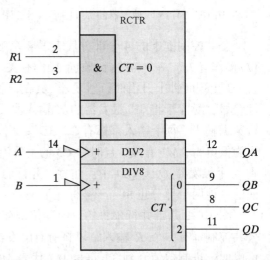

图 10.13   二进制行波计数器 7493 的标准图形符号

上的极性符号一起，用以说明计数在输入信号的下降沿变化。将输出 0~2 组合在一起，代表了 2 的幂次权重。因此，0 代表数值 $2^0 = 1$，2 代表数值 $2^2 = 4$。

带并行预置的 4 位二进制计数器 74161 的标准图形符号见图 10.14。同步计数器的限定符号为 "CTR"，后面跟着符号 "DIV16"（被 16 除），说明了计数器的计数长度。在引脚 9 有一个预置输入，被分为两个模式，$M1$ 和 $M2$。当引脚 9 的预置输入为低电平时，$M1$ 有效；当引脚 9 的预置输入为高电平时，$M2$ 有效。由输入线上的极性指示可知，$M1$ 是低电平有效。计数使能输入使用 G 关联。$G3$ 与 T 输入相关，$G4$ 与计数使能的 P 输入相关。与时钟相关表示为

$$C5/2, 3, 4 +$$

也就是说，当 $M2$、$G3$ 和 $G4$ 有效（$load = 1$，$ENT = 1$，$ENP = 1$）且 $C5$ 的时钟上升沿到来时，电路进行加法计数（"+" 符号）。图 9.15 列出的 74161 功能表给出了这个条件。并行输入标为 "$1, 5D$"，表示当 $M1$ 有效（$load = 0$）且时钟上升沿到来时，D 输入有效。输出进位由下面的标识定义：

$$3CT = 15$$

也就是说，如果 $G3$ 有效（$ENT = 1$）且计数器值（CT）为 15（二进制 1111），则输出进位有效（等于 1）。注意，输出有一个倒过来的 "L" 符号，表示所有触发器都为主从类型。输入 $C5$ 上的极性符号表示输入时钟是时钟的反相，也就意味着主触发器在时钟脉冲的下降沿触发，从触发器在上升沿触发。所以，输出变化发生在时钟脉冲的上升沿。需要指出的是，74LS161（低功耗肖特基型）为上升沿触发器。

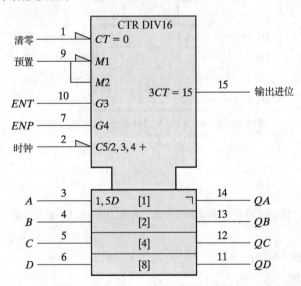

图 10.14　带并行预置的 4 位二进制计数器 74161 的标准图形符号

10.8　RAM 符号

随机存取存储器（RAM）74189 的标准图形符号见图 10.15。在 "RAM" 后面的数字 "16×4" 表示 RAM 中的字数及每个字的位数。公共控制框有 4 条地址线和 2 个控制输入。字中的每位在一个独立的段中给出，带有输入和输出数据线。地址关联 A 用于确定存储器的地

址输入。被地址影响的数据输入和输出用字母 A 标识。将 0 到 3 的位组合起来提供二进制地址，范围为 $A0$ 到 $A15$。倒三角形代表三态输出。极性符号表示输出反相。

存储器功能由关联符号定义。RAM 的图形符号使用 4 个关联：A(地址)、G(与)、EN(使能)和 C(控制)。由于 $G1$ 中字母 G 后面有数字 1，并且 $1EN$ 和 $1C2$ 中也都有 1，所以输入 $G1$ 要与 $1EN$ 和 $1C2$ 相与。EN 关联用于确定控制数据输出的使能输入。关联 $C2$ 控制标有 $2D$ 的输入。所以，对于写操作，我们有 $G1$ 和 $1C2$ 关联($CS = 0$)，$C2$ 和 $2D$ 关联($WE = 0$)，A 关联确定了 4 个地址输入的二进制地址。对于读操作，我们有 $G1$ 和 $1EN$ 关联($CS = 0$，$WE = 1$)，A 关联用于输出。解释这些关联可以得出 RAM 74189 功能表中的存储器功能(见网络搜索主题)。

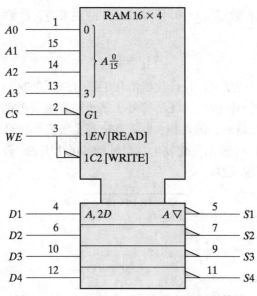

图 10.15 16×4 RAM 74189 的标准图形符号

习题

10.1 图 9.1 给出了带引脚分配的多个小型集成电路。使用这些信息，画出 7402、7410 和 7432 的矩形图形符号。

10.2 用自己的话解释如下名词：
   (a)正逻辑、负逻辑
   (b)高电平有效、低电平有效
   (c)极性指示
   (d)动态指示
   (e)关联标记

10.3 如何在图形符号中描述布尔关系"与"和"或"？举例说明。

10.4 绘制 4 位自减器的图形符号，类似于 7483 的 4 位并行加法器，带有专门的输入。

10.5 为带有两个使能输入 $E1$ 和 $E2$ 的余 3 码-十进制译码器绘制图形符号。如果 $E1 = 0$ 和 $E2 = 1$(假设为正逻辑)，则电路启动。

10.6　绘制具有公共选择输入和启动输入的双 2-1 线数据选择器的图形符号。

10.7　为下列触发器绘制图形符号：

(a) RS 锁存器。

(b) 下降沿触发主从 JK 触发器。

(c) 下降沿触发 T 触发器，带直接置位和直接复位。

10.8　移位寄存器、行波计数器、带并行预置功能的计数器和 RAM 的限定符号是什么？解释一下。

10.9　使用标识 $M0$ 表示右移，$M1$ 表示左移，$C2$ 表示时钟，绘制 4 位双向移位寄存器的图形符号。

10.10　解释图 10.12 中的标准图形使用的所有符号。

10.11　绘制一个具有并行预置功能的加减可逆同步二进制计数器的图形符号，从 0 到 7 进行计数。显示加法计数和减法计数的输出进位。

10.12　画出 128×2 RAM 的图形符号，要包含用于三态输出的符号。

参考文献

1.　*IEEE Standard Graphic Symbols for Logic Functions* (ANSI/IEEE Std. 91-1984). 1984. New York: Institute of Electrical and Electronics Engineers.

2.　KAMPEL, I. 1985. A *Practical Introduction to the New Logic Symbols*. Boston, MA: Butterworth.

3.　MANN, F. A. 1984. *Explanation of New Logic Symbols*. Dallas, TX: Texas Instruments.

4.　*The TTL Data Book*, Volume 1. 1985. Dallas, TX: Texas Instruments.

网络搜索主题

双向移位寄存器	74161 触发器
三态非门	74194 移位寄存器
三态缓冲器	74175 四触发器
通用移位寄存器	74195 移位寄存器
7483 加法器	74LS161 触发器
74151 数据选择器	74161 计数器
74155 译码器	74LS161 触发器
74157 数据选择器	74189 RAM
7476 触发器	BCD-十进制译码器
7474 触发器	随机存取存储器

附录 A　半导体和 CMOS 集成电路

　　半导体是由少量比较容易进入硅结晶结构的掺杂物掺杂到纯硅晶体薄片上形成的。掺杂物取决于掺杂对象是有三价电还是有五价电。在硅晶体结构中，每个硅原子与离它最近的 4 个原子共享四价电子，从而形成共价结构。带五价电子的掺杂物原子也称为 n 型掺杂物，适合晶体的物理结构，但是它们的第五个电子只是被母原子微弱地束缚住。因此，施加电场后可能会导致这样的电子流动成为电流。另一方面，掺杂原子只有三价电时，也就是 p 型掺杂，会多出一个空穴。在外加电场的作用下，来自共价结构中临近硅原子的一个电子会从原来的位置脱离，填充到这个空穴，重新留下一个空穴。这种迁移，使得电子从一个空穴跳跃到另一个空穴，如此形成了电流。

　　电流源于电子的移动，而电子是负电荷载流子，因此，电流的方向与电子移动的方向相反，这是本杰明·富兰克林提出的。（把电流看作等效正电荷以与电子相反的方向的移动。）空穴按电流的方向移动，虽然背后的电子是以反方向移动的。加热会引起两种类型的载流子在半导体中出现。如果大多数载流子是空穴，则该器件称为 p 型器件。如果大多数载流子是电子，则该器件称为 n 型器件。双极型晶体管依赖于这两种载流子。MOS（Metal Oxide Silicon，金属氧化物）半导体依靠多数载流子，或者是电子，或者是空穴，但不是两者都有。掺杂物的类型和剂量决定了半导体材料的类型。

　　MOS 晶体管的基本结构如图 A.1 所示。p 沟道 MOS 由 n 型硅材料的衬底组成，由 p 型掺杂扩散的两个区域形成了源极和漏极。两个 p 型区之间的区域称为沟道。栅极是一块金属板，它与沟道之间有一层绝缘的二氧化硅介质。栅极的负电压（相对于衬底）在沟道中形成感应电场，吸引衬底上的 p 型载流子。随着栅极上的负电压增大，在栅极以下的区域堆积了越来越多的正载流子，传导率增加，于是电流由源极到漏极，在这两极之间产生了电压差。

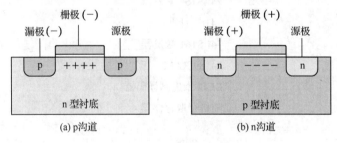

图 A.1　MOS 晶体管的基本结构

　　有四种基本类型的 MOS 结构。沟道可以为 p 型或是 n 型，这与主要的载流子是空穴还是电子有关。工作模式为增强型或是耗尽型，这取决于栅极电压为 0 时的沟道状态。如果沟道被初始化为 p 型掺杂（扩散沟道），在 0 栅极电压时存在导通沟道，则器件就工作在耗尽模式。在这个模式下，沟道中的电流被栅区耗尽。如果在栅极以下的区域被初始化为无电荷，则在电流能通过之前必须有个感应沟道产生。于是在栅极电压的作用下，沟道电流增强，这种器件就工作在增强模式下。

源极是主要载流子进入栅极的终端,漏极是主要载流子离开栅极的终端。在 p 沟道 MOS 中,源极接在衬底上,而负电压接在漏极上。当栅极电压高于开启电压 V_T(大约-2 V)时,沟道中没有电流,漏极到源极为开路。当栅极电压为负且小于 V_T 时,沟道形成的同时,p 型载流子由源极流向漏极。p 型载流子带正电,所以由源极到漏极为正向电流。

在 n 沟道 MOS 晶体管中,源极与衬底相接,而漏极上接正电压。当栅极电压小于开启电压 V_T(约 2 V)时,沟道中没有电流。当栅极电压为正且大于 V_T 时,n 型载流子由源极流向漏极。n 型载流子带负电,所以由漏极到源极为正向电流。开启电压与特殊的工艺有关,约为 1~4 V 之间。

MOS 晶体管的图形符号如图 A.2 所示。增强型 MOS 的符号是在源极和漏极之间有折线相连。在这个符号中,衬底被标出并与源极相接。另一个可选的符号将省略衬底,但是在源极放一个箭头来表示正电流的方向(在 p 沟道中由源极到漏极,在 n 沟道中由漏极到源极)。

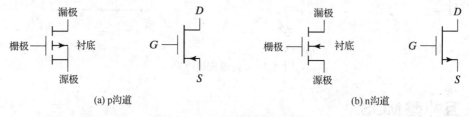

图 A.2　MOS 晶体管的图形符号

因为源极和漏极的对称结构,所以 MOS 晶体管能作为一个双向设备来工作。在正常情况下,载流子由源极流向漏极,但是在合适的条件下,允许载流子由漏极流向源极。

MOS 器件的一个优点就是它不仅能作为晶体管使用,也能作为电阻使用。将栅极设置为永久导通就可以形成电阻。源漏电压与沟道电流的比率决定了电阻值。在制造过程中,调整 MOS 器件的沟道长度和宽度就能得到不同的电阻值。

使用 MOS 器件的三种逻辑电路如图 A.3 所示。对于 n 沟道的 MOS 晶体管,电源电压 V_{DD} 为正(约 5 V),允许正电流从漏极流向源极。两个电压电平是开启电压 V_T 的函数。低电平为 0 到 V_T 之间的任意值,高电平为 V_T 到 V_{DD} 间的任意值。n 沟道逻辑门通常使用正逻辑。p 沟道 MOS 电路的 V_{DD} 为负电压,正电流从源极流向漏极,两个电压电平都为负值,高于负开启电压 V_T 的为高电平,低于负开启电压 V_T 的为低电平。p 沟道门通常使用负逻辑。

图 A.3(a)中的非门使用了两个 MOS 器件。$Q1$ 作为负载电阻,$Q2$ 作为放大器件。负载电阻 MOS 晶体管的栅极连接到 V_{DD},使其一直处于导通状态。当输入电压为低电平时(小于 V_T),$Q2$ 截止。由于 $Q1$ 一直导通,因此输出电压约为 V_{DD}。当输入电压为高电平时(约为 V_T),$Q2$ 导通。从 V_{DD} 流出的电流经负载电阻 $Q1$ 后进入 $Q2$。两个 MOS 器件的几何结构必须保证导通时 $Q2$ 的电阻比 $Q1$ 的电阻小得多,目的是使输出 Y 的电压小于 V_T。

图 A.3(b)所示的与非门使用晶体管串联方式。输入 A 和 B 必须为高电平才能使所有的晶体管导通,输出才能为低电平。如果任意一个输入为低电平,相应的晶体管截止,则输出就为高电平。由两个工作 MOS 晶体管组成的串联电阻必须远小于负载电阻 MOS 晶体管的电阻。图 A.3(c)所示的或非门使用晶体管并联方式。如果任意输入为高电平,相应的晶体管导通,则输出就为低电平。如果所有的输入为低电平,工作的晶体管均截止,则输出就为高电平。

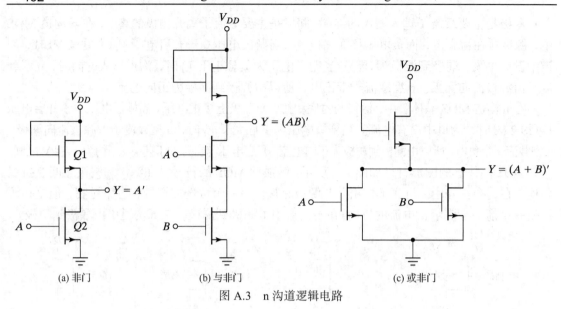

图 A.3   n 沟道逻辑电路

A.1   互补型 MOS

互补型 MOS(CMOS)电路利用了 n 沟道和 p 沟道可制造在同一衬底上的技术。CMOS
电路由两种类型的 MOS 晶体管互连来形成逻辑功能。基本的电路是非门,它包含一个 p 沟道
晶体管和一个 n 沟道晶体管,如图 A.4(a)所示。p 沟道的源极接 V_{DD},n 沟道的源极接地。V_{DD}
的值可为 3~18 V 之间的任意值。两个电压电平是:低电平为 0 V,高电平为 V_{DD}(典型值为
5 V)。

为了理解非门的工作原理,我们必须回顾一下 MOS 晶体管的性能:

1. 当栅极到源极电压为正时,n 沟道的 MOS 晶体管导通。
2. 当栅极到源极电压为负时,p 沟道的 MOS 晶体管导通。
3. 如果栅极到源极电压为 0,则两种类型的 MOS 晶体管均截止。

现在来考虑非门的工作情况。当输入为低时,两个门都是 0 电位。相对于 p 沟道器件的
源极,输入为 $-V_{DD}$,相对于 n 沟道器件的源极,输入为 0 V。结果 p 沟道器件导通,n 沟道
器件截止。在这样的条件下,从 V_{DD} 到输出有一个低阻抗路径和一个从输出到地的高阻抗路
径。所以在正常负载情况下,输出电压接近高电压 V_{DD}。当输入为高时,两个栅极都为 V_{DD},
p 沟道器件截止,n 沟道器件导通,结果输出接近低电平 0 V。

图 A.4 还给出了两种其他的 CMOS 基本门。一个 2 输入与非门由 2 个并联的 p 型单元
和两个串联的 n 型单元组成,如图 A.4(b)所示。如果所有的输入为高电平,则 p 型晶体管都
截止,n 型晶体管都导通。此时输出到地的阻抗很低,从而产生低电平状态。如果任意输入
为低电平,则相应的 n 沟道晶体管截止而 p 沟道晶体管导通。此时输出与 V_{DD} 连接,产生高
电平状态。相应地,按照图 A.4(b)中同样的方式,放置相等数目的并联 p 型 MOS 晶体管和
串联 n 型 MOS 晶体管,就可以形成多输入的与非门。

一个 2 输入的或非由两个并联的 n 型单元和两个串联的 p 型单元组成,如图 A.4(c)所示。

当输入都为低时，两个 p 沟道器件均导通，n 沟道器件均截止，输出与 V_{DD} 相连，为高电平状态。如果任意输入为高电平，则相应的 p 沟道器件截止，而 n 沟道器件导通，输出与地相接，为低电平状态。

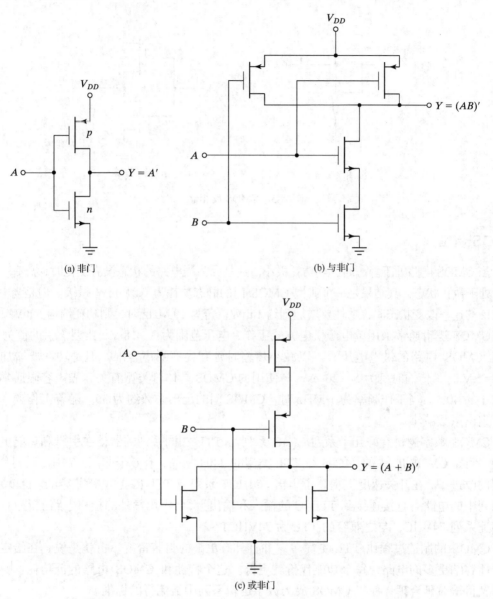

(a) 非门　　　　　　　　　　　　(b) 与非门

(c) 或非门

图 A.4　CMOS 逻辑电路

可以将 MOS 晶体管看作电子开关，不是接通就是断开。例如，CMOS 非门能形象描述为由图 A.5(a) 中的两个开关组成。在其输入端加一个低电压，上面的开关接通(p 型)，输出连接到电源电压上。在其输入端加一个高电压，下面的开关接通(n 型)，输出连接到地。所以输出 V_{out} 是输入 V_{in} 的非。在商业应用中，为了强调其逻辑开关行为，常使用其他的图形符号来表示 MOS 晶体管。省略指示电流方向的箭头，而在 p 沟道晶体管的栅极输入画了一个代表反相的小圆圈，表示其为低电平使能。使用这些符号重画的非门电路如图 A.5(b) 所示。

当输入为逻辑 0 时,上面的 MOS 晶体管导通,输出为逻辑 1;当输入为逻辑 1 时,下面的 MOS 晶体管导通,输出为逻辑 0。

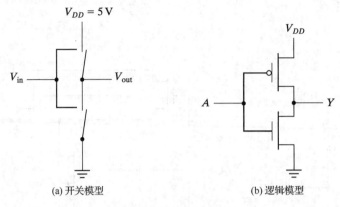

(a) 开关模型   (b) 逻辑模型

图 A.5   CMOS 反相器

CMOS 特征

当 CMOS 电路处于静态时,其功耗极小。这是因为当电路的状态没有变化时,总有一个晶体管处于截止状态,其结果是一个典型 CMOS 门的静态功耗为 0.01 mW 量级。但是当电路以 1 MHz 的速率改变状态时,功耗要增加到约 1 mW;若为 10 MHz 时,则功耗约为 5 mW。

CMOS 逻辑通常采用单电源供电方式工作,电压范围为 3~18 V,典型 V_{DD} 的值为 5 V。提高 CMOS 电路的供电电压,可以减小传输时延和提高噪声容限,但是功耗要增加。当 V_{DD} = 5 V 时,传输时延为 5~20 ns,与使用的 CMOS 晶体管类型有关,噪声容限通常为供电电压的 40%。当工作频率为 1 MHz 时,CMOS 门的扇出系数约为 30。随着工作频率的增加,扇出系数减小。

CMOS 数字逻辑有好几个系列。74C 系列与 TTL 相同系列的器件在引脚和功能上是兼容的。例如 CMOS IC 中的 74C04 与 TTL 类型的 7404 相同,有 6 个非门。74HC 系列是 74C 系列的改进型,在开关速度上提高了十倍。74HCT 系列与 TTL IC 是电路兼容的。也就是说,此系列中的电路可直接连接到 TTL IC 的输入和输出上,而不用额外的接口电路。新型 CMOS 是高速系列 74VHC,与之兼容的 TTL 为 74VHCT。

CMOS 的制造过程比 TTL 更简单,并且具有更高的封装密度。也就是说,在给定的硅片上能容纳更多的电路,每个功能代价就更低。这个特性和 CMOS 电路的低功耗、噪声容限好及传输时延合理,使得 CMOS 成为数字逻辑系列中最流行的标准。

A.2   CMOS 传输门电路

一种特殊的 CMOS 电路是在其他的数字逻辑系列中没有的传输门。传输门在本质上是一个由输入逻辑控制的电子开关。在使用 CMOS 技术制造各种数字部件时,它用于简化这些部件的结构。

基本的传输门电路如图 A.6(a)所示。CMOS 非门由一个 p 沟道和一个 n 沟道晶体管构成,一个传输门由一个 n 沟道 MOS 晶体管和一个 p 沟道 MOS 晶体管并联而成。

　　n 沟道的衬底接地，p 沟道的衬底接 V_{DD}。当 N 管的栅极接 V_{DD}、P 管的栅极接地时，两个管子导通，在输入 X 和输出 Y 之间就有一条连接路径。当 N 管的栅极接地、P 管的栅极接 V_{DD} 时，两个晶体管截止，X 和 Y 之间为开路。图 A.6(b)为传输门的框图。注意 p 沟道的栅端上标有"非"的符号。图 A.6(c)描述了正逻辑的开关行为，即 V_{DD} 等价为逻辑 1，地等价为逻辑 0。

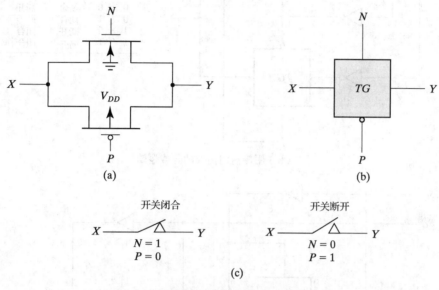

图 A.6　传输门（TG）

　　传输门通常连接到一个非门上，如图 A.7 所示。这种类型的排列通常称为双向开关。控制输入 C 直接连接到 n 沟道晶体管的栅极，C 的反相连接到 p 沟道晶体管的栅极。当 $C=1$ 时，开关闭合，在 X 和 Y 之间有连接通路。当 $C=0$ 时，开关断开，X 和 Y 之间没有连接路径。

　　使用传输门能构造各种各样的电路。为了说明其作为一个有用的 CMOS 系列部件，我们将列举三个电路例子。

　　由两个传输门和两个非门构成的异或门如图 A.8 所示。输入 A 控制传输门中的路径，输入 B 通过传输门与输出 Y 相连。当 $A=0$ 时，传输门 $TG1$ 闭合，输出 Y 等于输入 B；当 $A=1$ 时，$TG2$ 闭合，输出 Y 等于输入 B 的非。这就产生了异或真值表，如图 A.8 中的表所示。

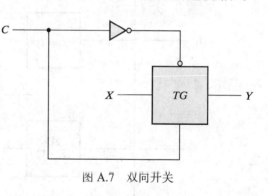

图 A.7　双向开关

　　由传输门构成的另一种电路是数据选择器。用传输门实现的 4-1 线数据选择器如图 A.9 所示。当两个纵向的控制输入在 0 和 1 之间发生变化时，TG 电路为其 4 个横向输入和输出线之间提供了一条传输通道。当控制输入有一个相反的极性时，路径断开，电路如同一个断开的开关。两个选择输入端 S_0 和 S_1 控制着 TG 电路的传输路径。每个方盒子的内部标出了开关闭合的条件。这样，当 $S_0=0$，$S_1=0$ 时，就有一条从输入 I_0 到输出 Y 的闭合路径通过表示 $S_0=0$ 和 $S_1=0$ 的两个传输门。通过 TG 电路将其他 3 个输入与输出隔开。

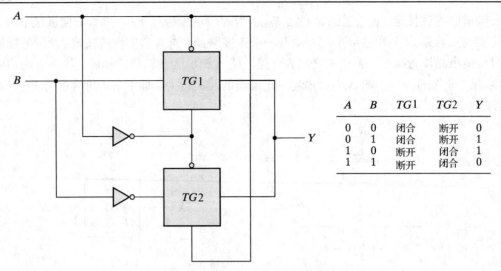

A	B	TG1	TG2	Y
0	0	闭合	断开	0
0	1	闭合	断开	1
1	0	断开	闭合	1
1	1	断开	闭合	0

图 A.8　用传输门构成的异或逻辑

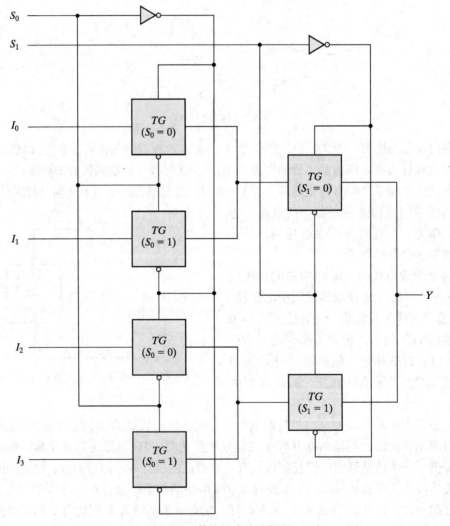

图 A.9　传输门多路选择器

电平敏感的 D 触发器(通常称为 D 锁存器)可以由传输门组成, 如图 A.10 所示。输入 C 控制两个 TG。当 $C = 1$ 时, 与输入 D 相连的 TG 闭合, 连接到输出 Q 的那个 TG 断开。这就产生了一个等效电路, 其路径为从输入 D, 经过两个非门, 到输出端 Q。只要 C 有效, 输出就为输入数据。当 C 变为 0 时, 第一个 TG 使输入 D 与电路断开, 第二个 TG 在输入的两个非门之间形成回路。这样, 当 C 由 1 变为 0 期间, 输入 D 的值仍然能在输出 Q 上保持。

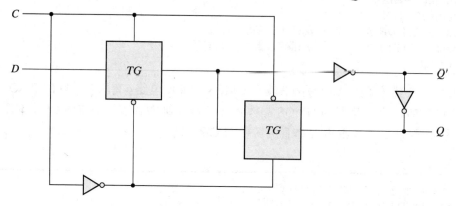

图 A.10　带传输门的 D 锁存器

主从 D 触发器可以由两个如图 A.10 所示的电路组成。第一个为主触发器, 第二个为从触发器。这样, 一个主从 D 触发器就由 4 个传输门和 6 个非门构成。

A.3　HDL 的开关级建模

CMOS 是数字集成电路的主流系列。在定义上, CMOS 是 NMOS 和 PMOS 晶体管的互补连接。MOS 晶体管可以被看作电子开关, 其不是导通就是断开。通过详细说明 MOS 开关的连接, 设计者就可以描述由 CMOS 构成的数字电路。这种类型的描述称作 Verilog HDL 的开关级建模。

在 Verilog HDL 中, 用关键字 **nmos** 和 **pmos** 定义了两种类型的 MOS 开关, 用它们来实例化说明图 A.2 中 MOS 晶体管的三个极。

nmos (漏极, 源极, 栅极);
pmos (漏极, 源极, 栅极);

开关被看作原语, 所以实例名的使用是可选的。

当定义 MOS 电路时, 必须指定与电源(V_{DD})和接地点的连接。电源和接地点分别用关键字 **supply1** 和 **supply0** 来定义, 它们用如下语句来声明:

supply1　PWR;
supply0　GRD;

supply1 的源相当于 V_{DD}, 其逻辑值为 1。**supply0** 的源相当于接地, 其逻辑值为 0。

图 A.4(a)的 CMOS 非门描述如 HDL 例 A.1 所示。输入、输出和两个电源最先被定义。模块实例化了一个 PMOS 晶体管和一个 NMOS 晶体管。输出 Y 通常为两个 MOS 晶体管的漏极, 输入通常为两个 MOS 晶体管的栅极。PMOS 晶体管的源极连接到 PWR, NMOS 晶体管的源极连接到 GRD。

HDL 例 A.1

```
// 图 A.4(a)的 CMOS 非门
module inverter (Y, A)
   input A;
   output Y;
   supply1 PWR;
   supply0 GRD;
   pmos (Y, PWR, A);         // (漏极, 源极, 栅极)
   nmos (Y, GRD, A);         // (漏极, 源极, 栅极)
endmodule
```

HDL 例 A.2 描述了图 A.4(b)的 2 输入 CMOS 与非门电路。有两个并联的 PMOS 晶体管源极连接到 PWR，两个串联的 NMOS 晶体管源极连接到 W1。第一个 NMOS 晶体管的漏极与输出连接，而第二个 NMOS 晶体管的源极与 GRD 连接。

HDL 例 A.2

```
// 图 A.4(b)的 2 输入 CMOS 与非门
module NAND2 (Y, A, B)
   input A, B;
   output Y;
   supply1 PWR;
   supply0 GRD;
   wire W1;                  // 两个 NMOS 晶体管之间的终端
   pmos (Y, PWR, A);         // 源连接到 V_dd
   pmos (Y, PWR, B);         // 并行连接
   nmos (Y, W1, A);          // 串行连接
   nmos (W1, GRD, B);        // 源连接到地
endmodule
```

传输门

在 Verilog HDL 中，传输门用关键字 **cmos** 表示。它有如图 A.6 所示的一个输入、一个输出和两个控制信号，称之为一个 **cmos** 开关。相关的代码如下：

```
cmos (output, input, ncontrol, pcontrol);     // 常规描述
cmos (Y, X, N, P);                            // 图 A.6(b)的传输门
```

ncontrol 和 pcontrol 通常为互补。由于 V_{DD} 和地连接到 MOS 晶体管的衬底上，因此 **cmos** 开关不需要电源。用 **cmos** 电路构造数据选择器和触发器时，传输门是十分有用的。

HDL 例 A.3 描述了如何使用 **cmos** 开关表示电路。图 A.8 中的异或电路有两个传输门和两个非门。两个非门用 CMOS 非门模块来实例化。两个 **cmos** 开关没有实例化名，它们被看作原语，其中包含了一个测试模块用于测试电路的工作。对于两个输入的所有可能组合，仿真结果验证了异或电路的工作情况。仿真输出结果如下：

$$A = 0 \quad B = 0 \quad Y = 0$$
$$A = 0 \quad B = 1 \quad Y = 1$$
$$A = 1 \quad B = 0 \quad Y = 1$$
$$A = 1 \quad B = 1 \quad Y = 0$$

HDL 例 A.3

```verilog
// 图 A.8 中使用 CMOS 开关的异或逻辑
module CMOS_XOR (A, B, Y);
  input A, B;
  output Y;
  wire A_b, B_b;
//例化非门
  inverter v1 (A_b, A);
  inverter v2 (B_b, B);
//例化cmos开关
  cmos (Y, B, A_b, A);              //(输出，输入，ncontrol，pcontrol)
  cmos  (Y, B_b, A, A_b);
endmodule
// CMOS 非门，图 A.4(a)
module inverter (Y, A);
  input A;
  output Y;
  supply1 PWR;
  supply0 GND;
  pmos (Y, PWR, A);                //(漏极，源极，栅极)
  nmos (Y, GND, A);                //(漏极，源极，栅极)
endmodule
// 测试CMOS_XOR的激励
module  test_CMOS_XOR;
  reg  A,B;
  wire  Y;
 //实例化CMOS_XOR
  CMOS_XOR X1 (A, B, Y);
  // 应用真值表
  initial
    begin
     A = 1'b0; B = 1'b0;
  #5 A = 1'b0; B = 1'b1;
  #5 A = 1'b1; B = 1'b0;
  #5 A = 1'b1; B = 1'b1;
end
// 显示结果
initial
  $monitor  ("A=%b B= %b Y =%b", A, B, Y);
endmodule
```

网络搜索主题

导体	半导体
绝缘体	材料的电气特性
有价电子	二极管
晶体管	CMOS 工艺
CMOS 逻辑门	CMOS 非门

部分习题解答

第1章

1.2　(a) 16 384　　(b) 33 554 432　　(c) 2 147 483 648

1.3　(a) $(1203)_4 = (99)_{10}$　(b) $(5243)_6 = (1179)_{10}$

1.5　(a) 8　　(b) 7　　(c) 4

1.6　6

1.7　$CA5E_{16} = 1100\_1010\_0101\_1110_2 = 1\_100\_101\_001\_011\_110_2 = (145136)_8$

1.9　(a) $(21.625)_{10}$　　(b) $(100.5)_{10}$　　(c) $(177.5625)_{10}$

1.12　(a) 和：10011　　乘积：1001110　　(b) 和：EF　　乘积：1930

1.19　(a) 010087　　(b) 008485　　(c) 991515　　(d) 989913

1.24　(a)

5	2	1	1	十　进　制
0	0	0	0	0
0	0	0	1	1
0	0	1	1	2
0	1	0	1	3
0	1	1	1	4
1	0	0	0	5
1	0	0	1	6
1	0	1	1	7
1	1	0	1	8
1	1	1	1	9

1.29　C.BABBAGE

1.31　$62 + 32 = 94$ 个打印字符；34 个特殊字符

1.32　从右边数第 6 位取反。

1.33　(a) 8759　　(b) 5426　　(c) F56E　　(d) BEL;Y

第2章

2.2　(a) x　　(b) x　　(c) y　　(d) 0

2.3　(a) y　　(b) $z(x+y)$　　(c) $x'y'$　　(d) $x(w+y)$　　(e) 0

2.4　(a) $y+z'$　　(b) $y(x'+z)$　　(c) x'　　(d) $xy(w+z)$

2.9　(a) $(x'+y'+z')(x+y+z)$

2.11　(a) $F(x,y,z) = \Sigma(0,2,3,6,7)$

2.12　(a) 10000010　　(c) 01011001　　(d) 00110101

2.14　(b) $(x+y')' + (x'+y)' + (x'+z')'$

2.15 $T_1 = C + A'B$

$T_2 = A'C' + AC$

2.17 (a) $\Sigma(5, 7, 11, 12, 13, 14, 15) = \Pi(0, 1, 2, 3, 4, 6, 8, 9, 10)$

2.18 (c) $F = xy + w'z + y'z$

2.19 $F = \Sigma(6, 7, 8, 9, 10, 11, 14, 15) = \Pi(0, 1, 2, 3, 4, 5, 12, 13)$

2.22 (a) $wx + wy'z + xy' = (w+x)(w+y')(x+y')(x+z)$

(b) $x'y' + w'z' + y'z' = (x'+z')(y'+z')(w'+y')$

第 3 章

3.1 (a) $x'z' + yz$ (b) $y + xz$ (c) $z' + x'y'$ (d) z

3.2 (a) $x'y + xy' + xz$ (b) $x + y'$

3.3 (a) $x'z + xy$ (b) $x + y'z'$ (c) $xy' + x'y + yz'$

3.4 (a) $y'z' + w'y'$ (b) $xz' + wx'z$ (c) $w'z + x'z + w'xy$ (d) $yz' + xy$

3.5 (a) $y'z' + wx'y' + w'x'y + w'yz'$ (b) $x'y'z' + w'x' + xy'z$

(d) $w'x'z + wy' + w'y$

3.6 (a) $AC'D' + B'C' + AB'$ (b) $y'z' + x'y' + w'x'z$

3.7 (a) $x + w'z$ (c) $BC' + AC' + ABD$

3.8 (a) $F(w, x, y, z) = \Sigma(4, 5, 6, 7, 11, 13, 15)$

(b) $F(A, B, C, D) = \Sigma(3, 5, 7, 11, 12, 13, 14, 15)$

3.9 (a) 基本：xz 和 $x'z'$ ；非基本：$w'x$ 和 $w'z'$

(b) $F = B'D' + AC + A'BD + (CD$ 或 $B'C)$

3.10 (c) $F = BC' + AC + A'B'D$

基本：BC' ，AC

非基本：AB ，$A'B'D$ ，$B'CD$ ，$A'C'D$

3.11 (a) $F = (y'+z')(w+x'+y')(x+y+z)(w'+y+z)$

3.12 (a) $F(A, B, C, D) = \Pi(0, 1, 6, 7, 8, 10, 12, 14)$

$F(A, B, C, D) = \Sigma(0, 1, 6, 7, 8, 10, 12, 14)$

$F(A, B, C, D) = \Sigma(2, 3, 4, 5, 9, 11, 13, 15)$

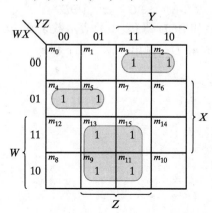

$$F' = w'x'y + w'xy' + wz$$

3.13　(a) $F = x'y' + xz = (x + z')(x' + y)$

3.15　(b) $F(A, B, C, D) = A' + BC'D' = \sum(1, 2, 4, 6, 12)$

3.17　$F' = A'B'D' + BC + AB$

3.19　(a) $F = (y + (w + x)')'$

3.30　$F = (A \oplus B)(C \oplus D)$

3.35　第 1 行：不允许使用横线，使用下画线：Exmpl_3。

　　　　　行之间的分隔使用分号(；)。

　　　第 2 行：**inputs** 应改成 **input**(末尾没有 s)。

　　　　　将最后一个逗号(,)改成分号(;)。输出没有在端口列表中出现，在紧跟输入后定义输出。如果 **output** 用来定义输出端口，则 C 的后面要用分号(;)，F 后面也要跟分号(;)。

　　　第 3 行：B 不能既被定义为输入(第 2 行)，又被定义为输出(第 3 行)。一行结束用分号(;)。

　　　第 4 行：A 如果定义为输入，就不能用作组件的输出。

　　　第 5 行：非门只允许使用两个输入项。

　　　第 6 行：OR 必须小写，变为 or。

　　　第 7 行：**endmodule** 拼错了，把最后的分号去掉，**endmodule** 后面没有分号。

第 4 章

4.1　(a) $F_1 = A + B'C + BD' + B'D$

　　　　$F_2 = A'B + D$

4.2　$F = ABC + A'D$

　　　$G = ABC + A'D'$

4.3　(b) 1024 行和 4 列

4.4　(a) $F = x + yz$

4.6　(a) $F = x'y' + x'z' + y'z'$

4.7　(a) $w = A$　　$x = A \oplus B$　　$y = x \oplus C$　　$z = y \oplus D$

4.8　(a) 8421 码(表 1.5)和 BCD 码(表 1.4)表示数字 0~9。

4.10　(a) 输入：A、B、C 和 D；输出：w、x、y 和 z。

　　　　$z = D$

　　　　$y = C \oplus D$

　　　　$x = B \oplus (C + D)$

　　　　$w = A \oplus (B + C + D)$

4.12　(b) $Diff = x \oplus y \oplus B_{in}$

　　　　$B_{out} = x'y + x'B_{in} + yB_{in}$

4.13

	Sum	C	V
(a)	1101	0	1
(b)	0001	1	1
(c)	0100	1	0
(d)	1011	0	1
(e)	1111	0	0

4.14 30 ns

4.18 (a) $w = A'B'C'$

$x - B \oplus C$

$y = C$

$z = D'$

4.22 $w = AB + ACD$

$x = B'C' + B'D' + BCD$

$y = C'D + CD'$

$z = D'$

4.28 (a) $F_1 = \Sigma\ (0,1,5,7)$

$F_2 = \Sigma\ (3,4,7)$

$F_3 = \Sigma\ (0,6,7)$

4.29 $x = D_0'D_1'$

$y = D_0'D_1 + D_0'D_2$

4.34 (a) $F(A, B, C, D) = \Sigma\,(1, 4, 5, 6, 9, 10, 11, 12, 13)$

4.35 (a) 当 $AB = 00$ 时，$F = D$

当 $AB = 01$ 时，$F = (C + D)'$

当 $AB = 10$ 时，$F = CD$

当 $AB = 11$ 时，$F = 1$

4.39 (a) //**Verilog 1995**

```
module Compare (A, B, Y);
 input   [3: 0]   A, B;      // 4位数据输入
 output  [5: 0]   Y;         // 6位比较器输出
 reg     [5: 0]   Y;         // EQ, NE, GT, LT, GE, LE

 always @ (A or B)
   if (A==B)         Y = 6'b10_0011;      // EQ, GE, LE
   else if (A < B)   Y = 6'b01_0101;      // NE, LT, LE
   else              Y = 6'b01_1010;      // NE, GT, GE
endmodule
// Verilog 2001, 2005

   module Compare (input [3: 0] A, B, output reg [5:0] Y);
    always @ (A, B)
      if (A==B)         Y = 6'b10_0011;      // EQ, GE, LE
      else if (A < B)   Y = 6'b01_0101;      // NE, LT, LE
```

```
        else            Y = 6'b01_1010;        // NE, GT, GE
    endmodule


    // VHDL

    entity Compare is
       port (A, B: in Std_Logic_vector 3 downto 0; Y:out Std_Logic_Vector 5 downto 0);
    end Compare;

    architecture Behavioral of Compare is
    begin
    process (A, B) begin
       if  A = B        then Y <= "100011" ;      // EQ, GE, LE
       elsif  A < B     then Y <= "010101" ;      // NE, LT, LE
       else             Y <= "011010"; end if;    // NE, GT, GE
       end Behavioral;
```

4.42 (c)
```
    module Xs3_Behavior_95 (A, B, C, D, w, x, y, z);
       input A, B, C, D;
       output w, x, y, z;
       reg w, x, y, z;

    always @ (A or B or C or D) begin  {w, x, y, z} = {A, B, C, D} + 4'b0011;  end
    endmodule

    module Xs3_Behavior_2001 (input A, B, C, D, output reg w, x, y, z);
       always @ (A, B, C, D) begin  {w, x, y, z} = {A, B,C, D} + 4'b0011;  end
    endmodule


    entity Xs3_Behavior_vhdl is
       port (A, B, C, D: in std_logic; w, x, y, z: out std_logic);
    end Xs3_Behavior_vhdl;

    architecture Behavioral of Xs3_Behavior_vhdl is
    begin
       w & x & y & z <= A & B & C & D + "0011";
    end Behavioral;
```

4.50 (a) 8421 码-BCD 码转换器。
//见习题 4.8 和表 1.5

```
    module Prob_4_50a (output reg [3: 0] Code_BCD, input [3: 0] Code_84_m2_m1);
       always @ (Code_84_m2_m1)
       case (Code_84_m2_m1)
       4'b0000:    Code_BCD = 4'b0000;     // 0
       4'b0111:    Code_BCD = 4'b0001;     // 1
       4'b0110:    Code_BCD = 4'b0010;     // 2
       4'b0101:    Code_BCD = 4'b0011;     // 3
       4'b0100:    Code_BCD = 4'b0100;     // 4
       4'b1011:    Code_BCD = 4'b0101;     // 5
       4'b1010:    Code_BCD = 4'b0110;     // 6
       4'b1001:    Code_BCD = 4'b0111;     // 7
```

```
        4'b1000:   Code_BCD = 4'b1000;      // 8
        4'b1111:   Code_BCD = 4'b1001;      // 9

        4'b0001:   Code_BCD = 4'b1010;      // 10
        4'b0010:   Code_BCD = 4'b1011;      // 11
        4'b0011:   Code_BCD = 4'b1100;      // 12
        4'b1100:   Code_BCD = 4'b1101;      // 13
        4'b1101:   Code_BCD = 4'b1110;      // 14
        4'b1110:   Code_BCD = 4'b1111;      // 15
      endcase
endmodule


entity Prob_4_50a_vhdl is
port (code_BCD: out std_logic_vector (3 downto 0); Code_84_md_m1: in std_logic
      _vector (3 downto 0));
end Prob_4_50a_vhdl;


architecture Behavioral of Prob_4_50a_vhdl is
begin
process (Code_84_m2_m1)
   case (Code_84_m2_m1) is
     when "0000" => Code_BCD <= "0001";
     when "0110" => Code_BCD <= "0010";
     when "0101" => Code_BCD <= "0011";
     when "0100" => Code_BCD <= "0100";
     when "1011" => Code_BCD <= "0101";
     when "1010" => Code_BCD <= "0110";
     when "1001" => Code_BCD <= "0111";
     when "1000" => Code_BCD <= "1000";
     when "1111" => Code_BCD <= "1001";
     when '0001' => Code_BCD <= '1010';
     when '0010' => Code_BCD <= '1011';
     when '0011' => Code_BCD <= '1100';
     when '1100' => Code_BCD <= '1101';
     when '1101' => Code_BCD <= '1110';
     when '1110' => Code_BCD <= '1111';
   endcase;
end process;
end Behavioral;
```

4.56   Verilog: **assign** match = (A == B);   // 假设 reg [3:0] A, B;

       VHDL: match<=(A=B);

4.57
```
module Prob_4_57(
   input D0, D1, D2, D3,
   output reg x_in, y_in, Valid
);

always @ (D0, D1, D2, D3) begin
   casex ({D0, D1, D2, D3}
     4'b0000: {x_out, y_out, Valid} = 3'bxx0;
```

```
           4'b1xxx,: {x_out, y_out, Valid} = 3'b001;
           4'b01xx: {x_out, y_out, Valid} = 3'b011;
           4'b001x: {x_out, y_out, Valid} = 3'b101;
           4'b0001: {x_out, y_out, Valid} = 3'b111;
       endcase
   end
endmodule

entity Prob_4_57 is
   port (D0, D1, D2, D3: in Std_Logic; x_out, y_out: out Std_Logic; Valid: out Std_Logic);
   end Prob_4_57;

architecture Behavioral of Prob_4_57 is
begin
   x_out & y_out & Valid <= "000" when D0 & D1 & D2 & D3 = "0000"; else
   x_out & y_out & Valid <= "001" when D0 = '1'; else
   x_out & y_out & Valid <= "011" when D0 = '0' and D1 = '1'; else
   x_out & y_out & Valid <= "101" when D0 = '0' and D1 = '0' and D2 = '1'; else
   x_out & y_out & Valid <= "111" when D0 & D1 & D2 & D3 = "0001"; end if;
   endcase;
end process;
end Behavioral;
```

第 5 章

5.4 (c) $A'Q' + BQ$

5.7 $S = x \oplus y \oplus Q$

$Q(t+1) = xy + xQ + yQ$

5.8 计数器的计数序列是 00,01,10。

5.9 (a) $A(t+1) = x'A' + AB$

$B(t+1) = AB' + x'B$

5.11 (a)现态: 00 01 11 00 00 01 00 01 00 00 01 11 10 00 01

输入: 1   1   0   0   1   0   1   0   0   1   1   1   0   1   0

输出: 0   0   1   0   0   1   0   1   0   0   0   0   1   0   1

次态: 01 11 00 00 01 00 01 00 00 01 11 10 00 01 00

5.12 (b)

现 态	次 态		输 出	
	0	1	0	1
a	f	b	0	0
b	d	a	0	0
d	g	a	1	0
f	f	b	1	1
g	g	d	0	1

5.13 (a)状态: $a\,f\,b\,a\,b\,d\,g\,d\,g\,g\,d\,a$

输入: 01110010011

输出: 01000111010

(b)状态：$afbcedghggha$

输入：01110010011

输出：01000111010

5.16　(a) $D_A = Ax' + Bx$

$D_B = A'x + Bx'$

5.18　$J_A = K_A = (BF + B'F')E$

$J_B = K_B = E$

5.19　(a) $D_A = A'B'x\_in$

$D_B = A + C'x\_in' + BCx\_tn$

$D_C = Cx\_in' + Ax\_in + A'B'x\_in'$

$y\_out = A'x\_in$

5.23　(a) RegA = 10, RegB = 10

(b) RegA = 10, RegB = 20

5.26　(a)

$Q(t+1) = JQ' + K'Q$

当 $Q = 0$ 时，$Q(t+1) = J$

当 $Q = 1$ 时，$Q(t+1) = K'$

```
module  JK_Behavior (output reg  Q, input J, K, CLK);
  always @ (posedge CLK)
              if (Q == 0)         Q <= J;
              else                Q <= ~K;
endmodule
```

5.31　(a)

```
module  Seq_Ckt (input A, B, C, CLK,  output reg  Q);
  reg E;
  always @ (posedge CLK)
  begin
    Q = E & C;
    E = A | B;
  end
endmodule
```

(b)

```
process (CLK) begin
if CLK'event and CLK = '1' then begin
  Q := E and C;
  E := A or B;
end if;
end process;
```

第 6 章

6.4　1010; 1101; 0110; 0011; 1001; 1100; 0110; 1011

6.8　$A = 0010, 0001, 1000, 1100$。进位 = 1, 1, 1, 0。

6.9　(b) $J_Q = x'y$；$K_Q = (x' + y)'$

6.14　(a) 3

6.15　32 ns；31.25 MHz

6.16　$1010 \to 1011 \to 0100$

　　　$1100 \to 1101 \to 0100$

　　　$1110 \to 1111 \to 0000$

6.17　$J_0 = K_0 = E$

　　　$J_1 = K_1 = A_0' E$

　　　$J_2 = K_2 = A_0' A_1' E$

　　　$J_3 = K_3 = A_0' A_1' A_2' E$

6.19　(b) $D_{Q1} = Q_1'$

　　　　　$D_{Q2} = Q_2 Q_1' + Q_8' Q_2' Q_1$

　　　　　$D_{Q4} = Q_4 Q_1' + Q_4 Q_2' + Q_4' Q_2' Q_1$

　　　　　$D_{Q8} = Q_8 Q_1' + Q_4 Q_2 Q_1$

6.21　(a) $J_{A0} = LI_0 + L'C$

　　　　　$K_{A0} = LI_0' + L'C$

6.24　$T_A = A \oplus B$

　　　$T_B = B \oplus C$

　　　$T_C = AC + A'C'$ (不能自启动)

　　　　 $= AC + A'B'C$ (能自启动)

6.26　时钟发生器的周期是 8 ns。使用一个 3 位的计数器对 8 个脉冲进行计数。

6.28　$D_A = A \oplus B$

　　　$D_B = AB' + C$

　　　$D_C = A'B'C'$

6.34　Verilog

```
module  Shiftreg (SI, SO, CLK);
  input     SI, CLK;
  output    SO;
  reg [3: 0]  Q;
  assign     SO = Q[0];
  always @ (posedge CLK)
    Q = {SI, Q[3: 1]};
endmodule

// 测试
//
// 验证寄存器的数据转换
// 在4个时钟周期内将SI设置为1
// 在4个时钟周期内保持SI为1
// 在4个时钟周期内将SI设置为0
// 验证寄存器的数据转换输出的正确性
```

```
module  t_Shiftreg;
   reg    SI, CLK;
   wire  SO;

   Shiftreg M0 (SI, SO, CLK);

   initial  #130  $finish;
   initial begin  CLK = 0;  forever  #5 CLK = ~CLK;  end
   initial fork
      SI = 1'b1;
      #80 SI = 0;
   join
endmodule
```

VHDL

```
entity  Shiftreg  is
   port  (SI, CLK: in Std_Logic; SO: out STd_Logic);
end  Shiftreg;

architecture  Behavioral  of  Shiftreg  is
   signal  Q: Std_Logic_Vector (3  down to  0);
   begin
      SO <= Q(0);
      process  (CLK)  begin
         if CLK'event and CLK = '1' then Q <= SI & Q(3:1); end if;
      end process;
end  Behavioral;

entity  t_Shiftreg  is
end  t_Shiftreg;

architecture  Testbench  of  t_Shiftreg  is
   component  Shiftreg  port  (SI, CLK:  in  Std_Logic; SO:  out  Std_Logic);
   end component;
   signal  t_CLK, t_SI, t_SO: Std_Logic;

begin
   UUT Shiftreg  port map  (SI => t_SI, CLK => t_CLK: SO => t_SO);
   t_SI <= '1';
   t_SI <= 0 after 80 ns
process begin
   t_CLK <= '0';
   wait for 5 ns;
   t_CLK <= '1';
   wait for 5 ns;
 end process;
end  Testbench;
```

6.35   (b) Verilog

```verilog
module Prob_6_35b (output reg [3: 0] A, input [3: 0] I, input Load, Clock, Clear);
  always @ (posedge Clock)
  if (Load) A <= I;
  else if (Clear) A <= 4'b0;
  //else A <= A;              // 冗余语句
endmodule

module t_Prob_6_35b ( );

  wire [3: 0] A;
  reg [3: 0] I;
  reg Clock, Clear, Load;

  Prob_6_35b M0 (A, I, Load, Clock, Clear);
  initial #150 $finish;
  initial begin Clock = 0; forever #5 Clock = ~Clock; end
  initial fork
  I = 4'b1010; Clear = 1;
  #60 Clear = 0;
  Load = 0;
  #20 Load = 1;
  #40 Load = 0;
    join
endmodule
```

VHDL

```vhdl
entity Prob_6_35b is
  port (A: out std_logic_vector (3 downto 0); I: in std_logic_vector (3 downto 0),
      Load, Clock, Clear: in std_logic);
end Prob_6_35b;

architecture Behavioral of Prob_6_35b is
begin
process (Clock) begin
  if Clock'event and Clock = '1' then
    if Load = '1' then A <= "0001";
      elsif Clear = 1 then A <= "0000"; end if;
end process;
end Behavioral;
```

6.37   (a) Verilog

```verilog
module Counter_if (output reg [3: 0] Count, input clock, reset);
  always @ (posedge clock , posedge reset)
```

```
      if (reset)Count <= 0;
      else if (Count == 0) Count <= 1;
      else if (Count == 1) Count <= 3; // 默认十进制
      else if (Count == 3) Count <= 7;
      else if (Count == 4) Count <= 0;
      else if (Count == 6) Count <= 4;
      else if (Count == 7) Count <= 6;
    else  Count <= 0;
endmodule
```

VHDL

```
entity Counter is
  port (Count: out integer range (3 downto 0); clock, reset: in std_logic);
end Counter;
architecture Behavioral is
begin
process (clock, reset) begin
  if reset'event and reset = '1' then  Count <= 0;
    elsif clock'event and clock = 1 then
    if Count = 0          then Count <= 1;
    elsif Count = 1       then Count <= 3;
    elsif Count = 3       then Count <= 7;
    elsif Count = 4       then Count <= 0;
    elsif Count = 6       then Count <= 4;
    elsif Count = 7       then Count <= 6;
    else Count <= 0;
end if;
end Behavioral;
```

6.38 (a) Verilog

```
module Prob_6_38a_Updown (OUT, Up, Down, Load, IN, CLK);    // Verilog 1995
  output [3: 0]    OUT;
  input [3: 0]     IN;
  input            Up, Down, Load, CLK;
  reg [3:0]        OUT;

  always @ (posedge CLK)
  if (Load) OUT <= IN;

  else if (Up)      OUT <= OUT + 4'b0001;
  else if (Down)    OUT <= OUT − 4'b0001;
  else              OUT <= OUT;
endmodule
```

VHDL

```
entity Prob_6_38a is
  port (OUT_sig: out std_logic_vector (3 downto 0); IN_sig: in std_logic_vector
  (3 downto 0);
            Up, down, Load, CLK: in std_logic);
end Prob_6_38a;
architecture Behavioral of Prob_6_38a is
begin
```

```
process (CLK) begin
  if CLK'event and CLK = 1 then
if Load = 1 then OUT_sign <= IN_sig;
  elsif UP = 1 then OUT_sign <= OUT_sig + "0001";
  elsif DOWN = 1 then OUT_sign <= OUT_sign – "0001";
  else OUT_sign <= OUT_sign;
  end if;
end process;
end Behavioral;
```

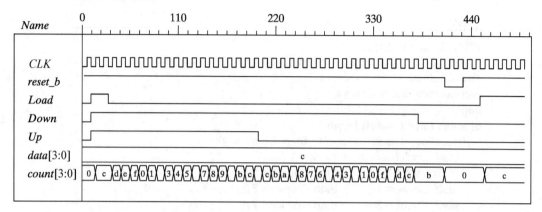

6.42　Verilog：由于 A 是寄存器型变量，它的值在更新前会一直保持不变，因此，语句 A_count <= A_count 的效果与省略这条语句是一样的。

VHDL：由于 A_count 是信号变量，且只能在进程中由过程赋值语句赋值，它的值在被赋值之前会一直保持不变。因此，语句 A_count <= A_count 的效果与省略这条语句是一样的。

6.45
```
entity Prob_6_45 is
  port (y_out: out std_Logic; start, clock, reset_bar: in Std_Logic);
end Prob_6_45;

architecture Behavioral is
  constant s0: Std_Logic_Vector (3 downto 0) = "0000";
  constant s1: Std_Logic_Vector (3 downto 0) = "0001";
  constant s2: Std_Logic_Vector (3 downto 0) = "0010";
  constant s3: Std_Logic_Vector (3 downto 0) = "0011";
  constant s4: Std_Logic_Vector (3 downto 0) = "0100";
  constant s5: Std_Logic_Vector (3 downto 0) = "0101";
  constant s6: Std_Logic_Vector (3 downto 0) = "0110";
  constant s7: Std_Logic_Vector (3 downto 0) = "0111";
  constant s8: Std_Logic_Vector (3 downto 0) = "1000";
  signal state, next_state: Std_Logic_Vector (3 downto 0);
begin
  process (clock, reset_bar) begin
    if reset_bar = 0 then state <= s0; elsif clock'event and clock = '1' then
      state <= next_state; end if;
  end process;

  process (state, start) begin
```

```
        y_out <= '1';
    case state is
        when s0 => if start = '1' next_state <= s1; else next_state <= s0; end if;
        when s1 => begin next_state <= s2; y_out <= 1; end
        when s2 => begin next_state <= s3; y_out <= 1; end
        when s3 => begin next_state <= s4; y_out <= 1; end
        when s4 => begin next_state <= s5; y_out <= 1; end
        when s5 => begin next_state <= s6; y_out <= 1; end
        when s6 => begin next_state <= s7; y_out <= 1; end
        when s7 => begin next_state <= s8; y_out <= 1; end
        when s8 => begin next_state <= s0; y_out <= 1; end
        others => next_state <= s0;
    endcase;
    end process;
end Behavioral;
```

第 7 章

7.2　(a) 2^{18}　　(b) 2^{32}　　(c) 2^{25}　　(d) 2^{18}

7.3　地址：01 0001 1011 = 011B (十六进制)

　　数据：100 1011 1100 = 4BC (十六进制)

7.7　(a) 6×64 译码器，128 个与门　　(b) $x = 31$；$y = 33$

7.8　(a) 16 片　　(b) 21；17　　(c) 4×16 译码器

7.10　0 1111 0100 0111

7.11　101 110 011 001 010

7.12　(a) 0101 1010；　　(b) 1011 1111；　　(c) 0101 0011

7.13　(a) 5　　(b) 6　　(c) 7

7.14　(a) 10110011001101

7.16　34 个引脚

7.20　$M[5] = 1100$；$M[15] = 0100$

7.25　$A = yz' + xz' + x'y'z$

　　　$B = x'y' + yz + y'z'$

　　　$C = A + xyz$

　　　$D = z + x'y$

第 8 章

8.1　(a) $R2 \leftarrow R1, R1 \leftarrow 0$

8.7　RTL 描述：

$S0$：初始状态：if $(start = 1)$ then $(RA \leftarrow data\_A$，$RB \leftarrow data\_B)$ go to $S1$。

$S1$：$\{ carry, RA \} \leftarrow RA + (RB$ 的补码$)$，go to $S2$。

$S2$：if $(borrow = 0)$ go to $S0$。if $(borrow = 1)$ then $RA \leftarrow (RA$ 的补码$)$，go to $S0$。

框图和 ASMD 流程图如下。

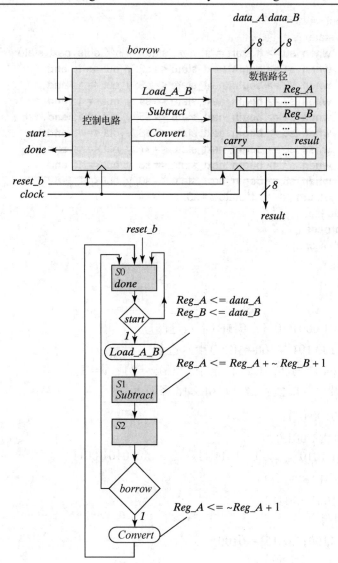

Verilog

module Subtractor_P8_7
(**output** done, **output** [7:0] result, **input** [7: 0] data_A, data_B, **input** start, clock,
reset_b);

Controller_P8_7 M0 (Load_A_B, Subtract, Convert, done, start, borrow, clock, reset_b);
Datapath_P8_7 M1 (result, borrow, data_A, data_B, Load_A_B, Subtract, Convert,
clock, reset_b);
endmodule

module Controller_P8_7 (**output reg** Load_A_B, Subtract, **output reg** Convert,
output done,
    input start, borrow, clock, reset_b);
    parameter S0 = 2'b00, S1 = 2'b01, S2 = 2'b10;
    reg [1: 0] state, next_state;
    assign done = (state == S0);

```
    always @ (posedge clock, negedge reset_b)
      if (!reset_b) state <= S0; else state <= next_state;
    always @ (state, start, borrow) begin Load_A_B = 0;
      Subtract = 0;
      Convert = 0;

    case (state)
    S0:    if (start) begin Load_A_B = 1; next_state = S1; end
    S1:    begin Subtract = 1; next_state = S2; end
    S2:    begin next_state = S0; if (borrow) Convert = 1; end
    default:  next_state = S0;
    endcase
  end
endmodule


module  Datapath_P8_7 (output [7: 0] result, output borrow, input [7: 0] data_A,
data_B,
  input  Load_A_B, Subtract, Convert, clock, reset_b);
  reg    carry;
  reg [8:0] diff;
  reg [7: 0]    Reg_A, Reg_B;
  assign        borrow = carry;
  assign        result = RA;

always @ (posedge clock, negedge reset_b)
  if (!reset_b) begin carry <= 1'b0; Reg_A <= 8'b0000_0000; Reg_B <= 8'b0000_0000;
  end
else begin
  if (Load_A_B) begin Reg_A <= data_A; Reg_B <= data_B; end
  else if (Subtract) {carry, Reg_A} <= Reg_A + ~Reg_B + 1;
```

// 在上述语句中，LHS 的计算是根据其字长来确定的
// 下面的语句更清晰地说明了如何进行减法运算
// else if (Subtract) {carry, Reg_A} <= {1'b0, Reg_A} + {1'b1, ~Reg_} + 9'b0000_0001;
// 如果不考虑第9位，那么两位互补操作将产生一个进位
// 借位形式borrow= ~ carry

```
  else if (Convert) Reg_A <= ~Reg_A + 8'b0000_0001;
  end
endmodule
```

//测试–验证
//上电复位
//data_A > data_B 的减法
//data_A < data_B 的减法
//data_A = data_B 的减法
//动态重置：留作练习

```
module  t_Subtractor_P8_7;
  wire                  done;
  wire   [7:0]    result;
  reg    [7: 0]    data_A, data_B;
  reg              start, clock, reset_b;

  Subtractor_P8_7 M0 (done, result, data_A, data_B, start, clock, reset_b);
```

```verilog
    initial #200 $finish;
    initial begin  clock = 0;  forever  #5 clock = ~clock;  end
    initial fork
        reset_b = 0;
        #2 reset_b = 1;
        #90 reset_b = 1;
        #92 reset_b = 1;
    join

    initial fork
        #20 start = 1;
        #30 start = 0;
        #70 start = 1;
        #110 start = 1;
    join

    initial fork
        data_A = 8'd50;
        data_B = 8'd20;

        #50 data_A = 8'd20;
        #50 data_B = 8'd50;

        #100 data_A = 8'd50;
        #100 data_B = 8'd50;
    join
endmodule
```

VHDL

```vhdl
entity Datapath_P8_7 is
    port (result: out std_logic_vector (7 downto 0);
        data_a, data_b: in std_logic_vector (7 downto 0); Load_A_B, Subtract, Convert,
        clock: in std_logic; borrow: out std_logic);
end Datapath_P8_7;

architecture Behavioral of Datapath_P8_7 is
begin
    process (clock, reset_b) begin
        if reset_b'event and reset_b = '0' then  carry <= 0; Reg_A <= "00000000";
            Reg_B <= "00000000";
        elsif clock'event and clock = '1' then
        if Load_A_B = '1' then  Reg_A <= data_A; Reg_B <= data_B;
        elsif Subtract = '1'  then  carry & Reg_A <= Reg_A + (not Reg_b) + 1;
        elsif Convert then  Reg_A <= (not  Reg_A) + "00000001";  end if;
    end Behavioral;
entity Controller_P8_7 is
    port (Load_A_B, Subtract, Convert, done: out Std_Logic; start, borrow, clock,
        reset_b: in Std_Logic);
end Controller_P8_7;

architecture Behavioral of Controller_P8_7 is
    constant S0 = "00", S1 = "01", S2 = "10";
    signal state, next_state: std_logic_vector (1 downto 0);
begin process (clock, reset_b)
begin
    if reset_b'event and reset_b = '0' then state <= S0;
```

```
      elsif clock'event and clock = '1' then state <= next_state;  end if;
end process;
process (state, start, borrow)
begin

  Load_A_B <= '0';
  Subtract <= '0';
  Convert <= '0';
  case state is
    when S0 => if start = '1'  then  Load_A_B <= 1; next_state <= S1;  end if;
    when S1 => Subtract <= '1'; next_state <= S2;
    when S2 => next_state <= S0; if borow = '1'  then  convert = '1';  end if;
    when others next_state <= S0;
end process;
end Behavioral;

entity Subtractor_P8_7 is
  port (done: out std_logic; result: out std_logic_vector (7 downto 0);
    data_a, data_b: in std_logic_vector (7 downto 0); start, clock, reset_b: in std_logic);
end Subtractor_P8_7;

architecture ASMD is
component Controller_P8_7 is
  port (Load_A_B, Subtract, Convert, done: out Std_Logic; start, borrow, clock,
    reset_b: in Std_Logic);
  end component;

  component Datapath_P8_7 is
  port (result: out std_logic_vector (7 downto 0);
    data_a, data_b: in std_logic_vector (7 downto 0); Load_A_B, Subtract, Convert,
    clock: in
    std_logic; borrow: out std_logic);

end component;
begin
M0: Controller_P8_7
  port map (Load_A_B, Subtract, Convert, done, start, borrow, clock, reset_b);
M1: Datapath_P8_7
  port map (result, data_a, data_b, Load_A_B, Subtract, Convert, clock, borrow);
end ASMD;
```

8.8 RTL 描述：

$S0$：if $(start = 1) AR \leftarrow$ 输入数据，$BR \leftarrow$ 输入数据，go to $S1$。

$S1$：if $(AR[15]) = 1$ (符号位为负) then $CR \leftarrow AR$ (右移，符号扩展)。

else if (非零正数) then $(Overflow \leftarrow BR[15] \oplus [14])$，$CR \leftarrow BR$ (左移)

else if $(AR = 0)$ then $(CR \leftarrow 0)$。

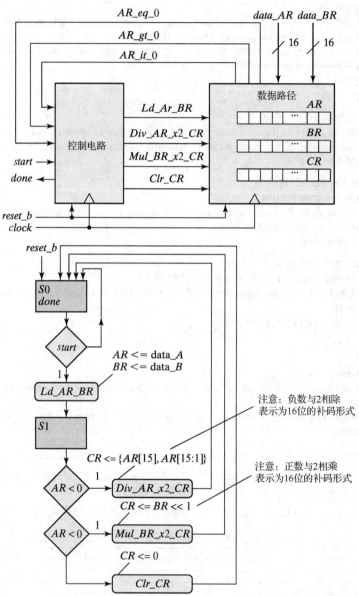

module Prob_8_8 (**output** done, **input** [15: 0] data_AR, data_BR, **input** start, clock,
reset_b);

Controller_P8_8 M0 (

Ld_AR_BR, Div_AR_x2_CR, Mul_BR_x2_CR, Clr_CR, done,

start, AR_lt_0, AR_gt_0, AR_eq_0, clock, reset_b

);

Datapath_P8_8 M1 (

Overflow, AR_lt_0, AR_gt_0, AR_eq_0, data_AR, data_BR,

```
        Ld_AR_BR, Div_AR_x2_CR, Mul_BR_x2_CR, Clr_CR, clock, reset_b
  );
endmodule

module Controller_P8_8 (
  output reg Ld_AR_BR, Div_AR_x2_CR, Mul_BR_x2_CR, Clr_CR,
  output done, input start, AR_lt_0, AR_gt_0, AR_eq_0, clock, reset_b
);

  parameter S0 = 1'b0, S1 = 1'b1;
  reg state, next_state;
  assign done = (state == S0);

  always @ (posedge clock, negedge reset_b)
   if (!reset_b) state <= S0; else state <= next_state;

  always @ (state, start, AR_lt_0, AR_gt_0, AR_eq_0) begin

  Ld_AR_BR = 0;
  Div_AR_x2_CR = 0;
  Mul_BR_x2_CR = 0;
  Clr_CR = 0;

  case (state)
   S0:           if (start) begin Ld_AR_BR = 1; next_state = S1; end
   S1:           begin
                   next_state = S0;
                     if (AR_lt_0) Div_AR_x2_CR = 1;
                     else if (AR_gt_0) Mul_BR_x2_CR = 1;
                     else if (AR_eq_0) Clr_CR = 1;
                   end
   default:      next_state = S0;
  endcase
 end
endmodule

module Datapath_P8_8 (
  output reg Overflow, output AR_lt_0, AR_gt_0, AR_eq_0, input [15: 0] data_AR,
  data_BR,
  input Ld_AR_BR, Div_AR_x2_CR, Mul_BR_x2_CR, Clr_CR, clock, reset_b
);
  reg [15: 0]   AR, BR, CR;
  assign       AR_lt_0 = AR[15];
  assign       AR_gt_0 = (!AR[15]) && (| AR[14:0]);       // Reduction-OR
  assign       AR_eq_0 = (AR == 16'b0);
 always @ (posedge clock, negedge reset_b)
 if (!reset_b) begin AR <= 8'b0; BR <= 8'b0; CR <= 16'b0; end
 else begin
  if (Ld_AR_BR) begin AR <= data_AR; BR <= data_BR; end
  else if (Div_AR_x2_CR) CR <= {AR[15], AR[15:1]}; // 供不带算术右移的编译器使用
  right shift
  else if (Mul_BR_x2_CR) {Overflow, CR} <= (BR << 1);
  else if (Clr_CR) CR <= 16'b0;
 end
endmodule
```

// 测试–验证

```
// 加电复位
//如果AR < 0,则AR除以2,并传递给CR
//如果AR > 0,则AR乘以2,并传递给CR
//如果AR = 0,则CR清零
// 动态复位

module  t_Prob_P8_8;
  wire              done;
  reg     [15: 0]   data_AR, data_BR;
  reg               start, clock, reset_b;
  reg     [15: 0]   AR_mag, BR_mag, CR_mag;     // 解释两位互补的原理
// 显示数字大小的探针
  always @  (M0.M1.AR) // Hierarchical dereferencing via module path
   if  (M0.M1.AR[15]) AR_mag = ~M0.M1.AR+ 16'd1;  else  AR_mag = M0.M1.AR;
  always @  (M0.M1.BR )
   if  (M0.M1.BR[15]) BR_mag = ~M0.M1.BR+ 16'd1;  else  BR_mag = M0.M1.BR;
  always @  (M0.M1.CR)
   if  (M0.M1.CR[15]) CR_mag = ~M0.M1.CR + 16'd1;  else  CR_mag = M0.M1.CR;

  Prob_8_8 M0 (done, data_AR, data_BR, start, clock, reset_b);

  initial  #250 $finish;
  initial begin  clock = 0;  forever  #5 clock = ~clock;  end
  initial fork
      reset_b = 0;           // 加电复位
      #2 reset_b = 1;
      #50 reset_b = 0;       // 动态复位
      #52 reset_b = 1;
      #90 reset_b = 1;
      #92 reset_b = 1;
  join

  initial fork
      #20 start = 1;
      #30 start = 0;
      #70 start = 1;
      #110 start = 1;
  join
  initial fork
      data_AR = 16'd50;            // AR > 0
      data_BR = 16'd20;            // 结果应为40

      #50 data_AR = 16'd20;
      #50 data_BR = 16'd50;        // 结果应为100
      #100 data_AR = 16'd50;
      #100 data_BR = 16'd50;

      #130 data_AR = 16'd0;        // AR = 0, 结果应将CR清零
      #160 data_AR = −16'd20;      // AR < 0, Verilog存储16位2的补码
      #160 data_BR = 16'd50;       // 结果应具有的大小为10

      #190 data_AR = 16'd20;       // AR < 0, Verilog存储16位2的补码
      #190 data_BR = 16'hffff;     // 结果溢出
  join
endmodule
```

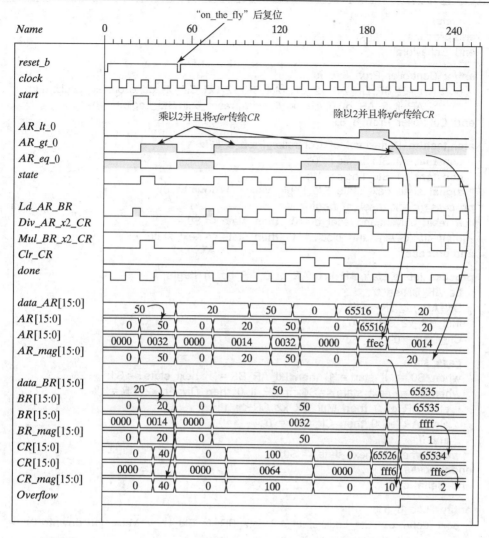

VHDL

```
entity Datapath_Prob_8_8 is
    port (Overflow: out Std_Logic; AR_lt_0, AR_gt_0, AR_eq_0: out Std_Logic; data_AR,
          data_BR: in Std_Logic_Vector (15 downto 0); Ld_AR_BR, Div_AR_x2_CR,
          Mul_BR_x2_CR, Clr_CR, clock, reset_b: in Std_Logic);
end Datapath_Prob_8_8;
architecture Behavioral of Datapath_Prob_8_8 is
    AR_lt_0 <= AR(15);
    AR_gt_0 <= (notAR(15) ) and Reduction_OR(AR(14 downto 0);
    AR_eq_0 = (AR = "0000000000000000");
process (clock, reset_b) begin
    if reset_b'event and reset_b = '0' then AR <= "00000000"; BR <= "00000000";
        CR <= "0000000000000000";
    elsif clock'event and clock = '1' then
        if Ld_AR_BR = '1' then AR <= data_AR; BR <= data_BR;
        elsif Div_AR_x2_CR = '1' then  DR <= AR(15) & AR(15 downto 1);
        elsif Mul_BR_x2_C then Overflow & CR <= BR(14 downto 0) & '0';
        elsif Clr_CR = '1' then  CR <= "0000000000000000";
```

```
      end if;
  end process;
  end Behavioral;

entity Controller_Prob_8_8 is
  port (Ld_AR_BR, Div_AR_x2_CR, Mul_BR_x2_CR, Clr_CR, done: out Std_Logic; start,
        AR_lt_0, AR_gt_0, AR_eq_0, clock, reset_b: in Std_Logic);
end Controller_Prob_8_8;

architecture Behavioral of Controller_Prob_8_8 is
  constant s0: Std_Logic := '0';
  constant s1: Std_Logic := '1';
  signal state, next_state: Std_Logic_Vector (1 downto 0);
process (clock, reset_b) begin
  if reset_b'event and reset_b = '0'  then state <= S0;
    elsif clock'event and clock = '1'  then state <= next_state;
end process;

process (state, start, AR_lt_0, AR_gt_0, AR_eq_0) begin
  Ld_AR_BR <= '0';
  Div_AR_x2_CR <= '0';
  Mul_BR_x2_CR <= '0';
  Clr_CR <= '0';

  case state
  when S0 =>  if start = '1' then Ld_AR_BR = '1'; next_state <= S1;
  when S1 => next_state <= S0;  if AR_lt_0 then Div_Ar_x2_CR = '1';
    elsif AR_gt_0 then Mul_BR_x2_CR <= '1';
    elsif AR_eq_0 then Clr_CR <= '0';
    end if;
  when others => next_state <= S0;
end process
end Behavioral;

entity Prob_8_8 is
  port (done: out Std_Logic; data_AR, data_BR: in Std_Logic_Vector (15 downto 0);
        start, clock, reset_b: in Std_Logic);
end Prob_8_8;

architecture ASMD of Prob_8_8 is
component Datapath_Prob_8_8
  port (Overflow, AR_lt_0, AR_gt_0, AR_eq_0, data_AR, data_BR, Ld_AR_BR, Div_
        AR_x2_CR, Mul_BR_x2_CR, Clr_CR, clock, reset_b); end component;
component Controller_Prob_8_8
  port (Ld_AR_BR, Div_AR_x2_CR, Mul_BR_x2_CR, Clr_CR, done, start, AR_lt_0,
        AR_gt_0, AR_eq_0, clock, reset_b); end component;
begin

M0: Controller_Prob_8_8
  port map (Ld_AR_BR, Div_AR_x2_CR, Mul_BR_x2_CR, Clr_CR, done, start, AR_
        lt_0, AR_gt_0, AR_eq_0, clock, reset_b);
M1: Datapath_Prob_8_8
  port map (Overflow, AR_lt_0, AR_gt_0, AR_eq_0, data_AR, data_BR, Ld_AR_BR,
        Div_AR_x2_CR, Mul_BR_x2_CR, Clr_CR, clock, reset_b);
end ASMD;
```

```
function Reduction_OR (data: std_logic_vector) return std_logic is
  constant all_zeros: std_logic_vector(data'range) := (others => '0');
begin
  if data = all_zeros then
   return '0';
  else
   return '1';
  end if;
end Reduction_OR;
```

8.9 设计方程：

$$D_{S\_idle} = S\_2 + S\_idle \cdot Start'$$

$$D_{S\_1} = S\_idle \cdot Start + S\_1 \cdot (A2A3)'$$

$$D_{S\_2} = A2 \cdot A3 \cdot S\_1$$

Verilog

```
module Prob_8_9 (output E, F, output [3: 0] A, output A2, A3, input Start, clock,
reset_b);
  Controller_Prob_8_9 M0 (set_E, clr_E, set_F, clr_A_F, incr_A, Start, A2, A3, clock,
  reset_b);
  Datapath_Prob_8_9 M1 (E, F, A, A2, A3, set_E, clr_E, set_F, clr_A_F, incr_A, clock,
  reset_b);
endmodule
```

// 控制器的结构版本 (一位热位编码)
// 注意：S_idle的触发器必须有一个置位输入，且需要reset_b连接 set
// 仿真结果符合图8.13

```
module Controller_Prob_8_9 (
  output set_E, clr_E, set_F, clr_A_F, incr_A,
  input Start, A2, A3, clock, reset_b
);

  wire    D_S_idle, D_S_1, D_S_2;
  wire    q_S_idle, q_S_1, q_S_2;
  wire    w0, w1, w2, w3;
  wire [2:0] state = {q_S_2, q_S_1, q_S_idle};

  // Next-State Logic
  or  (D_S_idle, q_S_2, w0);             // 给q_S_idle，D触发器的输入
  and (w0, q_S_idle, Start_b);
  not (Start_b, Start);

  or  (D_S_1, w1, w2, w3);          // 给q_S_1，D触发器的输入
  and (w1, q_S_idle, Start);
  and (w2, q_S_1, A2_b);
  not (A2_b, A2);
  and (w3, q_S_1, A2, A3_b);
  not (A3_b, A3);

  and (D_S_2, A2, A3, q_S_1); // 给q_S_2，D触发器的输入

  D_flop_S M0 (q_S_idle, D_S_idle, clock, reset_b);
  D_flop M1 (q_S_1, D_S_1, clock, reset_b);
  D_flop M2 (q_S_2, D_S_2, clock, reset_b);
```

```verilog
// 输出逻辑
  and  (set_E, q_S_1, A2);
  and  (clr_E, q_S_1, A2_b);
  buf  (set_F, q_S_2);
  and  (clr_A_F, q_S_idle, Start);
  buf  (incr_A, q_S_1);
endmodule

module  D_flop (output reg q,  input data, clock, reset_b);
  always @ (posedge clock,  negedge reset_b)
    if (!reset_b) q <= 1'b0;  else  q <= data;
endmodule

module  D_flop_S (output reg q,  input data, clock, set_b);
  always @ (posedge clock,  negedge set_b)
    if (!set_b) q <= 1'b1;  else  q <= data;
endmodule
/*
// 控制器的原理
// 仿真结果符合图 8.13

module  Controller_Prob_8_9 (
  output reg        set_E, clr_E, set_F, clr_A_F, incr_A,
  input             Start, A2, A3, clock, reset_b
);
  parameter  S_idle = 3'b001, S_1 = 3'b010, S_2 = 3'b100; // 一位热位编码
  reg  [2: 0] state, next_state;

  always @ (posedge clock,  negedge reset_b)
  if (!reset_b) state <= S_idle;  else  state <= next_state;

  always @ (state, Start, A2, A3)  begin
  set_E          = 1'b0;
  clr_E          = 1'b0;
  set_F          = 1'b0;
  clr_A_F        = 1'b0;
  incr_A         = 1'b0;
  case (state)
    S_idle:      if (Start)  begin  next_state = S_1; clr_A_F = 1; end
                 else  next_state = S_idle;

    S_1:         begin
                 incr_A = 1;
                 if (!A2)  begin  next_state = S_1; clr_E = 1;  end
                 else begin
                   set_E = 1;
                   if (A3) next_state = S_2;  else  next_state = S_1;
                  end
                 end

    S_2: begin next_state = S_idle; set_F = 1;  end
    default:     next_state = S_idle;
  endcase
  end
```

```
    endmodule

*/
module  Datapath_Prob_8_9 (
    output reg  E, F,  output reg  [3: 0] A,  output  A2, A3,
    input  set_E, clr_E, set_F, clr_A_F, incr_A, clock, reset_b
);
    assign  A2 = A[2];
    assign  A3 = A[3];
    always @ (posedge clock,  negedge reset_b) begin
      if (!reset_b) begin  E <= 0; F <= 0; A <= 0;  end
      else begin
        if (set_E) E <= 1;
        if (clr_E) E <= 0;
        if (set_F) F <= 1;
        if (clr_A_F) begin  A <= 0; F <= 0;  end
        if (incr_A) A <= A + 1;
      end
    end
endmodule
```

// 测试–验证: (1)加电复位； (2)匹配图8.9(d)的ASMD流程图
// (3)动态复位

```
module  t_Prob_8_9;
    wire  E, F;
    wire  [3: 0] A;
    wire  A2, A3;
    reg  Start, clock, reset_b;

    Prob_8_9 M0 (E, F, A, A2, A3, Start, clock, reset_b);

    initial  #500 $finish;
    initial begin  clock = 0;  forever #5 clock = ~clock;  end
    initial begin  reset_b = 0; #2 reset_b = 1;  end
    initial fork
      #20 Start = 1;
      #40 reset_b = 0;
      #62 reset_b = 1;
    join
endmodule
```

VHDL

```
entity  Datapath_Prob_8_9  is
    port  (E, F: out Std_Logic; A: out Std_Logic_Vector (3 downto 0); A2, A3: out Std_
    Logic; set_E, clr_E, set_F, clr_A_F, incr_A, clock, reset_b: in Std_Logic);
end  Datapath_Prob_8_9;

architecture  Behavioral  of  Datapath_Prob_8_9  is
    A2 <= A(2);
    A3 <= A(3);
process  (clock, reset_b)  begin
```

```vhdl
    if reset_b'event and reset_b = '0' then E <= '0', F <= '0', A <= '0';
    else
      if set_E = '1' then E <= '1'; end if;
      if clr_E = '1' then E <= '0'; end if;
      if set_F = '1' then F <= '1'; end if;
      if clr_a_F = '1' then A = '0'; F <= '0'; end if;
      if incr_A = '1' then A <= A + "0001"; end if;
    end if;
  end process;
end Behavioral;

entity Controller_Prob_8_9 is
  port (set_E, clr_E, set_F, clr_A_F, incr_A: out  Std_Logic; Start, A2, A3, clock,
  reset_b: in Std_Logic);
end Controller_Prob_8_9;

architecture Behavioral of Controller_Prob_8_9 is
  constant S_idle: Std_Logic := "001"; -- 一位热位编码
  constant S_1: Std_Logic := "010";
  constant D_2: Std_Logic := "100";
  signal state, next_state: Std_Logic_Vector (2 downto 0);

process (clock, reset_b) begin
  if reset_b'event and reset_b = '0'  then state <= S_idle;
  elsif clock'event and clock = '1' then state <= next_state;
end process;

process (state, Start, A2, A3) begin
  set_E <= '0';
  clr_E <= '0';
  set_F <= '0';
  clr_A_F <= '0';
  incr_A <= '0';

  case state is
    when S_idle => if Start = '1' then clr_A_F <= '1'; next_state <= S1; end if;
    when S_1 => incr_A <= '1'; if not A2 then next_state <= S_1; clr_E <= '1';
    else set_E <= '1'; if A3 = '1' then next_state <= S_2 else next_state <= S_1;
    end if;
    end if;
    when S_2 => next_state <= S_idle; set_F <= '1';
    when others => next_state <= S_idle;
  end case;
    elsif AR_gt_0 = '1' then  Mul_BR_x2_CR <= '1';
    elsif AR_eq_0 = '1' then  Clr_CR <= '0';
    end if;
    when others => next_state <= S0;
end process
end Behavioral;

entity Prob_8_9 is
  port (E, F: out Std_Logic; A: out Std_Logic_Vector (3 downto 0); A2, A3: out
  Std_Logic; Start,
clock, reset_b: in Std_Logic);
end Prob_8_9;
```

```
architecture ASMD of Prob_8_9 is
component Datapath_Prob_8_9
    port (E, F: out Std_Logic; A: out Std_Logic_Vector (3 downto 0); A2, A3: out
        Std_Logic; set_E, clr_E, set_F, clr_A_F, incr_A, clock, reset_b: in Std_Logic);
component Controller_Prob_8_9
    port (
);
begin

M0: Controller_Prob_8_9
    port map (set_E, clr_E, set_F, clr_A_F, incr_A, Start, A2, A3, clock, reset_b);

M1: Datapath_Prob_8_9
    port map (E, F, A, A2, A3, set_E, clr_E, set_F, clr_A_F, incr_A, clock, reset_b);
end ASMD;
```

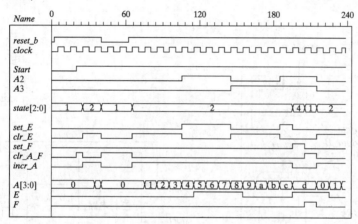

8.11 $\quad D_A = A'B + Ax \qquad D_B = A'B'x + A'By + xy$

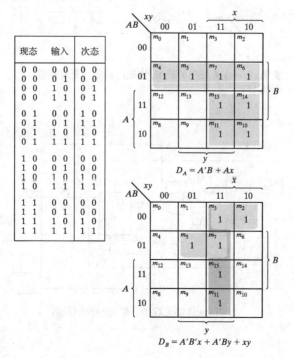

$$D_A = A'B + Ax$$

$$D_B = A'B'x + A'By + xy$$

8.16 RTL 描述:

$s0$:(起始状态) if $start = 0$ 返回状态 $s0$, if $(start = 1)$ then
$BR \leftarrow$ 被乘数, $AR \leftarrow$ 乘数, $PR \leftarrow 0$, go to $s1$。

$s1$:(检查 AR 是否为零)$Zero = 1$ if $AR = 0$, if $(Zero = 1)$ then 返回 $s0(done)$
if $(Zero = 0)$ then go to $s1$, $PR \leftarrow PR + BR$, $AR \leftarrow AR - 1$。

　　数据路径的内部结构包括一个用于保存乘积(PR)的双宽度寄存器、一个用于保存乘法(AR)的寄存器、一个用于保存被乘数(BR)的寄存器、一个双宽度并行加法器和一个单宽度并行加法器。单宽度加法器用于实现乘法器单元的减法运算。将一个完全为 1 的字加到乘数上,得到乘数与 1 的补码的相减结果。下面的图(a)是 ASMD 流程图、框图和电路的控制单元;图(b)是数据路径的内部结构;图(c)是电路的仿真结果。

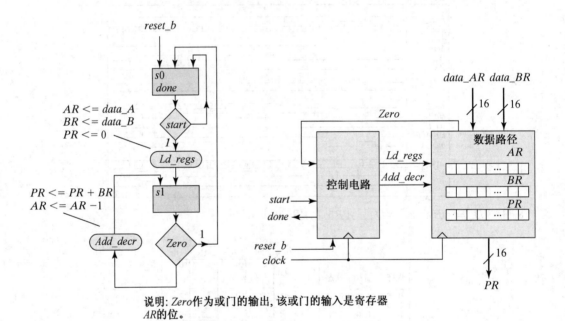

(a)ASMD流程图、框图和控制电路

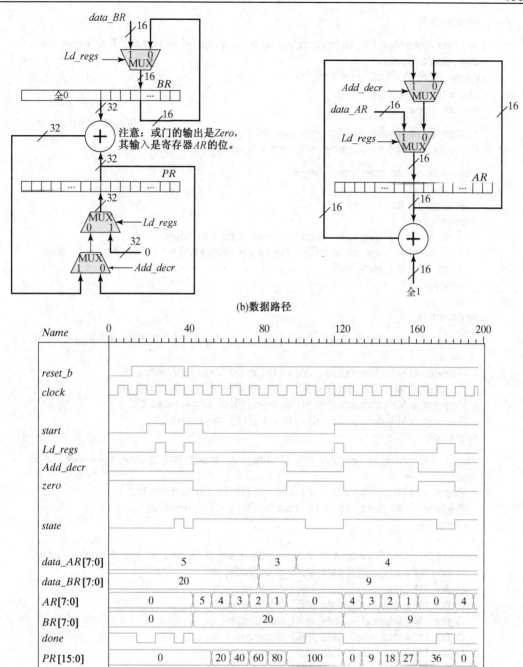

(b)数据路径

(c)仿真结果

Verilog

module Prob_8_16_STR (
output [15: 0] PR, **output** done,
input [7: 0] data_AR, data_BR, **input** start, clock, reset_b
);

Controller_P8_16 M0 (done, Ld_regs, Add_decr, start, zero, clock, reset_b);

Datapath_P8_16 M1 (PR, zero, data_AR, data_BR, Ld_regs, Add_decr, clock, reset_b);

```verilog
endmodule

module Controller_P8_16 (output done, output reg Ld_regs, Add_decr, input start,
zero, clock, reset_b);
parameter s0 = 1'b0, s1 = 1'b1;
reg state, next_state;
assign done = (state == s0);

always @ (posedge clock, negedge reset_b)
if (!reset_b) state <= s0; else state <= next_state;

always @ (state, start, zero) begin
  Ld_regs = 0;
  Add_decr = 0;
  case (state)
    s0: if (start) begin Ld_regs = 1; next_state = s1; end
    s1: if (zero) next_state = s0; else begin next_state = s1; Add_decr = 1; end
    default: next_state = s0;
  endcase
 end
endmodule

module Register_32 (output [31: 0] data_out, input [31: 0] data_in, input clock,
reset_b);
  Register_8 M3 (data_out [31: 24] , data_in [31: 24], clock, reset_b);
  Register_8 M2 (data_out [23: 16] , data_in [23: 16], clock, reset_b);
  Register_8 M1 (data_out [15: 8] , data_in [15: 8], clock, reset_b);
  Register_8 M0 (data_out [7: 0] , data_in [7: 0], clock, reset_b);
endmodule

module Register_16 (output [15: 0] data_out, input [15: 0] data_in, input clock,
reset_b);
  Register_8 M1 (data_out [15: 8] , data_in [15: 8], clock, reset_b);
  Register_8 M0 (data_out [7: 0] , data_in [7: 0], clock, reset_b);
endmodule

module Register_8 (output [7: 0] data_out, input [7: 0] data_in, input clock, reset_b);
  D_flop M7 (data_out[7] data_in[7], clock, reset_b);
  D_flop M6 (data_out[6] data_in[6], clock, reset_b);
  D_flop M5 (data_out[5] data_in[5], clock, reset_b);
  D_flop M4 (data_out[4] data_in[4], clock, reset_b);
  D_flop M3 (data_out[3] data_in[3], clock, reset_b);
  D_flop M2 (data_out[2] data_in[2], clock, reset_b);
  D_flop M1 (data_out[1] data_in[1], clock, reset_b);
  D_flop M0 (data_out[0] data_in[0], clock, reset_b);
endmodule

module Adder_32 (output c_out, output [31: 0] sum, input [31: 0] a, b);
  assign {c_out, sum} = a + b;
endmodule

module Adder_16 (output c_out, output [15: 0] sum, input [15: 0] a, b);
  assign {c_out, sum} = a + b;
endmodule
```

VHDL

```
entity Datapath_Prob_8_16 is
  port (PR: out Std_Logic_Vector (15 downto 0) downto 0); zero: out Std_Logic;
  data_AR, data_BR: in Std_Logic_Vector (7 downto 0); Ld_regs, Add_decr, clock,
  reset_b: in Std_Logic);
end Datapath_Prob_8_16;

architecture Behavioral of Datapath_Prob_8_16 is
  zero <= not Reduction_OR(AR);
process (clock, reset_b) begin
  if reset_b'event and reset_b = '0' then AR <= "00000000"; BR <= "0000000000000000";
  elsIf clock'event and clock = '1' then
    if Ld_regs = '1' then AR <= data_AR; BR <= data_BR; PR <= X"0000";
    elsif Add_decr = '1' then  PR <= PR + BR; AR <= AR −1;

    elsif Mul_BR_x2_C then  Overflow & CR <= BR(14 downto 0) & '0';
    elsif Clr_CR = '1' then  CR <= "0000000000000000";
    end if;
    end if;
end process;
end Behavioral;

entity Controller_Prob_8_16 is
  port (done: out Std_Logic; Ld_regs, Add_decr: out Std_Logic; start, zero, clock,
  reset_b: in Std_Logic);
end Controller_Prob_8_8;

architecture Behavioral of Controller_Prob_8_16 is
  constant s0 = '0', s1 = '1';
  signal state, next_state: Std_Logic_Vector (1 downto 0);
begin
  done  <= state = s0;
process (clock, reset_b) begin
  if reset_b'event and reset_b = '0'  then  state <= s0;
  elsif clock'event and clock = '1'  then  state <= next_state;
 end process;

process (state, start, zero) begin
  Ld_regs <= '0';
  Add_decr <= '0';
  case state
    when s0 => if start = '1' then Ld_regs = '1'; next_state <= s1; end if;
    when s1 => if zero = '1' then next_state <= s0;
         else next_state <= s1; Add_decr <= '1'; end if;
    when others => next_state <= s0;
end case;

end process
end Behavioral;

entity Prob_8_16 is
  port (PR: out Std_Logic_Vector (15 downto 0); done: out Std_Logic; data_AR,
  data_BR: in Std_Logic_Vector (7 downto 0); start, clock, reset_b: in Std_Logic);
end Prob_8_8;
```

```
architecture ASMD of Prob_8_16 is
component Datapath_Prob_8_16
  port (PR, zero, data_AR, data_BR, Ld_regs, Add_decr, clock, reset_b);
  end component;
component Controller_Prob_8_16
  port (done, Ld_regs, Add_decr, start, zero, clock, reset_b);
  end component;
begin

M0: Controller_Prob_8_16
  port map (done, Ld_regs, Add_decr, start, zero, clock, reset_b);

M1: Datapath_Prob_8_16
  port map (PR, zero, data_AR, data_BR, Ld_regs, Add_decr, clock, reset_b);
end ASMD;

function Reduction_OR (data: std_logic_vector) return std_logic is
  constant all_zeros: std_logic_vector(d'range) := (others => '0');
begin
  if data = all_zeros then
    return '0';
  else
    return '1';
  end if;
end Reduction_OR;

module D_flop (output q, input data, clock, reset_b);
always @ (posedge clock, negedge reset_b)
if (!reset_b) q <= 0; else q <= data;
endmodule
module Datapath_P8_16 (
output reg [15: 0] PR, output zero,
input [7: 0] data_AR, data_BR, input Ld_regs, Add_decr, clock, reset_b
);

reg [7: 0] AR, BR;
assign zero = ~( | AR);

always @ (posedge clock, negedge reset_b)
if (!reset_b) begin AR <= 8'b0; BR <= 8'b0; PR <= 16'b0; end
else begin
if (Ld_regs) begin AR <= data_AR; BR <= data_BR; PR <= 0; end
else if (Add_decr) begin PR <= PR + BR; AR <= AR −1; end
end
endmodule

// 测试-验证
// 加电复位
// 数据预置正确
// 控制信号声明正确
// 状态信号声明正确
// 乘法运算时忽略启动信号
// 乘法运算正确
// 动态复位

module t_Prob_P8_16;
wire            done;
```

```
wire [15: 0]      PR;
reg [7: 0]        data_AR, data_BR;
reg               start, clock, reset_b;

Prob_8_16_STR M0 (PR, done, data_AR, data_BR, start, clock, reset_b);

initial  #500 $finish;
initial begin  clock = 0;  forever  #5 clock = ~clock;  end
initial fork
reset_b = 0;
#12 reset_b = 1;
#40 reset_b = 0;
#42 reset_b = 1;
#90 reset_b = 1;
#92 reset_b = 1;
join

initial fork
#20 start = 1;
#30 start = 0;
#40 start = 1;
#50 start = 0;
#120 start = 1;
#120 start = 0;
join
initial fork
data_AR = 8'd5;              // AR > 0
data_BR = 8'd20;

#80 data_AR = 8'd3;
#80 data_BR = 8'd9;

#100 data_AR = 8'd4;
#100 data_BR = 8'd9;
join
endmodule
```

8.17 $(2^n - 1)(2^n - 1) < (2^{2n} - 1)$，对于 $n \geqslant 1$。

8.18   (a) 寄存器 A 和 Q 最大可用于乘积的位数是 $32 + 32 = 64$。

(b) P 计数器有 6 位用于初始预置 32（二进制 100000）。

(c) 当 P 值为 000000 时，电路输出值应为 1。因此，电路中需要一个 6 输入的或非门。

8.20 $2(n + 1)t$

8.21   状态编码：

	G_1	G_0
S_idle	0	0
S_add	0	1
S_shift	1	0
未用	0	0

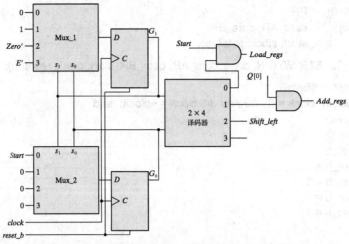

8.30 Verilog (a) RA = 1100, RB = 1000 (b) RA = 1100, RB = 1010

VHDL (a) RA = 1100, RB = 1000 (b) RA = 1100, RB = 1010

8.31 $A = 1001$，$B = 0110$，$C = 0001$。

$A + B = 1111$	$A - B = 0011$	$A * C = 1001$
$\sim B = 1001$	$!A = !(1) = 0$	$A >> 1 = 0100$
$A >>> 1 = 1100$	$B \& C = 0000$	$B \&\& C = 1$
$B \| C = 1$	$B	C = 0111$	$A \wedge B = 1111$
$\sim(A | B) = \sim(1111) = 0000$	$\sim (A \& C) = \sim(0000) = 1111$	$A < B = 0$

8.39 框图和 ASMD 流程图如下。

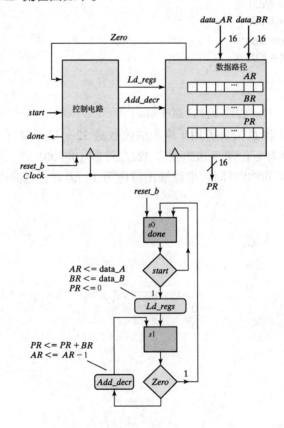

Verilog
```verilog
module Prob_8_39 (
  output [15: 0] PR, output done,
  input [7: 0] data_AR, data_BR, input start, clock, reset_b
);

  Controller_P8_39 M0 (done, Ld_regs, Add_decr, start, zero, clock, reset_b);

  Datapath_P8_39 M1 (PR, zero, data_AR, data_BR, Ld_regs, Add_decr, clock,
  reset_b);
endmodule

module Controller_P8_16 (output done, output reg Ld_regs, Add_decr, input start,
zero, clock, reset_b);
  parameter s0 = 1'b0, s1 = 1'b1;
  reg state, next_state;
  assign done = (state == s0);
  always @ (posedge clock, negedge reset_b)
   if (!reset_b) state <= s0; else state <= next_state;

  always @ (state, start, zero) begin
   Ld_regs = 0;
   Add_decr = 0;
   case (state)
   s0:          if (start) begin Ld_regs = 1; next_state = s1; end
   s1:          if (zero) next_state = s0;
                else begin next_state = s1; Add_decr = 1; end
   default:     next_state = s0;
   endcase
  end
endmodule

module Datapath_P8_16 (
  output reg     [15: 0] PR, output zero,
  input          [7: 0] data_AR, data_BR, input Ld_regs, Add_decr, clock, reset_b
);
  reg            [7: 0] AR, BR;
  assign         zero = ~( | AR);

always @ (posedge clock, negedge reset_b)
  if (!reset_b) begin AR <= 8'b0; BR <= 8'b0; PR <= 16'b0; end
  else begin
    if (Ld_regs) begin AR <= data_AR; BR <= data_BR; PR <= 0; end
    else if (Add_decr) begin PR <= PR + BR; AR <= AR –1; end
end
endmodule
```
// 测试–验证
// 加电复位
// 数据加载正确
// 控制信号声明正确
// 状态信号声明正确
// 乘法运算时忽略启动信号
// 乘法运算正确
// 动态复位

```verilog
module   t_Prob_P8_16;
  wire            done;
  wire    [15: 0] PR;
  reg     [7: 0]  data_AR, data_BR;
  reg             start, clock, reset_b;

  Prob_8_16 M0 (PR, done, data_AR, data_BR, start, clock, reset_b);

  initial #500 $finish;
  initial begin  clock = 0;  forever #5 clock = ~clock;  end
  initial fork
    reset_b = 0;
    #12 reset_b = 1;
    #40 reset_b = 0;
    #42 reset_b = 1;
    #90 reset_b = 1;
    #92 reset_b = 1;
  join

  initial fork
    #20 start = 1;
    #30 start = 0;
    #40 start = 1;
    #50 start = 0;
    #120 start = 1;
    #120 start = 0;
  join

  initial fork
    data_AR = 8'd5;                 // AR > 0
    data_BR = 8'd20;

    #80 data_AR = 8'd3;
    #80 data_BR = 8'd9;

    #100 data_AR = 8'd4;
    #100 data_BR = 8'd9;
  join
endmodule
```

```vhdl
VHDL
entity Prob_8_39 is
  port (PR: out Std_Logic_Vector (15 downto 0); done: out Std_Logic;
        data_AR, data_BR: in Std_Logic_Vector (7 downto 0);
        start, clock, reset_b: in Std_Logic);
end Prob_8_39;

architecture ASMD of Prob_8_39 is
  component Controller_P8_39 (done, Ld_regs, Add_decr: out Std_Logic;
                Start, zero, clock, reset_b: in Std_Logic);
  component Datapath_P8_39 (PR: out Std_Logic_Vector (15 downto 0); zero:
  out Std_Logic; data_AR, data_BR: in Std_Logic_Vector (7 downto 0); Ld_regs,
  Add_decr, clock, reset_b: in Std_Logic);
begin

M0 Controller_P8_39 port map (done, Ld_regs, Add_decr, start, zero, clock, reset_b);
M1 Datapath_P8_39 port map (PR, zero, data_AR, data_BR, Ld_regs, Add_decr,
clock, reset_b);
end Structural;


entity Controller_P8_39 is
  port (done: out Std_Logic; Ld_regs, Add_decr: out Std_Logic; start, zero, clock,
  reset_b: in Std_Logic);
end Controller_P8_16;
architecture Behavioral of Controller_P8_39 is
  constant        s0 = 1'b0, s1 = 1'b1;
  signal          state, next_state;
begin
  done <= (state = s0);

  process (clock, reset_b)
    if reset_b'event and reset_b = 0 then state <= s0;
    elsif clock'event and clock = 1 then state <= next_state; end if;
  end process;

  process (state, start, zero)
    Ld_regs = 0;
    Add_decr = 0;
  case state is
    when s0 =>:        if (start = 1) then Ld_regs = 1; next_state = s1; end if;
    when s1 =>:        if (zero = 1) then next_state = s0; else next_state = s1;
Add_decr = 1;                 end if;
    others:            next_state = s0;
  endcase
  end process;
end Behavioral;

entity Datapath_P8_39 (
  port (PR: out Std_Logic_vector (15 downto 0); zero: out Std_Logic; data_AR,
  data_BR: in Std_Logic_Vector (7 downto 0); input Ld_regs, Add_decr, clock,
  reset_b: in Std_Logic);
end Datapath_P8_16;
```

```vhdl
architecture Behavioral of Datapath_P8_16 is
begin
zero <= not( AR(7) or AR(6) or AR(5) or AR(4) or AR(3) or AR(2) or AR(1) or
AR(0));

process (clock, reset_b)
begin
if reset_b'event and reset_b = 0 then  AR <= 8'b0; BR <= 8'b0; PR <= 16'b0;
  elsif clock'event and clock = 1 then
    if Ld_regs = 1 then  AR <= data_AR; BR <= data_BR; PR <= 0;  end if;
    elsif Add_decr = 1 then  PR <= PR + BR; AR <= AR –1;  end if;
  end process;
end Behavioral;

// 测试–验证
// 加电复位
// 数据加载正确
// 控制信号声明正确
// 状态信号声明正确
// 乘法运算时忽略启动信号
// 乘法运算正确
// 动态复位

entity t_Prob_P8_39 is
end t_Prob_P8_39;

architecture Test_Bench of t_Prob_P8_39 is
  signal    t_done: Std_Logic;
  signal    t_PR: Std_Logic_Vector (15 downto 0);
  signal    t_data_AR, t_data_BR: Std_Logic_Vector (7 downto 0);
  signal    t_start, t_clock, t_reset_b: Std_Logic;
  component Prob_8_39 port (PR: out Std_Logic_Vector (15 downto 0); done:
  out Std_Logic; data_AR, data_BR: in Std_Logic_Vector (7 downto 0); start, clock,
  reset_b: in Std_Logic);
begin

  M_UUT Prob_8_39 port map (PR => t_PR, done => t_done; data_AR => t_data_
  AR, data_BR => t_data_BR, start => t_start, clock => t_clock, reset_b => t_reset_b);

  process clock = '0';
  wait for  5 ns clock <= '1';
  wait for  5 ns;
  end process;

  reset_b = '0';
  reset_b <= '1' after 12 ns;
  reset_b <= '0' after 40 ns;
  reset_b <= '1' after 42 ns;
  reset_b <= '1' after 90 ns;
  reset_b <= '1' after 92 ns;

  start <= 1 after 20 ns;
  start <= 0 after 30 ns;
  start <= 1 after 40 ns;
  start <= 0 after 50 ns;
```

```
        start <= 1 after  120 ns;
        start <= 0 after  120 ns;

        data_AR <= 8'd5; // AR > 0
        data_BR <= 8'd20;

        #80 data_AR <= 8'd3 after  80 ns;
        #80 data_BR <= 8'd9 after  80 ns;

        data_AR <= 8'd4 after  100 ns;
        data_BR <= 8'd9 after  100 ns;
end  Test_Bench;
```